Das Ergebnis auf die Frage „Warum jobben Schüler?“ ist in dem Kreisdiagramm dargestellt. Ausgewertet wurden 600 Antworten.

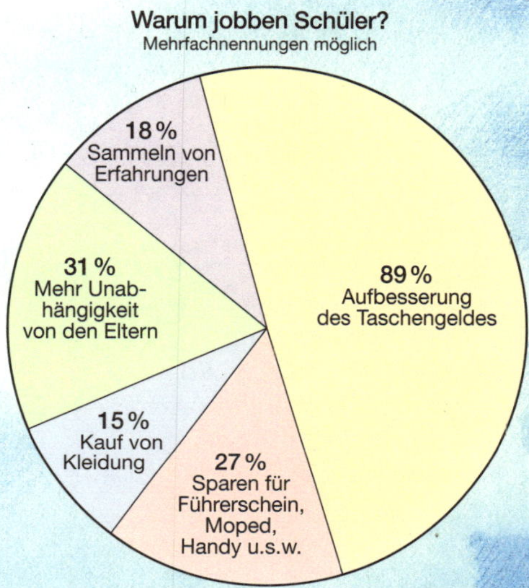

a) Was bedeutet der Hinweis: „Mehrfachnennung möglich?“

b)

Wie kommen die beiden verschiedenen Meinungen zustande?
Hinweis: Wie hoch ist die Gesamtprozentzahl im dargestellten Kreisdiagramm?

c) Wie viele Schüler haben die Antwort „Aufbesserung des Taschengeldes“ gegeben?
d) Beschreibe, wie die Autoren bei der Erstellung des Kreisdiagramms vorgegangen sind.
e) Stelle die Umfrageergebnisse in einem Säulendiagramm so dar, dass die Meinungsverschiedenheiten in Aufgabenteil b) vermieden werden.
f) Führt eine entsprechende Befragung an eurer Schule durch.

Mathematik 10

Wahlpflichtfächergruppe I

Autoren:

Johannes Dlugosch
Christa Englmaier
Franz-Josef Götz
Josef Widl

Beratung:

Johanna Heidysch
Marianne Kohout

westermann

Zeichenerklärung

Aufgaben zum Tüfteln

Aufgaben mit PC-Einsatzmöglichkeit

Aufgaben mit TR- oder GTR-Einsatzmöglichkeit

Suche in geeigneten Medien (z. B. Lexikon, Atlas, Internet, …)

Hinweis auf Wiederholungsaufgaben auf S. …

Üben an Stationen

Definitionen, Merksätze, Regeln

Beispiele, Hinweise, Lösungsverfahren

Beweise

historische Exkurse

6 Aufgaben mit Prüfzahlen zur Selbstkontrolle

8 Offene Aufgaben

Themenseiten

Dieses Zeichen gibt an, wie groß du das Koordinatensystem zeichnen musst (hier 5 Längeneinheiten [LE] nach rechts, 5 Längeneinheiten [LE] nach oben). In der Regel gilt: 1 LE entspricht 1 cm

Druck A³ / Jahr 2010
Alle Drucke der Serie A sind im Unterricht parallel verwendbar.

Lektorat: Jürgen Diem, Ulrike Voigt, Ingeborg Kassner, Katja Steinke
Typografie und Layout: Andrea Heissenberg
Herstellung: Reinhard Hörner

Umschlaggestaltung: Andrea Heissenberg, Braunschweig
Satz: O&S Satz GmbH, Hildesheim
Repro, Druck und Bindung: westermann druck GmbH, Braunschweig

ISBN 978-3-14-**12 2660**-7

So arbeiten wir am Stationszirkel „Team 10 auf Vorbereitungs-Tour“

Der Zirkel besteht aus mehreren Stationen.

Du arbeitest allein, mit deinem Partner, deiner Partnerin oder mit deiner Gruppe.

Die Reihenfolge der Stationen könnt ihr selbst festlegen.

Stationen, bei denen besondere Hilfsmittel erforderlich sind (z. B. Würfel oder ein Computer), findest du an extra dafür vorgesehenen Tischen im Klassenzimmer.

Gebt nicht auf, wenn ihr mit der gestellten Aufgabe nicht zurechtkommen solltet. Vielleicht bringt euch ein Nachschlag an geeigneter Stelle im Buch weiter.

Notiert auf dem Laufzettel, den ihr von eurer Lehrerin oder eurem Lehrer bekommt, die Ergebnisse.

1 Wiederholung

Prozentrechnung
Ein Hundertstel der Gesamtgröße nennt man ein **Prozent** $\mathbf{\frac{1}{100} = 1\,\%}$.

$40\,\% = \frac{40}{100} = \frac{4}{10} = \frac{2}{5}$

$\mathbf{\frac{PW}{GW} = \frac{p}{100}}$

GW – Grundwert
PW – Prozentwert
p – Prozentsatz

Zinsrechnung

$\mathbf{\frac{Z}{K} = \frac{p}{100}}$

Z – Zinsen
K – Kapital
p – Zinssatz

Gesucht ist das Kapital K bei 56,25 € Zinsen zu einem Zinssatz von 1,5 %:

$\frac{56{,}25\,€}{K} = \frac{1{,}5\,\%}{100\,\%}$

$K \cdot 1{,}5\% = 56{,}25\,€ \cdot 100\,\%$ $\quad K = 3750\,€$

1. Binomische Formel

$(x + 0{,}5)^2 = x^2 + 2 \cdot x \cdot 0{,}5 + 0{,}5^2$
$= x^2 + x + 0{,}25$

2. Binomische Formel

$(3x - 4)^2 = (3x)^2 - 2 \cdot 3x \cdot 4 + 4^2$
$= 9x^2 - 24x + 16$

3. Binomische Formel

$(x + 1)(x - 1) = x^2 - 1^2 = x^2 - 1$

Extremwerte
Terme der Form $\mathbf{T(x) = a\,(x - m)^2 + n}$ besitzen einen Extremwert:
$\mathbf{T_{min} = n}$ für $x = m$, wenn $a > 0$
$\mathbf{T_{max} = n}$ für $x = m$, wenn $a < 0$

Quadratische Ergänzung

$T(x) = -0{,}5x^2 - 5x + 11$
$= -0{,}5\,[x^2 + 10x \qquad] + 11$
$= -0{,}5\,[x^2 + 2 \cdot x \cdot 5 + 5^2 - 5^2] + 11$
$= -0{,}5\,[\quad (x + 5)^2 \quad - 25] + 11$
$= -0{,}5\,(x + 5)^2 \quad - 25 \cdot (-0{,}5) + 11$
$= -0{,}5\,(x + 5)^2 + 23{,}5$
$T_{max} = 23{,}5$ für $x = -5$

1 Ergänze die Platzhalter in deinem Heft.

a) $\frac{1}{8}$	0,125	12,5 %	25 von 200
b) ■	0,03	■	186 von ■
c) ■	■	$16\frac{2}{3}$ %	36 von ■
d) $\frac{3}{5}$	■	■	■ von 445

2 Die Versicherung *Gesund-durchs-Jahr* teilt mit, dass sie im letzten Jahr ihre Betriebskosten um 6,1 Mio. € auf 58,5 Mio. € senken konnte. Der Verwaltungsanteil betrug nur 4,8 % an den Gesamtausgaben.
a) Um wie viel Prozent wurden die Betriebskosten gesenkt?
b) Wie viel Euro beträgt der Verwaltungsanteil?
c) Durch Sparmaßnahmen sinken die Ausgaben. Der Anteil der Verwaltungskosten steigt dadurch auf 5,7 % der Gesamtkosten. Wie hoch sind nun die Gesamtkosten?

3 Familie Klein legt 5000 € Festgeld an für 2,4 % Zinsen pro Jahr. Familie Groß bekommt bei ihrer Anlage für dasselbe Kapital im Jahr 110 € Zinsen.
a) Wie viel Euro Zinsen bekommt Familie Klein?
b) Welchen Zinssatz hat Familie Groß?
c) Würde Familie Klein einen höheren Betrag anlegen, bekäme sie bei 2,8 % Zinsen im Jahr 210 €. Wie hoch wäre der Betrag?

4 Wende die binomischen Formeln an.
a) $(x + 3)(x - 3)$ b) $(2 + y)^2$
c) $(5 - x)^2$ d) $(3x + 2)^2$
e) $(5x + 1)(5x - 1)$ f) $(0{,}5x - 1)^2$
g) $4x^2 + 12x + 9$ h) $0{,}01x^2 - 1{,}4x + 49$
i) $36 - x^4$ k) $25x^2 - 2x + 0{,}04$

5 Setze in deinem Heft für die Platzhalter ein.
a) $(3 + ■)^2 = ■ + ■ + x^2$
b) $(x + ■)(x - ■) = ■ - 1$
c) $■ + 8x + ■ = (■ + 2x)^2$
d) $■ - 2xy + ■ = (x - ■)^2$
e) $■ - 0{,}09x^2 = (1 - ■)(1 + ■)$

6 Bestimme den Extremwert durch quadratische Ergänzung ($\mathbb{G} = \mathbb{Q}$). Überprüfe mit dem GTR.
a) $T(x) = x^2 + 6x + 3$ d) $T(x) = 0{,}5x^2 + x + 1$
b) $T(x) = 9x - 3x^2$ e) $T(x) = 1 + 0{,}8x - 0{,}2x^2$
c) $T(x) = 2x^2 + 4x + 5$ f) $T(x) = 2{,}5 - x^2 - x$

Reelle Zahlen
Die Quadratwurzel aus a ist die nicht negative Zahl x, die beim Quadrieren a ergibt:
$x^2 = (\sqrt{a})^2 = a$
Man schreibt: $x = \sqrt{a}$, mit $a \in \mathbb{Q}_0^+$.
Wurzeln mit negativem Radikanden sind nicht zulässig.
$\sqrt{5x+6} \geqq 0;\ 5x + 6 \geqq 0;\ x \geqq \frac{6}{5};$
$\mathbb{D} = \{x \mid x \geqq \frac{6}{5}\}$
Allgemein gilt für $x^2 = a$ mit $a \in \mathbb{Q}_0^+$
$a > 0;\ \mathbb{L} = \{\sqrt{a};\ -\sqrt{a}\}$
$a = 0;\ \mathbb{L} = \{0\}$
$a < 0;\ \mathbb{L} = \emptyset$
Terme mit gleichem Radikanden lassen sich zusammenfassen:
$3\sqrt{a} + 5\sqrt{a} - 2\sqrt{a} = 6\sqrt{a} \qquad a \in \mathbb{R}_0^+$
Beachte: $\sqrt{4^2 + 3^2} \neq 4^2 + 3^2$
Für die Multiplikation und Division zweier reeller Zahlen gilt:
$\sqrt{a} \cdot \sqrt{b} = \sqrt{a \cdot b} \qquad a, b \in \mathbb{R}_0^+$
$\sqrt{a} : \sqrt{b} = \sqrt{\frac{a}{b}} \qquad a \in \mathbb{R}_0^+,\ b \in \mathbb{R}^+.$

Teilweises Radizieren
Man kann aus einem Radikanden teilweise die Wurzel ziehen, wenn er sich so zerlegen lässt, dass mindestens ein Faktor ein Quadrat ist.
$\sqrt{147} = \sqrt{49 \cdot 3} = \sqrt{49} \cdot \sqrt{3} = 7\sqrt{3}$

Rationalmachen des Nenners
heißt das Beseitigen der Wurzel im Nenner.
$\frac{8x}{2\sqrt{12x}} = \frac{8x}{2\sqrt{12x}} \cdot \frac{\sqrt{12x}}{\sqrt{12x}} = \frac{8x \cdot \sqrt{12x}}{24x} = \frac{2}{3}\sqrt{3x}$

Gleichungen mit mindestens einem Bruchterm, heißen **Bruchgleichungen.**
$\frac{x+3}{x} - \frac{x}{x+3} = \frac{13}{2x} \qquad \mathbb{D} = \mathbb{R} \setminus \{-3;\ 0\}$
Die Terme auf der linken Seite werden gleichnamig gemacht und addiert.
$\frac{(x+3)(x+3) - x \cdot x}{x(x+3)} = \frac{13}{2x}$
$\frac{6x+9}{x^2+3x} = \frac{13}{2x}$
Bruchgleichungen dieser Form löst man durch **„über Kreuz multiplizieren“**.
$(6x+9) \cdot 2x = (x^2+3x) \cdot 13$
$x^2 + 21x = 0 \qquad x = 0 \vee x = -21$
Es gilt: $\mathbb{L} \subseteq \mathbb{D} \qquad \mathbb{L} = \{-21; 0\}$

1 Bestimme die Definitionsmenge ($\mathbb{G} = \mathbb{R}$).
a) $\sqrt{x-2}$ b) $\sqrt{3a+1}$ c) $\frac{2}{3\sqrt{a}}$ d) $\frac{1+\sqrt{x}}{\sqrt{1-x}}$

2 Vereinfache. Alle Variablen sind aus $\mathbb{R}^+$.
a) $\sqrt{x} + 5\sqrt{x} + 10\sqrt{x}$
b) $a\sqrt{x} + b\sqrt{x} - 2\sqrt{x} + \sqrt{x}$
c) $\left(\sqrt{27} - \sqrt{12} + \sqrt{8\frac{1}{3}}\right) \cdot \sqrt{3}$
d) $(\sqrt{x} + \sqrt{y}) \cdot (\sqrt{x} - \sqrt{y})$
e) $8\sqrt{a^4b^3} : 4\sqrt{a^2b}$
f) $a\sqrt{4a^5b^3} : a^2\sqrt{16a^3b}$
g) $\sqrt{a-b} + \sqrt{16a-16b} + \sqrt{ax^2-bx^2} - \sqrt{9(a-b)}$

3 Bestimme die Lösungsmenge. Alle Variablen sind aus $\mathbb{R}^+$.
a) $3\sqrt{x} = 12$ b) $15 - 2\sqrt{x} = 7$
c) $\sqrt{2}x = \sqrt{18}$ d) $\sqrt{3}a = 5\sqrt{27}$

4 Radiziere teilweise. Alle Variablen sind so zu wählen, dass die Terme definiert sind.
a) $\sqrt{360}$ b) $\sqrt{25xy^3}$
c) $\sqrt{4x^2+4y^2}$ d) $\sqrt{a^3+2a^2b+ab^2}$
e) $\sqrt{x^2y-2xy+y}$ f) $\sqrt{ax^2-bx^2+7x^2}$

5 Bestimme zuerst die Definitionsmenge und mache anschließend den Nenner rational.
a) $\frac{45}{3\sqrt{5x}}$ b) $\frac{a}{6-\sqrt{3}}$ c) $\frac{\sqrt{2}}{\sqrt{a}+\sqrt{2}}$ d) $\frac{5a}{a+\sqrt{a}}$

6 Bestimme die Lösungsmenge ($\mathbb{G} = \mathbb{R}$).
a) $\frac{13}{4x-12} = -\frac{1}{4}$ b) $\frac{3x}{x-2} - 2 = \frac{2x+11}{2x}$
c) $\frac{x-1}{2x+5} = \frac{2x-5}{4x+5}$ d) $\frac{4}{x} + \frac{x-1}{x+1} = \frac{x+8}{x}$
e) $\frac{x+2}{x+3} = \frac{\sqrt{2}}{\sqrt{3}}$ f) $\frac{x-\sqrt{8}}{x-\sqrt{6}} = \frac{x+\sqrt{8}}{x+\sqrt{6}}$

7 Addiert man zu den Zählern der Brüche $\frac{5}{9}$ und $\frac{23}{11}$ die gleiche Zahl und subtrahiert man gleichzeitig das Doppelte dieser Zahl von deren Nennern, so haben die Brüche denselben Wert.

8 An einer Realschule befinden sich insgesamt 736 Schülerinnen und Schüler. Das Verhältnis von Jungen zu Mädchen ist 65 : 27. Wie viele Jungen und Mädchen sind an der Schule? Löse mit Hilfe einer Bruchgleichung.

Beziehungen zwischen Seiten und Winkeln

Die Summe zweier Seitenlängen ist stets größer als die dritte Seitenlänge. Der längeren Seite liegt stets der größere Winkel gegenüber.

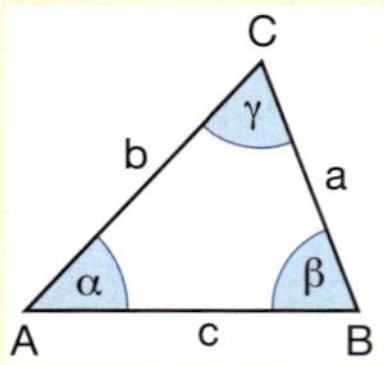

Kongruenzsätze

Zwei Dreiecke sind kongruent, wenn sie in folgenden Größen übereinstimmen:

- drei Seiten **(SSS)**
- zwei Seiten und dem Zwischenwinkel **(SWS)**
- einer Seite und den anliegenden Winkeln **(WSW)**
  Hinweis: Wegen der Winkelsumme im Dreieck kann der dritte Winkel immer berechnet werden.
- zwei Seiten und dem Gegenwinkel der größeren Seite **(SsW)**

Konstruktion

Ein Dreieck ist eindeutig konstruierbar, wenn die gegebenen Größen einem der Kongruenzsätze entsprechen.
Andernfalls treten folgende Fälle auf:

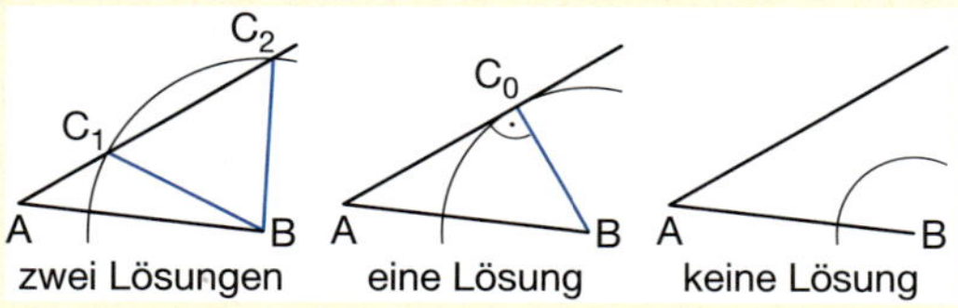

Randwinkel

Alle Punkte P auf einem Kreisbogen über der Strecke [AB] sind Scheitel von maßgleichen Winkeln.
$\{P \mid \sphericalangle AP_nB = \varphi\}$
Der Mittelpunktswinkel AMB ist stets doppelt so groß wie der Randwinkel AP_nB.

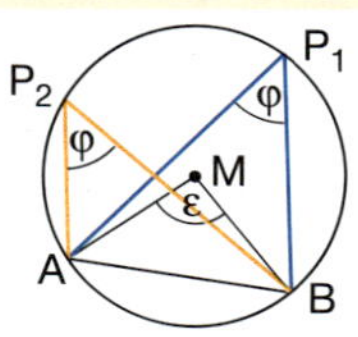

1 Gibt es ein Dreieck ABC mit folgenden Maßen? Begründe.
a) a = 7,5 cm, b = 3,0 cm, c = 3,5 cm, $\gamma = 40°$
b) a = 7,5 cm, b = 5,0 cm, c = 3,5 cm
c) a > b, b > c, $\alpha > \gamma$
d) $\gamma = 90°$, a > c

2 Gib an, welche der Dreiecke $A_1B_1C_1$ und $A_2B_2C_2$ zueinander kongruent sind. Nenne den zugehörigen Kongruenzsatz.
a) $\alpha_1 = 45°$; $\beta_1 = 62°$; $b_1 = 6{,}5$ cm
$\alpha_2 = 62°$; $\beta_2 = 45°$; $b_2 = 6{,}5$ cm
b) $\alpha_1 = 40°$; $a_1 = 4{,}5$ cm; $b_1 = 6{,}5$ cm
$\beta_2 = 40°$; $a_2 = 4{,}5$ cm; $b_2 = 6{,}5$ cm

3 Konstruiere das Dreieck ABC mit den angegebenen Größen. Begründe, ob die Lösung eindeutig ist.
a) b = 6 cm; c = 7 cm; $\alpha = 35°$
b) a = 5,3 cm; c = 3,9 cm; $\alpha = 40°$
c) c = 6 cm; b = 3,3 cm; $\beta = 106°$

4 a) Benenne die dargestellten Dreiecke.
b) Mache Aussagen über Seitenlängen und Winkelmaße. Notiere im Heft.

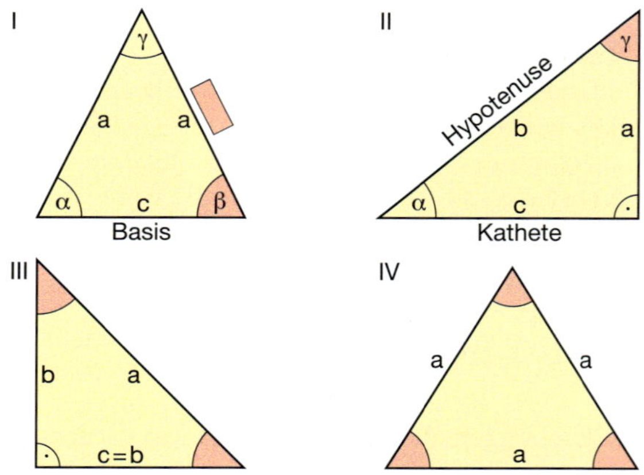

5 Zeichne eine Strecke [AB] mit $\overline{AB} = 5$ cm.
a) Konstruiere alle Punkte P mit $\sphericalangle APB = 75°$.
b) Unter den möglichen Dreiecken APB gibt es ein gleichschenkliges Dreieck AP_0B. Zeichne das Dreieck AP_0B ein.
c) Im Dreieck AP_1B gilt: $\beta = 70°$

6 Ein Schiff fährt geradlinig nach Norden. Der Kapitän sieht zwei Leuchttürme. Der Winkel zwischen Schiff und Leuchttürmen wird mit 60° gemessen. Wo kann sich das Schiff befinden? Fertige eine Zeichnung mit den Türmen $L_1(5|2)$ und $L_2(3|7)$. Das Schiff fährt auf der y-Achse.

Thaleskreis
Alle Punkte C auf einem Halbkreis bilden mit den Endpunkten des Durchmessers [AB] einen rechten Winkel. Es gilt: $\sphericalangle ACB = 90°$

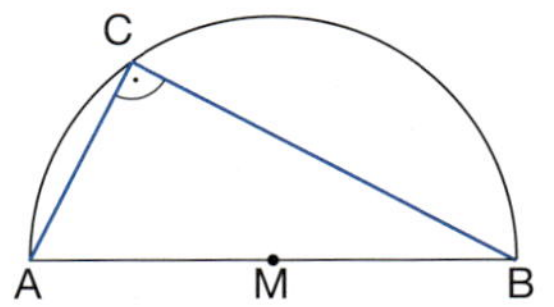

Tangenten am Kreis
Jede Tangente t an einem Kreis k steht im Berührpunkt senkrecht auf dem „Berührradius“.
Die Strecken [PA] und [PB] heißen Tangentenabschnitte. Sie sind gleich lang.

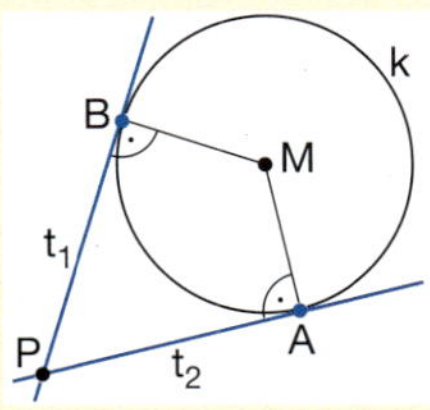

In- und Umkreis des Dreiecks
Die Mittelsenkrechten eines Dreiecks schneiden sich im Mittelpunkt M des Umkreises, die Winkelhalbierenden im Mittelpunkt M_i des Inkreises.

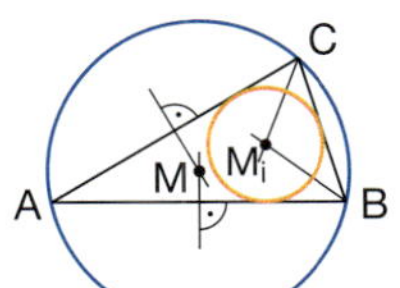

In- und Umkreis des Vierecks

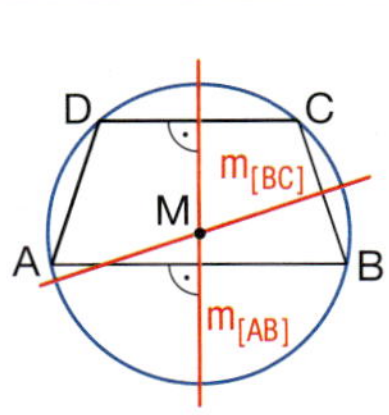

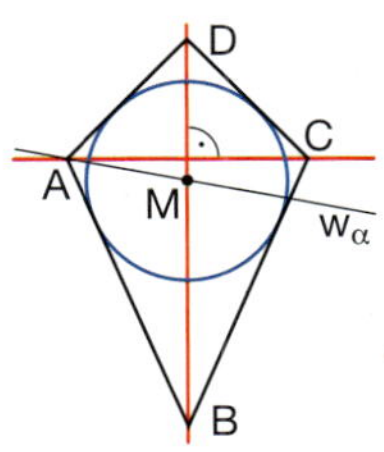

Ein Kreis, auf dem alle Eckpunkte des Vierecks liegen, heißt **Umkreis** des Vierecks.
Ein Kreis, der alle Seiten eines Vierecks von innen berührt, heißt **Inkreis** des Vierecks.

1 Die Dreiecke A_nBC sind bei A_n rechtwinklig. Es gilt: $B(1|2)$; $C(-5|4)$.
a) Konstruiere das Dreieck A_1BC mit $A_1(0|y)$.
Platzbedarf: $-5 \leqq x \leqq 2$; $-4 \leqq y \leqq 4$
b) Konstruiere das gleichschenklige Dreieck A_2BC.
c) Für $A_3(x|1)$ gibt es zwei Dreiecke. Begründe.

2 Gegeben sind ein Kreis $k(M(3|2); r = 5 \text{ LE})$ sowie der Punkt $P(4|-5)$.
a) Der Punkt $A(7|5)$ liegt auf k. Trage die Tangente an k im Punkt A ein.
Platzbedarf: $-4 \leqq x \leqq 8$; $-6 \leqq y \leqq 7$
b) Konstruiere von P aus die Tangenten an den Kreis k.

3 Die Punkte $A(-1|1)$ und $C(6|2)$ sind Eckpunkte von Rechtecken ABCD.
a) Auf welcher Ortslinie liegen die anderen Eckpunkte B und D?
b) Trage das Reckteck für $B_1(1|y)$ in ein Koordinatensystem ein.
Platzbedarf: $-2 \leqq x \leqq 7$; $-4 \leqq y \leqq 6$
c) Finde das Quadrat unter den Rechtecken und trage es in das Koordinatensystem ein.
d) Gibt es für $D_2(x|3)$ Rechtecke? Geht das auch für $B_3(x|-3)$?

4 Trage das Dreieck ABC in ein Koordinatensystem ein. Es gilt: $A(-4|-1)$; $B(-1|6)$; $C(-7|2)$.
a) Konstruiere den Umkreis dieses Dreiecks.
b) Konstruiere in einer neuen Zeichnung den Inkreis.

5 Von einem Dreieck ABC ist sein Umkreismittelpunkt $M(3|1)$ bekannt sowie der Eckpunkt $A(7|-1)$. C liegt auf der y-Achse, der Punkt B auf einer Parallelen zur y-Achse durch den Punkt $P(5|0)$. Zeichne das Dreieck in ein Koordinatensystem.
Platzbedarf: $-2 \leqq x \leqq 8$; $-4 \leqq y \leqq 6$

6 Konstruiere zu dem Trapez ABCD mit der Symmetrieachse PQ den Umkreis. Es gilt:
$A(2|-1)$; $B(3|2)$; $P(-3|-1)$; $Q(4|4)$

7 Zeichne ein Drachenviereck aus $\overline{AB} = 6{,}7$ cm, $\overline{BC} = 4{,}3$ cm, $\beta = 112°$ und konstruiere dazu den Inkreis.

Vierecke

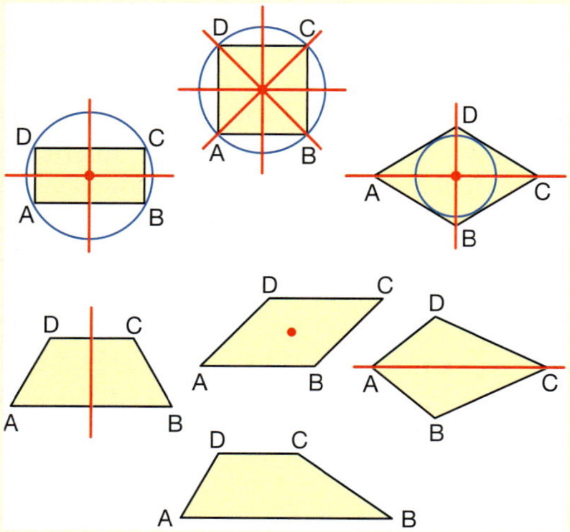

Parallelogramm

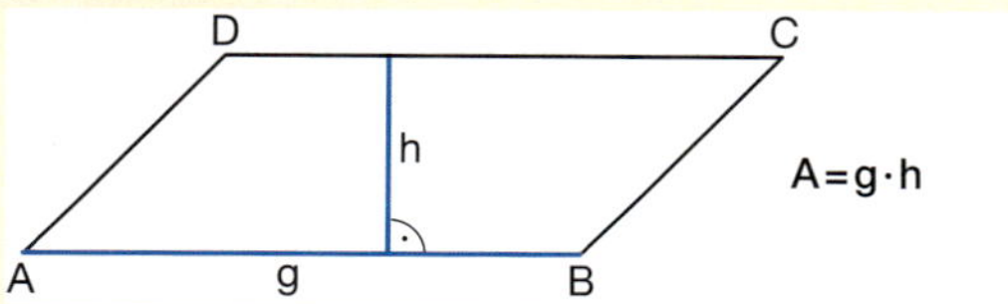

Drachenviereck, Raute

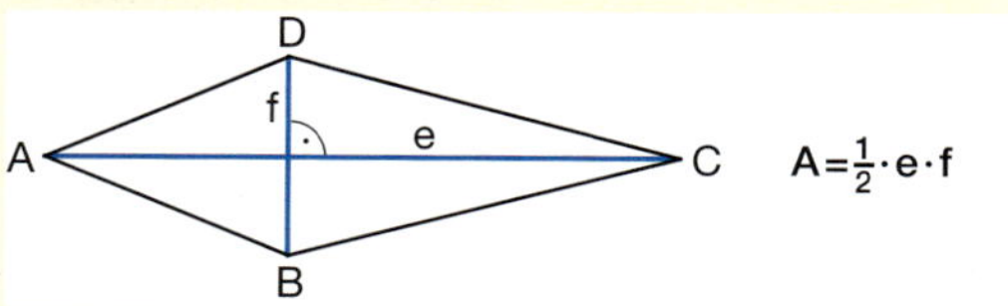

$A = 18\ cm^2$; $e = 4{,}5$ cm; $f = x$ cm

$18 = \frac{1}{2} \cdot 4{,}5 \cdot x$

$x = 8$ Ergebnis: $f = 8$ cm

Trapez

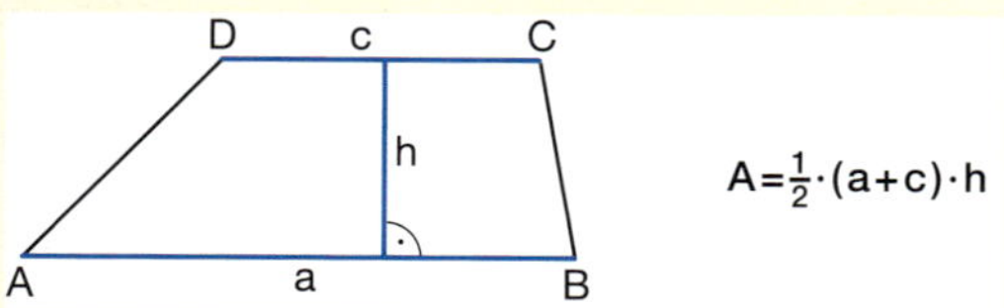

$A = 35\ cm^2$; $a = 8$ cm; $h = 5$ cm; $c = x$ cm

$35 = 0{,}5 \cdot (8 + x) \cdot 5 \mid : 2{,}5$

$14 = 8 + x$

$x = 6$ Ergebnis: $c = 6$ cm

1 Sind folgende Aussagen wahr oder falsch?

a) Die Diagonalen im Parallelogramm sind gleich lang.

b) Gegenüberliegende Winkel in einer Raute haben gleiches Maß.

c) Im Parallelogramm liegen sich gleich große Winkel gegenüber.

d) Im Trapez ergänzen sich an der gleichen Grundlinie liegende Winkel zu 180°.

2 Trage alle Eigenschaften der einzelnen Vierecke zusammen, die sich aus ihren Symmetrieeigenschaften ergeben.

3 Zeichne das Drachenviereck ABCD mit der Symmetrieachse AC. Konstruiere den Inkreismittelpunkt. Zeichne den Inkreis ein.
Es gilt: $a = 2{,}5$ cm; $\beta = 113°$, $e = 10$ cm

4 Zeichne das gleichschenklige Trapez ABCD und konstruiere den Umkreismittelpunkt. Zeichne den Umkreis ein. Es gilt: $a = 6$ cm; $\alpha = 34°$, $c = 1{,}5$ cm

5 Ein gleichschenkliges Trapez mit 29 cm Umfang hat die Schenkellänge 5,5 cm und den Flächeninhalt $18{,}9\ cm^2$. Berechne die Höhe des Trapezes.

6 Die abgebildete Giebelseite wird mit Windschutzplatten verkleidet. Wie viel m^2 Platten müssen gekauft werden, wenn man mit 15 % Verschnitt rechnet.

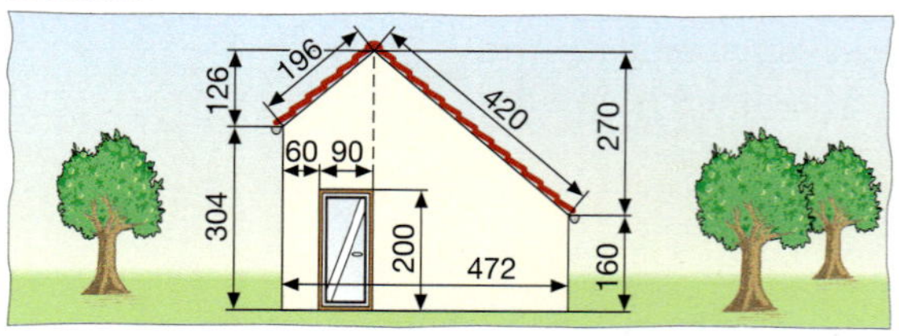

7 Gegeben ist das Drachenviereck ABCD.
Es gilt: A(2|−4), B(5|2), C(2|6) und D(−1|2)
Es entstehen neue Drachen, wenn man gleichzeitig [AC] von A aus um x cm verkürzt und [BD] über B und D hinaus um 0,5x cm verlängert.

a) Zeichne den Drachen ABCD, einen neuen Drachen für $x = 3$ und berechne dessen Flächeninhalt.

b) Welche Werte kann x annehmen?

c) Bestimme den Flächeninhalt der neuen Drachen in Abhängigkeit von x.

d) Zeige, dass der Drachen mit dem größten Flächeninhalt ein Quadrat ist. Berechne A_{max}.

Dreieck

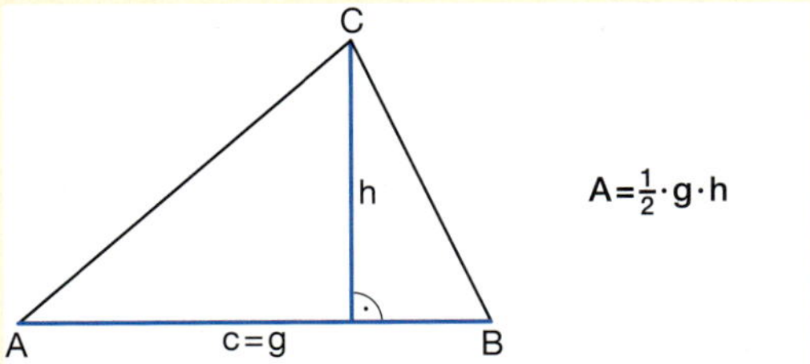

c = 7,8 cm; A = 21,84 cm²; h = x cm

$21{,}84 = \frac{1}{2} \cdot 7{,}8 \cdot x \qquad |:3{,}9$

x = 5,6 Ergebnis: h = 5,6 cm

Flächeninhalte im Koordinatensystem

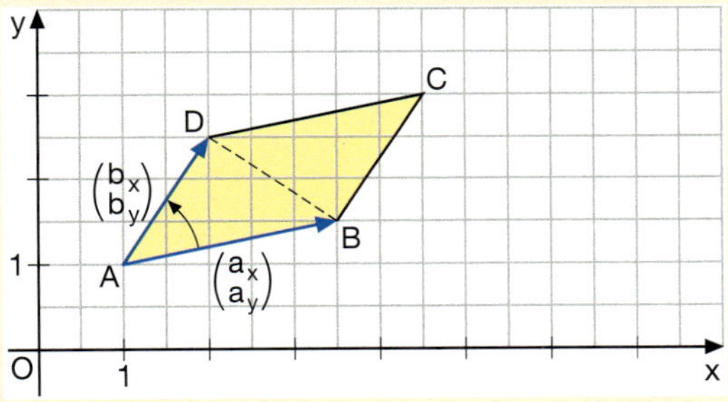

Flächeninhalt eines Parallelogramms

$A = \begin{vmatrix} a_x & b_x \\ a_y & b_y \end{vmatrix} \text{FE} = (a_x b_y - a_y b_x) \text{ FE}$

$\overrightarrow{AB} = \binom{2}{-3}$; $\overrightarrow{AD} = \binom{1}{6}$

$A = \begin{vmatrix} 2 & 1 \\ -3 & 6 \end{vmatrix} \text{FE} = [2 \cdot 6 - (-3) \cdot 1] \text{ FE} = 15 \text{ FE}$

Flächeninhalt eines Dreiecks

$A = \frac{1}{2} \cdot \begin{vmatrix} a_x & b_x \\ a_y & b_y \end{vmatrix} \text{FE} = \frac{1}{2} \cdot (a_x b_y - a_y b_x) \text{ FE}$

Das Dreieck ABC hat den Flächeninhalt 14 FE.
Es gilt: A(−3|−1); B(5|0); C(1|y)

$\overrightarrow{AB} = \binom{8}{1}$; $\overrightarrow{AC} = \binom{4}{y+1}$

$14 \text{ FE} = \frac{1}{2} \cdot \begin{vmatrix} 8 & 4 \\ 1 & y+1 \end{vmatrix} \text{FE};$

$14 \text{ FE} = \frac{1}{2} \cdot [8(y+1) - 1 \cdot 4] \text{ FE};$

$14 = \frac{1}{2} \cdot (8y + 8 - 4); \qquad y = 3$

8 Gegeben ist das Dreieck ABC:
a) a = b = 4,2 cm; $\gamma = 90°$; berechne c, A.
b) b = 7,6 cm; A = 12,92 cm²; $\alpha = 90°$; berechne c, a.

9 Die folgenden Figuren haben alle den Flächeninhalt 32 cm². Berechne die Länge
a) der Seiten eines Parallelogramms mit dem Umfang u = 23,8 cm und der Höhe h = 5 cm;
b) der Grundseite eines Dreiecks, dessen zugehörige Höhe nur ein Achtel ihrer Länge besitzt.

10 Berechne den Flächeninhalt des Dreiecks ABC.
a) A(−6|−4); B(3|−1); C(4|3)
b) A(−4|2); B(3|−6); $\overrightarrow{BC} = \binom{-2}{6}$

11 Zeichne das Fünfeck ABCDE mit A(−2|−4); B(1|−3); C(2,5|0); D(0,5|3); E(−4|1) und berechne seinen Flächeninhalt.

12 Zeige durch Rechnung und begründe geometrisch: Der Flächeninhalt der Dreiecksschar ABC_n ist unabhängig von der Abszisse x der Punkte C_n.
Es gilt: A(−1|−4), B(5|−2) und $C_n\left(x \middle| \frac{1}{3}x\right)$

13 Der Eckpunkt A des Parallelogramms ABCD mit B(3|1) und $\overrightarrow{BC} = \binom{-5}{2}$ hat die y-Koordinate −1.
Der Flächeninhalt des Parallelogramms beträgt 20 FE.
a) Berechne die x-Koordinate des Punktes A.
b) Berechne die Koordinaten der Punkte C und D.
c) Begründe: Das Parallelogramm ist eine Raute.

14 Eine Schar von Dreiecken ABC_n ist gegeben durch die Punkte A(−2|−2) und B(4|−2). Die Eckpunkte $C_n(x|y)$ bewegen sich auf der Geraden g mit y = −0,5x + 3.
a) Zeichne die Gerade g und ein Dreieck ABC_1 für x = 2 in ein Koordinatensystem ein und berechne dessen Flächeninhalt A_1.
b) Bestimme den Flächeninhalt der Dreiecke ABC_n in Abhängigkeit von der Abszisse x der Punkte C_n. [Ergebnis: A(x) = (−1,5x + 15) FE]
c) Ergänze die Dreiecke ABC_n durch den Punkt D(−5|1) zu einer Schar von Vierecken ABC_nD. Zeichne das Viereck ABC_1D. Berechne den Flächeninhalt der Vierecke in Abhängigkeit von x.
d) Für welche Belegung von x entstehen Trapeze?

Relation – Funktion – Umkehrfunktion
Eine **Funktion f** ist eine Menge geordneter Zahlenpaare, bei der zu jedem $x \in \mathbb{D}$ genau ein $y \in \mathbb{W}$ existiert. Die Funktion wird durch eine Funktionsgleichung aus einer Produktmenge A x B aussortiert.
Sind mindestens einem x-Wert mehrere y-Werte zugeordnet, so spricht man von einer **Relation R.**
Vertauscht man die Komponenten x und y einer Funktion, so erhält man die **Umkehrfunktion f^{-1}** oder Umkehrrelation R^{-1}.

Lineare Funktion
Die Gleichung f: y = mx + t beschreibt eine lineare Funktion; m heißt Steigung, t heißt y-Achsenabschnitt. Der Graph einer linearen Funktion ist eine Gerade.

f: $y = \frac{1}{2}x + 2$

Gleichung von f^{-1}:

$x = \frac{1}{2}y + 2$

f^{-1}: $y = 2x - 4$

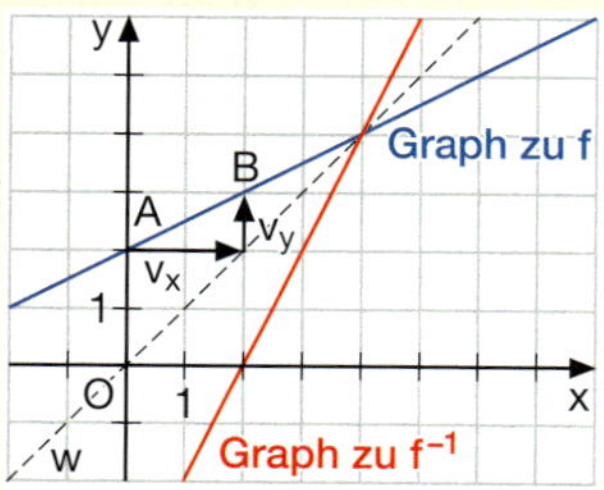

Steigung
Für g = AB gilt: $\overrightarrow{AB} = \binom{v_x}{v_y}$; $m = \frac{v_y}{v_x}$

A(2|1); B(4|4); $\overrightarrow{AB} = \binom{2}{3}$; $m = \frac{3}{2}$

Zwei Geraden g und h sind parallel, wenn gilt:
$m_g = m_h$
Parallele Geraden bilden eine **Parallelenschar** p(t) mit der Gleichung $y = m_0x + t$.

Punkt-Steigungs-Form
g mit $y = m(x - x_P) + y_P$ mit $P(x_P|y_P) \in g$

$m = \frac{3}{2}$; $P(-1|4) \in g$

g mit $y = \frac{3}{2}(x + 1) + 4$

Lässt man $m \in \mathbb{Q}$ variabel, so erhält man die Gleichung eines **Geradenbüschels** g(m) mit dem Büschelpunkt P.

P(−1|4); g (m) mit y = m(x + 1) + 4

Senkrechte Geraden
Zwei Geraden g und h stehen senkrecht aufeinander, wenn gilt:
$m_g \cdot m_h = -1$ bzw. $m_g = -\frac{1}{m_h}$

1 Gegeben ist eine Relation
$R = \{(x|y) | y + 0{,}5x^2 = 3\}$ in der Grundmenge M x $\mathbb{Z}$, wobei M = {−4; −2; −1; 0; 1; 2; 4}.
a) Bestimme die Elemente der Relation.
b) Fertige eine grafische Darstellung.
c) Entscheide ob R eine Funktion ist. Begründe.

2 Zeichne die Graphen zu folgenden Funktionen in ein Koordinatensystem:
a) f: y = −1,5x + 3
g: 1,5x + 3 − y = 0
h: $2x + \frac{1}{2}y + 3 = 0$
b) f: y = 2
g: y = 2x
h: y = x + 2

3 Bestimme aus der Zeichnung die Gleichungen der Geraden g_1 bis g_4.

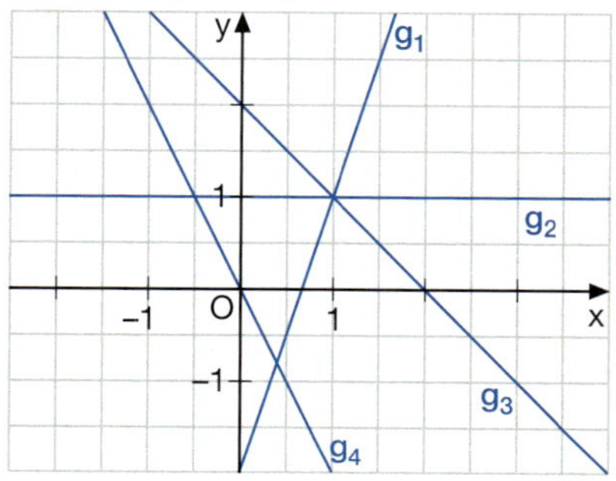

4 Stelle die Geradengleichungen auf für g = AB.
a) A(−5|3); B(2|1)
b) A(4,5|1); B(1|4,5)
c) A(0,5|7); B(−3,5|3)
d) A(−0,5|7); B(3,5|3)

5 Gegeben sind Dreiecke AB_nC mit A(−2|3), $B_n(x_B|-1)$ und C(5|1).
a) Es gibt 4 rechtwinklige Dreiecke. Fertige eine Zeichnung an.
Platzbedarf: $-4 \leqq x \leqq 6$; $-2 \leqq y \leqq 4$
b) Bestimme die Koordinaten der gefundenen Eckpunkte B_n. Für zwei der Punkte kannst du die Koordinaten rechnerisch ermitteln.

6 Eine Parallelenschar p(t) ist festgelegt durch y = 0,5x + t, ein Geradenbüschel g(m) durch y = m (x − 3) + 1.
a) Welche Geraden verlaufen jeweils durch A(−1|4)?
b) Welche Gerade der Schar p(t) gehört zum Büschel g(m)?
c) Die Gerade g_0 des Büschels steht senkrecht auf allen Geraden der Parallelenschar p(t). Bestimme ihre Gleichung.

Quadratische Funktion

Die Gleichung $y = a(x - x_S)^2 + y_S$ legt eine quadratische Funktion f fest. Der Graph der Funktion f ist eine Parabel p mit dem Scheitel $S(x_S | y_S)$ und dem Öffnungsfaktor a.

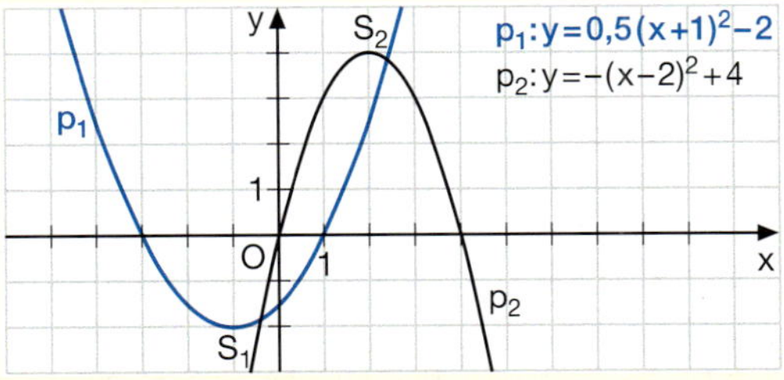

$a > 0$	oben offene Parabel
$a < 0$	unten offene Parabel
$\|a\| > 1$	schmal, gestreckt
$\|a\| < 1$	breit, gestaucht
$\|a\| = 1$	Normalparabel

Die **allgemeine Form** der Parabelgleichung $y = ax^2 + bx + c$ kann durch quadratische Ergänzung in die **Scheitelform** $y = a(x - x_S)^2 + y_S$ umgeformt werden.

$y = -0{,}5x^2 + 2x + 1$
$y = -0{,}5(x^2 - 4x + 2^2 - 4) + 1$
$y = -0{,}5(x - 2)^2 + 3;\ S(2|3)$

Quadratische Gleichungen

Eine Gleichung der Form $ax^2 + bx + c = 0$ ist eine quadratische Gleichung. Der Term $D = b^2 - 4ac$ heißt **Diskriminante** und bestimmt die Anzahl der Lösungen:

$D > 0$	2 Lösungen
$D = 0$	1 Lösung
$D < 0$	keine Lösung

Lösungsformel: $x_{1,2} = \frac{-b \pm \sqrt{b^2 - 4ac}}{2a}$

$2x^2 - 4x - 2{,}5 = 0$
$D = (-4)^2 - 4 \cdot 2 \cdot (-2{,}5) = 36$
$x_{1,2} = \frac{4 \pm 6}{4};\ \mathbb{L} = \{-0{,}5;\ 2{,}5\}$

Tangente an eine Parabel

Eine Gerade g ist Tangente an eine Parabel p, wenn es genau einen Schnittpunkt gibt.

p mit $y = x^2$; g(t) mit $y = -0{,}5x + t$
Schnittpunktbedingung: $x^2 = -0{,}5x + t$
Diskriminante: $D = 4t + 0{,}25$
Tangentenbedingung: $D = 0$; $4t + 0{,}25 = 0$
Tangente t mit $y = -0{,}5x - \frac{1}{16}$

1 Bestimme die Scheitelkoordinaten und zeichne die Parabeln in ein Koordinatensystem.
a) $y = x^2 + 8x + 12$ b) $y = x^2 + 2x - 6$
c) $y = x^2 - 6x + 8$ d) $y = \frac{2}{3}x^2 - 4x + 6$
e) $y = -2x^2 + 6x + 4{,}5$ f) $y = 0{,}25x^2 - 1$

2 Bestimme jeweils die Gleichung der Parabel p mit $P, Q \in p$.
a) $P(4|5)$; $Q(1|0{,}5)$; $a = 1{,}5$
b) $P(0|2{,}5)$; $Q(5|-5)$; $a = -0{,}5$
c) $P(1|-2)$; $Q(6|-7)$; unten offene Normalparabel
d) $P(2|-1)$; $Q(-1|2)$; $a = 1$
e) $P(-3|12)$; Symmetrieachse $x = -2$; unten offene Normalparabel

3 a) Zeichne die Parabel p mit $y = -(x - 2)^2 + 3$ in ein Koordinatensystem.
b) Die Punkte $A_n(x|-(x - 2)^2 + 3)$ und $B_n(x_B|y_B)$ liegen auf der Parabel p. Dabei ist die Abszisse x_B der Punkte B_n stets um 2 größer als die Abszisse x der Punkte A_n. Stelle die Koordinaten der Punkte B_n in Abhängigkeit von x dar.

4 Bestimme in $\mathbb{G} = \mathbb{R}$ die Lösungen der quadratischen Gleichungen.
a) $x^2 - 5x + 12 = 0$
b) $x^2 + 7x - 3 = 0$
c) $(x + 1)(x - 2) = 0$
d) $4x + 12{,}5 - 3x^2 = 2x(3 - 2x)$

5 Ein gleichseitiges Dreieck hat eine Seitenlänge von 2 cm. Verlängert man alle Seiten um x cm, so entstehen neue Dreiecke. Für welche Werte von x ist der Flächeninhalt der neuen Dreiecke um 4 cm^2 größer als der ursprüngliche?

6 Gegeben ist die Parabel p mit $y = -x^2 + 8x - 13$ und das Geradenbüschel g(m) mit $y = mx - 5m + 6$.
a) Zwei Geraden des Büschels sind Tangenten an die Parabel. Berechne ihre Gleichungen. Zeichne die Parabel und die Tangenten in ein Koordinatensystem ein. Bestimme die Koordinaten der Berührpunkte B_1 und B_2.
b) Die Gerade h mit $y = -2x + 8$ schneidet p in den Punkten P und Q.

Verknüpft man zwei lineare Gleichungen mit zwei Variablen durch „∧", so entsteht ein **lineares Gleichungssystem.**

(I) $y + x = 2$ $\qquad \mathbb{G} = \mathbb{R} \times \mathbb{R}$

(II) $\wedge\ y = x - 1$

Grafische Lösung

Löse beide Gleichungen nach y auf und zeichne die zugehörigen Geraden g und h.

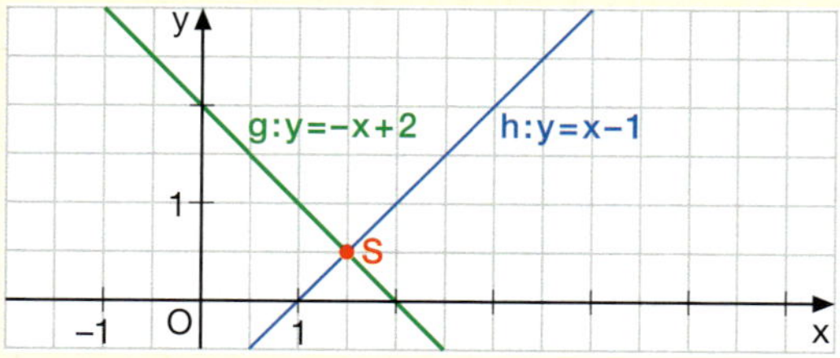

Die Lösung erhält man als Koordinaten des Schnittpunktes S (1,5|0,5) der beiden Geraden g und h. Die Lösung muss beide Gleichungen gleichzeitig erfüllen

(I) $0{,}5 + 1{,}5 = 2$ (w)

(II) $\wedge\ 0{,}5 = 1{,}5 - 1$ (w) $\qquad \mathbb{L} = \{(1{,}5|0{,}5)\}$

Gleichsetzungsverfahren

(I) $y + x = 2$

(II) $\wedge\ y = x - 1$

Löse beide Gleichungen z. B. nach y auf.

(I) $y = -x + 2$

(II) $\wedge\ y = x - 1$

(I) = (II) $\quad -x + 2 = x - 1 \qquad x = 1{,}5$

Setze für x in (I) oder (II) ein.

(II) $y = 1{,}5 - 1;\ y = 0{,}5 \qquad \mathbb{L} = \{(1{,}5|0{,}5)\}$

Einsetzungsverfahren

(I) $y + x = 2$

(II) $\wedge\ y + 1 = x$

Löse eine Gleichung, z. B. (II) nach y auf.

(II) $y = x - 1$; setze in (I) ein.

(I) $x - 1 + x = 2;\ x = 1{,}5 \ldots \mathbb{L} = \{(1{,}5|0{,}5)\}$

Additionsverfahren

(I) $y = -x + 2$

(II) $\wedge\ y = x - 1$

Addiere beide Seiten der Gleichung. Dabei muss eine Variable herausfallen.

(I) + (II) $\quad y + y = -x + 2 + x - 1$

$2y = 1;\ y = 0{,}5 \ldots \quad \mathbb{L} = \{(1{,}5|0{,}5)\}$

1 Ermittle die Lösung des Gleichungssytems mit einem gegeigneten Verfahren ($\mathbb{G} = \mathbb{R} \times \mathbb{R}$).

a) $y = 2x + 3$
$\wedge\ y = x - 2$

b) $y = -1{,}5x + 2$
$\wedge\ y + 2 = 0{,}5x$

c) $y = -5 + x$
$\wedge\ y = -4x + 1{,}8$

d) $x = 4y + 6$
$\wedge\ 5{,}2y + 7{,}8 = 1{,}3x$

e) $3x + y = 2$
$\wedge\ -x + y = -4$

f) $-3{,}5y + 2x = 1$
$\wedge\ 7y + 4 = 4x$

2 Lies die Lösung ab. Gib das zugehörige Gleichungssystem an.

a)
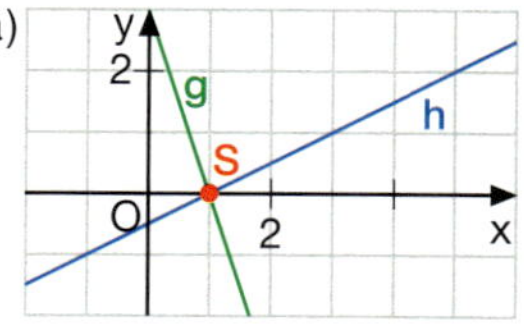

b)
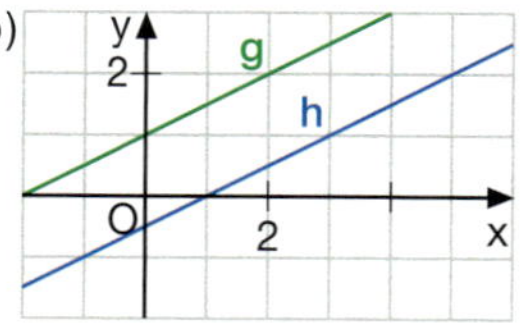

c)
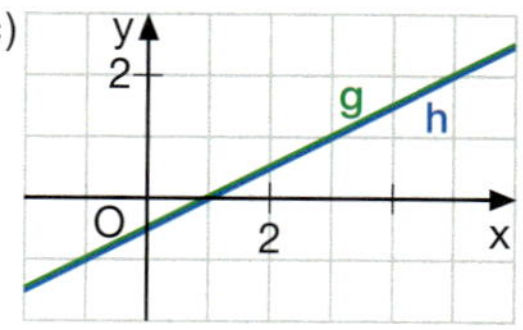

d)
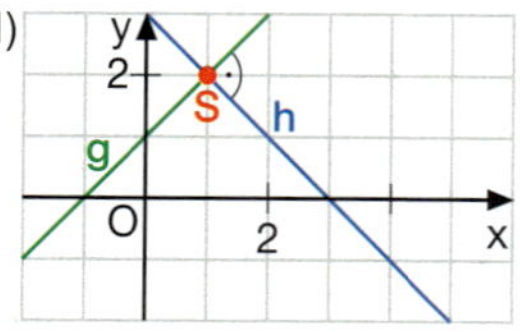

e) Nenne Bedingungen, für die ein lineares Gleichungssystem genau eine Lösung, keine Lösung oder unendlich viele Lösungen hat.

f) Wähle m aus {0,6; −0,6} und t aus {2,4; −2,4} so, dass folgendes lineares Gleichungssystem

$y = -0{,}6x + 2{,}4$
$\wedge\ y = mx + t$

I) genau eine Lösung
II) keine Lösung
III) unendlich viele Lösungen hat.

3

Preis in € pro Minute ins nationale Festnetz	Regenbogen-Tarif	UFO-Tarif
Hauptzeit (7:00–18:00 Uhr)	0,15	0,50
Nebenzeit (18:00–7:00 Uhr)	0,15	0,30
monatlicher Grundpreis in €	24,50	–

a) Berechne die Kosten für beide Tarife, wenn pro Monat in der Nebenzeit 80 Minuten telefoniert wird.

b) Berechne mit einem Gleichungssystem, bei wie vielen Gesprächsminuten in der Hauptzeit die Kosten für beide Tarife gleich sind.

Durch eine **zentrische Streckung** mit dem Streckungszentrum Z und einen Streckungsfaktor k wird jedem Urpunkt P ein Bildpunkt P′ zugeordnet.
Man schreibt: $P \xmapsto{Z;\,k} P'$
Es gilt: $\overline{ZP'} = |k| \cdot \overline{ZP}$ $(k \neq 0)$
Z ist für $k \neq 0$ und $k \neq 1$ der einzige Fixpunkt.

Für die Flächeninhalte A und A′ von Ur- und Bildfigur gilt: $\mathbf{A' = k^2 \cdot A}$

k positv $k = 1{,}5$ **k negativ** $k = -1{,}5$

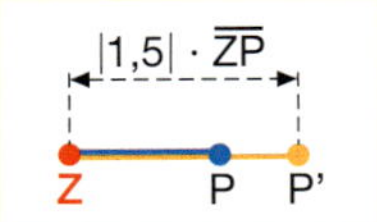

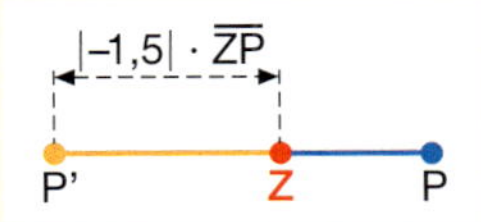

Ähnliche Dreiecke
Zwei Dreiecke ABC und A′B′C′ heißen ähnlich, wenn man sie durch eine zentrische Streckung (und zusätzliche Kongruenzabbildungen) aufeinander abbilden kann.
Man schreibt: $\text{Dreieck}_{ABC} \sim \text{Dreieck}_{A'B'C'}$
Dreiecke sind ähnlich, wenn jeweils
- die Maße von zwei Winkeln übereinstimmen;
- das Verhältnis von zwei Seitenlängen und das Maß des eingeschlossenen Winkels übereinstimmt;
- entsprechende Streckenlängen im gleichen Verhältnis stehen.

In der Abbildung gilt für die Maßzahlen:

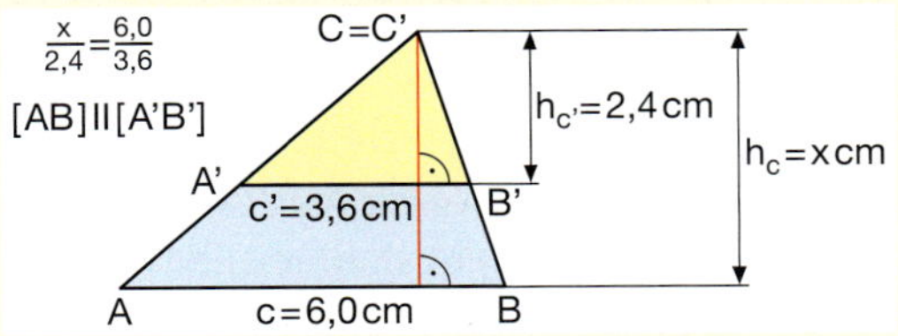

Werden zwei sich schneidende Geraden von zwei Parallelen geschnitten, ergeben sich ähnliche Dreiecke. Es gelten folgende Verhältnisse:

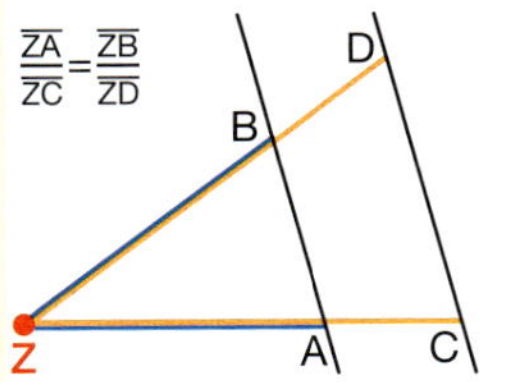

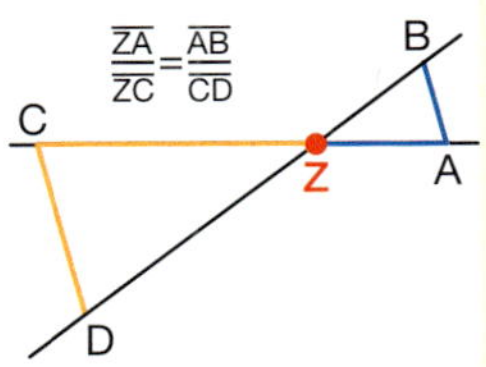

1 Dreieck ABC $\xmapsto{Z;\,k}$ Dreieck A′B′C′
Zeichne das Ur- und das Bilddreieck. Berechne die Flächeninhalte der beiden Dreiecke.
Es gilt: $A(0|-2)$; $B(3|0)$; $C(-1|2)$
Für die Zeichnung: $-4 \leqq x \leqq 8$; $-7 \leqq y \leqq 4$
a) $Z(0|0)$; $k = 2$ b) $Z(1|0)$; $k = -3$
c) $Z(3|1)$; $k = 1{,}5$ d) $Z(1|2)$; $k = -0{,}5$

2 a) Zeichne die Gerade mit $y = \frac{2}{3}x + 1{,}5$ und den Punkt $P(3|y)$ auf der Geraden g.
Für die Zeichnung: $0 \leqq x \leqq 4$; $-1 \leqq y \leqq 4$
b) Berechne die y-Koordinate von P.
c) Der Punkt P und die Gerade g werden durch zentrische Streckung mit $Z(3|1)$ und dem Faktor $k = -0{,}6$ abgebildet.
Zeichne den Punkt P′ und die Gerade g′.
d) Zeige, dass für den Punkt P′ gilt: $P'(3|-0{,}5)$
e) Berechne die Gleichung der Geraden g′.

3 Begründe, dass die Dreiecke ähnlich sind und berechne die Maßzahlen x und y.

a)

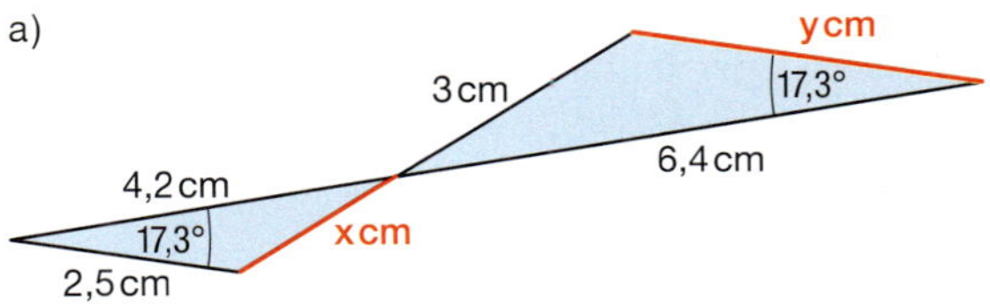

b)

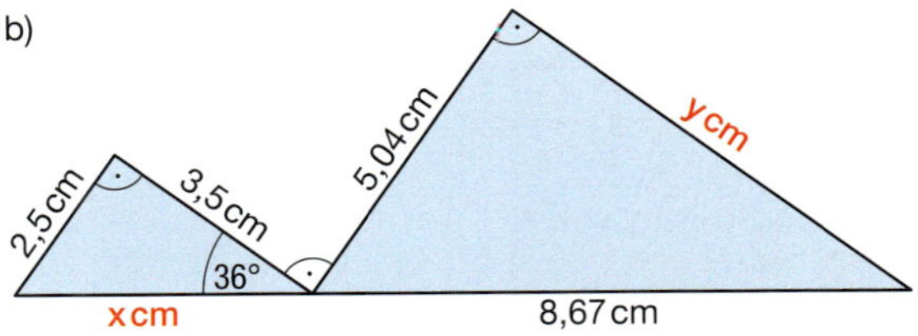

4 Gegeben ist das Dreieck OAB mit $O(0|0)$, $A(10|0)$ und $B(0|8)$.
Für die gleichschenkligen Dreiecke $P_nQ_nR_n$ mit der Basis $[Q_nR_n]$ gilt: $P_n \in [OA]$; $R_n \in [OB]$; $[Q_nR_n] \parallel [OA]$; M_n ist Mittelpunkt von $[Q_nR_n]$; $\overline{Q_nR_n} : \overline{M_nP_n} = 4 : 1$; $\overline{M_nP_n} = y$ LE
a) Zeichne die Dreiecke $P_1Q_1R_1$ und $P_2Q_2R_2$ für $y = 1$ und $y = 3$.
Für die Zeichnung: $-1 \leqq x \leqq 13$; $-1 \leqq y \leqq 9$
b) Konstruiere das Dreieck $P_0Q_0R_0$, bei dem der Eckpunkt Q_0 zusätzlich auf der Strecke [AB] liegt.
c) Berechne den Flächeninhalt des Dreiecks $P_0Q_0R_0$ und die Koordinaten von Q_0.

Strecken im Koordinatensystem

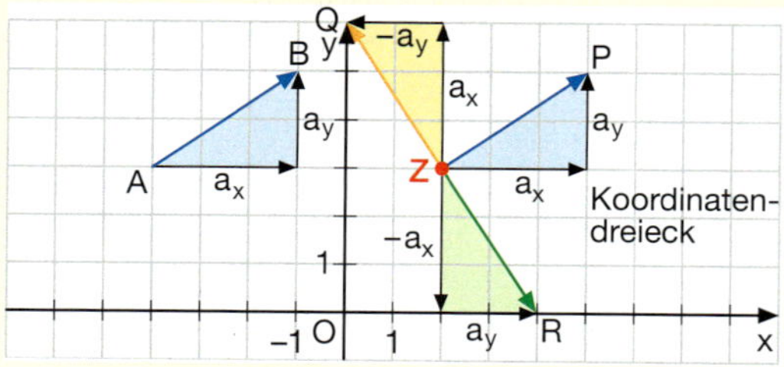

Mit Hilfe der Koordinatendreiecke folgt:
Strecken sind gleich lang.
$\overline{AB} = \overline{ZP} = \overline{ZQ} = \overline{ZR}$
Strecken sind parallel und gleich lang.
$\overrightarrow{AB} = \overrightarrow{ZP};\ \overrightarrow{ZQ} = \overrightarrow{RZ}$
Strecken sind senkrecht und gleich lang.
$[ZP] \perp [ZQ];\ [ZP] \perp [ZR];\ \overline{ZP} = \overline{ZQ} = \overline{ZR}$

Schwerpunkt eines Dreiecks

Die Seitenhalbierenden (Schwerlinien) eines Dreiecks schneiden sich im Schwerpunkt S. Er teilt jede Seitenhalbierende im Verhältnis 2:1. Es gilt: $\overrightarrow{MS} = 2 \cdot \overrightarrow{SM_a}$

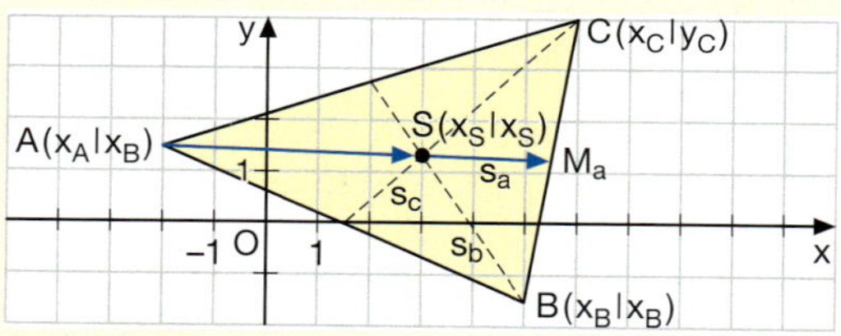

Koordinaten von S

$x_S = \frac{x_A + x_B + x_C}{3};\ y_S = \frac{y_A + y_B + y_C}{3}$

Zentrische Streckung

$P\,(x|(x-3)^2) \xmapsto{Z(-1|1);\ k=-1,5} P'\,(x'|y')$

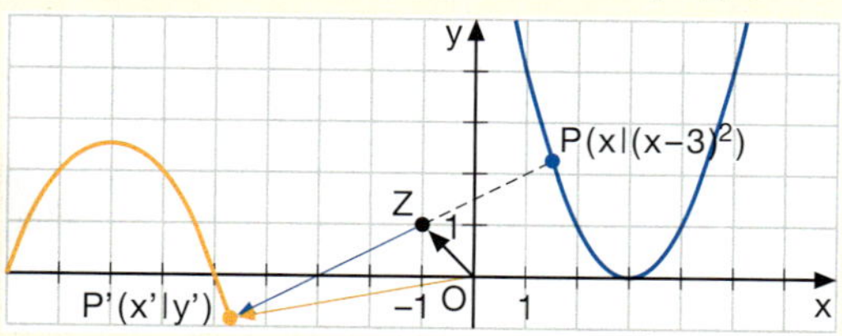

Mit einer geschlossenen Pfeilkette folgt für P':
$\overrightarrow{OP'} = \overrightarrow{OZ} \oplus \overrightarrow{ZP'}$ bzw. $\overrightarrow{OP'} = \overrightarrow{OZ} \oplus k \odot \overrightarrow{ZP}$

$\begin{pmatrix} x' \\ y' \end{pmatrix} = \begin{pmatrix} -1 \\ 1 \end{pmatrix} \oplus (-1,5) \odot \begin{pmatrix} x+1 \\ (x-3)^2 - 1 \end{pmatrix}$

$= \begin{pmatrix} -1,5x - 2,5 \\ -1,5\,(x-3)^2 + 2,5 \end{pmatrix}$

Ergebnis: $P'\,(-1,5x - 2,5|-1,5\,(x-3)^2 + 2,5)$

1 Überprüfe, ob die Strecken [AB] und [ZP] gleich lang und parallel sind ($x \in \mathbb{R}$).
a) $A(-4|1);\ B(0|3);\ Z(8,3|-5);\ P(4,3|-3)$
b) $A(1,4|1,9);\ B(2,9|-0,4);\ Z(5,8|-6);\ P(4,3|-3,7)$
c) $A(2|-1,5);\ B(x|x^2-1);\ Z(4|2x+0,5);\ P(x+2|(x+1)^2)$

2 Entscheide mit Hilfe geeigneter Koordinatendreiecke, ob die Pfeile aufeinander senkrecht stehen ($x \in \mathbb{R}$).
a) $\overrightarrow{AB} = \begin{pmatrix} -3 \\ 2 \end{pmatrix};\ \overrightarrow{CD} = \begin{pmatrix} 2 \\ -3 \end{pmatrix}$ c) $\overrightarrow{AB} = \begin{pmatrix} -x \\ 2x \end{pmatrix};\ \overrightarrow{CD} = \begin{pmatrix} 2x \\ x \end{pmatrix}$
b) $\overrightarrow{AB} = \begin{pmatrix} -1 \\ 4 \end{pmatrix};\ \overrightarrow{CD} = \begin{pmatrix} 4 \\ 1 \end{pmatrix}$ d) $\overrightarrow{AB} = \begin{pmatrix} -x \\ 2x \end{pmatrix};\ CD = \begin{pmatrix} 2x \\ -x \end{pmatrix}$

3 Belege $x\,(x \in \mathbb{R})$, sodass die Pfeile $\overrightarrow{AB}$ und $\overrightarrow{CD}$ zueinander senkrecht stehen.
a) $\overrightarrow{AB} = \begin{pmatrix} 4 \\ -1 \end{pmatrix};\ \overrightarrow{CD} = \begin{pmatrix} 1 \\ x \end{pmatrix}$ c) $\overrightarrow{AB} = \begin{pmatrix} -3 \\ 4,2 \end{pmatrix};\ \overrightarrow{CD} = \begin{pmatrix} 2x \\ 3 \end{pmatrix}$
b) $\overrightarrow{AB} = \begin{pmatrix} -x \\ -5 \end{pmatrix};\ \overrightarrow{CD} = \begin{pmatrix} -5 \\ 2 \end{pmatrix}$ d) $\overrightarrow{AB} = \begin{pmatrix} -5 \\ 3x \end{pmatrix};\ \overrightarrow{CD} = \begin{pmatrix} -6 \\ 5 \end{pmatrix}$

4 Der Punkt S ist Schwerpunkt des Dreiecks ABC. Berechne die fehlenden Koordinaten.
a) $A(-3|1);\ B(1,5|2);\ C(0|4,5);\ S(x_S|y_S)$
b) $A(2,5|2);\ B(5|4);\ C(0|x_C);\ S(x_S|4)$
c) $A(3|-1);\ B(x_B|-2);\ C(1,5|5,7);\ S(4,2|y_S)$
d) $A(-4|1);\ B(8|2);\ M_a(3|5);\ S(x_S|y_S)$

5 Der Punkt P wird durch zentrische Streckung mit dem Zentrum Z und dem Streckungsfaktor k ($k \in \mathbb{R}$) auf den Punkt P' abgebildet. Setze in deinem Heft für die Platzhalter richtig ein.
a) $P(3|1);\ Z(5|4);\ k = 2,5;\ P'(\square|\square)$
b) $P(\square|1);\ Z(-1|2);\ k = \square;\ P'(1|1,5)$
c) $P(x|0,5x-4);\ Z(0|-3);\ k = 1,5;\ P'(\square|\square)$
d) $P(x|x^2+4);\ Z(2|-1);\ k = \square;\ P'(2x-2|\square)$

6 Dreieck ABC $\xmapsto{Z;\,k}$ Dreieck A'B'C'
a) Berechne den Streckungsfaktor k und die Koordinaten des Streckungszentrums Z.
b) Vergleiche die Flächeninhalte der beiden Dreiecke.

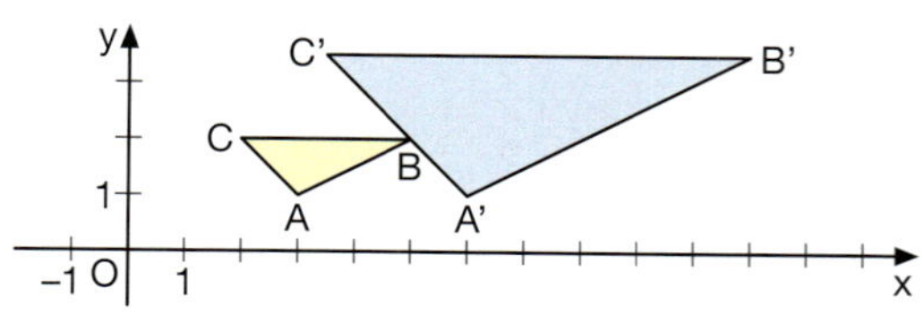

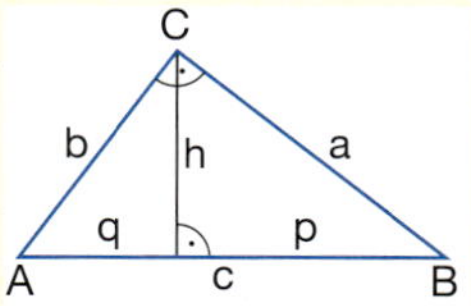

Satz des Pythagoras
$a^2 + b^2 = c^2$
Kathetensatz:
$a^2 = c \cdot p$
$b^2 = c \cdot q$
Höhensatz: $h^2 = p \cdot q$

$c = 7$ cm; $a = 4$ cm; $\gamma = 90°$;
$b = x$ cm; $q = y$ cm

Satz des Pythagoras: $4^2 + x^2 = 7^2$
$x = \sqrt{7^2 - 4^2}$
$x = \sqrt{33} = 5{,}74$
Ergebnis: $b = 5{,}74$ cm

Kathetensatz: $5{,}74^2 = 7 \cdot y$
$y = \frac{33}{7} = 4{,}71$
Ergebnis: $q = 4{,}71$ cm

Berechnung der Höhe in einem **gleichschenkligen Dreieck**
$c = 6$ cm; $a = 9$ cm; $a = b$; $h = x$ cm

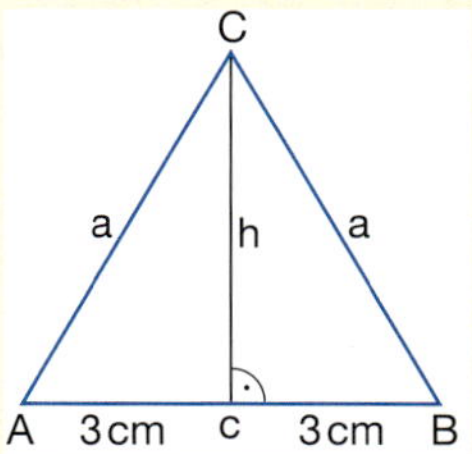

Satz des Pythagoras im rechtwinkligen Teildreieck AMC:
$x^2 + 3^2 = 9^2$
$x = \sqrt{9^2 - 3^2}$
$x = 8{,}49$
Ergebnis: $h = 8{,}49$ cm

Sonderfall: **gleichseitiges Dreieck**
$\mathbf{h = \frac{a}{2}\sqrt{3}}$ $\quad$ $\mathbf{A = \frac{a^2}{4}\sqrt{3}}$

Länge einer Strecke im Koordinatensystem

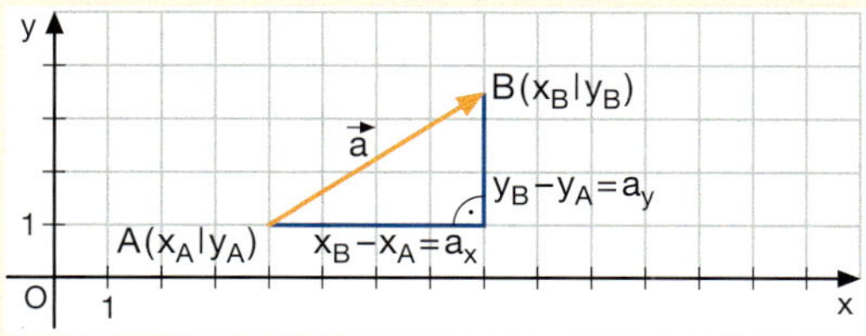

Betrag des Vektors $\vec{a} = \binom{a_x}{a_y}$
$|\vec{a}| = \sqrt{a_x{}^2 + a_y{}^2}$
Länge der Strecke [AB]:
$\overline{AB} = \sqrt{(x_B - x_A)^2 + (y_B - y_A)^2}$ LE

1 In einem rechtwinkligen Dreieck mit $\gamma = 90°$ sind die Höhe $h_c = 4{,}32$ cm und die Kathetenlänge $\overline{AC} = 5{,}83$ cm gegeben. Berechne die anderen Seitenlängen und den Flächeninhalt des Dreiecks.

2 Im Drachenviereck ABCD mit der Symmetrieachse AC und dem Diagonalenschnittpunkt M gilt:
$\beta = \delta = 90°$; $\overline{DC} = 9$ cm; $\overline{MC} = 7$ cm
Fertige eine Skizze an, berechne die Längen $\overline{AC}$, $\overline{BD}$ und $\overline{AB}$ und konstruiere das Drachenviereck.

3 Ein Würfel hat 6 cm Kantenlänge.
a) Berechne die Länge e seiner Raumdiagonalen.
b) Es entstehen Quader, wenn man die Seiten [AB] und [DC] des Würfels um x cm verlängert und gleichzeitig die Seiten [AE] und [BF] um x cm verkürzt. Für welche Belegung von x wird die Raumdiagonale des Quaders $2\sqrt{30}$ cm lang?

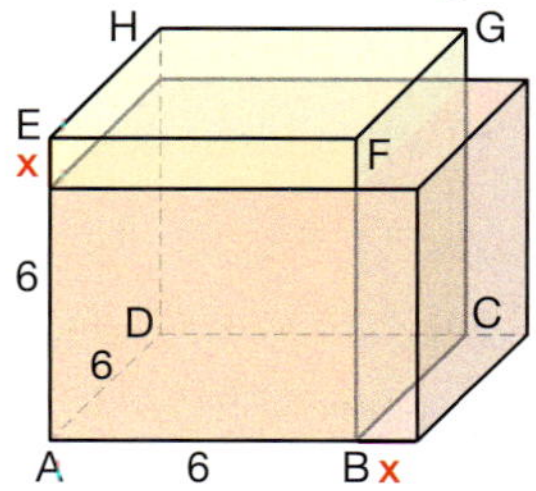

4 Gegeben ist das Dreieck ABC mit A(−6|−4,5), B(3,5|−0,5) und C(2|1,5).
a) Zeichne das Dreieck ABC in ein Koordinatensystem und zeige durch Rechnung, dass es rechtwinklig ist.
b) Verkürzt man die Seite [AC] von A aus um 2x cm und verlängert man gleichzeitig die Seite [BC] über B hinaus um x cm, so entstehen neue rechtwinklige Dreiecke A_nB_nC.
Zeichne das Dreieck A_1B_1C für $x = 2$ in das Koordinatensystem zu a) ein.
c) Für welche Belegung von x wird die Hypotenusenlänge $[A_nB_n]$ minimal? Berechne $\overline{AB}_{min}$.

5 Gegeben ist eine Schar von gleichschenkligen Dreiecken ABC_n mit der Basis [AB].
Es gilt: A(−1|2); B(3|0)
a) Zeichne ein Dreieck ABC_1 und begründe: Die Eckpunkte C_n dieser Dreiecke liegen auf der Geraden mit der Gleichung $y = 2x - 1$.
b) Zeige, dass sich die Schenkellänge $\overline{AC_n}$ wie folgt in Abhängigkeit von x darstellen lässt: $\overline{AC_n} = \sqrt{5x^2 - 10x + 10}$ LE
c) Die Schenkellänge des Dreiecks ABC_1 beträgt $\sqrt{10}$ LE. Berechne die zugehörige Belegung für x und die Koordinaten von C_1.
d) Zeige, dass das Dreieck ABC_1 rechtwinklig ist.

Kreis

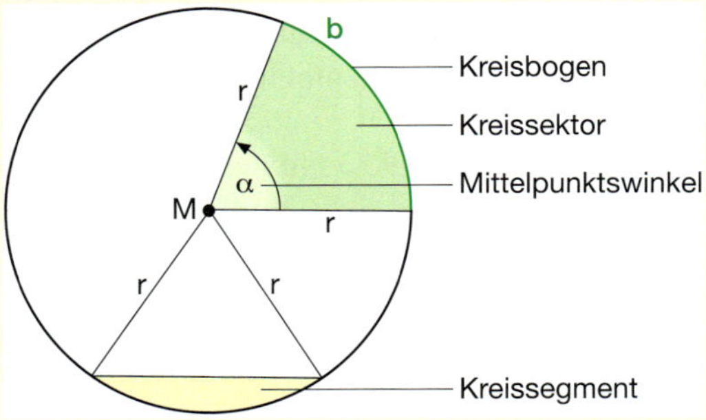

Kreisumfang: $\mathbf{u = d \cdot \pi}$
$\mathbf{u = 2r \cdot \pi}$
Flächeninhalt: $\mathbf{A = r^2\pi}$

Länge des **Kreisbogens:** $\mathbf{b = r\pi\frac{\alpha}{180°}}$

Flächeninhalt des **Kreissektors:**

$\mathbf{A_S = r^2\pi\frac{\alpha}{360°}}$; $\mathbf{A_S = \frac{1}{2}rb}$

Flächeninhalt des **Kreissegments:**
$A_{Segment} = A_{Sektor} - A_{Dreieck}$

Raumgeometrie
Pyramide mit rechteckiger Grundfläche; $\omega = 45°$; $q = 0{,}5$; Schrägbildachse [DC]
Im Schrägbild erscheinen alle zur Zeichenebene parallel verlaufenden Strecken, Flächen und Winkel in wahrer Größe.
Strecken, die senkrecht zur Zeichenebene verlaufen, werden verzerrt und verkürzt dargestellt.

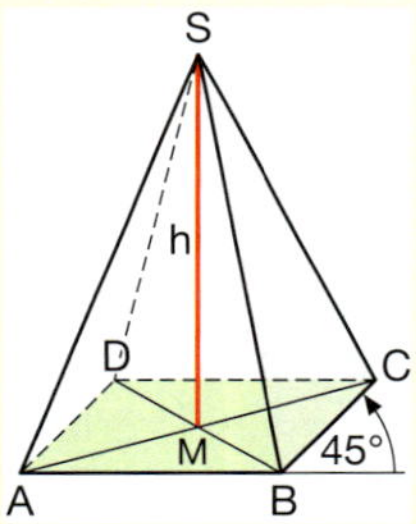

Prisma
In einem Prisma liegen Grund- und Deckfläche parallel zueinander und sind kongruent. Für ein gerades Prisma gilt:

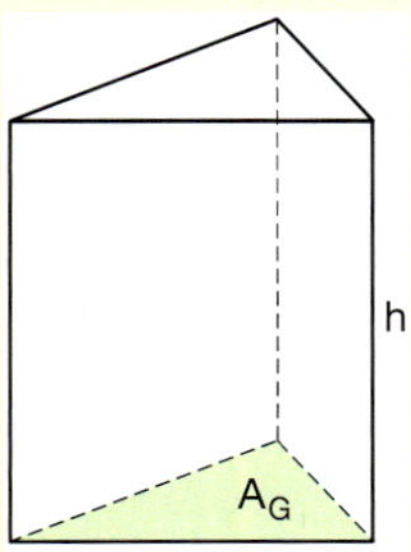

Mantelfläche: $\mathbf{M = u \cdot h}$
Oberfläche: $\mathbf{O = 2A_G + M}$
Volumen: $\mathbf{V = A_G \cdot h}$

1 Berechne von den Größen A_S, b, r, α die jeweils fehlenden.
a) $\alpha = 20°$; $A_S = 2\pi\ cm^2$
b) $\alpha = 300°$; $b = 25\pi$ cm
c) $b = 10$ cm; $A_S = 200\ cm^2$

2 Berechne die Bogenlänge b und die Länge der Sehne [AB] für r = 3,5 cm.

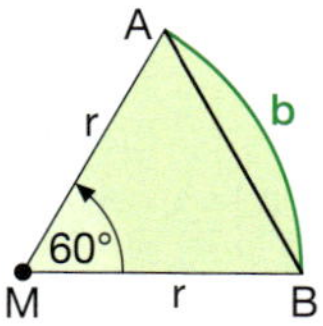

3 Gegeben ist ein Quader ABCDEFGH mit $\overline{AB} = 8$ dm; $\overline{AE} = 5$ dm und $\overline{AG} = 11{,}18$ dm.
a) Zeige, dass gilt: $\overline{BC} = 6$ dm
b) Berechne den Oberflächeninhalt und das Volumen des Quaders. Runde sinnvoll.

4 Berechne die fehlenden Größen des Prismas.

	a)	b)	c)
A_G in cm^2	120		60
h in cm		3,7	
V in cm^3	256	15	
Dichte ρ in $\frac{g}{cm^3}$	8,9		2,4
Masse m in g		289,5	108

5 Ein gleichseitiges Dreieck ist die Grundfläche eines Prismas.
Es gilt: $A_G = 530{,}44\ cm^2$; h = 52 cm
Berechne den Flächeninhalt des Mantels.

6 Gegeben ist ein Quader ABCDEFGH mit rechteckiger Grundfläche. Es entstehen neue Quader, wenn man die Seiten [AB] und [DC] um jeweils x cm verlängert und die Höhe h um 0,5x cm verkürzt. Es gilt: a = 5 cm; b = 3 cm; h = 7 cm
a) Zeichne ein geeignetes Schrägbild.
b) Aus welchen Intervall darf man x wählen?
c) Stelle das Volumen der Quader in Abhängigkeit von x dar.
d) Für welchen Wert von x erhält man ein maximales Volumen? Gib V_{max} an.
e) Überprüfe, ob der Quader mit dem größten Volumen auch die größte Oberfläche besitzt.
f) Stelle die Länge der Raumdiagonalen in Abhängigkeit von x dar.
g) Für welchen Wert von x hat die Raumdiagonale die Länge 10 cm?

Pyramide

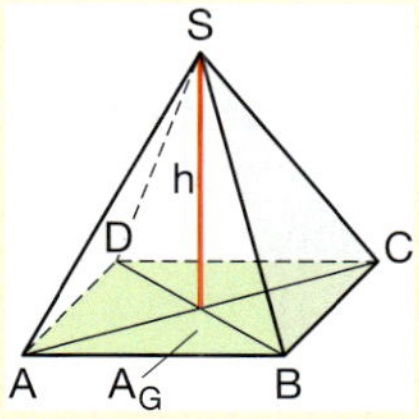

Volumen:
$\mathbf{V = \frac{1}{3} A_G \cdot h}$

Oberflächeninhalt:
$\mathbf{O = A_G + M}$

Durch Rotation eines Rechtecks um eine Symmetrieachse entsteht ein **Zylinder.**

Volumen: $\mathbf{V = r^2 \pi h}$

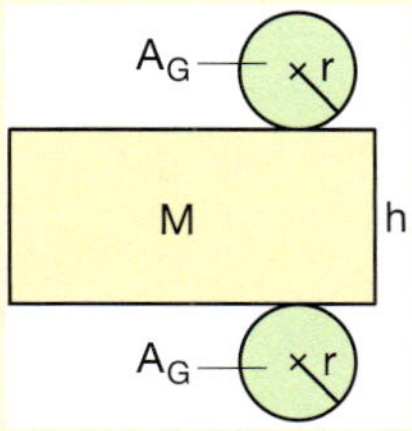

Flächeninhalt des Mantels:
$\mathbf{M = 2r\pi h}$

Oberflächeninhalt:
$\mathbf{O = 2 \cdot A_G + M}$
$\mathbf{O = 2r\pi(r+h)}$

Kreiskegel

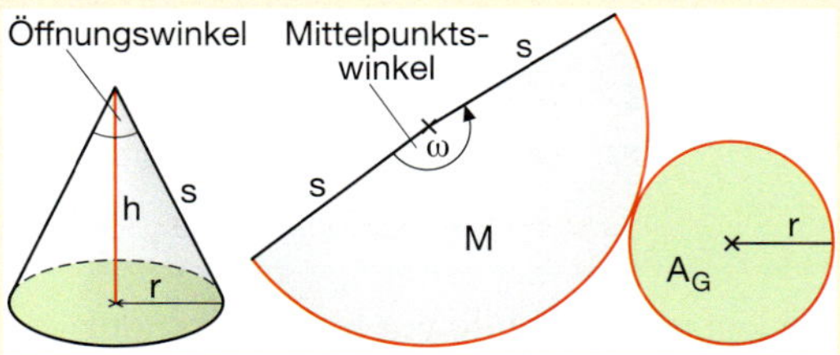

Volumen:
$\mathbf{V = \frac{1}{3} r^2 \pi h}$

Flächeninhalt des Mantels:
$\mathbf{M = r\pi s}$

Mittelpunktswinkel des Mantels:
$\mathbf{\omega = \frac{r}{s} \cdot 360°}$

Oberflächeninhalt:
$\mathbf{O = r^2\pi + r\pi s = r\pi(r + s)}$

Kugel

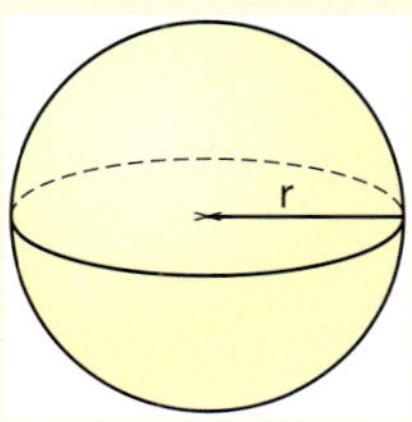

Volumen:
$\mathbf{V = \frac{4}{3} r^3 \pi}$

Oberflächeninhalt:
$\mathbf{O = 4r^2\pi}$

7 Die Grundfläche der Pyramide ABCDS ist das Quadrat mit der Seitenlänge 5 cm. Die Spitze steht senkrecht über dem Diagonalenschnittpunkt M mit $\overline{MS} = 7$ cm. Es entstehen neue Pyramiden, wenn man die Kanten [AB] und [CD] um jeweils 2x cm verlängert und die Höhe h um x cm verkürzt.
a) Gib das Intervall für x an.
b) Zeichne ein räumliches Bild für x = 1.
c) Stelle das Volumen in Abhängigkeit von x dar.
d) Für welche Belegung von x erhält man ein maximales Volumen.

8 In einem Kreiszylinder wird der Radius r um x cm verlängert und gleichzeitig die Höhe h um 0,5x cm verkürzt. Es gilt: r = 2 cm; h = 5 cm
a) Stelle das Volumen in Abhängigkeit von x dar.
b) Tabellarisiere V(x) im Intervall [−5; 10] mit $\Delta x = 1$ und zeichne den Graphen.
c) Für welche Belegung von x erhält man eine maximale Mantelfläche?

9 In einem Kegel mit dem Grundkreisradius r = 3 cm und der Höhe h = 8 cm werden Kegel K_n mit dem Grundkreisradius x cm und der Höhe y cm einbeschrieben (vergleiche Skizze).

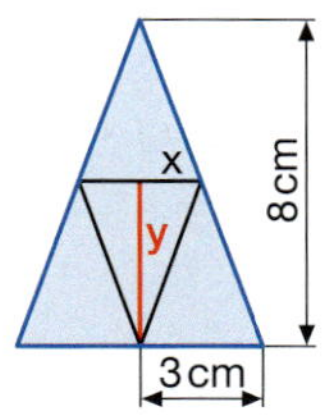

a) Zeichne einen Axialschnitt des Kegels mit dem einbeschriebenen Kegel K_1 für x = 1,5.
b) Berechne das Volumen und den Oberflächeninhalt des einbeschriebenen Kegels K_1.
c) Für welche Belegung von x ist der Axialschnitt des einbeschriebenen Kegels K_2 ein rechtwinkliges Dreieck?
d) Für welchen Wert von x ist der Axialschnitt des einbeschriebenen Kegels K_3 ein gleichseitiges Dreieck?
e) Stelle das Volumen des Kegels in Abhängigkeit von x dar.

10 Für einen Handball wurden 1333 cm^2 Leder verarbeitet. Welchen Umfang hat der Handball?

11 Einem Würfel ist eine Kugel mit dem Radius r = 3 cm einbeschrieben und eine Kugel mit dem Radius R umbeschrieben.
Berechne das Volumen und den Oberflächeninhalt der ein- und umbeschriebenen Kugel. Vergleiche.

2 Abbildungen I

Orthogonale Affinität

1 a) Zeichne mit einem Geometrieprogramm das Viereck ABCD, das Dreieck EFG, den Kreis k_1 und den Kreis k_2.
Es gilt: A(1|−1); B(14|2); C(12|8); D(5|8); E(6|2); F(10|3); G(8|5); $M_1(11|6)$; $r_1 = 1$ LE; $M_2(6|6)$; $r_2 = 1$ LE

b) Lasse auf dem Rand des Vierecks ABCD einen Punkt P(x|y) wandern.
Zeichne zum Punkt P einen Bildpunkt P′(x′|y′) mit $x' = x$ und $y' = k \cdot y$, z.B. $k = -0{,}5$.
Lasse die Ortslinie des Punktes P′ aufzeichnen.

c) Führe die Aufgabe b) mit einem Punkt Q auf dem Rand des Dreiecks EFG sowie mit den Punkten R bzw. S auf den Kreisen k_1 bzw. k_2 durch.

d) Führe die Aufgaben b) und c) mit anderen Werten von k durch.

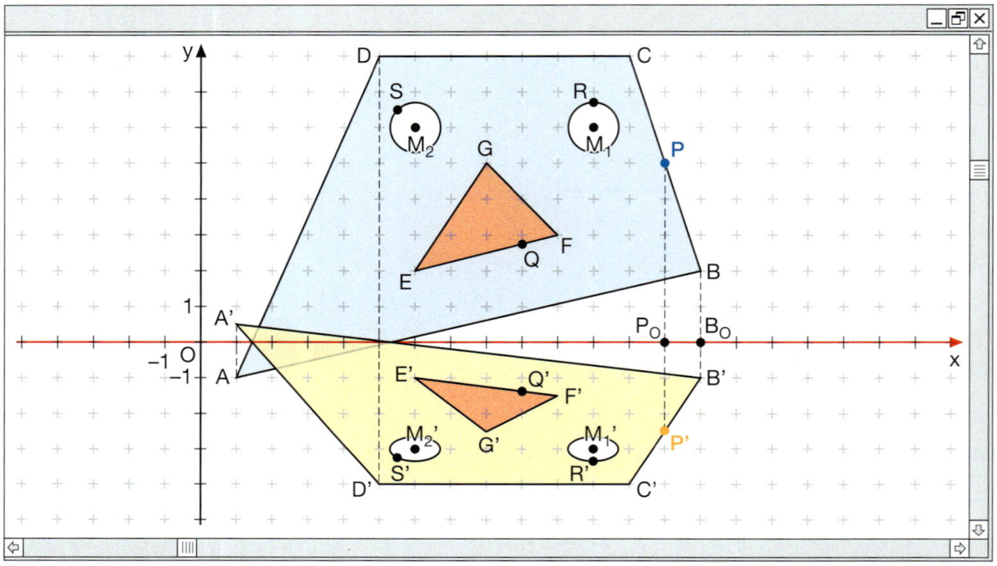

e) Die in b) und c) durchgeführten Vorgänge legen eine Abbildung fest. Begründe.

Orthogonale Affinität

Eine Abbildung heißt **orthogonale Affinität** (senkrechte Achsenstreckung), wenn jedem Urpunkt P ein Bildpunkt P′ so zugeordnet wird, dass gilt: $\overrightarrow{P_oP'} = k \cdot \overrightarrow{P_oP}$
Der Punkt P_o ist der Fußpunkt des Lotes vom Urpunkt P auf die x-Achse.
Die x-Achse heißt **Affinitätsachse** (Streckungsachse).
Der Faktor k heißt **Affinitätsfaktor.**

Man schreibt: $P \xmapsto{\text{x-Achse; k}} P'$
Lies: Der Punkt P wird durch orthogonale Affinität mit der x-Achse als Affinitätsachse und dem Affinitätsfaktor k auf den Punkt P′ abgebildet.

2 a) P_o ist der Fußpunkt des Lotes vom Urpunkt P auf die x-Achse. Welche Lagen haben die Strecken $[PP_o]$ und $[P'P_o]$ bezüglich der x-Achse? Welche Längen haben sie?

b) Beschreibe ein Verfahren, wie man zum Punkt P den zugehörigen Bildpunkt P′ durch Konstruktion erhält. Welche Besonderheiten ergeben sich für $k = 1$ und $k = -1$?

3 a) Für welche Fälle gibt es Fixpunkte bzw. Fixgeraden?

b) Wie verändern sich Streckenlängen, Winkelmaße, Kreise bei den oben durchgeführten Abbildungen? Mache Aussagen über den Umlaufsinn.

c) Wann wird eine Strecke auf eine Strecke gleicher Länge abgebildet?

Abbildungsvorschrift

Jedem Punkt P, der nicht auf der x-Achse liegt, wird ein Punkt P′ wie folgt zugeordnet:

Man fällt vom Punkt P das Lot auf die x-Achse. Der Fußpunkt des Lotes ist der Punkt P_o.

Für den Bildpunkt P′ gilt: $\overrightarrow{P_oP'} = k \cdot \overrightarrow{P_oP}$

Abbildungsgleichung

Für die Koordinaten der Punkte $P(x|y)$ und $P'(x'|y')$ gilt folgende **Abbildungsgleichung**: $x' = x$
$\wedge\ y' = k \cdot y$

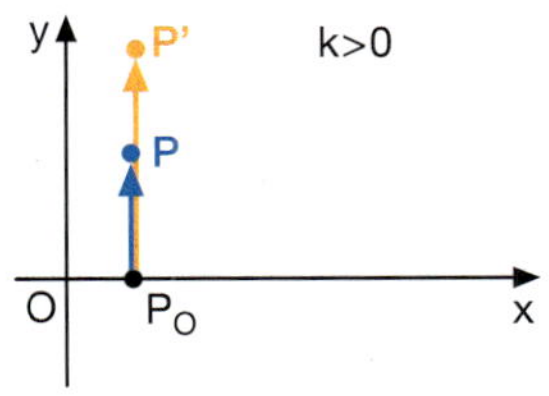

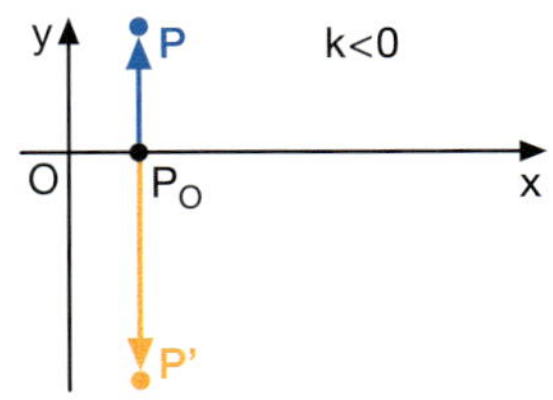

Jeder Punkt auf der x-Achse ist Fixpunkt. Es gilt: P = P′

Spezialfälle: Für k = 1 wird der Punkt P auf sich selbst abgebildet (Identität).
Für k = −1 wird der Punkt P an der x-Achse gespiegelt.

Eigenschaften

Eigenschaften der Abbildung durch orthogonale Affinität
- Jeder Punkt P wird auf einen Bildpunkt P′ abgebildet.
- Die Abbildung ist geradentreu, parallelentreu, aber nicht winkeltreu, längentreu und kreistreu.
- Für k < 0 ändert sich der Umlaufsinn eines Vielecks.
- Alle Punkte auf der x-Achse sind Fixpunkte.
- Die x-Achse ist Fixpunktgerade.
- Geraden, die senkrecht zur x-Achse verlaufen, sind Fixgeraden.
- Geraden, die parallel zur x-Achse verlaufen werden auf parallele Geraden abgebildet.
- Strecken, die parallel zur x-Achse verlaufen, werden auf parallele, gleich lange Strecken abgebildet.

Übungen

4 Bestimme den Affinitätsfaktor k. Es gilt: $P \xrightarrow{\text{x-Achse; k}} P'$

a) $A(0|3)$; $A'(0|1)$
b) $B(4{,}5|3{,}25)$; $B'(4{,}5|6{,}5)$
c) $C(1|2{,}5)$; $C'(1|-1{,}25)$
d) $D(-2|-2)$; $D'(-2|3{,}5)$
e) $E(2|1{,}15)$; $E'(2|1{,}61)$
f) $F(1{,}7|0{,}8)$; $F'(1{,}7|-1{,}8)$

5 Die Figur wird durch orthogonale Affinität mit der x-Achse als Affinitätsachse auf die Bildfigur abgebildet. Der Affinitätsfaktor ist k. Berechne die Koordinaten der fehlenden Punkte bzw. den Affinitätsfaktor k. Zeichne die Figuren.

a) $A(-2|-1{,}5)$; $B(3|0)$; $C(1|3)$; $D(-4|1{,}5)$; $k = 0{,}75$
b) $A(-3|-2)$; $B(3{,}3|-1{,}1)$; $B'(x_B|1{,}65)$; $C(4|2)$; $D(1|3)$;
c) $A(-3|-2)$; $B'(4|5)$; $C(2|1)$; $D'(-1|-2{,}5)$; $k = -2{,}5$
d) $A(-4|1)$; $A'(x_{A'}|-0{,}5)$; $B(x_B|-2)$; $B'(-2|y_{B'})$; $C(2|-1)$; $D(x_D|3)$; $D'(3|y_{D'})$; $E(-1|3)$

6

> $g: y = x - 3$
> $g': y = -0{,}25x + 0{,}75$
> $P \in g;\ P(1|-2)$
> $P' \in g';\ P'(1|0{,}5)$
> $0{,}5 = k \cdot (-2)$
> $k = -0{,}25$

Bestimme den Affinitätsfaktor k. Es gilt: $g \xrightarrow{\text{x-Achse; k}} g'$

a) $g: y = -2x;\ g': y = 0{,}5x$
b) $g: y = 0{,}5x + 1;\ g': y = -1{,}5x - 3$
c) $g: 2x - y - 1 = 0;\ g': 4x + y - 2 = 0$
d) $g: y = 0{,}75x - 1{,}5;\ g': y = 1{,}5x - 3$
e) $g: y + 1{,}2x = 0{,}8;\ g': y = -0{,}48x + 0{,}32$

7 Das Dreieck ABC wird durch orthogonale Affinität mit der x-Achse als Affinitätsachse auf das Bilddreieck A′B′C′ abgebildet. Es gilt: $A(-2|2);\ B(4|1);\ C(0|4);\ A'(-2|-1{,}5)$

a) Zeichne das Dreieck ABC und den Punkt A′.
b) Berechne den Affinitätsfaktor k.
c) Berechne die Koordinaten der Punkte B′ und C′. Zeichne das Dreieck A′B′C′.
d) Berechne die Koordinaten der Fixpunkte der Geraden AC und BC.

W 16

8 Das Dreieck ABC wird durch orthogonale Affinität mit der x-Achse als Affinitätsachse so abgebildet, dass der Punkt B den Bildpunkt B′ besitzt.
Es gilt: $A(-3|-4),\ B(4|-2),\ C(2|4),\ B'(x'|3)$

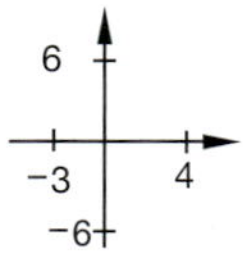

a) Zeichne das Dreieck ABC und das Bilddreieck A′B′C′.
b) Wie lautet die Abbildungsgleichung?
c) Berechne die Koordinaten der Punkte A′ und C′.
d) Zeige am Beispiel und auch allgemein, dass für den Flächeninhalt gilt: $A' = |k| \cdot A$
e) Der Punkt D teilt die Strecke [AC] im Verhältnis $\overline{AD} : \overline{DC} = 5:3$. Konstruiere den Teilpunkt und berechne seine Koordinaten.
f) Zeige: Der Punkt D′ teilt die Strecke [A′C′] ebenfalls im Verhältnis 5 : 3.

W 12

9 Die Gerade g wird durch orthogonale Affinität mit der x-Achse als Affinitätsachse und dem Affinitätsfaktor k auf die Bildgerade g′ abgebildet.
Zeichne die Geraden g und g′ und bestimme die Gleichung der Bildgeraden durch Rechnung.

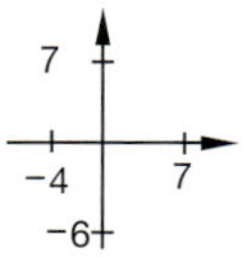

a) $g: y = x + 1;\ k = 2$
b) $g: y = \frac{3}{2}x - 2;\ k = \frac{1}{3}$
c) $g: y = -\frac{4}{5}x + 2;\ k = -\frac{1}{2}$
d) $g: x + 2y + 1 = 0;\ k = -\frac{2}{3}$

> $g: y = 2x;\ k = -0{,}5$
> $g \xrightarrow{\text{x-Achse; k}} g'$
> $x = x'$
> $\wedge\ y' = -0{,}5 \cdot 2x$
> $g':\ y = -x$

W 13

10 Ermittle rechnerisch die Gleichung der Bildparabel. Es gilt: $p \xrightarrow{\text{x-Achse; k}} p'$
Zeichne die Parabeln p und p′.

> $p: y = 2x^2 - 3x + 1;\ k = 0{,}5$
> $p \xrightarrow{\text{x-Achse; k}} p'$
> $x = x'$
> $\wedge\ y' = k \cdot y$
> $y' = 0{,}5 \cdot (2x'^2 - 3x' + 1)$
> $y' = x'^2 - 1{,}5x' + 0{,}5$
> $p':\ y = x^2 - 1{,}5x + 0{,}5$

a) $y = x^2 - 3;\ k = 0{,}5$
b) $y = x^2 + 2x;\ k = 0{,}5$
c) $y = -(x-2)^2;\ k = 2$
d) $y = 3x^2 - 12x;\ k = -\frac{1}{4}$
e) $y = \frac{1}{2}x^2 - 2x + 3;\ k = 2$
f) $y = -\frac{1}{2}(x+1)^2 - 5;\ k = 0{,}5$
g) $y = -\frac{2}{3}x^2 - 1{,}25x - 1{,}4;\ k = -0{,}6$
h) $3x^2 + 2x - y = 1;\ k = -\frac{4}{3}$

L $\frac{1}{2}x - \frac{2}{3};\ 2x + 2;\ \frac{1}{3}x + \frac{1}{3};\ \frac{2}{5}x - 1;\ 0{,}5x^2 + x;\ 0{,}5x^2 - 1{,}5;\ -2(x-2)^2;$
$-\frac{1}{4}(x+1)^2 - 2{,}5;\ -\frac{3}{4}x^2 + 3x;\ 0{,}4x^2 + 0{,}75x + 0{,}84;\ x^2 - 4x + 6;\ -4x^2 - \frac{8}{3}x + \frac{4}{3}$

Welcher Wert ergibt sich, wenn du die Brüche addierst? $\frac{1}{2} + \frac{1}{4} + \frac{1}{8} + \frac{1}{16} + \ldots$

= 0,9375

1 Durch eine Hintereinanderausführung von Achsenspiegelungen erhält man ausgehend vom Punkt P(4|−1) die Punkte Q, R, S, T und U des Sechsecks PQRSTU.

a) Finde die einzelnen Abbildungen und ergänze die Platzhalter in deinem Heft.

$$P \overset{\square}{\longmapsto} Q \overset{\square}{\longmapsto} R \overset{\square}{\longmapsto} S \overset{\square}{\longmapsto} T \overset{\square}{\longmapsto} U$$

b) Vergleiche für jede Abbildung die Koordinaten des Bildpunktes mit denen des zugehörigen Urpunktes.

c) Gib für jede Abbildung die Abbildungsgleichung an.

d) Der Punkt P kann direkt auf den Punkt T abgebildet werden.

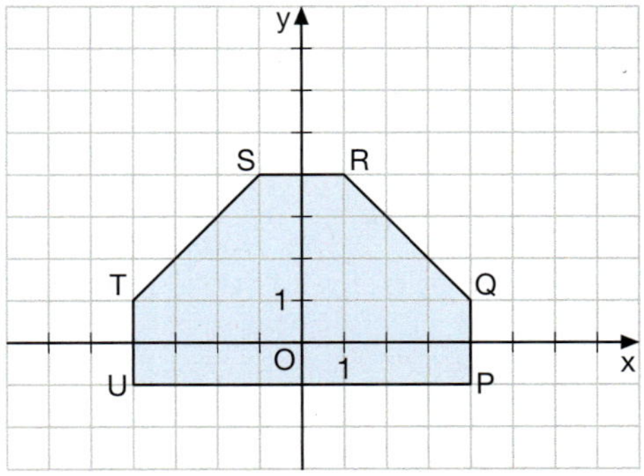

Achsenspiegelung an der x-Achse

$$x' = x$$
$$\wedge \; y' = -y$$

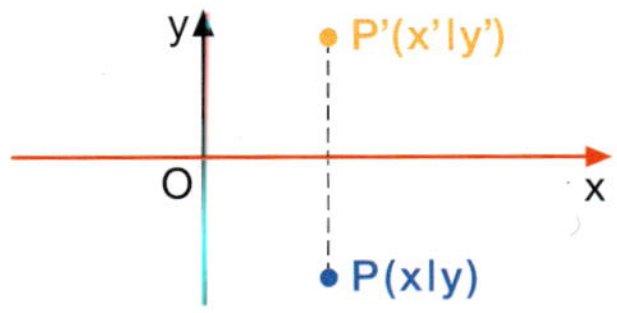

Achsenspiegelung an der y-Achse

$$x' = -x$$
$$\wedge \; y' = y$$

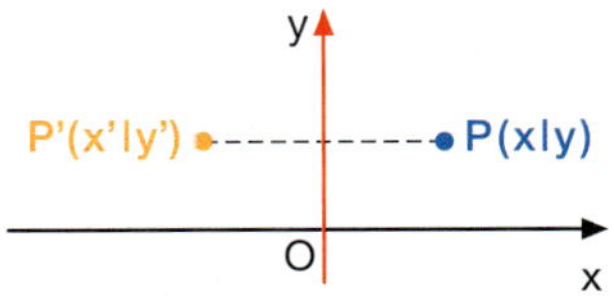

Achsenspiegelung an der Winkelhalbierenden des I. und III. Quadranten

$$x' = y$$
$$\wedge \; y' = x$$

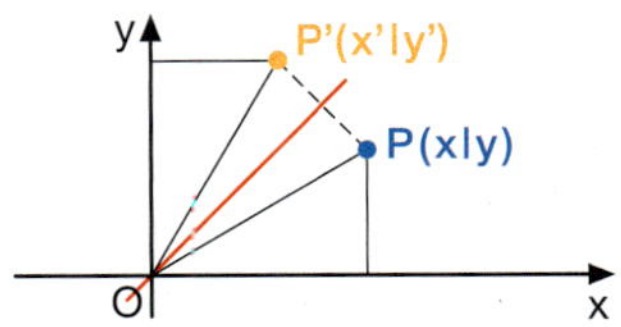

Achsenspiegelung an der Winkelhalbierenden des II. und IV. Quadranten

$$x' = -y$$
$$\wedge \; y' = -x$$

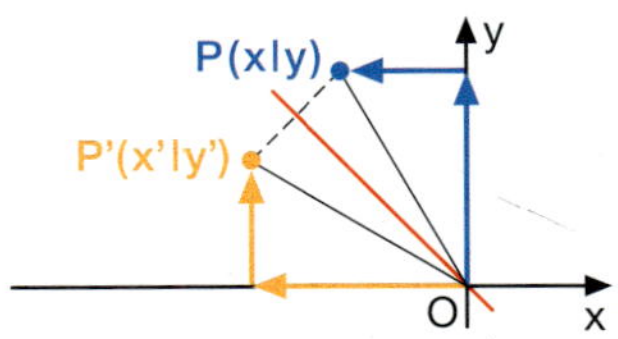

Punktspiegelung an O(0|0)

$$x' = -x$$
$$\wedge \; y' = -y$$

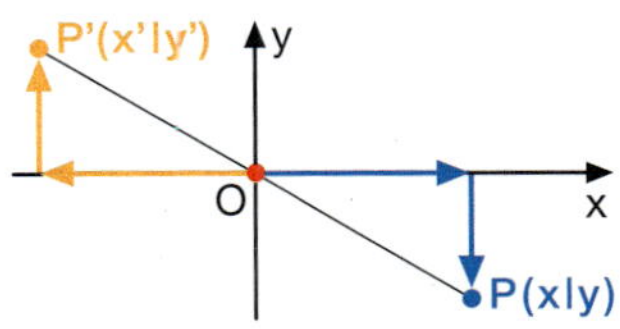

Übungen

2 Die Gerade g mit y = x + 3 wird durch Spiegelung an s bzw. O auf die Gerade g′ abgebildet. Berechne ihre Gleichung.

a) s: w mit y = −x b) O(0|0) c) s: y-Achse d) s: x-Achse

3 Die Parabel p mit $y = (x-4)^2 + 3$ wird durch Spiegelung an der Achse s auf die Parabel p′ abgebildet. Berechne die Gleichung der Parabel p′.

a) s: x-Achse b) s: y-Achse c) s: w mit y = x

1

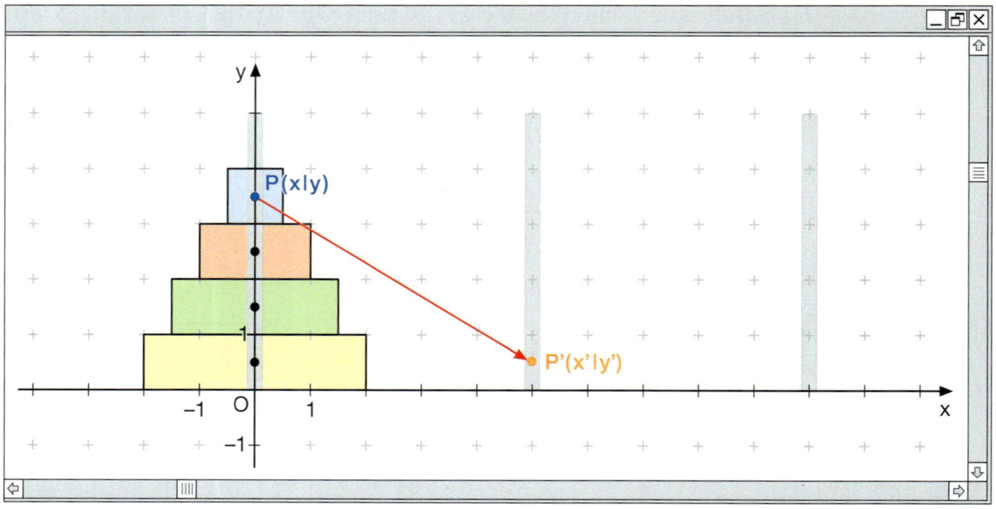

Der Turm soll abgebaut und an einer der beiden grauen Säulen wieder neu errichtet werden. Bewegt werden darf jeweils nur eine Scheibe. Nur eine kleinere Scheibe kann auf eine größere Scheibe geschoben werden. Dieses Spiel kann mit dem Computer simuliert werden; dazu müssen die Steine auf die neue Stelle verschoben werden.

a) Gib für jeden Verschiebungsvorgang der einzelnen Scheiben die Koordinaten des Verschiebungspfeiles an.

b) Gib für einen Verschiebungsvorgang die Abbildungsgleichung an.

Parallelverschiebung

Abbildungsgleichung bei einer **Parallelverschiebung** eines Punktes P(x|y) auf einen Punkt P′(x′|y′) mit dem Vektor $\vec{v} = \binom{v_x}{v_y}$

$$\mathbf{x' = x + v_x}$$
$$\wedge\ \mathbf{y' = y + v_y}$$

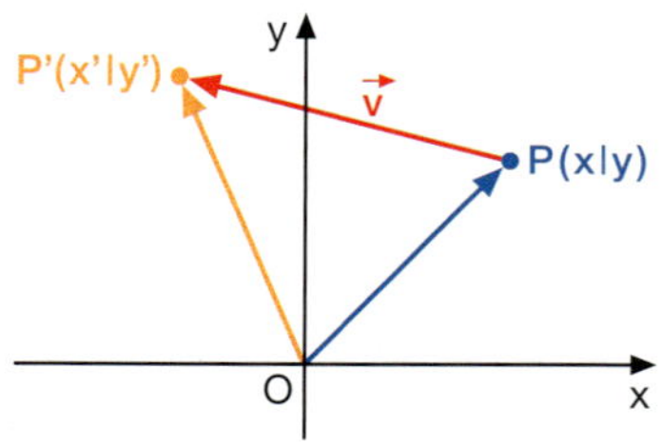

Bei 64 Scheiben ca. 580 Millionen Verschiebungen

Benares oder Varanasi ist eine heilige Stadt in Indien mit mehr als 500 000 Einwohnern am Ganges gelegen. Sie wird jährlich von über 1 Million Wallfahrern besucht.

Im großen Tempel, der als Mittelpunkt der Welt bezeichnet wird, stehen drei diamantene Säulen. Die erste hat 64 Scheiben, deren Durchmesser von unten nach oben immer kleiner werden. Man sagt, Tempelpriester sind Tag und Nacht damit beschäftigt, den Turm umzubauen. Sie dürfen die Scheiben einzeln nur auf kleinere Scheiben legen und dafür alle drei Säulen benutzen. Wenn der Turm von der ersten auf die zweite Säule umgesetzt ist, ist das Ende der Welt gekommen und alles zerfällt in Staub.

c) Wie viele Bewegungen sind bei vier Scheiben insgesamt mindestens erforderlich?

A 4^2 **B** 2^4 **C** $2^4 - 1$

d) Das Spiel ist bekannt als der „Turm von Ionah“.

1 Das Fünfeck ABCDE wird durch orthogonale Affinität mit der x-Achse als Affinitätsachse und dem Affinitätsfaktor k abgebildet.
Es gilt: A′(−3|1); B(4|−3); C(5|4); C′(5|−2); D(1|5); E(−2|2,5)

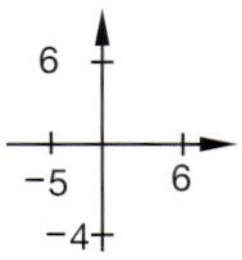

a) Zeichne das Fünfeck ABCDE und das dazugehörige Bildfünfeck.
b) Gib die Abbildungsgleichung an und berechne die Koordinaten der fehlenden Punkte.
c) Das Fünfeck A′B′C′D′E′ wird durch Parallelverschiebung mit dem Vektor $\vec{v}$ auf das Fünfeck A″B″C″D″E″ abgebildet. Es gilt : C″ (3|−5). Bestimme A″, B″, D″, E″.
d) Durch welche Abbildungen kann das Fünfeck A″B″C″D″E″ auf die Urfigur abgebildet werden?

2 Bei einem gleichschenkligen Trapez ABCD mit den Grundseiten [AB] und [CD] ist die Gerade g mit y = x die Symmetrieachse. Es gilt: A(−3|1); C(3,5|1)
a) Zeichne die Punkte A und C sowie die Gerade g in ein Koordinatensystem ein und ermittle die fehlenden Punkte zeichnerisch.
b) Gib eine Abbildungsgleichung an und berechne die Koordinaten der Punkte B und D.

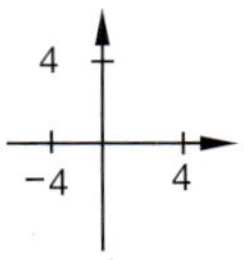

3 Die Gerade g mit der Gleichung y = −x ist die Winkelhalbierende des Winkels ACB des Dreiecks ABC.
Es gilt: A(−3|1); B(3|2)
a) Zeichne die Punkte A und B sowie die Winkelhalbierende in ein Koordinatensystem und ermittle den Punkt C zeichnerisch. Begründe dein Vorgehen.
b) Berechne die Koordinaten des Eckpunktes C.

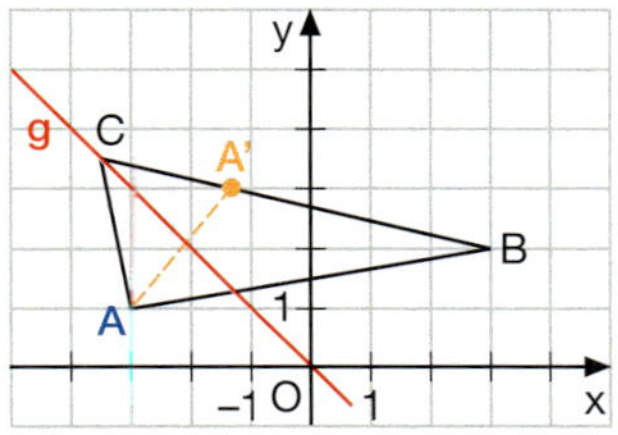

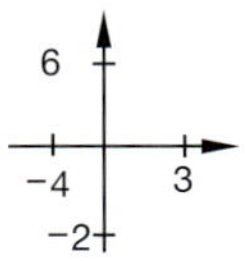

4 Das Rechteck ABCD wird durch orthogonale Affinität mit der x-Achse als Affinitätsachse und dem Affinitätsfaktor k so abgebildet, dass die Bildfigur A′B′C′D′ ein Quadrat wird.
Es gilt: A(−3|0); B(2|0); C(2|4); D(−3|4); k > 0
a) Zeichne das Rechteck ABCD und ermittle zeichnerisch die Bildfigur A′B′C′D′.
b) Berechne den Affinitätsfaktor k und die Koordinaten der Bildpunkte.

5 Die Eckpunkte A_n der Dreiecke A_nBC liegen auf der Parabel p mit $y = -2x^2 + 2$.
Es gilt weiterhin: B(4|−2); C(3|3)
a) Zeichne die Parabel p und das Dreieck A_1BC für x = 1 in ein Koordinatensystem.
b) Berechne den Flächeninhalt des Dreiecks A_1BC.

c) Stelle den Flächeninhalt der Dreiecke A_nBC in Abhängigkeit von x dar.
[Ergebnis: $A(x) = (x^2 - 2{,}5x + 8)\ \text{cm}^2$]
d) Bestimme den Wert für x, für den man ein Dreieck A_2BC mit minimaler Fläche erhält und zeichne das Dreieck A_2BC in das Koordinatensystem ein.

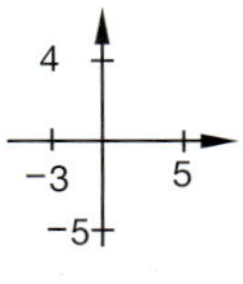

e) Die Parabel p wird, wie in der Zeichnung dargestellt, durch orthogonale Affinität auf die Parabel p′ abgebildet. Die Dreiecke A_nBC werden ebenso abgebildet.
Ermittle die Gleichung des Trägergraphen der Punkte A_n.

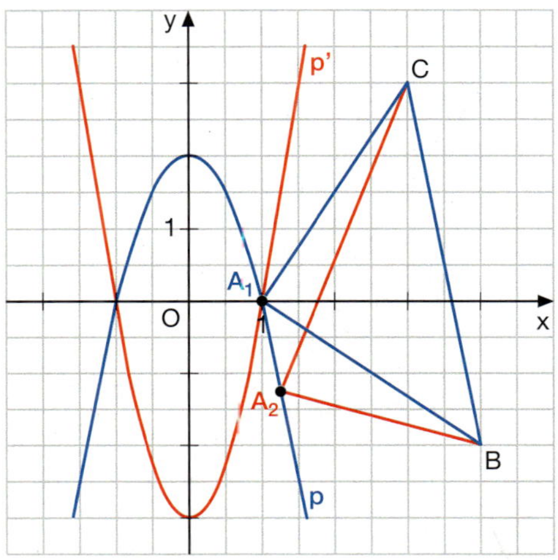

f) Überprüfe rechnerisch, ob das Dreieck $A'_2B'C'$ für den gleichen Wert von x wie in Aufgabe d) das Dreieck mit minimaler Fläche ist. Zeige an diesem Beispiel die Gültigkeit der Formel $A' = |k| \cdot A$.

3 Potenzen und Potenzfunktionen

Potenzen

1

a) Führt in Gruppen die in der Abbildung beschriebene Ziehung durch. Erstellt eine Gesamtauswertung mit mindestens 300 Spielen.

<table>
<tr><th>Anzahl der Spiele (je 3 Züge)</th><th>Anzahl der Gewinne ● ● ●</th></tr>
<tr><td>||||| |||| |||| |||| ||</td><td>||</td></tr>
</table>

b) Die Wahrscheinlichkeit, dass beim ersten Versuch die grüne Kugel gezogen wird, ist $\frac{1}{3}$ oder 33 %. Dass man beim zweiten Zug die blaue Kugel zieht, ist $\frac{1}{3}$ der Wahrscheinlichkeit des ersten Versuchs.
Wie groß ist die Wahrscheinlichkeit für das Ergebnis ● ● nach zwei Ziehungen?

A $\frac{1}{3}$ **B** $\left(\frac{1}{3}\right)^2$ **C** $\frac{2}{3}$ **D** $\frac{1}{6}$

c) Berechne, mit welcher Wahrscheinlichkeit die Gewinnreihenfolge „grün-blau-rot“ gezogen wird.

d)

Potenzen

$\underbrace{a \cdot a \cdot a \cdot a \cdot \ldots \cdot a \cdot a}_{n \text{ Faktoren}} = a^n$ $\underbrace{2 \cdot 2 \cdot 2 \cdot 2 \cdot 2}_{5 \text{ Faktoren}} = 2^5$

Basis → a^n ← Exponent; Potenz $a \in \mathbb{R};\ n \in \mathbb{N}$

Es gilt: $a^1 = a;\ a^0 = 1;\ a^{-n} = \frac{1}{a^n}$

Potenzgesetze

Für alle a, b $\in \mathbb{R}$ und n $\in \mathbb{Z}$ gilt:

$a^m \cdot a^n = a^{m+n}$ $a^m : a^n = a^{m-n}$ $3^4 \cdot 3^2 = 3^{4+2} = 3^6$ $3^4 : 3^2 = 3^{4-2} = 3^2$

$a^n \cdot b^n = (ab)^n$ $a^n : b^n = (a : b)^n$ $3^4 \cdot 4^4 = (3 \cdot 4)^4 = 12^4$ $3^4 : 4^4 = (3 : 4)^4 = \left(\frac{3}{4}\right)^4$

$(a^m)^n = a^{mn}$

Übungen

2 Berechne ohne Taschenrechner.

a) $4 \cdot 5^3$ b) $12\,(18 - 15)^2$ c) $(-1)^7 \cdot 3^3$ d) $(10^5)^2 : 10^{12}$ e) $(12^3 - 3^{12})^0$

3 Zeige, dass gilt: $(((3^2)^2)^2)^2 = 3^{16}$

4 Vereinfache soweit wie möglich.

a) $1{,}25^5 \cdot 8^5$ b) $3a^5 \cdot 6a^3$ c) $(4a)^2 \cdot 3a^4$

d) $(12x^7)^2 : (3x^{12})$ e) $5^3x^3 : (5^2x)^2$ f) $5x^2 \cdot 7\,(x^3)^5 : (105x^{15})$

$(3x^2)^3 \cdot 6x^4 =$
$3^3 \cdot (x^2)^3 \cdot 6 \cdot x^4 =$
$162x^6 \cdot x^4 = 162x^{10}$

5 Vereinfache mit Hilfe der Potenzgesetze.

a) $(x^2y)^2 \cdot x^{-4}y^2$ b) $x^a \cdot x^b : x^{a-2}$ c) $2^{2x+1} : 2^{2(x-1)}$ d) $3^{x+3} \cdot \left(\frac{1}{3}\right)^{x+3}$

6 Zeige durch Umformung die Äquivalenz der Terme.

a) $(-2)^4 \cdot 2^n = 2^{n+4}$ b) $4^3 \cdot 4^{3x} = 64^{1+x}$

c) $2 \cdot 3^x \cdot 3^3 + 6 \cdot 3^{x+2} = 4 \cdot 3^{x+3}$ d) $2^{2(1-x)} = 4 \cdot \left(\frac{1}{4}\right)^x$

e) $3^{x+1} = 3^{2-x} \cdot 3^{2x} - 6 \cdot 3^x$ f) $27 \cdot \left(\frac{1}{3}\right)^{2x+2} = 3 \cdot 3^{-2x}$

$8 \cdot 2^x = 2^{x+2} + 4 \cdot 2^x$
$8 \cdot 2^x = 2^x \cdot 2^2 + 4 \cdot 2^x$
$8 \cdot 2^x = 4 \cdot 2^x + 4 \cdot 2^x$
$8 \cdot 2^x = 8 \cdot 2^x$

7 Gib die Größe in der Einheit an, die in der Klammer steht. Beachte die entsprechenden Zehnerpotenzen in der Tabelle.

$2\ \text{kJ} = 2 \cdot 10^3\ \text{J} = 2000\ \text{J}$

a) 5 kJ (J) b) 9 MW (W) c) 4 TJ (kJ)
3 kg (g) 7 GJ (MJ) 5 TW (MW)
6 GW (W) 3 km (m) 2 GJ (kJ)

Vorsilbe	Potenz	Beispiel
Kilo (k)	10^3	1 Kilojoule = 10^3 J
Mega (M)	10^6	1 Megajoule = 10^6 J
Giga (G)	10^9	1 Gigajoule = 10^9 J
Tera (T)	10^{12}	1 Terajoule = 10^{12} J
Peta (P)	10^{15}	1 Petajoule = 10^{15} J
Exa (E)	10^{18}	1 Exajoule = 10^{18} J

8 In der Tabelle siehst du, dass bestimmte Zehnerpotenzen durch Vorsilben bezeichnet werden können.
Wandle um in Meter.

a) 5 mm b) 15 mm c) 250 mm
12 µm 1725 pm 1295 nm
257 pm 12 nm 459 µm

Vorsilbe	Potenz	Beispiel
Milli (m)	10^{-3}	1 mm = 10^{-3} m
Mikro (µ)	10^{-6}	1 µm = 10^{-6} m
Nano (n)	10^{-9}	1 nm = 10^{-9} m
Pico (p)	10^{-12}	1 pm = 10^{-12} m

9 Schreibe alle Angaben sowie die Ergebnisse mit Hilfe von Zehnerpotenzen.

a) Der Durchmesser eines Glühfadens beträgt 8 µm. Berechne den Inhalt der Querschnittsfläche.

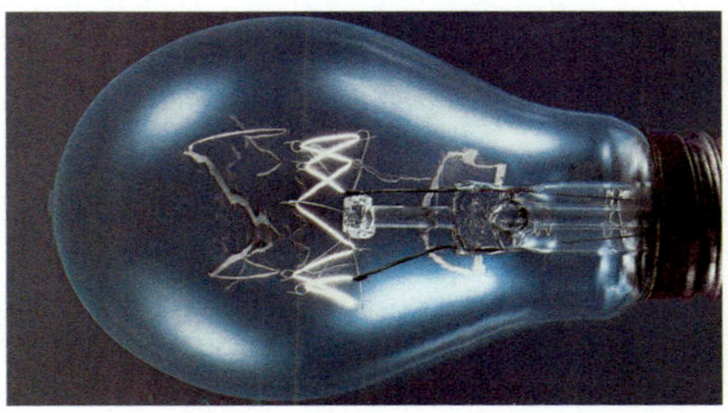

b) Streptokokken (Viren) haben einen Durchmesser von etwa 2400 nm.

c) Der Radius eines Atomkerns beträgt etwa 1 pm. Wie viele Atomkerne würden in 1 mm³ passen?

d) Ein Zuckermolekül hat einen Durchmesser von 700 pm. Welche Oberfläche hat eine solches Molekül, wenn es als kugelförmig angenommen wird.

e) Wie viele Zuckermoleküle würde ein Stück Würfelzucker enthalten, wenn es vollständig von Molekülen ausgefüllt ist.

1

a) Erkläre die Aussagen der drei Schüler.
b) Prüfe, ob diese Überlegungen auch für $(2^x)^3 = 2$ und $(2^x)^4 = 2$ gelten.
c) Prüfe ebenso: $(2^x)^n = 2$ und $(a^x)^n = a$

Für jede Gleichung der Form $x^n = a$ mit $a \in \mathbb{R}_0^+$ und $n \in \mathbb{N}$ gilt:
$x = a^{\frac{1}{n}}$, wobei $x \in \mathbb{R}_0^+$

Es gilt: $\mathbf{a^{\frac{1}{n}} = \sqrt[n]{a}}$
Lies: n-te Wurzel aus a

Beispiele:	$n = 2$:	$a^{\frac{1}{2}} = \sqrt{a}$	Wurzel oder Quadratwurzel aus a
	$n = 3$:	$a^{\frac{1}{3}} = \sqrt[3]{a}$	3. Wurzel oder Kubikwurzel aus a

2 Ergänze in deinem Heft die Platzhalter.

I $2^{\frac{2}{3}} = (2^{□})^2 = □^2$ II $3^{\frac{3}{2}} = (3^{□})^{\frac{1}{2}} = \sqrt{□}$ III $a^{\frac{m}{n}} = (a^{□})^m = \sqrt[□]{a^{□}}$

Der Term $a^{\frac{m}{n}}$ ist für alle Brüche $\frac{m}{n}$ mit $n \neq 0$ und $a \in \mathbb{R}_0^+$ definiert.

Es gilt: $a^{\frac{m}{n}} = \left(\sqrt[n]{a}\right)^m = \sqrt[n]{a^m}$
Lies: a hoch m durch n ist n-te Wurzel aus a hoch m

Übungen

3 Schreibe als Potenz bzw. als Wurzel und berechne dann ohne Taschenrechner.

a) $8^{\frac{1}{3}}$ b) $\sqrt[3]{125}$ c) $\sqrt[4]{\frac{1}{81}} + 3^{-2}$ $\sqrt[3]{0{,}027} = \sqrt[3]{0{,}3^3} = 0{,}3$

d) $\sqrt[3]{\frac{1}{8}}$ e) $\left(\frac{1}{256}\right)^{\frac{1}{4}}$ f) $0{,}2^5 \cdot \sqrt[5]{0{,}00032}$ g) $\sqrt[3]{\frac{8}{27}} - 1{,}5^{-1}$

4 Bestimme die Lösung der Gleichung in der Grundmenge $\mathbb{R}$.

a) $x^7 = 128$ b) $x^3 - 1 = 999$ c) $2x^{\frac{1}{3}} = 50$ d) $4^{2x} + 201 = 35^2$

5 Berechne. Runde auf zwei Stellen nach dem Komma.

a) $5712^{\frac{1}{3}}$ b) $547{,}6^{\frac{3}{4}}$ c) $1{,}078^{\frac{1}{5}}$

d) $0{,}635^{\frac{2}{7}}$ e) $\sqrt[3]{125}$ f) $\sqrt[3]{1{,}25^3}$

g) $\sqrt[3]{1{,}25^5}$ h) $\sqrt[8]{1{,}25^4}$ i) $(14{,}5^{1{,}2})^{-0{,}5}$

Mit den meisten Taschenrechnern geht das so:

5 [^] [(] 1 [÷] 3 [)] [=]

Anzeige: 1.709975

L 5,00; 113,20; 1,02; 1,12; 1,25; 0,20; 17,88; 1,33; 0,88; 1,45

6 Forme zunächst in eine Potenz um und berechne dann mit dem Taschenrechner. Runde sinnvoll. Die Lösungen ergeben in richtiger Reihenfolge ein Lösungswort.

a)	b)	c)	d)	e)	f)	g)	h)	i)	k)	l)
$(\sqrt[3]{5})^4$	$\sqrt{12^3}$	$9^{0,4}$	$1{,}4^{\frac{5}{4}}$	$(\sqrt[6]{8})^3$	$(\sqrt{2})^4$	$(\sqrt[8]{4})^4$	$\sqrt{2{,}5^2}$	$3^{1,5}$	$(\sqrt[5]{15})^3$	$\sqrt[3]{36^6}$

1,5	2	2,4	2,5	2,8	4	5,1	5,2	8,5	41,6	1296
O	U	F	N	R	M	E	G	U	M	N

7 Berechne den Wert von x ohne Verwendung des Taschenrechners. Mache dann die Probe mit dem Taschenrechner. ($\mathbb{G} = \mathbb{R}$)

a) $9 \cdot x^2 = 4^2 + 3^2$ b) $\frac{1}{4}x^3 + 16 = 32$

c) $0{,}5^{3-x} + 2 = 6$ d) $3 \cdot 4^{x+2} + 4^2 = 64$

e) $40 \cdot 0{,}1^{x+2} = 4 \cdot 10^{-4}$ f) $0{,}4^{2+x} - \left(\frac{1}{8}\right)^2 = 63 \cdot 8^{-2}$

$\frac{1}{9} \cdot 3^{x+2} = 27$

$\frac{1}{9} \cdot 3^x \cdot 3^2 = 27$

$3^x = 27$; also $x = 3$

8 Vereinfache die Terme so weit wie möglich.

a) $\frac{x^{-2}y^{-1}}{v^{-3}w^{-6}} \cdot \frac{v^{-2}w^5}{x^{-3}y^2}$ b) $\frac{a^{\frac{2}{3}}}{a} \cdot \sqrt[4]{a^3}$

c) $\frac{\sqrt[3]{x} \cdot x^{-\frac{2}{3}}}{x^{\frac{2}{3}}}$ d) $\frac{a^{1,5} \cdot a^{-3} \cdot \sqrt[3]{a^4}}{\sqrt[4]{a^3} \cdot a^{-\frac{11}{12}}}$

$$\frac{x^{\frac{3}{4}}}{x} \cdot \sqrt[8]{x^3} = x^{\frac{3}{4}} \cdot x^{-1} \cdot x^{\frac{3}{8}} = x^{\left(\frac{3}{4} - 1 + \frac{3}{8}\right)} = x^{\frac{1}{8}} = \sqrt[8]{x}$$

9 Forme mit Hilfe der Potenzgesetze in einfachere Terme um.

a) $\frac{x^{n+3}}{x^{2n+6}}$ b) $\frac{x^{2a-3}}{x^{a+3}}$ c) $x^a : x^{a+1} \cdot x^{2a}$ d) $(x+1)^{3x} \cdot (x+1)^{2-x}$

e) $\frac{(xy)^{k-3}}{(xy)^{1+k}}$ f) $\frac{(a+b)^{3+x}}{(a+b)^{1+x}}$ g) $(2x+2)^{x+2} : (2x-2)^{x+2}$ h) $\frac{(a-b)^{x+2}}{(a-b)^{2-x}}$

10 a) Gib für die Zahl $2^{\sqrt{2}}$ ein passendes Intervall an, wenn gilt: $1{,}4 < \sqrt{2} < 1{,}5$.
b) Gib zwei weitere kleinere Intervalle für $2^{\sqrt{2}}$ an.

11 Berechne mit Hilfe des GTR folgende Potenzen mit reellen Exponenten.
a) $3^{\sqrt{2}}$ b) $4^{-\sqrt{3}}$ c) 5^{π} d) $(-3)^{\sqrt{2}}$ e) $5^{(2+\sqrt{5})}$

Die vier Seiten eines Tetraeders sollen mit vier verschiedenen Farben bemalt werden. Wie viele Möglichkeiten gibt es, die nicht durch Drehen einer anderen Farbkombination entstehen?

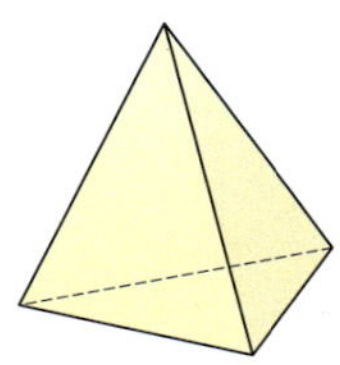

12, 13

1 In der Abbildung siehst du Graphen, die durch Gleichungen der Form $y = x^n$ ($n \in \mathbb{Z}$) beschrieben werden.

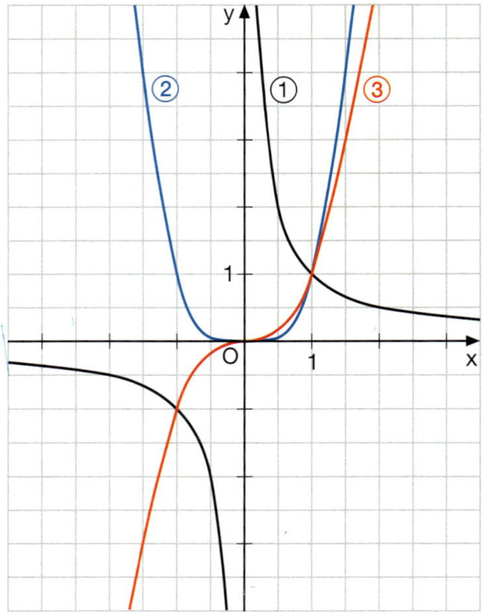

a) Welche der folgenden Gleichungen passt zu welchem Graphen?
A $y = x^{-1}$ **B** $y = x^2$
C $y = x^3$ **D** $y = x^4$

b) Welche Eigenschaft haben alle Graphen gemeinsam?

c) Begründe, dass durch jede der Gleichungen in A bis D eine Funktion festgelegt ist. Bestimme jeweils die Definitions- und Wertemenge.

d) Kannst du vorhersagen, welche Form die Graphen der Funktionen mit folgenden Gleichungen haben?
A $y = x^7$ **B** $y = x^8$
C $y = x^{-2}$ **D** $y = x^{-5}$

2 Im Bild ist der Graph zur Funktion f mit $y = x^{-3}$ dargestellt.

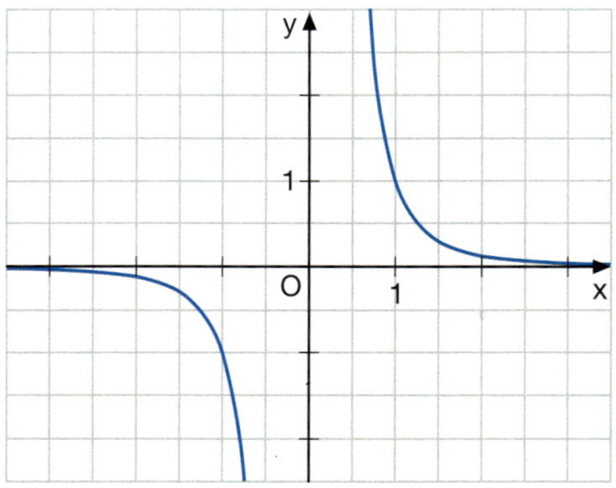

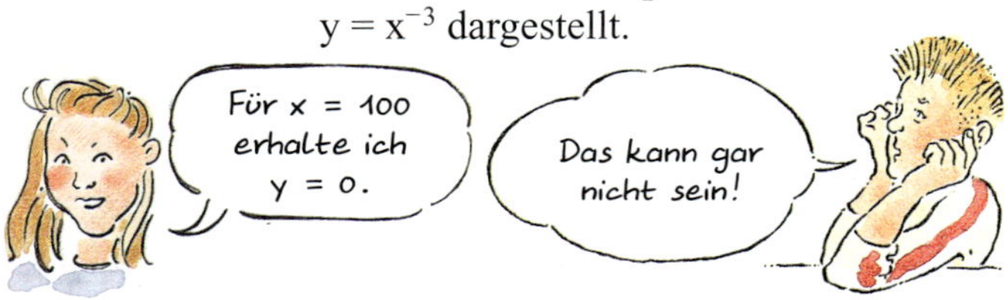

a) Prüfe rechnerisch, ob Ina recht hat.

b) Untersuche mit Hilfe des GTR die Funktionswerte für große und sehr kleine positive und negative x-Werte. Was stellst du fest?

c) Untersuche den Graphen auf Symmetrie.

d) Gib die Definitions- und Wertemenge an.

e) Verfahre wie in Aufgabe a)–c) mit dem Graphen zu $y = x^{-4}$.

f) Vergleiche die Graphen von Funktionen mit positiven und negativen bzw. geraden und ungeraden Exponenten.

3 So kann man zeigen, dass die Graphen zu Funktionen mit ungeraden Exponenten punktsymmetrisch sind.

Für alle $n \in \mathbb{N}$, n ungerade, gilt:

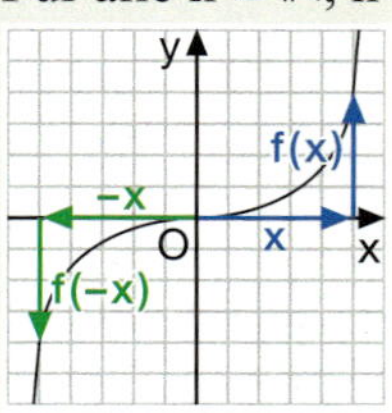

$$\begin{aligned} f(-x) &= (-x)^n \\ &= (-1)^n x^n \\ &= -x^n \\ &= -f(x) \end{aligned}$$

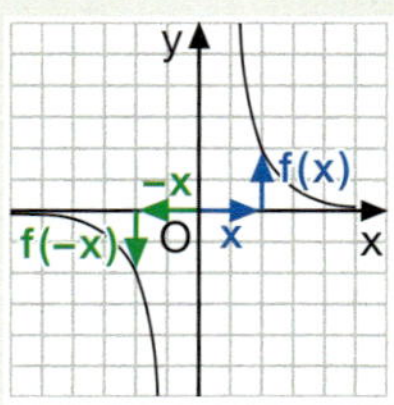

$$\begin{aligned} f(-x) &= (-x)^{-n} \\ &= (-1)^{-n} x^{-n} \\ &= -x^{-n} \\ &= -f(x) \end{aligned}$$

Zeige ebenso: Für gerade Exponenten sind die Graphen achsensymmetrisch.

Gleichungen mit $y = x^n$ stellen für $n \in \mathbb{Z}$ in der Grundmenge $\mathbb{R} \times \mathbb{R}$ Funktionen dar. Diese heißen **Potenzfunktionen.** Dabei unterscheiden wir:

$n \in \mathbb{N}$; n gerade

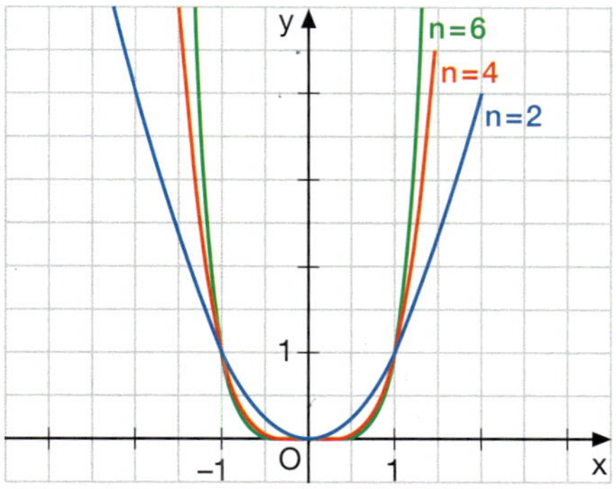

$\mathbb{D} = \mathbb{R}$; $\mathbb{W} = \mathbb{R}^+$; Scheitelpunkt S (0|0)
achsensymmetrische Parabel

$n \in \mathbb{Z}^-$; n gerade

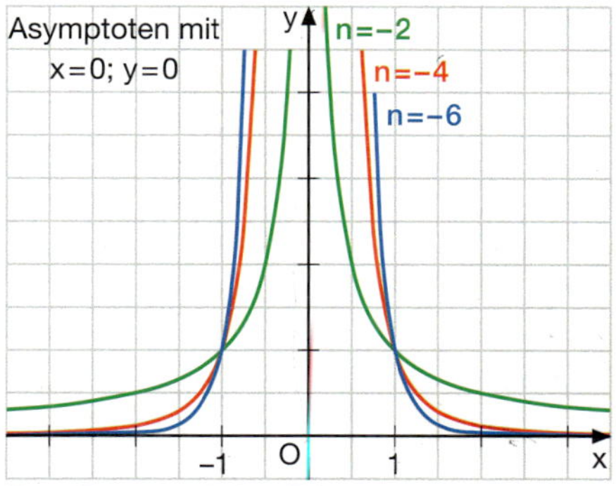

$\mathbb{D} = \mathbb{R}\setminus\{0\}$; $\mathbb{W} = \mathbb{R}^+$
achsensymmetrische Hyperbel

$n \in \mathbb{N}\setminus\{1\}$; n ungerade

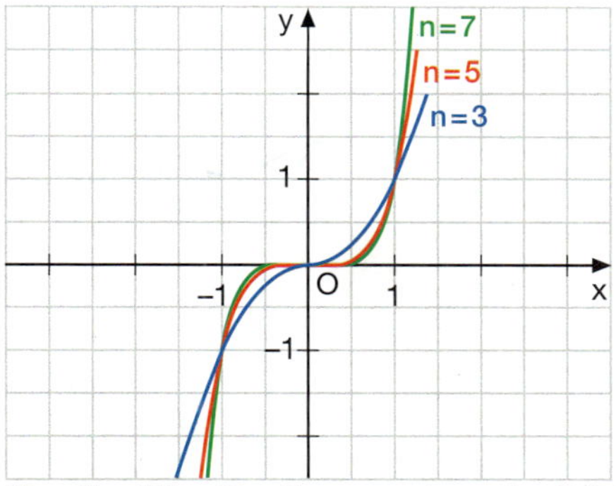

$\mathbb{D} = \mathbb{R}$; $\mathbb{W} = \mathbb{R}$; Symmetriepunkt S(0|0)
punktsymmetrische Parabel

$n \in \mathbb{Z}^-$; n ungerade

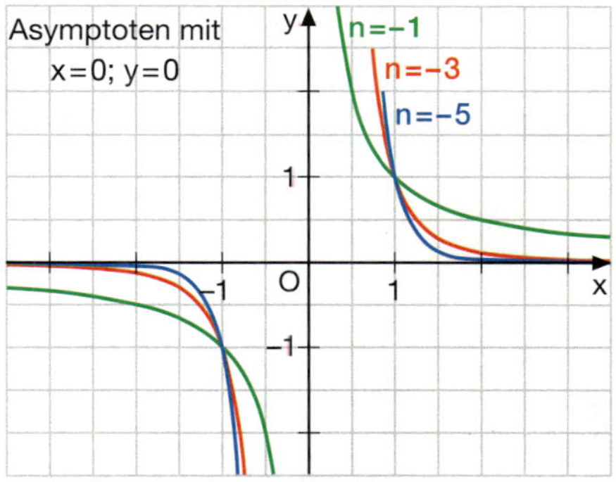

$\mathbb{D} = \mathbb{R}\setminus\{0\}$; $\mathbb{W} = \mathbb{R}\setminus\{0\}$
punktsymmetrische Hyperbel

Übungen

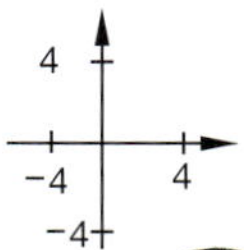

4 Zeichne mit Hilfe des GTR die Graphen zu folgenden Funktionsgleichungen in dein Heft. Gib die Definitions- und Wertemenge sowie die Gleichungen der Asymptoten an. Wähle für $x \in [-3;\ 3]$ sinnvolle Werte und eine geeignete Größe der y-Achse.
a) $y = x^{-1}$ b) $y = x^6$ c) $y = x^{-4}$ d) $y = x^5$

5 Die Punkte A und B liegen jeweils auf dem Graphen der Funktion f. Berechne die fehlenden Koordinaten. Runde auf zwei Stellen nach dem Komma.
a) f mit $y = x^4$; $A(5|y_A)$; $B(x_B|7)$ b) f mit $y = x^{-5}$; $A(-8|y_A)$; $B(x_B|14)$

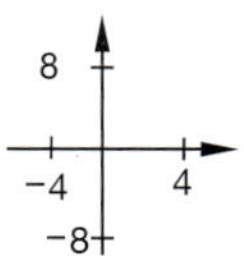

6 Die Punkte $C_n(x|x^3)$ der Dreiecke ABC_n bzw. AC_nB liegen auf dem Graphen der Funktion f mit $y = x^3$. Es gilt: $A(-3|0)$; $B(3|0)$
a) Zeichne den Graphen der Funktion f in ein Koordinatensystem.
b) Unter den Dreiecken ABC_n gibt es rechtwinklige Dreiecke ABC_1 und AC_2B mit der Hypotenuse [AB]. Trage diese in die Zeichnung ein.
c) Zeige: Für die Koordinaten der Punkte C_1 und C_2 aus b) gilt der Zusammenhang $x^6 + x^2 = 9$. Berechne daraus die Koordinaten von C_1 und C_2 mit dem GTR.
d) Es gibt gleichschenklige und weitere rechtwinklige Dreiecke.

Die Klasse wird in 5 Gruppen eingeteilt (Expertenteams). Jede Gruppe löst im Heft eine der Aufgaben A bis E.

1

Gegeben sind die Funktionen f_1 mit $y = x^3$ und f_2 mit $y = x^{-2}$. Zeichne die Graphen zu f_1 und f_2 in ein Koordinatensystem. Verändere den Funktionsterm wie in den Gruppen angegeben und ergänze die Zeichnung mit den Graphen zu f_1' und f_2'. Um welche Abbildung handelt es sich jeweils?
Für die Zeichnungen: $-5 \leqq x \leqq 5$; $-8 \leqq y \leqq 8$

Gruppe A: f_1' mit $y = x^3 - 2$ — f_2' mit $y = x^{-2} + 1$
Gruppe B: f_1' mit $y = (x - 2)^3$ — f_2' mit $y = (x + 1)^{-2}$
Gruppe C: f_1' mit $y = (x - 2)^3 + 1$ — f_2' mit $y = (x + 1)^{-2} - 2$
Gruppe D: f_1' mit $y = 0{,}5x^3$ — f_2' mit $y = 0{,}5x^{-2}$
Gruppe E: f_1' mit $y = -1{,}5x^3$ — f_2' mit $y = -1{,}5x^{-2}$

Nun werden 5 neue Gruppen so gebildet, dass in jeder Gruppe mindestens ein Schüler (Experte) aus jeder ursprünglichen Gruppe vertreten ist. Somit ist jede der Aufgaben A bis E in jeder Gruppe vorhanden.

2

Berichtet euren Mitschülern über die Aufgabe, die ihr gelöst habt. Jeder skizziert dabei die neuen Ergebnisse im Heft.

Jetzt wird wieder in den ursprünglichen Gruppen gearbeitet. Alle Gruppen haben die gleiche Aufgabe.

3 Vergleicht eure Graphen und Funktionsgleichungen mit:
$y = k(x - c)^n + d$
Erstellt in eurem Heft eine Zusammenfassung.

1 So kann man zeigen, dass der Graph der Funktion f′ mit $y = 0{,}1\,(x-3)^{-5} + 2$ durch orthogonale Affinität und Parallelverschiebung aus dem Graphen der Funktion f mit $y = x^{-5}$ entsteht.

f mit $y = x^{-5}$ $\mathbb{D} = \mathbb{R}\setminus\{0\}$; $\mathbb{W} = \mathbb{R}\setminus\{0\}$

Für alle Punkte P auf dem Graphen zu f gilt:

$P(x\,|\,x^{-5}) \xmapsto{\text{x-Achse; } k = 0{,}1} P^*(x^*\,|\,y^*)$

$x^* = x$

$\wedge\ y^* = 0{,}1 \cdot x^{-5}$

Es folgt: f* mit $y = 0{,}1x^{-5}$

Für alle Punkte P* auf dem Graphen zu f* gilt:

$P^*(x^*\,|\,0{,}1x^{*-5}) \xmapsto{\vec{v} = \binom{3}{2}} P'(x'\,|\,y')$

$x' = x^* + 3$ $x^* = x' - 3$

$\wedge\ y' = 0{,}1x^{*-5} + 2$

Es folgt: f′ mit $y = 0{,}1\,(x-3)^{-5} + 2$ $\mathbb{D} = \mathbb{R}\setminus\{3\}$; $\mathbb{W} = \mathbb{R}\setminus\{2\}$

Gleichungen der Asymptoten: $x = 3$; $y = 2$

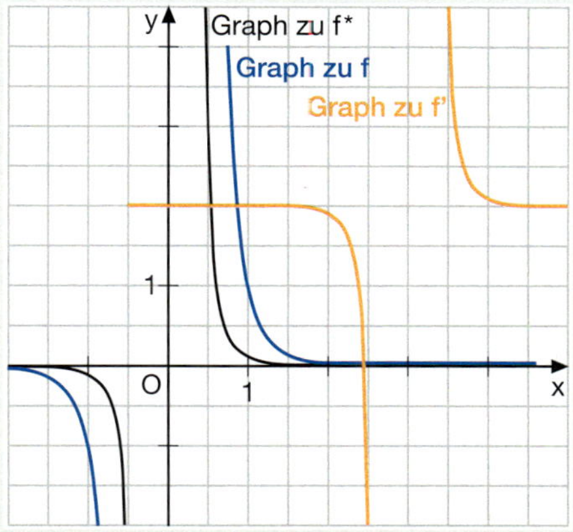

Führe den Nachweis für f mit $y = x^n$ und eine orthogonale Affinität mit dem Faktor k und einer Parallelverschiebung mit $\vec{v} = \binom{c}{d}$ durch.

$$f\colon y = x^n \xmapsto{\text{x-Achse; } k} f^*\colon y = k \cdot x^n \xmapsto{\vec{v} = \binom{c}{d}} f'\colon y = k\,(x-c)^n + d$$

$\mathbb{G} = \mathbb{R} \times \mathbb{R}$; $k \in \mathbb{R}\setminus\{0\}$; $c, d \in \mathbb{R}$

Übungen

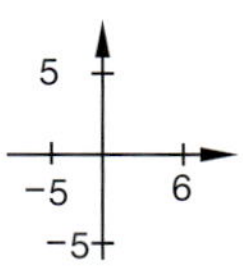

2 Zeichne die Graphen zu den Funktionen mit den folgenden Gleichungen. Gib jeweils Definitions- und Wertemenge sowie gegebenenfalls die Gleichungen der Asymptoten an.

a) $y = -0{,}2\,(x-3)^{-3} + 1$ b) $y = (x+2)^4 - 4$ c) $y = 0{,}4\,(x-2)^3 - 1$

3 Der Punkt P liegt auf dem Graphen zu f. Berechne die fehlende Koordinate. Runde auf zwei Stellen nach dem Komma.

a) $P(x\,|\,4)$; f mit $y = 0{,}5\,(x+2)^3 + 1$
b) $P(2\,|\,y)$; f mit $y = -3\,(x+4)^{-5} + 2$
c) $P(x\,|\,2{,}25)$; f mit $y = 0{,}01\,(x+2)^4 - 2$
d) $P(x\,|\,4)$; f mit $y = (x-4)^4 - 4$

$P(x\,|\,2)$ f mit $y = 0{,}5\,(x+2)^3 + 1$

y = 2 einsetzen: $2 = 0{,}5\,(x+2)^3 + 1$

$2 = (x+2)^3$

$2^{\frac{1}{3}} = x + 2$

$-0{,}74 = x$

Ergebnis: $P(-0{,}74\,|\,2)$

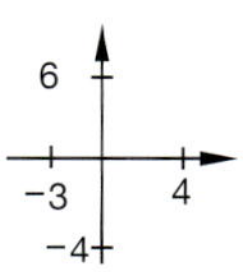

4 Der Punkt P liegt auf dem Graphen zu f. Berechne den fehlenden Wert in der Funktionsgleichung. Runde auf zwei Stellen nach dem Komma.

a) $P(1\,|\,2)$; f mit $y = (x+1)^3 + c$ b) $P(-2\,|\,1)$; f mit $y = a(x+1)^{-2} + 2$
c) $P(3\,|\,-2)$; f mit $y = -1{,}2\,(x-b)^4 + 1$ d) $P(5\,|\,12)$; f mit $y = a(x-3)^{-3} + 2$

L zu 3 und 4: 1,74; 2,54; −0,18; 80; 5,68; −6; 2,00; −1;

W ▲12, 13

1 Im Bild ist der Graph f einer quadratischen Funktion und ihrer Umkehrrelation in $\mathbb{G} = \mathbb{R} \times \mathbb{R}$ dargestellt.

a) Begründe, warum die Umkehrrelation keine Funktion ist.

b) Wir schränken die Definitionsmenge von f auf $\mathbb{R}_0^+$ ein.
Ermittle die Gleichung der Umkehrfunktion.

c) Wie verhält es sich bei $\mathbb{D} = \mathbb{R}^-$?

d) Verfahre wie in a) und b) mit der Funktion f mit der Gleichung $y = x^4$.

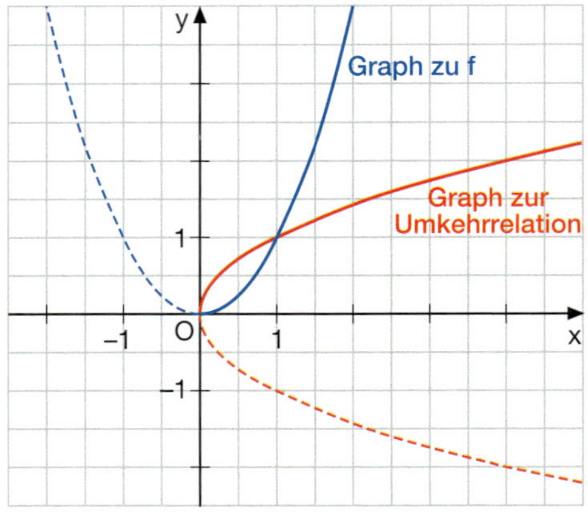

2 Gegeben sind die folgenden Funktionen mit der Definitionsmenge $\mathbb{R}^+$.

f_1: $y = x^{-3}$; f_2: $y = x^{\frac{2}{3}}$; f_3: $y = x^{-\frac{4}{5}}$

a) Zeichne die Graphen der Funktionen und ihrer Umkehrfunktionen in ein Koordinatensystem.

b) Ermittle die Gleichungen der Umkehrfunktionen. Gib die Definitions- und Wertemenge sowie gegebenenfalls die Gleichungen der Asymptoten an.

Funktionen mit $y = x^k$ sind für $k \in \mathbb{Q}$ ebenfalls Potenzfunktionen.

$k \in \mathbb{Q}^+$

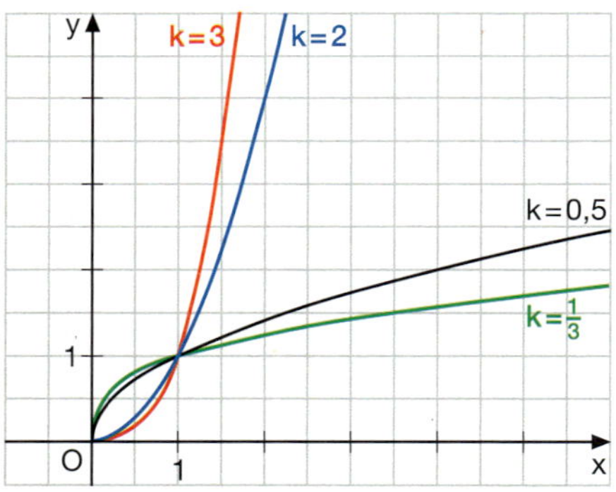

$\mathbb{D} = \mathbb{R}_0^+$; $\mathbb{W} = \mathbb{R}_0^+$

$k \in \mathbb{Q}^-$

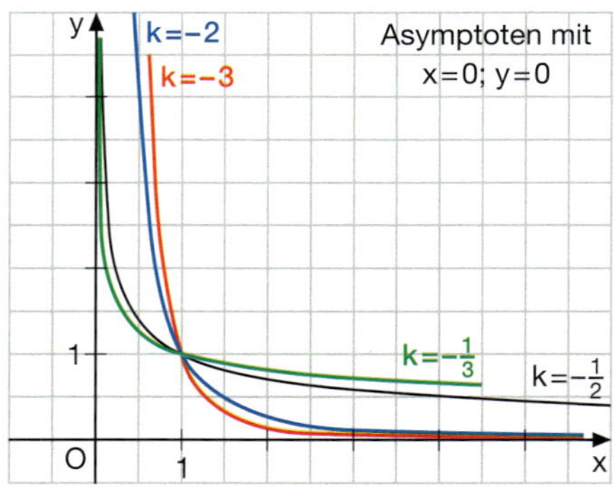

$\mathbb{D} = \mathbb{R}^+$; $\mathbb{W} = \mathbb{R}^+$

Übungen

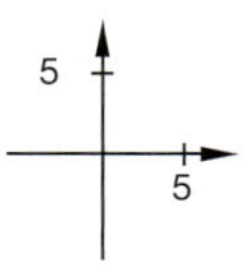

3 Zeichne die Graphen zu den Funktionen mit den folgenden Gleichungen in ein Koordinatensystem. Gib jeweils die Definitions- und Wertemenge an.

a) $y = x^{0,5}$ b) $y = x^{-\frac{2}{3}}$ c) $y = x^{1,5}$

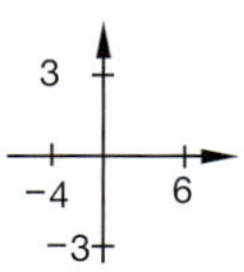

4 Zeichne die Graphen zu den Funktionen mit den folgenden Gleichungen in ein Koordinatensystem. Gib jeweils die Definitions- und Wertemenge an.

a) $y = (x + 1)^{0,2} + 1$ b) $y = -0,5(x - 3)^{\frac{3}{4}} + 1$ c) $y = 2x^{2,1} - 3$

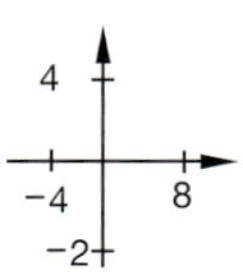

5 Der Graph einer Funktion f verläuft durch den Punkt P. Die Funktionsgleichung hat die Form $y = a\,(x - b)^k + c$. Ermittle die Gleichung, zeichne den Graphen und gib die Definitions- und Wertemenge an.

a) P(−2|2); a = −1; c = 3; k = −4 b) P(5|1); b = 3; c = 0,5; k = −1,5

1 Der Graph der Funktion f wird mit dem Vektor $\vec{v}$ auf den Graphen zu f′ abgebildet. Berechne die Gleichung von f′.

a) f mit $y = 0{,}5(x+2)^3 - 1$; $\vec{v} = \binom{-1{,}5}{2}$ b) f mit $y = 1{,}5(x-2)^{-2} - 2$; $\vec{v} = \binom{3}{2{,}5}$

2 Der Hyperbelast h ist Graph der Funktion f mit $y = -x^{-3}$ mit der Definitionsmenge $\mathbb{D} = \mathbb{R}^+$. Der Punkt $A_n(x|-x^{-3})$ ist Eckpunkt von Quadraten $A_nB_nC_nD_n$ mit dem Symmetriepunkt O (0|0).

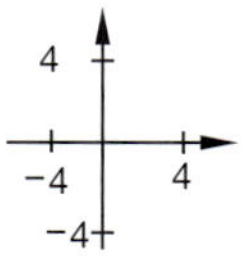

a) Fertige eine Zeichnung für x = 1,5.

b) Berechne den Flächeninhalt des Quadrates $A_2B_2C_2D_2$, wenn A_2 auf der Geraden g mit $y = -x$ liegt.

c) Das Quadrat $A_oB_oC_oD_o$ hat minimalen Flächeninhalt. Berechne diesen mit dem GTR.

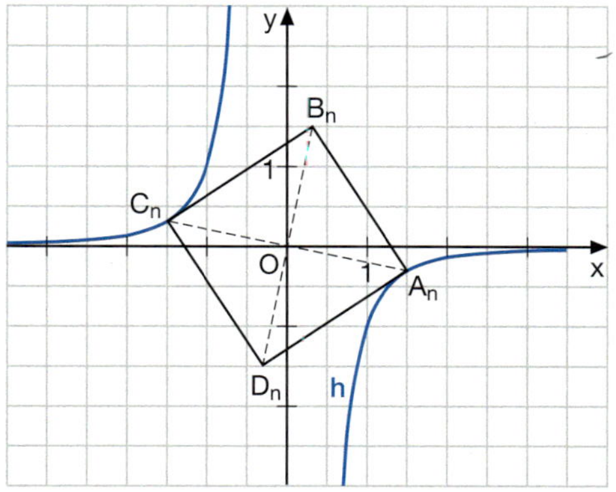

3 Gegeben ist eine Funktion f mit $y = a(x-3)^{-\frac{1}{4}} + 1$; $\mathbb{G} = \mathbb{R} \times \mathbb{R}$.

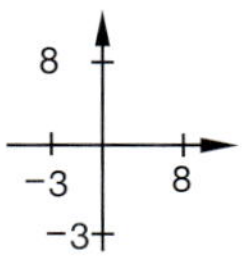

a) Der Punkt $P\left(\frac{49}{16}\middle|5\right)$ liegt auf dem Graphen zu f. Berechne a.

b) Zeichne den Graphen zu f. Gib die Definitions- und Wertemenge an.

c) Die Punkte $C_n(x|2(x-3)^{-\frac{1}{4}} + 1)$ liegen auf dem Graphen zu f. Zusammen mit A(−3|8) und B(−3|−2) erhält man Dreiecke ABC_n. Trage das gleichschenklige Dreieck ABC_1 mit [AB] als Basis in die Zeichnung ein.

d) Bestimme rechnerisch die Koordinaten von C_1.

e) f^{-1} ist Umkehrfunktion zu f. Zeige, dass sich die Gleichung von f^{-1} wie folgt darstellen lässt: $y = \frac{16}{(x-1)^4} + 3$

4 So kann man die Gleichung von f′ berechnen, wenn man den Graphen der Potenzfunktion f mit $y = (x-2)^{-3}$ an der y-Achse auf den Graphen zu f′ spiegelt.

$$x' = -x$$
$$\wedge\ y' = (x-2)^{-3}$$
aus $x = -x'$ folgt $y' = (-x'-2)^{-3}$

somit $y = (-x-2)^{-3}$

$y = (-1)^{-3} \cdot (x+2)^{-3}$

f′ mit $y = -(x+2)^{-3}$

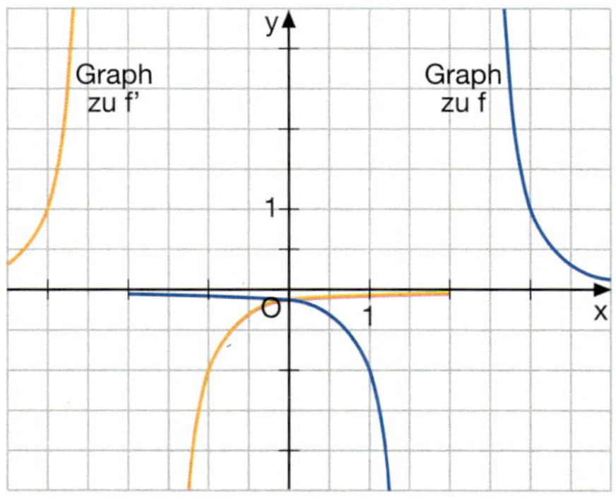

Berechne ebenso die Gleichungen der Funktion f′, die durch Spiegelung des Graphen zu f an der y-Achse entsteht. Bestimme zunächst die Definitionsmenge.

a) f mit $y = (x+1)^3 - 2$ b) f mit $y = -(x-3)^{0{,}5} + 2$

5 Der Graph der Funktion f wird zunächst an der y-Achse gespiegelt und dann durch orthogonale Affinität an der x-Achse mit dem Affinitätsfaktor k auf den Graphen zu f′ abgebildet. Fertige eine Zeichnung an und berechne die Gleichung von f′.

a) f mit $y = 0{,}1x^5 + 2$; $k = -1{,}5$ b) f mit $y = -(x+1)^4 + 6$; $k = 0{,}2$

6 Der Punkt B(8|8) ist Spitze von gleichschenkligen Dreiecken A_nBC_n mit der Winkelhalbierenden w des 1. Quadranten als Symmetrieachse.
Die Punkte $A_n(x|-2x^{-3} + 3)$ liegen auf dem Graphen h einer Funktion f mit der Gleichung $y = -2x^{-3} + 3$ und $\mathbb{D} = \mathbb{R}^+$.

a) Fertige für x = 4 und x = 7 eine Zeichnung an.
b) Die Punkte C_n liegen auf dem Graphen h′ einer Funktion f′. Ermittle deren Gleichung.
c) Bestimme mit Hilfe eines Geometrieprogrammes die Werte für x so, dass Dreiecke A_nBC_n entstehen.

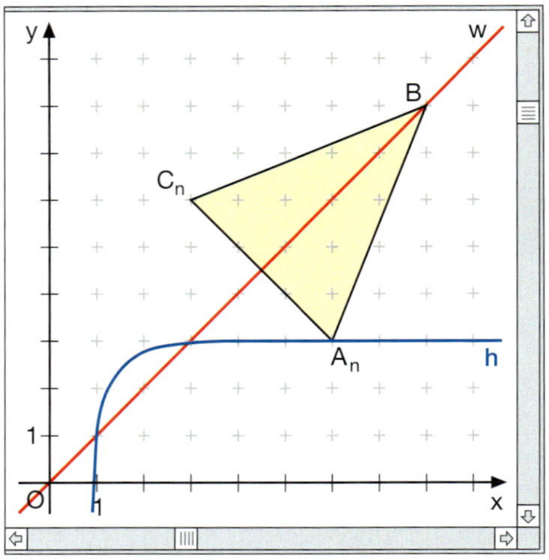

7* Gegeben ist die Funktion f mit $y = 3 \cdot x^{-1} - 4$ ($\mathbb{G} = \mathbb{R}^+ \times \mathbb{R}$)

a) Gib die Wertemenge der Funktion f an.
b) Tabellarisiere f für $x \in \{0{,}5;\ 1;\ 2;\ 3;\ 4;\ 5;\ 6\}$ und zeichne den Graphen zu f in ein Koordinatensystem.
   Für die Zeichnung: 1 LE ≙ 1 cm; $-3 \leqq x \leqq 7$; $-11 \leqq y \leqq 3$
c) Ermittle die nach y aufgelöste Gleichung der Umkehrfunktion f^{-1} zu f.
d) Die Punkte $C_n(x|3 \cdot x^{-1} - 4)$ auf dem Graphen zu f sind zusammen mit den Punkten A(−2|−2) und B(1|−10) jeweils die Eckpunkte von Dreiecken ABC_n.
   Zeichne das Dreieck ABC_1 für x = 1 und das Dreieck ABC_2 für x = 4 in das Koordinatensystem zu b) ein.
e) Unter den Dreiecken ABC_n gibt es ein gleichschenkliges Dreieck ABC_3 mit der Basis [AB]. Zeichne dieses Dreieck in das Koordinatensystem zu b) ein und berechne die Koordinaten des Punktes C_3. (Runde auf zwei Stellen nach dem Komma.)
f) Zeige durch Rechnung, dass es unter den Dreiecken ABC_n genau ein Dreieck ABC_4 mit dem Flächeninhalt $(6\sqrt{2} + 5)$ FE gibt.
   [Teilergebnis: $A(x) = (4{,}5 \cdot x^{-1} + 4x + 5)$ FE]

Der Funktionsbegriff als Leitidee in der Mathematik
In der Mathematik hat der Begriff der Funktion eine lange Geschichte. Bereits bei Galilei (1564–1642) und Cavalieri (1598–1647) sind grafische Darstellungen zu finden. Der Name „Funktion“ tauchte erstmals bei Leibniz (1646–1716) auf. Euler (1707–1783) entwickelte den Begriff weiter. Der heutige Funktionsbegriff als eindeutige Zuordnung stammt im Wesentlichen von Dirichlet (1805–1859).

GALILEO GALILEI (1564–1642)

BONAVENTURA CAVALIERI (1598–1647)

GOTTFRIED WILHELM LEIBNIZ (1646–1716)

LEONHARD EULER (1707–1783)

PETER GUSTAV LEJEUNE DIRICHLET (1805–1859)

* Aus einer früheren Abschlussprüfung

1 Ein parabelförmiger Torbogen in Parabelburg ist 5 m hoch und an der Fahrbahn 10 m breit. Ein Lkw mit rechteckiger Querschnittfläche, der über dem Boden 0,60 m „Luft“ hat, nutzt die Fahrspur bis zur Mitte voll aus.

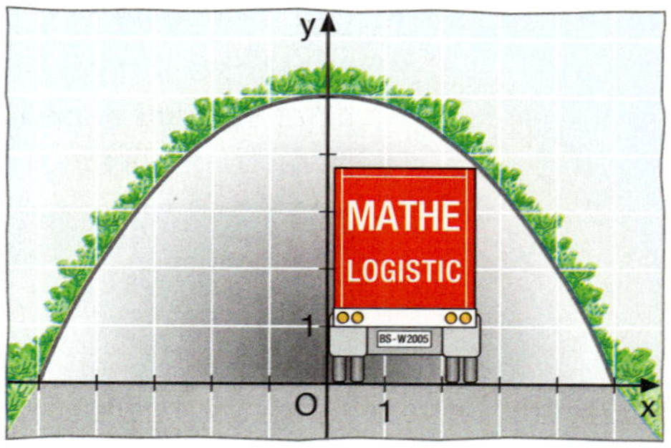

a) Zeige, dass der Torbogen durch die folgende Gleichung beschrieben werden kann: $y = -\frac{1}{5}x^2 + 5$

b) Stelle den Inhalt A der Querschnittsfläche des Lkws in Abhängigkeit von der Breite x m dar. [Ergebnis: $A(x) = (-\frac{1}{5}x^3 + 4{,}4x)\ \text{m}^2$]

c) Berechne die Breite des Lkws, dessen Querschnittfläche 7,2 m² groß ist.

d) Passt ein Lastwagen mit einer Breite von 2,5 m durch das Tor?

e) Ermittle mit dem GTR die größte Querschnittsfläche des Lkws.

f) Die maximal zulässige Höhe für Lkws ist 4 m. Wie breit darf ein solcher Lastwagen höchstens sein, wenn er die Fahrbahnmitte nicht überschreiten soll?

2 Der Luftwiderstand eines Fahrzeugs hat großen Einfluss auf den Verbrauch. Zu dessen Überwindung wird stets ein Teil der Leistung benötigt.

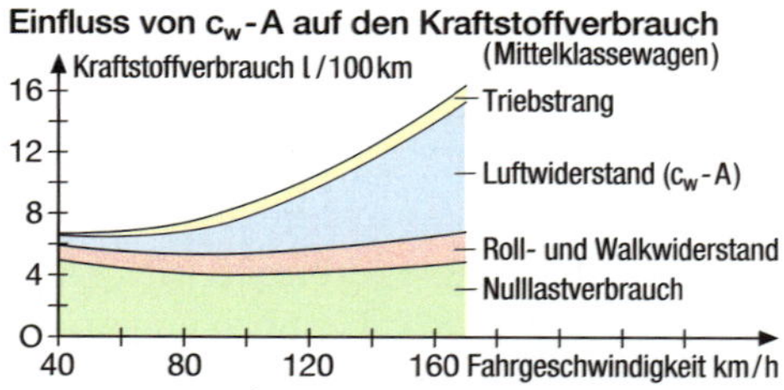

a) Der Pkw *Bavaria XL* hat eine „Anblasfläche“ von A = 2 m². Sein c_w-Wert (Strömungswiderstandskoeffizient) wurde im Windkanal bei einer Luftdichte von 1,2 g pro dm³ mit 0,30 ermittelt. Der Luftwiderstand y Newton des *Bavaria* kann in Abhängigkeit von der Geschwindigkeit x $\frac{\text{km}}{\text{h}}$ durch eine Funktion f_1 mit $y = 0{,}5 \cdot 1{,}2 \cdot c_w \cdot 2 \cdot x$ dargestellt werden. Bei einer Geschwindigkeit von 20 $\frac{\text{km}}{\text{h}}$ beträgt der Luftwiderstand 144 N. Zeige, dass man für f_1 die Gleichung $y = 0{,}36x^2$ erhält.

b) Stelle f_1 grafisch dar. Wähle auf der x-Achse 1 cm für 20 $\frac{\text{km}}{\text{h}}$ und auf der y-Achse 1 cm für 1000 N.

c) Entnimm dem Graphen, wie sich der Luftwiderstand bei Verdopplung der Geschwindigkeit verhält.

d) Die Motorleistung z kW, die zur Überwindung des Luftwiderstandes bei der Geschwindigkeit x $\frac{\text{km}}{\text{h}}$ nötig ist, lässt sich durch eine Funktion f_2 mit der Gleichung $z = 10^{-5} \cdot x^3$ darstellen. Erstelle eine Tabelle für $x \in [0;\ 160]$ mit $\Delta x = 20$ und zeichne den Graphen zu f_2 in ein neues Koordinatensystem. Wähle auf der z-Achse 1 cm für 5 kW.

e) Welche Leistung ist bei 50 $\frac{\text{km}}{\text{h}}$ $\left(170\ \frac{\text{km}}{\text{h}}\right)$ zur Überwindung des Luftwiderstandes erforderlich?

f) Wie schnell fährt das Fahrzeug, wenn 50 kW zur Überwindung des Luftwiderstandes benötigt werden?

g) Wie versucht die Autoindustrie den c_w-Wert zu verkleinern?

1 Das Schigebiet in Schneewinkel (900 m über NN) soll für Feriengäste attraktiver gestaltet werden. Entgegen den Protesten von Umweltschützern entschließt sich der Gemeinderat für den Ausbau des Skigebiets am Weißkogel. Für die Planung werden Karten studiert, mit deren Hilfe das Profil des Geländes dargestellt werden kann.

Das Ingenieurbüro Fuxx hat am Trödlhang für die horizontale Entfernung vom vorhandenen Gamslift und die Höhendifferenz zum Ortskern (900 m) folgende Tabelle ermittelt.

Entfernung x m	0	20	40	60	80	100	120	140	160	180	200	220
Höhendifferenz y m	60	61	63	69	75	83	90	94	95	93	81	65

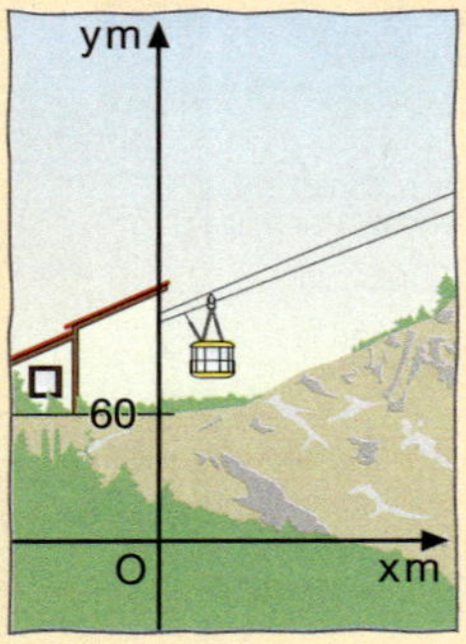

a) Zeichne das Profil des Trödlhangs. Für die Zeichnung: 1 cm ≙ 20 m

b) Zum Präparieren der Hänge sind Pistenraupen nötig. Je nach Steigfähigkeit sind sie unterschiedlich teuer. Mit wie viel Prozent Steigung muss man für $x \in [0;\ 160]$ rechnen? Verwende die Wertetabelle und zeichne Steigungsdreiecke, die näherungsweise an den Graphen angepasst werden.

c) Warum ist das Gelände im Bereich für $x \in [180;\ 220]$ für den Liftbetrieb vermutlich ungeeignet?

d) Mit dem GTR lässt sich das Hangprofil ebenfalls darstellen. Wähle stets folgende WINDOW-Einstellungen: $0 \leqq x \leqq 220$; $0 \leqq y \leqq 100$:

Bei mir geht das ganz einfach: Im Menü wähle ich STAT und gebe die Werte der Tabelle in die Listen L1 und L2 ein. Mit GRAPH(=F1), SELECT(F4) und DRAW(F6) wird der Graph angezeigt. Wenn ich dann X(=F1) drücke, erhalte ich die Gleichung.

Mit meinem GTR geht das so: Mit STAT EDIT lege ich ebenfalls die Listen L1 und L2 an. Unter STAT CALC wähle ich CubicReg. Mit dem Ergebnis muss ich einen Funktionsterm bei Y= eingeben, dann mit GRAPH den Graphen anzeigen.

Bei mir geht das so: Die Eingabe der Werte funktioniert wie bei euch. Bei STAT muss ich REG und Rg_x³ wählen. Dann gebe ich den Term ein und lasse den Graphen anzeigen.

Zeige, dass du folgende Funktionsgleichung erhältst:
$y = -0{,}0000256x^3 + 0{,}00649x^2 - 0{,}1671x + 60{,}8059$

Lineare und exponentielle Zunahme

1

Bei einer Quizshow werden den Kandidaten bis zu zehn Fragen gestellt. Wird eine Frage nicht oder falsch beantwortet, scheidet der Kandidat aus. Vor der Fragerunde muss der Kandidat zwischen zwei Gewinnvarianten wählen.

Anzahl x der Fragen	Gewinn y € bei Variante 1	Gewinn y € bei Variante 2
1	100 €	20 €
2	200 €	40 €
3	300 €	
4		

Variante 1: Jede richtig beantwortete Frage erbringt 100 € Gewinn.
Variante 2: Die erste richtig beantwortete Frage gibt ein Startguthaben von 20 €.
Jede weitere richtige Antwort verdoppelt den Gewinn.

a) Welche Variante würdest du wählen? Begründe deine Antwort.
b) Übertrage die Tabelle in dein Heft und setze sie fort.
c) Übertrage die Werte der Tabelle für beide Varianten in ein Koordinatensystem. Wähle einen geeigneten Maßstab.
d) Ab welcher Frage ist der Gewinn bei Variante 2 größer als bei Variante 1?
e) Wie ändert sich jeweils der Gewinn mit der Anzahl der richtig beantworteten Fragen?

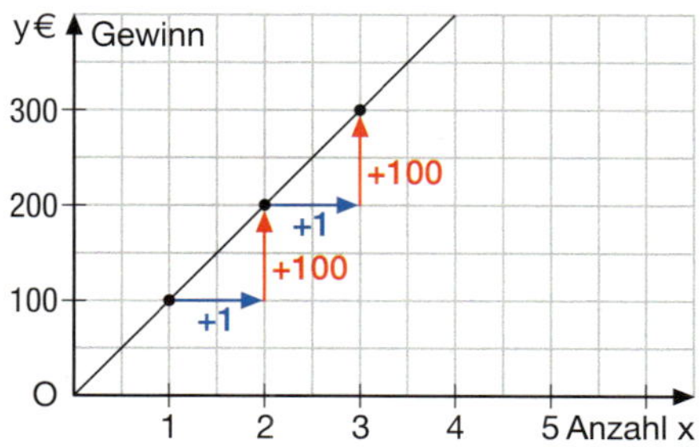

Lineare Zunahme
Nimmt die erste Größe um 1 zu, dann wächst die zweite Größe um einen festen Betrag.

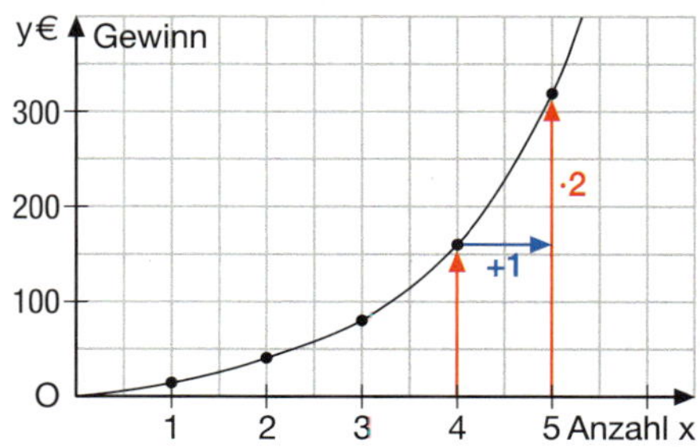

Exponentielle Zunahme
Nimmt die erste Größe um 1 zu, dann vervielfacht sich die zweite Größe jeweils um einen festen Wachstumsfaktor.

2 Falte ein großes Blatt Papier in der Mitte, dann noch einmal. Jetzt sind es 4 Lagen, nach der nächsten Faltung liegen 8 Blätter übereinander. Wenn du weiter faltest, wird das Papier bald zu dick.

a) Stelle dir nun vor, du könntest beliebig oft weiter falten. Schätze, wie oft du falten musst, damit der Stapel bis zum Mond reicht.

A höchstens 100-mal **B** weniger als 10 000-mal **C** über 1 000 000-mal

b) Ein Blatt Papier hat etwa eine Dicke von 0,1 mm. Ergänze in deinem Heft die Tabelle.

Anzahl x der Faltungen	0	1	2	3	4	…	12
Anzahl y der Lagen	1	2	4	■	■	…	■
Dicke z in mm	0,1 · 1	0,1 · 2	0,1 · ■	0,1 · ■	■	…	■

c) Wie ändert sich die Anzahl y der Lagen, wenn du eine neue Faltung durchführst?

d) Versuche, für diesen Zusammenhang eine Gleichung der Form $y = a^x$ zu finden.

e) Wird durch die gefundene Gleichung eine Funktion festgelegt?

W 12

f) Stelle den Zusamenhang zwischen der Dicke z mm und der Anzahl x der Faltungen grafisch dar. Für die Zeichnung: 1 cm ≙ 1 Faltung; 1 cm ≙ 2 mm

110 10

g) Berechne nun mit Hilfe des grafischen Taschenrechners die Dicke des Papiers nach 10, 20 und 30 Faltungen. Gib das Ergebnis in Kilometern an.

h) Bei welcher Faltung x ist der Stapel Papier dicker als die Entfernung Erde–Mond (380 000 km)? Vergleiche mit deiner Schätzung.

Exponentialfunktion

Eine Gleichung der Form $y = k \cdot a^x$, $\mathbb{G} = \mathbb{R} \times \mathbb{R}$; $k \in \mathbb{R}\setminus\{0\}$, $a \in \mathbb{R}^+\setminus\{1\}$, bestimmt eine **Exponentialfunktion** mit der Definitionsmenge $\mathbb{D} = \mathbb{R}$ und der Wertemenge $\mathbb{W} = \mathbb{R}^+$.

Beispiele:
f_1 mit $y = 2^x$
f_2 mit $y = 0{,}1 \cdot 2^x$

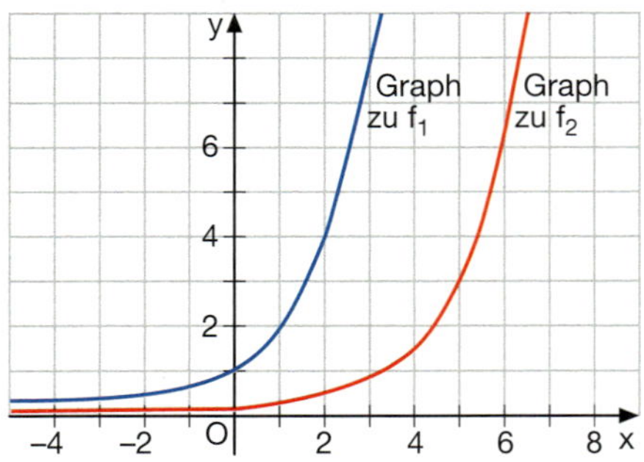

3 a) Erstelle zu folgenden Funktionsgleichungen jeweils eine Wertetabelle und zeichne den Graphen. f_1: $y = 3^x$ f_2: $y = 2^x$ f_3: $y = \left(\frac{1}{3}\right)^x$

b) Untersuche die Graphen auf besondere Punkte. Formuliere eine Aussage über den Verlauf der Graphen.

4 a) Bilde den Graphen zu f mit $y = 2^x$ durch Achsenspiegelung an der x-Achse auf den Graphen zu f′ ab. Fertige eine Zeichnung und ermittle die Gleichung von f′.

b) Der Graph zur Funktion f mit $y = 0{,}25^x$ wird an der y-Achse gespiegelt.

c) Finde einen Zusammenhang zwischen f und f′ für die Abbildungen aus a) und b).

Graph der Exponentialfunktion

Die **Graphen von Exponentialfunktionen** mit $y = a^x$ in $\mathbb{G} = \mathbb{R} \times \mathbb{R}$ und $a \in \mathbb{R}^+ \setminus \{1\}$ besitzten folgende Eigenschaften:
Der Punkt P(0|1) liegt auf allen Graphen. Für $a > 1$ steigt der Graph erst langsam, dann schnell (exponentielles Wachstum), für $a < 1$ fällt der Graph erst schnell, dann langsam (exponentielle Abnahme).
$\mathbb{D} = \mathbb{R}$; $\mathbb{W} = \mathbb{R}^+$
Die Gerade mit $y = 0$ (x-Achse) ist Asymptote an alle Graphen.

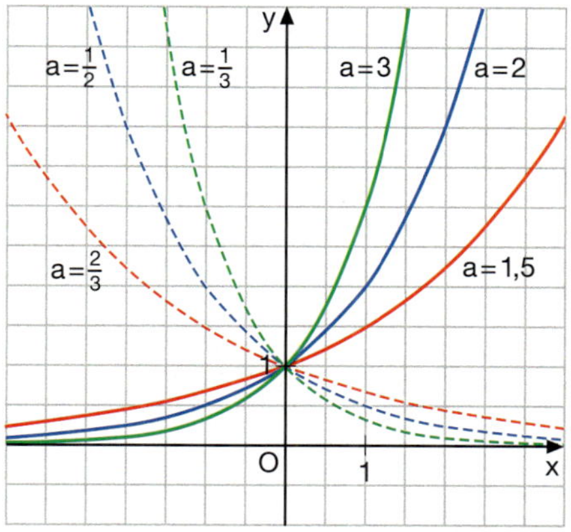

5 Im Bild oben sind jeweils zwei der Graphen symmetrisch zur y-Achse.
a) Gib ihre Gleichungen an und begründe die Symmetrie an einem der Beispiele.
b) Welche Gleichung erhält man, wenn man den Graphen zu $y = 0{,}2^x$ ($y = 2{,}5^x$) an der y-Achse spiegelt.

6 So kann man zum Punkt $P(x_P|5)$, der auf dem Graphen zu f mit $y = 1{,}4^x$ liegt, die fehlende Koordinate aus der Zeichnung bestimmen.

Erstelle eine Wertetabelle.

x	0	1	2	3	4	5
y	1	1,4	1,96	2,74	3,84	5,37

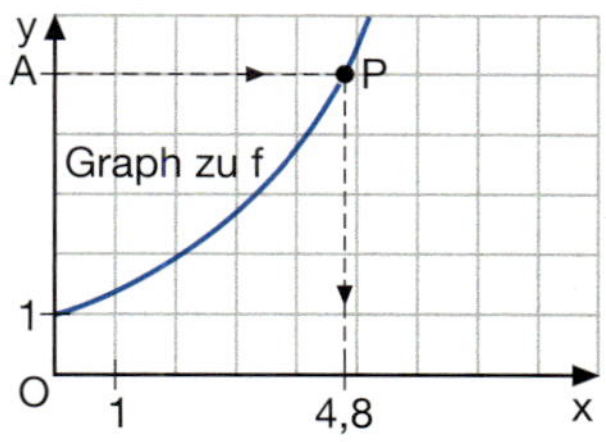

Stelle die Funktion f grafisch dar.

Eine Parallele zur x-Achse durch A(0|5) schneidet den Graphen im Punkt P. Das Lot auf die x-Achse ergibt $x_P = 4{,}8$. Es folgt: P(4,8|5)

Mit dem grafischen Taschenrechner:
Gib den Funktionsterm ein.

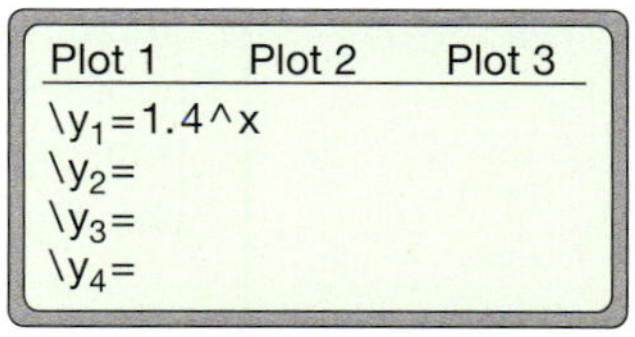

Wähle eine geeignete Fenstergröße. Beachte dabei die Definitions- und Wertemenge.

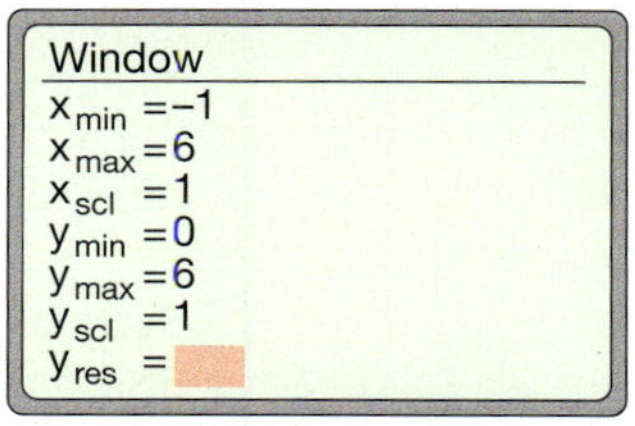

Lasse den Graphen anzeigen.

Setze mit TRACE einen Spurpunkt auf den Graphen und verschiebe diesen bis etwa y = 5 angezeigt wird.

Lies den x-Wert ab: x = 4,8

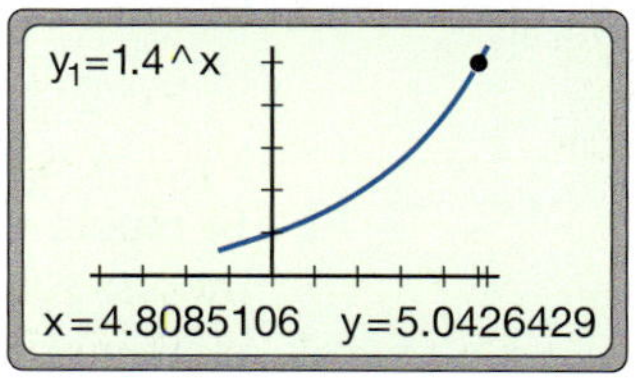

Beachte, dass man auch mit dieser Methode nur ein näherungsweises Ergebnis erhält.
Je nach Taschenrechner kann man über ZOOM/ZBOX die Genauigkeit verbessern.

a) $P(x_P|-2)$; f_3 mit $y = -2^x$

b) $P(x_P|6)$; f_4 mit $y = 0{,}1^x$

7 Wir untersuchen Graphen von Exponentialfunktionen. Bildet dabei Gruppen wie auf Seite 32 erklärt.

a) Gegeben sind die Funktionen f_1 mit $y = 2^x$ und f_2 mit $y = 0{,}5^x$. Zeichne die Graphen zu f_1 und f_2 in ein Koordinatensystem. Verändere den Funktionsterm wie in den Gruppen angegeben und ergänze die Zeichnung mit den Graphen zu f_1' und f_2'. Um welche Abbildung handelt es sich jeweils? Für die Zeichnungen: $-5 \leqq x \leqq 5$; $-8 \leqq y \leqq 8$

Gruppe A:	f_1' mit $y = 2^x - 2$	f_2' mit $y = 0{,}5^x + 1$
Gruppe B:	f_1' mit $y = 2^{x-2}$	f_2' mit $y = 0{,}5^{x+2}$
Gruppe C:	f_1' mit $y = 2^{x-2} + 1$	f_2' mit $y = 0{,}5^{x+2} - 3$
Gruppe D:	f_1' mit $y = 0{,}5 \cdot 2^x$	f_2' mit $y = 0{,}5 \cdot 0{,}5^x$
Gruppe E:	f_1' mit $y = -1{,}5 \cdot 2^x$	f_2' mit $y = -1{,}5 \cdot 0{,}5^x$

b) Wechselt nun die Gruppen und berichtet euren Mitschülern aus euren Gruppen.

c) Vergleicht eure Ergebnisse. Erstellt im Heft eine Zusammenfassung.

$$f\colon y = a^x \xrightarrow{\text{x-Achse; k}} f^*\colon y = k \cdot a^x \xrightarrow{\vec{v} = \binom{c}{d}} f'\colon y = k \cdot a^{x-c} + d$$

$\mathbb{G} = \mathbb{R} \times \mathbb{R}$; $k \in \mathbb{R}\backslash\{0\}$; $a \in \mathbb{R}^+$; $c, d \in \mathbb{R}$

Übungen

8 Lege für die Funktionen jeweils eine Wertetabelle für x-Werte mit $-3 \leqq x \leqq 3$ an. Zeichne die Graphen in ein Koordinatensystem und gib jeweils den Schnittpunkt des Graphen mit der y-Achse an.

a) $f(x) = 2 \cdot 3^x$; $g(x) = \frac{1}{2} \cdot 3^x$ b) $f(x) = 3 \cdot 0{,}5^x$; $g(x) = \frac{1}{3} \cdot 0{,}5^x$

9 Überprüfe, ob der Punkt P auf dem Funktionsgraphen von f liegt.

a) f: $y = 2 \cdot 3^x$; $P(3|54)$ b) f: $y = 3 \cdot 4^x$; $P(0{,}5|9)$ c) f: $y = \frac{1}{2} \cdot 5^x$; $P(-1|0{,}1)$

10 So kann man die Funktionsgleichung einer Exponentialfunktion der Form $y = k \cdot a^x$ bestimmen, deren Graph die y-Achse im Punkt Q schneidet und durch den Punkt P geht.

Setze die Koordinaten des Schnittpunktes Q mit der y-Achse in die Funktionsgleichung $y = k \cdot a^x$ ein. Du erhältst den Wert für k.	$Q(0\|0{,}25)$	$y = k \cdot a^x$ $0{,}25 = k \cdot a^0$ $0{,}25 = k \cdot 1$ $0{,}25 = k$
Setze die Koordinaten von P und den Wert für k in die Funktionsgleichung $y = k \cdot a^x$ ein. Löse nach a auf.	$P(2\|1)$	$y = k \cdot a^x$ $1 = 0{,}25 \cdot a^2$ $4 = a^2$ $(a \in \mathbb{R}^+)$ $2 = a$
Setze die Werte für k und a in die Funktionsgleichung ein.		$y = 0{,}25 \cdot 2^x$

a) $P(-2|12)$; $Q(0|3)$ b) $P(2|0{,}02)$; $Q(0|0{,}5)$ c) $P(0|0{,}25)$; $Q(3|0{,}016)$

11 In einem Gewässer verringert sich die Lichtstärke je Meter um 25%. Ein Belichtungsmesser zeigt bei einem Meter Wassertiefe eine Lichtstärke von 3150 Lux. Dieser Zusammenhang wird durch eine Gleichung der Form $y = k \cdot a^x$ beschrieben. Dabei steht x m für die Wassertiefe, y Lux für die Lichtstärke.

a) Bestimme die Funktionsgleichung.

b) Berechne die Lichtstärke in 15 m Tiefe.

1 Gegeben ist eine Funktion f mit $y = 2^x$.

a) Zeichne den Graphen zu f und gib Definitions- und Wertemenge an.

b) Der Graph zu f wird an der Geraden w mit y = x auf den Graphen zu f^{-1} abgebildet. Ergänze die Zeichnung mit diesem Graphen.

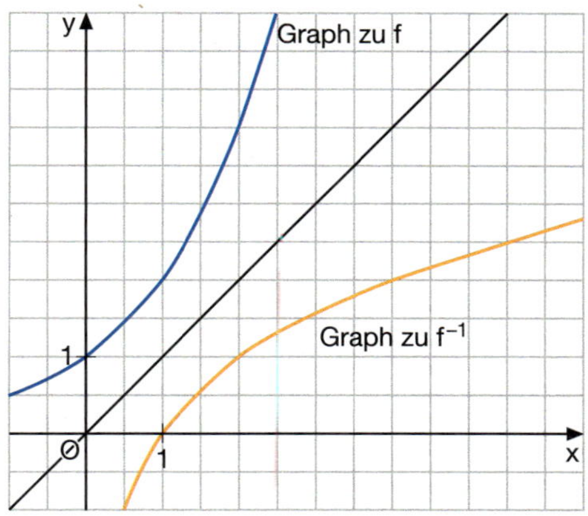

c)

d) Ermittle aus dem Graphen den x-Wert für $2^x = 3$.

Logarithmusfunktion

> Die Umkehrfunktion f^{-1} einer Exponentialfunktion f mit $y = a^x$ ist eine **Logarithmusfunktion** mit der Gleichung $y = \log_a x$. Es gilt: $\mathbb{D} = \mathbb{R}^+$; $\mathbb{W} = \mathbb{R}$
> *Lies:* Logarithmus von x zur Basis a.

2 Für die Gleichung $2^x = 8$ gilt: x ist der Exponent zur Basis 2 mit dem Potenzwert 8;
$2^3 = 8$, somit x = 3.

Formuliere ebenso für die folgenden Gleichungen. Gib jeweils den Wert für x an.

a) $5^x = 125$ b) $2^x = 64$ c) $\left(\frac{1}{2}\right)^x = \frac{1}{8}$ d) $\left(\frac{2}{3}\right)^x = \frac{8}{27}$

Logarithmus

> Für die Gleichung $a^x = c$ gilt: x ist der Exponent zur Basis a mit dem Potenzwert c.
> x ist der **Logarithmus** von c zur Basis a.
> Man schreibt: $x = \mathbf{\log_a c}$ $c \in \mathbb{R}^+$; $a \in \mathbb{R}^+ \setminus \{1\}$
>
> Beispiele:
> $2^x = 8$ $x = \log_2 8$; $x = 3$
> $3^x = 243$ $x = \log_3 243$; $x = 5$
> $2^{x+1} = 16$ $x + 1 = \log_2 16$; $x + 1 = 4$; $x = 3$

Übungen

3 Bestimme den Logarithmus. Forme dazu in die Exponentialgleichung um.

a) $x = \log_2 32$ b) $x = \log_{0,5} 0{,}25$ c) $x = \log_9 81$
d) $x = \log_{25} 625$ e) $x = \log_{10} 10000$ f) $x = \log_8 512$

> $x = \log_3 81$
> $3^x = 81$
> $3^4 = 81$; $x = 4$

4 Berechne x.

a) $2^x = 512$ b) $7^x = 343$ c) $10^x = 0{,}1$ d) $0{,}5^x = 0{,}125$
e) $2^x = 0{,}25$ f) $10^x = 0{,}001$ g) $5^x = 3125$ h) $0{,}2^x = 0{,}008$

5 Forme in eine Exponentialgleichung um und berechne x.

a) $\log_2 x = 4$ b) $\log_2 x = 3$ c) $\log_{10} x = 2$ d) $\log_5 x = 1$
e) $\log_6 x = 2$ f) $\log_7 x = 0$ g) $\log_{12} x = 4$ h) $\log_2 x = -2$

6 Berechne die Basis x.

a) $\log_x 9 = 2$ b) $\log_x 125 = 3$ c) $\log_x 10 = 1$ d) $\log_x 0{,}25 = -2$

1 Mithilfe der Taste LOG des Taschenrechners kann man Logarithmen zur Basis 10 (dekadische Logarithmen) direkt berechnen. Was fällt dir auf? Begründe.
a) $\log_{10} 10$ b) $\log_{10} 100$ c) $\log_{10} 1000$ d) $\log_{10} 10000$

lg x

Für Logarithmen mit der Basis 10 schreibt man: $\mathbf{\log_{10} x = lg\ x}$

2 Berechne mit dem Taschenrechner.
a) $\lg 0{,}5$ b) $\lg \frac{1}{3}$ c) $\lg 4^3$ d) $\lg \sqrt{2}$ e) $\lg 0{,}01$

3 a) $x = \lg 7$ b) $x = \log_2 \frac{1}{8}$ c) $x = \lg 2$ d) $x = \lg 0{,}1$ e) $x = \log_3 81$

$x = \lg 5$
$10^x = 5$
$10^{\lg 5} = 5$

4 So kann man $\log_a b$ mit Hilfe von Zehnerlogarithmen darstellen.

Wegen $10^x = a$; $x = \lg a$ gilt: (I) $10^{\lg a} = a$ bzw. $10^{\lg b} = b$

Somit folgt für: (II) $a^x = b$ $x = \log_a b$
Aus (I) und (II) folgt: $(10^{\lg a})^x = 10^{\lg b}$
Wegen der Potenzgesetze gilt: $10^{x \lg a} = 10^{\lg b}$
Es folgt: $x \lg a = \lg b$
$$x = \frac{\lg b}{\lg a}$$

Forme in Zehnerlogarithmen um und berechne mit dem Taschenrechner.
a) $\log_5 3$ b) $\log_4 0{,}5$ c) $\log_{0,2} 10$ d) $\log_{1,5} \frac{2}{3}$ e) $\log_4 0{,}2$

Basis-umrechnung

Für die Umrechnung in Zehnerlogarithmen gilt:
$$\mathbf{\log_a b = \frac{lg\ b}{lg\ a}} \quad a, b \in \mathbb{R}^+; a \neq 1$$

Übungen

5 Löse die Gleichungen.
a) $3^x + 3 = 5$
b) $0{,}5 + 4 \cdot 0{,}5^x = 1$
c) $200 + 10^{x-1} = 4000$
d) $2{,}25 + 0{,}5 \cdot 4^{2x} = 6{,}25$
e) $\sqrt{2} \cdot 2^x = 3\sqrt{2} + 2$

$4 \cdot 2^{x+1} + 3 = 5$
Löse nach der Potenz auf: $2^{x+1} = 0{,}5$
Bestimme den Exponenten: $x + 1 = \log_2 0{,}5$
$x = \log_2 0{,}5 - 1$
Verwende Zehnerlogarithmen $x = \frac{\lg 0{,}5}{\lg 2} - 1 = -2$

6 Die Schallstärke I ist diejenige Energie, die pro Sekunde senkrecht auf 1 m² auftrifft. Daraus wird nach der Formel $E = 10 \cdot \lg \frac{I}{10^{-12}\frac{W}{m^2}}$ die Lautstärke E in Phon berechnet. Setzt man für $I = 10^{-12}\ \frac{W}{m^2}$, erhält man E = 0 Phon (Hörgrenze).
a) Welche Lautstärke E erhält man bei Unterhaltungssprache $\left(I = 10^{-8}\ \frac{W}{m^2}\right)$ bzw. neben einem Presslufthammer $\left(I = 10^{-2}\ \frac{W}{m^2}\right)$?
b) Berechne die Schallstärke I in einem Büroraum für E = 50 Phon.

1 a) Berechne: $\log_5 5$; $\log_6 6$; $\lg 10$; $\log_5 1$; $\log_6 1$; $\lg 1$
Was fällt dir auf?
b) Begründe mit Hilfe der Definitionen des Logarithmus: $\log_b b = 1$ und $\log_b 1 = 0$.

2 Ermittle die Logarithmen mit dem Taschenrechner. Was fällt dir auf?
a) $\lg 6$; $\lg 2 + \lg 3$; $\lg 2 \cdot \lg 3$ $\quad$ $\log_3 10$; $\log_3 5 + \log_3 2$; $\log_3 5 \cdot \log_3 2$
b) $\lg 2$; $\lg 16 - \lg 8$; $\lg 16 : \lg 8$ $\quad$ $\log_4 15$; $\log_4 45 - \log_4 3$; $\log_4 45 : \log_4 3$
c) $\lg 16$; $\lg 4^2$; $2 \cdot \lg 4$ $\quad$ $\log_5 3^3$; $3 \cdot \log_5 3$

3 So kann man zeigen, dass gilt: $\log_b (x \cdot y) = \log_b x + \log_b y$

$a^u = x$, also $u = \log_a x$; $a^v = y$, also $v = \log_a y$

Bilde das Produkt:	$x \cdot y = a^u \cdot a^v$
Wende die Potenzgesetze an:	$x \cdot y = a^{u+v}$
Löse nach dem Exponenten auf:	$u + v = \log_a (xy)$
Setze ein:	$\log_a x + \log_a y = \log_a (xy)$

Zeige, dass gilt: $\log_a (x : y) = \log_a x - \log_a y$ und $\log_a (x^c) = c \cdot \log_a x$.

Logarithmen-Gesetze

Logarithmen-Gesetze: $\log_a x + \log_a y = \log_a (xy)$ $\quad$ $x, y, a \in \mathbb{R}^+$; $a \neq 1$; $c \in \mathbb{R}$
$\log_a x - \log_a y = \log_a\left(\frac{x}{y}\right)$
$\log_a (x^c) = c \cdot \log_a x$

Sonderfälle: $\log_a a = 1$; $\quad \log_a 1 = 0$

Übungen

4 Forme um.
a) $\log_2 \frac{10}{x}$ $\quad$ b) $\log_3 30 + \log_3 0{,}1$ $\quad$ c) $\log_a (ab)$
d) $1 + \log_5 c$ $\quad$ e) $\log_r (r^2 s)$ $\quad$ f) $\log_5 (5x^2 y)$
g) $\log_a \sqrt{ab}$ $\quad$ h) $\log_x \sqrt[3]{xy}$ $\quad$ i) $\lg \sqrt[5]{a^{10} b^2}$

$\log_a x^2 y =$
$\log_a x^2 + \log_a y =$
$2 \log_a x + \log_a y$

5 Berechne: $\lg 2$; $\lg 20$; $\lg 200$; $\lg 2000$
Was fällt dir auf? Begründe mit Hilfe der Logarithmen-Gesetze.

6 Fasse zu einem Logarithmus zusammen.
a) $\log_a x + \log_a y - \log_a z$ $\quad$ b) $\lg a + 3 \lg a^2 - 6 \lg a^3$
c) $2 \log_a p + 3 \log_a q + \log_a q^3$ $\quad$ d) $4 \lg x^3 - 12 \lg x$
e) $\lg \sqrt{a^3} + 0{,}5 \lg a - 2 \lg a^{0,25}$ $\quad$ f) $3 \log_a x^5 - \frac{\lg x^4}{\lg a}$

$\lg a + 2 \lg b - \lg 2 =$
$\lg a + \lg b^2 - \lg 2 =$
$\lg (ab^2) - \lg 2 =$
$\lg \frac{ab^2}{2}$

7 Fasse folgende Terme soweit wie möglich zusammen. Die zugehörigen Buchstaben der Tabelle ergeben in der Reihenfolge der Aufgaben das Lösungswort.

$\log_3 3x$	$\log_3 x^3$	1	2	0	$6 \log_3 x$	$\log_3 x^2$
K	P	P	R	I	E	A

a) $\log_3 x + \log_3 x + \log_3 x$ $\quad$ b) $\log_3 x - \log_3 x^3 + 4 \log_3 x$
c) $\log_3 3x - \log_3 x$ $\quad$ d) $-4 \log_3 x + \frac{1}{2} \log_3 x^6 + \log_3 x$
e) $2 \log_3 x + \log_3 x^4$ $\quad$ f) $3^{\log_3 1} + \log_3 3$

8 Löse die folgenden Gleichungen.

a) $2^{x+3} = 2^{2x-1}$
b) $2^{2x} = 16 \cdot 2^{x-1}$
c) $4^{x+2} = 2^{x+1}$
d) $125 \cdot 5^{2x+1} = 25^{x+2}$
e) $9^{x+4} = 27^{2x-3}$
f) $2^{6x} = 4^{5-x}$

$3^{2x} = 81 \cdot 3^{x+1}$
$3^{2x} = 3^4 \cdot 3^{x+1}$
$3^{2x} = 3^{x+5}$
Vergleich der Exponenten
$2x = x + 5$
$x = 5$

9 So kann man die Exponentialgleichung $3^{x-2} = 7 \cdot 5^{2x}$ mit Hilfe der Logarithmenregeln lösen.

Für $x \in \mathbb{R}$ sind beide Seiten der Gleichung positiv, also kann man logarithmieren:
Anwendung der Logarithmen-Gesetze:

$$3^{x-2} = 7 \cdot 5^{2x}$$
$$\lg 3^{x-2} = \lg (7 \cdot 5^{2x})$$
$$(x-2) \lg 3 = \lg 7 + \lg 5^{2x}$$
$$(x-2) \lg 3 = \lg 7 + 2x \lg 5$$
$$x \lg 3 - 2 \lg 3 = \lg 7 + 2x \lg 5$$
$$x \lg 3 - 2x \lg 5 = \lg 7 + 2 \lg 3$$
$$x (\lg 3 - 2 \lg 5) = \lg 7 + 2 \lg 3$$
$$x = \frac{\lg 7 + 2 \lg 3}{\lg 3 - 2 \lg 5}$$
$$x = -1{,}95$$

a) $2^x = 2 \cdot 3^x$
b) $3^{x+1} = 5^x$
c) $5 \cdot 5^x = 10^{x+1}$
d) $8^{5x-3} = 7 \cdot 3^{x+5}$
e) $7^{2x+3} = 12 \cdot 3^{x-4}$
f) $81 \cdot 4^{x+3} = 256 \cdot 3^{4x}$

10 Forme die Terme T_n in einen der Terme A bis D um. Setze dann die angegebene Belegung für x ein und addiere die Zahl für a. Ordne die Ergebnisse dem Schaubild zu. Runde auf ganze Zahlen.

$T_1(x) = -2^{2+x} + 3 \cdot 2^{x+1}$
$T_2(x) = \log_2 (46x : 6) + \log_2 6 + \log_2 23x$
$T_3(x) = 2^{2x+2}$
$T_4(x) = 2 \log_2 6^x + 3 \log_2 6^{x+1}$

A $4 \cdot 4^x$ — $x = 4;\ a = -770$
B 2^{x+1} — $x = 8;\ a = -381$
C $1 + 2 \cdot \log_2 23x$ — $x = 1000;\ a = 96$
D $5x \log_2 6 + \log_2 216$ — $x = 2;\ a = 12{,}40$

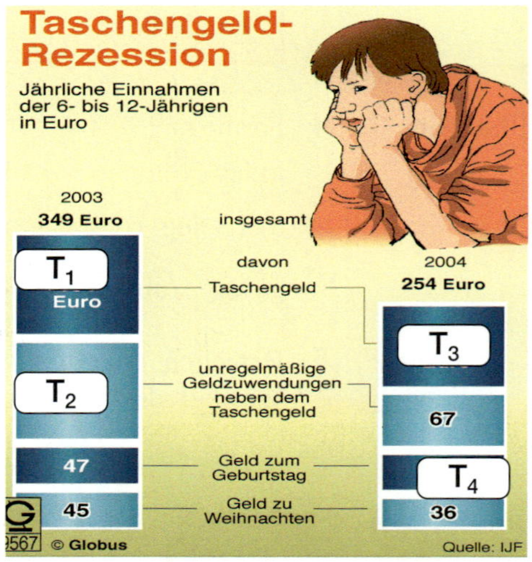

Das Wort Logarithmus ist ein künstlich geschaffenes Wort. Es ist seit 1614 bekannt und wurde erstmals vom schottischen Mathematiker John Napier eingeführt. Logarithmen wurden lange als wichtiges Hilfsmittel zum Rechnen verwendet, um an Stelle der Multiplikation und Division von Zahlen die einfachere Addition bzw. Subtraktion verwenden zu können. Bis weit über 1970 hinaus wurden die Logarithmen in so genannten Logarithmentafeln abgedruckt und auf Logarithmenstäben verwendet. Erst mit Einführung des Taschenrechners verschwanden diese Hilfsmittel.

lg 1000 – lg 2009

N		0	1	2	3	4	5	6	7	8	9
100	00	00	04	09	13	17	22	26	30	35	39
101		43	48	52	56	60	65	69	73	77	82
102		86	90	95	99	03	07	11	16	20	24
103	01	28	33	37	41	45	49	54	58	62	66
104		70	75	79	83	87	91	95	99	04	08

1 Die Stärke von Erdbeben wird heute nach der Richter-Skala, die nach dem amerikanischen Forscher CHARLES RICHTER benannt ist, bestimmt. Für die Stärke S eines Erdbebens gilt: $S = \lg\frac{I}{I_0}$. Dabei ist I_0 die Intensität eines Erdbebens, das gerade noch messbar ist, und I die mit dem Seismographen gemessene Intensität. Daraus wird die Stärke S berechnet.

a) Welche Stärke S hat ein Erdbeben, das die 20fache Intensität eines gerade noch wahrnehmbaren Bebens besitzt?

b) Um welchen Faktor ist ein Erdbeben mit S = 3 (5,5; 8) stärker als ein Beben mit S = 2?

$S = 7{,}6 \quad 7{,}6 = \lg\frac{I}{I_0}$

$10^{7{,}6} = \frac{I}{I_0}$

$I = 40\,000\,000\, I_0$

2 Erdbebenwellen breiten sich kreisförmig um das Epizentrum aus. Da sich unterschiedliche Wellenarten mit verschiedenen Geschwindigkeiten verbreiten, kann man aus der Laufzeit die Lage des Epizentrums ermitteln.

p-Wellen $6\,\frac{km}{s}$

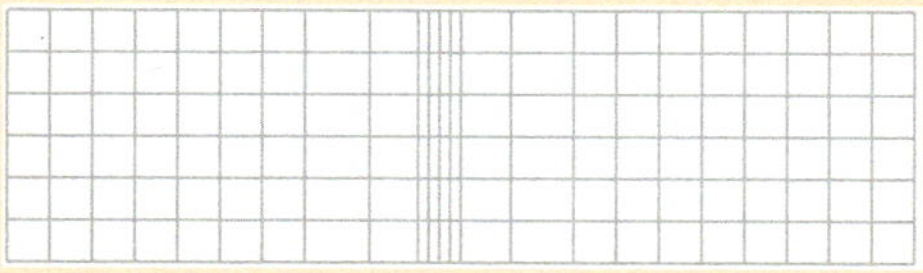

s-Wellen $3{,}5\,\frac{km}{s}$

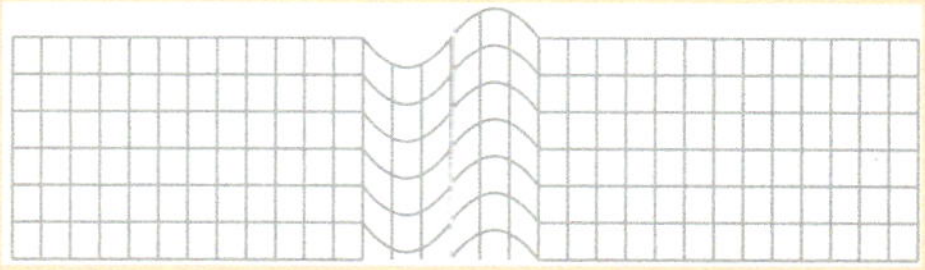

a) Wie lange braucht eine p-Welle für eine Entfernung von 50 km (100 km; 400 km) vom Epizentrum zur Messstation?

b) Berechne die Entfernung des Epizentrums von der Messstation, wenn die s-Welle 55 min (1 h; 3:15 h) benötigt. Wie groß ist jeweils die Zeitdifferenz zwischen dem Eintreffen von p- und s-Welle?

c) Zeige durch Rechnung, dass für die Zeitdifferenz d Sekunden und die Entfernung x km von Epizentrum folgende Formel gilt:

$$d = x\text{ km} \cdot \left(\frac{1}{3{,}5\,\frac{km}{s}} - \frac{1}{6\,\frac{km}{s}}\right)$$

d) Auch in Deutschland gibt es laufend schwache Erdbeben. Ergänze die Tabelle im Heft und bestimme auf einer kopierten Karte das Epizentrum des Bebens.

	p-Zeit	s-Zeit	Differenz	Entfernung
A1	3:14:59,2	3:15:01,9		
B1	3:15:00,7	3:15:04,4		
B2	3:15:05,0	3:15:10,7		

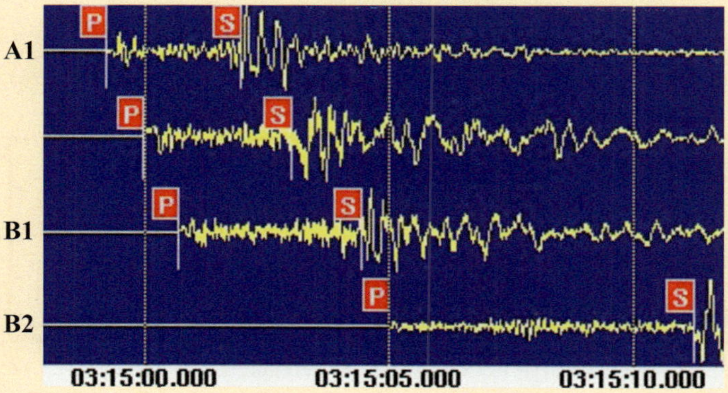

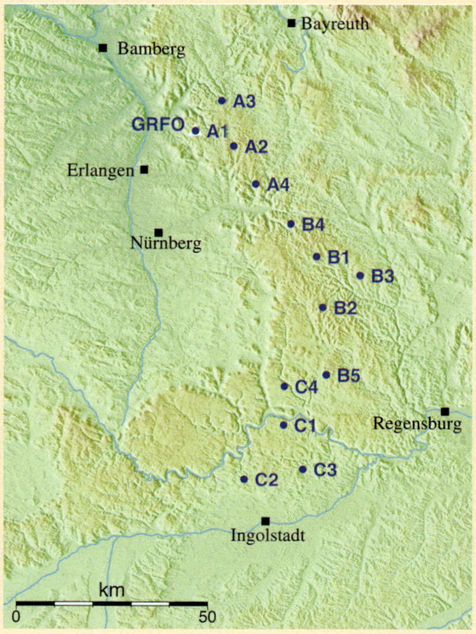

1 Der Punkt P(3|3,375) liegt auf dem Graphen der Funktion f mit $y = a^x$ ($\mathbb{G} = \mathbb{R} \times \mathbb{R};\ a \in \mathbb{R}^+$).

a) Ermittle die Gleichung der Funktion f.

b) Die Funktion f^{-1} ist Umkehrfunktion zu f. Ermittle ihre Gleichung.

c) Die Punkte $Q(5|y_Q)$ und $R(x_R|3)$ liegen auf dem Graphen zu f^{-1}. Ermittle rechnerisch die fehlenden Koordinaten.

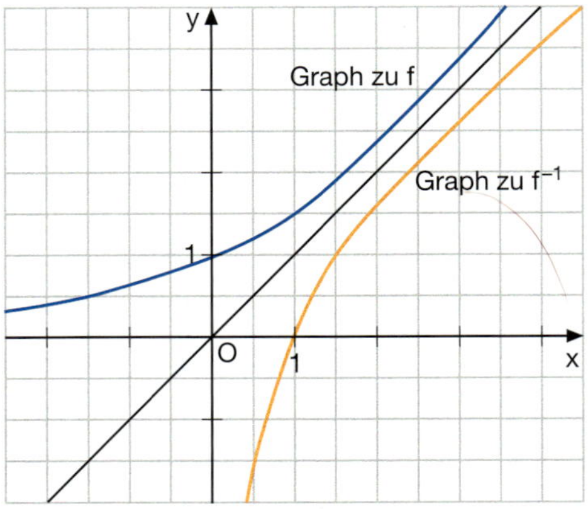

Übungen

2 Zeichne die Graphen der Funktion f und ihrer Umkehrfunktion f^{-1} in ein Koordinatensystem. Bestimme die Gleichung von f^{-1} und gib die Definitions- und Wertemenge an.

a) f mit $y = 0{,}5^x$ b) f mit $y = \left(\frac{2}{3}\right)^x$ c) f mit $y = 0{,}25 \cdot 2^x$

3 Der Punkt A liegt auf dem Graphen zu f. Berechne die fehlende Koordinate.

a) $A(x|3)$; f mit $y = 2^x$ b) $A(x|1)$; f mit $y = 0{,}2^x$

c) $A(x|4)$; f mit $y = 1{,}2^x$ d) $A(4{,}25|y)$; f mit $y = 3^x$

e) $A(x|0{,}5)$; f mit $y = 1{,}25^x$ f) $A(x|90)$; f mit $y = 10^x$

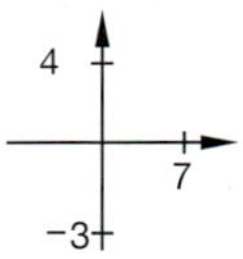

4 Erstelle jeweils eine Wertetabelle für $x \in [1;\ 6]$ mit $\Delta x = 1$ und zeichne den Graphen der Funktion. Gib die Definitions- und Wertemenge an.

a) f mit $y = \log_{0,3} x$ b) f mit $y = \log_5 x$ c) f mit $y = \lg x$

5 a) Ordne den Graphen die Funktionsgleichungen zu.

A $y = \log_{2,5} x$
B $y = \log_{0,5} x$
C $y = \log_{1,5} x$
D $y = \log_{0,25} x$
E $y = \log_2 x$
F $y = \log_3 x$

b) Für welche Basis fällt bzw. steigt der Graph?

c) Gib zu jeder Funktion die Definitions- und Wertemenge an.

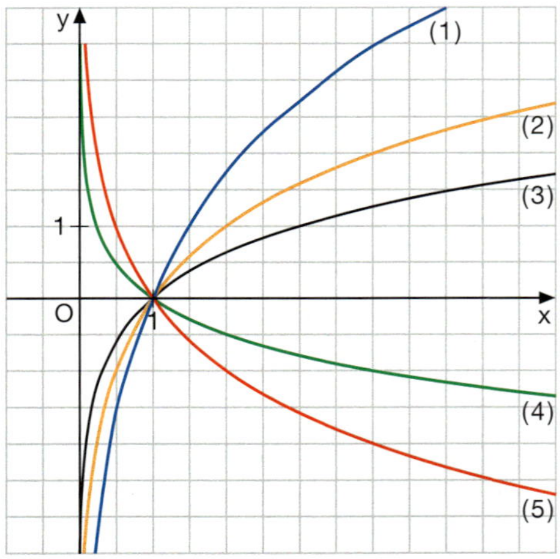

Graphen von Logarithmusfunktionen

Für die Funktion mit der Gleichung $y = \log_a x,\ a \in \mathbb{R}^+ \backslash \{1\}$ gilt:
Der Punkt P(1|0) liegt auf allen Graphen.
Der Graph fällt für $a < 1$ und steigt für $a > 1$.
$\mathbb{D} = \mathbb{R}^+;\ \mathbb{W} = \mathbb{R}$
Die Gerade mit $x = 0$ (y-Achse) ist Asymptote an alle Graphen.

6 Durch Gleichungen der Form $y = k \log_a (x - c) + d$ werden Logarithmusfunktionen beschrieben.

a) Untersucht in Gruppen, wie sich die Graphen bei unterschiedlichen Belegungen der Variablen verhalten. Gebt jeweils die Definitions- und Wertemenge an.
Gruppe A: f mit $y = \log_2 (x - c)$; $c \in \{-0{,}25;\ -1;\ 0{,}5;\ 1;\ 2\}$
Gruppe B: f mit $y = \log_2 x + d$; $d \in \{-3;\ -1{,}5;\ 0;\ 1;\ 2\}$
Gruppe C: f mit $y = k \log_2 x$; $k \in \{-3;\ -1{,}5;\ 0;\ 1;\ 2\}$

b) Durch welche Abbildung kann der jeweilige Graph aus dem Graphen zu $y = \log_2 x$ hergeleitet werden?

7 So kann man zeigen, dass der Graph zu f mit $y = \log_2 x$ durch orthogonale Affinität und Parallelverschiebung auf den Graphen zu f′ mit $y = 0{,}4 \log_2 (x + 2) + 3$ abgebildet wird.

f mit $y = \log_2 x$ $\quad \mathbb{D} = \mathbb{R}^+;\ \mathbb{W} = \mathbb{R}$

$P(x|\log_2 x) \xmapsto{\text{x-Achse; } k = 0{,}4} P^*(x^*|y^*)$

$x^* = x$

$\wedge\ y^* = 0{,}1 \cdot \log_2 x$

Es folgt: f* mit $y = 0{,}4 \cdot \log_2 x$

$P^*(x^*|0{,}4 \cdot \log_2 x^*) \xmapsto{\vec{v} = \binom{-2}{3}} P'(x'|y')$

$x' = x^* - 2$ $\qquad x^* = x' + 2$

$\wedge\ y' = 0{,}4 \cdot \log_2 x^* + 3$

somit $y' = 0{,}4 \cdot \log_2 (x' + 2) + 3$

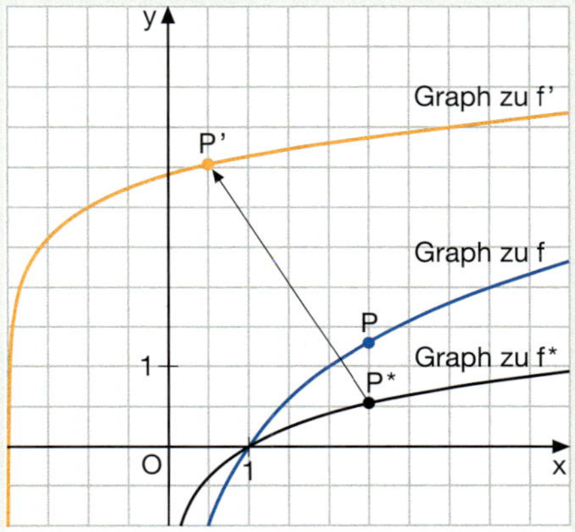

Ergebnis: f′ mit $y = 0{,}4 \cdot \log_2 (x + 2) + 3$
$\mathbb{D} = \{x|x > -2\};\ \mathbb{W} = \mathbb{R};$ Asymptote mit $x = -2$

Führe den Nachweis mit beliebiger Basis a, variablem Faktor k und $\vec{v} = \binom{c}{d}$ durch.

$$f\colon y = \log_a x \xmapsto{\text{x-Achse; } k} f^*\colon y = k \log_a x \xmapsto{\vec{v} = \binom{c}{d}} f'\colon y = k \log_a (x - c) + d$$

$\mathbb{G} = \mathbb{R} \times \mathbb{R};\ k \in \mathbb{R}\setminus\{0\};\ a \in \mathbb{R}^+\setminus\{1\};\ c, d \in \mathbb{R}$

Übungen

8 Zeichne die Graphen der Logarithmusfunktionen in ein Koordinatensystem. Gib jeweils die Definitions- und Wertemenge und die Gleichung der Asymptoten an.

a) $y = \log_{0,2} (x + 1) - 3$ $\qquad$ b) $y = \log_{1,5} (x - 3) + 1$ $\qquad$ c) $y = \lg (x - 2) - 1$

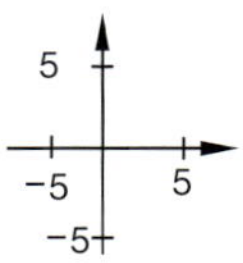

9 Berechne zur Funktion f die Gleichung der Umkehrfunktion f^{-1} und zeichne beide Graphen in ein Koordinatensystem.

a) f: $y = \log_3 (x - 2) + 1$ $\qquad$ b) f: $y = \lg x + 5$

c) f: $y = 0{,}2 \log_5 (x + 3) - 1$ $\qquad$ d) f: $y = 0{,}4^{x + 0{,}5} - 2$

e) f: $y = \frac{1}{2} \cdot 3^x - 2$ $\qquad$ f) f: $y = \log_{0,3} (x - 2) + 1$

f mit $y = \log_2 (x + 1) - 3$
f^{-1} mit $x = \log_2 (y + 1) - 3$
$x + 3 = \log_2 (y + 1)$
$2^{x+3} = y + 1$
f^{-1} mit $y = 2^{x+3} - 1$

10 Der Punkt A liegt auf dem Graphen zu f. Berechne die fehlende Koordinate.

a) $A(x|1{,}2)$; f mit $y = \log_2 (x + 1)$ $\qquad$ b) $A(4{,}25|y)$; f mit $y = -\log_3 x + 2{,}5$

c) $A(x|-0{,}5)$; f mit $y = 0{,}25 \log_{0,5} (x + 1)$ $\qquad$ d) $A(x|10)$; f mit $y = \lg (x - 10) + 10$

1 Julia und Johannes legen jeweils zu ihrem 16. Geburtstag 1200 € bzw. 1400 € bei einer Bank an.
Bestimme jeweils die Höhe ihres Guthabens, das ihnen mit 18 Jahren ausgezahlt wird, wenn die Beträge mit 2 % angelegt werden.

1. Jahr $K_1 = \left(1200 + 1200 \cdot \frac{2}{100}\right)$ €

$K_1 = 1200\left(1 + \frac{2}{100}\right)$ €

$K_1 = 1200 \cdot 1{,}02$ €

2. Jahr $K_2 = 1200 \cdot 1{,}02 \cdot 1{,}02$ €

$K_2 = 1200 \cdot 1{,}02^2$ €

n. Jahr $K_n = 1200 \cdot 1{,}02^n$ €

$K_n = K_0 \cdot \left(1 + \frac{p}{100}\right)^n$

$\mathbf{K_n = K_0 \cdot q^n}$

Der Wachstumsfaktor heißt in der Zinsrechnung **Zinsfaktor q.**

$q = 1 + \frac{p}{100}$

Anfangskapital: K_0
Kapital nach n Jahren: K_n

2 Gegeben: $K_0 = 2400$ €; $p\,\% = 6\,\%$
n = 7 Jahre; Zinsfaktor: 1,06
Gesucht: K_7
$K_n = K_0 \cdot q^n$
$K_7 = 2400 \cdot 1{,}06^7$ €
Tastenfolge: 2400 [x] 1.06 [x^y] 7 [=]
Anzeige: 3608.712622
$K_7 \approx 3608{,}71$ €

Guthaben nach 7 Jahren: 3608,71 €.

Berechne wie im Beispiel das Kapital am Ende der angegebenen Laufzeit.

	Kapital	Zinssatz	Laufzeit
a)	3000 €	4 %	3 Jahre
b)	5500 €	3,4 %	6 Jahre
c)	6700 €	3,75 %	4 Jahre
d)	12 500 €	5,25 %	8 Jahre
e)	1500 €	6,25 %	9 Jahre

3 In der Tabelle ist die Bevölkerungsentwicklung eines Landes dargestellt.

Anfangswert k
Wachstumsfaktor a

Liegt ein exponentielles Wachstum vor, so kann die Bevölkerungsentwicklung mit einer Exponentialfunktion der Form $f(x) = k \cdot a^x$ beschrieben werden.

Jahr	Bevölkerung
1980	2 825 000
1985	3 134 348
1990	3 477 570
1995	3 858 377
2000	4 280 883

a) Beginne 1980 mit dem Jahr 0. Zeige mit Hilfe der Funktionswerte f(0) und f(5), dass das Wachstum durch die Gleichung $y = 2\,825\,000 \cdot 1{,}021^x$ beschrieben wird.
b) Überprüfe, ob in der Zeit von 1980 bis 2000 ein exponentielles Wachstum vorliegt.
c) Um wie viel Prozent wächst die Bevölkerung jährlich?
d) Berechne die Einwohnerzahlen für die Jahre 2010 und 2020 bei gleich bleibender jährlicher Zuwachsrate.
e) Das Diagramm zeigt wie ein Forschungsinstitut die Bevölkerungsentwicklung des Landes ab dem Jahr 2000 schätzt.
Vergleiche die Entwicklung mit deinen Berechnungen in Aufgabe d).
Mit welchem prozentualen Zuwachs jährlich rechnen die Forscher ab dem Jahr 2000?

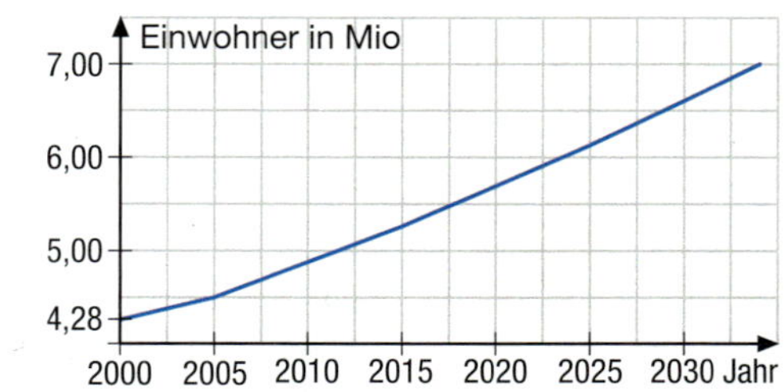

1 Während in vielen Ländern die Bevölkerungszahlen ansteigen, kommt es zum Beispiel in Deutschland zu einem jährlichen Bevölkerungsrückgang um 0,1 %.

a) Bestimme die Einwohnerzahlen in den folgenden 8 Jahren bei einer derzeitigen Einwohnerzahl von 82,4 Millionen.

1. Jahr $E_1 = \left(82{,}4 - 82{,}4 \cdot \frac{0{,}1}{100}\right)$ Mio

$E_1 = 82{,}4\left(1 - \frac{0{,}1}{100}\right)$ Mio

$E_1 = 82{,}4 \cdot 0{,}999$ Mio

2. Jahr $E_2 = 82{,}4 \cdot 0{,}999 \cdot 0{,}999$ Mio

$E_2 = 82{,}4 \cdot 0{,}999^2$ Mio

n. Jahr $E_n = 82{,}4 \cdot 0{,}999^n$ Mio

$$\mathbf{E_n = E_0 \cdot \left(1 - \frac{p}{100}\right)^n}$$

Bei **Abnahmevorgängen** ist der Wachstumsfaktor kleiner als 1.

$a = \left(1 - \frac{p}{100}\right)$

Anfangswert k

Funktionsgleichung $y = k \cdot a^x$

b) Berechne die voraussichtliche Einwohnerzahl für das Jahr 2040, falls der Wachstumsfaktor sich nicht ändert und x = 0 für das Jahr 2005 gesetzt wird.

c) Ermittle den jährlichen Bevölkerungsrückgang in %, vorausgesetzt die Einwohnerzahl ist nach 20 Jahren auf 79,96 Millionen gesunken.

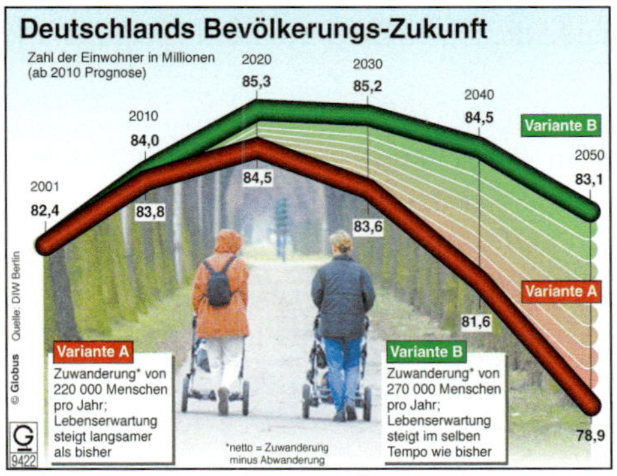

d) Das Diagramm zeigt neuere Varianten zur künftigen Bevölkerungsentwicklung in Deutschland. Berechne mit Hilfe geeigneter Funktionsgleichungen, um welchen Prozentsatz sich die Bevölkerung ab 2020 nach den Varianten A bzw. B jährlich im Durchschnitt verringern würde.

e) Angenommen, im Jahr 2030 leben in Deutschland 83,6 Millionen Bürger. Jährlich sterben 0,5 % mehr als neu geboren werden und zugleich wandern jährlich 50 000 Personen mehr zu als ab. Wie hoch wäre dann in etwa die Einwohnerzahl im Jahr 2040? Wie hoch wäre sie ohne diesen Wanderungsgewinn?

2 Heiße Flüssigkeiten (Wasser, Tee, Kaffee …) kühlen sich mit der Zeit ab. Die Temperatur y °C hängt dabei von der Zeit x Minuten ab und wird durch eine Gleichung der Form $y\,°C = T_u + (T_a - T_u) \cdot 2{,}72^{-ax}$ beschrieben. Dabei steht T_u für die Temperatur der Umgebung und T_a für die Ausgangstemperatur der Flüssigkeit.
In einer Messreihe wurden bei $T_u = 22$ °C und $T_a = 60$ °C die folgenden Werte ermittelt.

x min	5	10	15	20	25
y °C	56,4	53,1	50,1	47,5	45,0

a) Stelle den Zusammenhang grafisch dar.

b) Bestätige durch Einsetzen geeigneter Werte, dass man für a den Wert 0,02 erhält.

c) Welche Temperatur hat die Flüssigkeit nach 8 min (30 min; 60 min)?
Trage die Werte in den Graphen zu a) ein.

d) Nach welcher Zeit ist die Flüssigkeit auf 40 °C (35 °C) abgekühlt? Runde sinnvoll.

e) Führe die Aufgaben c) und d) durch, wenn a = 0,05 gilt.

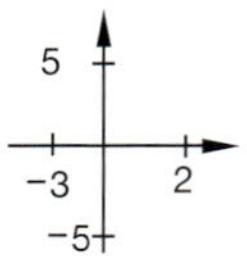

1 Die Punkte $A_n(x|y_A)$ liegen auf dem Graphen der Funktion f mit $y = 0{,}1\,(x + 1)^4 + 2$. Die Punkte $B_n(x|-4)$ haben die gleiche Abszisse x wie die Punkte A_n und bilden zusammen mit diesen die Strecken $[A_nB_n]$.

a) Zeichne den Graphen zu f und die Strecken $[A_1B_1]$ für $x = -1{,}5$ und $[A_2B_2]$ für $x = 1$ in ein Koordinatensystem.

b) Zeige, dass sich die Streckenlängen $\overline{A_nB_n}$ in Abhängigkeit von x so darstellen lassen: $\overline{A_nB_n}(x) = [0{,}1\,(x + 1)^4 + 6]$ LE

c) Für den Punkt A_o hat die Strecke $[A_oB_o]$ eine Länge von 7 LE.

2 Gegeben ist eine Funktion f_1 mit der Gleichung $y = \log_3(x - 1) + 2$.

a) Zeichne den Graphen zu f_1 in ein Koordinatensystem. Gib Definitions- und Wertemenge sowie die Gleichung der Asymptoten an.

b) Der Graph zu f_1 wird durch Parallelverschiebung mit $\vec{v} = \binom{-3}{-1}$ auf den Graphen zu f_2 abgebildet. Ergänze im Koordinatensystem zu a) den Graphen.

c) Berechne die Gleichung von f_2. Bestimme Definitions- und Wertemenge. Gib die Gleichung der Asymptoten an.

d) Die Graphen zu f_1 und f_2 schneiden sich in einem Punkt P. Berechne seine Koordinaten.

e) Spiegelt man den Graph zu f_1 an der Geraden mit $y = x$, so erhält man den Graphen der Umkehrfunktion f_1^{-1}. Ergänze die Zeichnung mit dem Graphen und berechne die Gleichung von f_1^{-1}.

3 Das Guthaben auf einem Sparbuch wächst nach der Formel $y\,€ = K \cdot (1 + \frac{p}{100})^x$. Dabei ist K das Anfangskapital und y € das Kapital nach x Jahren.

a) Stelle dir vor, Herr Sparsam hätte Anfang des Jahres 1005 genau 1 € zu 3 % Zinssatz angelegt, so wäre sein Kapital nach der Formel $y = 1{,}03^x$ angewachsen.
Stelle die Entwicklung des Kapitals für die ersten 120 Jahre grafisch dar.
Für die Zeichnung: $0 \leqq x \leqq 120$; $0 \leqq y \leqq 40$

b) Berechne, wie hoch sein Kapital im Jahr 2000 gewesen wäre (im Jahr 2010 sein würde). Runde auf ganze Millionen.

c) In welchem Jahr hätte das Kapital von Herrn Sparsam 1,8 Millionen Euro überschritten? Welches weltgeschichtliche Ereignis fand in diesem Jahr statt?

d) Hätte Herr Schlau 40 Jahre später als Herr Sparsam den Betrag von 2 € zu 5 % angelegt, würde sich sein Kapital nach einer der Formeln vermehren; nach welcher? Ergänze die Zeichnung zu a) mit der grafischen Darstellung der Kapitalentwicklung.

A $y = 2 \cdot 1{,}05^{x+40}$ **B** $y = 2 \cdot 1{,}05^x + 40$ **C** $y = 2 \cdot 1{,}05^{x-40}$

e) Berechne, nach welcher Laufzeit x Herr Sparsam und Herr Schlau gleiches Kapital besitzen (auf eine Stelle nach dem Komma gerundet).
In welchem Jahr wäre dies der Fall?

4 Im Jahr 1930 lag die durchschnittliche wöchentliche Arbeitszeit bei 51 Stunden. Die Entwicklung dieser Arbeitszeit lässt sich etwa durch die Gleichung $y = 51 \cdot 0{,}9955^{(x - 1930)}$ beschreiben. Dabei ist x die Jahreszahl und y Stunden die wöchentliche Arbeitszeit.

a) Berechne die Arbeitszeit für 1960 und 1980.

b) Nimm an, die Gleichung würde für alle Zeiten gelten. Welche Arbeitszeit würdest du für 1900, für 2050 erhalten?

c) Nimm an, 1930 wären in der Schweiz 48 Stunden und 1970 durchschnittlich 42 Stunden gearbeitet worden. Welche Gleichung erhältst du dann?

d) Wann ist dann die Arbeitszeit in Deutschland und der Schweiz gleich?

5 Die Punkte O(0|0), P(8|0) und $Q_n(x|0{,}1 \cdot 2^{x-2} + 1)$ sind Eckpunkte von Dreiecken OPQ_n. Die Punkte Q_n liegen auf dem Graphen zu f mit $y = \frac{1}{10} \cdot 2^{x-2} + 1$.

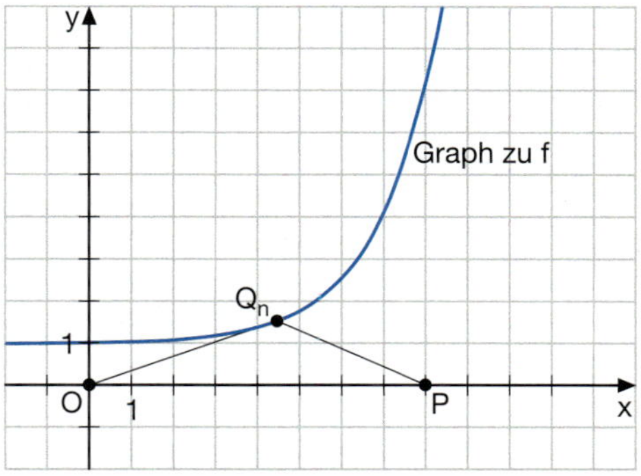

a) Zeichne den Graphen und das Dreieck OPQ_1 für x = 6 in ein Koordinatensystem.

b) Zeige, dass man für den Flächeninhalt A der Dreiecke in Abhängigkeit von der Abszisse x der Punkte Q_n erhält: $A(x) = \left(\frac{1}{10} \cdot 2^x + 4\right)$ FE

c) Berechne x so, dass das Dreieck OPQ_2 einen Flächeninhalt von 7 FE besitzt. Runde auf eine Stelle nach dem Komma.

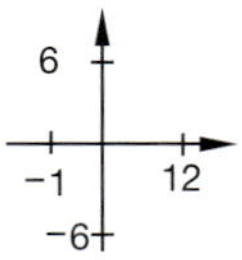

6 Die Funktion f ist festgelegt durch $y = \log_2 (x - 4) + 2$ in der Grundmenge $\mathbb{R} \times \mathbb{R}$.

a) Bestimme Definitions- und Wertemenge und zeichne den Graphen zu f in ein Koordinatensystem.

b) Der Graph zu f wird durch Parallelverschiebung mit dem Vektor $\vec{v} = \binom{-3}{-4}$ auf den Graphen zu f′ abgebildet. Ergänze die Zeichnung und zeige rechnerisch, dass gilt: f′ mit $y = \log_2 (x - 1) - 2$.

c) Berechne die Koordinaten des Schnittpunktes S der beiden Graphen. Runde, wo erforderlich, auf zwei Stellen nach dem Komma.

d) Der Punkt $P(x|y_p)$ mit $x > x_s$ liegt auf dem Graphen zu f, der Punkt Q auf dem Graphen zu f′. P und Q besitzen die gleiche y-Koordinate. Für die Länge der Strecke [PQ] gilt: $\overline{PQ} = 2$ LE
Zeichne zunächst einige Probierstrecken $[P_nQ_n]$ mit $P_n \in f$ und $Q_n \notin f'$. Finde durch Konstruktion die gesuchten Punkte P und Q.

e) Berechne die Koordinaten der Punkte P und Q.

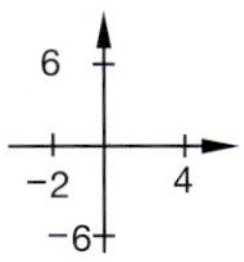

7 Gegeben ist die Funktion f mit $y = -0{,}2^x + 3$ in $\mathbb{G} = \mathbb{R} \times \mathbb{R}$. Auf dem Graphen zu f liegen Punkte $A_n(x|-0{,}2^x + 3)$ mit $y_A > 0$. Für die Punkte $B_n(x|y_B)$ mit gleicher Abszisse x gilt: Ihre y-Koordinate ist doppelt so groß wie die x-Koordinate der Punkte A_n.

a) Zeichne den Graphen zu f. Welche Werte kann x annehmen?

b) Zeichne für x = −0,5 und x = 2 die Strecken $[A_1B_1]$ und $[A_2B_2]$ ein.

c) Berechne x so, dass für die Strecke $[A_3B_3]$ die Länge 1,75 LE beträgt.

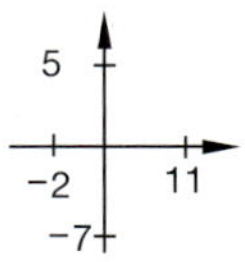

8* Die Funktion f hat die Gleichung $y = -0{,}5 \cdot 1{,}5^{x-3} + 4$ mit $\mathbb{G} = \mathbb{R} \times \mathbb{R}$.

a) Gib die Definitions- und Wertemenge an und berechne die Nullstelle der Funktion f (auf zwei Stellen nach dem Komma gerundet).

b) Zeichne den Graphen zu f in ein Koordinatensystem.

c) Der Graph zu f wird durch orthogonale Affinität (Affinitätsachse ist die x-Achse) auf den Graphen zu f′ abgebildet. Der Punkt P′(3|−5,25) ist dabei Bildpunkt von $P(3|y_P)$. Berechne den Affinitätsfaktor k und zeichne den Graphen zu f′.
[Teilergebnis: k = −1,5]

d) Die Punkte $B_n(x|0{,}75 \cdot 1{,}5^{x-3} - 6)$ liegen auf dem Graphen zu f′, die Punkte $C_n(x|-0{,}5 \cdot 1{,}5^{x-3} + 4)$ auf dem Graphen zu f und haben dieselbe Abszisse x. Zusammen mit A(1|−0,5) sind sie Eckpunkte von Dreiecken AB_nC_n. Zeichne die Dreiecke AB_1C_1 für x = 4 und AB_2C_2 für x = 7 in das Koordinatensystem ein.

e) Das Dreieck AB_nC_n ist gleichschenklig mit der Basis $[B_oC_o]$. Berechne die Koordinaten des Mittelpunktes M_o der Basis auf zwei Stellen nach dem Komma gerundet.

* nach einer früheren Abschlussprüfung

1 Die Sonnenstrahlung erreicht die Erde mit einer Intensität $I = 1300\ \frac{W}{m^2}$. Davon wird ein bestimmter Anteil reflektiert, der Rest absorbiert. Dadurch wird auf der Erde im Mittel eine Oberflächentemperatur von 22 °C erzeugt. Infolge des Treibhauseffektes wird der Anteil der Strahlung, der wieder ins All zurück reflektiert, kleiner.

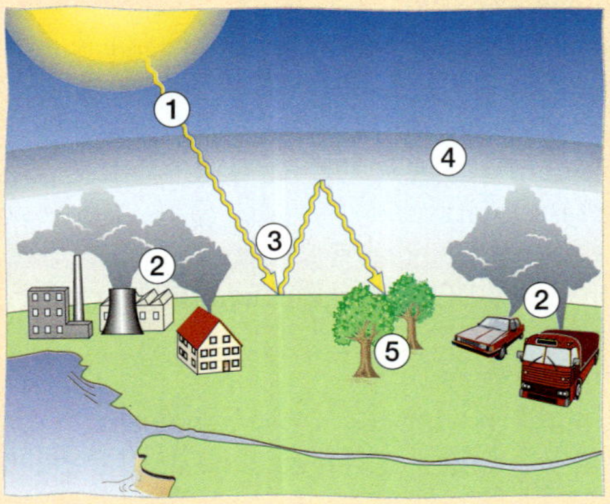

a) Erkläre mit Hilfe der Abbildung das Zustandekommen des Treibhauseffektes. Welche Auswirkungen sind zu erwarten?

b) Die Folgen der Veränderungen infolge des Treibhauseffektes versucht man mit Modellrechnungen zu erfassen. Physikalische Experimente und Theorien haben ergeben: Die Sonnenstrahlung erwärmt einen Gegenstand so lange, bis dieser die Temperatur ϑ erreicht hat, bei der er genau so viel Wärme abstrahlt, wie er erhält.
Die Gleichgewichtstemperatur $\vartheta = y$ °C hängt von der Intensität $I = x\frac{W}{m^2}$ der absorbierten Strahlung ab. Es gilt folgende Maßzahlengleichung: $y = 64{,}8\ \sqrt[4]{x} - 273$
Berechne, auf welche Temperatur die Sonnenstrahlung die Erdoberfläche erhitzen würde, wenn nichts reflektiert würde, d.h. wenn die Einstrahlung mit $1300\ \frac{W}{m^2}$ vollständig von der Erde absorbiert wird.

c) Bei welcher Intensität wird ein Gegenstand auf 100 °C erwärmt?

d) Welcher Anteil der auftreffenden Strahlung wird absorbiert bzw. reflektiert, damit sich auf der Erde eine Oberflächentemperatur von 22 °C einstellt?

e) Bei bestimmten Modellrechnungen nimmt man an, dass der Anteil der reflektierten Strahlung auf 65 % der einfallenden Strahlung sinken wird. Um wie viel Grad würde dadurch die Oberflächentemperatur der Erde im Vergleich zu d) steigen?

2

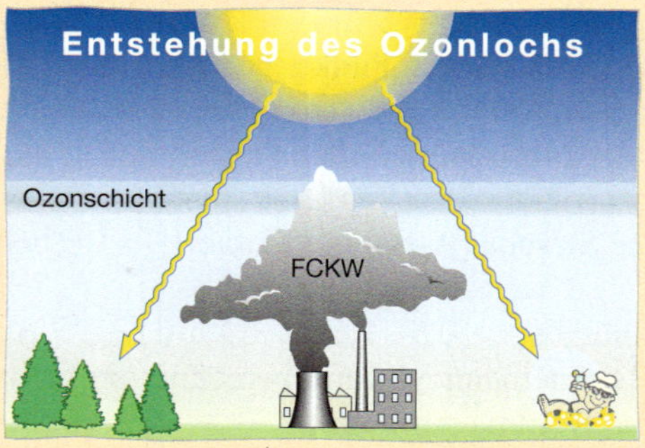

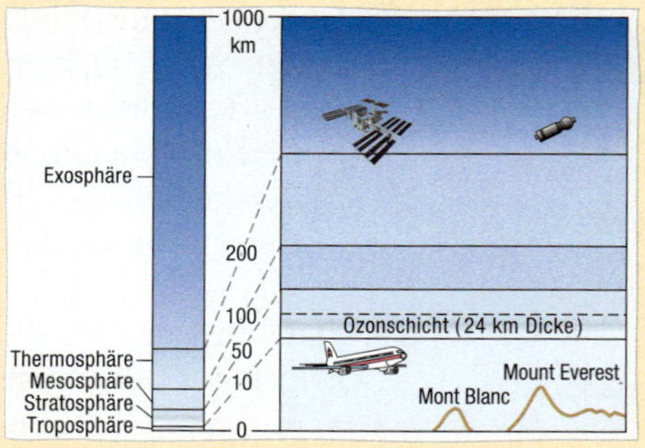

Nach neuesten Forschungsergebnissen von Klimawissenschaftlern hat der Treibhauseffekt Auswirkungen auf die Ozonschicht in der Stratosphäre. Diese Schicht ist ein lebensnotwendiger Schutzfilter gegen die UV-Strahlung. Unter bodennahen Luftdruckbedingungen hätte diese intakte Schicht nur eine Dicke von 3,5 mm.
Die Intensität I der UV-Strahlung nach dem Durchdringen der x mm dicken Ozonschicht beträgt $I = I_0 \cdot 10^{-\frac{4}{7}x}$ (I_0 ist die Intensität vor Eintritt der Strahlung in die Ozonschicht.)

a) Berechne, wie viel Prozent der UV-Strahlung eine intakte Ozonschicht durchdringen kann.

b) Eine Person verwendete bisher für ein Sonnenbad in Bavarien ein Sonnenschutzmittel mit dem Faktor 8. Die Ozonschicht unter bodennahen Bedingungen ist nun auf ca. 2 mm gesunken.

c) Erkundige dich, welche Maßnahmen den Abbau der Ozonschicht bremsen könnten.

1 Bestimmte Atomkerne sind nicht stabil. Sie zerfallen unter Aussendung von radioaktiver Strahlung (α-, β-, γ-Strahlung). Da sie dabei Teilchen abgeben, wandelt sich das ursprüngliche Atom in ein Atom eines anderen chemischen Elements um. So wird zum Beispiel durch den Zerfall aus Blei-214 ein Wismut-214-Atom. Nach einiger Zeit ist von den urspünglichen Atomen nur noch die Hälfte radioaktiv. Diese Zeit nennt man Halbwertszeit T. Je nach dem chemischen Element kann sie mehrere tausend Jahre bis zu Bruchteilen einer Sekunde betragen.

Element	Halbwertszeit
Thorium-232	$1{,}4 \cdot 10^{10}$ Jahre
Uran-238	$4{,}5 \cdot 10^{9}$ Jahre
Strontium-90	28,5 Tage
Jod-131	8 Tage
Blei-214	27 min
Radon-220	56 sek
Polonium-214	$1{,}6 \cdot 10^{-4}$ sek

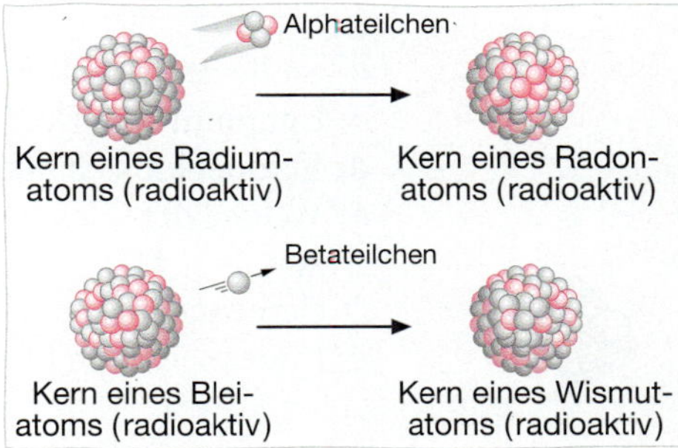

Für den radioaktiven Zerfall eines Stoffes gilt folgende Formel:

$$m = m_o \cdot 0{,}5^{\frac{t}{T}}$$

Dabei steht m_o für die ursprünglich vorhandene Menge, m für die Menge nach der Zeit t und T für die Halbwertszeit. Die Größen t und T müssen in der gleichen Einheit angegeben sein.

a) Berechne, wie viel strahlendes Material von ursprünglich 500 mg Blei-214 nach 2 h noch übrig ist.
b) Nach welcher Zeit sind vom gleichen Material noch 10 mg übrig?

2 a) Stelle den Zerfall von 1 g Jod-131 über einen Zeitraum von 2 Monaten grafisch dar.
b) Finde eine Gleichung, mit deren Hilfe sich der Zerfall beschreiben lässt.

3 So kann man die Halbwertszeit für Cäsium-137 ermitteln, wenn von 400 mg nach 2 Jahren noch 382 mg vorhanden sind.

Formel:	$m = m_o \cdot 0{,}5^{\frac{t}{T}}$
Setze Ausgangsmenge, Restmenge und Zeit ein:	$382 \text{ mg} = 400 \text{ mg} \cdot 0{,}5^{\frac{2 \text{ Jahre}}{T}}$
Forme um:	$0{,}955 = 0{,}5^{\frac{2 \text{ Jahre}}{T}}$
	$\frac{2 \text{ Jahre}}{T} = \log_{0,5} 0{,}955$
	$T = \frac{2 \text{ Jahre}}{\log_{0,5} 0{,}955}$
Die Halbwertszeit beträgt etwa 30 Jahre.	$T = 30{,}1$ Jahre

a) Berechne die Halbwertszeit von Cäsium-134, wenn nach einem Jahr von ursprünglich 200 mg noch 141,4 mg vorhanden sind.
b) Wie lange dauerte der Zerfall von Radon-220, wenn noch 25 % der ursprünglichen Menge gemessen werden?

1 Algen gehören zu den ältesten bekannten Organismen auf der Erde. Sie kommen seit etwa 3 Milliarden Jahren vor. Einige dieser Algen können sich bei günstigen Bedingungen täglich um 15 % vermehren.

a) Übertrage die Tabelle in dein Heft und vervollständige sie. Verwende als Anfangswert 100 mg.

Zeit x Tage	0	1	2	3	4	5	6	7	8	9	…	20
Masse y mg											…	

b) Stelle den Zusammenhang grafisch dar.
c) Entnimm dem Diagramm, nach wie viel Tagen sich der Anfangsbestand verdoppelt hat.
d) Verdoppelt sich nun dieser Bestand im gleichen Zeitraum erneut?
e) Welche der Gleichungen beschreibt das Wachstum?
A $y = 115^x$ **B** $y = 100 \cdot 1{,}15^x$ **C** $y = 10 \cdot 11{,}5^x$
f) Berechne, nach welcher Zeit eine Masse von 350 mg (600 mg; 1 g) vorhanden ist.
g) Informiere dich über das Wachstum anderer Algen- oder Bakterienarten.

2 Eine Bakterienkultur vermehrt sich in einer Nährlösung wie in der Tabelle dargestellt.

Zeit x h	0	2	4	6
Masse y mg	1,2	4,1	14,0	48,1

a) Das Wachstum lässt sich durch eine Funktionsgleichung der Form $y = 1{,}2 \cdot a^x$ beschreiben. Bestimme a.
b) Welche Masse wird nach 3 (5; 8; 10) Stunden erreicht?
c) Stelle den Zusammenhang für die ersten 10 Stunden grafisch dar.
d) Berechne, nach welcher Zeit 80 mg (100 mg; 500 mg) der Bakterienkultur vorhanden sind.

3 Wasserhyazinthen vergrößern die von ihnen bedeckte Fläche in einer Woche um rund 30 %. Dieses Wachstum kann durch eine Funktion dargestellt werden.
a) Zeige rechnerisch, dass man für 10 m^2 Ausgangsfläche und y m^2 bedeckter Fläche nach x Wochen die Funktionsgleichung $y = 10 \cdot 1{,}3^x$ erhält.
b) Der Bodensee ist rund 570 km^2 groß. Nach welcher Zeit wäre er ganz bedeckt? Wann zur Hälfte?

4 In der Wirklichkeit wächst eine Population von Lebewesen nicht unbegrenzt. Die Abbildung zeigt das Wachstum von Hefe.

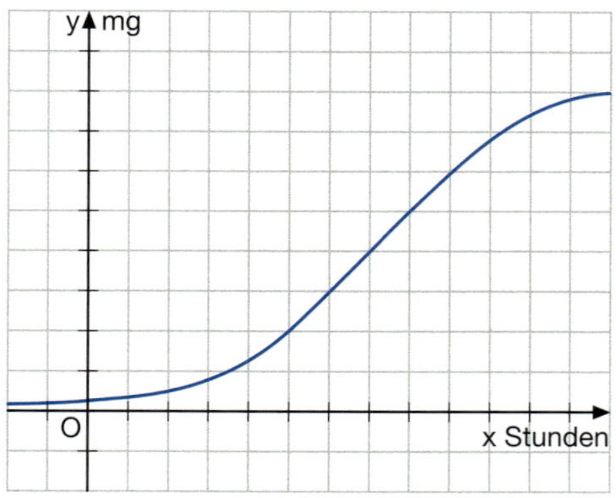

a) Beschreibe das Wachstum. Welche Faktoren könnten es beeinflussen?
b) Das Hefewachstum lässt sich durch eine Gleichung der Form $y = \frac{660}{1 + 65 \cdot a^{-x}}$ beschreiben, wobei y die Hefemasse in mg nach x Stunden Wachstum darstellt. Zeige rechnerisch, dass die Anfangsmasse 10 mg beträgt.
c) Berechne den Faktor a, wenn nach 5 h eine Hefemasse von 225 mg vorhanden ist.
d) Stelle mit Hilfe einer Wertetabelle das Wachstum für die ersten 30 h grafisch dar. Vergleiche mit a).
e) In welchem Zeitraum ist das Wachstum exponentiell? Finde dafür eine Gleichung der Form $y = k \cdot b^x$.

1 Zu medizinischen Diagnosezwecken wird das radioaktive Jod-131 verwendet. Die radioaktive Masse dieses Materials nimmt innerhalb eines bestimmten Zeitraums, der so genannten Halbwertszeit, auf die Hälfte ab.

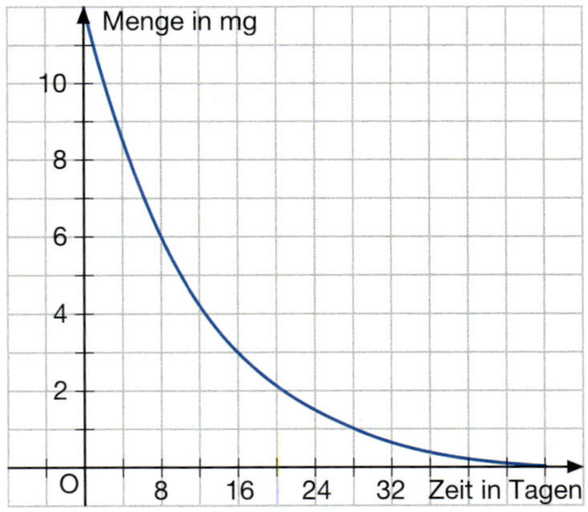

a) Einem Patienten wird Jod-131 verabreicht. Bestimme aus dem Diagramm die Anfangsmasse und die Halbwertszeit.
b) Wie viel mg radioaktives Material hat der Patient nach 4 (16, 32) Tagen noch im Körper?
c) Zeige, dass für y mg radioaktives Material und x Tage gilt: $y = 12 \cdot \left(\frac{1}{2}\right)^{\frac{x}{8}}$
d) Nach wie viel Tagen sind noch 10 mg des Materials vorhanden?

2 Für die Diagnose wird auch das Isotop Technetium-99 eingesetzt. Es hat eine 100fach geringere Strahlenbelastung als Jod-131 und eine Halbwertszeit von sechs Stunden.
a) Ein Patient erhält 12 mg des Isotops. Wie viel mg sind nach 12 (18, 24) Stunden noch im Körper des Patienten.
b) Zeichne die Zerfallskurve über 48 Stunden bei einer Menge von 12 mg.
c) Wie viel Prozent des Anfangswertes sind noch nach 20 Stunden vorhanden?

3 Familie Spielsucht ist begeistert. Soeben wurde ihr per Brief folgendes Gewinnspiel angeboten. An einen im Brief genannten Mitspieler sind 100 € zu überweisen. Dann brauchen nur noch drei weitere Spieler mit dem gleichen Brief angeworben werden und nach einigen Tagen würden 900 € bei Familie Spielsucht eingehen.
Das Spielschema kannst du dir wie folgt vorstellen. In jeder Generation werden von jedem Spieler drei Spieler der nächsten Generation geworben. Gezahlt wird an den Spieler der um zwei Stufen vorherigen Generation, z. B. alle Spieler C an A.

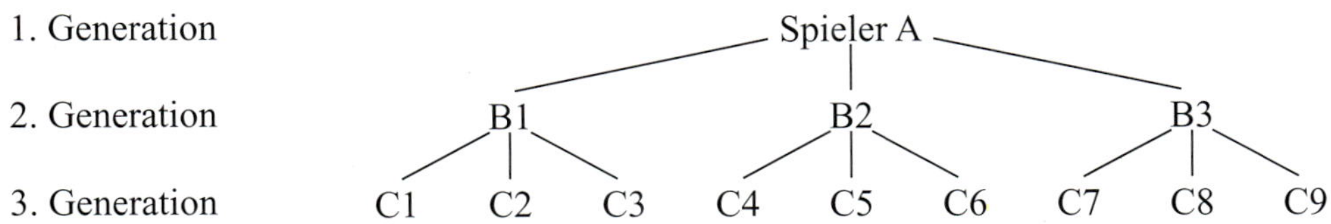

a) Berechne, wie viele Spieler in der vierten (sechsten, zehnten) Generation teilnehmen.
b) Entscheide, welche der Gleichungen die Anzahl y der Spieler in der Generation x richtig berechnet.

A $y = 3x$ **B** $y = \frac{1}{3}x^3$ **C** $y = \frac{1}{3} \cdot 3^x$ **D** $y = 3^{x-1}$

c) Berechne, in welcher Generation sämtliche Einwohner Bayerns erfasst würden.
d) Bearbeite die Teilaufgaben a) bis c), wenn in jeder Generation vier Spieler der nächsten Generation geworben werden.
e) Herr Vorsicht, der Nachbar von Familie Spielsucht, warnt vor dem Mitspielen. Begründe warum.

Mary is 24 years old. She ist twice as old as Anne was when Mary was as old as Anne is now. How old ist Anne?

1 Herr Blank braucht für den Kauf eines Hauses ein Darlehen von 100 000 €. Er erkundigt sich bei verschiedenen Banken nach den Konditionen. Der Berater der RAU-Bank bietet das Darlehen zu 5,5 % Zins bei einer zehnjährigen Laufzeit und 1 % Anfangstilgung, d. h. Herr Blank zahlt im ersten Jahr 6500 € an die Bank und hat am Ende dieses Jahres noch 99 000 € Schulden. Die AMIGO-Bank empfiehlt Herrn Blank bei sonst gleichen Bedingungen eine jährliche Rate von 10 000 € mit der Begründung, dass damit die Rückzahlung des Darlehens schneller erfolgt.

a) In der Wochenendausgabe der Zeitung findet Herr Blank den rechts stehenden Artikel. Überprüfe, ob das Rechenbeispiel im Zeitungsartikel richtig ausgeführt ist.

b) Bei welcher Bank sollte Herr Blank das Darlehen aufnehmen, wenn die Formel der Zeitung als Rechengrundlage dient? Begründe dies durch Berechnung der Restschuld nach zehn Jahren.

c) Berechne die Darlehenskosten nach 10 Jahren für das Angebot der RAU-Bank und der AMIGO-Bank.

d) Nach welcher Zeit hätte Herr Blank sein Darlehen bei der RAU-Bank bzw. bei der AMIGO-Bank getilgt, wenn die Konditionen jeweils gleich bleiben?

e) Die RAI-Kasse bietet dieselben Konditionen wie die RAU-Bank. Aufgrund seines Einkommens wird Herrn Blank geraten, monatlich 1000 € zu zahlen. Die Bank berechnet die Restschuld nach folgender Formel:

$$R_n = R_{n-1} \cdot \left(1 + \frac{Z}{100 \cdot 12}\right) - T$$

R_n: Restschuld nach n Monaten
R_o: Darlehenssumme (hier: 100 000 €)
Z: Zinssatz (hier: 5,5 %)
T: Rate pro Monat (hier: 1000 €)

Restschuld nach einem Monat bei Herrn Blank:

$$R_1 = 100\,000\text{ €} \cdot \left(1 + \frac{5{,}5}{100 \cdot 12}\right) - 1000\text{ €} = 99\,458{,}33\text{ €}$$

Restschuld nach zwei Monaten

$$R_2 = 99\,458{,}33\text{ €} \cdot \left(1 + \frac{5{,}5}{100 \cdot 12}\right) - 1000\text{ €} = 98\,914{,}18\text{ €}$$

Diese Formel macht Kredite erst vergleichbar

Zinsen gut, alles gut? Nein, so einfach ist es leider nicht, den günstigsten Kredit ausfindig zu machen.
Auch auf die Restschuld kommt es an. Die ist leichter zu berechnen, als es aussieht.
(Münchner Merkur
27./28. September 2003)

& Restschuld

Die Restschuld, also der verbleibende zu finanzierende Betrag nach Ablauf der Zinsbindungsfrist, kann anhand folgender Formel selbst aus- oder nachgerechnet werden:

$$R_n = D - A \cdot \frac{\left(1 + \frac{Z}{100}\right)^n - 1}{\frac{Z}{100}}$$

Erklärung:
R_n = Restschuld nach n Jahren
D = Darlehenssumme
A = Anfangstilgung
Z = Zinssatz

Beispiel:
Kredit über 100 000 €
Tilgung im ersten Jahr 1 % (1000 €),
Nominalzins 5,5 %.
Das Gebilde in der Klammer (1 + 0,055), ergibt zehnmal mit sich selbst multipliziert 1,8021, minus 1 ergibt 0,8021, geteilt durch 0,055 kommt 14,58348 heraus. Multipliziert mit 1000 € Anfangstilgung ergibt die Summe von 14 583,48, die vom Darlehensbetrag abgezogen zur Restschuld führt.

Führe die Berechnung der weiteren Darlehensentwicklung mit einer Tabellenkalkulation oder mit einem geeigneten Programm auf deinem GTR durch.

f) Besorge dir zum Darlehen in d) einen Tilgungsplan einer Bank und vergleiche.

1 Im so genannten Kyotoprotokoll werden zwischen Ländern Richtlinien zur Reduzierung der Treibhausgase festgelegt.

a) Finde aktuelle Informationen zu Kyoto.

b) Das Treibhausgas Kohlendioxid (CO_2) in der Atmosphäre hat einen entscheidenden Einfluss auf die Oberflächentemperatur auf der Erde. Seit Beginn der Industrialisierung ab etwa 1800 ist die Konzentration der CO_2-Moleküle von 280 ppmv (280 CO_2-Moleküle pro Million Luftmoleküle) auf 350 ppmv im Jahr 2000 gestiegen.
Gib den prozentualen Anstieg an.

c) Die Abbildung zeigt zwei Modelle, wie sich der CO_2-Anteil vom Jahr 2000 bis zum Jahr 2100 entwickeln könnte.

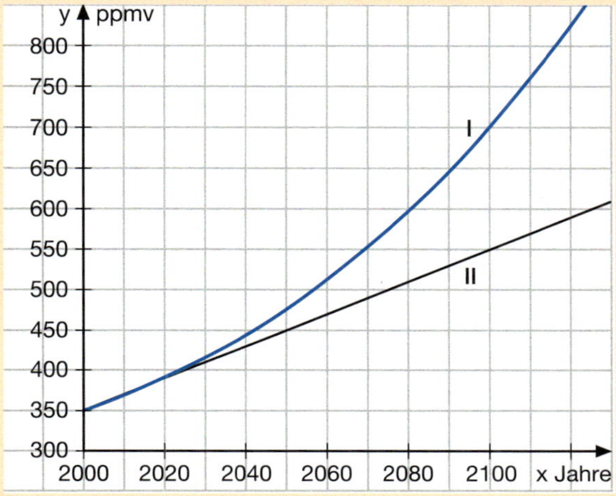

Modell I: „Business as usual"
2,3 % Weltwirtschaftswachstum
11,3 Milliarden Menschen
keine entscheidenden energiepolitischen Eingriffe

Modell II: „Drakonian"
drastische energiepolitische Eingriffe (z. B. Preis für 1 kWh Solarenergie von 5 Cent)
1,2 % Weltwirtschaftswachstum
6,4 Milliarden Menschen

Erstelle mit Hilfe der Abbildung eine Tabelle, die den Anstieg der CO_2-Konzentration (y ppmv) in Abhängigkeit von der Zeitdifferenz (x Jahre) zum Jahr 2000 darstellt.

	x Jahre	20	40	60	80	100
I Business as usual	y ppmv	40				
II Drakonian	y ppmv	40				

Welche der folgenden Funktionen könnte die Entwicklung der CO_2-Konzentration in der Atmosphäre in Abhängigkeit von der Zeit x Jahre ab dem Jahr 2000 bis zum Jahr 2100 für die Modelle I und II beschreiben?

A $y = 0{,}5x + 100$ **B** $y = 2x$ **C** $y = 30 \cdot 1{,}025^x$ **D** $y = 0{,}018x^2 + 1{,}75x$

d) Ein Anstieg der CO_2-Konzentration könnte auf der Erde zu einer Erhöhung der bodennahen Lufttemperatur von z °C führen. Die Temperaturerhöhung könnte nach Modell I für den Zeitraum von 2000 bis 2100 durch folgende Gleichung genähert werden:
$z = 0{,}34 \cdot 1{,}024^x$ (x Jahre ab dem Jahr 2000)
Nach wie vielen Jahren ab 2000 wäre nach diesem Modell eine Temperaturerhöhung auf der Erde von 1,5 °C zu erwarten?

e) Temperaturerhöhungen auf der Erde führen zum Abschmelzen von Eis und damit zum Anstieg der Meeresspiegel. Der Anstieg der Meeresspiegel lässt sich für den Zeitraum von 2000 bis 2100 für die beiden Modelle durch folgende Gleichungen nähern:
Modell I: $h = 1{,}60 \cdot 1{,}025^x$ Modell II: $h = 0{,}06x$ (x Jahre ab dem Jahr 2000)
Um wie viel Zentimeter sind nach dem Modell II die Meeresspiegel im Jahr 2100 angestiegen? Wann würde dieser Anstieg nach dem Modell I erreicht?

Station 1

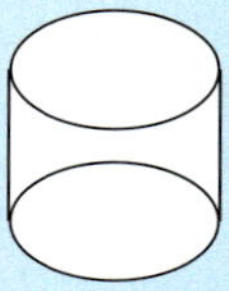

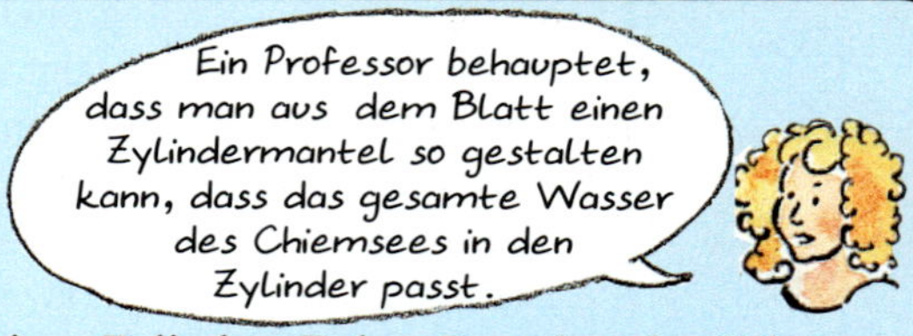

Mit einem DIN A4-Blatt kann man die Mantelfläche von Zylindern formen.
Die jeweiligen Grund- und Deckkreise kann man sich dann vorstellen.

a) Stelle aus einem DIN A4-Blatt den Mantel eines Zylinders Z_0 her. Berechne das Volumen.

b) Schneide das Blatt so durch, dass die Höhe deines Zylinders halbiert wird.
Füge nun die beiden Blätter so zusammen, dass ein Zylinder Z_1 mit doppeltem Umfang entsteht. Berechne das Volumen des neuen Zylinders. Ergänze in deinem Heft die Tabelle.

c) Verfahre nochmals wie in Aufgabe b). Was stellst du fest?

	Zylinder_0	Zylinder_1	Zylinder_2	Zylinder_X
Anzahl der Schnitte	0	1	2	X
Grundkreisradius in cm	■	■	■	–
Grundfläche in cm^2	■	■	■	–
Höhe in cm	■	■	■	■
Volumen in cm^3	■	■	■	■
Oberfläche in cm^2	■	■	■	■

d) Stelle die Volumina y cm^3 der Zylinder nach x Schnitten dar. Begründe.

A $y = 1474 \cdot 2^x$ **B** $y = 1042 \cdot 2^x$ **C** $y = 1042 \cdot x^2$ **D** $y = 1474 \cdot x$

e) Überprüfe die Aussage von Sarah.

f) Forme mit dem Blatt die Mantelfläche eines anderen Körpers.

Station 4

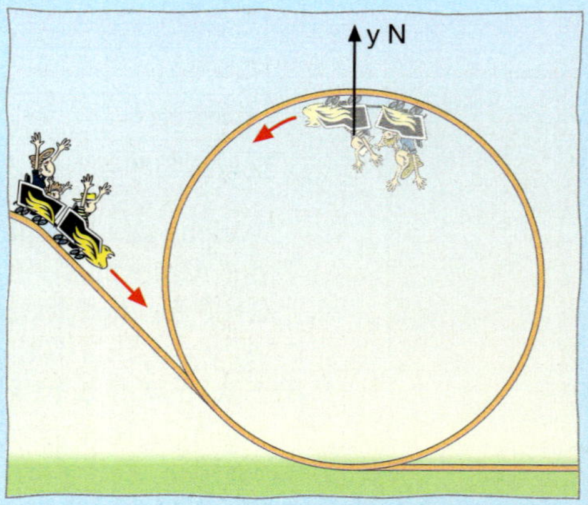

Die Kraft y N, mit der Hugo (m = 75 kg) im Looping einer Achterbahn am höchsten Punkt gegen den Sitz gedrückt wird, lässt sich in Abhängigkeit von der Geschwindigkeit x $\frac{m}{s}$ durch eine Funktion f_1 darstellen. Bei einem Durchmesser des Loopings von 12 m gilt:
f_1 mit $y = 75\left(\frac{x^2}{12} - 10\right)$

a) Tabellarisiere die Funktion f_1 für $x \in [0;\ 40]$ mit $\Delta x = 10$ und zeichne den Graphen zu f_1.
Für die Zeichnung: x-Achse 1 cm für 10 $\frac{m}{s}$; y-Achse 1 cm für 2000 N

b) Welche Mindestgeschwindigkeit muss der Wagen im höchsten Punkt P des Loopings mindestens haben, damit Hugo noch gegen den Sitz gedrückt wird? Begründe.

c) Welche Geschwindigkeit wäre für Hugos Freundin Kathi (m = 50 kg) nötig?

d) Bei welcher Geschwindigkeit wird Hugo mit dem Doppelten seiner Gewichtskraft gegen den Sitz gedrückt?

e) Kathi fährt in einem Looping mit dem Radius 15 m. Ergänze die Zeichnung zu a) mit dem Graphen von f_2, der die Kraft beschreibt, mit der Kathi im höchsten Punkt gegen den Sitz gedrückt wird.

f) Bei welcher Geschwindigkeit ist die Anpresskraft genauso groß wie in d)?

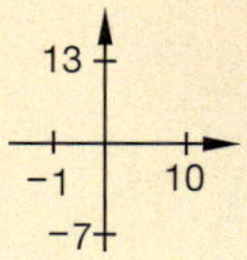

Station 2

Die Abbildung zeigt das Netz einer quaderförmigen Pappröhre, die hinten und vorne offen ist. Das Netz soll mit Hilfe der Abbildung durch orthogonale Affinität mit der x-Achse als Affinitätsachse und dem Affinitätsfaktor $k > 0$ so verändert werden, dass die bisherige rechteckige Grundfläche ABCD quadratisch wird.

a) Berechne die Affinitätsfaktor k.
Konstruiere das neue Netz.
A $k = 2$ **B** $k = 1{,}5$ **C** $k = \frac{2}{3}$

b) Vergleiche Volumen und Mantelfläche der neuen und alten Pappröhre.
Was stellst du fest?

c)

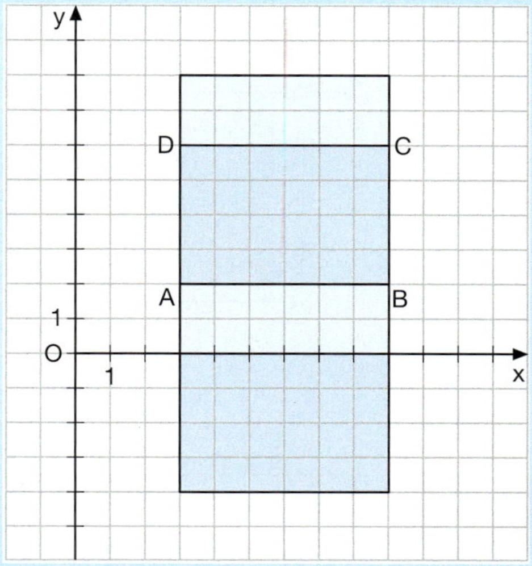

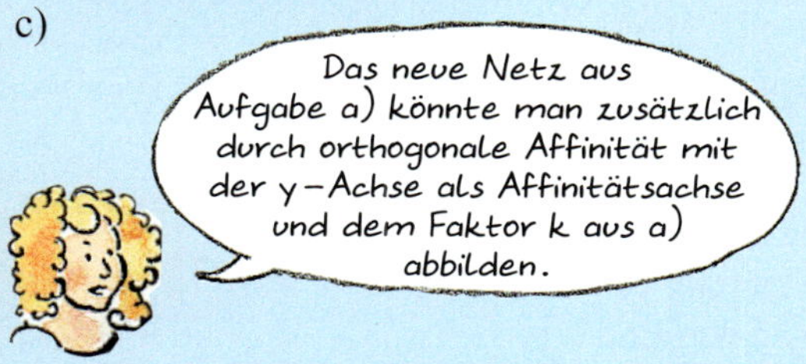

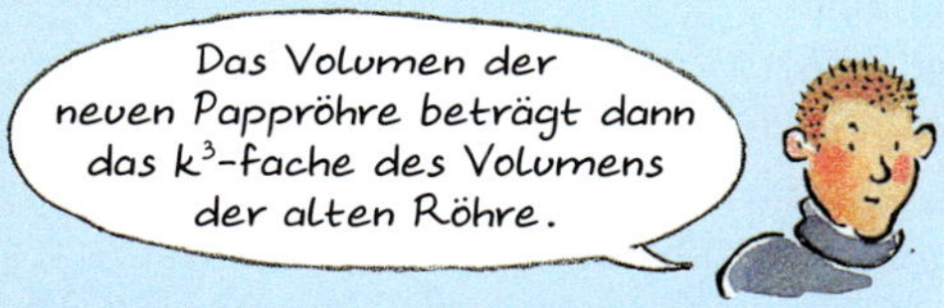

Station 3

Das Bild zeigt das Netz einer räumlichen Figur.

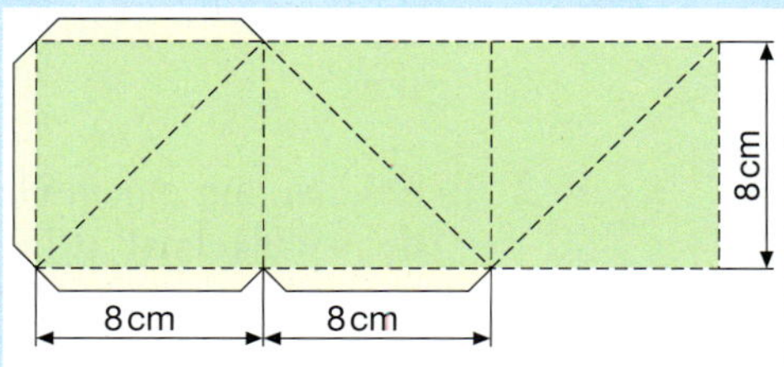

a) Zeichne das Netz, schneide es aus und falte es entlang der gestrichelten Linien zu einem Körper. Beschreibe die entstandene Figur.

b) Das Netz wird durch zentrische Streckung so verändert, dass neue Figuren mit folgenden Eigenschaften entstehen. Berechne jeweils den Streckungsfaktor.
(I) Figur mit doppelter Kantenlänge
(II) Figur mit doppelter Oberfläche
(III) Figur mit doppeltem Volumen

A $k = 2^2$ **B** $k = 2$ **C** $k = \sqrt[3]{2}$ **D** $k = \sqrt{2}$ **E** $k = 2^3$

c) Zeichne das Netz zu (III) und falte den zugehörigen Körper. Vergleiche mit der Ausgangsfigur.

d) Welches Volumen hat der Körper in (I) im Vergleich zum Ausgangskörper?

5 Trigonometrie – Rechtwinklige Dreiecke[1]

Tangens

1

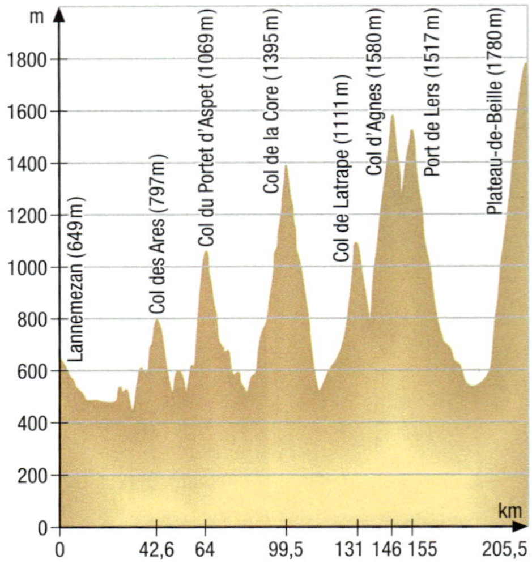

Lance Armstrong (USA) vor Ivan Basso (ITA) und Jan Ullrich (GER)

a) Die Steigung einer Straße wird in Prozent angegeben. Bei einer Steigung von 8 % beträgt auf einer horizontalen Entfernung von 100 m der Höhenunterschied 8 m. Bei der Tour de France führt eine Etappe über den Col de la Core in den Pyrenäen. Dort muss Jan Ullrich bei einer horizontalen Entfernung von 300 m durchschnittlich einen Höhenunterschied von 18 m überwinden. Welcher Höhenunterschied wäre das bei einer horizontalen Entfernung von 800 m (18 km)? Welche Steigung müsste ein Verkehrsschild anzeigen?

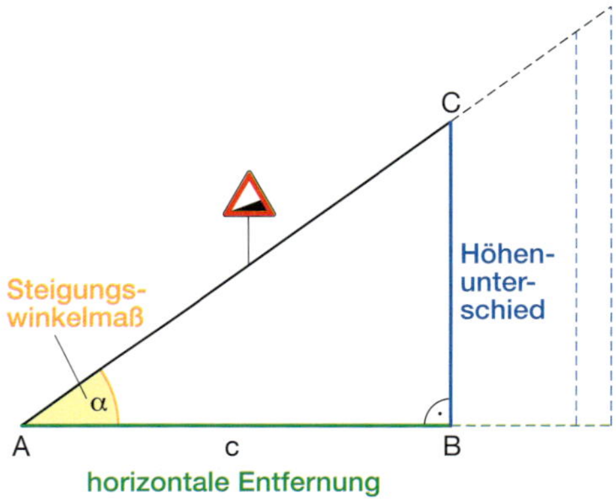

b) Die Steigung der Straße auf den Col de la Core im Streckenprofil in der Abbildung oben links ist nicht richtig dargestellt. Begründe. Wie verläuft die Straße wirklich?

c) Bestimme das Maß α des Steigungswinkels der Straße in Aufgabe a) durch Konstruktion.

2 a) Zeichne mit einem Geometrieprogramm ein bei B rechtwinkliges Dreieck ABC mit dem Winkelmaß α (z. B. α = 35°). Miss die Länge a der dem Winkel α gegenüberliegenden Kathete **(Gegenkathete)** und die Länge c der dem Winkel α anliegenden Kathete **(Ankathete).** Lasse das Verhältnis $\frac{\text{Länge der Gegenkathete a}}{\text{Länge der Ankathete c}}$ berechnen. Verändere mit dem Zugmodus die Lage des Punktes B und damit die Längen der beiden Katheten. Beobachte das Verhältnis $\frac{a}{c}$. Was stellst du fest?

b) Verändere in a) das Winkelmaß α und beobachte wieder das Verhältnis $\frac{a}{c}$. Was stellst du nun fest?

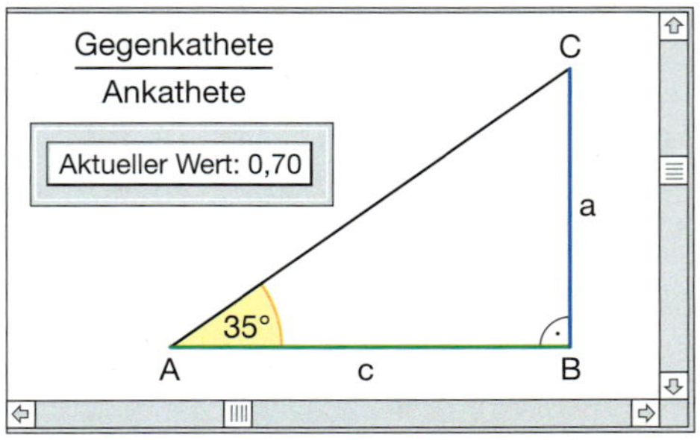

[1] „Trigonom“ griech. „Dreieck“, „Metron“ griech. „Maß“

3 Die Dreiecke AB_1C_1, AB_2C_2 und AB_3C_3 sind rechtwinklig und stimmen im Winkelmaß α überein. Sie sind somit ähnlich.

Es gilt: $\frac{a_1}{c_1} = \frac{a_2}{c_2} = \frac{a_3}{c_3} = \ldots = \frac{a_n}{c_n}$

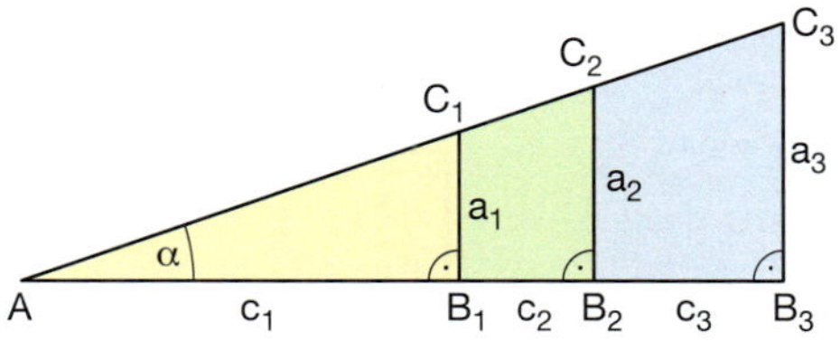

Überprüfe die Aussagen der beiden Schüler.

tan α

In einem rechtwinkligen Dreieck heißt der Quotient $\frac{\text{Länge der Gegenkathete}}{\text{Länge der Ankathete}}$ des Winkels α **Tangens von** α, kurz **tan α.**

Im Dreieck mit γ = 90° gilt: $\tan \alpha = \frac{a}{b}$

Entsprechend gilt. $\tan \beta = \frac{b}{a}$

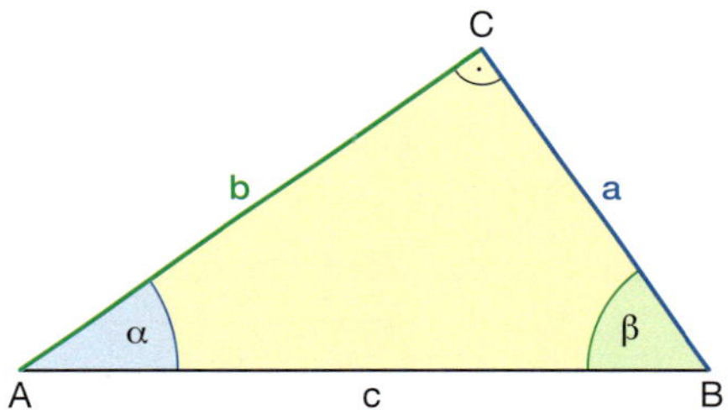

Übungen

4 Berechne die Tangenswerte mit dem Taschenrechner. Runde auf zwei Stellen nach dem Komma.

tan 25° = ▢

Tastenfolge: [TAN] 25 [=]

Anzeige: .4663076582
tan 25° = 0,47

a) tan 15°; tan 26°
b) tan 30°; tan 10°
c) tan 10,1°; tan 20,2
d) tan 36,5°; tan 73°
e) tan 45°; tan 30°
f) tan 31°40′5″; tan 26°14′
g) tan 0°; tan 26°
h) tan 85°; tan 89°; tan 89,5°
i) tan 35°; tan 60°
k) tan 58,7°; tan 68,7°; tan 88,7°

5 Berechne das Winkelmaß α mit dem Taschenrechner (α ∈ [0°; 90°[). Runde auf zwei Stellen nach dem Komma.

tan α = 1,5
α = ▢

Tastenfolge: [INV] (oder [SHIFT] oder [2nd]) [TAN] 1.5 [=]

Anzeige: 56.30993247
α = 56,31°

a) tan α = 2,2
b) tan α = 22
c) tan α = 98
d) tan α = 980
e) tan α = 0,75
f) $\tan \alpha = \sqrt{3}$
g) tan α = 1
h) $\tan \alpha = \frac{1}{3}\sqrt{3}$

L 30°; 87,40°; 36,87°; 57,99°; 60°; 65,56°; 89,94°; 45°; 89,42°

6 a) Berechne das Maß des Steigungswinkels in der Aufgabe 1c auf S. 62.
b) Berechne das Maß α des Steigungswinkels in nebenstehendem Straßenschild.

1 So kann man in einem rechtwinkligen Dreieck ABC mit $\alpha = 90°$, $\beta = 40°$, b = 6 cm die fehlende Kathetenlänge c berechnen.

Fertige eine Planfigur und markiere gegebene Stücke farbig.

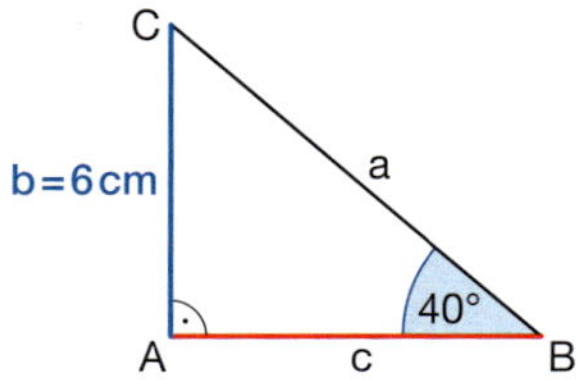

Berechne die Länge c.

$\tan 40° = \frac{6\text{ cm}}{c}$ | $\cdot c$

$c \cdot \tan 40° = 6\text{ cm}$ | : tan 40°

$c = \frac{6\text{ cm}}{\tan 40°}$

Tastenfolge: 6 [:] [TAN] 40 [=]

Anzeige: 7.150521556

c = 7,15 cm

Berechne die rot markierten Größen.

a)

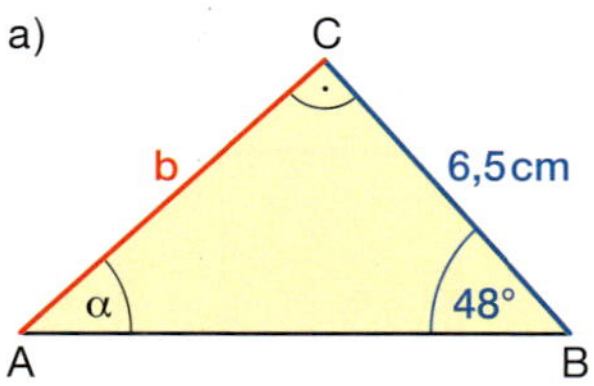

b)

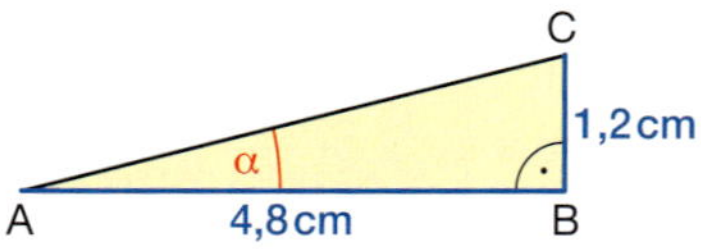

c)

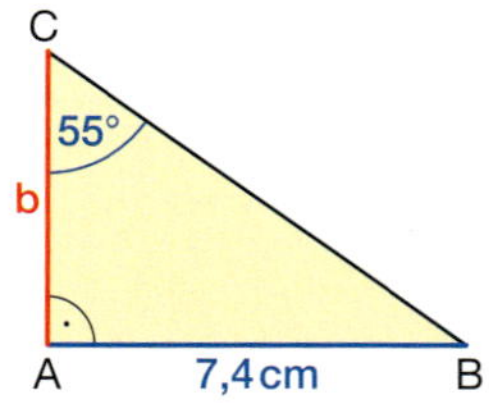

Übungen

2 Berechne in deinem Heft die fehlenden Größen des rechtwinkligen Dreiecks ABC.

	a	b	c	α	β	γ	A
a)		3,5 cm		90°	22°		
b)		87 cm				90°	52,20 dm²
c)			1,4 dm		90°	78°	

3 Berechne die Längen der rot gekennzeichneten Strecken.

a) $\overline{AC} = \overline{BC}$

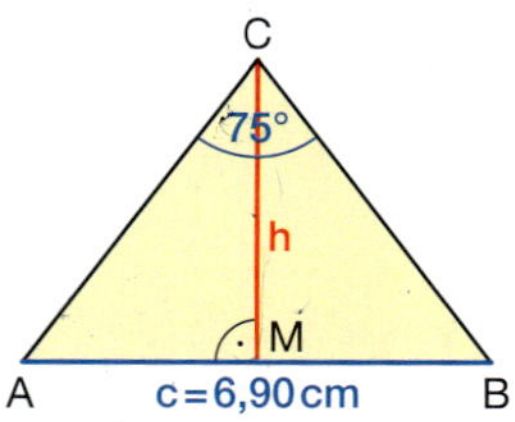

b) $\overline{AD} = \overline{BC}$

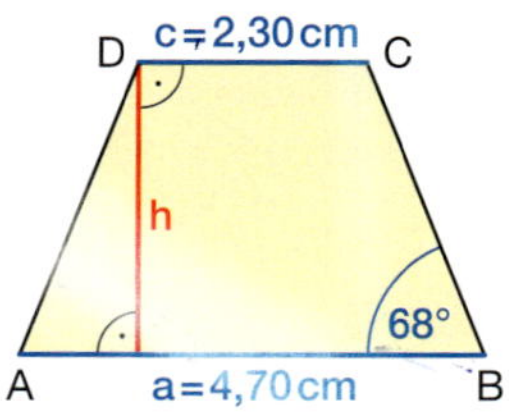

c)

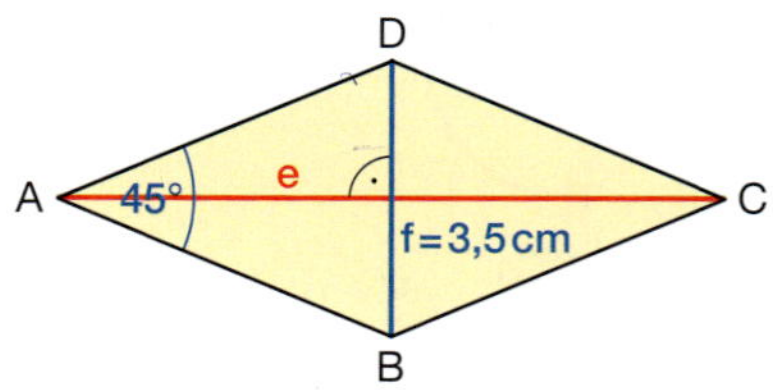

4 Das Quadrat ABCD hat die Seitenlänge a = 8 cm. Der Punkt M ist Seitenmittelpunkt. Für die Strecke [CP] gilt: $\overline{CP} = 5$ cm
a) Berechne die Winkelmaße α und α^*.
b) Berechne den prozentualen Anteil des Flächeninhalts des Dreiecks PMB am Flächeninhalts des Quadrats.

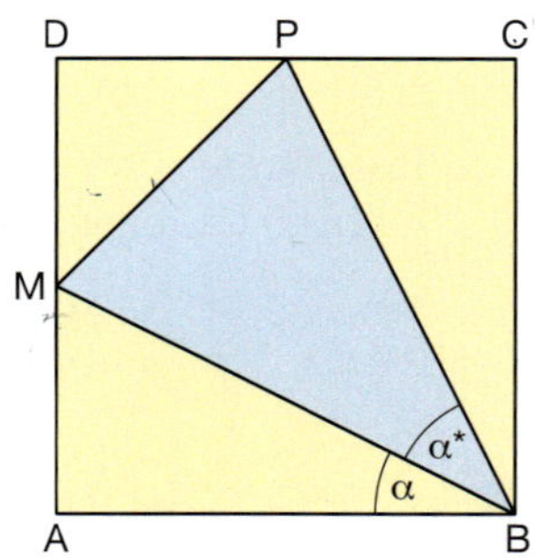

1 a) Zeichne mit einem Geometrieprogramm einen Kreis mit dem Radius 1 LE **(Einheitskreis).** Binde einen Punkt P an die Kreislinie und zeichne die Gerade OP. Konstruiere eine Tangente im Punkt Q(1|0) an den Kreis und markiere den Tangentenabschnitt [RQ]. Lasse das Maß α des Winkels QOP und die y-Koordinate des Punktes R anzeigen.

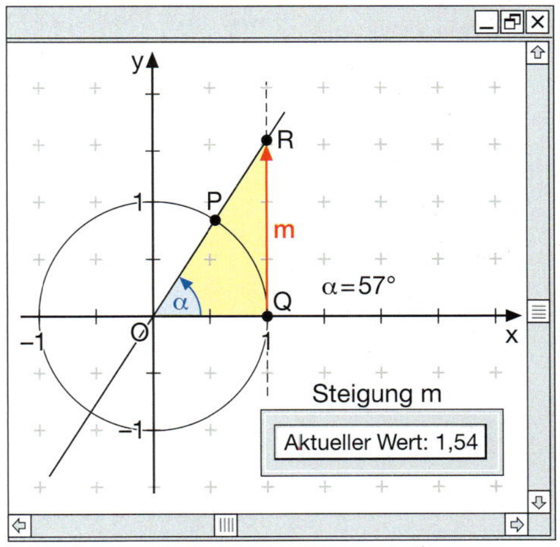

b) Begründe: Die y-Koordinate des Punktes R stimmt mit der zum Winkelmaß α gehörenden Steigung m der Geraden OP überein.

c) Begründe, dass für $\alpha \in [0°; 90°[$ im Dreieck OQR gilt: $m = \tan \alpha$

d) Verändere mit dem Zugmodus das Maß α und beobachte die zugehörige Steigung m. Für welche Werte von $\alpha \in [0°; 360°]$ gibt es keinen Wert für $m = \tan \alpha$? Begründe.

e) Für welche Werte von $\alpha \in [0°; 360°]$ ist die zugehörige Steigung positiv, für welche negativ?

2 a) Vergleiche die Tangenswerte.
I $\alpha_1 = 30°$; $\alpha_2 = -30°$;
II $\alpha_1 = 78°$; $\alpha_2 = -78°$

b) In nebenstehender Abbildung ist eine Beziehung für die Tangenswerte negativer Winkelmaße gegeben. Begründe und ergänze in deinem Heft die Platzhalter.

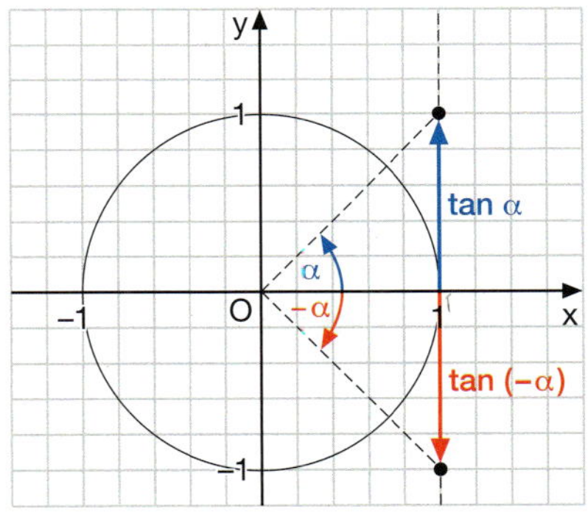

I $\tan(-50°) = \square$ $\tan 50° = \square$
II $\tan(\square) = -\tan 65°$
III $\tan(-\alpha) = \square \tan \alpha$

Steigung

$m = \tan \alpha$

Am Einheitskreis lässt sich jedem Winkelmaß $\alpha \in [0°; 360°] \setminus \{90°; 270°\}$ eine Steigung m zuordnen.

Es gilt: $\mathbf{m = \tan \alpha}$

$\mathbf{m = \tan \alpha}$ ist die **Steigung** einer Geraden g, wobei α das Maß des Winkels ist, den die Gerade mit der Richtung der positiven x-Achse einschließt.

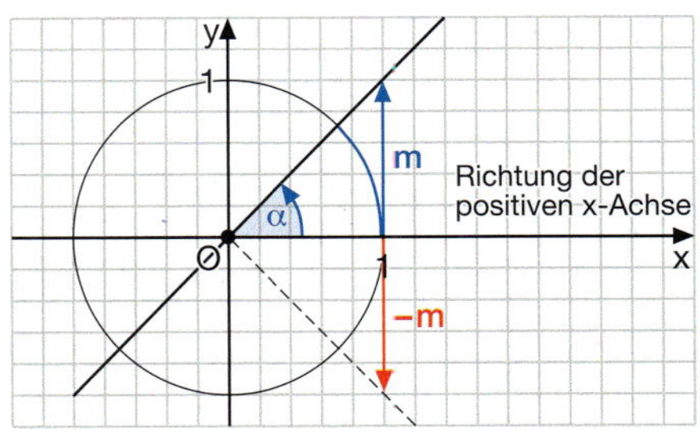

negativ orientierter Winkel

Negativ orientierter Winkel: $\mathbf{\tan(-\alpha) = -\tan \alpha = -m}$

Übungen

3 Berechne die Gleichung einer Geraden g, die durch den Punkt P verläuft und mit der Richtung der positiven x-Achse einen Winkel mit dem Maß α einschließt.
a) $\alpha = 21{,}80°$; P(0|0) b) $\alpha = 45°$; P(0|5) c) $\alpha = 135°$; P(1|2) d) $\alpha = -30°$; P(4|0)

L $y = -0{,}58x + 2{,}31$; $y = x + 5$; $y = -x + 3$; $y = 0{,}4x$; $y = 2{,}5x - 4$

1 a) Vergleiche die Tangenswerte. Was stellst du fest?
I $\alpha_1 = 30°$; $\alpha_2 = 150°$ II $\alpha_1 = 55°$; $\alpha_2 = 125°$
b) Begründe mit Hilfe der nebenstehenden Abbildung folgenden Zusammenhang und ersetze in deinem Heft die Platzhalter.

$\tan(180° - \alpha) = -\tan\alpha$
$\tan 150° = \tan(180° - ■) = ■\ \tan ■ = ■$

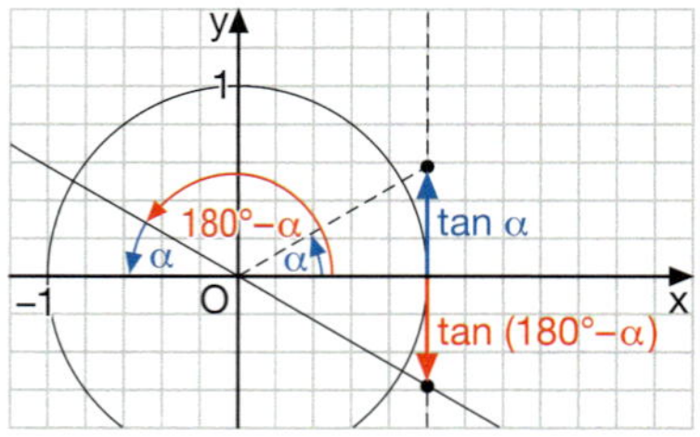

2 a) Vergleiche die Tangenswerte. Was stellst du fest?
I $\alpha_1 = 30°$; $\alpha_2 = 210°$; $\alpha_3 = 330°$
II $\alpha_1 = 55°$; $\alpha_2 = 125°$; $\alpha_3 = 305°$
b) Ersetze in deinem Heft mit Hilfe nebenstehender Zeichnung die Platzhalter.

$\tan(180° + \alpha) = ■$; $\tan(360° - \alpha) = ■$

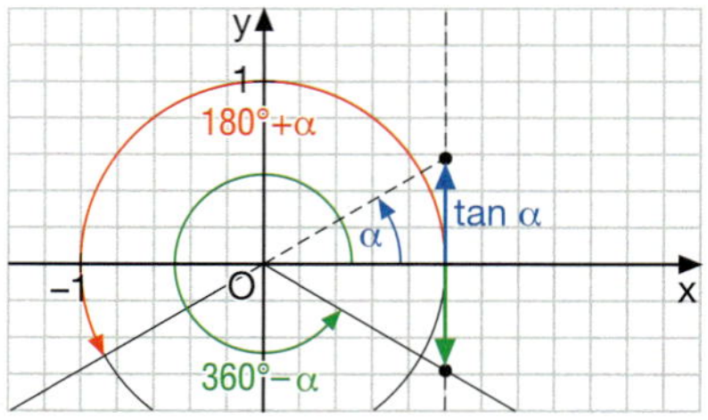

Supplementbeziehung

Die beiden Winkel α und 180°– α ergänzen sich zu 180° ($\alpha \in]0°;\ 90°[$).
Es gilt folgende **Supplementbeziehung**[1]: **$\tan(180° - \alpha) = -\tan\alpha$**

Für Winkelmaße in den weiteren Quadranten gilt: **$\tan(180° + \alpha) = \tan\alpha$**
$\tan(360° - \alpha) = -\tan\alpha$

Übungen

3 Für die Winkelmaße 40° und 60° gilt: $\tan 40° = 0{,}84$ und $\tan 60° = \sqrt{3}$
Bestimme ohne Taschenrechner den Tangenswert zum angegebenen Winkelmaß.

a) $\tan(-40°)$, $\tan 120°$
b) $\tan 140°$, $\tan 300°$
c) $\tan 240°$, $\tan 320°$
d) $\tan(-60°)$, $\tan 220°$

4 So kann man zu $\tan\alpha = -0{,}8$ die zugehörigen Winkelmaße berechnen.

Tastenfolge: [INV] [TAN] [−] 0.8 [=]
Anzeige (gerundet): −38.66

Der TR zeigt mit −38.66° ein negatives Winkelmaß $-\alpha^*$ an. Dieses ist nicht Element des Intervalls [0°; 360°].

Somit folgt: $\alpha^* = 38{,}66°$

$\alpha_1 = 180° - \alpha^* \quad \vee \quad \alpha_2 = 360° - \alpha^*$
$\alpha_1 = 180° - 38{,}66° \quad \vee \quad \alpha_2 = 360° - 38{,}66°$
$\alpha_1 = 141{,}34° \quad \vee \quad \alpha_2 = 321{,}34°$

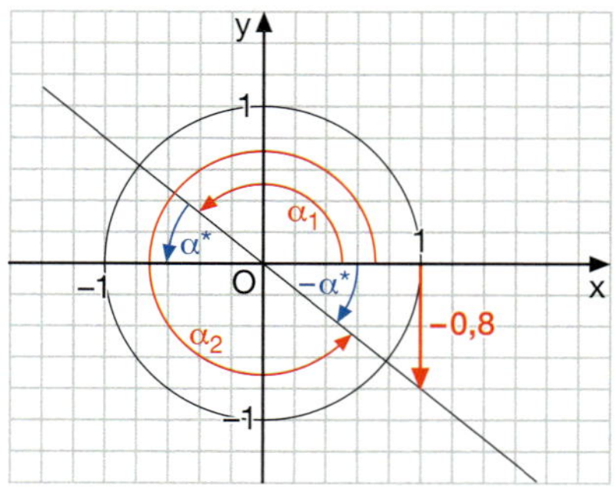

Ergebnis: $\mathbb{L} = \{141{,}34°;\ 321{,}34°\}$

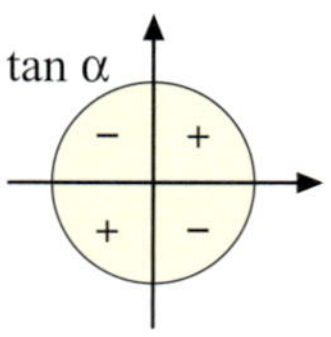

a) $\tan\alpha = 1{,}6$
b) $\tan\alpha = -1{,}6$
c) $\tan\alpha = -22$
d) $\tan\alpha = 22$
e) $\tan\alpha = -0{,}75$
f) $\tan\alpha = \sqrt{3}$
g) $\tan\alpha = -\sqrt{3}$
h) $\tan\alpha = -\frac{1}{3}\sqrt{3}$

L 122,01°; 150°; 240°; 87,40°; 323,13°; 330°; 60°; 143,13°; 302,01°; 267,40°; 300°; 92,60°; 120°; 272,60°; 57,99°; 237,99°

[1] „Supplement" Ergänzung

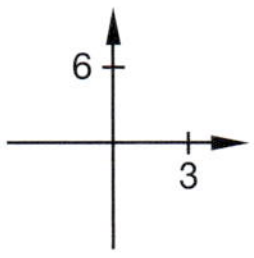

1 Berechne das Winkelmaß α, das die Gerade g mit dem positiven Teil der x-Achse einschließt. ($\alpha \in [0°;\ 180°]$ mit $\alpha \neq 90°$)

a) g: $y = 0{,}5x$ b) g: $y = -0{,}5x$
c) g: $y = 2x + 3$ d) g: $y = -2x + 3$
e) g: $y = 0{,}8x + 1$ f) g: $y = -0{,}8x + 1$

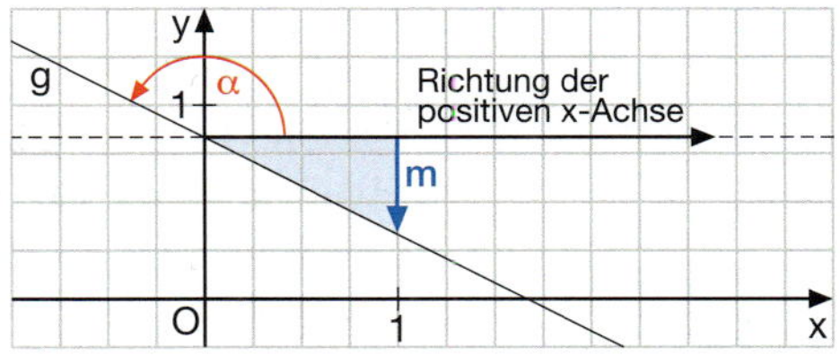

L 153,43°; 63,43°; 26,57°; 141,34°; 38,66°; 116,57°

2 Die Gerade g verläuft durch A(0|0) und schließt mit der positiven x-Achse den Winkel 31° ein. Die Höhe h_a des Dreiecks ABC mit B(3|0) liegt auf der Geraden g, der Eckpunkt C liegt auf der y-Achse. Zeichne das Dreieck. Berechne die Koordinaten des Eckpunktes C.

3 Berechne das Winkelmaß ε und die Koordinaten des Schnittpunktes S, unter dem sich die beiden Geraden g_1 und g_2 schneiden. Runde auf zwei Stellen nach dem Komma.

a) g_1: $y = 3x$; g_2: $y = 0{,}5x$
b) g_1: $y = x + 1$; g_2: $4x + y - 6 = 0$
c) g_1: $y = -\frac{2}{3}x + 1$; g_2: $y = 1{,}5x - 2$
d) g_1: $x + 2y - 4 = 0$; g_2: $y = 3x - 1$

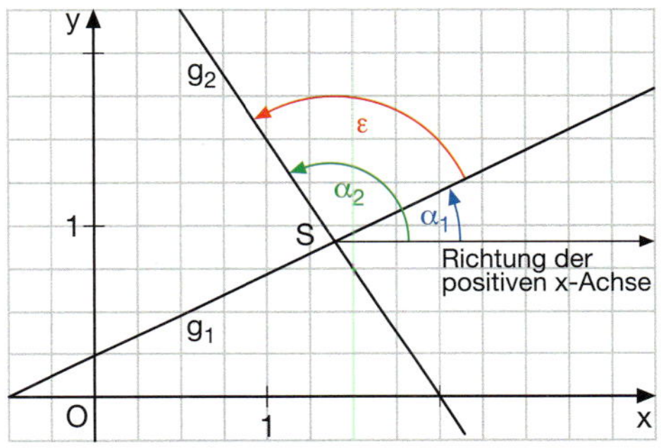

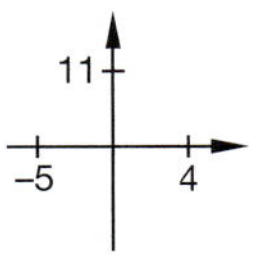

4 Gegeben ist eine Schar von Dreiecken ABC_n. Die Punkte $C_n(x\,|\,2x + 8)$ liegen auf der Geraden g mit $y = 2x + 8$. Es gilt: A(−4|0); B(3,5|2,5)

a) Zeichne das Dreieck ABC_1 für $x = -1$.
b) Berechne das Maß α des Winkels BAC_1. [Ergebnis: $\alpha = 45°$]
c) Berechne den Flächeninhalt des Dreiecks ABC_1 sowie die Länge $\overline{AB}$ und die Höhe h_c.
d) Der Punkt D_1 ist Lotfußpunkt der Höhe h_c. Berechne die Koordinaten von D_1. [Ergebnis: $D_1(0{,}5\,|\,1{,}5)$]
e) Berechne die fehlenden Innenwinkelmaße β_1 und γ_1 des Dreiecks ABC_1.
f) Für das Dreieck ABC_2 gilt: $\beta = 90°$. Zeichne es ein und berechne die Längen der Seiten.

5 Gegeben sind rechtwinklige Dreiecke AB_nC_n (siehe Abbildung). Die Punkte $B_n(x\,|\,2x - 2)$ liegen auf der Geraden g mit $y = 2x - 2$.
Es gilt: A(1|2); $C_n(1\,|\,y_B)$

a) Zeichne das Dreieck AB_1C_1 für $x = 4$. Berechne das Maß α_1 des Winkels B_1AC_1.
b) Für welche Werte von x existieren Dreiecke AB_nC_n?
c) Zeige, dass für das Maß α des Winkels B_nAC_n gilt: $\tan\alpha = \frac{x-1}{2x-4}$
d) Im Dreieck AB_2C_2 gilt: $\alpha = 68{,}20°$ Berechne die Koordinaten der Punkte B_2 und C_2.

W 7

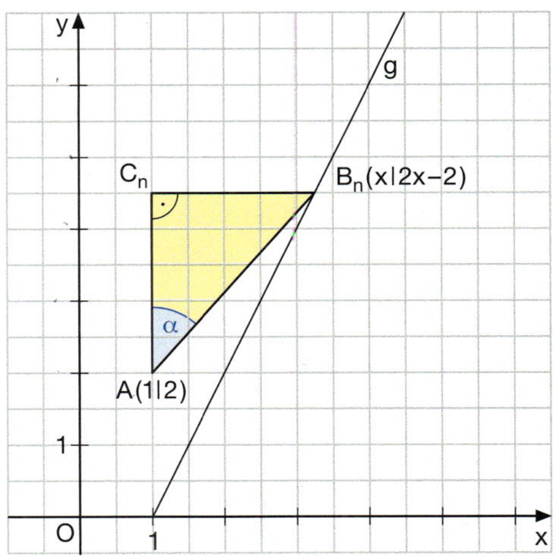

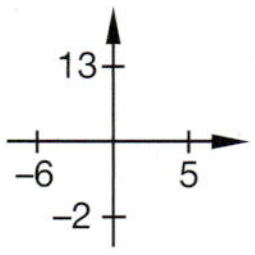

6 Die Punkte $B_n(x|2x-1)$ von Rauten $AB_nC_nD_n$ liegen auf der Geraden g mit $y = 2x - 1$.
Es gilt: $A(-1|2)$; $C_n(-1|y_C)$

a) Zeichne die Rauten $AB_1C_1D_1$ und $AB_2C_2D_2$ für $x = 2$ und $x = 3{,}5$.
b) Welche Werte sind für x zulässig, so dass Rauten $AB_nC_nD_n$ existieren?
c) Berechne das Maß α des Winkels B_1AD_1.
d) Zeige, dass für das Maß α des Winkels B_nAD_n gilt: $\tan\frac{\alpha}{2} = \frac{x+1}{2x-3}$.
e) Berechne die Belegung von x, für die in der Raute $AB_3C_3D_3$ gilt: $\alpha = 112{,}62°$
f) Die Raute $AB_4C_4D_4$ ist zugleich ein Quadrat. Berechne die Belegung von x.
g) Stelle den Flächeninhalt der Rauten in Abhängigkeit von x dar.

7 So kann man die Lösungen der Gleichung $\tan(\alpha + 30°) = 2$ für $\alpha \in [0°;\ 360°[$ ermitteln.

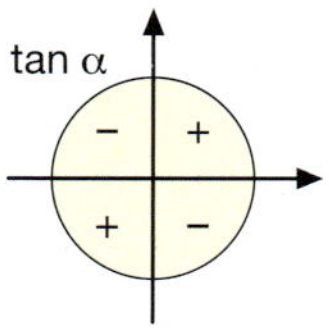

> Tastenfolge: [INV] [TAN] 2 [=] 63.43°
>
> Für positive Tangenswerte gibt es die zwei Lösungen:
> $\alpha_1 + 30° = 63{,}43°$ ∨ $\alpha_2 + 30° = 243{,}43°$
> $\alpha_1 = 33{,}43°$ $\alpha_2 = 213{,}43°$
>
> $\mathbb{L} = \{33{,}43°;\ 213{,}43°\}$

Berechne die Lösungen der folgenden Gleichungen. Mache die Probe ($\alpha \in [0°;\ 360°[$).

a) $\tan(\alpha - 30°) = 2$
b) $\tan(\alpha - 30°) = -2$
c) $\tan 2\alpha = 1{,}6$
d) $\tan 2\alpha = -1{,}6$
e) $4 - \tan(3\alpha - 10°) = 0$
f) $\tan(3\alpha - 10°) + 4 = 0$
g) $\tan(\alpha - 70°) = 1{,}2$
h) $1{,}2 + \tan(\alpha + 70°) = 0$
i) $\tan(2\alpha + 70°) - 1{,}2 = 0$

L 88,65°; 239,81°; 38,01°; 29,0°; 120,19°; 146,57°; 93,43°; 59,81°; 151,0°; 28,65°; 273,43°; 119,0°; 80,1°; 326,57°; 300,19°; 61,0°; 98,01°

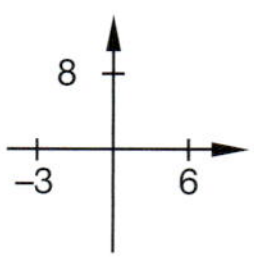

8 Die Vektoren $\overrightarrow{OA_n} = \begin{pmatrix} \tan(\alpha - 40°) \\ 3 \end{pmatrix}$ und $\overrightarrow{OC} = \begin{pmatrix} -2 \\ 4 \end{pmatrix}$ spannen für $\alpha \in]\,\alpha_0;\ 130°]$ die Parallelogramme OA_nB_nC auf.

a) Berechne die Koordinaten der Vektoren $\overrightarrow{OA_n}$ für $\alpha = -5°$, $\alpha = 65°$ und $\alpha = 118°$. Zeichne die zugehörigen Parallelogramme OA_nB_nC in ein Koordinatensystem ein.
b) Begründe: Die x-Koordinate der Punkte A_n muss größer sein als −1,5. Berechne dann den unteren Grenzwert α_0.
c) Zeige, dass sich der Flächeninhalt der Parallelogramme wie folgt in Abhängigkeit von α darstellen lässt: $A(\alpha) = (4\tan(\alpha - 40°) + 6)$ FE
d) Berechne die Belegung für α, für die der Flächeninhalt 8,80 FE beträgt.
e) Unter den Parallelogrammen OA_nB_nC gibt es ein Rechteck. Berechne die zugehörige Belegung von α und zeichne das Rechteck ein.

9 Die Vektoren $\overrightarrow{OP_n} = \begin{pmatrix} 4 + \tan(\alpha + 20°) \\ -2 \end{pmatrix}$ und $\overrightarrow{OQ_n} = \begin{pmatrix} \tan(\alpha + 20°) \\ 3 \end{pmatrix}$ spannen für $\alpha \in [-50°;\ 70°[$ die Dreiecke OP_nQ_n auf.

a) Berechne die Koordinaten von $\overrightarrow{OP_n}$ und $\overrightarrow{OQ_n}$ für $\alpha \in \{-46{,}57°;\ 25°;\ 58°\}$ und zeichne die zugehörigen Dreiecke OP_1Q_1, OP_2Q_2 und OP_3Q_3 in ein Koordinatensystem ein.
b) Zeige durch Rechnung, dass alle Pfeile $\overrightarrow{P_nQ_n}$ gleiche Koordinaten haben.
c) Berechne den Wert von α für das Dreieck OP_4Q_4 mit dem Flächeninhalt 10 FE.
d) Für welchen Wert von α liegt der Punkt Q_5 auf der y-Achse? Zeichne das Dreieck OP_5Q_5 ein.

1

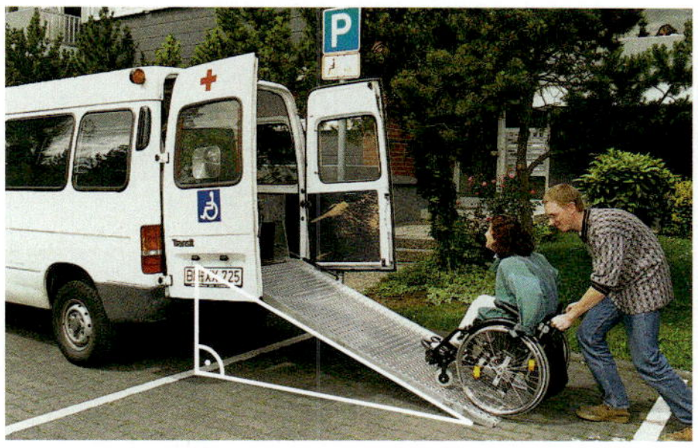

a) Beide Abbildungen zeigen Rollstuhlrampen. Schätze geeignete Längen so genau wie möglich und berechne die Steigungswinkelmaße der Rampen.

b) „Rollstuhlgängige Anlagen“, die Rollstuhlfahrer aus eigener Kraft bewältigen können, dürfen höchstens 5°–7° Steigungswinkelmaß haben.
Das Steigungswinkelmaß bei dem rollstuhlgängigen Aufgang in Kurstadt beträgt 6°. Der Eingang liegt 1,20 m über dem Ausgangsniveau. Wie lang muss der Aufgang sein und wie weit vor dem Eingang muss der Aufgang beginnen?
Löse durch eine geeignete Zeichnung.

c) Löse die Aufgabe b) durch Rechnung.

2

a) Zeichne mit einem Geometrieprogramm wie in Aufgabe 2 auf Seite 62 ein rechtwinkliges Dreieck ABC mit konstantem Winkelmaß α. Lasse das Verhältnis $\frac{\text{Länge der Gegenkathete}}{\text{Länge der Hypotenuse}}$ berechnen.
Verändere mit dem Zugmodus das Dreieck. Lasse dabei das Winkelmaß α konstant. Was stellst du fest?
Verändere das Winkelmaß α und beobachte wieder das Längenverhältnis. Was stellst du fest?

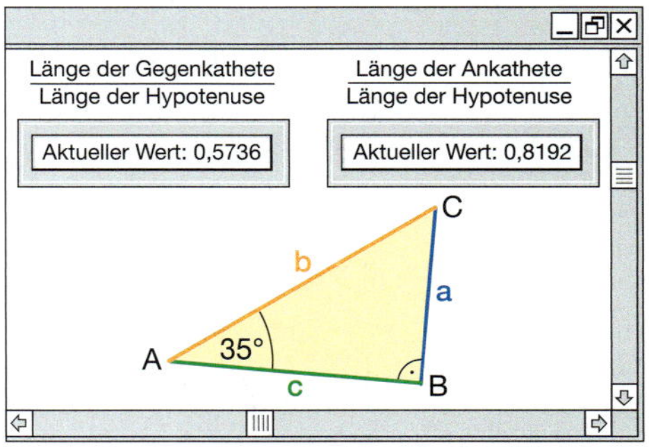

b) Verfahre wie in a). Lasse das Verhältnis $\frac{\text{Länge der Ankathete}}{\text{Länge der Hypotenuse}}$ anzeigen.
Was stellst du fest?

c) Begründe.

I Die Dreiecke AB_1C_1, AB_2C_2 und AB_3C_3 sind jeweils ähnlich.

II In allen rechtwinkligen Dreiecken gilt für ein konstantes Winkelmaß α: Die Quotienten
$\frac{\text{Länge der Gegenkathete}}{\text{Länge der Hypotenuse}}$ bzw. $\frac{\text{Länge der Ankathete}}{\text{Länge der Hypotenuse}}$
sind jeweils konstant.

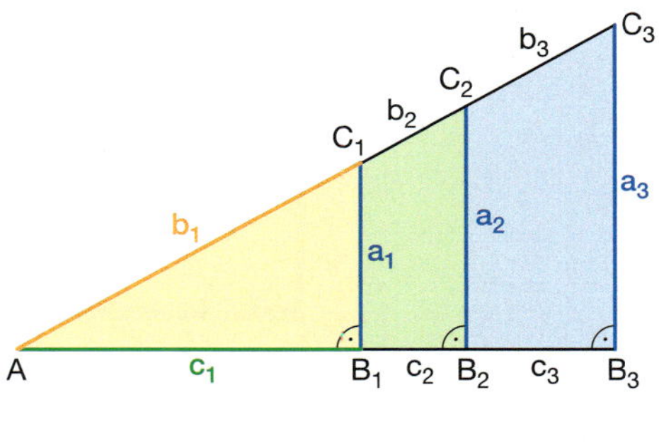

3 In Aufgabe 2a) auf Seite 69 gilt für $\alpha = 35°$:

$\frac{\text{Länge der Gegenkathete}}{\text{Länge der Hypotenuse}} = 0{,}5736$; $\frac{\text{Länge der Ankathete}}{\text{Länge der Hypotenuse}} = 0{,}8192$

Suche am Taschenrechner Tasten, mit denen du diese Werte für $\alpha = 35°$ direkt bestimmen kannst.

sin α
cos α

In einem rechtwinkligen Dreieck heißt der Quotient $\frac{\text{Länge der Gegenkathete}}{\text{Länge der Hypotenuse}}$ des Winkels α **Sinus von α**, kurz **sin α** und der Quotient $\frac{\text{Länge der Ankathete}}{\text{Länge der Hypotenuse}}$ **Kosinus von α,** kurz **cos α.**

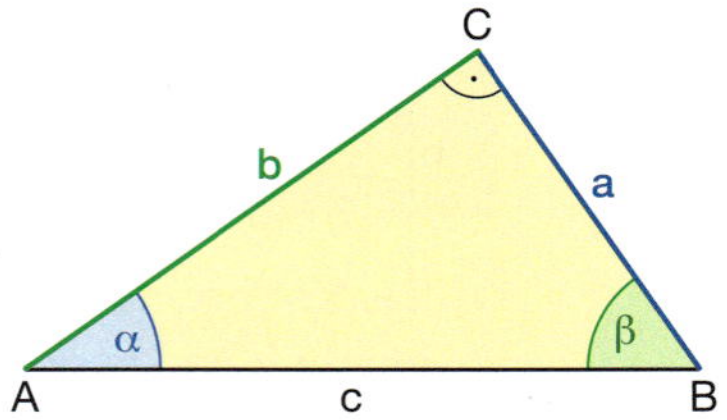

Im Dreieck mit $\gamma = 90°$ gilt: $\quad$ **$\sin\alpha = \frac{a}{c}$; $\cos\alpha = \frac{b}{c}$**

Entsprechend gilt: $\quad$ **$\sin\beta = \frac{b}{c}$; $\cos\beta = \frac{a}{c}$**

Übungen

4 Gib sin α, sin β, cos α und cos β als Verhältnis von Seitenlängen an.

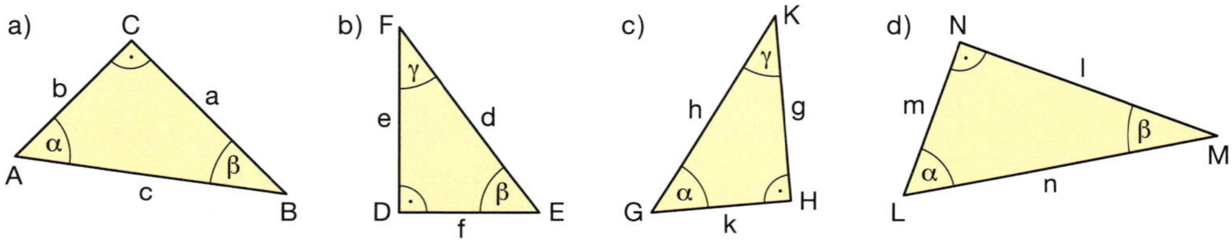

5 Berechne mit dem Taschenrechner die Sinus- bzw. Kosinuswerte. Runde auf drei Stellen nach dem Komma.

a) sin 15°; cos 15° b) sin 30°; cos 30° c) sin 55°; cos 55° d) sin 85,5°; cos 85,5°
e) sin 45°; cos 45° f) sin 3,62°; cos 3,62° g) sin 0°; cos 0° h) sin 60°; cos 60°

Bereits im Altertum wurde die Trigonometrie von Baumeistern und Astronomen verwendet. So benutzten die Ägypter für das Verhältnis der Seitenlängen ihrer Bausteine das Wort *seqt,* das den Cosinus bezeichnet.
In Europa wurde die Trigonometrie seit dem 13. Jahrhundert für die Navigation und ab dem 15. Jahrhundert in der Landvermessung eingesetzt. Ein sehr gebräuchliches Messinstrument war das „geometrische Quadrat". In einer Ecke war ein Drehstab angebracht, mit dem man am Viertelkreis bei geneigtem Quadrat den Neigungswinkel ablesen konnte. Visierte man über einen Quadratrand eine Turmspitze an, entstand durch den Drehstab ein rechtwinkliges Dreieck, das dem Dreieck vor dem Turm ähnlich war. Bei bekanntem Abstand des Messinstruments zum Turm wurde die gesuchte Höhe mit einer Verhältnisgleichung berechnet.

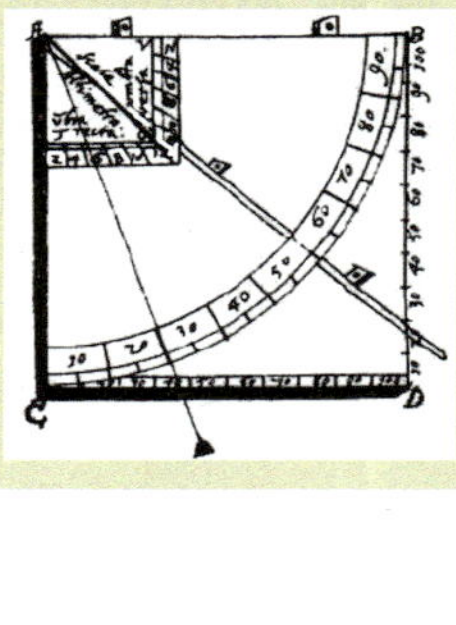

1 So kann man in einem rechtwinkligen Dreieck ABC mit $\alpha = 90°$, $a = 7{,}8$ cm und $c = 5{,}6$ cm fehlende Seitenlängen und Winkelmaße berechnen.

Fertige eine Planfigur an.

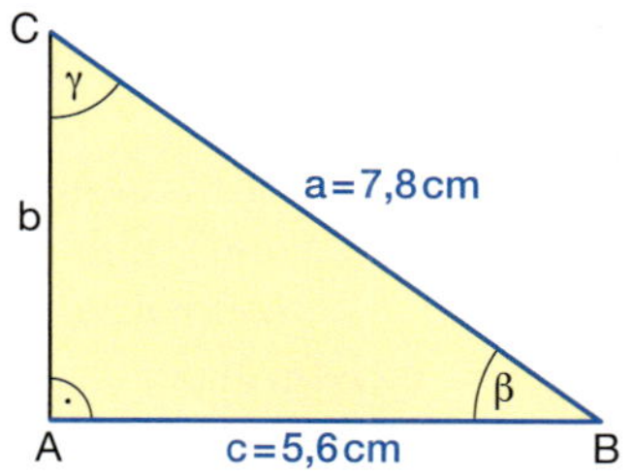

Berechne das Winkelmaß γ.

$90° + 44{,}1° + \gamma = 180°$

Ergebnis: $\gamma = 45{,}9°$

Berechne das Winkelmaß β.

$\cos\beta = \frac{c}{a}$

$\cos\beta = \frac{5{,}6\text{ cm}}{7{,}8\text{ cm}}$

Tastenfolge: [cos⁻¹] (5.6 : 7.8) [=]
([INV] oder [SHIFT] der [2nd] [COS])

Anzeige: 44.11461855

$\beta = 44{,}1°$

Berechne die Länge der Seite b.

$\sin\beta = \frac{b}{a}$

$\sin 44{,}1° = \frac{b}{7{,}8\text{ cm}}$ $\quad | \cdot 7{,}8$ cm

Ergebnis: $b = 5{,}4$ cm

Die dargestellten Lösungsschritte der Beispielaufgabe zeigen eine Möglichkeit, die fehlenden Größen b, β und γ zu berechnen. Finde einen weiteren Lösungsweg.

2 Bestimme die fehlenden Größen im rechtwinkligen Dreieck ABC.

	a	b	c	α	β	γ
a)	3,5 cm				32°	90°
b)		6,8 cm	4,3 cm		90°	
c)			23 m	90°		57°

3 Wird ein stehendes Radarmessgerät auf ein fahrendes Auto gerichtet, so entsteht ein so genannter „Kosinuseffekt", d. h. die gemessene Geschwindigkeit v* ist nur das Produkt aus dem Kosinus des Winkels α und der tatsächlich gefahrenen Geschwindigkeit v (siehe Abbildung).

a) Berechne die gemessene Geschwindigkeit für $\alpha = 5°$ (10°; 15°; 20°), wenn die tatsächliche Geschwindigkeit 80 $\frac{\text{km}}{\text{h}}$ beträgt.

b) Das Fahrzeug von Herrn Karambolage wurde innerhalb der Ortschaft unter einem Winkel von 8° geblitzt. Dabei wurde eine Geschwindigkeit von 74,3 $\frac{\text{km}}{\text{h}}$ festgestellt. Wie schnell war das Auto von Herrn Karambolage wirklich?

c) Unter welchem Winkel wurde ein Auto vom Radargerät erfasst, das mit 100 $\frac{\text{km}}{\text{h}}$ fuhr und für das 99,1 $\frac{\text{km}}{\text{h}}$ gemessen wurden?

d) Warum versucht man das Radargerät dicht am Straßenrand zu platzieren und die Messung aus großer Entfernung vorzunehmen?

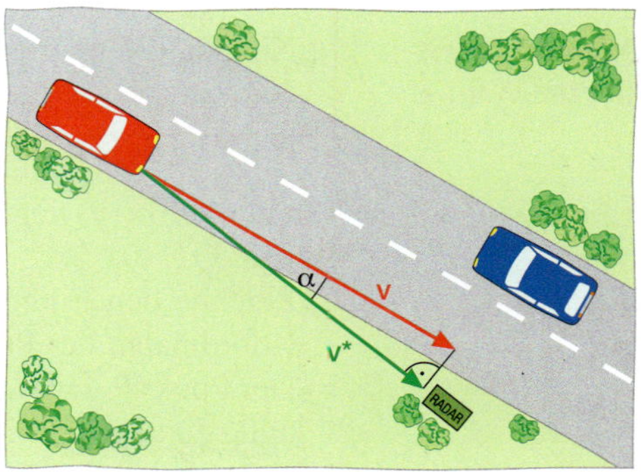

1 a) Zeichne mit einem Geometrieprogramm einen Einheitskreis (r = 1 LE). Binde einen Punkt P an die Kreislinie. Lasse die x- und die y-Koordinate von P sowie das Winkelmaß α, das die Strecke [OP] mit der Richtung der positiven x-Achse einschließt, anzeigen.

b) Gib das Intervall für die x- bzw. y- Koordinate an.

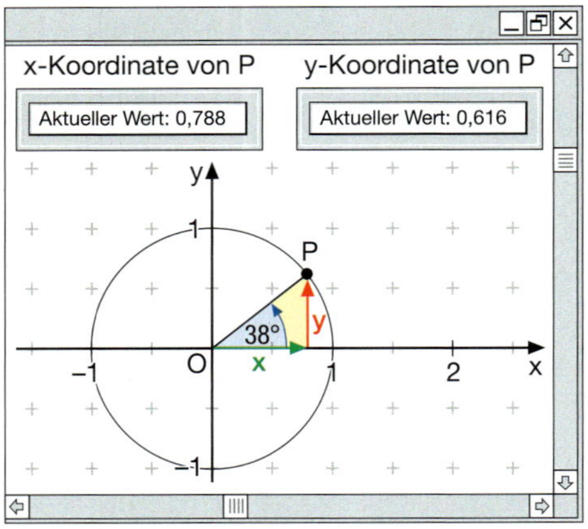

c) Für welche Winkelmaße α ist die x-Koordinate, für welche die y-Koordinate negativ?

d) Welche besonderen x- und y-Werte treten auf? Gib jeweils das zugehörige Winkelmaß α an.

e) Begründe, dass für $\alpha \in [0°; 90°]$ gilt: $\cos \alpha = x$ und $\sin \alpha = y$

f) Ist für $\alpha > 90°$ die Zuordnung $\cos \alpha = x$ und $\sin \alpha = y$ ebenfalls sinnvoll? Verwende dazu das Geometrieprogramm oder deinen Taschenrechner.

2 a) Berechne und vergleiche die Termwerte.

$\sin 30°$ und $\sin(-30°)$
$\cos 60°$ und $\cos(-60°)$
$\sin 53{,}13°$ und $\sin(-53{,}13°)$
$\cos 45{,}57°$ und $\cos(-45{,}57°)$

b) Begründe mit Hilfe nebenstehender Zeichnung und ersetze in deinem Heft die Platzhalter.

$\sin(-\alpha) = \square\ \sin \alpha$
$\cos(-\alpha) = \square\ \cos \alpha$

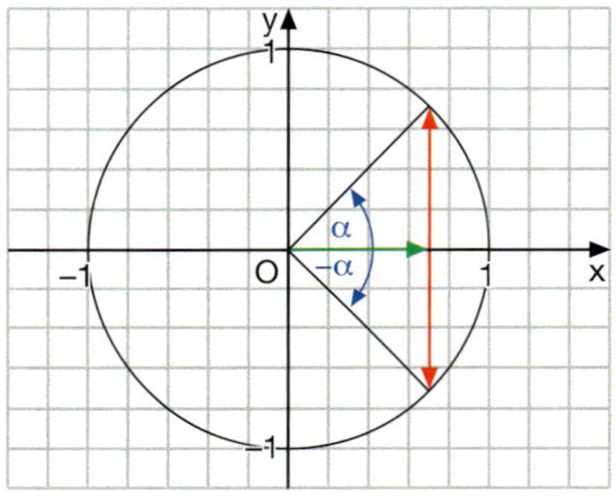

Einheitskreis

Liegt ein Punkt P(x|y) auf dem **Einheitskreis** und ist α das Winkelmaß zwischen der Richtung der positiven x-Achse und der Strecke [OP], so gilt:

$\mathbf{x = \cos \alpha;\ x \in [-1;\ 1]}$
$\mathbf{y = \sin \alpha;\ y \in [-1;\ 1]}$

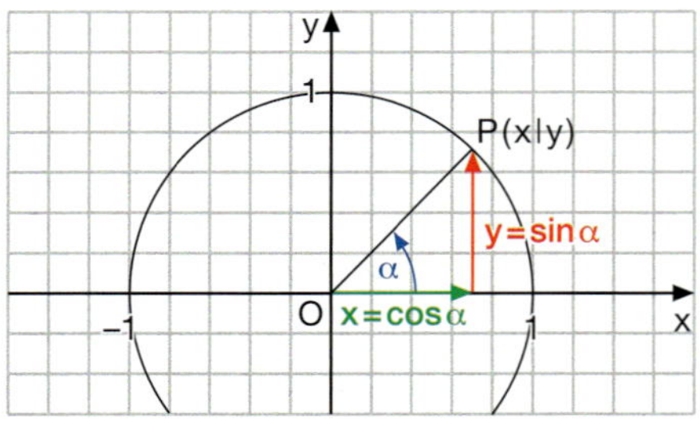

Negativ orientierter Winkel

Negativ orientierter Winkel: $\mathbf{\sin(-\alpha) = -\sin \alpha}$
$\mathbf{\cos(-\alpha) = \cos \alpha}$

Übung

3 Ein Punkt P(x|y) liegt auf dem Einheitskreis, das Maß α des Winkels QOP beträgt 53,13°. Es gilt: Q(1|0)

a) Zeichne den Einheitskreis mit den Punkten P und Q(1 LE ≙ 2,5 cm). Berechne die Koordinaten des Punktes P.

b) Der Punkt P wird an der y-Achse auf den Punkt P′ gespiegelt. Zeichne P′ in die Zeichnung zu a) ein. Berechne das Maß α des Winkels QOP′ für $\alpha \in [0°;\ 360°[$.

c) Zeige durch Rechnung: Der Punkt $R\left(-\frac{1}{2}\sqrt{3}\,\middle|\,\frac{1}{2}\right)$ liegt ebenfalls auf dem Einheitskreis.

d) Berechne das Maß des Winkels QOR.

1 a) Begründe mit Hilfe der Abbildung:

$\cos 60° = \frac{1}{2}$

$\sin 60° = \frac{1}{2}\sqrt{3}$

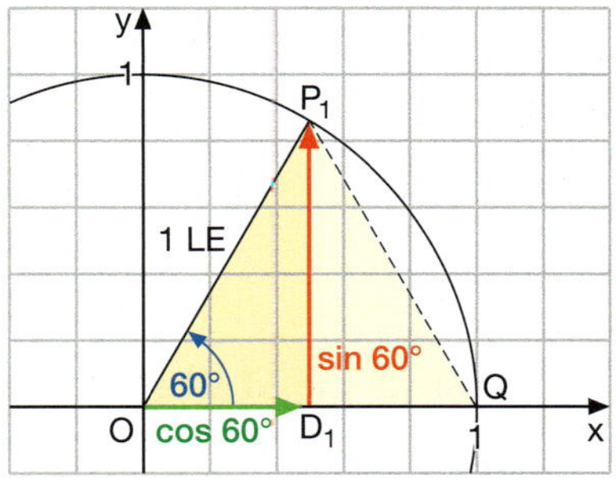

b) Begründe: Das Dreieck OD_1P_1 aus Aufgabe a) und das Dreieck OD_2P_2 in der Abbildung rechts sind kongruent. Ergänze anschließend in deinem Heft die Platzhalter.

cos 30° = ■

sin 30° = ■

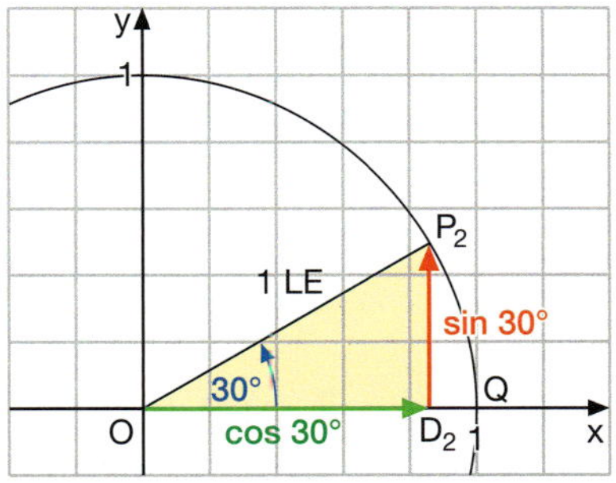

c) Begründe: cos 45° = sin 45°
Zeige anschließend, dass gilt:

$\cos 45° = \frac{1}{2}\sqrt{2}$

$\sin 45° = \frac{1}{2}\sqrt{2}$

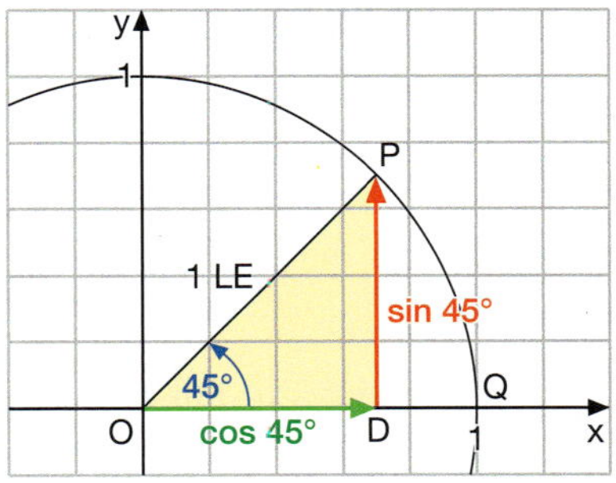

2 Fertige für die folgenden Aufgaben eine Skizze an.

a) Im rechtwinkligen Dreieck ABC gilt: $\alpha = 30°$; $\beta = 90°$; $b = 4\sqrt{3}$ cm.

b) Im Parallelogramm ABCD ist der Höhenfußpunkt F der Höhe [FD] der Mittelpunkt der Seite [AB]. Es gilt: $\alpha = 30°$; $\overline{AD} = 6$ cm
Berechne den Flächeninhalt des Parallelogramms.

c) Im gleichschenkligen Dreieck ABC gilt: $\overline{AC} = \overline{BC}$; $\alpha = 30°$; $h_c = 2\sqrt{3}$. Berechne die Seitenlängen.

Die Griechen entdeckten erste trigonometrische Beziehungen. So stecken in dem Wort „goniometrisch“ die griechischen Wörter „gonos“ für Winkel und „metrein“ für messen. Inder und Araber entwickelten die Trigonometrie weiter. Die Begriffe „Sinus“ und „Kosinus“ kommen aus dem Arabischen.

Beim Winkelmaß wird die sexagesimale Teilung verwendet, ein Vollkreis hat 360°, 1° = 60′, 1′ = 60″. Vermessungsingenieure rechnen allerdings mit Neu-Grad, abgekürzt „gon“. Ein Vollkreis hat hier 400°, die Einteilung ist dem Dezimalsystem angepasst. Die passende Einstellung auf dem Taschenrechner ist „grad“.

1 a) Vergleiche die Werte: I $\sin 10°$; $\cos 80°$ II $\sin 30°$; $\cos 60°$
b) Begründe mit nebenstehender Zeichnung.

$\sin\beta = \frac{b}{c}$ und $\cos\alpha = \frac{b}{c}$

mit $\beta = 90° - \alpha$ folgt $\sin(90° - \alpha) = \cos\alpha$

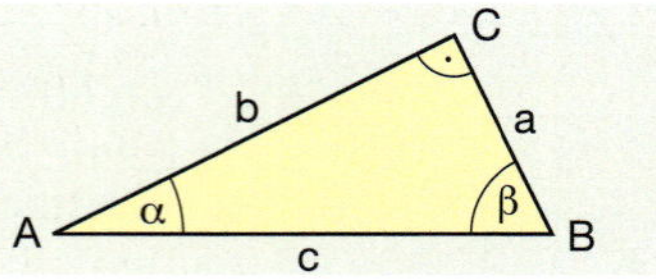

c) Begründe ebenso, dass gilt: $\cos(90° - \alpha) = \sin\alpha$

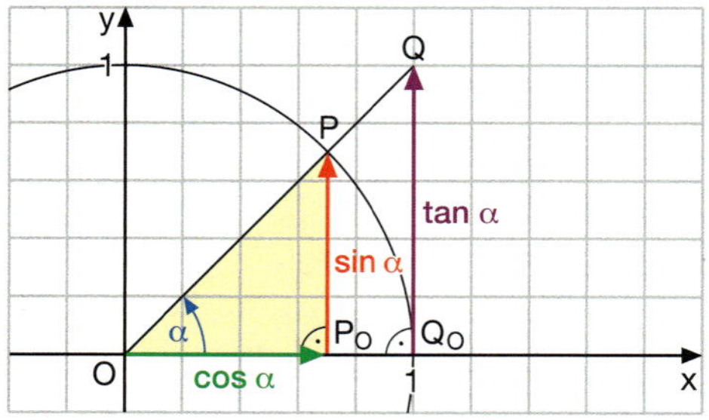

2 a) Begründe: Die Dreiecke OP_0P und OQ_0Q sind ähnlich.
b) Ergänze die Aussagen von Stefanie. Ersetze dazu in deinem Heft die Platzhalter.

Aus $\frac{\tan\alpha}{■} = \frac{\sin\alpha}{■}$ folgt: $\tan\alpha = \frac{■}{\cos\alpha}$

$(\sin\alpha)^{■} + (\cos\alpha)^{■} = 1$

Komplementbeziehung

Goniometrische Grundformel

Die Winkel α und $90° - \alpha$ ergänzen sich zu $90°$ ($\alpha \in]0°; 90°[$).
Es gelten folgende **Komplementbeziehungen**[1]: $\mathbf{\sin(90° - \alpha) = \cos\alpha}$
$\mathbf{\cos(90° - \alpha) = \sin\alpha}$

Die **Goniometrischen Grundformeln** $\mathbf{\sin^2\alpha + \cos^2\alpha = 1;\ \tan\alpha = \frac{\sin\alpha}{\cos\alpha}}$
gelten für $\alpha \in [0°;\ 360°[\setminus\{90°; 270°\}$

Beachte: Statt $(\sin\alpha)^2$ schreibt man kurz $\sin^2\alpha$. Entsprechend gilt: $(\cos\alpha)^2 = \cos^2\alpha$

Übungen

3 Bestimme das Winkelmaß α ($\alpha \in [0°;\ 180°]$).

$\cos\alpha = \sin 68°$
$\cos\alpha = \cos(90° - 68°)$
$\alpha = 22°$

a) $\sin\alpha = \cos 27°$
b) $\sin 34° = \cos\alpha$
c) $\sin\alpha + \cos 135° = 0$
d) $\cos 87° - \sin\alpha = 0$
e) $2\sin\alpha = -4\cos\alpha$
f) $3\sin\alpha - 2\cos\alpha = 0$

4 Löse die Aufgaben mit Hilfe der Ergebnisse von Aufgabe 1 auf der vorigen Seite.
a) Begründe mit Hilfe der Beziehung $\tan\alpha = \frac{\sin\alpha}{\cos\alpha}$, dass gilt: $\tan 60° = \sqrt{3}$
b) Übertrage die Tabelle in dein Heft und ergänze sie.

α	0°	30°	45°	60°	90°	120°	135°	150°	180°
cos α	■	■	■	$\frac{1}{2}$	■	■	■	■	■
sin α	■	■	$\frac{1}{2}\sqrt{2}$	■	■	■	■	■	■
tan α	■	■	■	$\sqrt{3}$	■	■	■	■	■

c) Für welche Winkelmaße α ($\alpha \in [0°;\ 180°]$) gilt: $|\sin\alpha| = |\cos\alpha|$?

5 a) Berechne die Termwerte und vergleiche.
I sin 40°; sin 140° II cos 50°; cos 130°
b) Begründe mit Hilfe der nebenstehenden Abbildung, dass für $\alpha \in [0°; 90°]$ gilt:
$\sin(180° - \alpha) = \sin\alpha$; $\cos(180° - \alpha) = -\cos\alpha$
c) Ersetze in deinem Heft die Platzhalter:
sin 140° = sin (180° − ■) = ■ sin ■
cos 130° = cos (180° − ■) = ■ cos ■

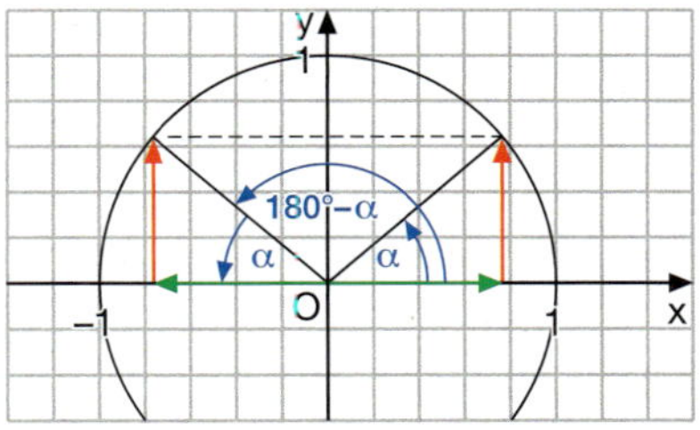

6 a) Berechne die Termwerte und vergleiche.
I sin 44,5°; sin 224,5°; sin 315,5°
II cos 25,8°; cos 205,8°; cos 334,2°
b) Ersetze in deinem Heft die Platzhalter.
sin 224,5° = sin (180° + ■) = ■ sin ■
sin 315,5° = sin (360° − ■) = ■ sin ■
cos 205,8° = cos (180° + ■) = ■ cos ■
cos 334,2° = cos (360° − ■) = ■ cos ■
c) Formuliere die Ergebnisse allgemein.

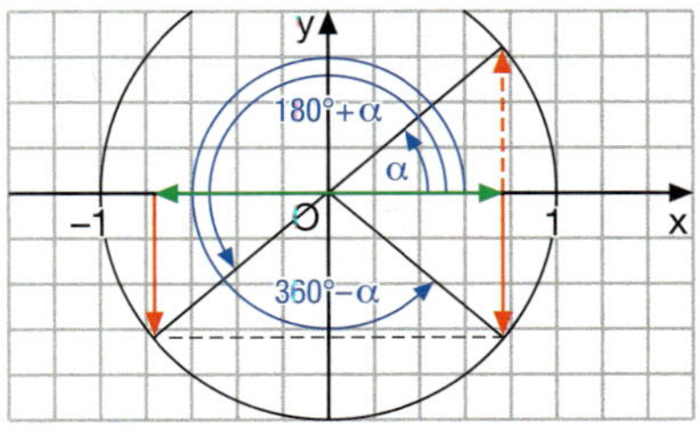

Supplementbeziehung

Für $\alpha \in [0°; 90°[$ gilt die **Supplementbeziehung:**

$\sin(180° - \alpha) = \sin\alpha \qquad \cos(180° - \alpha) = -\cos\alpha$

Für Winkelmaße in den weiteren Quadranten gilt:

$\sin(180° + \alpha) = -\sin\alpha \qquad \cos(180° + \alpha) = -\cos\alpha$

$\sin(360° - \alpha) = -\sin\alpha \qquad \cos(360° - \alpha) = \cos\alpha$

Übungen

7 Forme um wie im Beispiel.

sin 110° = sin (180° − 70) = sin 70°
cos 232° = cos (180° + 52°) = −cos 52°

a) sin 165°; cos 261° b) sin 245°; cos 137°
c) cos 278°; sin 334° d) sin 135°; cos 135°

8 So kann man zu $\sin\alpha = -0{,}7$ die zugehörigen Winkelmaße mit dem Taschenrechner berechnen ($\alpha \in [0°; 360°]$).

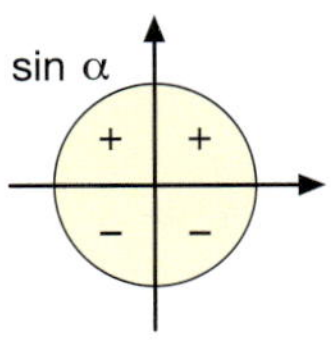

Tastenfolge: [SIN⁻¹] − 0.7 [=]
Anzeige: (gerundet) −44.43

Der Taschenrechner zeigt mit −44.43° ein negatives Winkelmaß an.
Somit folgt: $\alpha^* = 44{,}43°$

$\alpha_1 = 180° + \alpha^*$ $\qquad \alpha_2 = 360° - \alpha^*$
$\alpha_1 = 180° + 44{,}43°$ $\qquad \alpha_2 = 360° - 44{,}43°$
$\alpha_1 = 224{,}43°$ $\qquad \alpha_2 = 315{,}57°$

Ergebnis: $\mathbb{L} = \{224{,}43°;\ 315{,}57°\}$

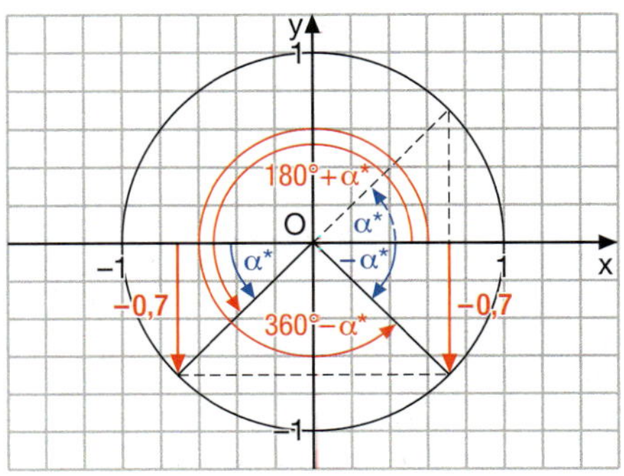

a) $\sin\alpha = 0{,}75$ b) $\sin\alpha = -0{,}99$ c) $\sin\alpha = -\frac{1}{2}\sqrt{2}$ d) $\sin\alpha = \frac{1}{2}\sqrt{3}$

L 120°; 131,41°; 225°; 60°; 278,11°; 48,59°; 315°; 122,1°; 261,89°

1 So kann man zu $\cos\alpha = -0{,}4$ die zugehörigen Winkelmaße mit dem Taschenrechner berechnen ($\alpha \in [0°;\ 360°]$).

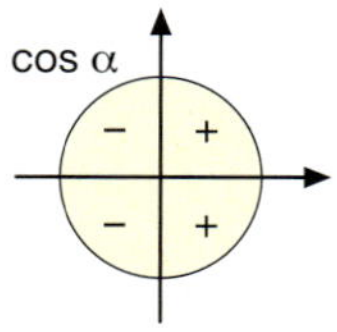

Tastenfolge: [COS⁻¹] − 0.4 [=]
Anzeige: (gerundet) 115.58°

$\alpha_1 = 115{,}58°$

Spiegelt man P an der x-Achse, ergibt sich für α_2:

$\alpha_2 = 360° - \alpha_1$
$\alpha_2 = 246{,}42°$

Ergebnis: $\mathbb{L} = \{115{,}58°;\ 246{,}42°\}$

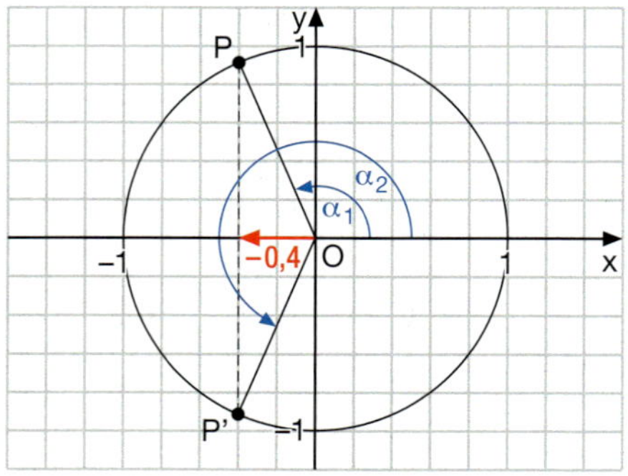

a) $\cos\alpha = 0{,}35$ b) $\cos\alpha = -0{,}866$ c) $\cos\alpha = -0{,}2$ d) $\cos\alpha = \frac{1}{2}\sqrt{2}$

2 Berechne die Lösung der Gleichung ($\alpha \in [0°; 360°]$).

$\cos(\alpha + 15°) = -0{,}6$
$\alpha_1 + 15° = 126{,}87° \quad \vee \quad \alpha_2 + 15° = 233{,}13°$
$\alpha_1 = 111{,}87° \quad \vee \quad \alpha_2 = 218{,}13°$

Ergebnis: $\mathbb{L} = \{111{,}87°;\ 218{,}13°\}$

a) $\sin(\alpha - 25°) = -0{,}8$
b) $\cos(\alpha - 35°) = -0{,}67$
c) $\tan(\alpha - 20°) = -0{,}4$
d) $\sin(2\alpha + 12°) = 0{,}15$
e) $\cos(3\alpha + 28°) = -0{,}22$
f) $\cos(0{,}5\alpha - 10°) = 0{,}9$

L zu 1 und 2: 210°; 290,49°; 101,54°; 45°; 69,51°; 60°; 150°; 315°; 258,46°; 358,31°; 358,20°; 258,13°; 262,93°; 71,68°; 178,20°; 331,87°; 79,69°; 24,90°; 167,07°; 76,43°

3 Berechne die Lösungsmenge der Gleichung für $\alpha \in [0°;\ 360°[$.

a) $\cos(90° - \alpha) + 2\sin\alpha = 1$
b) $\cos(180° - \alpha) - \sin(90° - \alpha) = 1$
c) $\sin\alpha - \cos\alpha = 0$
d) $\cos\alpha - 3\sin(90° - \alpha) = 0{,}5\sin\alpha$

4 Vereinfache den Term ($\alpha \in]0°;\ 360°[\setminus \{90°;\ 180°;\ 270°\}$) .

a) $\cos(90° - \alpha) \cdot \sin\alpha + \cos^2\alpha$
b) $\sqrt{1 - \cos^2\alpha}$
c) $3\sin(-\alpha)\sin(180° + \alpha)$
d) $3 - 3\sin^2(90° - \alpha)$
e) $\frac{\tan\alpha\cos\alpha}{\sqrt{1 - \cos^2\alpha}}$
f) $\frac{2\sin^2\alpha}{\cos(90° - \alpha)}$
g) $\tan(180° - \alpha)\cos(180° - \alpha)$
h) $\sin(180° - \alpha) \cdot \cos(90° - \alpha) + \cos^2\alpha$
i) $\sqrt{\cos(360° - \alpha)\sin(90° - \alpha)}$
k) $\sqrt{3\cos^2\alpha + 3(\sin\alpha - 1)^2 + 6\sin\alpha + 3}$
l) $(\sqrt{3} + \cos\alpha)(\sqrt{3} - \sin(90° - \alpha)) - 3$
m) $3\cos^2(180° + \alpha) + \sin^2(90° - \alpha) - 4\cos^2\alpha$

L 1; $\sin\alpha$; $2\sin\alpha$; $\sin\alpha$; $3\sin^2\alpha$; $-\cos^2\alpha$; 1; $\cos\alpha$; 3; 0; 1; $3\sin^2\alpha$

5 Gegeben sind Pfeile $\overrightarrow{OP_n} = \begin{pmatrix} \sqrt{5}\sin(180° - \alpha) \\ -\cos(180° - \alpha) \end{pmatrix}$; $\alpha \in [0°; 90°[$

a) Berechne die Länge des Pfeils $\overrightarrow{OP_1}$ für $\alpha = 30°$.
b) Zeige, dass für die Länge der Pfeile $\overrightarrow{OP_n}$ gilt: $\overline{OP_n}(\alpha) = \sqrt{4\sin^2\alpha + 1}$ LE
c) Berechne den Wert von α für eine Pfeillänge von 1,5 LE.

1 Das wichtigste Hilfsmittel der Fluglotsen (Marshaller) ist der Radarschirm. Auf dem so genannten Label erhält der Fluglotse alle notwendigen Daten über eine Maschine.

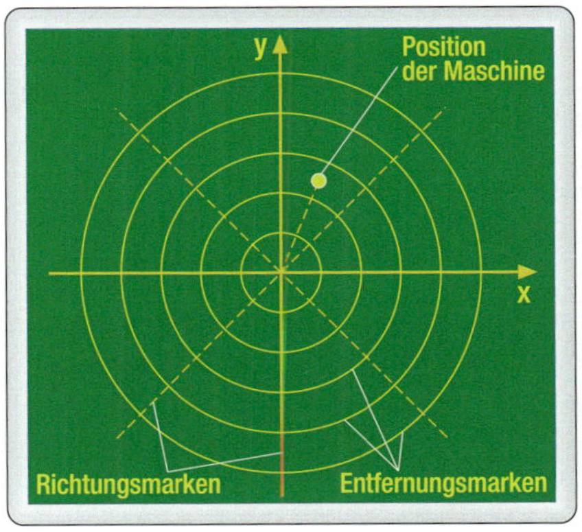

Wie könnte am Radarschirm die Position eines Flugzeugs dargestellt sein?

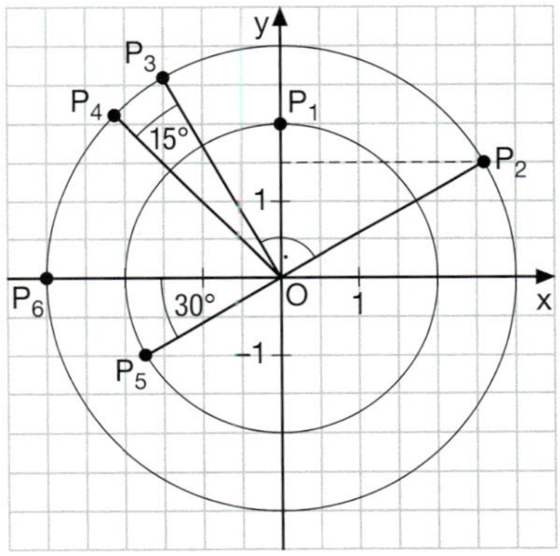

2 Welche Koordinaten müsste Hannah für die Punkte P_2 bis P_6 angeben?
Beispiel: $P_1(2|90°)$
Welche Angaben müsste Julian machen?
Beispiel: $P_1(0|2)$

Polarkoordinaten

Jeden Punkt P der Ebene kann man durch die Entfernung r LE vom Koordinatenursprung und durch ein Winkelmaß φ eindeutig festlegen. Das Winkelmaß φ ist bestimmt durch die Richtung der positiven x-Achse und durch die Strecke [OP].
Man nennt r und φ **Polarkoordinaten** des Punktes P.

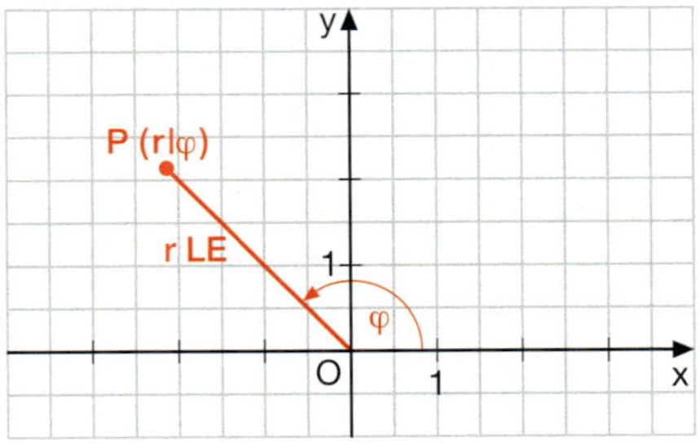

Schreibweise: $P(r|\varphi)$ $(r \in \mathbb{R}_0^+;\ \varphi \in [0°;\ 360°[\ )$
Lies: Punkt P mit den Polarkoordinaten r und φ

Ebenso können Vektoren mit Polarkoordinaten angegeben werden:
Ortsvektor $\overrightarrow{OP} = \binom{r}{\varphi}$

Die Koordinaten (x|y) heißen **kartesische Koordinaten.**

3 So kann man aus den Polarkoordinaten eines Punktes $P(r|\varphi)$ die kartesischen Koordinaten des Punktes $P(x|y)$ berechnen und umgekehrt.

Gegeben ist der Punkt $P(r|\varphi)$ in Polarkoordinaten.
Im rechtwinkligen Dreieck OQP gilt:

$\cos\varphi = \frac{x}{r}$, $\sin\varphi = \frac{y}{r}$

Es folgt: $x = r\cos\varphi$, $y = r\sin\varphi$ $\qquad P(r\cos\varphi|r\sin\varphi)$

Gegeben ist der Punkt $P(x|y)$ in kartesischen Koordinaten. Im rechtwinkligen Dreieck OQP gilt:

$r^2 = x^2 + y^2 \qquad r = \sqrt{x^2 + y^2}$

Für das Winkelmaß φ gilt: $\tan\varphi = \frac{y}{x}$

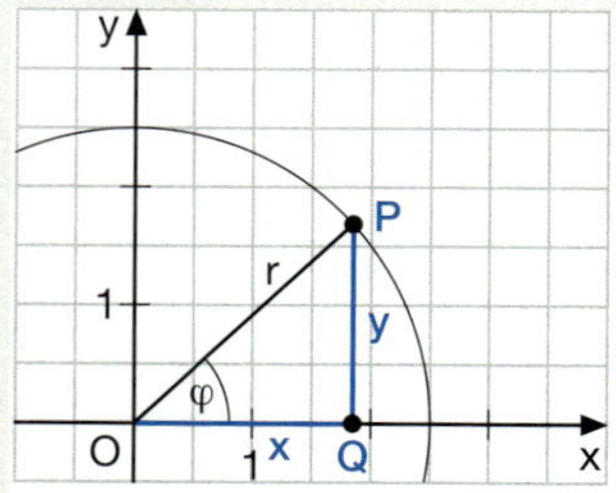

Polar-koordinaten

Kartesische Koordinaten

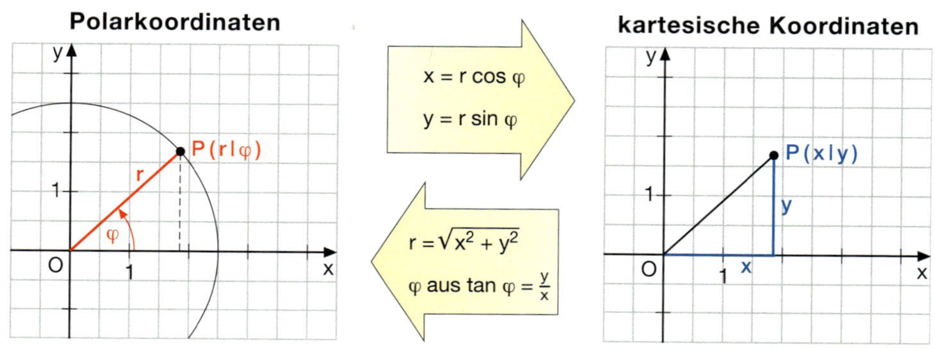

Übungen

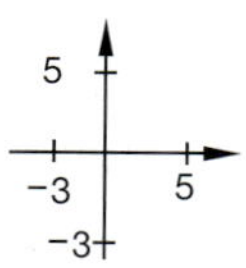

4 Zeichne den Punkt P_n. Berechne die fehlenden Koordinaten in deinem Heft.

	a)	b)	c)	d)	e)
$P_n(x\|y)$	$P_1(4\|3)$	$P_2(\square\|\square)$	$P_3(\square\|\square)$	$P_4(2{,}8\|-4{,}2)$	$P_5(\square\|\square)$
$P_n(r\|\varphi)$	$P_1(\square\|\square)$	$P_2(4\|120°)$	$P_3(2{,}5\|315°)$	$P_4(\square\|\square)$	$P_5(3{,}2\|95°)$

5 Gegeben ist das Dreieck ABC. Es gilt: $A(4|-2)$, $B(3\sqrt{2}|45°)$, $C(5|120°)$
a) Zeichne das Dreieck ABC und berechne dessen Flächeninhalt.
b) Berechne die Polarkoordinaten des Punktes A.

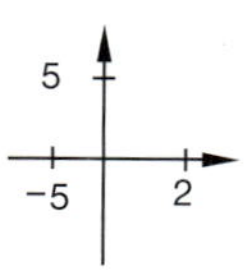

6 Gegeben sind die Punkte $P(5|126{,}87°)$ und $Q(\sqrt{10}|71{,}565°)$.
a) Zeichne die Gerade $g = PQ$ und berechne deren Gleichung.
b) Berechne den Flächeninhalt des Dreiecks OQP.

7 Die Gerade g verläuft durch den Punkt $P(5|143{,}13°)$ und schließt mit der Richtung der positiven x-Achse einen Winkel mit dem Maß $16{,}70°$ ein.
a) Zeichne die Gerade g.
b) Zeige durch Rechnung, dass die Gerade g folgende Gleichung besitzt: $y = 0{,}3x + 4{,}2$

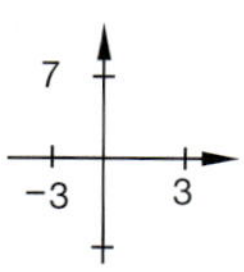

8 Das Dreieck ABC ist festgelegt durch $\overrightarrow{AB} = \begin{pmatrix} 2 \\ y_B \end{pmatrix}$ und $\overrightarrow{AC} = \begin{pmatrix} \sqrt{5} \\ 156° \end{pmatrix}$, $\measuredangle ACB = 82°$, $A(0|0)$.
a) Zeichne das Dreieck ABC.
b) Zeige durch Rechnung, dass die Gerade BC folgende Gleichung hat: $y = 1{,}6x + 4{,}2$
c) Berechne die Polarkoordinaten des Punktes B.

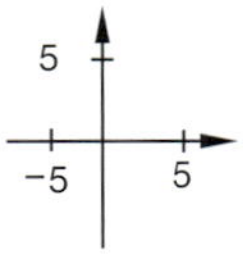

9 Die Dreiecke OA_nB_n werden durch die Pfeile $\overrightarrow{OA_n} = \begin{pmatrix} 4 \\ 4\cos\alpha \end{pmatrix}$ und $\overrightarrow{OB_n} = \begin{pmatrix} 5 \\ 180° - \alpha \end{pmatrix}$ aufgespannt. Es gilt: $O(0|0)$; $\alpha \in]0°; 180°[$

a) Berechne die kartesischen Koordinaten der Punkte A_1 und B_1 bzw. A_2 und B_2 für $\alpha = 30°$ und $\alpha = 90°$.
Zeichne die Dreiecke OA_1B_1 und OA_2B_2 in ein Koordinatensystem ein.

b) Begründe: Die Seitenlängen $\overline{OB_n}$ betragen stets 5 LE.

c) Zwei Dreiecke der Schar sind gleichschenklig mit der Basis $[A_3B_3]$ bzw. $[A_4B_4]$. Berechne die zugehörigen Winkelmaße α_3 und α_4.

d) Zeige, dass sich der Flächeninhalt der Dreiecke OA_nB_n wie folgt in Abhängigkeit von α darstellen lässt: $A(\alpha) = (-10\sin^2\alpha + 10\sin\alpha + 10)$ FE

e) Überprüfe die Aussagen von Judith und Klaus.

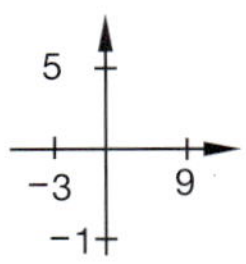

10 Die beiden Passagierflugzeuge Astria A und Hansa H werden auf einem Radarschirm erfasst. Flugzeug A hat zum ersten Beobachtungszeitpunkt die Position $A_1(4\sqrt{5}|26{,}57°)$ und nach 120 Sekunden die Position $A_2(6{,}5|22{,}62°)$. Gleichzeitig hat das Flugzeug H zum ersten Beobachtungszeitpunkt die Position $H_1(2\sqrt{5}|116{,}57°)$ und nach 50 Sekunden die Position $H_2(\sqrt{10}|108{,}44°)$.

a) Zeichne die Flugrouten der beiden Flugzeuge in ein Koordinatensystem.
Für die Zeichnung: 1 LE ≙ 1 cm

b) Berechne die Gleichungen der Flugrouten.

c) Berechne die Geschwindigkeiten der beiden Flugzeuge, wenn der Maßstab deiner Zeichnung 1 : 1 000 000 beträgt.

d) Die beiden Flugzeuge fliegen auf gleicher Höhe. Wo kreuzen sich ihre Flugrouten?

e) Flugzeuge dürfen sich aus Sicherheitsgründen maximal fünf nautische Meilen (ca. 9 km) seitlich nähern. Die beiden Flugzeuge A und H behalten ihre Flugrichtungen und ihre Fluggeschwindigkeiten bei. Müssen die Fluglotsen eingreifen? Begründe.

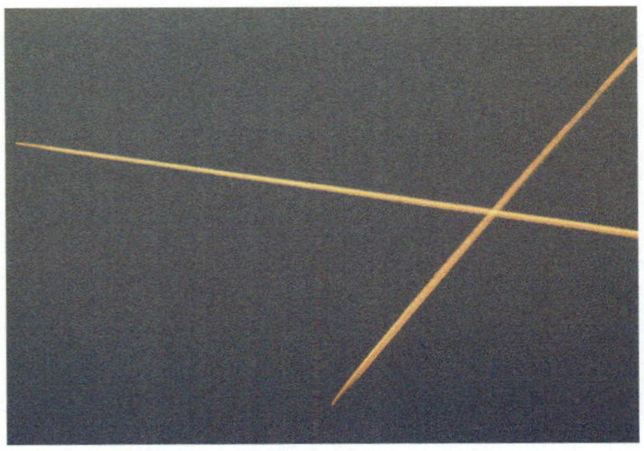

1

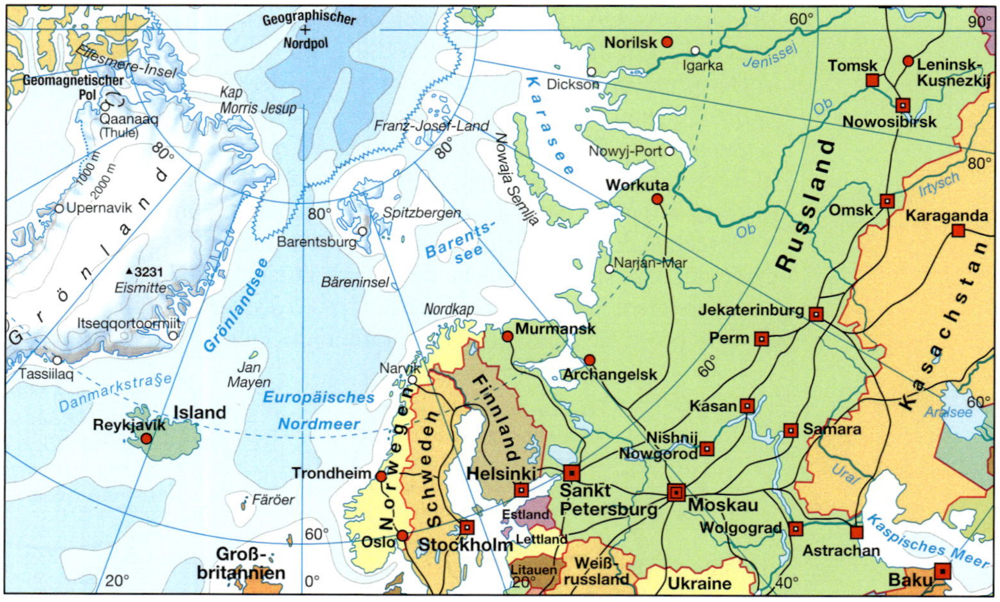

Oslo und St. Petersburg haben denselben Breitengrad 60°. Auf Karten findet man beide Orte auf einem Kreis (Breitenkreis) mit einem Radius von ca. 3200 km. Oslo liegt auf 11° östlicher Länge, St. Petersburg auf 30,4° östlicher Länge.
Berechne die Entfernung Oslo – St. Petersburg in Luftlinie.

2 Auf dem Einheitskreis wandert ein Punkt P von A(1|0) nach B.

a) Die zurückgelegte Bogenlänge b hängt vom Maß des Winkels α ab. Berechne b für α = 50°.

b) Stelle die Bogenlänge b in Abhängigkeit von α dar. Ersetze im Heft die Platzhalter: $b = \frac{\blacksquare \cdot \pi \cdot \blacktriangle}{180°}$ LE

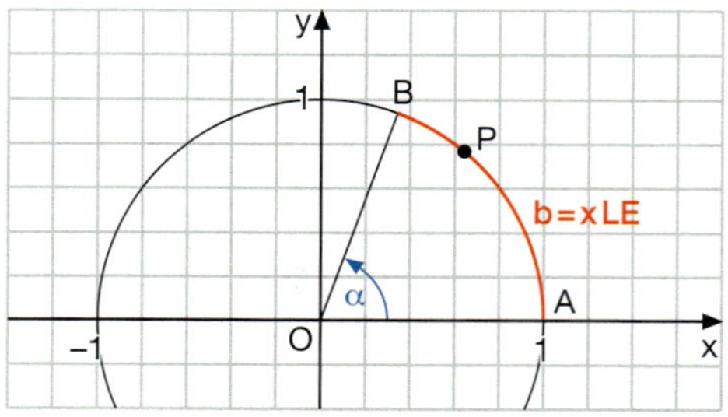

Bogenmaß

Am Einheitskreis nennt man die Maßzahl x der Bogenlänge b = x cm **Bogenmaß** zum Mittelpunktswinkel α.

Es gilt: $x = \alpha \cdot \frac{\pi}{180°}$

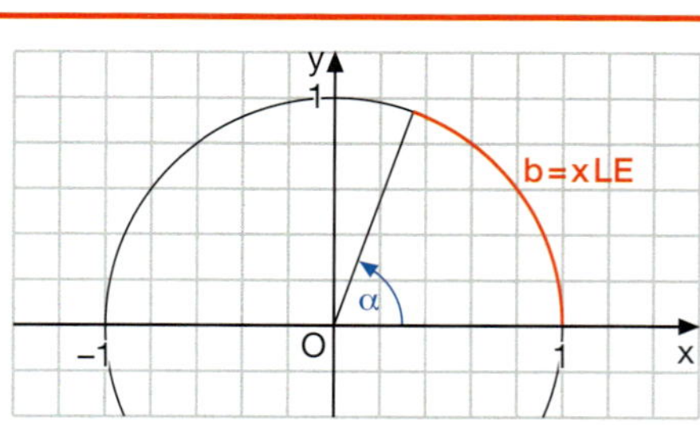

Übungen

3 Berechne das Bogenmaß.

a) α = 30° b) α = 45° c) α = 78° d) α = 90°
e) α = 150° f) α = 205° g) α = 300° h) α = 175°

L 0,52; 1,57; 3,58; 2,62; 5,24; 0,79; 3,05; 1,36

4 Berechne das Winkelmaß α zum Bogenmaß für $\alpha \in [0°;\ 360°]$.

$x = \frac{1}{6}\pi$

$\alpha \cdot \frac{\pi}{180°} = \frac{1}{6}\pi \quad |:\pi \quad |\cdot 180°$

$\alpha = 30°$

a) $x = 0{,}25\pi$ b) $x = 1{,}5$
c) $x = 0{,}6\pi$ d) $x = 0{,}8$
e) $x = 0{,}5\pi$ f) $x = 2{,}45$
g) $x = \frac{3}{4}\pi$ h) $x = 1{,}78$
i) $x = 1{,}25\pi$ k) $x = \frac{2}{3}\pi$

L 135°; 45°; 108°; 45,84°; 120°; 140,37°; 90°; 225°; 101,99°; 85,94°

5 Für besondere Winkelmaße gibt es besondere Werte für das Bogenmaß. Ergänze die Tabelle in deinem Heft.

Gradmaß	0°	30°	45°	60°	90°	120°	135°	150°	180°	270°	360°
Bogenmaß	0	$\frac{\pi}{6}$									2π

6 Ein Pendel, dessen halbe Schwingungsdauer (die Zeit für eine Bewegung von A nach B) eine Sekunde beträgt, heißt Sekundenpendel. Seine Pendellänge beträgt fast genau 1 m.
Der Weg, den der Pendelkörper von der Nulllage N bis zum Punkt A oder B zurücklegt, heißt Amplitude (größter Ausschlag) der Schwingung.
a) Berechne die Amplitude, wenn gilt: $\varphi = 15°$
b) Berechne φ für eine Amplitude von 20 cm.

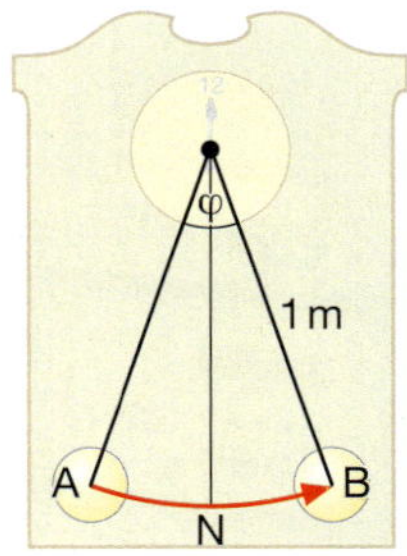

7

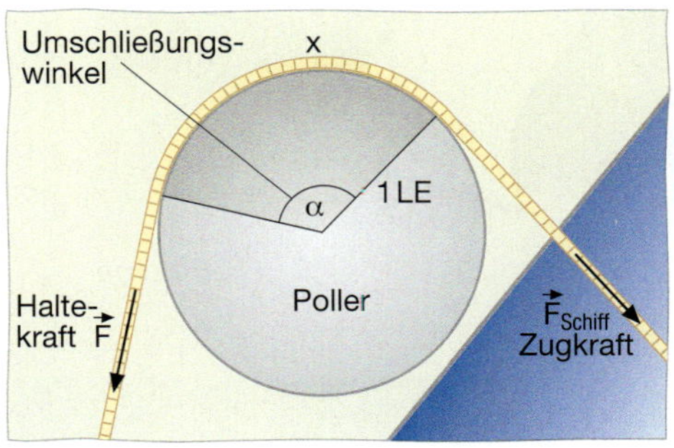

Wenn ein Schiff an einem Steg anlegt, wird das Schiff mit einem Seil an einem zylindrischen Poller befestigt. Dazu wird das Seil mehrfach in bestimmter Weise um den Poller gelegt. Für den Fall, dass das Seil nicht rutscht, besteht zwischen der Haltekraft F und der Zugkraft F_{Schiff} annähernd folgender Zusammenhang: $F_{Schiff} = F \cdot e^{\mu x}$ mit $e = 2{,}718$[1]
Die Gleichung zeigt, dass der Radius keine Rolle spielt; μ ist die Reibungszahl zwischen Poller und Seil. Durch den Umschließungswinkel mit dem Maß α wird das Bogenmaß x festgelegt.
Es gilt: $F = 250$ N; $\alpha = 150°$; $\mu = 0{,}25$
a) Mit welcher Kraft darf ein Schiff am Seil ziehen, ohne dass das Seil rutscht?
b) Das Seil wird zweimal (dreimal) um den Poller gelegt. Berechne nun die Kraft, mit der das Schiff gerade noch ziehen kann ohne dass das Seil durchrutscht.
c) Wie oft muss das Seil um den Poller gelegt werden, damit ein Schiff mit einer Zugkraft von 133,8 kN noch gehalten werden kann?

[1] Eulersche Zahl; die Gleichung wurde von Leonhard Euler 1765 hergeleitet

Wellenmaschine

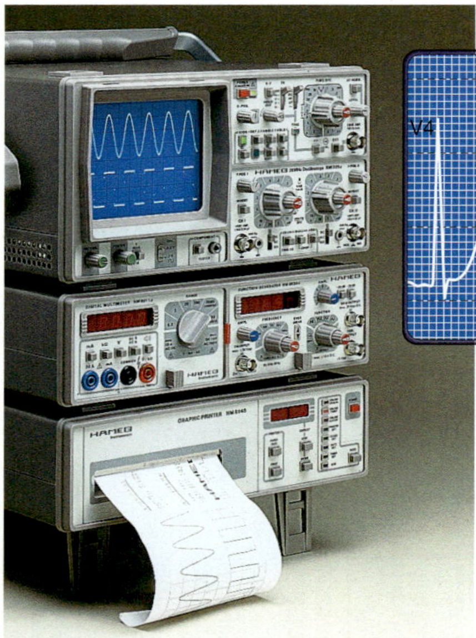

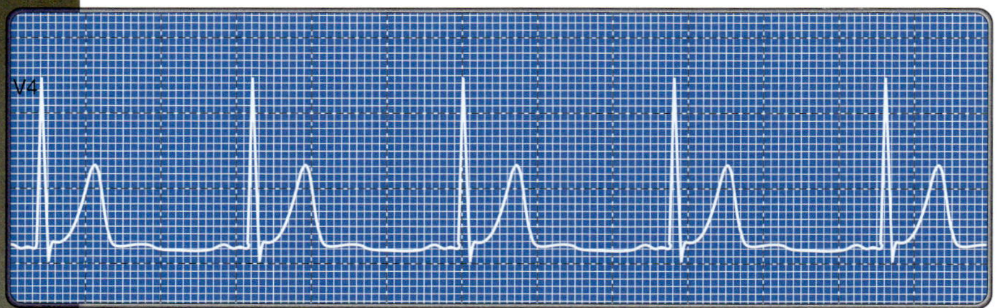

Elektrokardiogramm (EKG)

Oszilloskop

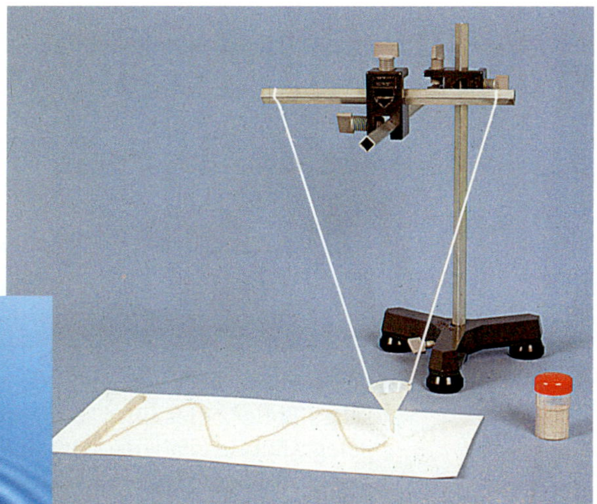

Schwingungen eines Fadenpendels

Wasserwellen

Sinusfunktion

1 a) Welche Zusammenhänge werden mit den Funktionsgraphen in den Bildern auf Seite 82 dargestellt?
b) Nenne besondere Eigenschaften dieser Funktionsgraphen.

2 Am Einheitskreis (r = 1 LE) lässt sich jedem Bogenmaß x die y-Koordinate des zugehörigen Punktes P zuordnen.

a) Zeichne mit einem Geometrieprogramm einen Einheitskreis mit O′ (−2 | 0) und r = 1 LE. Binde einen Punkt P an die Kreislinie. Bestimme mit dem Menü „Messen“ das Maß α des Winkels zwischen der positiven x-Achse und dem Schenkel [O′P.
Jedem Winkelmaß α kann ein Bogenmaß x zugeordnet werden. Für spezielle Winkelmaße wurde das zugehörige Bogenmaß auf der Seite 81 in Aufgabe 5 berechnet.

Koordinaten eingeben
x: $\frac{\alpha \cdot \pi}{180°}$
y: y(P)

b) Begründe, dass gilt: y(P) = sin x
c) Der Zusammenhang zwischen x und y = sin x soll im Koordinatensystem durch einen Graphen f dargestellt werden. In der Tabelle links werden unter dem Menü „Koordinaten eingeben“ die Koordinaten eines Punktes P′, der auf dem Graphen zu f wandern soll, festgelegt. Begründe, dass gilt: $x = \frac{\alpha \cdot \pi}{180°}$
d) Bewege mit dem Zugmodus den Punkt P auf dem Einheitskreis und lasse die Ortslinie des Punktes P′ aufzeichnen.
e) Welche Werte kann y = sin x annehmen?

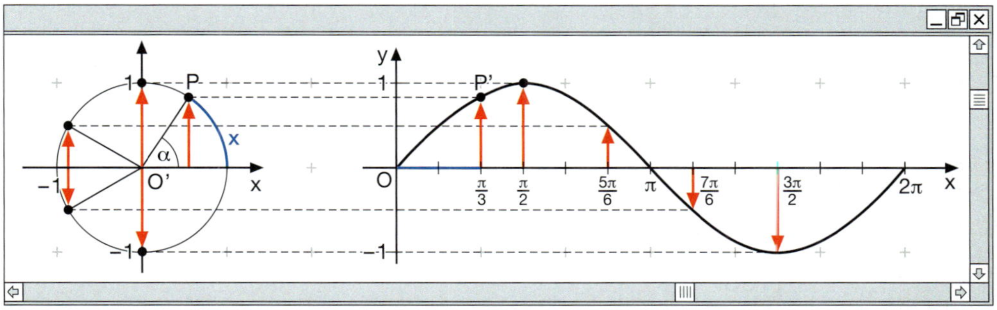

f) Gib unter dem Menü „Koordinaten eingeben“ für die x-Koordinate des Punktes P″ $\frac{\alpha \cdot \pi}{180} + 2\pi$ und für die y-Koordinate y(P) ein.
Welchen Vorgang beschreibt das Bogenmaß $\frac{\alpha \cdot \pi}{180} + 2\pi$?
Lasse die Ortslinie für den Punkt P″ aufzeichnen. Was stellst du fest?
g) Führe die Aufgabe f) für einen Punkt P‴ durch, dessen x-Koordinate $\frac{\alpha \cdot \pi}{180} - 2\pi$ beträgt.

Sinusfunktion

Jedem Bogenmaß x lässt sich eindeutig die y-Koordinate des zugehörigen Bildpunktes P auf dem Einheitskreis zuordnen.
Diese Zuordnung heißt **Sinusfunktion f.**

f: y = sin x

Definitionsmenge: $\mathbb{D} = \mathbb{R}$
Wertemenge: $\mathbb{W} = [-1;\ 1]$

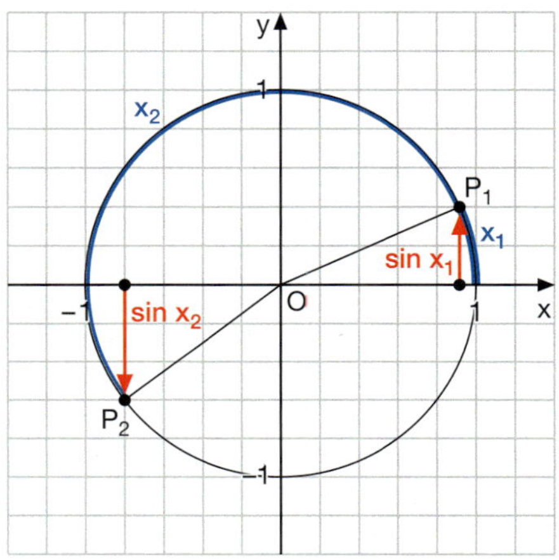

Kosinus-funktion

Koordinaten eingeben
x: $\frac{\alpha \cdot \pi}{180°}$
y: x(P) + 2

3 Am Einheitskreis (r = 1 LE) lässt sich jedem Bogenmaß x die x-Koordinate des zugehörigen Punktes P zuordnen.

a) Zeichne mit einem Geometrieprogramm den Einheitskreis aus Aufgabe 2 a) Seite 83 mit einem Punkt P ∈ k. Begründe, dass gilt: x(P) = cos x

b) Der Zusammenhang zwischen x und x(P) = cos x soll im Koordinatensystem durch einen Graphen f dargestellt werden. Lege wie in Aufgabe 2 c) Seite 83 einen Punkt P′ durch seine Koordinaten fest. Begründe, warum als y-Koordinate x(P) + 2 eingegeben werden muss.

c) Lasse die Ortslinie des Punktes P′ wie in 2 d) Seite 83 aufzeichnen.

d) Welche Werte kann y = cos x annehmen?

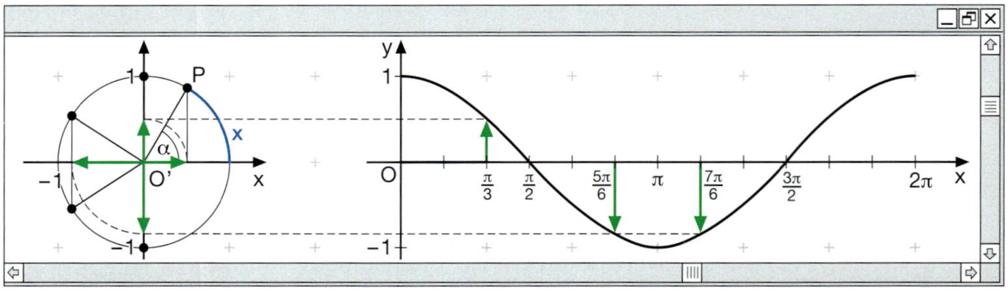

e) Führe die Aufgabe 2 f) und g) von der vorigen Seite für y = cos x durch.

Kosinus-funktion

Jedem Bogenmaß x lässt sich eindeutig die x-Koordinate des zugehörigen Bildpunktes P auf dem Einheitskreis zuordnen.
Diese Zuordnung heißt **Kosinusfunktion f.**

f: y = cos x

Definitionsmenge: $\mathbb{D} = \mathbb{R}$
Wertemenge: $\mathbb{W} = [-1;\ 1]$

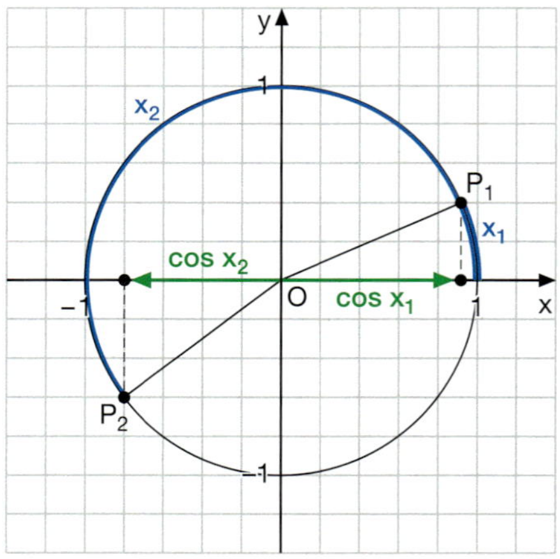

4 Für Berechnungen im Bogenmaß muss am Taschenrechner der Modus von **deg** auf **rad**[1] geändert werden.

a) Berechne die folgenden Funktionswerte:

I $y = \sin \frac{\pi}{8}$ II $y = \cos\left(-\frac{\pi}{5}\right)$ III $y = \cos(-1{,}8)$ IV $y = \sin 5$

b)

$$x = \frac{\pi}{8}$$

aus $x = \varphi \cdot \frac{\pi}{180°}$ folgt $\varphi = \frac{x \cdot 180°}{\pi}$

$$x = \frac{\pi}{8} \qquad \varphi = \frac{\frac{\pi}{8} \cdot 180°}{\pi};\ \varphi = 22{,}5°$$

So kann man das Winkelmaß zu einem gegebenen Bogenmaß berechnen.
Berechne die Winkelmaße in a) und überprüfe die errechneten Funktionswerte.

[1] radian measure engl. Bogenmaß

Tangensfunktion

5 Mit einem Geometrieprogramm kann auch der Zusammenhang zwischen dem Bogenmaß x und y = tan x dargestellt werden. Dazu wird die Steigung m der Geraden O′P mit dem Punkt P auf dem Einheitskreis bestimmt.

a) Begründe, dass in der Zeichnung gilt: m = y(R) und somit m = tan x
b) Für welche Werte von x ist y = tan x nicht definiert? Begründe.
c) Erstelle eine entsprechende Zeichnung mit einem Geometrieprogramm und überprüfe den Verlauf der Tangensfunktion für x + 2π und x − 2π.
d) Berechne folgende Tangenswerte:

I $y = \tan\frac{3\pi}{4}$ II $y = \tan(-2{,}5)$ III $y = \tan\frac{2}{3}\pi$ IV $y = \tan\left(-\frac{\pi}{4}\right)$

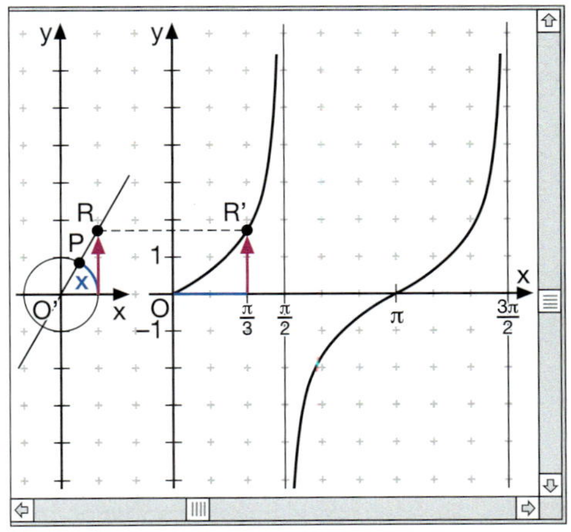

Tangensfunktion

Am Einheitskreis lässt sich jedem Bogenmaß x eindeutig eine Steigung m zuordnen.
Diese Zuordnung heißt **Tangensfunktion f.**

f: y = m
y = tan x

Definitionsmenge:
$\mathbb{D} = \mathbb{R}\setminus\{\ldots -\frac{\pi}{2};\ \frac{\pi}{2};\ \frac{3\pi}{2};\ \frac{5\pi}{2}\ \ldots\}$

Wertemenge: $\mathbb{W} = \mathbb{R}$

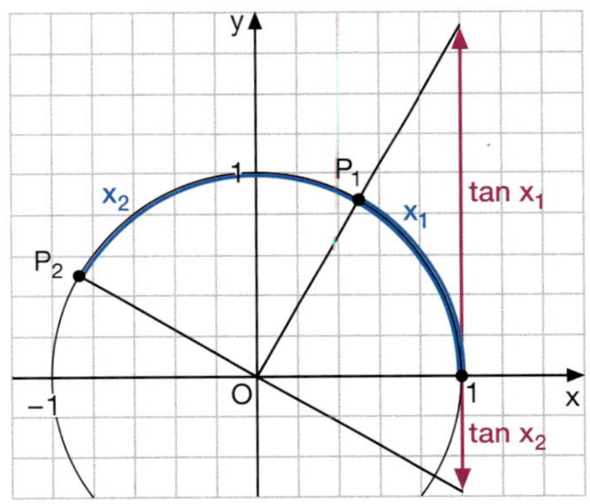

Übungen

6 Berechne folgende Termwerte. Was stellst du fest?

a) $\sin\frac{\pi}{6}$; $\sin\frac{13\pi}{6}$; $\sin\frac{25\pi}{6}$
b) $\cos\frac{2\pi}{3}$; $\cos\frac{8\pi}{3}$; $\cos\frac{14\pi}{3}$
c) $\tan\frac{\pi}{4}$; $\tan\frac{5\pi}{4}$; $\tan\frac{9\pi}{4}$
d) $\sin\frac{\pi}{3}$; $\sin\left(-\frac{5\pi}{3}\right)$; $\sin\frac{7\pi}{3}$

7 Formuliere die in Aufgabe 6 gefundenen Zusammenhänge für die Funktionen y = sin x, y = cos x und y = tan x allgemein. Ersetze dazu in deinem Heft die Platzhalter.

I sin x = sin (x + ▲ ■) II cos x = cos (x + ▲ ■) III tan x = tan (x + ▲ ■)

8 Finde mindestens drei weitere Terme, die den gleichen Wert wie die folgenden Terme haben.

a) $\sin\frac{\pi}{4}$ b) $\tan\frac{5\pi}{6}$ c) $\cos\frac{7\pi}{6}$ d) $\tan\frac{5\pi}{3}$

9 Die Punkte $A_n(x|-1)$, $B_n(x+4|\tan x)$ und $C_n(x|\tan x)$ bilden für $x \in [0;\ \frac{\pi}{2}[$ die Dreiecke $A_nB_nC_n$.

a) Zeichne ein Dreieck $A_1B_1C_1$ für $x = \frac{2\pi}{7}$ in ein Koordinatensystem ein.
b) Der Flächeninhalt des Dreiecks $A_2B_2C_2$ beträgt 4,2 FE. Berechne x.
c) Das Maß α im Dreieck $A_3B_3C_3$ beträgt 45°. Berechne die Koordinaten der Eckpunkte des Dreiecks.

1 In den Abbildungen sind die Graphen der Sinusfunktion, der Kosinusfunktion und der Tangensfunktion für $x \in [-\pi;\ 3\pi]$ dargestellt. Alle drei Funktionen sind periodische Funktionen, denn die Sinus-, Kosinus- und Tangenswerte treten regelmäßig auf, sie wiederholen sich nach einem bestimmten Bogenmaß.

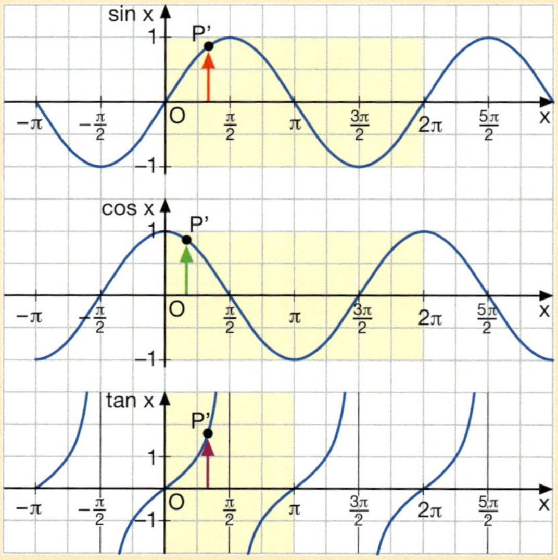

a) Gib die Periode der Sinusfunktion, der Kosinusfunktion und der Tangensfunktion an.

b) Begründe mit Hilfe der Abbildungen, dass gilt: $\sin(-x) = -\sin x$
Welche Symmetrieeigenschaft liegt vor?

c) Untersuche die Graphen der Kosinusfunktion und der Tangensfunktion auf Symmetrieeigenschaften.
Ersetze in deinem Heft die Platzhalter:
$\cos(\square\, x) = \square$; $\tan(\square\, x) = \square \tan x$

Eigenschaften der Sinus- und Kosinusfunktion

Die Sinus- und Kosinusfunktion sind periodische Funktionen mit der Periode 2π.
Für $\mathbb{D} = \mathbb{R}$ und $z \in \mathbb{Z}$ gilt: $\mathbf{\sin(x + z \cdot 2\pi) = \sin x}$
$\mathbf{\cos(x + z \cdot 2\pi) = \cos x}$

Der Graph der Sinusfunktion ist punktsymmetrisch zum Ursprung.
Für $x \in \mathbb{D}$ gilt: $\mathbf{\sin(-x) = -\sin x}$

Der Graph der Kosinusfunktion ist symmetrisch zur y-Achse.
Für $x \in \mathbb{D}$ gilt: $\mathbf{\cos(-x) = \cos x}$

Eigenschaften der Tangensfunktion

Die Tangensfunktion ist eine periodische Funktion mit der Periode π.
Für $\mathbb{D} = \mathbb{R} \setminus \{z \cdot \frac{\pi}{2}\}$ und $z \in \mathbb{Z}$ gilt: $\mathbf{\tan(x + z \cdot \pi) = \tan x}$

Der Graph der Tangensfunktion ist punktsymmetrisch zum Ursprung.
Für $x \in \mathbb{D}$ gilt: $\mathbf{\tan(-x) = -\tan x}$

2 Forme die Funktionswerte um wie im Beispiel.

$\sin \frac{25\pi}{6} = \sin\left(\frac{\pi}{6} + 2 \cdot 2\pi\right) = \sin \frac{\pi}{6}$

a) $\cos \frac{19\pi}{3}$ b) $\tan \frac{21\pi}{4}$
c) $\sin\left(-\frac{16}{3}\pi\right)$ d) $\tan\left(-\frac{5}{3}\pi\right)$

3 Der Reflektor eines Fahrrades ist 1 dm von der Radnabe, dem Drehpunkt D, entfernt angebracht. Legt man den Drehpunkt D in ein Koordinatensystem, kann der Abstand d des Punktes P von der x-Achse in Abhängigkeit von seinem zurückgelegten Weg x als Funktion dargestellt werden.

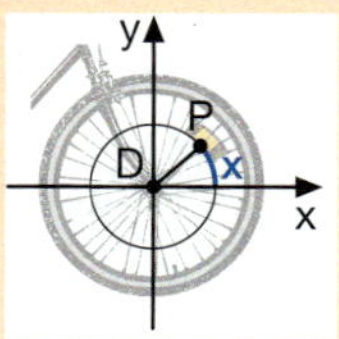

a) Erstelle eine Wertetabelle für $x \in [0;\ 7[$ mit $\Delta x = 0{,}5$ und zeichne den Graphen.
Es gilt: 1 dm ≙ 2 cm

b) Berechne die Längen der Wege, die der Punkt P zurückgelegt hat, wenn er 4 cm Abstand von der x-Achse hat. Überprüfe das Ergebnis am Graphen.

c) Beschreibe die Bewegung des Reflektors bezüglich des Rades und der Umgebung.

1 In der Abbildung siehst du einen mit Sand gefüllten Trichter, der an zwei Fäden aufgehängt ist. Wird der Trichter angestoßen, schwingt er wie ein Pendel hin und her. Zieht man während des Schwingvorgangs einen Papierstreifen mit konstanter Geschwindigkeit unter dem Trichter her, beschreibt der auslaufende Sand eine Sinuskurve wie in nebenstehender Zeichnung.

a) Der maximale Pendelausschlag wird die **Amplitude** der Schwingung genannt. Bestimme anhand des Graphen die Amplitude.

b) Die **Schwingungsdauer** ist die Zeit für eine Schwingung. Bestimme anhand des Graphen die Schwingungsdauer.

c) Die **Frequenz** gibt die Anzahl der Schwingungen pro Sekunde an. Ihre Einheit ist Hz (Hertz). Bestimme mit Hilfe des Ergebnisses aus b) die Frequenz der Schwingung.

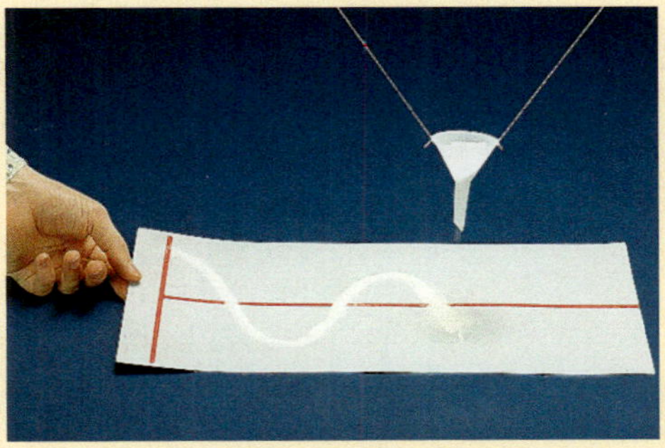

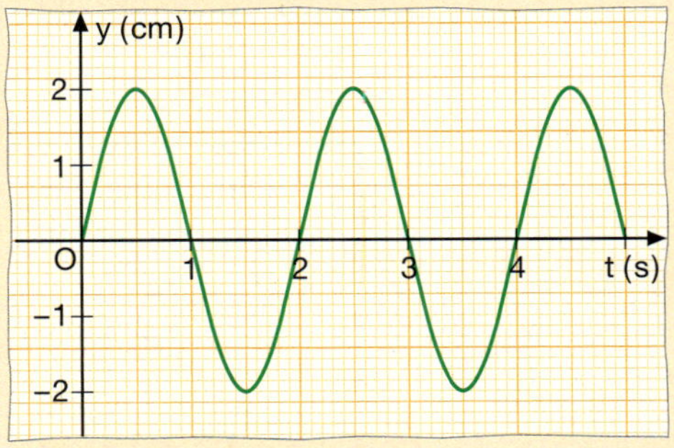

2 Wird bei einem Oszilloskop eine Spannungsquelle an die Vertikalablenkung (y-Richtung) der Braunschen Röhre angeschlossen, ist die Ablenkung des Elektronenstrahls auf dem Leuchtschirm proportional zur angelegten Spannung.
Durch eine zusätzliche Horizontalablenkung des Elektronenstrahls (in x-Richtung) entsteht ein Oszilloskopbild, das den zeitlichen Verlauf der Wechselspannung wiedergibt.
Bestimme die Schwingungsdauer und die Frequenz der Wechselspannungsquelle.

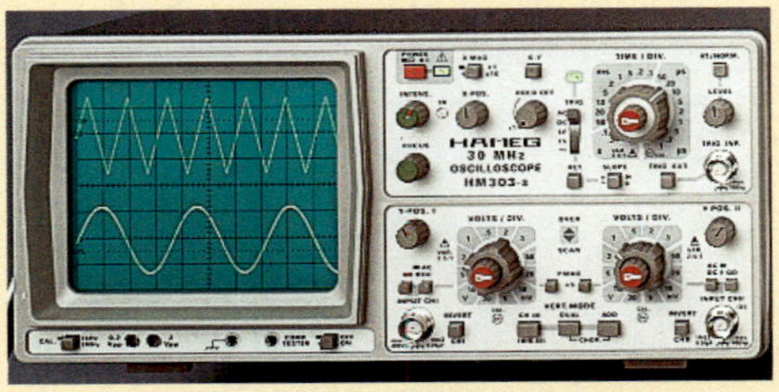

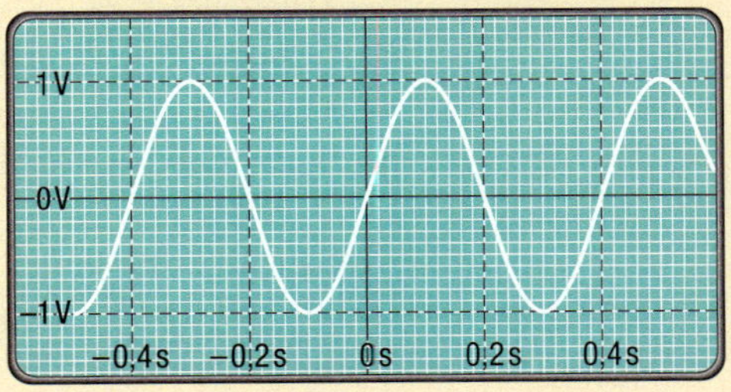

3 Mit einem Oszilloskop lässt sich die Herzspannungskurve darstellen. Das Bild wird Elektrokardiogramm (EKG) genannt.

a) Begründe, dass der dargestellte Spannungsverlauf periodisch ist.

b) Bestimme anhand des abgebildeten Papierausdrucks die Herzfrequenz (= Anzahl der Spannungsmaxima pro Minute). 25 mm in x-Richtung entsprechen 1 s.

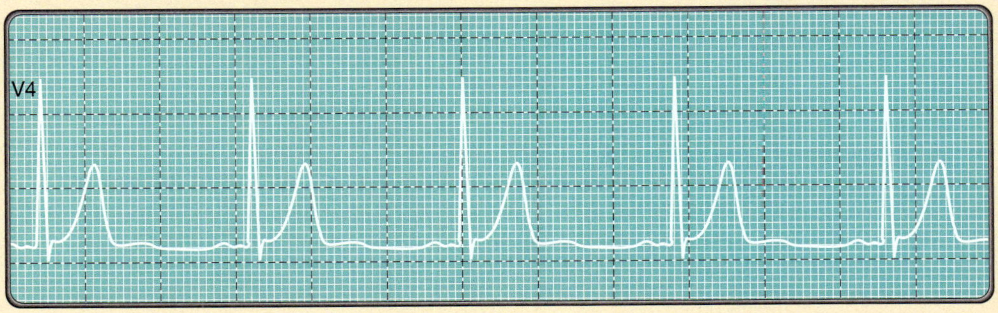

1 Führe die Berechnungen mit Hilfe der Tabelle auf S. 73, 1e) ohne Taschenrechner durch.

a) Begründe, dass im gleichseitigen Dreieck gilt: $h = \frac{a}{2}\sqrt{3}$

b) Im gleichschenkligen Dreieck ABC beträgt die Länge der Basis [AB] 12 cm. Die Höhe h_c ist $2\sqrt{3}$ cm lang. Berechne die Innenwinkelmaße des Dreiecks ABC.

c) Die Basis [AB] im gleichschenkligen Dreieck ABC ist 10 cm lang, der Flächeninhalt beträgt: $A = 25\sqrt{3}\ \text{cm}^2$. Zeige: Das Dreieck ist gleichseitig.

d) Im rechtwinkligen Dreieck ABC mit $\alpha = 90°$ ist die Hypotenuse doppelt so lang wie die Kathete [AC]. Berechne das Maß des Winkels β und zeige dann, dass die Kathete [AB] das $\sqrt{3}$fache der Länge von [AC] beträgt.

2 Gegeben ist das Drachenviereck ABCD mit der Symmetrieachse AC.
Es gilt: $\overline{BD} = f = 5{,}8$ cm; $\alpha = 70°$; $\gamma = 42°$
So kann man fehlende Größen berechnen.

Zeichne eine Planfigur und markiere gegebene Größen farbig.

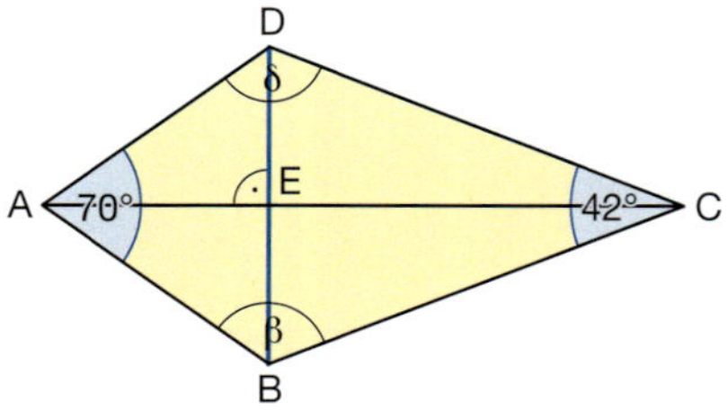

Suche ein geeignetes rechtwinkliges Teildreieck, z. B. das Teildreieck AED.

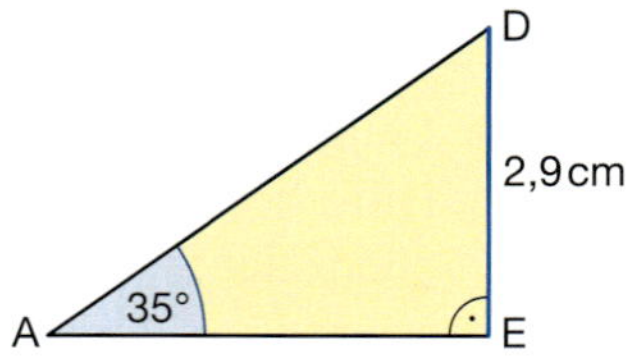

Berechne:

$\sin 35° = \frac{2{,}9\ \text{cm}}{a}$

$a = \frac{2{,}9\ \text{cm}}{\sin 35°}$; $a = 5{,}06$ cm

$\tan 35° = \frac{2{,}9\ \text{cm}}{\overline{AE}}$; $\overline{AE} = 4{,}14$ cm

a) Berechne im Teildreieck ECD die Länge $\overline{EC}$.

b) Berechne die Länge $\overline{DC} = b$ und den Umfang des Drachens.

c) Berechne den Flächeninhalt des Drachens.

3 Konstruiere die geometrische Figur. Berechne die fehlenden Winkelmaße, den Flächeninhalt und den Umfang der gegebenen Figur:

a) Gleichschenkliges Dreieck ABC mit der Basislänge $\overline{AB} = 6{,}2$ cm, $\alpha = 35°$

b) Gleichschenkliges Trapez ABCD mit a = 5,7 cm, h = 3,8 cm, $\alpha = 63°$; [AB] ∥ [DC]

c) Drachenviereck ABCD mit $\overline{AC} = 7$ cm, $\alpha = 40°$, a = 2,5 cm, AC ist Symmetrieachse

L (nur Maßzahlen und Winkelmaße)
117°; 110°; 149,52°; 20,96°; 5,99; 14,29; 13,77; 14,46; 6,73; 16,04

4 Die Strecke [AB] ist die Basis eines gleichschenkligen Dreiecks ABC mit $\gamma = 67{,}38°$.
Es gilt: A(−3|−2); B(5|−2)

a) Zeichne das Dreieck ABC. Zeige, dass für den Punkt C gilt: C(1|4)

b) Berechne die Flächeninhalte des Um- und Inkreises des Dreiecks ABC.

c) Berechne die Koordinaten des In- und Umkreismittelpunktes.

d) Das Dreieck ABC wird durch orthogonale Affinität auf das Dreieck A′B′C′ abgebildet. Berechne die Koordinaten der Eckpunkte und die Innenwinkelmaße des Dreiecks A′B′C′, wenn gilt: C′ (1|−1).

5 Das Dreieck ABC_0 mit der Kathetenlänge $\overline{AC_0} = 6$ cm gehört zu einer Schar rechtwinkliger Dreiecke ABC_n mit der Hypotenusenlänge 10 cm. Die Katheten $[AC_n]$ und $[BC_0]$ schneiden sich im Punkt D_n.

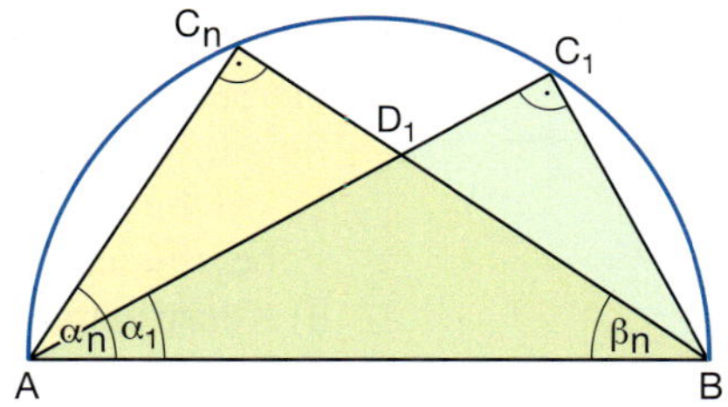

a) Berechne im Dreieck ABC_0 die Innenwinkelmaße und die Kathetenlänge $\overline{BC_0}$.

b) Das Dreieck ABC_1 hat den gleichen Flächeninhalt wie das Dreieck ABC_0.
Berechne die Entfernung des Punktes D_1 vom Eckpunkt B.

c) Die Kathete $[AC_2]$ des Dreiecks ABC_2 teilt die Strecke $[BC_0]$ im Verhältnis $\overline{C_0D_2} : \overline{D_2B} = 1 : 4$. Berechne das Maß α_2 des Winkels BAC_2 sowie die Kathetenlängen des Dreiecks ABC_2.

W ▲9, 18

6 Gegeben ist das rechtwinklige Dreieck ABC mit der Hypotenuse $\overline{AB} = 6$ cm und der Kathetenlänge $\overline{BC} = 4{,}8$ cm. Der Fußpunkt D der Höhe h_c ist Mittelpunkt eines Halbkreises, der die Kathete [AC] im Punkt E berührt und die Hypotenuse [AB] im Punkt F, $F \in [DB]$ schneidet.

a) Zeichne das Dreieck und den Halbkreis. Berechne den Radius r des Halbkreises.

b) Berechne den Umfang und den Inhalt der Fläche, die von dem Kreisbogen $\overset{\frown}{FE}$ und den Strecken [EC], [BC] und [FB] begrenzt wird.

7 Gegeben ist eine Schar von Dreiecken AB_nC. Der Punkt D ist der Fußpunkt der Höhe h_a.
Es gilt: $A(-2|-3)$; $D(1|2)$; $C(-2|y_C)$

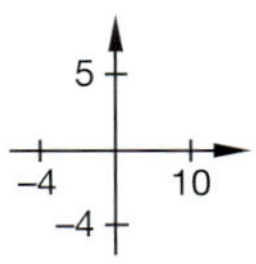

a) Zeichne das Teildreieck ADC in ein Koordinatensystem ein und berechne y_C.
Runde bei allen Berechnungen auf eine Stelle hinter dem Komma. [Ergebnis: $y_C = 3{,}8$]

b) Das Dreieck AB_1C ist gleichschenklig mit der Basis $[B_1C]$. Zeichne das Dreieck in das Koordinatensystem zu a) ein und berechne die Seitenlängen und Innenwinkelmaße.

c) Das Dreieck AB_2C ist rechtwinklig mit der Hypotenuse $[B_2C]$. Ergänze das Dreieck in der Zeichnung. Berechne die Länge der Hypotenuse und der Kathete $[AB_2]$.

d) Im Dreieck AB_3C hat die Seite $[B_3C]$ die Länge 9 LE. Ergänze auch dieses Dreieck in der Zeichnung zu a) und berechne die Länge $\overline{AB_3}$ und die fehlenden Innenwinkelmaße.

e) Berechne die Gleichung der Winkelhalbierenden w_γ.

8 Zeichne einen Kreis k (M; r) mit der Kreissehne [AB].
Es gilt: r = 2,5 cm; $\overline{AB} = 4{,}5$ cm

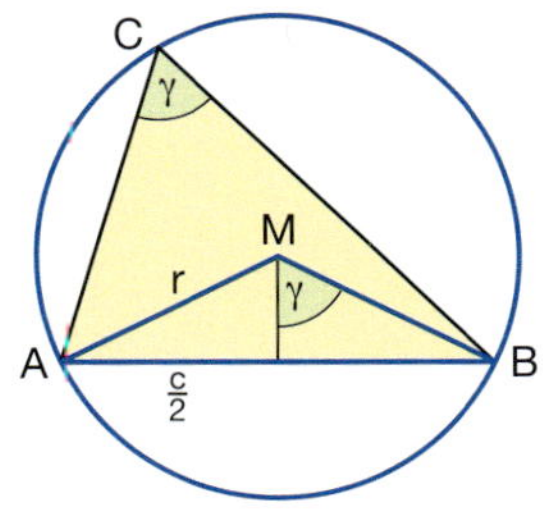

a) Zeige, dass gilt: $c = 2r \sin \gamma$

b) Ergänze einen Punkt $C \in k$ und begründe:
Der Winkel ACB hat das Maß γ.

c) Berechne das Maß γ im Dreieck ABC.

d) Zeichne ein reguläres Fünfeck mit 4 cm Seitenlänge und berechne den Flächeninhalt.

Der griechische Astronom HIPPARCH benutzte als Erster die Sehnen eines Kreises zur Bestimmung des Mittelpunktswinkels und erstellte eine Sehnentafel für astronomische Berechnungen. Basierend auf den Erkenntnissen von HIPPARCH führten die Inder BRAHMAPUTRA und BHASKARA die halben Sehnen als Funktion des halben Mittelpunktswinkels ein und entwickelten so die Trigonometrie des Sinus.
Die Bezeichnung *sinus* beruht auf einem sprachlichen Irrtum. Das indische Wort *jya* für Sehne heißt im Arabischen *jib.* Dieses Wort wurde allerdings falsch als *jaib* (Busen = sinus) gelesen, weil man im Arabischen kurze Vokale beim Schreiben gern auslässt.

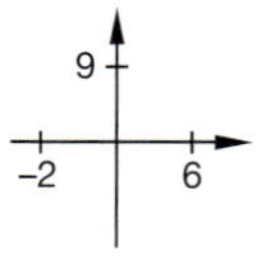

9 Die Gerade AC mit der Gleichung $y = 0{,}75x + 2{,}5$ ist die Symmetrieachse von Drachenvierecken AB_nCD_n.
Es gilt: $A(-2|y_A)$; $C(6|y_C)$; $B_n(x|1)$; die Punkte E_n sind Diagonalenschnittpunkte.

a) Zeichne ein Drachenviereck AB_1CD_1 für $x = 2$ in ein Koordinatensystem ein und begründe. Für alle Drachenvierecke gilt: $\alpha = 73{,}74°$
b) Konstruiere unter den Drachenvierecken die Raute AB_2CD_2 und berechne ihren Umfang.
c) Im Drachenviereck AB_3CD_3 teilt der Diagonalenschnittpunkt E_3 die Diagonale [AC] im Verhältnis 2 : 1. Zeichne das Drachenviereck. Berechne die Maße der Innenwinkel, den Flächeninhalt und den Umfang.
d) Zeige, dass für die Drachenvierecke AB_nCD_n in Abhängigkeit von der Abszisse x der Punkte B_n gilt: $\overline{AE_n} = (0{,}8x + 1{,}6)$ LE und $\overline{E_nB_n} = (0{,}6x + 1{,}2)$ LE
e) Gib den Flächeninhalt der Drachenvierecke AB_nCD_n in Abhängigkeit von x an.

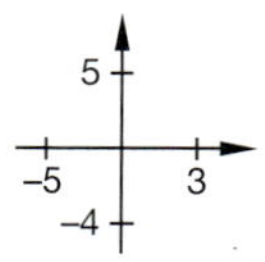

10 Das Dreieck ABC ist gleichschenklig mit der Basis [BC].
Es gilt: $A(-3|-2)$; $B(2|-1)$; $\overline{BC} = 6$ LE

a) Zeichne das Dreieck ABC und berechne dessen Innenwinkelmaße.
[Teilergebnis: $\alpha = 72{,}06°$]
b) Berechne den Flächeninhalt des Dreiecks ABC.
c) Der Punkt M ist der Mittelpunkt des Umkreises k des Dreiecks ABC. Zeichne M und k ein.
d) Zeige durch Rechnung, dass für die Mittelsenkrechte $m_{[AB]}$ gilt: $y = -5x - 4$
e) Zeichne die Gerade g = AM und zeige durch Rechnung, dass sie folgende Gleichung besitzt: $y = 1{,}09x + 1{,}27$
f) Berechne die Koordinaten des Umkreismittelpunktes M. [Ergebnis: $M(-0{,}87|0{,}35)$]
g) Berechne den prozentualen Anteil des Flächeninhalts des Dreiecks ABC am Flächeninhalt des Kreises.

W 9

11 Von einem Punkt P_n aus werden an einen Kreis k (M; r = 3 cm) Tangenten gelegt, die den Kreis in den Punkten A_n und B_n berühren. Die Sehne $[A_nB_n]$ zwischen den Berührpunkten hat die Länge s_n. Es gilt: $\sphericalangle P_nMB_n = \mu$ (siehe Abbildung unten)

a) Konstruiere die Tangenten für $s_1 = 5{,}5$ cm. Nenne die Berührpunkte A_1 und B_1.
b) Berechne die Länge der Tangentenabschnitte t_1 bzw. t_1'.
c) Der Punkt P_n rückt näher an den Mittelpunkt M des Kreises heran. Dadurch ändern sich das Maß des Winkels μ, die Länge s_n der Sehne $[A_nB_n]$ und die Länge der Tangentenabschnitte t_n und t_n'. Konstruiere die Tangenten t_2 und t_2' für $\overline{P_2M} = 4$ cm.
d) Zeige, dass gilt: $t_n(\mu) = \frac{s_n}{2 \cdot \cos \mu}$
e) Berechne die Längen von t_2 bzw. t_2' und s_2 aus c).

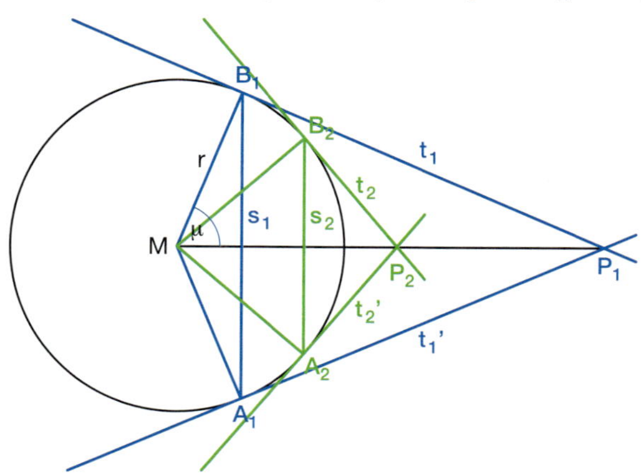

1 Ein Quader hat folgende Maße:
a = 8 cm; b = 4,5 cm; c = 5 cm

a) Berechne das Maß ε des Winkels zwischen der Raumdiagonalen e und der Flächendiagonalen d des Quaders.
b) Berechne das Maß α des Winkels BHC.
c) Berechne die Maße der Winkel, die die Raumdiagonale mit den Flächendiagonalen der Seitenflächen einschließt.

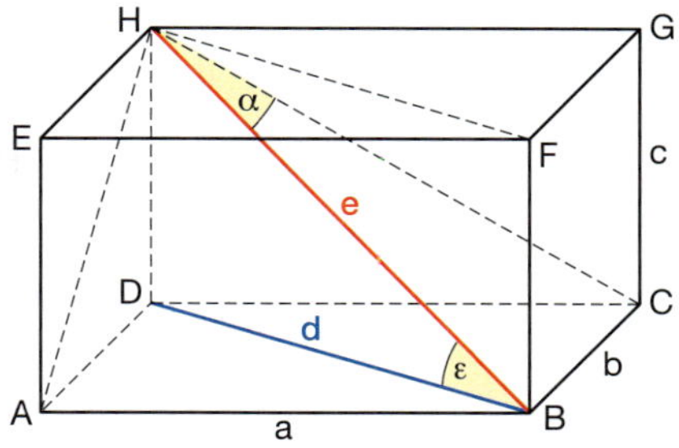

2 Ein Würfel ABCDEFGH hat eine Kantenlänge von 6 cm.

a) Zeichne ein Raumbild des Würfels und berechne das Maß des Winkels CBH.
b) Zeige, dass für das Maß ε des Winkels HBD zwischen der Flächendiagonalen d und der Raumdiagonalen e eines Würfels stets gilt:
$\tan \varepsilon = \frac{1}{2}\sqrt{2}$; $\sin \varepsilon = \frac{1}{3}\sqrt{3}$; $\cos \varepsilon = \frac{1}{3}\sqrt{6}$
c) Markiere auf [BF] den Punkt K mit $\overline{FK} = 2$ cm. Fälle von K aus das Lot auf [BH] und berechne die Länge des Lotes [LK].

W 18

3 So kann man das Maß eines Neigungwinkels bei Pyramiden berechnen.

Der Neigungswinkel zwischen der Seitenfläche BCS und der Grundfläche hat das Maß α.
Im Dreieck MES gilt:

$\tan \alpha = \frac{\overline{MS}}{\overline{ME}}$ mit $\overline{ME} = 0{,}5 \cdot \overline{AB}$

$\tan \alpha = \frac{6}{2{,}5}$; $\alpha = 67{,}4°$

Der Neigungswinkel zwischen der Seitenkante [DS] und der Grundfläche hat das Maß δ.
Im Dreieck DMS gilt:

$\tan \delta = \frac{\overline{SM}}{\overline{DM}}$ mit $\overline{DM} = 0{,}5 \cdot \overline{BD}$; $\tan \delta = \frac{6}{\frac{1}{2}\sqrt{34}}$; $\delta = 64{,}1°$

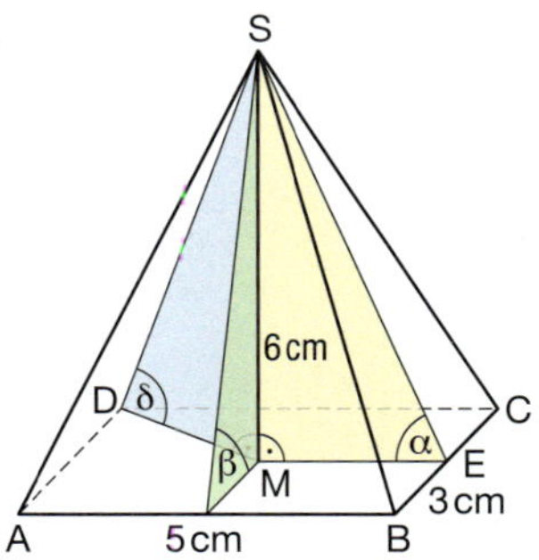

a) Berechne das Maß des Neigungswinkels zwischen der Seitenfläche ABS und der Grundfläche.
b) Berechne die Maße α, β und δ in der Pyramide ABCDS für $\overline{AB} = 8$ cm; $\overline{BC} = 5$ cm und $\overline{MS} = 7$ cm.

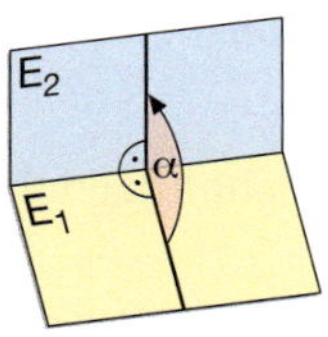

4 Die Pyramide ABCDS hat eine quadratische Grundfläche. Die Spitze S liegt senkrecht über dem Schnittpunkt M der Diagonalen der Grundfläche.
Es gilt: $\overline{AB} = \overline{BC} = 4$ cm; $\overline{MS} = 6$ cm

a) Zeichne das Schrägbild (q = 0,5; ω = 45°; AC liegt auf der Schrägbildachse).
b) Zeichne den Winkel MBS in wahrer Größe. Miss das Maß des Winkels und bestätige es durch Rechnung.
c) Berechne das Maß des Winkels zwischen den Seitenflächen und der Grundfläche.
d) Berechne das Volumen und den Inhalt der Oberfläche.

Du hast zwei Sanduhren. Die erste Sanduhr ist nach 13 Minuten abgelaufen, bei der zweiten dauert es 7 Minuten. Wie kannst du ohne weitere Hilfsmittel mit den Uhren genau eine Viertelstunde abmessen?

5 Die Raute ABCD ist die Grundfläche einer Pyramide ABCDS. Die Spitze S befindet sich senkrecht über dem Schnittpunkt M der Diagonalen der Grundfläche.
Es gilt: $\overline{AC} = 9{,}6$ cm; $\overline{BD} = 7{,}2$ cm; $\overline{MS} = 8$ cm

a) Zeichne die Grundfläche ABCD. Berechne die Innenwinkelmaße und Seitenlängen.

b) Das Lot vom Punkt M auf die Strecke [AB] schneidet diese im Punkt E. Zeige, dass gilt: $\overline{ME} = 2{,}88$ cm

c) Berechne die Längen $\overline{AE}$ und $\overline{BE}$.

d) Zeichne das Schrägbild der Pyramide ABCDS; Schrägbildachse AC; $q = \frac{2}{3}$; $\omega = 60°$.

e) Berechne die Maße α und β der Neigungswinkel der Seitenkanten gegen die Grundfläche.

f) Berechne das Maß ε des Neigungswinkels der Seitenfläche ABS gegen die Grundfläche.

g) Welches Maß hat der Winkel BSD?

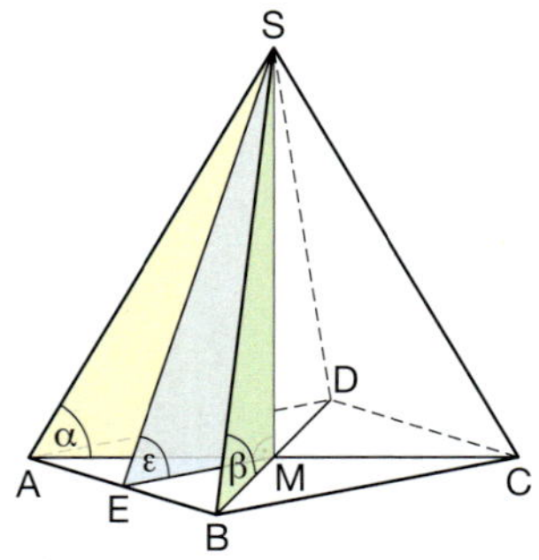

6 Die Pyramide ABCS hat als Grundfläche das gleichschenklige Dreieck ABC. M ist der Mittelpunkt der Basis [BC]. Es gilt: $\overline{BC} = 10$ cm; $\overline{AM} = 6$ cm; $h = \overline{MS} = 7$ cm

a) Zeichne ein Schrägbild der Pyramide ABCS mit $\omega = 45°$, $q = 0{,}5$ und [AM] auf der Schrägbildachse.

b) Berechne das Maß α des Neigungswinkels MAS der Seitenkante [AS] zur Grundfläche.

c) Parallelen zu [BC] im Abstand x cm von der Grundfläche schneiden die Seitenkanten [BS] in den Punkten P_n und [CS] in den Punkten Q_n, die Höhe [MS] in den Punkten R_n. Zeichne eine Parallele mit den Punkten P_1, R_1 und Q_1 für $x = 2$ ein. Berechne die Innenwinkelmaße des Dreiecks P_1MQ_1.

d) Berechne den Abstand $d_1 = \overline{R_1T_1}$ des Punktes R_1 von der Seitenkante [AS].

e) Berechne den Wert für x, für den die Dreiecke P_2MQ_2 und $P_2Q_2T_2$ den gleichen Flächeninhalt haben.

7 Einem Halbkreis mit dem Mittelpunkt M und dem Radius 5 cm werden Drachenvierecke ME_nFG_n einbeschrieben. Die Symmetrieachse der Drachenvierecke ist MF, der Winkel E_nMG_n hat das Maß φ. Es gilt: $\varphi \in \,]0°;\ 180°]$

a) Berechne das Maß φ_1, für das das einbeschriebene Drachenviereck ME_1FG_1 eine Raute ist.

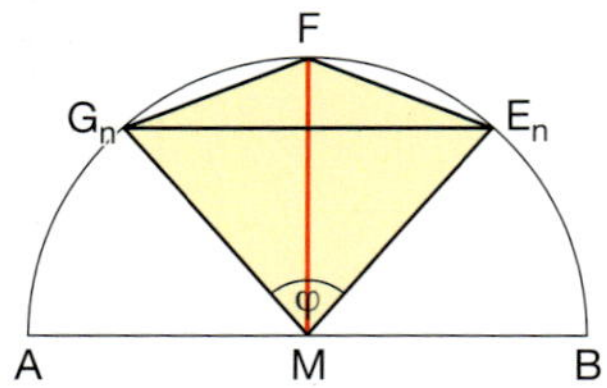

b) Der Halbkreis und die Drachenvierecke rotieren um die Symmetrieachse MF. Die Drachenvierecke ME_nFG_n sind dann Axialschnitte von Doppelkegeln, die einer Halbkugel einbeschrieben sind. Zeichne den Axialschnitt der Halbkugel und eines einbeschriebenen Doppelkegels ME_nFG_n.

c) Stelle das Volumen der einbeschriebenen Doppelkegel in Abhängigkeit von φ dar.
$[V(\varphi) = \frac{125}{3} \cdot \pi \cdot \sin^2 \frac{\varphi}{2}$ cm$^3]$

d) Berechne das Maß φ_2 und das Volumen V_2 des Doppelkegels, dessen Axialschnitt gleich lange Diagonalen besitzt.

e) Berechne das Maß von φ_3 für den Doppelkegel mit einem Volumen von $30\,\pi$ cm^3.

f) Begründe, dass sich die Mantellinie $[E_nF]$ wie folgt in Abhängigkeit von φ berechnen lässt: $\overline{E_nF}^2(\varphi) = [(5 - 5\cos\frac{\varphi}{2})^2 + 25\sin^2\frac{\varphi}{2}]$ cm^2
Vereinfache den Term.

g) Zeige, dass für die Oberfläche der Doppelkegel gilt:
$O(\varphi) = 25\,\pi \sin\frac{\varphi}{2}(1 + \sqrt{2 - 2\cos\frac{\varphi}{2}})$ cm^2

h) Stelle das Volumen und die Oberfläche der Doppelkegel mit dem GTR grafisch dar.

1

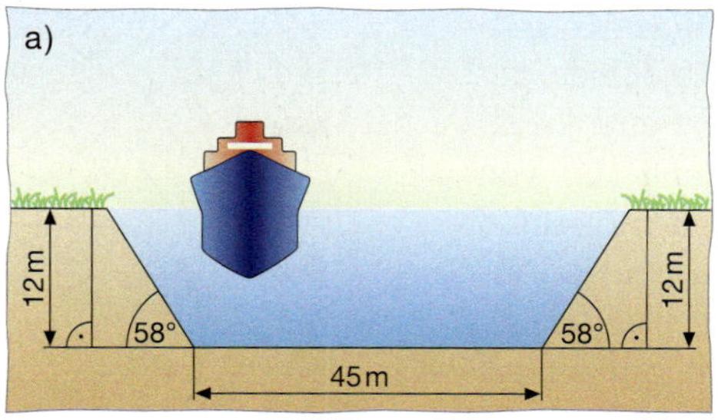

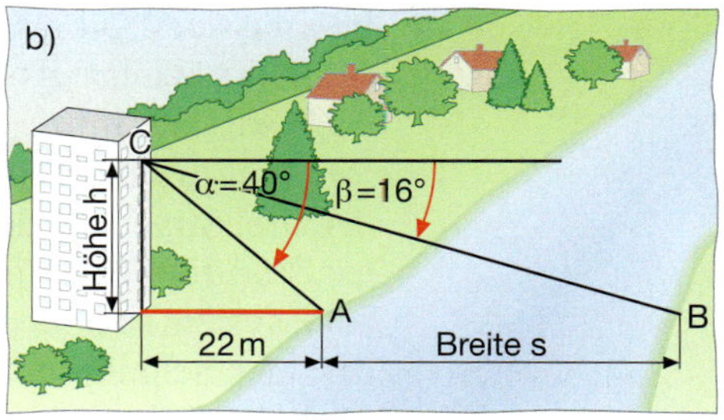

a) Der Querschnitt der Fahrrinne eines Kanals ist ein gleichschenkliges Trapez. Berechne den Inhalt der Querschnittsfläche der Fahrrinne.
b) Berechne die Breite s des Flusses in der Abbildung oben rechts.

2 a) Berechne das Winkelmaß α, das der Gratsparren mit der Grundfläche einschließt.
b) Berechne das Maß β des Neigungswinkels der Fläche ABC gegenüber der Grundfläche.
c) Berechne den Flächeninhalt des Walmdaches.
d) Auf dem Walmdach befinden sich Sonnenkollektoren. Berechne das Winkelmaß δ, unter dem die Lichtstrahlen zur Sommersonnenwende auf die Sonnenkollektoren auftreffen. Die Sonnenstrahlen bilden dann mit der Waagerechten einen Winkel mit dem Maß $\varphi = 63°$.

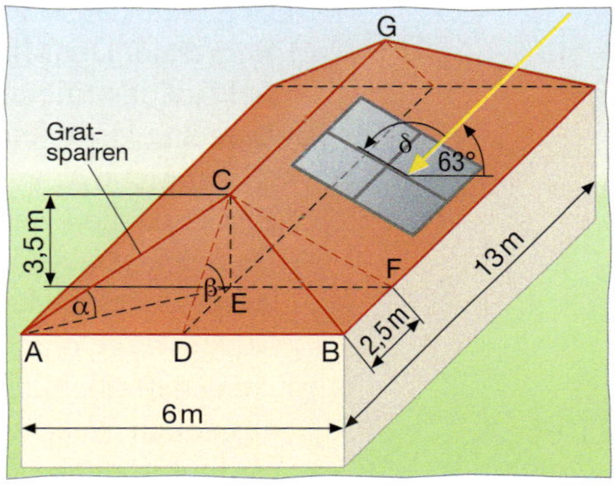

3

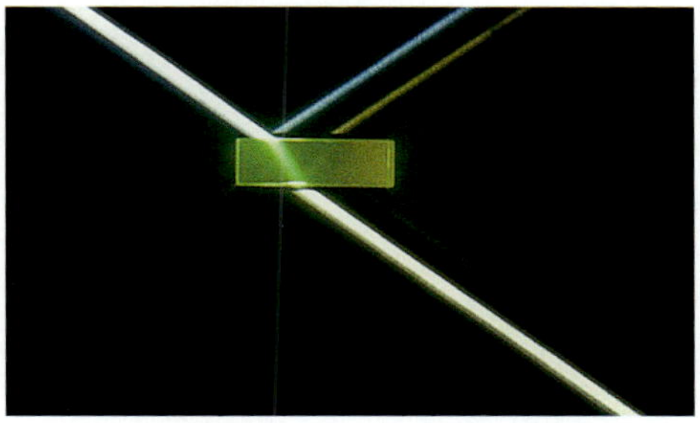

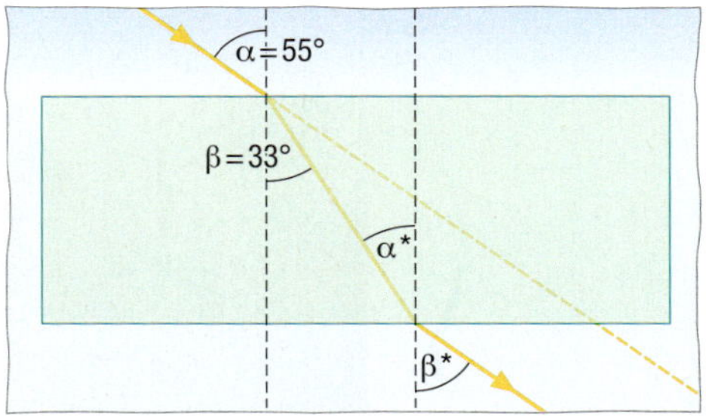

Ein schmales Lichtbündel fällt auf eine planparallele Glasplatte mit der Dicke 5 cm. Das Lichtbündel wird beim Eintritt in die Glasplatte zum Lot hin ($\alpha > \beta$) und beim Austritt vom Lot weg ($\alpha^* < \beta^*$) gebrochen.
Für die Lichtbrechung gilt das Brechungsgesetz von Snellius: $n = \frac{\sin \alpha}{\sin \beta}$
n heißt Brechungsindex, er ist von den beteiligten Medien abhängig. Aufgrund der doppelten Lichtbrechung tritt das Lichtbündel parallel zum einfallenden Lichtbündel wieder aus.

a) Berechne den Brechungsindex für den Übergang Luft–Glas (Eintritt) und für den Übergang Glas–Luft (Austritt).
b) Berechne die Länge des Lichtwegs im Glas.
c) Berechne den Abstand a der Parallelverschiebung. Fertige dazu eine Skizze an.
d) Beim Übergang Glas–Luft kann mit zunehmendem Einfallswinkel der gebrochene Lichtstrahl verschwinden ($\beta^* = 90°$), der Lichtstrahl wird totalreflektiert. Ab welchem Maß α des Einfallswinkel tritt Totalreflexion ein? Berechne.

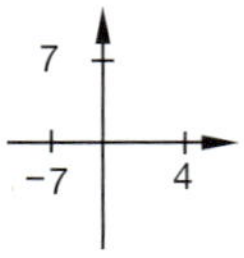

4 In Kreisstadt soll ein dreieckiges Grundstück im Winter als Freizeitgelände genutzt werden. Im Zentrum ist eine kreisförmige Eislauffläche geplant, die von den drei Straßen je den gleichen Abstand hat. Für die Zeichnung wird ein Koordinatensystem so über den Lageplan gelegt, dass der Schnittpunkt C der Straßen auf der y-Achse liegt. Für die beiden weiteren Schnittpunkte A und B der Straßen gilt dann: A(−6|0); B(3|0). Die Straßen AB und AC schließen einen Winkel mit dem Maß 45° ein.

a) Fertige eine Zeichnung an und ermittle die y-Koordinate des Punktes C.
b) Berechne das Maß des Winkels γ, den die Straßen AC und BC einschließen.
c) Begründe: Der Mittelpunkt der Eislauffläche ist der Inkreismittelpunkt M des Dreiecks ABC. Konstruiere die Lage des Punktes M.
d) Berechne die Gleichungen für die Winkelhalbierenden w_α und w_γ.
[Ergebnis: $w_\alpha : y = 0{,}41x + 2{,}46$; $w_\gamma : y = 6{,}16x + 6$]
e) Berechne die Koordinaten des Punktes M.
f) Berechne den Radius der Eislauffläche, wenn diese ca. 20 % der Gesamtfläche des Freizeitgeländes bedecken darf. Eine Längeneinheit entspricht 15 m. Runde auf ganze Meter. Trage die Eislauffläche in deine Zeichnung ein.
g) An den Straßenkreuzungspunkten A, B und C sind jeweils Eingänge geplant. Von ihnen aus sollen Wege zur Eislauffläche verlaufen, die möglichst kurz sind. Markiere ihren Verlauf in deiner Zeichnung und berechne je ihre Länge in Meter.

5

Im Mittelalter wurden Kapellen in Kreisform gebaut wie im Bild oben dargestellt.

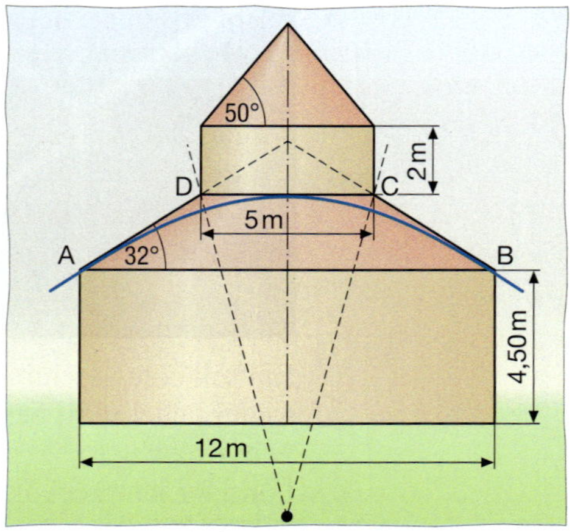

19

a) Berechne die Gesamthöhe der dargestellten Kapelle.
b) Berechne den Inhalt der kleineren der beiden Dachflächen.
c) Die größere Dachfläche hat die Form eines abgeschnittenen Kegels (in der Zeichnung gestrichelt angedeutet). Berechne den Inhalt dieser Dachfläche.
d) Unter dem größeren Dach befindet sich ein Gewölbe. Das Gewölbe ist Teil einer Kugel, die die Dachfläche und den Boden des turmähnlichen Aufbaus berührt. Zeichne das Teilviereck ABCD und konstruiere den Mittelpunkt der Kugel. Berechne den Radius der Kugel.

6 Ein Radfahrer saust ein 80 m langes geradliniges Stück einer Bergstraße hinunter.

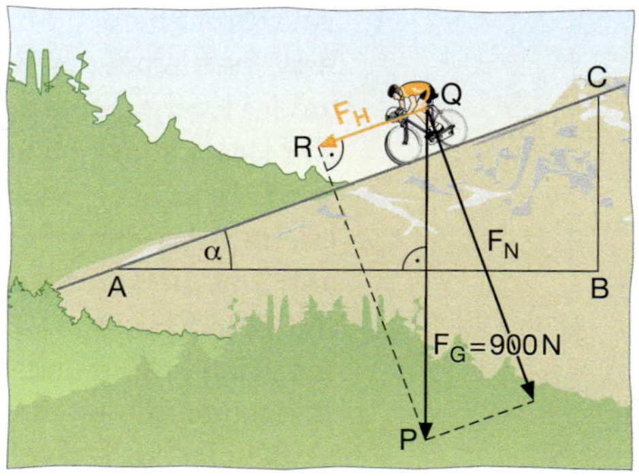

a) Begründe, dass für die Hangabtriebskraft F_H und die Anpresskraft F_N in Abhängigkeit vom Neigungswinkel des Bergstückes gilt:
$F_H = 900\ \text{N} \sin\alpha$; $F_N = 900\ \text{N} \cos\alpha$

b) Berechne die Anpresskraft, wenn die Hangabtriebskraft ein Drittel der Gewichtskraft beträgt.

c) Der Radfahrer überwindet auf einer 80 m langen Strecke einen Höhenunterschied von 25 m.
Wie groß sind in diesem Fall die Hangabtriebskraft und die Anpresskraft?

d) Die Hangabtriebskraft ist auf einem anderen Straßenabschnitt halb so groß wie die Anpresskraft. Zeige, dass in diesem Fall gilt: $\tan\alpha = 0{,}5$. Berechne F_H und F_N.

7 Auf den 2350 m hohen Gipfel des Berges Grünstein soll eine Zahnradbahn gebaut werden. Man möchte in 1200 m Höhe in der Nähe einer der Orte A, B oder C die Talstation bauen. Für den Verlauf der Bahn gibt es mehrere Möglichkeiten mit unterschiedlichen Neigungswinkeln.

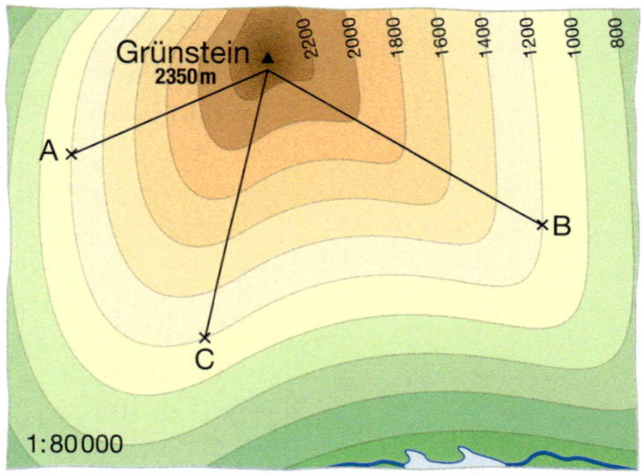

a) Die Länge der Strecke hängt vom Neigungswinkel α und der horizontalen Entfernung s_n ab. Ersetze dazu in deinem Heft die Platzhalter: Länge $l = \frac{h}{\square}$;
Höhenunterschied $h = s_n \cdot \square$

b) Zeige, dass sich aus den Termen von a) ergibt: $l = \frac{s_n}{\cos\alpha}$

c) Welche Bahnstrecken können gewählt werden, wenn der Neigungswinkel α nicht 30° überschreiten soll? Wie lang wären in diesem Fall die Bahnstrecken?

d) Es wäre auch eine kürzere Streckenführung von C aus denkbar mit einer Länge von 1800 m bei einer horizontalen Entfernung von 1,6 km. Welchen Neigungswinkel hätte dann die Bahnstrecke? Wie viele Meter unter dem Gipfel würde die Bergstation liegen?

8 Ein Brett mit einer festen Länge liegt auf einer Halbröhre und hat in A festen Kontakt mit dem Boden.
Schiebt man die Kontaktstelle A an die Röhre heran, ändert sich das Winkelmaß α und der horizontale Überhang u des Brettes. Es gilt: $l = 4$ m; $r = 1{,}25$ m

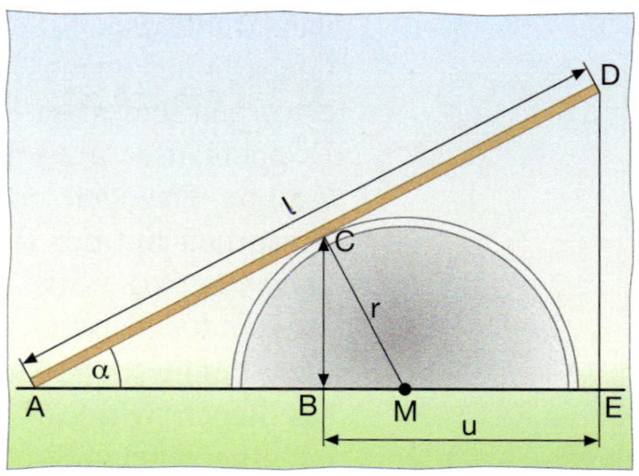

a) Begründe: Die Dreiecke ABC und BMC sind ähnlich.

b) Zeige, dass sich die Strecke [BC] wie folgt in Abhängigkeit von α darstellen lässt: $\overline{BC} = 1{,}25 \cos\alpha$ m

c) Berechne den Überhang u für α = 28°.

d) Zeige, dass gilt: $\overline{AB}(\alpha) = \frac{1{,}25 \cos\alpha}{\tan\alpha}$ m; $u(\alpha) = \cos\alpha \left(4 - \frac{1{,}25}{\tan\alpha}\right)$ m

e) Das Brett wird kippen, wenn der Überhang u mindestens so lang ist wie die Länge $\overline{AB}$. Berechne, ab welchem Winkelmaß α dies der Fall ist.

1 An extrem heißen Sommertagen haben in einigen europäischen Ländern „Stromlieferanten“ Probleme, genügend elektrische Energie zu erzeugen, weil vor allem Klimaanlagen zuviel Energie „fressen“.
Zur Beschattung seiner Fensterfront im Wohnzimmer und seiner Terrasse lässt Herr Hitzkopf, der in Regensburg wohnt, auf der Südseite seines Hauses eine ausfahrbare Markise (siehe Abbildung) montieren. Die einfallenden Sonnenstrahlen bilden in Regensburg zur Sommersonnenwende einen Winkel mit dem Maß $\varphi = 64°$ mit der horizontalen Richtung. Runde bei den folgenden Aufgaben immer auf Dezimeter.

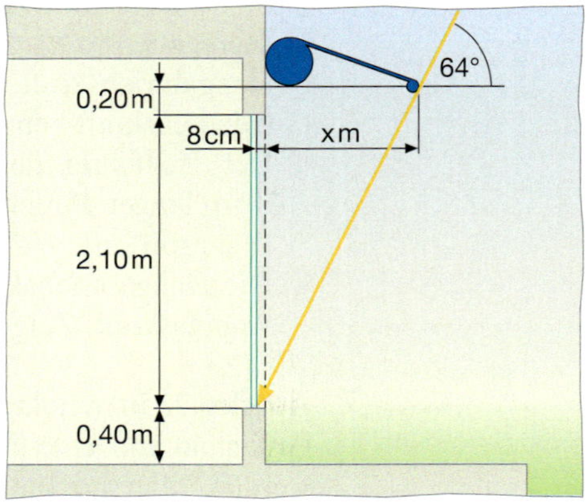

a) Welche horizontale Auslenkung x m müsste die Markise mindestens haben, damit seine Fenster auf der Südseite ganz abgeschattet sind?
b) Beantworte die Frage aus a) für den Fall, dass zusätzlich ein 2 m breiter Schatten auf seiner Terrasse entsteht.
c) Beantworte die Fragen a) und b) für ein gleich gebautes Haus in Rom ($\varphi = 71°$).

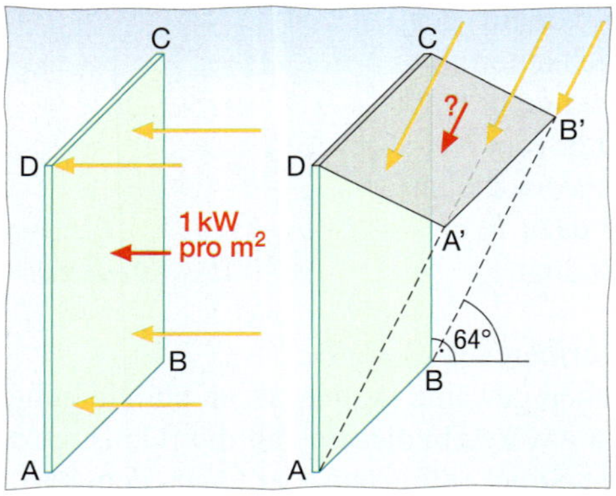

d) Als Strahlungsleistung trifft bei uns im Sommer ca. 1 kW pro Quadratmeter auf eine senkrecht zur Einstrahlungsrichtung geneigte Fläche. Welche Strahlungsleistung würde auf die 10 m^2 Fensterfront von Herrn Hitzkopf im Sommer treffen?
Hinweis: Der Strahlung auf 1 m^2 Fensterfläche entspricht die Strahlung, die senkrecht auf das graue Rechteck $A'B'CD$ in der Abbildung rechts treffen würde.

2 Das Baugrundstück mit der Flurnummer 83 befindet sich südlich vom Haus des Herrn Hitzkopf, das auf dem Grundstück mit der Flur Nr. 79 steht. Im Bebauungsplan war für das Grundstück Nr. 83 ursprünglich eine Bebauung mit einem Einfamilienhaus mit einer Giebelhöhe von maximal 6,50 m vorgesehen. Der Bauträger Baumaxx hat das Grundstück erworben und plant die Errichtung eines Doppelhauses mit einer Giebelhöhe von 7,80 m. Dagegen erhebt Herr Hitzkopf Einspruch mit der Begründung, dass im Dezember ($\varphi = 18°$) auch um die Mittagszeit die Fensterfront seines Wohnzimmer ständig im Schatten des Doppelhauses liegen würde. Überprüfe mit Hilfe einer geeigneten Skizze und anschließender Berechnung die Behauptung von Herrn Hitzkopf.
Notwendige Maße kannst du aus dem Lageplan entnehmen.

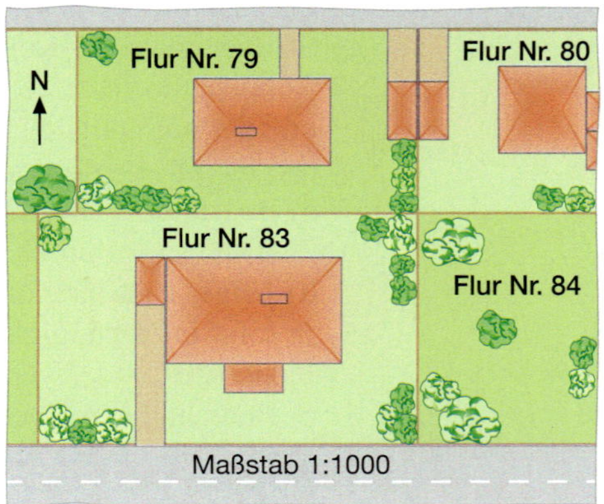

1 Die Länge eines auf einer lotrechten Geraden verschiebbaren Pfeils soll sich so ändern, dass er von einem festen Punkt A aus immer unter einem konstanten Winkel von 20° erscheint.
Zeichne den Sachverhalt mit einem Geometrieprogramm und verändere mit dem Zugmodus die Position des Pfeils auf der Geraden. Lasse die Pfeillänge anzeigen. Was stellst du fest?

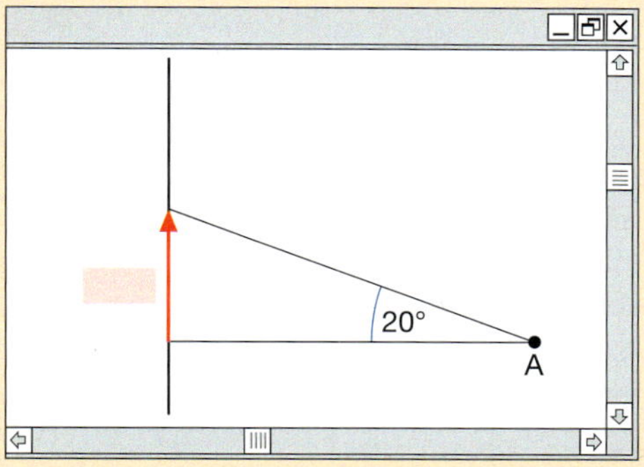

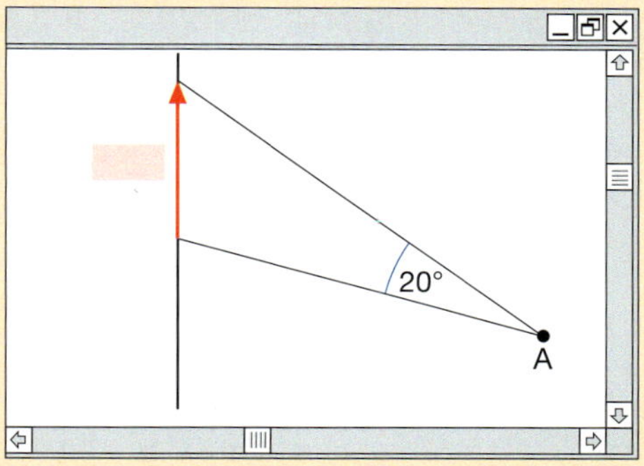

2 Albrecht Dürer (1471–1528) hat in seinem Buch *„Underweysung der messung mit dem zirckel und dem richtscheyt"* Vorschläge gemacht, wie man die Schrift an einer Säule mit zunehmender Höhe vergrößern muss, damit sie von unten gesehen gleich groß erscheint.

a) Erläutere die Konstruktion.

b) Die Schriftgröße auf einer 4 m hohen Litfaßsäule beträgt in 1,70 m Augenhöhe 21 cm. Begründe, dass die Buchstaben in 2 m Abstand unter einem Sehwinkel von ca. 6° erscheinen.

c) Berechne, wie groß ein Buchstabe in der obersten Zeile der Säule sein muss, damit er ebenfalls unter einem Winkel von 6° gesehen wird.

d) Wie ändert sich der Sehwinkel vom Buchstaben in der obersten Zeile der 4 m hohen Säule, wenn man an die Säule auf einen Meter herantritt?

3

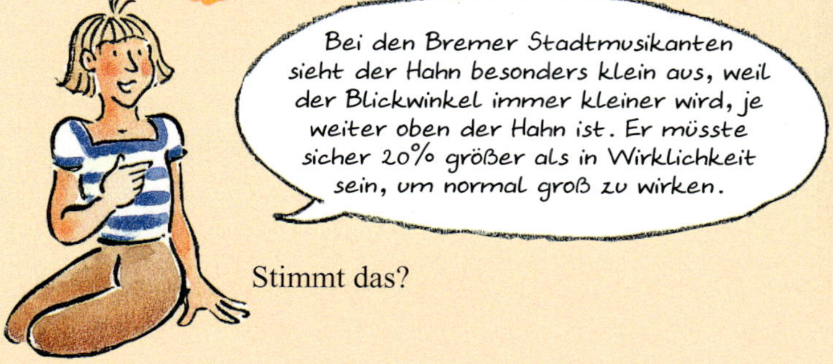

Stimmt das?

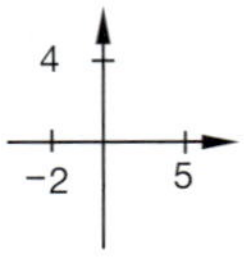

1 Gegeben sind die Pfeile $\overrightarrow{OP_n} = \begin{pmatrix} 2\sin\varphi - 1 \\ 3\cos^2\varphi \end{pmatrix}$ mit O (0|0), $\varphi \in [0°;\ 180°]$.

a) Zeichne drei Pfeile $\overrightarrow{OP_1}$, $\overrightarrow{OP_2}$ und $\overrightarrow{OP_3}$ für $\varphi = 0°$, $\varphi = 20°$ und $\varphi = 60°$ in ein Koordinatensystem ein.

b) So kann man den Trägergraphen der Punkte P_n bestimmen.

Für die Punkte $P_n(x|y)$ gilt:

I $\quad x = 2\sin\varphi - 1$
II $\wedge\ y = 3\cos^2\varphi$

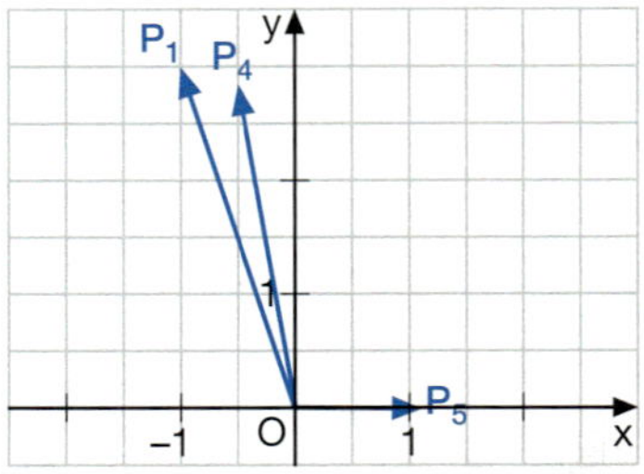

Um einen Zusammenhang zwischen x und y zu erstellen, müssen die Parameter sin φ bzw. cos φ eliminiert werden.

Löse dazu die Gleichung I nach sin φ auf.
$2\sin\varphi = x + 1$
$\sin\varphi = \frac{1}{2}(x + 1)$

Forme die Gleichung II um.
$y = 3(1 - \sin^2\varphi)$
$y = 3 - 3\sin^2\varphi$

Ersetze den Term sin φ.
$y = 3 - 3 \cdot \left[\frac{1}{2}(x + 1)\right]^2$

Forme den Term für y weiter um. Um welche Funktion handelt es sich? Beschreibe den Graphen.

W 13

c) Führe die Teilaufgaben a) und b) für $\overrightarrow{OP_n} = \begin{pmatrix} 5 - 3\cos\varphi \\ 6\sin^2\varphi \end{pmatrix}$, O(0|0), $\varphi \in [0°;\ 180°]$ durch. Zeichne den Trägergraphen ein.

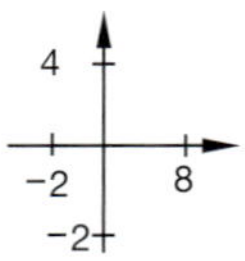

2 Gegeben sind die Dreiecke OAB_n mit A(4|−1) und $\overrightarrow{OB_n} = \begin{pmatrix} 3 - 4\cos\varphi \\ \sin^2\varphi + 2 \end{pmatrix}$.
Es gilt: O(0|0); $\varphi \in [0°;\ 180°]$

a) Zeichne drei Dreiecke OAB_1, OAB_2 und OAB_3 für $\varphi = 35°$, $\varphi = 90°$ und $\varphi = 150°$ in ein Koordinatensystem ein.

b) Bestimme die Gleichung des Trägergraphen für die Punkte B_n. Zeichne den Trägergraphen in das Koordinatensystem zu a) ein.

c) Zeige, dass sich der Flächeninhalt der Dreiecke OAB_n wie folgt in Abhängigkeit von φ darstellen lässt: $A(\varphi) = (-2\cos^2\varphi - 2\cos\varphi + 7{,}5)$ FE

d) Es gibt zwei Dreiecke, für die der Flächeninhalt der Dreiecke genau 7,5 FE beträgt. Berechne die zugehörigen Belegungen für φ.

e) Der Pfeil $\overrightarrow{OB_4}$ liegt auf der y-Achse. Berechne seine Koordinaten und die zugehörige Belegung für φ.

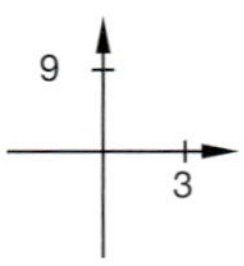

3 Gegeben sind die Punkte $P_n\left(1 + \sin^2\alpha \,\middle|\, \frac{2}{\cos^2\alpha}\right)$ mit $\alpha \in [0°; 90°[$.

a) Berechne die Koordinaten der Punkte P_1 bis P_5 für $\alpha \in \{0°; 20°; 30°; 45°; 60°\}$. Runde auf eine Stelle nach dem Komma. Zeichne diese Punkte in ein Koordinatensystem ein.

b) Überlege anhand der Zeichnung, welche Gleichung für den Trägergraphen der Punkte P_n zutrifft. Bestätige anschließend durch Rechnung.

A $y = x + 1$ **B** $y = \frac{2}{x}$ **C** $y = \frac{2}{2 - x}$ **D** $y = x^2 + 1$

c) Die Punkte P_n werden mit dem Vektor $\vec{v} = \begin{pmatrix} 2 \\ 4 \end{pmatrix}$ auf die Punkte $Q_n(x_Q|y_Q)$ abgebildet. Berechne die Gleichung des Trägergraphen der Punkte Q_n.

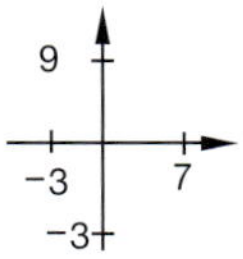

4 Die Pfeile $\overrightarrow{PQ_n} = \begin{pmatrix} 2\cos\varphi + 3 \\ 3 \end{pmatrix}$ und $\overrightarrow{PS_n} = \begin{pmatrix} 3\cos\varphi - 1 \\ 10\sin^2\varphi \end{pmatrix}$ spannen Parallelogramme $PQ_nR_nS_n$ auf. Es gilt: $P(0|-2)$; $\varphi \in [20°; 340°]$

a) Berechne die Koordinaten der Pfeile $\overrightarrow{PQ_1}$ und $\overrightarrow{PS_1}$ für $\varphi = 35°$ sowie $\overrightarrow{PQ_2}$ und $\overrightarrow{PS_2}$ für $\varphi = 120°$. Zeichne die Parallelogramme $PQ_1R_1S_1$ und $PQ_2R_2S_2$ in ein Koordinatensystem ein.

b) Berechne die Gleichung des Trägergraphen der Punkte S_n.

c) Zeige, dass für die Koordinaten von R_n gilt: $R_n(5\cos\varphi + 2 | 10\sin^2\varphi + 1)$

d) Welche Werte kann x_R annehmen?

e) Für welche Werte von φ liegen die Eckpunkte R_3 bzw. R_4 auf der Geraden $x = 2{,}5$?

f) Ordne die Gleichung des Trägergraphen des Punktes R_n richtig zu:

A $y = -\frac{10}{25}(x+2)^2 + 11$ **B** $y = -\frac{2}{5}(x-2)^2 + 11$ **C** $y = -2(x-2)^2 + 11$

g) Für welche Werte von φ hat der Vektor $\overrightarrow{PQ_n}$ die Länge 5 LE?

h) Der Pfeil $\overrightarrow{PS_5}$ verläuft parallel zur Winkelhalbierenden des 1. und 3. Quadranten. Bestimme den zugehörigen Wert von φ.

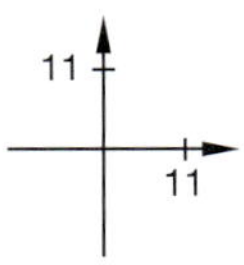

5 Die Punkte A, B_n, C und D_n sind Eckpunkte von Drachenvierecken AB_nCD_n. Die Gerade AC ist Symmetrieachse der Drachenvierecke.
Es gilt: $A(1|1)$; $C(8|8)$; $B_n(4 + 8\sin\alpha | \frac{0{,}5}{\sin\alpha})$; $\alpha \in]7°; 90°]$

a) Zeichne die Drachenvierecke AB_1CD_1 und AB_2CD_2 für $\alpha = 20°$ und $\alpha = 50°$ in ein Koordinatensystem ein.

b) Berechne die Gleichung des Trägergraphen t der Punkte B_n. [Ergebnis: t mit $y = \frac{4}{x-4}$]

c) Berechne die Gleichung t* des Trägergraphen der Punkte D_n.

d) Unter den Drachenvierecken gibt es 2 Rauten. Zeichne diese in das Koordinatensystem zu a) ein. Berechne die zugehörigen Werte von x und α. [Teilergebnis: x = 8]

e) Begründe: Eine der Rauten ist zugleich ein Quadrat.

6 Die Punkte $A(-3|0)$, $B(3|0)$ und C_n legen Dreiecke ABC_n fest. Die Punkte C_n liegen auf der Geraden g mit y = 4, die Winkel BAC_n haben das Maß α.

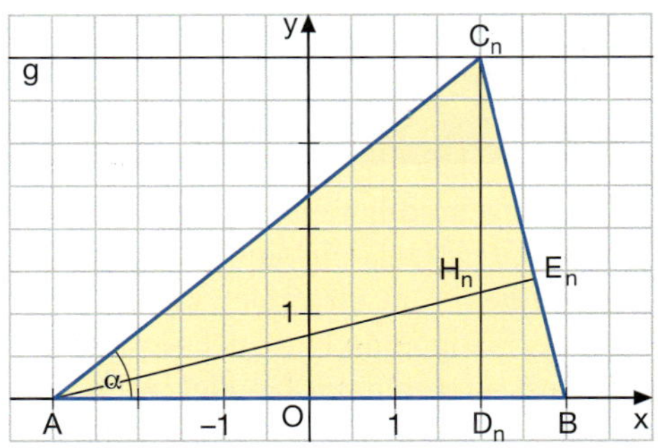

a) Konstruiere mit einem Geometrieprogramm ein Dreieck ABC_n und den Schnittpunkt H_n der Höhen h_a und h_c.

b) Zeige durch Rechnung, dass für die Koordinaten der Punkte C_n gilt: $C_n(\frac{4}{\tan\alpha} - 3 | 4)$

c) Bewege den Punkt C_n und lasse die Ortslinie des Punktes H_n aufzeichnen. Was stellst du fest?

d) Begründe: Die Dreiecke AD_nH_n und D_nBC_n sind ähnlich.

e) Ordne den Längen $\overline{AD_n}$; $\overline{BD_n}$ und $\overline{C_nD_n}$ einen der folgenden Terme zu:

A $3 - \frac{4}{\tan\alpha}$ **B** $\frac{4}{\tan\alpha}$ **C** 4 **D** $6 - \frac{4}{\tan\alpha}$

f) Begründe, dass für die Koordinaten der Höhenschnittpunkte H_n $(x_H|y_H)$ in Abhängigkeit von α gilt: $H_n(\frac{4}{\tan\alpha} - 3 | \frac{6}{\tan\alpha} - \frac{4}{\tan^2\alpha})$

g) Zeige durch Rechnung, dass für die Gleichung des Trägergraphen der Punkte H_n gilt: $y = -0{,}25\,x^2 + 2{,}25$

Station 1

Dem gleichseitigen Dreieck ABC mit der Seitenlänge 12 cm werden, wie in der Abbildung dargestellt, möglichst große Kreise einbeschrieben.

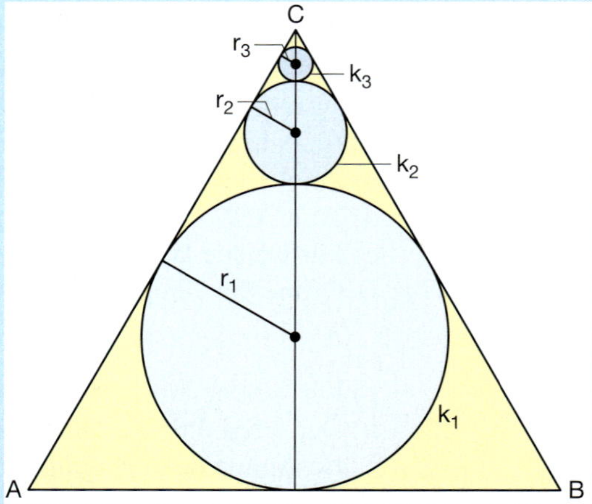

a) Zeichne das Dreieck ABC und die drei Kreise.
b) Berechne die Radien der drei Kreise. Wie verhalten sich die Radien zueinander?
c) Welchen Flächeninhalt hätte ein einbeschriebener möglichst großer vierter Kreis k_4, der über dem Kreis k_3 liegen soll?

Station 4

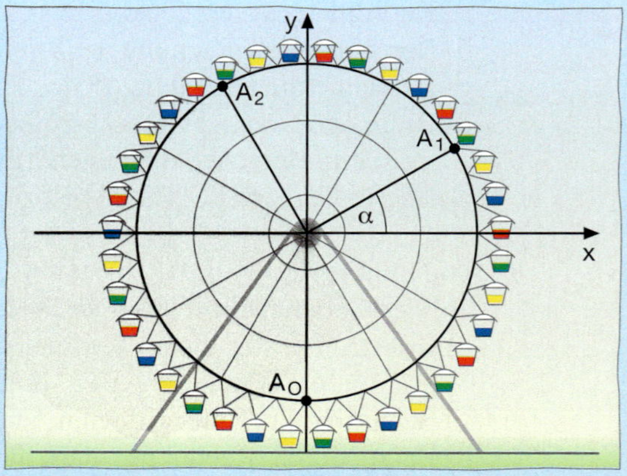

Ein Riesenrad hat einen Durchmesser von 60 m und dreht sich in 20 Minuten einmal vollständig herum. Die Gondeln sind außen am Rad befestigt, der Aufhängepunkt A_0 einer Gondel am tiefsten Punkt liegt 3 m über dem Boden. Legt man durch den Drehpunkt ein Koordinatensystem, gilt für die Aufhängepunkte A_n der Gondeln: $A_n(30|\alpha)$ mit $\alpha \in [-90°;\ 270°[$

a) Susi sitzt in einer Gondel mit $A_1(30|\alpha)$. In einer der Gondeln vor ihr befindet sich ihre Freundin Monika, die 5 Minuten vor ihr eingestiegen ist. Welche Koordinaten gelten für den Aufhängepunkt A_2 von Monikas Gondel?
A $A_2(30|180° - \alpha)$ **B** $A_2(30|90° + \alpha)$ **C** $A_2(30|90° - \alpha)$
b) Wie weit befinden sich Susi und Monika über dem Boden 7 Minuten nachdem Susi eingestiegen ist?
c) Begründe, dass gilt: $90° + \alpha = 180° - (90° - \alpha)$. Zeige anschließend, dass sich die Koordinaten des Aufhängepunktes von Monikas Gondel wie folgt in Abhängigkeit von α darstellen lassen: $A_2(-30 \sin\alpha|30 \cos\alpha)$
d) Stelle die Entfernung des Aufhängepunktes A_1 von Susis Gondel vom Startpunkt A_0 in Abhängigkeit von α dar. [Ergebnis: $\overline{A_0A_1}(\alpha) = 30\sqrt{2 + 2\sin\alpha}$ m]
e) Berechne das Winkelmaß α, für das diese Entfernung 35 m beträgt. Überprüfe mit dem GTR.

Station 2

Die Radarstation R peilt laufend einen sich nähernden Düsenjäger an und bestimmt dessen Position D_n. Dabei wird die Entfernung $r_n = \overline{RD_n}$ des Düsenjägers zur Station und das Winkelmaß α_n der Geraden RD_n gegenüber der Horizontalen ermittelt.
Eine Messung ergab: $r_1 = 7400$ m; $\alpha_1 = 23{,}58°$
Zehn Sekunden später ergaben sich folgende Werte: $r_2 = 4001$ m; $\alpha_2 = 38{,}67°$

a) Fertige eine Zeichnung im Koordinatensystem an.
Es gilt: $R(0|0)$; Maßstab 1 : 100 000
b) Berechne für die beiden mit der Radarmessung erfassten Positionen D_1 und D_2 des Düsenjägers die Höhen über der Horizontalen und die horizontalen Entfernungen zur Radarstation. Runde auf ganze Meter.
c) Berechne die Horizontal- und die Sinkgeschwindigkeit des Düsenjägers.
d) Welches Maß δ hat der Winkel, den die Flugrichtung D_1D_2 des Düsenjägers mit der Horizontalen bildet?

Station 3

Klaus und Uwe bauen aus zwei Regentonnen und einigen Holzbohlen ein Floß.
Das Floß sinkt so weit ein, bis die Auftriebskraft F_A gleich der Gewichtskraft des beladenen Floßes ist.
Die Auftriebskraft ist immer gleich der Gewichtskraft der verdrängten Flüssigkeit.
Für Wasser (4 °C) gilt daher:
$F_A = 9{,}81\ \frac{N}{dm^3} \cdot V_{Wasser} N$

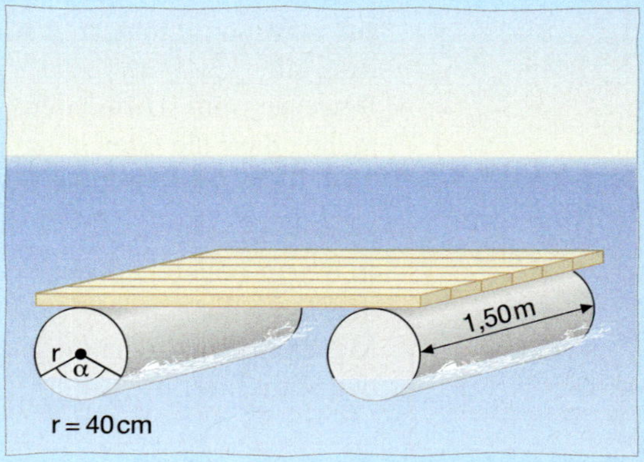

a) Das Eintauchvolumen hängt von der Segmentfläche A ab und somit vom Mittelpunktswinkel α. Zeige, dass sich das Eintauchvolumen der Tonnen wie folgt in Abhängigkeit von α darstellen lässt: $V(\alpha) = 240\left(\frac{\pi \cdot \alpha}{180°} - \sin\alpha\right) dm^3$
b) Bestimme mit dem GTR den Mittelpunktswinkel α, wenn die Gewichtskraft des Floßes 3000 N beträgt.
c) Berechne die Eintauchtiefe t des Floßes mit der Gewichtskraft 3000 N. Runde auf ganze Zentimeter.

6 Trigonometrie – Beliebige Dreiecke

Sinussatz

1 Ein in Seenot geratenes Schiff C sendet einen Notruf. Dieser wird von den beiden Hafenstationen A und B aufgenommen. Mithilfe von Peilungen ergibt sich die in der Abbildung dargestellte Position von Schiff C. Bestimmt werden sollen die Entfernungen des Schiffes von den Hafenstationen A und B.

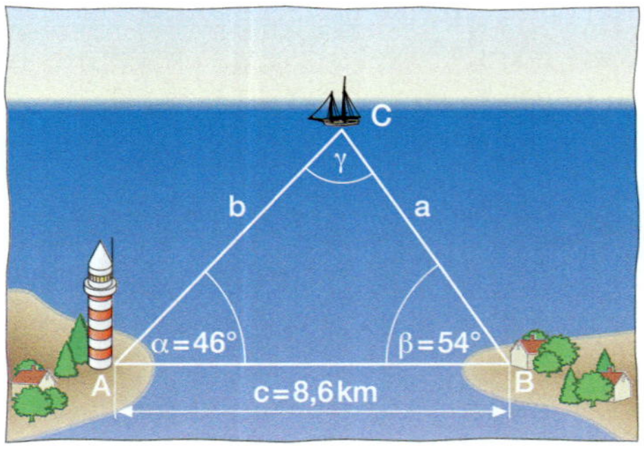

a) Beurteile die Aussagen der beiden Schüler.

b) Erkläre die folgenden Rechenschritte.

Im rechtwinkligen Teildreieck DBC gilt:
$\sin\beta = \frac{h_c}{a}$ bzw. (I) $h_c = a \cdot \sin\beta$
Im rechtwinkligen Teildreieck ADC gilt:
$\sin\alpha = \frac{h_c}{b}$ bzw. (II) $h_c = b \cdot \sin\alpha$

(I) = (II) $a \cdot \sin\beta = b \cdot \sin\alpha$
$$\frac{a}{\sin\alpha} = \frac{b}{\sin\beta}$$

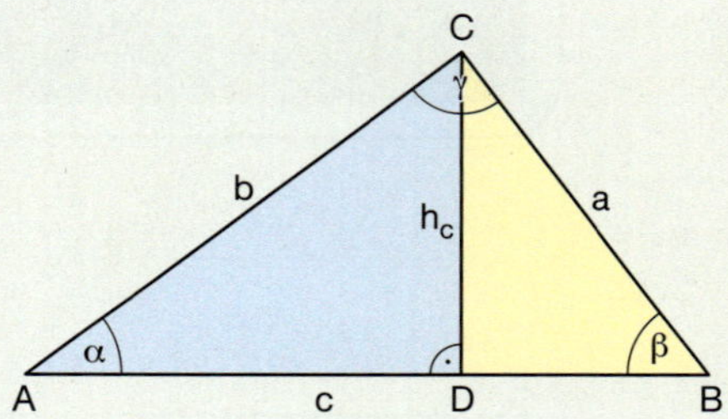

c) Zeichne in einem spitzwinkligen Dreieck ABC die Höhe h_a ein und zeige, dass gilt: $\frac{b}{\sin\beta} = \frac{c}{\sin\gamma}$

d) Beweise mit Hilfe der Abbildung rechts, dass die Gleichung $\frac{a}{\sin\alpha} = \frac{b}{\sin\beta}$ auch für stumpfwinklige Dreiecke gilt.

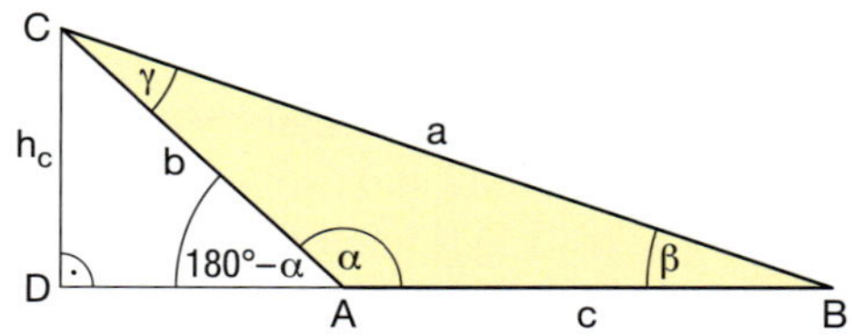

Sinussatz

In einem beliebigen Dreieck ABC mit den Seitenlängen a, b und c und den Maßen α, β und γ der Gegenwinkel gilt der **Sinussatz:**

$$\frac{a}{\sin\alpha} = \frac{b}{\sin\beta} = \frac{c}{\sin\gamma}$$

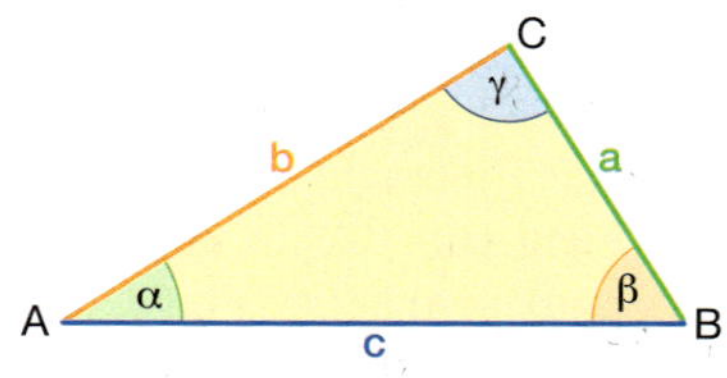

Übungen

2 Stelle mit dem Sinussatz passende Verhältnisse auf.

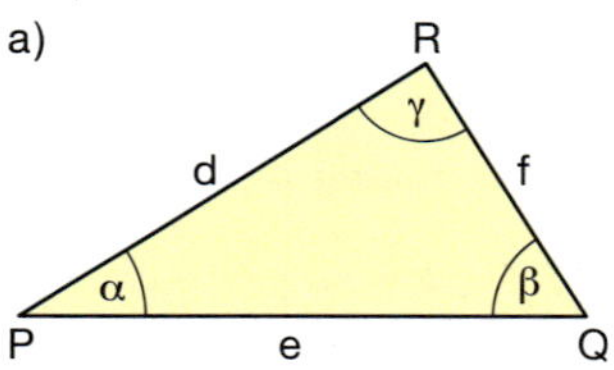

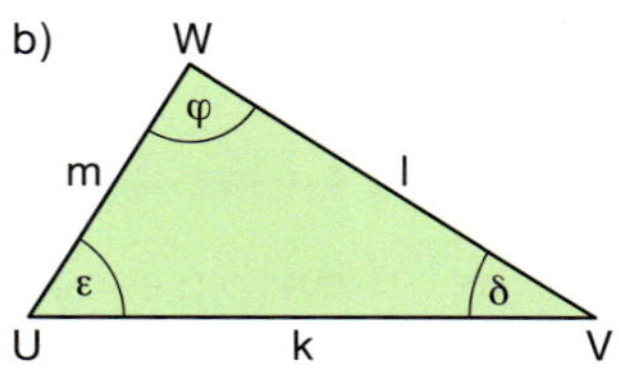

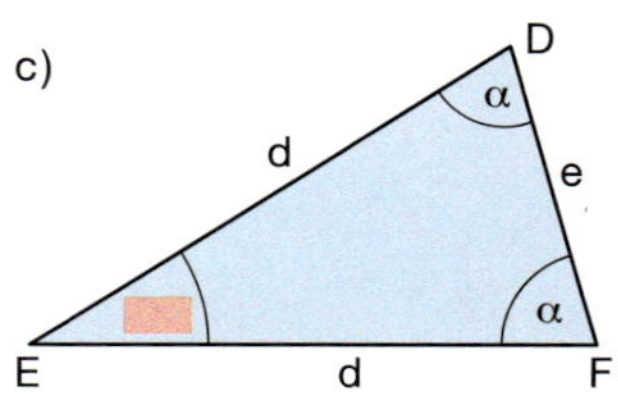

Übungen

3 So kann man im Dreieck ABC mit a = 7,5 cm; c = 5 cm; α = 70° das Winkelmaß γ berechnen.

Planfigur:

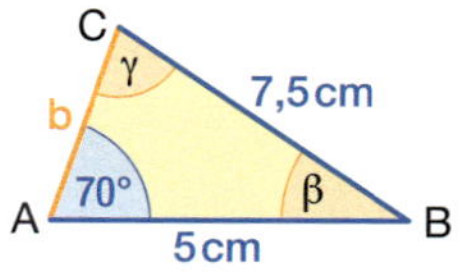

Nach dem SsW-Satz gibt es eindeutig nur ein Dreieck ABC.

Nach dem Sinussatz folgt: $\frac{7{,}5\text{ cm}}{\sin 70°} = \frac{5\text{ cm}}{\sin \gamma}$

$7{,}5 \sin \gamma = 5 \sin 70° \quad | : 7{,}5$

$\sin \gamma = \frac{5 \sin 70°}{7{,}5}$

Tastenfolge: $\sin^{-1}(5 \cdot \sin(70) : 7.5) =$

Ergebnis: $\gamma = 38{,}8°$

a) Berechne im Dreieck ABC das Winkelmaß β und die Seitenlänge b.
b) Berechne die Längen c und b im Dreieck ABC. Es gilt: a = 4,5 cm; β = 48°; γ = 75°
c) Berechne in Aufgabe 1 Seite 102 die Entfernungen des Schiffes von den beiden Häfen A und B.

Gegeben: Dreieck ABC mit a = 5 cm; c = 6 cm; α = 40°
Gesucht: γ

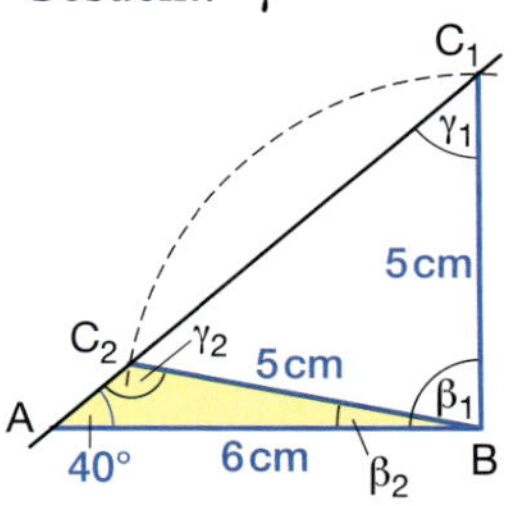

$\frac{5\text{ cm}}{\sin 40°} = \frac{6\text{ cm}}{\sin \gamma}$

$\sin \gamma = \frac{6 \sin 40°}{5}$

$\gamma_1 = 50{,}5° \vee \gamma_2 = 180° - 50{,}5°$

Ergebnis:
$\gamma_1 = 50{,}5°$; $\gamma_2 = 129{,}5°$

4

a) Begründe, warum es im Beispiel zwei Lösungen gibt.
b) Berechne die fehlenden Größen b_1 und β_1 bzw. b_2 und β_2.
c) Konstruiere ein Dreieck ABC mit a = 3,5 cm; b = 4,7cm und α = 26°. Berechne die fehlenden Größen.
d) Zeichne ein Dreieck ABC mit a = 4,5 cm; c = 9 cm und α = 30°. Begründe durch Rechnung, dass es genau eine Lösung gibt.
e) Zeige durch Zeichnung und Rechnung, dass es kein Dreieck gibt mit a = 6 cm; c = 9 cm und α = 70°.

5 Zeichne das Dreieck ABC und berechne die fehlenden Seitenlängen und Winkelmaße.

a)	b)	c)	d)	e)	f)
a = 6,37 cm	b = 7,2 cm	b = 9,5 cm	a = 6,0 cm	b = 8,0 cm	b = 8,0 cm
α = 73,77°	c = 4,8 cm	α = 36,2°	c = 8,5 cm	c = 10,0 cm	c = 10,0 cm
β = 28,25°	β = 115,2°	γ = 53,8°	α = 40°	β = 45,0°	β = 60,0°

L 90°; 78,0°; 7,7 cm; 3,1 cm; 5,6 cm; 27,7°; 65,6°; 6,5 cm; 114,4°; 9,0 cm; 74,4°; 4,0 cm; 37,1°; 3,7 cm; 17,1°; 3,3 cm; 62,1°; 25,6°; 72,9°; keine Lösung; 117,9°; 10,8 cm

1 Ein Schiff, das in westliche Richtung fährt, peilt an der Boje B den Leuchtturm A unter einem Winkel von 54° (= β) an. Die Entfernung c der Boje vom Leuchtturm beträgt laut Seekarte 3,8 sm (Seemeilen). Nachdem das Schiff ab der Boje B 6,8 sm gefahren ist, soll die Entfernung b des Schiffes vom Leuchtturm A ermittelt werden.

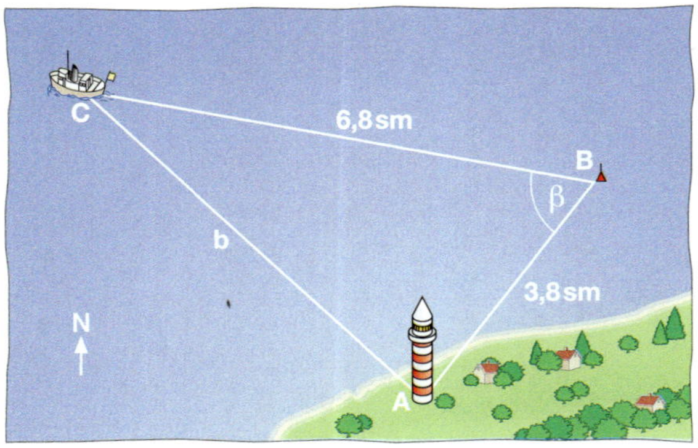

a) Überprüfe die beiden Aussagen.

b) So kann man aus zwei Seitenlängen und dem Maß des eingeschlossenen Winkels die dritte Seitenlänge im Dreieck berechnen.

Im rechtwinkligen Dreieck ABD gilt:
$\sin\beta = \frac{h_a}{c}$; $\cos\beta = \frac{e}{c}$
Es folgt: (I) $h_a = c \cdot \sin\beta$; $e = c \cdot \cos\beta$

Im rechtwinkligen Dreieck ADC gilt:
(II) $b^2 = (a - e)^2 + h_a^2$

Aus (I) und (II) folgt:
$b^2 = (a - c \cdot \cos\beta)^2 + (c \cdot \sin\beta)^2$
$b^2 = a^2 - 2ac\cos\beta + c^2\cos^2\beta + c^2\sin^2\beta$
$b^2 = a^2 - 2ac\cos\beta + c^2(\cos^2\beta + \sin^2\beta)$
$b^2 = a^2 - 2ac\cos\beta + c^2 \cdot 1$

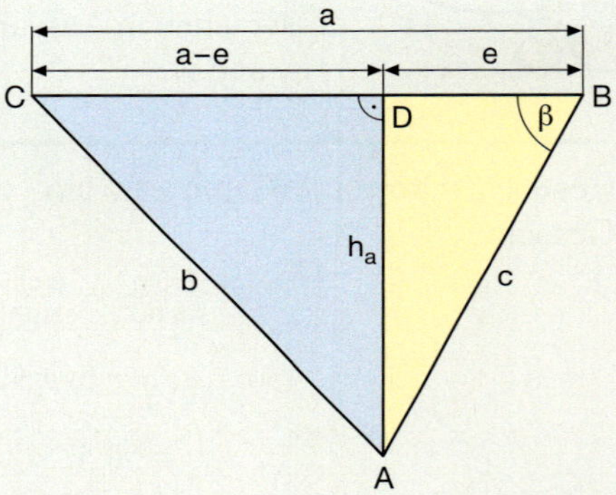

c) Zeichne ein spitzwinkliges Dreieck ABC und trage h_b ein. Zeige wie in Aufgabe b), dass gilt:
$c^2 = a^2 + b^2 - 2ab\cos\gamma$.

b liegt dem Winkel β gegenüber, a und c schließen den Winkel β ein

d) Zeige mit der Abbildung rechts, dass die Gleichung $b^2 = a^2 + c^2 - 2ac\cos\beta$ auch für stumpfwinklige Dreiecke gilt.

e) Welcher Sonderfall ergibt sich in d) für $\beta = 90°$?

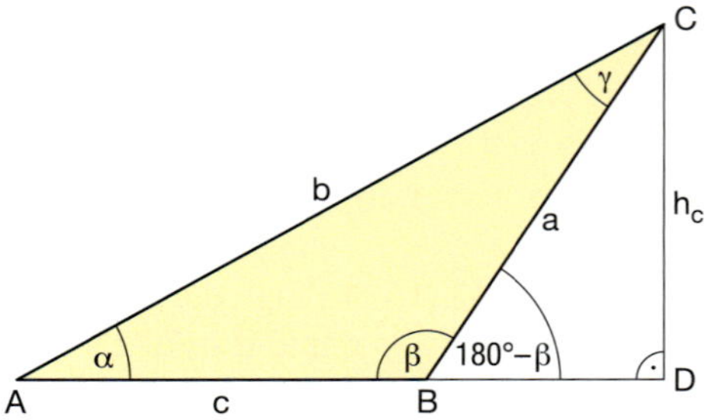

Kosinussatz

In einem beliebigen Dreieck ABC gilt für zwei Seitenlängen und das Maß des eingeschlossenen Winkels der **Kosinussatz.**

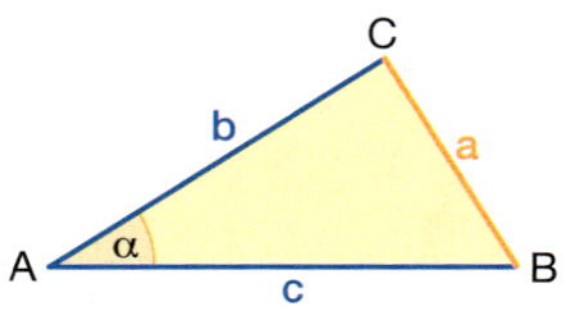

$a^2 = b^2 + c^2 - 2bc\cos\alpha$

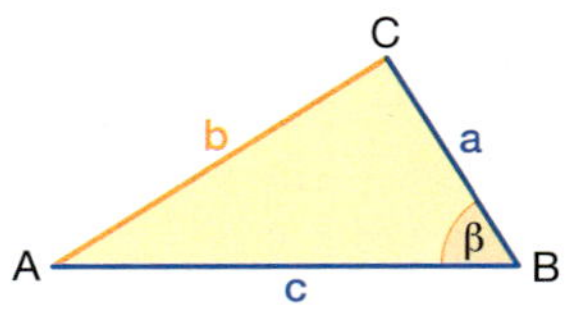

$b^2 = a^2 + c^2 - 2ac\cos\beta$

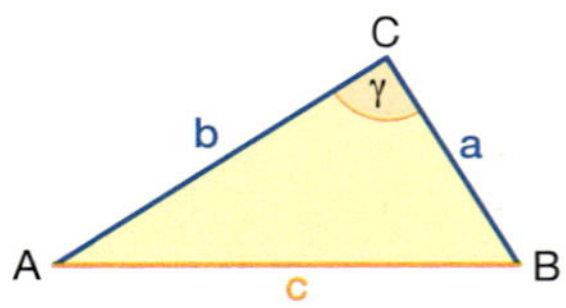

$c^2 = a^2 + b^2 - 2ab\cos\gamma$

Übungen

2 Stelle mit dem Kosinussatz passende Verhältnisse auf.

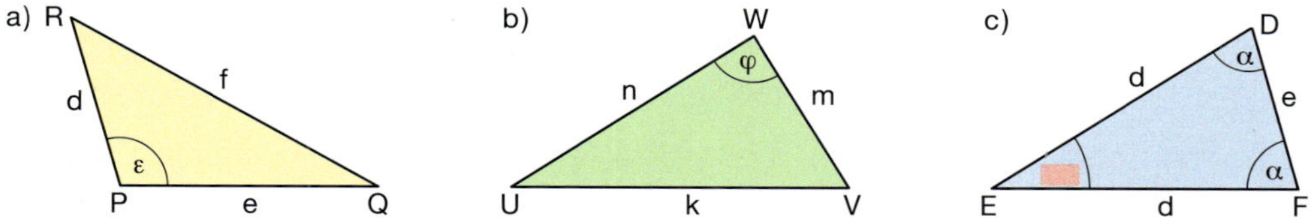

3 So kann man im Dreieck ABC mit $a = 7$ cm, $b = 9$ cm und $\gamma = 30°$ die dritte Seitenlänge c auf zwei Stellen nach dem Komma gerundet berechnen.

Planfigur:

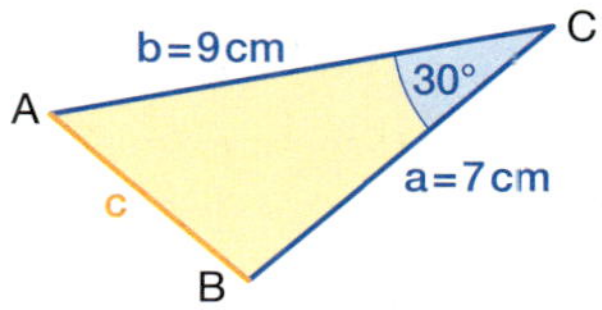

Nach dem Kosinussatz im Dreieck ABC gilt: $c^2 = (7\text{ cm})^2 + (9\text{ cm})^2 - 2 \cdot 7\text{cm} \cdot 9\text{ cm} \cdot \cos 30°$

$c = \sqrt{20{,}88\text{ cm}^2}$

Ergebnis: $c = 4{,}57$ cm

a) Berechne im Dreieck ABC die Länge b. Es gilt: $c = 4{,}5$ cm; $a = 72$ mm; $\beta = 110°$
b) Berechne in Aufgabe 1 Seite 104 die Entfernung des Schiffes vom Leuchtturm A.

4 Im Dreieck ABC gilt: $a = 8{,}5$ cm; $b = 4{,}0$ cm; $c = 10{,}0$ cm
So kann man das fehlende Winkelmaß γ berechnen.

Zeichne eine Planfigur.
Übertrage bekannte Größen in die Zeichnung.

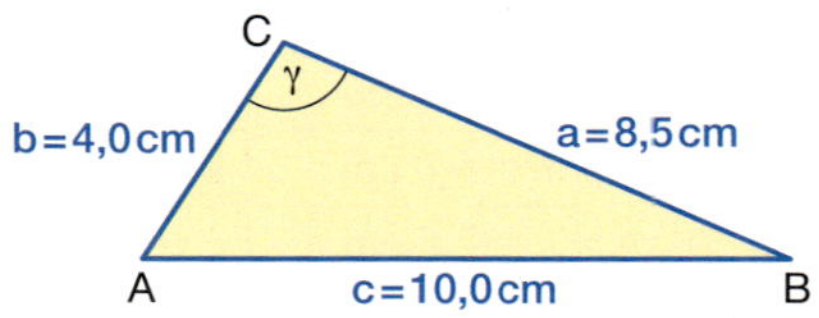

Nach dem Kosinussatz gilt:

$c^2 = a^2 + b^2 - 2ab \cos \gamma \quad | + 2ab \cos \gamma - c^2$

$2ab \cos \gamma = a^2 + b^2 - c^2 \quad | : 2ab$

$\cos \gamma = \frac{a^2 + b^2 - c^2}{2ab}$

Setze die Maßzahlen ein. $\cos \gamma = \frac{4{,}0^2 + 8{,}5^2 - 10{,}0^2}{2 \cdot 4{,}0 \cdot 8{,}5}$

Tastenfolge: $\cos^{-1}((16 + 8{,}5^2 - 100) : (8 \cdot 8{,}5))$

Ergebnis: $\gamma = 100{,}\ 0°$

a) Berechne das fehlende Winkelmaß β mit dem Sinussatz.
b) Berechne nun das Winkelmaß β mit dem Kosinussatz und anschließend das Winkelmaß γ mit dem Sinussatz. Was stellst du jetzt fest?
c) Begründe, warum es sinnvoll ist, im Zweifelsfall Winkelmaße im Dreieck durch Zeichnung zu überprüfen oder das größte Winkelmaß mit dem Kosinussatz zu berechnen.
d) Berechne in Aufgabe 3 für das Dreieck ABC im grünen Kasten das Winkelmaß β.

W 8

1 Gegeben sind die in der Abbildung blau gefärbten Größen. Berechne die orange markierten Größen. Welchen Satz (Kosinus- oder Sinussatz) verwendest du?

a) Gegeben: drei Seitenlängen **(SSS)**

b) Gegeben: zwei Seitenlängen und der Zwischenwinkel **(SWS)**

c) Gegeben: eine Seite und zwei anliegende Winkel **(WSW)**

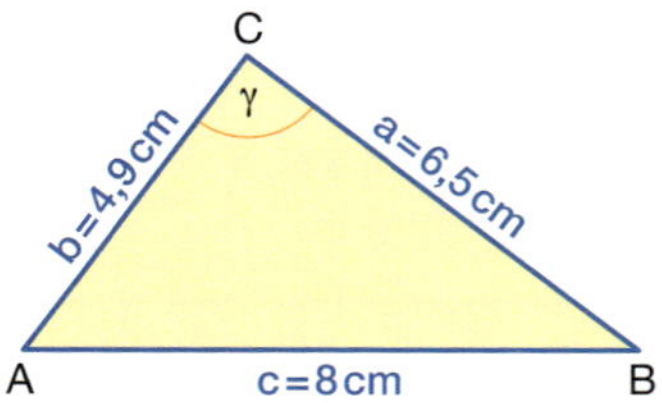

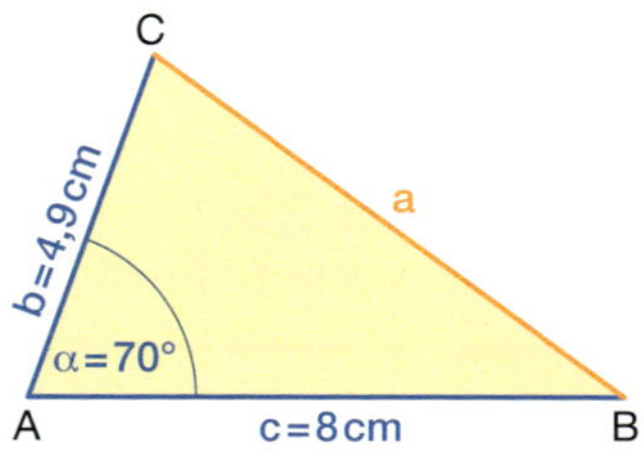

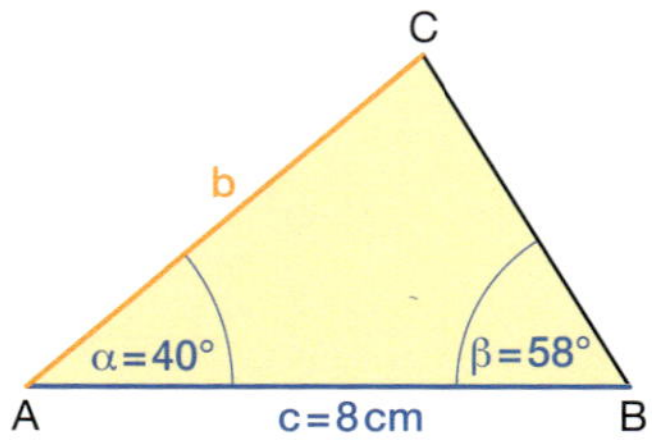

d) Gegeben: zwei Seiten und der Gegenwinkel der größeren Seite **(SsW)**

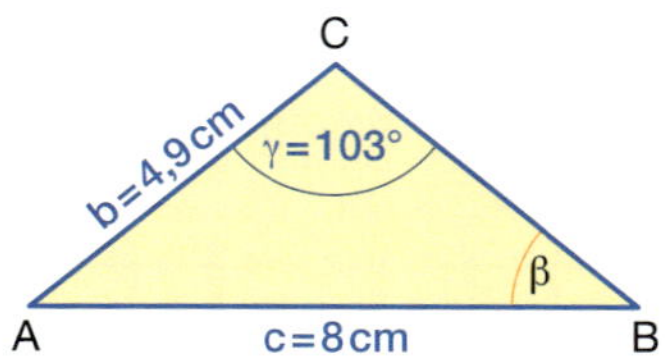

e) Gegeben: zwei Seiten und der Gegenwinkel der kleineren Seite

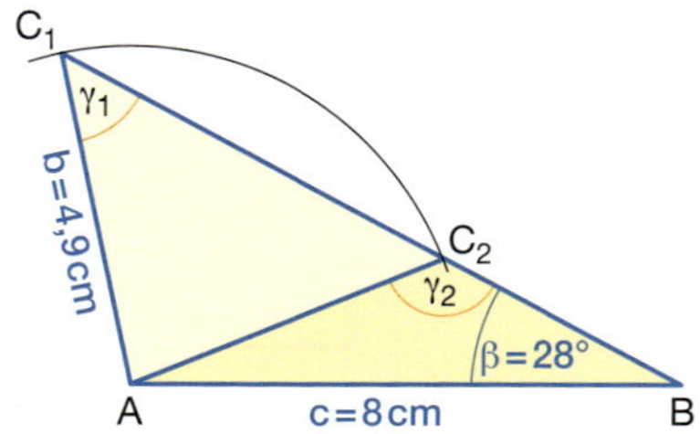

L 130,0°; 7,8 cm; 6,9 cm; 4,7 cm; 36,6°; 50,0°; 88,0°

2 Zeichne das Dreieck ABC und berechne die fehlenden Seitenlängen und Winkelmaße.

a)	b)	c)	d)	e)	f)
a = 6,0 cm	a = 6,0 cm	a = 6,4 cm	a = 6,30 cm	a =5,82 cm	b = 8,0 cm
b = 5,0 cm	b = 7,0 cm	b = 4,0 cm	α = 68,0°	c =4,92 cm	c = 10,0 cm
c = 7,5 cm	c = 11,0 cm	γ = 95,0°	γ = 82,0°	γ = 48,3°	sin β = 0,8

L 115,4°; 85,5°; 35,1°; 41,6°; 62,0°; 29,5°; 7,8 cm; 52,9°; 6,0 cm; 54,8°; 13,7°; 30,2°; 118,0°; 6,7 cm; 53,1°; 3,4 cm; 90°; 30°; 6,2 cm; 1,6 cm; 69,7°; 36,9°

3 Im Dreieck ABC hat die Winkelhalbierende $w_β$ die Steigung m.
Zeichne das Dreieck ABC und berechne die fehlenden Seitenlängen und Winkelmaße.

a) A(2|1); B(7|1); a = 5 LE; m = −0,5

b) A(−1|2); B(6|0); a = 5,3 LE; m = −2

L 63,4°; 4,5 LE; 5,0 LE; 53,2°; 63,4°; 7,3 LE; 9,4 LE; 95°; 34,2°; 50,8°

4 Zeichne das Viereck ABCD. Berechne die fehlenden Seitenlängen und Winkelmaße.

a) Drachenviereck ABCD
Es gilt: AC ist Symmetrieachse; $\overline{AC}$ = e = 13,0 cm; a = 6,0 cm; α = 60,0°

b) Trapez ABCD
Es gilt: [AB] ∥ [CD]; a = 12,0 cm; d = 6,4 cm; $\overline{BD}$ = f = 8,2 cm; β = 80,5°

L 6,4 cm; 99,5°; 129,0°; 140,0°; 129,0°; 4,2 cm; 40,0°; 8,4 cm; 8,4 cm; 42,0°; 5,6 cm; 100,4°

1 Das Baugrundstück ABC soll an einen Bauträger verkauft werden. Der Verkäufer rechnet mit 180 € pro Quadratmeter. Es gilt: b = 90 m; c = 150 m; $\alpha = 70°$
Berechnet werden soll der Flächeninhalt und der Wert des Baugrundstücks.

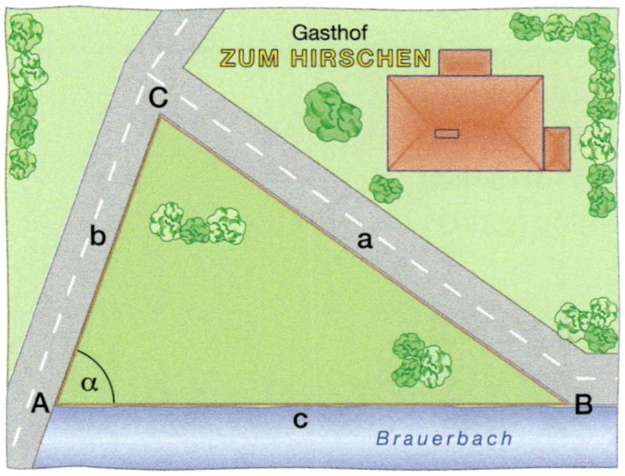

a) Ersetze in deinem Heft die Platzhalter.

Im Teildreieck ADC gilt:
$h_c = \square \cdot \sin\alpha$

Im Dreieck ABC gilt:
$A_{\Delta ABC} = 0{,}5 \cdot c \cdot h_c$

Zeige, dass folgt: $A_{\Delta ABC} = 0{,}5bc \sin\alpha$

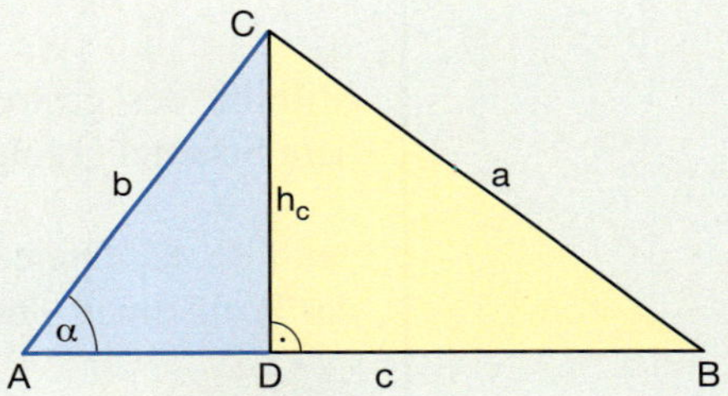

b) Zeichne ein spitzwinkliges Dreieck ABC und zeige dann, dass gilt:
$A = 0{,}5ac \sin\beta$; $A = 0{,}5ab \sin\gamma$

c) Überprüfe, ob die Formel $A = 0{,}5bc \sin\alpha$ auch für das stumpfwinklige Dreieck ABC in der Abbildung rechts gilt.

d) Berechne den Wert des Grundstücks in der Aufgabe 1 oben.

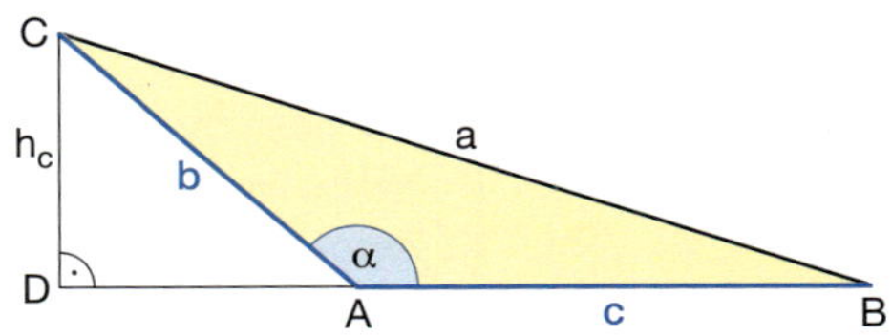

Flächeninhalt Dreieck

Der Flächeninhalt eines Dreiecks kann aus zwei Seitenlängen und dem Maß des von den beiden Seiten eingeschlossenen Winkels berechnet werden.

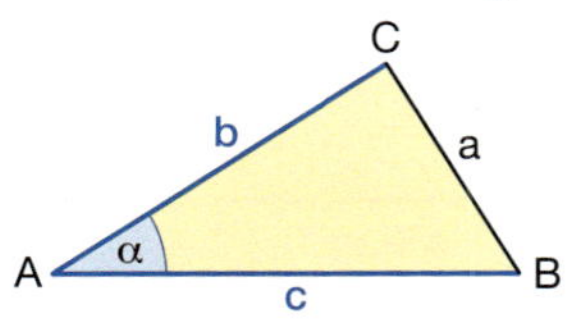

$A = 0{,}5bc \sin\alpha$

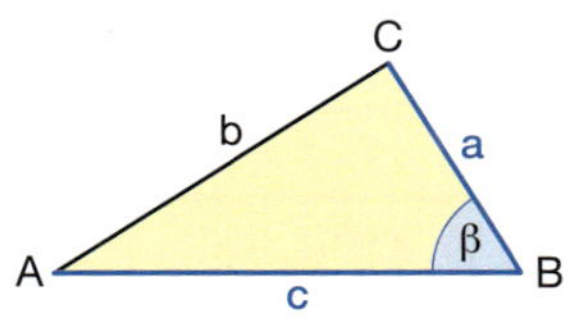

$A = 0{,}5ac \sin\beta$

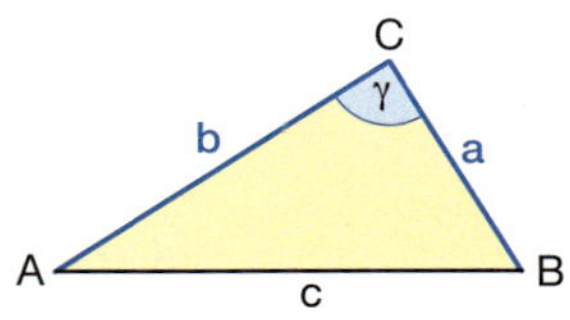

$A = 0{,}5ab \sin\gamma$

Übungen

2 Berechne die in Klammern angegebenen Größen des Dreiecks ABC.

a) a = 7,5 cm; b = 5 cm; $\gamma = 30°$ (A; c; β)

b) c = 6 cm; a = 4 cm; $\beta = 58{,}21°$ (A; b; α)

c) A = 12 cm²; c = 6 cm; $\beta = 48{,}59°$ (a; b; α)

d) A = 20 cm²; a = 7,5 cm; $\alpha = 60°$; $\beta = 80°$ (b; c)

1 Dem Dreieck ABC ist ein Dreieck PQR einbeschrieben (siehe Abbildung).
Es gilt: $P \in [AB]$; $Q \in [BC]$; $R \in [AC]$; $a = 6$ cm; $c = 8$ cm; $\beta = 90°$; $\overline{BP} = 3$ cm; $\overline{BQ} = 2{,}5$ cm; $\measuredangle RQP = 60°$
So kann man die Länge $\overline{QR}$ auf zwei Stellen nach dem Komma gerundet berechnen.

Zeichne die Dreiecke ABC und PQR. Trage die gegebenen Größen farbig ein. Suche nach Hilfsdreiecken, in denen du fehlende Größen berechnen kannst.

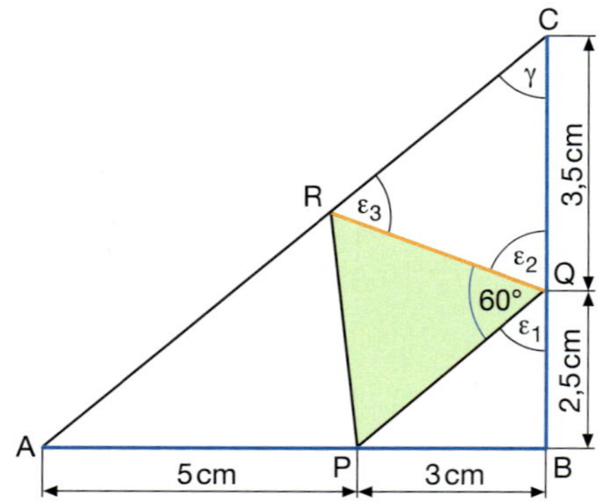

Im Dreieck PBQ gilt:

$\tan \varepsilon_1 = \frac{\overline{BP}}{\overline{BQ}}$

$\tan \varepsilon_1 = \frac{3}{2{,}5}$; $\varepsilon_1 = 50{,}19°$

Mithilfe des gestreckten Winkels mit dem Scheitel Q folgt:

$\varepsilon_1 + 60° + \varepsilon_2 = 180°$
$50{,}19° + 60° + \varepsilon_2 = 180°$; $\varepsilon_2 = 69{,}81°$

Mithilfe des Dreiecks ABC kann man das Winkelmaß γ berechnen.

$\tan \gamma = \frac{\overline{AB}}{\overline{BC}}$; $\tan \gamma = \frac{8}{6}$; $\gamma = 53{,}13°$

Aus der Summe der Winkelmaße im Dreieck QCR folgt für das Winkelmaß ε_3:

$\varepsilon_2 + \gamma + \varepsilon_3 = 180°$
$69{,}81° + 53{,}13° + \varepsilon_3 = 180°$;
$\varepsilon_3 = 57{,}06°$

Die gesuchte Länge $\overline{QR}$ erhält man mit Hilfe des Sinussatzes im Dreieck QCR. Zeichne von diesem Dreieck eine Planfigur. Trage bekannte Größen farbig ein.

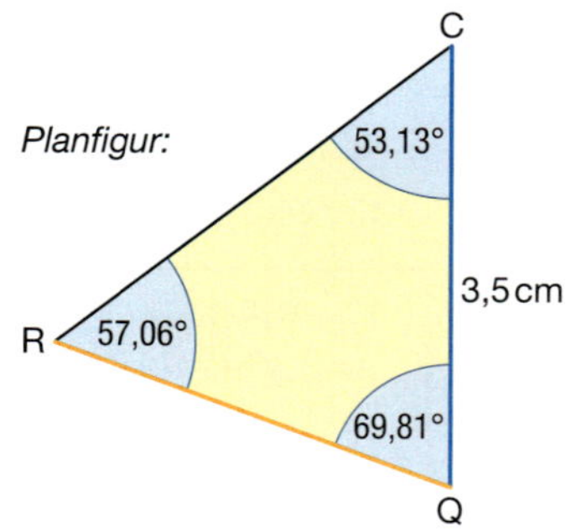

$\frac{\overline{QR}}{\sin 53{,}13°} = \frac{3{,}5 \text{ cm}}{\sin 57{,}06°}$

Ergebnis: $\overline{QR} = 3{,}34$ cm

a) Berechne die Länge der Strecke [PR].
b) Berechne den Flächeninhalt des Dreiecks APR.

2 Gegeben ist ein rechtwinkliges Dreieck ABC mit der Hypotenuse [AB]. Der Punkt P ist Mittelpunkt der Strecke [AC] und der Punkt Q ist Fußpunkt des Lotes von C auf die Strecke [AB]. Auf der Strecke [BC] liegt der Punkt R. Der Winkel RPC hat das Maß δ.
Es gilt: $\overline{AB} = 12{,}5$ cm; $\alpha = 30°$; $\delta = 38°$
a) Zeichne das Dreieck ABC und das Dreieck PQR.
b) Zeige durch Rechnung: Das Maß ε des Winkels APQ beträgt 120,0°.
c) Berechne den Flächeninhalt des Dreiecks PQR. [Ergebnis: $A = 6{,}9$ cm^2]

3 Gegeben ist das Dreieck ABC. Es gilt: $c = 10{,}0$ cm; $a = 9{,}0$ cm; $\beta = 48{,}6°$

a) Zeichne das Dreieck ABC. Berechne die fehlenden Seitenlängen und Innenwinkelmaße sowie die Höhe h_c. Runde auf zwei Stellen nach dem Komma.
[Ergebnis: $b = 7{,}87$ cm; $\alpha = 59{,}07°$; $\gamma = 72{,}33°$; $h_c = 6{,}75$ cm]

b) Eine Parallele zur Strecke [AB] im Abstand von 2,0 cm schneidet die Strecke [AC] im Punkt D und die Strecke [BC] im Punkt E. Berechne die Länge der Strecke [DE]. Runde auf zwei Stellen nach dem Komma. [Ergebnis: $\overline{DE} = 7{,}04$ cm]

c) Berechne den prozentualen Anteil des Flächeninhalts des Trapezes ABED am Flächeninhalt des Dreiecks ABC. Runde auf eine Stelle nach dem Komma.

d) Berechne den Umfang des Trapezes ABDE auf zwei Stellen nach dem Komma gerundet.

4 Gegeben ist das Parallelogramm ABCD. Es gilt: $a = 7{,}5$ cm; $\alpha = 60°$; $d = 5{,}0$ cm
Hinweis: Runde bei den Berechnungen die Ergebnisse auf eine Stelle nach dem Komma.

a) Zeichne das Parallelogramm und berechne dessen Höhe h_a.
[Ergebnis: $h_a = 4{,}3$ cm]

b) Der Mittelpunkt M der Diagonalen [BD] ist Mittelpunkt eines Kreises mit $r = \overline{MB}$. Zeichne den Kreis und berechne dessen Radius r. [Ergebnis: $r = 3{,}3$ cm]

c) Der Kreis in Aufgabe b) schneidet die Strecke [AB] im Punkt E und die Strecke [DC] im Punkt F. Berechne die Länge der Strecke [BE]. Bestimme anschließend die Länge der Strecke [DF].

d) Begründe: Das Viereck BFDE ist ein Rechteck.

e) Der Punkt G auf der Strecke [AB] ist 3,0 cm vom Eckpunkt B entfernt. Berechne den Flächeninhalt des Dreiecks GBM. [Ergebnis: $A = 3{,}2\ \text{cm}^2$]

5 Gegeben ist ein Trapez ABCD mit den Grundseiten [AB] und [CD].
Es gilt: $a = 8$ cm; $d = 6$ cm; $\alpha = 60°$; $\beta = 80°$

a) Zeichne das Trapez und zeige durch Rechnung, dass gilt: $c = 4{,}08$ cm

b) Der Punkt M ist Mittelpunkt der Strecke [AD]. Zeichne das Dreieck BCM.

c) Zeige, dass gilt: $\overline{BM} = 7{,}00$ cm; $\overline{CM} = 6{,}16$ cm; $\overline{BC} = 5{,}28$ cm

d) Berechne den Flächeninhalt des Dreiecks BCM. [Ergebnis: $A = 15{,}7\ \text{cm}^2$]

6 a) Zeichne das Quadrat ABCD mit A (0|0) und B (8|0). Zeichne anschließend die Mittelpunkte M_1 bis M_4 sowie das Achteck PQRSTUVW (siehe Abbildung).

b) Berechne die Koordinaten der Punkte P, Q, R und S. Hinweis: Bestimme zunächst die Gleichungen geeigneter Geraden.
[Ergebnis: P (4|2); Q $(\frac{16}{3} | \frac{8}{3})$; R (6|4); S $(\frac{16}{3} | \frac{16}{3})$]

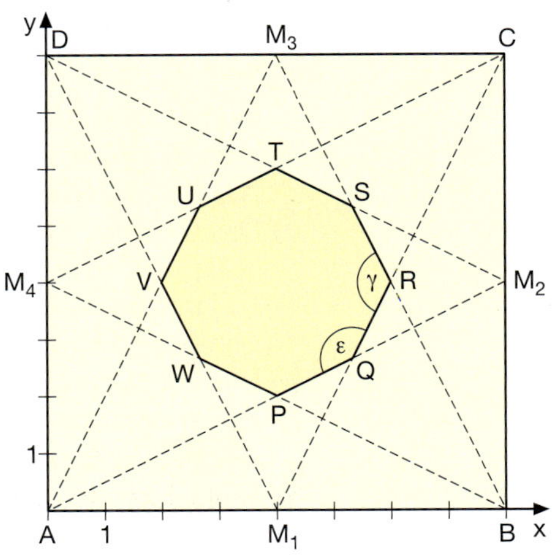

c) Berechne die Längen der Strecken [PQ], [QR] und [RS] auf zwei Stellen nach dem Komma gerundet.
[Ergebnis: $\overline{PQ} = \overline{QR} = \overline{RS} = 1{,}49$ LE]

d) Berechne die Maße ε und γ der Winkel RQP bzw. SRQ.

e) Berechne den Flächeninhalt des Achtecks.
[Ergebnis: A = 10,7 FE]

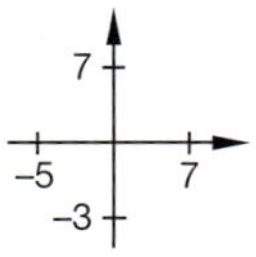

7 Gegeben ist das Viereck ABCD. Es gilt: A(−4|2); B(4|−2); C(6|3); D(2|5)

a) Zeichne das Viereck ABCD und begründe: Das Viereck ist ein Trapez.
b) Berechne die Innenwinkelmaße und den Flächeninhalt des Trapezes ABCD.
c) Die Strecke [AE] mit 7 LE liegt im Inneren des Trapezes ABCD und bildet mit der Strecke [AB] den Winkel BAE mit dem Maß $\varepsilon = 30°$. Zeichne die Strecke [AE] im Trapez ein.
d) Berechne die Länge der Strecke [BE] und das Maß φ des Winkels EBA.
e) Berechne den prozentualen Anteil des Flächeninhalts des Dreiecks ABE am Flächeninhalt des Trapezes.

L 53,1°; 85,2°; 94,8°; 126,9°; 7,3 cm; 36,0 cm²; 4,5 cm; 51,1°; 43,5%

8 Gegeben ist das Viereck ABCD.
Es gilt: a = 11,0 cm; d = 6,0 cm; $\alpha = 110°$; $\beta = 50{,}0°$; $\delta = 90°$

a) Zeichne das Viereck ABCD. Berechne die Länge der Diagonalen [BD] und die Maße β_1 bzw. δ_1 der Winkel CBD und BDC.
b) Eine Parallele zu [DC] im Abstand 2,0 cm schneidet die Strecke [BD] im Punkt P und die Seite [BC] im Punkt Q. Dadurch entsteht ein Trapez CDPQ.
Zeichne das Trapez und berechne die Längen der Strecken [DP] und [PQ].
c) Berechne den Flächeninhalt des Trapezes CDPQ.
e) Berechne den Flächeninhalt des Dreiecks BQP. [Ergebnis: A = 21,0 cm²]

L 14,2 cm; 26,6°; 43,4°; 2,9 cm; 5,4 cm; 12,2 cm²; 21,0 cm²

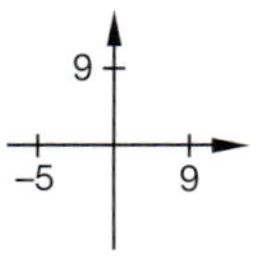

9 Die Punkte $C_n(x|y)$ von Dreiecken AB_nC_n liegen auf der Geraden g. Die Winkel B_nAC_n haben das Maß $\alpha = 30°$. Die Streckenlängen $\overline{AC_n} : \overline{AB_n}$ verhalten sich 2 : 1.
Es gilt: A (0|0); g mit y = 0,5x + 5

a) Zeichne die Dreiecke AB_1C_1 bzw. AB_2C_2 für x = 6 bzw. x = −4.
b) Berechne die Seitenlängen, die Innenwinkelmaße und den Flächeninhalt des Dreiecks AB_1C_1. [Teilergebnis: $\beta = 126{,}2°$]
c) 

Stimmt die Aussage von Luca? Begründe.

d) Stelle die Längen der Strecken $[AC_n]$ und $[AB_n]$ in Abhängigkeit von der Abszisse x der Punkte C_n dar. Zeige anschließend durch Rechnung, dass sich der Flächeninhalt der Dreiecke AB_nC_n wie folgt in Abhängigkeit von x darstellen lässt:
$A(x) = \frac{5}{8}\left(\frac{1}{4}x^2 + x + 5\right)$ FE
e) Das Dreieck AB_3C_3 hat einen minimalen Flächeninhalt. Berechne die zugehörige Belegung von x und gib den minimalen Flächeninhalt an.
f) Es gibt zwei Dreiecke AB_4C_4 und AB_5C_5 mit dem Flächeninhalt 10,6 FE.
Berechne die zugehörigen Belegungen von x.
g) Die Seite $[AC_6]$ des Dreiecks AB_6C_6 liegt auf der Geraden h, die mit der positiven x-Achsenrichtung einen Winkel mit dem Maß 56,31° einschließt.
Zeichne die Strecke $[AC_6]$. Berechne den Flächeninhalt des Dreiecks AB_6C_6.

Die Zahlen 1 bis 16 sind nebeneinander so angeordnet, dass die Summe zweier nebenstehender Zahlen immer eine Quadratzahl ergibt. Die erste Zahl links ist 16.

1 a) Beschreibe einem Kreis mit dem Radius r = 4 cm ein beliebiges Dreieck ein. Miss das Winkelmaß γ im Dreieck und berechne anschließend den Quotienten $\frac{c}{\sin\gamma}$. Vergleiche mit deinen Nachbarn. Was stellst du fest?

b) Begründe: Im Dreieck ADM gilt: $\sin\gamma = \frac{\frac{c}{2}}{r}$

c) Begründe, dass folgt: $2r = \frac{c}{\sin\gamma} = \frac{a}{\sin\alpha} = \frac{b}{\sin\beta}$

d) Berechne den Umfang und Flächeninhalt des Umkreises eines Dreiecks ABC mit b = 8 cm und β = 56°.

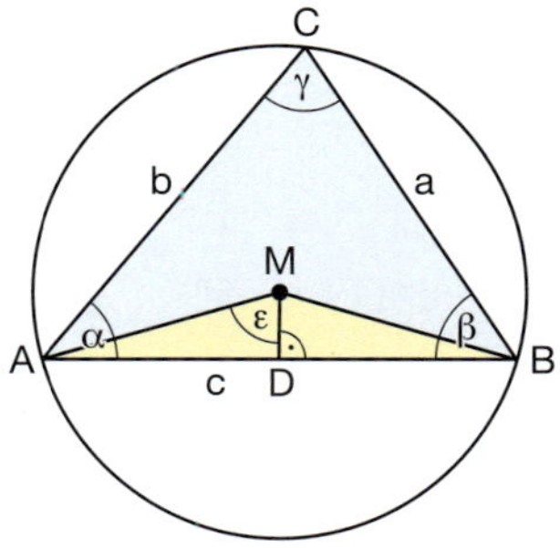

Erweiterter Sinussatz

Für ein Dreieck mit dem Umkreisradius r gilt der erweiterte Sinussatz.

$$\frac{c}{\sin\gamma} = \frac{a}{\sin\alpha} = \frac{b}{\sin\beta} = \mathbf{2r}$$

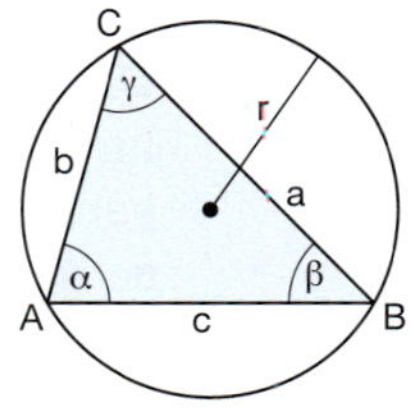

2 Der Umkreisradius eines Dreiecks DEF beträgt 3,5 cm. Es gilt: $\overline{DE}$ = 5,0 cm; $\overline{EF}$ = 6,0 cm

a) Zeichne das Dreieck DEF.

b) Berechne die fehlende Seitenlänge und die fehlenden Winkelmaße.

c) Berechne den Umfang und Flächeninhalt des Segments, das von der Strecke [DF] und dem Bogen $\overset{\frown}{DF}$ begrenzt wird.

3 Beide Kreise haben jeweils einen Radius von r = 5 cm. Die Entfernung der Mittelpunkte M_1 und M_2 der beiden Kreise beträgt 1,5r.

a) Zeichne die beiden Kreise.

b) Berechne das Maß γ des Winkels M_1CM_2. [Ergebnis: γ = 97,18°]

c) Berechne die Länge $\overline{CA}$.

d) Berechne den Flächeninhalt des Dreiecks M_1AC.

e) Berechne den Inhalt der grün gefärbten Fläche.

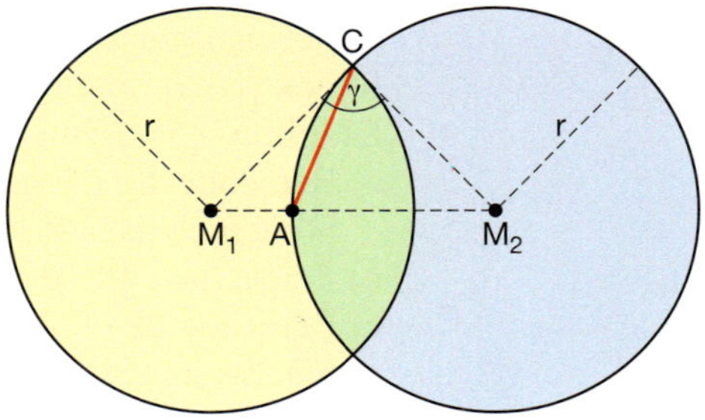

4 Im abgebildeten Trapez gilt: $\overline{CD}$ = 30,0 m; $\overline{BC}$ = 30,0 m; $\beta = \gamma$ = 90°; δ = 75°

a) Zeichne das Trapez im Maßstab 1: 500.

b) Berechne die Längen $\overline{AD}$ und $\overline{AB}$.

c) Berechne den Flächeninhalt des Trapezes ABFE (siehe Abbildung). Es gilt: $\overline{BF}$ = 6,0 m

d) Die Begrenzung der blau markierten Fläche besteht aus dem Kreisbogen $\overset{\frown}{PQ}$ und den Strecken [EP] und [EQ]. Es gilt: $\overline{EM}$ = 2 m; r = $\overline{MQ}$ = 8 m
Berechne den Inhalt und Umfang dieser blau gefärbten Fläche.

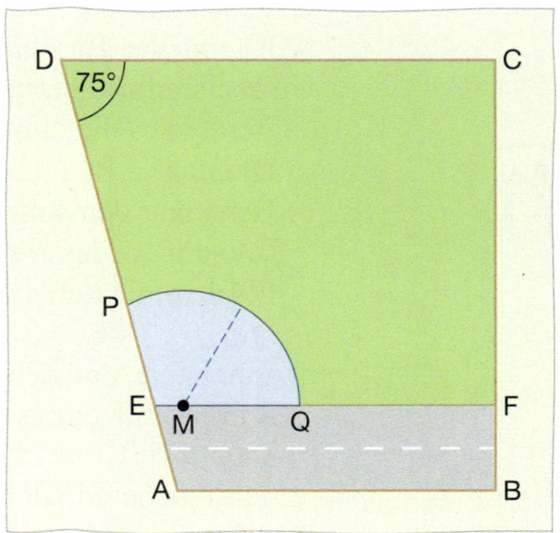

L (nur Maßzahlen): 73,4; 31,1; 22,0; 136,8; 33,8

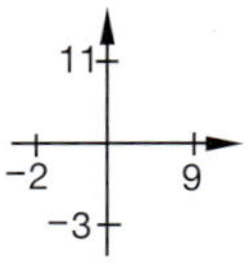

6 Der Punkt M ist Mittelpunkt eines Kreises k mit dem Durchmesser [AB].
Es gilt: A(0|−2); B(8|2)

a) Zeichne den Kreis k und berechne dessen Radius r. [Ergebnis: $r = 2\sqrt{5}$ LE)
b) Begründe durch Rechnung: Der Punkt T(0|2) liegt auf dem Kreis k.
c) Zeichne im Punkt A die Tangente t_1, im Punkt B die Tangente t_2 und im Punkt T die Tangente t_3 an den Kreis k.
d) Berechne die Gleichungen der Tangenten t_1, t_2 und t_3.

W 18

e) Die Tangenten t_2 und t_3 schneiden sich im Punkt C. Der Punkt D ist Schnittpunkt der Tangenten t_1 und t_3. Berechne die Koordinaten der Punkte C und D. [Ergebnis: C(4|10); D(−1|0)]

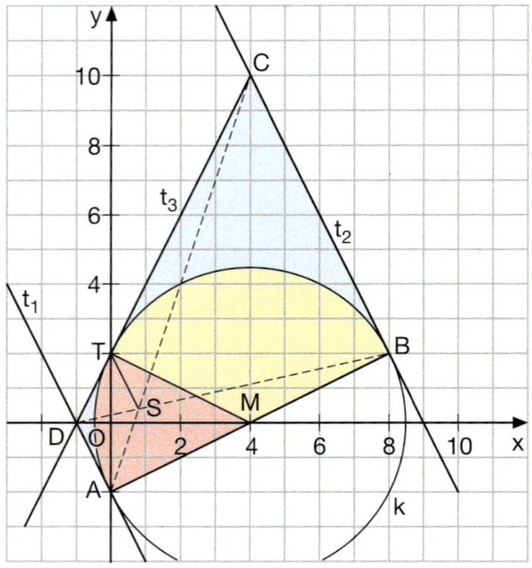

f) Begründe: Das Viereck ABCD ist ein Trapez.
g) Berechne die Innenwinkelmaße γ und δ des Trapezes.
h) Der Punkt S ist Schnittpunkt der Diagonalen des Trapezes. Zeige, dass der Punkt S folgende Koordinaten hat: S(0,8|0,4).
i) Wie verläuft die Strecke [ST] bezüglich der Strecke [AD]? Begründe.
k) Berechne die Innenwinkelmaße des Dreiecks DST.
l) Berechne den Flächeninhalt des Kreissektors mit dem Mittelpunkt M und dem Kreisbogen $\overset{\frown}{TA}$.
m) Wie viel Prozent der Fläche des Trapezes ABCD bedeckt der Kreissektor aus l)?

W 9

7 Gegeben ist das Dreieck ABC. Der Thaleskreis über der Strecke [AB] schneidet die Strecke [AC] im Punkt E und die Strecke [BC] im Punkt D.
Es gilt: $b = 5\sqrt{3}$ cm; $\gamma = 60°$; $A_{\Delta ABC} = 45\ \text{cm}^2$

a) Berechne die Länge a. Zeichne das Dreieck ABC und das Dreieck DCE. [Teilergebnis: a = 12 cm]
b) Zeige, dass gilt: c = 10,73 cm; α = 75,6°
c) Berechne den Flächeninhalt des Dreiecks DCE und das Verhältnis $A_{\Delta ABC} : A_{\Delta DCE}$ der Flächeninhalte der Dreiecke ABC und DCE.

8 Gegeben ist das gleichschenklige Dreieck ABC mit der Basislänge c = 8 cm. Der Umkreisradius beträgt 5 cm.

a) Berechne die Innenwinkelmaße des Dreiecks ABC.

W 8, 9

b) Berechne den Inkreisradius r_i und anschließend das Verhältnis $A_u : A_i$ der Flächeninhalte von Umkreis und Inkreis.
c) Ein Kreis um den Punkt B mit dem Radius 3,0 cm schneidet den Kreisbogen $\overset{\frown}{BC}$ im Punkt P. Berechne den Flächeninhalt des Dreiecks ABP.

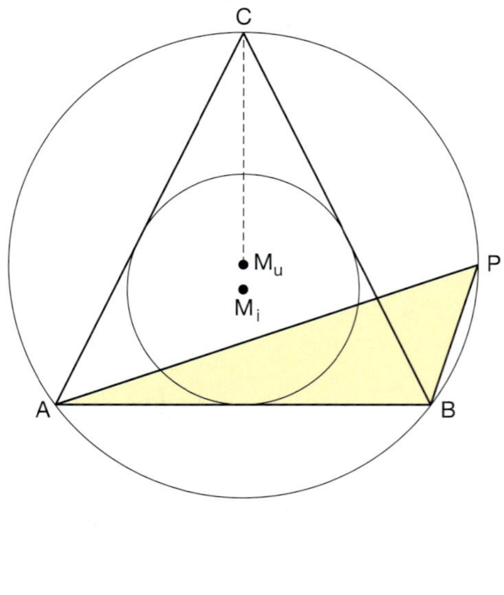

1 Das gleichschenklige Dreieck ABC mit der Basis [BC] ist die Grundfläche einer Pyramide ABCS. Die Spitze S befindet sich senkrecht über dem Punkt H. Der Punkt D ist Mittelpunkt der Basis [BC].

Es gilt: $\overline{AD} = 8$ cm; $\overline{BC} = 12$ cm;
H ∈ [AD] mit $\overline{AH} = 3$ cm; $\overline{HS} = 10$ cm

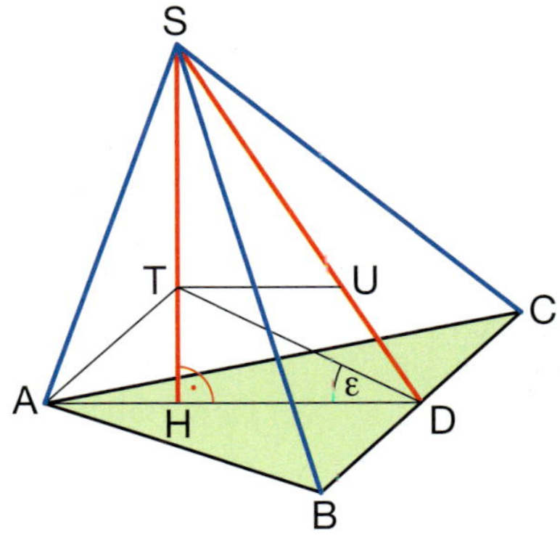

a) Zeichne ein Schrägbild der Pyramide. (Schrägbildachse AD; q = 0,5; ω = 45°)
b) Berechne das Winkelmaß δ der Seitenfläche BCS gegenüber der Grundfläche sowie die Länge der Strecke [DS].
c) Auf der Strecke [HS] liegt der Punkt T. Der Winkel TDH hat das Maß ε = 30,96°. Zeichne den Punkt T in das Schrägbild ein.
d) Zeige durch Rechnung, dass die Strecke [TH] 3,00 cm lang ist.
e) Eine Parallele zu AD durch den Punkt T schneidet die Strecke [DS] im Punkt U. Zeichne die Strecke [TU] in das Schrägbild ein und berechne ihre Länge.
f) Begründe: Die Dreiecke AUT und HUT haben gleichen Flächeninhalt.
g) Auf der Strecke [AS] liegt der Punkt P. Es gilt: ∢ PTA = 100°. Zeichne das Dreieck ATP und berechne dessen Flächeninhalt.

W 15

2 Die Raute ABCD ist Grundfläche einer Pyramide ABCDS. Die Spitze S befindet sich senkrecht über dem Schnittpunkt M der Diagonalen der Grundfläche.
Es gilt: $\overline{AC} = 8$ cm; $\overline{BD} = 6$ cm; ∢ MAS = 60°

a) Zeichne die Grundfläche ABCD. Berechne die Innenwinkelmaße und die Seitenlänge der Raute.
b) Das Lot vom Punkt M auf die Strecke [AB] schneidet diese im Punkt E. Zeige, dass für die Länge der Strecke [ME] gilt: $\overline{ME} = 2{,}40$ cm
c) Berechne die Längen $\overline{AE}$ und $\overline{BE}$. [Ergebnis: $\overline{AE} = 3{,}2$ cm; $\overline{BE} = 1{,}8$ cm]
d) Zeichne ein Schrägbild der Pyramide ABCDS (Rissachse: AC; $q = \frac{2}{3}$; ω = 60°).
e) Berechne die Höhe h = $\overline{MS}$ der Pyramide.
f) Berechne das Maß ε des Neigungswinkels der Seitenfläche ABS gegen die Grundfläche.
g) Eine Parallele zu [BD] im Abstand 4 cm schneidet die Strecke [BS] im Punkt P und die Strecke [DS] im Punkt Q. Zeichne das Trapez PBDQ in das Schrägbild ein.
h) Berechne die Länge $\overline{PQ}$ und den Flächeninhalt des Trapezes PBDQ.

3 Die Grundfläche einer Pyramide ABCDS ist das Drachenviereck ABCD. Die Diagonale AC liegt auf der Symmetrieachse und die Spitze S der Pyramide senkrecht über dem Schnittpunkt M der Diagonalen [AC] und [BD].
Es gilt: $\overline{AC} = 12{,}0$ cm; $\overline{BD} = 10{,}0$ cm; $\overline{AM} = 4{,}0$ cm; $\overline{MS} = 8{,}0$ cm

a) Zeichne ein Schrägbild der Pyramide ABCDS (Rissachse: AC; q = 0,5; ω = 45°)
b) Auf der Seitenkante [AS] liegt der Punkt P. Der Winkel PMA hat das Maß 75°. Zeichne den Punkt P in das Schrägbild ein und berechne die Länge $\overline{MP}$.
[Ergebnis: $\overline{MP} = 5{,}39$ cm]
c) Auf der Kante [CS] liegt der Punkt Q. Es gilt: $\overline{CQ} = 4{,}0$ cm
Zeichne das Dreieck PMQ in das Schrägbild ein und berechne dessen Flächeninhalt.
[Teilergebnis: $\overline{MQ} = 5{,}89$ cm]

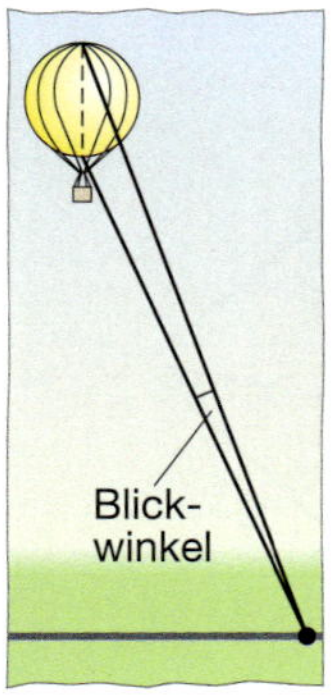

1 Martina und Peter wohnen in derselben Straße 250 m voneinander entfernt. Martina sieht einen Ballon unter einem Winkel mit dem Maß $\alpha = 40°$. Gleichzeitig sieht Peter den Ballon unter einem Winkel mit dem Maß $\beta = 62°$(siehe Abbildung).

a) In welcher Höhe über dem Erdboden befindet sich der Ballon? Runde sinnvoll.

b) Ein gleichmäßiger Ostwind treibt den Ballon mit 9 $\frac{km}{h}$ Richtung Westen. Der Ballon soll dabei seine Höhe beibehalten. Berechne die Maße der Höhenwinkel, unter denen Martina und Peter den Ballon zehn Minuten später sehen. Runde auf ganze Grad.

c) Der Ballon hat einen Umfang von 75 m. Unter welchem Blickwinkelmaß sieht Peter in a) in etwa den Ballon?

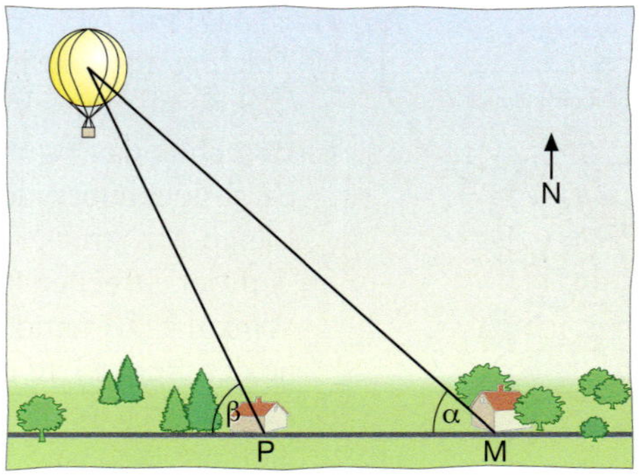

L 11°; 1,5°; 13°; 5°; 12 m; 380 m; 890 m

2 Ob ein Knall von rechts oder links kommt, können wir deshalb unterscheiden, weil der Schall zu unterschiedlichen Zeitpunkten an jedes unserer beiden Ohren gelangt. Herr Hurtig ist auf einem Wanderweg, der in Nord-Südrichtung verläuft, unterwegs. Einen von einem Jäger aus östlicher Richtung abgefeuerten Schuss hört er auf dem linken Ohr nach 1,5000 s. Sein rechtes Ohr nimmt den Knall 0,00038 s später wahr.
Der Ohrenabstand beträgt 15 cm.

a) In welche Richtung wandert Herr Hurtig? Begründe.

b) Berechne das Maß des Winkels, den die Schallquelle mit den beiden Ohren bildet. Rechne mit $v_{Schall} = 340 \frac{m}{s}$.

3 Das Zifferblatt der Uhr im Vereinsheim des Trachtenvereins Blaustein ist kein Kreis, sondern ein regelmäßiges Zwölfeck. Vor vier Wochen brach die größte blaue Marmorraute heraus. Der Vorstand Sepp Dimpfl konnte den Steinmetz Hans Loden dazu überreden, kostenlos die Raute zu erneuern. Lediglich die Materialkosten von 35 € mussten bezahlt werden. Bei der Weihnachtsfeier des Trachtenvereins Blaustein fiel infolge einer Unaufmerksamkeit die Uhr auf den Boden.

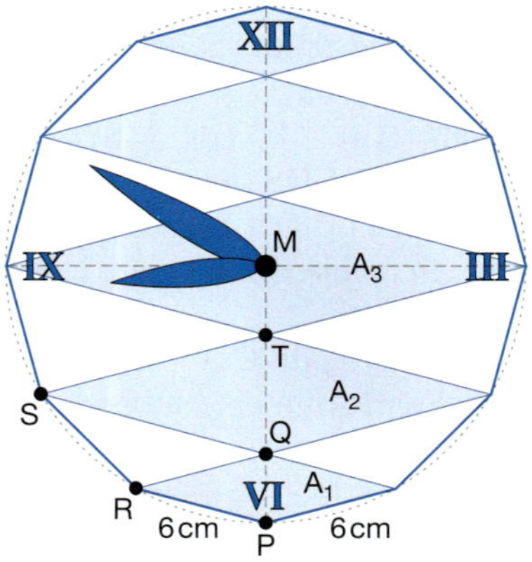

Aus der Uhr brachen die vier kleineren blauen Rauten heraus. Hans Loden, der die Reparatur vornehmen soll, verlangt 70 € Materialkosten. Der Vorstand soll überprüfen, ob das Angebot reell ist.

a) Begründe, dass gilt: $\sphericalangle RMP = 30°$; $\sphericalangle MPR = 75°$; $\sphericalangle RQP = 75°$

b) Zeige durch Rechnung, dass gilt: $A_1 = 18\ cm^2$

c) Begründe, dass gilt: $\sphericalangle QRS = 120°$; $\overline{QS} = \sqrt{108}$ cm; $A_2 = 54\ cm^2$

d) Berechne den Flächeninhalt A_3. Ist der von Hans Loden geforderte Preis seriös?

1 Um eine Bewegung eindeutig beschreiben zu können, benötigt man die Richtung der Bewegung und den Betrag der Geschwindigkeit. Als Nullrichtung wählt man die geografische Nordrichtung. Das Winkelmaß einer davon abweichenden Richtung wird im Uhrzeigersinn festgelegt. Durch die Angabe eines Winkelmaßes und des Betrages der Geschwindigkeit erhält man einen Vektor.
Die Bewegung eines Flugzeugs kann zusätzlich durch äußere Kräfte, z. B. durch Wind beeinflusst werden.

Wenn bei einem Flug der Eigengeschwindigkeitsvektor $\vec{u} = \begin{pmatrix} 60° \\ 180\,\frac{km}{h} \end{pmatrix}$ des Flugzeugs und der Windvektor $\vec{w} = \begin{pmatrix} 120° \\ 60\,\frac{km}{h} \end{pmatrix}$ bekannt sind, kann man den Geschwindigkeitsvektor $\vec{v}$ über der Erdoberfläche bestimmen. Er ergibt sich mit Hilfe des so genannten **Winddreiecks.**

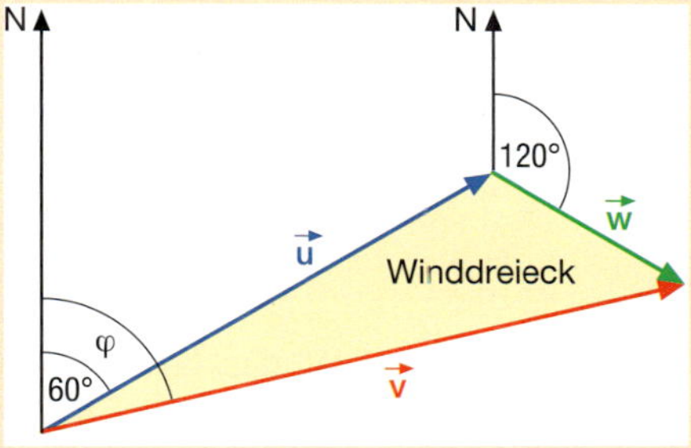

Zeige durch Rechnung, dass für den Vektor $\vec{v}$ über Grund gilt: $\vec{v} = \begin{pmatrix} 73{,}9° \\ 216\,\frac{km}{h} \end{pmatrix}$

2 Ein Rettungshubschrauber hat auf der Autobahn bei Bernau einen Schwerverletzten aufgenommen und ist mit einer Eigengeschwindigkeit von 180 $\frac{km}{h}$ zum Krankenhaus nach Traunstein unterwegs.

a) Welcher der folgenden Eigengeschwindigkeitsvektoren könnte für den Flug zutreffen? Verwende einen Atlas oder eine Straßenkarte.

A $\vec{u} = \begin{pmatrix} 15° \\ 180\,\frac{km}{h} \end{pmatrix}$ **B** $\vec{u} = \begin{pmatrix} 75° \\ 180\,\frac{km}{h} \end{pmatrix}$ **C** $\vec{u} = \begin{pmatrix} 45° \\ 180\,\frac{km}{h} \end{pmatrix}$

Wie lange dauert in etwa der Flug ohne Start und ohne Landung?

b) Bereits beim Start bläst ein Wind aus Nordwest Richtung Südost mit 80 $\frac{km}{h}$. Gib den Windvektor $\vec{w}$ an.

A $\vec{w} = \begin{pmatrix} 135° \\ 80\,\frac{km}{h} \end{pmatrix}$ **B** $\vec{w} = \begin{pmatrix} 45° \\ 80\,\frac{km}{h} \end{pmatrix}$ **C** $\vec{w} = \begin{pmatrix} 225° \\ 80\,\frac{km}{h} \end{pmatrix}$

c) Begründe, warum der Pilot nun im Vergleich zu a) eine Kurskorrektur in nordöstlicher Richtung vornehmen muss. Berechne mit Hilfe des Winddreiecks den Geschwindigkeitsvektor $\vec{v}$ über der Erdoberfläche und die Richtung des Eigengeschwindigkeitsvektors, wenn der Pilot eine Kurskorrektur von 22,5° in nordöstliche Richtung durchführt.

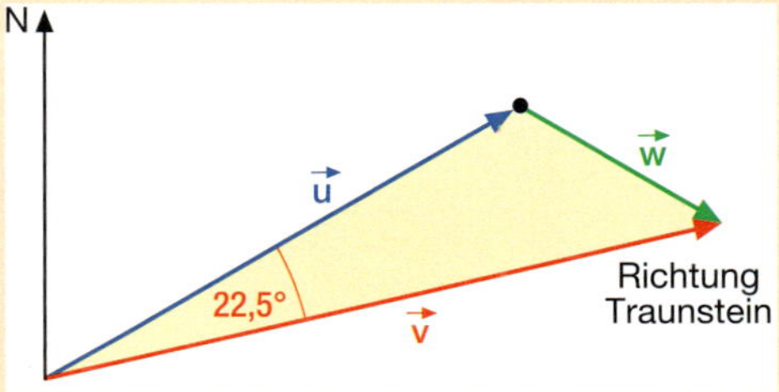

[Ergebnis: $\vec{v} = \begin{pmatrix} 75° \\ 207\,\frac{km}{h} \end{pmatrix}$; $\vec{u} = \begin{pmatrix} 52{,}5° \\ 180\,\frac{km}{h} \end{pmatrix}$]

d) Berechne, wie lange der Flug im Vergleich zu a) dauert.

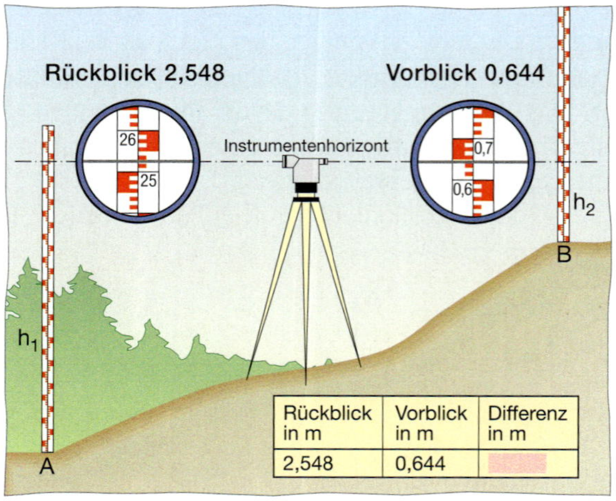

1 Ein genaues Verfahren zur Höhenbestimmung ist das **Nivellement.** Man arbeitet mit senkrecht stehenden Maßstäben (Nivellierlatten) und einem Nivelliergerät, mit dem man horizontal die beiden Messlatten anvisiert.
Das Nivelliergerät ist leicht zu handhaben. Es muss allerdings sehr sorgfältig justiert werden.

a) Welche Höhendifferenz wird zwischen den Messpunkten A und B in der Abbildung links ermittelt?
b) Das Gelände hat eine durchschnittliche Steigung von 4 %: Berechne den Abstand der beiden Nivellierlatten.

c) Ist das Nivellement nicht anwendbar oder unwirtschaftlich, z. B. bei der Turmhöhenbestimmung in der Abbildung rechts, dann wird die trigonometrische Höhenmessung angewandt. Welche Größen müssen hierzu bestimmt werden?
d) Berechne die Höhe des Turms, wenn folgende Größen bekannt sind:
$e = 25$ m; $\alpha_1 = 28°$; $\alpha_2 = 55°$

2 Zur Bestimmung des Höhenunterschieds einer geplanten Seilbahn zwischen der Bodenstation B und der Spitzkehralm S wurden folgende Daten erfasst:

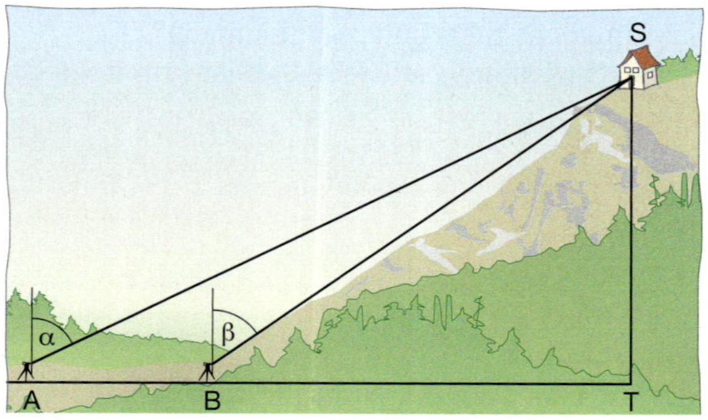

Höhe (Standort A): 954 m über NN
Höhe (Standort B): 954 m über NN
Horizontalentfernung: $\overline{AB} = 58{,}0$ m
$\alpha = 81{,}9°$; $\beta = 80{,}8°$
Die Messinstrumente und die Spitzkehralm stehen in einer Linie.

a) Berechne die Länge der Strecke [BS].
Ergebnis: $\overline{BS} = 426$ m
b) Berechne die Horizontalentfernung $\overline{BT}$ und die höchste Erhebung der Spitzkehralm S über NN.

In Bavarien sind 1000 Bürger erwerbsfähig. Davon sind 50 arbeitslos. In Bananien leben 1000 erwerbsfähige Menschen, von denen 200 ohne Arbeit sind. Wegen der schlechten Konjunktur werden in Bavarien weitere 10 Bürger und in Bananien weitere 20 Bürger aus Betrieben entlassen. Der Wirtschaftsminister Dussl aus Bananien behauptet: „Wir betreiben die bessere Wirtschafts- und Arbeitsmarktpolitik. Bei uns ist nämlich der Anstieg der Arbeitslosenzahl prozentual niedriger.“

1 Als französische Geometer im 17. Jahrhundert feststellten, dass der Rhein im Vergleich zu früheren Messungen um rund 200 km kürzer ist, bemerkte LUDWIG XIV. mit Galgenhumor: *„Messieurs, ich sehe mit Bedauern, dass Ihre genauen und kostspieligen Messungen mich ein gutes Stück meines Reiches gekostet haben!“*
Seit Jahrtausenden versuchen die Menschen, die Lage wichtiger Punkte sowie die Maße von Flächen, Längen und Höhen möglichst genau zu bestimmen. Mithilfe einer Vielzahl technischer Geräte kann man heute die Lage eines Punktes auf der Erde mit Zentimetergenauigkeit festlegen. Damit lassen sich zum Beispiel Baumaschinen punktgenau steuern oder Autos mit elektronischen Navigationssystemen leiten.

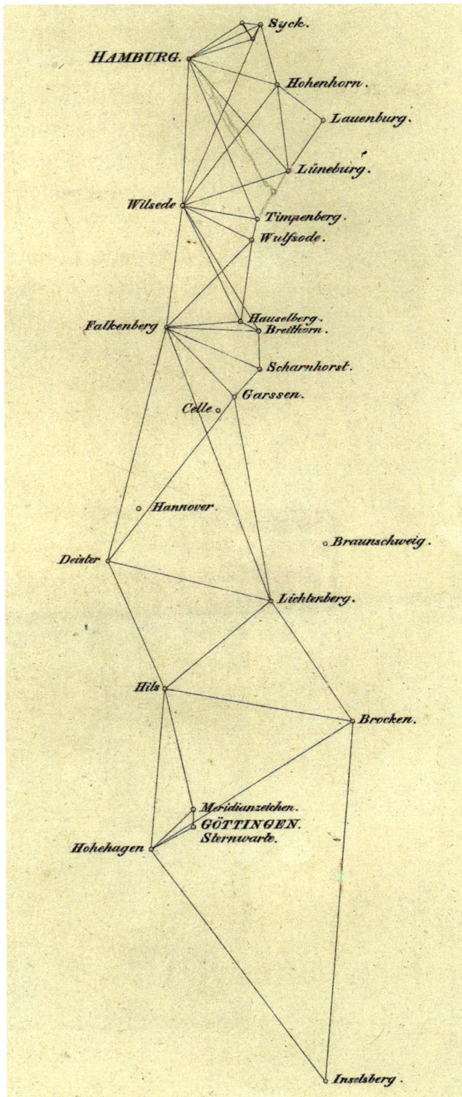

CARL FRIEDRICH GAUSS (1777–1855) hat 1820 die Neuvermessung des Königreiches Hannover begonnen und mit einer außerordentlichen Genauigkeit durchgeführt. GAUSS arbeitete fünf Jahre lang persönlich an den Messungen mit, die insgesamt 25 Jahre dauerten.
Dabei wurden 2600 trigonometrische Punkte eingemessen. Nach dem heutigen Stand der Messtechnik betrug die durchschnittliche Ungenauigkeit der Lagekoordinaten bei Längen von 30 bis 80 km weniger als 30 cm.
Das größte zu damaliger Zeit vermessene Dreieck war zwischen den drei Bergspitzen Hoher Hagen (506 m über NN), Brocken (1142 über NN) und dem Inselberg (915 m über NN) bei Friedrichroda.

a) Sucht die oben genannten Berge auf einer genauen Landkarte.
b) Wie könnte GAUSS bei den Vermessungen vorgegangen sein, welche Schwierigkeiten könnten aufgetreten sein?
c) Die Entfernung Hohehagen–Brocken beträgt 65 km. Ermittelt mit Hilfe der Abbildung erforderliche Winkelmaße und berechnet die Entfernung Brocken–Inselsberg.

d) Horizontale Vermessungen, mit denen man mit zwei bekannten Punkten die Lage eines dritten Punktes bestimmt, nennt man **Vorwärtseinschneiden.** Führt eine Messung in eurer Umgebung mit dieser Methode durch und bestimmt dadurch die Entfernung eines unzugänglichen Punktes. Ihr braucht dazu ein Winkelmessgerät (Theodolit), ein Maßband und Nivellierlatten.
e) Wozu dient der in der Abbildung links dargestellte Stein? Wo findet man solche Steine?

1 Von der Erde aus erscheinen Sonne und Mond ungefähr gleich groß. Ihre Entfernung kann man nicht beurteilen. Schon ARISTARCH (griechischer Astronom, um 310–230 v. Chr.) deutete die Sonnenfinsternis richtig, nämlich als einen Vorgang, bei dem sich der Mond zwischen Erde und Sonne „schiebt". Er hatte eine geniale Idee wie man das Verhältnis der Abstände beider Himmelskörper zur Erde bestimmen könnte. Bei Halbmond ($\beta \approx 90°$) maß er $\alpha = 87°$.

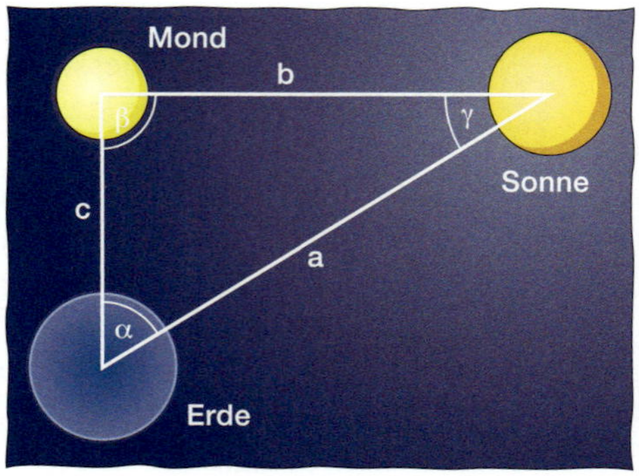

a) Berechne daraus das Entfernungsverhältnis c : a, also Erde–Mond : Erde–Sonne.
b) Moderne Messungen ergaben $\alpha = 89{,}85°$. Berechne erneut das Verhältnis c : a.
c) Die Entfernung Erde–Mond beträgt 384 000 km. Wie groß wäre die Entfernung Erde–Sonne in a) bzw. in b)? Runde auf Millionen Kilometer.

2 Auf der Erde konnte ARISTARCH keine genügend große Strecke für trigonometrische Berechnungen im Weltraum ausmessen. Dies gelang erst im 18. Jahrhundert. Für zwei Beobachter an verschiedenen Orten der Erde scheint der Mond vor dem Hintergrund der sehr viel weiter entfernten Fixsterne zur gleichen Zeit an verschiedenen Positionen zu stehen. Diese scheinbare Verschiebung nennt man **Parallaxe.** Die französischen Astronomen JOSEPH LALANDE und NICOLAS LACAILLE bestimmten 1752 die Mondentfernung durch Ermittlung des Parallaxenwinkelmaßes η. Sie wählten für die Messungen die Städte Berlin und Kapstadt, die beide annähernd auf dem 20. Längenkreis liegen. Bei Vollmond bestimmten sie genau um Mitternacht den Zenitabstand $\delta_1 = 41{,}2622°$ in Berlin (Winkelmaß zwischen Lot auf die Erde und der Verbindungsstrecke Berlin–Mond) und den „Zenitabstand" $\delta_2 = 46{,}5603°$ in Kapstadt.

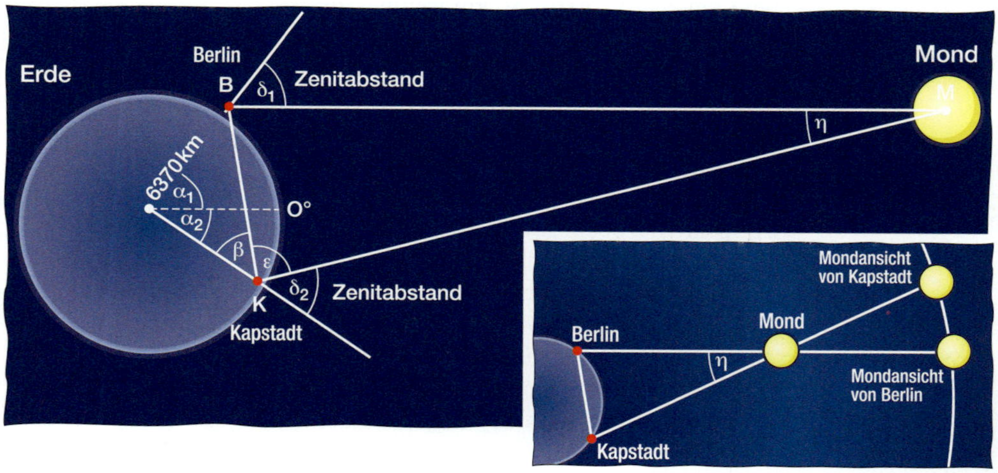

Berlin liegt auf 52,5208° (= α_1) nördlicher Breite und Kapstadt auf 33,9208° (= α_2) südlicher Breite.

a) Zeige durch Rechnung, dass sich für die Strecke [BK] 8724,5 km ergibt. Vergleiche mit der Länge der Strecke, die ein Flugzeug beim Direktflug Berlin–Kapstadt zurücklegt.
b) Zeige, dass mit Hilfe der obigen Werte für die Winkelmaße β und ε folgt: $\beta = 46{,}7792°$; $\varepsilon = 86{,}6605°$. Zeige, dass dann gilt: $\eta = 1{,}3809°$
c) Berechne die Entfernung Berlin–Mond. Vergleiche mit aktuellen Werten.

1 Moderne Messgeräte nutzen das GPS-System (Global Positioning System), ein vom amerikanischen Verteidigungsministerium betriebenes und kontrolliertes System. Dieses arbeitet mit mindestens 24 Satelliten, die in 20200 km Höhe (ca. 27000 km entfernt vom Erdmittelpunkt) die Erde umkreisen.

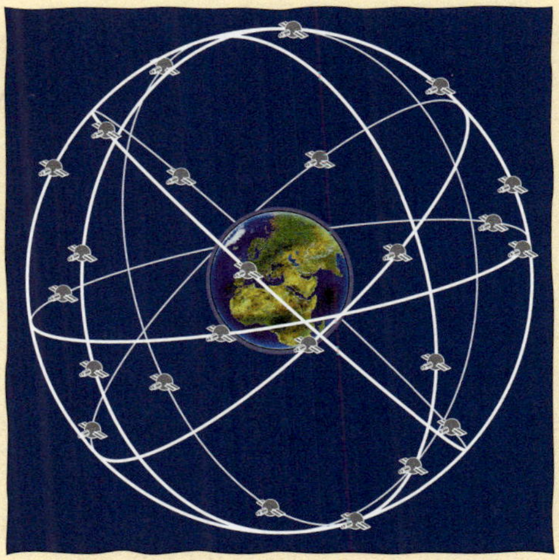

Angeordnet sind die Satelliten so, dass jeder Punkt der Erde von mindestens vier Satelliten angepeilt werden kann. In jedem GPS-Satelliten befindet sich eine exakte Atomuhr. Die Satelliten senden laufend Signale, die sich mit 300000 $\frac{km}{s}$ ausbreiten. Darin enthalten sind Daten über die Sendezeit und die aktuelle Position des Satelliten. In den GPS-Empfangsgeräten auf der Erde sind die genauen Koordinaten der Satellitenumlaufbahnen gespeichert. Trifft ein Signal auf ein GPS-Empfangsgerät, so kann derjenige Satellit, von dem das Signal kommt, ermittelt werden. Außerdem kann sofort die Laufzeit des Signals und damit die Entfernung zwischen Satellit und GPS-Empfänger berechnet werden.

a) Berechne die Entfernungen eines GPS-Empfängers E von den zwei Satelliten S_1 und S_2 in der Abbildung, wenn den GPS-Empfänger zum selben Zeitpunkt zwei Signale mit den Laufzeiten $t_1 = 0{,}068\,s$ und $t_2 = 0{,}080$ s erreichen.

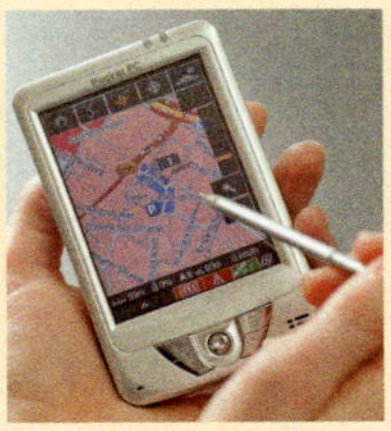

b) Mit einer Atomuhr im GPS-Empfangsgerät und der Erde als Scheibe könnte die Position des GPS-Empfängers einfach als der Schnittpunkt E der beiden Kreise mit den Signallaufzeiten t_1 und t_2 festgelegt werden. Der Punkt E* liegt draußen im Weltraum und kann unberücksichtigt bleiben.
Tatsächlich sind in den GPS-Empfangsgeräten Quarzuhren eingebaut. Berechne, welcher Fehler bei der Bestimmung der Position E entstehen könnte, wenn die Zeit um $\frac{1}{1000}$ s falsch gemessen wird.

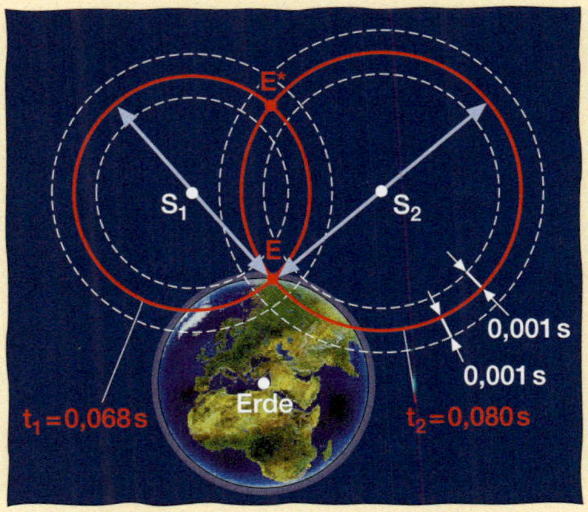

c) Wie genau müsste die Uhr messen, damit der Fehler maximal 10 m beträgt?

2 Der Standort eines GPS-Empfängers kann nach Stand der heutigen Technik dann exakt bestimmt werden, wenn Signale von mindestens vier Satelliten auf das GPS-Gerät auftreffen. Dazu muss das in Aufgabe 1 dargestellte einfache Verfahren der Positionsbestimmung von E mit zwei Kreisen wegen der Erde als Kugel und der Erhebungen und Vertiefungen auf der Erde auf vier Kreise erweitert werden. Die Berechnungsvorgänge des Standorts des GPS-Empfängers sind mathematisch äußerst kompliziert. Verwendung finden GPS-Geräte bei der Vermessung von Entfernungen, bei der Navigation von Schiffen und Fahrzeugen, bei der Erfassung der Maut von Lkws auf Autobahnen.
Je nach technischer Ausrüstung des GPS- Empfängers sind Messungen bis in den Zentimeterbereich möglich. 2008 soll ein neues europäisches Navigationssystem an den Start gehen, das zehnmal so genau sein soll, wie das heutige GPS-System.
Finde in den Medien weitere Informationen über Satellitennavigationsverfahren.

1 Vergleiche jeweils die Werte. Was stellst du fest?

a) $\sin(30° + 60°)$ und $\sin 30° + \sin 60°$
b) $\sin(90° - 45°)$ und $\sin 90° - \sin 45°$
c) $\cos(45° + 60°)$ und $\cos 45° + \cos 60°$
d) $\cos(60° - 30°)$ und $\cos 60° - \cos 30°$

2 So kann ein Zusammenhang zwischen $\sin(\alpha + \beta)$ bzw. $\cos(\alpha + \beta)$ und $\sin\alpha$, $\sin\beta$, $\cos\alpha$ und $\cos\beta$ ermittelt werden.

a) Begründe, dass für die kartesischen Koordinaten der Punkte $P(1|-\alpha)$ und $Q(1|\beta)$ gilt: $P(\cos\alpha|-\sin\alpha)$; $Q(\cos\beta|\sin\beta)$.
b) Erkläre folgende Rechenschritte.

Der Flächeninhalt A des Dreiecks OPQ kann so dargestellt werden:
$A = 0{,}5\,\overline{OP} \cdot \overline{OQ}\,\sin(\alpha + \beta) = 0{,}5 \cdot 1\text{ LE} \cdot 1\text{ LE}\,\sin(\alpha + \beta)$
oder
$A = 0{,}5\,|\,\overrightarrow{OP}\quad\overrightarrow{OQ}\,|\text{ FE}$

$A = 0{,}5 \begin{vmatrix} \cos\alpha & \cos\beta \\ -\sin\alpha & \sin\beta \end{vmatrix}\text{ FE}$

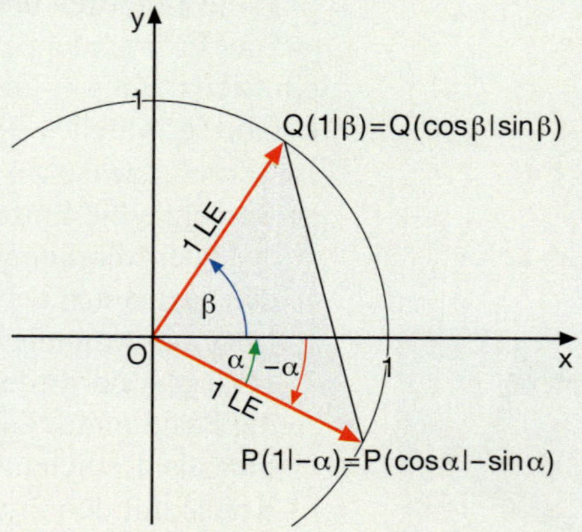

Es folgt:
$0{,}5\sin(\alpha + \beta) = 0{,}5(\cos\alpha\sin\beta + \sin\alpha\cos\beta)$
(I) $\sin(\alpha + \beta) = \sin\alpha\cos\beta + \cos\alpha\sin\beta$
Ersetzt man in (I) das Winkelmaß β durch $-\beta$, so folgt:
$\sin(\alpha + (-\beta)) = \sin\alpha\cos(-\beta) + \cos\alpha\sin(-\beta)$
$\sin(\alpha - \beta) = \sin\alpha\cos\beta - \cos\alpha\sin\beta$

Die Länge der Strecke [PQ] kann auf folgende Arten dargestellt werden:
Mit $\overrightarrow{PQ} = \begin{pmatrix} \cos\beta - \cos\alpha \\ \sin\beta + \sin\alpha \end{pmatrix}$ folgt: $\overline{PQ}^2 = [(\cos\beta - \cos\alpha)^2 + (\sin\beta + \sin\alpha)^2]\,(\text{LE})^2$
Mit dem Kosinussatz im Dreieck OPQ folgt:
$\overline{PQ}^2 = [1^2 + 1^2 - 2 \cdot 1 \cdot 1\cos(\alpha + \beta)]\,(\text{LE})^2$

Es folgt: $(\cos\beta - \cos\alpha)^2 + (\sin\beta + \sin\alpha)^2 = 2 - 2\cos(\alpha + \beta)$
$\cos^2\beta - 2\cos\beta\cos\alpha + \cos^2\alpha + \sin^2\beta + 2\sin\beta\sin\alpha + \sin^2\alpha = 2 - 2\cos(\alpha + \beta)$
$1 + 1 - 2\cos\beta\cos\alpha + 2\sin\beta\sin\alpha = 2 - 2\cos(\alpha + \beta)\quad|-2\quad|:(-2)$
(II) $\cos\alpha\cos\beta - \sin\alpha\sin\beta = \cos(\alpha + \beta)$

c) Ersetze in (II) das Winkelmaß β durch $-\beta$. Zeige durch Umformung, dass folgt: $\cos(\alpha - \beta) = \cos\alpha\cos\beta + \sin\alpha\sin\beta$

Additionstheoreme

Für beliebige Winkelmaße α und β gelten die so genannten **Additionstheoreme:**

$\sin(\alpha + \beta) = \sin\alpha\cos\beta + \cos\alpha\sin\beta$ $\quad\cos(\alpha + \beta) = \cos\alpha\cos\beta - \sin\alpha\sin\beta$
$\sin(\alpha - \beta) = \sin\alpha\cos\beta - \cos\alpha\sin\beta$ $\quad\cos(\alpha - \beta) = \cos\alpha\cos\beta + \sin\alpha\sin\beta$

Übung

3 Wende die Additionstheoreme an und vereinfache.

a) $\sin(60° + \varepsilon) - 0{,}5\sqrt{3}\cos\varepsilon$
b) $\cos(150° + \varepsilon) + 0{,}5\sin\varepsilon$
c) $\sin(135° - \varepsilon) + 0{,}5\sqrt{2}\sin\varepsilon$
d) $\cos(60° - \varepsilon) - 0{,}5\cos\varepsilon$

1 Zeige mit Hilfe der Additionstheoreme die Äquivalenz der Terme.

a) $T_1 = \sin 2\alpha$; $T_2 = 2 \sin\alpha \cos\alpha$
Hinweis:
Ersetze in der Formel $\sin(\alpha + \beta) = \sin\alpha \cos\beta + \cos\alpha \sin\beta$ das Winkelmaß β durch α.

b) $T_1 = \cos 2\alpha$; $T_2 = \cos^2\alpha - \sin^2\alpha$
Hinweis:
Ersetze in der Formel $\cos(\alpha + \beta) = \cos\alpha \cos\beta - \sin\alpha \sin\beta$ das Winkelmaß β durch α.

c) $T_1 = \cos 2\alpha$; $T_2 = 2\cos^2\alpha - 1$

d) $T_1 = \cos 2\alpha$; $T_2 = 1 - 2\sin^2\alpha$

2 Zeige mit Hilfe der Ergebnisse aus Aufgabe 1 die Äquivalenz der Terme.

a) $T_1 = \sin^2\frac{\alpha}{2}$; $T_2 = \frac{1}{2}(1 - \cos\alpha)$ *Hinweis:* Ersetze in 1d) α durch $\frac{\alpha}{2}$.

b) $T_1 = \cos^2\frac{\alpha}{2}$; $T_2 = \frac{1}{2}(\cos\alpha + 1)$ *Hinweis:* Ersetze in 1c) α durch $\frac{\alpha}{2}$.

Sinus und Kosinus für doppelte und halbe Winkelmaße

Für beliebige Winkelmaße $\alpha \in [0°;\ 180°[$ gilt:

$\sin 2\alpha = 2\sin\alpha\cos\alpha$

$\cos 2\alpha = \cos^2\alpha - \sin^2\alpha = 2\cos^2\alpha - 1 = 1 - 2\sin^2\alpha$

$\sin^2\frac{\alpha}{2} = \frac{1}{2}(1 - \cos\alpha)$

$\cos^2\frac{\alpha}{2} = \frac{1}{2}(\cos\alpha + 1)$

Übungen

3 Zeige durch geeignete Termumformung, dass sich der Terms T_1 auf die Form des Terms T_2 bringen lässt ($\alpha \in]0°;\ 180°[\setminus \{90°\}$. (Hinweis zu 3g) und h): $\sin\alpha = \sin\left(2 \cdot \frac{\alpha}{2}\right)$)

a) $T_1 = \frac{\sin 2\alpha}{2\cos\alpha}$; $T_2 = \sin\alpha$

b) $T_1 = \frac{\cos^2\frac{\alpha}{2}}{\cos\alpha + 1}$; $T_2 = \frac{1}{2}$

c) $T_1 = \sin^2\frac{\alpha}{2} + \frac{1}{2}\cos\alpha$; $T_2 = \frac{1}{2}$

d) $T_1 = \tan 2\alpha \cdot (1 - 2\sin^2\alpha)$; $T_2 = \sin 2\alpha$

e) $T_1 = \cos 2\alpha - 4\cos^2\alpha + 3$; $T_2 = 2\sin^2\alpha$

f) $T_1 = \frac{\cos 2\alpha - 2\sin^2\alpha}{1 - 2\sin\alpha}$; $T_2 = 1 + 2\sin\alpha$

g) $T_1 = \frac{\sin\frac{\alpha}{2}}{\sin\alpha}$; $T_2 = \frac{1}{2\cos\frac{\alpha}{2}}$

h) $T_1 = \frac{\sin\alpha}{\cos\frac{\alpha}{2}}$; $T_2 = \sqrt{2}\sqrt{1 - \cos\alpha}$

4 Die gleichschenkligen Dreiecke $A_nB_nC_n$ mit der Basis $[A_nB_n]$ haben einen Umfang von 20 cm. Die Winkel $A_nC_nB_n$ haben das Maß γ.

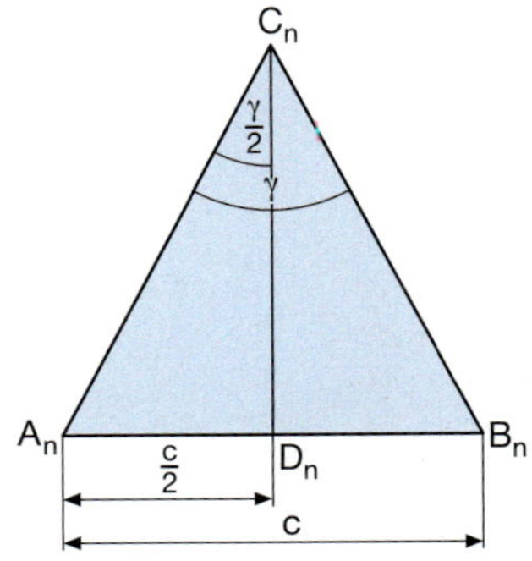

a) Aus welchem Intervall kann man das Winkelmaß γ bzw. die Länge c wählen?

b) Zeige, dass sich c auf folgende Weise in Abhängigkeit von γ darstellen lässt: $c = \frac{20\sin\frac{\gamma}{2}}{1 + \sin\frac{\gamma}{2}}$ cm

c) Zeige, dass sich der Term in b) auf folgende Form bringen lässt: $c = \frac{20\sin\gamma}{2\cos\frac{\gamma}{2} + \sin\gamma}$ cm

d) Berechne c für $\gamma = 53{,}13°$.

e) Berechne mit dem GTR die Belegung von γ, für die gilt: c = 5 cm

5 Das Quadrat ABCD hat die Seitenlänge a. Die Punkte M_1 und M_2 sind Seitenmittelpunkte. Der Winkel M_1BM_2 hat das Maß α.

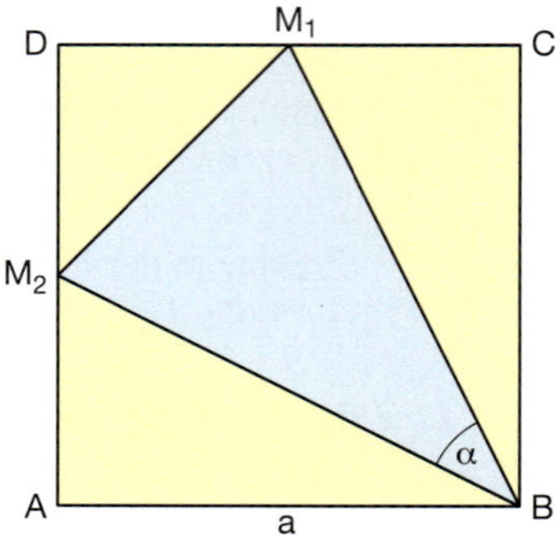

a) Begründe: Die Winkel BM_2M_1 und M_2M_1B haben das Maß $90° - \frac{\alpha}{2}$.

b) Zeige mit Hilfe des Dreiecks M_1M_2B, dass gilt: $\frac{\sqrt{5}}{\sqrt{2}} = \frac{\cos\frac{\alpha}{2}}{\sin\alpha}$

c) Zeige, dass sich die Gleichung in b) in folgende Gleichung umformen lässt:
$\sin\frac{\alpha}{2} = 0{,}5\sqrt{\frac{2}{5}}$

d) Berechne mit Hilfe der Gleichung in c) das Winkelmaß α.

6 In der Abbildung rechts gilt: r = 1 cm

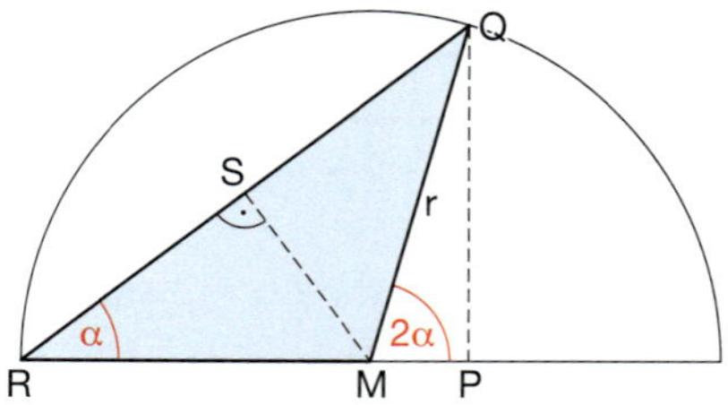

a) Zeige, dass gilt: $\overline{RS} = \cos\alpha$ cm

b) Begründe mit Hilfe der Abbildung:
$\sin(2\alpha) = 2\sin\alpha\cdot\cos\alpha$

7 Zu Beginn der jährlichen Nilfluten kommt ein altägyptischer Grundbesitzer zu einem Landvermesser und möchte sofort die Uferlänge seiner dreieckigen Ackerfläche vermessen haben. Wenn sie überflutet wird, möchte er schnellstmöglich eine Entschädigung für die Flutzerstörung an der Böschung beantragen.

Unglücklicherweise besteht der Uferrand aus einem undurchdringlichen Schilfgürtel, sodass der Landvermesser die Grenze [AC] am Wasserrand nicht ausmessen kann. Mühsam scheidet er die Grenzsteine A und C frei, damit sie von B aus sichtbar sind. Mit einem Quadranten (altes Winkelmessgerät) bestimmt er das Maß des Winkels CBA zu 37,5°. Von A nach B misst er 1000 Schritte und von C nach B 800 Schritte.

Die Berechnung der Streckenlänge $\overline{AC}$ mit dem Kosinussatz wäre für den Landvermesser kein Problem. Aber er hat seinen Papyros mit den Tabellen vergessen und kennt den Wert von cos 37,5° nicht. Der Landbesitzer will aber noch vor Ort präzise Auskunft. Der Landvermesser, der sich in Trigonometrie gut auskennt, hat das Additionstheorem $\cos(\alpha+\beta) = \cos\alpha\cos\beta - \sin\alpha\sin\beta$ im Kopf.
Außerdem weiß er, dass gilt: $\sin 30° = 0{,}5$ und $0{,}5\sqrt{3} \approx 0{,}87$
Für kleine Winkelmaße wie z. B. 7,5° rechnet er wie folgt:
$\sin 7{,}5° = \sin\left(30°\cdot\frac{1}{4}\right) \approx \frac{1}{4}\cdot\sin 30° \approx 0{,}13$

a) Überprüfe mit dem GTR, ob diese Näherung für kleine Winkelmaße akzeptabel ist.
b) Wie erhält der Landvermesser aus sin 30° = 0,5 den Wert für cos 30°?
c) Welche Näherung wird der Landvermesser für cos 7,5° wählen?
d) Wie kann der Landvermesser näherungsweise die Streckenlänge $\overline{AC}$ berechnen? Vergleiche mit einer Berechnung am GTR. Runde auf ganze Meter.

1 So kann man die Gleichung $\sin(\alpha - 20°) = 0{,}5$ lösen ($\alpha \in [0°;\ 180°]$.

$$\sin(\alpha - 20°) = 0{,}5$$
$$\alpha_1 - 20° = 30° \vee \alpha_2 - 20° = 180° - 30°$$
$$\alpha_1 - 20° = 30° \vee \alpha_2 - 20° = 150°$$
$$\alpha_1 = 50° \vee \alpha_2 = 170°$$
Ergebnis: $\mathbb{L} = \{50°;\ 170°\}$

Löse wie im Beispiel:

a) $\cos(\alpha - 20°) = 0{,}5$
b) $\tan(\alpha - 20°) = 0{,}5$
c) $\sin(\alpha + 20°) = 0{,}5\sqrt{3}$
d) $\sin(\alpha - 60°) = 0{,}4\sqrt{3}$
e) $\tan(\alpha + 40°) = -2$
f) $\cos(\alpha - 25°) = -0{,}776$

2 So kann man folgende Gleichung lösen ($\alpha \in [0°;\ 360°[$).

$0{,}4 = \dfrac{\cos(\alpha + 50°)}{\cos\alpha}$	$\vert\cdot \cos\alpha\ (\cos\alpha \neq 0)$
$0{,}4\cos\alpha = \cos(\alpha + 50°)$	|Additionstheoreme anwenden
$0{,}4\cos\alpha = \cos\alpha\cos 50° - \sin\alpha\sin 50°$	$\vert - \cos\alpha\cos 50°$
$0{,}4\cos\alpha - \cos\alpha\cos 50° = -\sin\alpha\sin 50°$	|$\cos\alpha$ ausklammern
$(0{,}4 - \cos 50°)\cos\alpha = -\sin 50°\sin\alpha$	$\vert : (-\sin 50°)\quad \vert : \cos\alpha\ (\cos\alpha \neq 0)$
$\dfrac{0{,}4 - \cos 50°}{-\sin 50°} = \dfrac{\sin\alpha}{\cos\alpha}$	|$\dfrac{\sin\alpha}{\cos\alpha}$ durch $\tan\alpha$ ersetzen
$0{,}317 = \tan\alpha$	
$\alpha_1 = 17{,}59° \vee \alpha_2 = 180° + 17{,}59°$	
$\mathbb{L} = \{17{,}59°;\ 197{,}59°\}$	

a) $0{,}5 = \dfrac{\cos(\alpha + 60°)}{\cos\alpha}$
b) $0{,}4 = \dfrac{\sin(\alpha + 50°)}{\cos\alpha}$

c) $0{,}8 = \dfrac{\cos\alpha}{\cos(\alpha + 20°)}$
d) $1{,}2 = \dfrac{\cos(\alpha - 50°)}{\sin\alpha}$

L 0°; 180°; 137,78°; 330,34°; 150,34°; 317,78°; 55,98°; 124,02°; 235,98°

3

$$2\cos(\alpha + 60°) = \tfrac{2}{3}\sqrt{3}\sin(120° - \alpha);\ \alpha \in [0°;\ 360°[$$
$$2\cos\alpha + 2 \cdot 0{,}5 = \tfrac{2}{3}\sqrt{3} \cdot \left(\tfrac{1}{2}\sqrt{3} - \sin\alpha\right)$$
$$2\cos a + 1 = 1 - \sin a$$
$$-2 = \tan a;\quad \mathbb{L} = \{116{,}57°;\ 295{,}57°\}$$

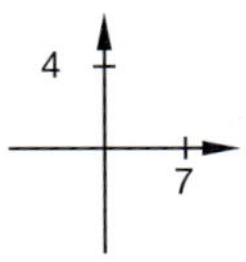

4 Gegeben sind die Dreiecke A_nBC_n.
Es gilt: $A_n(2\,|\,2{,}5\cos(\alpha + 30°))$; $B(6\,|\,0)$; $C_n(2\,|\,4\sin(\alpha + 60°))$; $\alpha \in [0°;\ 180°]$

a) Zeichne das Dreieck A_1BC_1 für $\alpha = 0°$.

b) Zeige, dass für den Flächeninhalt der Dreiecke A_nBC_n gilt:
$A(\alpha) = [8\sin(\alpha + 60°) - 5\cos(\alpha + 30°)]$ FE

c) Berechne den Grenzwert von α, für die der Flächeninhalt den Wert 0 FE annimmt. Gib das Intervall von α an, für das Dreiecke A_nBC_n existieren.

5 So kann man folgende Gleichung lösen ($\alpha \in]0°;\ 180°[$).

$-\cos^2\alpha + 2\sin\alpha - 1 = 0$	Ersetze $\cos^2\alpha$ durch $1 - \sin^2\alpha$
$-(1 - \sin^2\alpha) + 2\sin\alpha - 1 = 0$	
$\sin^2\alpha + 2\sin\alpha - 2 = 0$	Löse die quadratische Gleichung mit der Lösungsformel.
$\sin\alpha = \frac{-2 \pm \sqrt{2^2 - 4 \cdot 1 \cdot (-2)}}{2 \cdot 1}$	
$\sin\alpha = 0{,}73\ (\vee\ \sin\alpha = -2{,}73\ldots)$	$\sin\alpha = -2{,}73$ ist nicht möglich
$\alpha_1 = 47{,}06° \vee \alpha_2 = 180° - 47{,}06°$	
$\mathbb{L} = \{47{,}05°;\ 132{,}94°\}$	

Löse ebenso.
a) $\sin^2\alpha + 2\sin\alpha - 0{,}5 = 0$
b) $-\sin^2\alpha + 2\cos\alpha = 0$
c) $2\cos^2\alpha - 3\cos\alpha - 2 = \sin^2\alpha$
d) $\sin\alpha + \frac{0{,}4\cos\alpha}{\sin\alpha} = 0$

L 145,07°; 128,17°; 12,99°; 167,01°; 65,53°

6 So kann man folgende Gleichung lösen ($\alpha \in [0°;\ 180°[$).

$\sin\alpha + 2\cos\alpha = 0{,}5$	Ersetze z. B. $\sin\alpha$ durch $\sqrt{1 - \cos^2\alpha}$
$\sqrt{1 - \cos^2\alpha} + 2\cos\alpha = 0{,}5$	Isoliere den Wurzelterm auf einer Seite der Gleichung.
$\sqrt{1 - \cos^2\alpha} = 0{,}5 - 2\cos\alpha$	Quadriere beide Seiten der Gleichung. Achtung, keine Äquivalenzumformung!
$1 - \cos^2\alpha = 0{,}25 - 2 \cdot 0{,}5 \cdot 2\cos\alpha + 4\cos^2\alpha$	
$1 - \cos^2\alpha = 0{,}25 - 2\cos\alpha + 4\cos^2\alpha$	Löse die quadratische Gleichung mit der Lösungsformel.
$0 = 5\cos^2\alpha - 2\cos\alpha - 0{,}75$	
$\cos\alpha = \frac{2 \pm \sqrt{(-2)^2 - 4 \cdot 5 \cdot (-0{,}75)}}{2 \cdot 5}$	
$\cos\alpha = 0{,}63 \ \vee\ \cos\alpha = -0{,}23$	
$\alpha_1 = 50{,}51° \ \vee\ \alpha_2 = 103{,}64°$	Mache die Probe! Setze die berechneten Winkelmaße in die Ausgangsgleichung ein.
$\mathbb{L} = \{103{,}64°\}$	

Löse ebenso.
a) $0{,}5\cos\alpha + 0{,}7\sin\alpha - 0{,}2 = 0$
b) $\frac{1}{2}\sqrt{2}\cos\alpha - \sqrt{3}\sin\alpha = 0{,}2$
c) $0{,}5\cos\alpha + 0{,}2\sin\alpha + 0{,}1 = 0$
d) $0{,}3\cos\alpha - 0{,}8\sin\alpha + 0{,}7 = 0$

L 75,57°; 145,54; 122,50°; 131,02°; 16,07°

Wie lang ist ein Zug, der in 40 Sekunden mit einer Geschwindigkeit von $108\ \frac{\text{km}}{\text{h}}$ über eine 700 m lange Brücke rollt?

1 Die Punkte Q_n wandern auf der Strecke [BC] (siehe Abbildung).
Es gilt: $\overline{BC} = 7$ cm; $\overline{BP} = 3$ cm;
$\measuredangle\, CBP = 30°$; $\measuredangle\, BPQ_n = \varepsilon$

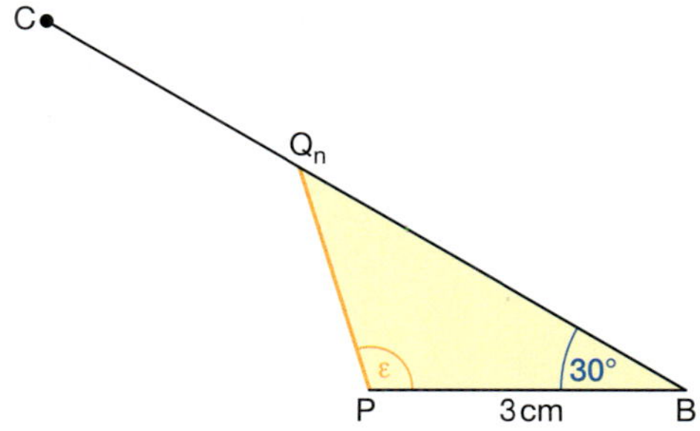

a) Aus welchem Intervall kann man ε wählen?
b) Zeige, dass sich die Länge der Strecken $[PQ_n]$ wie folgt in Abhängigkeit von ε darstellen lässt:
$\overline{PQ_n}\,(\varepsilon) = \frac{1{,}5}{\sin(\varepsilon + 30°)}$ cm
c) Begründe die Aussage von Maximilian. Welche Lage hat für $\varepsilon = 60°$ die Strecke $[PQ_0]$ zur Strecke [BC]?
d) Mache zur Aufgabe c) die Probe mit dem GTR. Betrachte dazu den Graphen des Terms $\frac{1{,}5}{\sin(\varepsilon + 30°)}$.

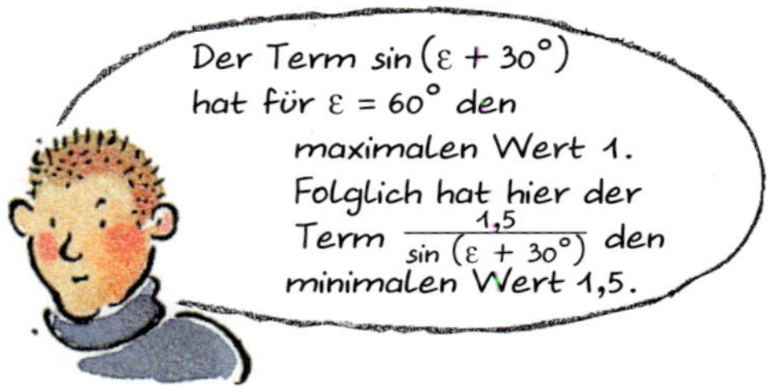

2

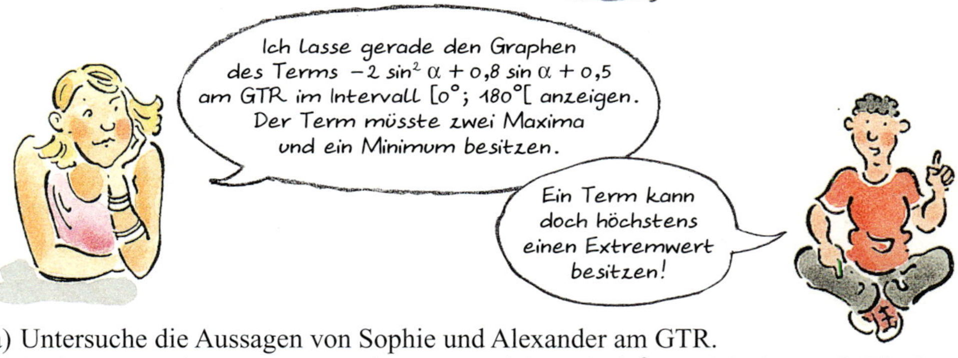

a) Untersuche die Aussagen von Sophie und Alexander am GTR.
b) So kann man den Extremwert des Terms $T(\alpha) = -2\sin^2\alpha + 0{,}8\sin\alpha + 0{,}5$ im Intervall [0°; 180°[rechnerisch ermitteln. Führe dazu die Quadratische Ergänzung durch.

$$T(\alpha) = -2\sin^2\alpha + 0{,}8\sin\alpha + 0{,}5$$
$$= -2\,[\sin^2\alpha - 2\cdot\sin\alpha\cdot 0{,}2 + 0{,}2^2 - 0{,}2^2] + 0{,}5$$
$$= -2\,(\sin\alpha - 0{,}2)^2 + 0{,}58$$

Der Term $T(\alpha)$ ist maximal, wenn der Term $(\sin\alpha - 0{,}2)^2$ den Wert Null hat.	Der Term $T(\alpha)$ ist minimal, wenn der Term $(\sin\alpha - 0{,}2)^2$ den größten Wert hat. Dann hat der Term $-2(\sin\alpha - 0{,}2)^2$ den kleinsten Wert.
Dies ist der Fall für $\sin\alpha = 0{,}2$	Dies ist der Fall für $\sin\alpha = 1$.
Dies gilt für $\alpha = 11{,}54°$ oder $\alpha = 168{,}46°$.	Dies gilt für $\alpha = 90°$.
Ergebnis:	
$T_{max} = 0{,}58$ für $a = 11{,}54° \vee \alpha = 168{,}46°$.	$T_{min} = -0{,}70$ für $\alpha = 90°$

c) Finde den minimalen Wert des Terms $-2\sin^2\alpha + 0{,}8\sin\alpha + 0{,}5$ im Intervall [180°; 360°[. Begründe deine Entscheidung rechnerisch.
d) Berechne die Extremwerte des Terms $3\cos^2\alpha + 0{,}4\cos\alpha + 1{,}12$ für $\alpha \in [0°;\ 180°]$.
e) Berechne die Extremwerte des Terms $-0{,}5\cos^2\alpha + 0{,}4\cos\alpha + 1{,}5$ für $\alpha \in [0°;\ 180°]$.

1 In den gleichschenkligen Dreiecken ABC_n (siehe Abbildung) ist M Mittelpunkt der Basis [AB]. Der Halbkreis um M berührt die Schenkel in den Punkten E_n und F_n. Die Winkel BAC_n haben das Maß α. Es gilt: $\overline{AB} = 10$ cm
So kann man den Inhalt der blau markierten Fläche in Abhängigkeit von α darstellen.

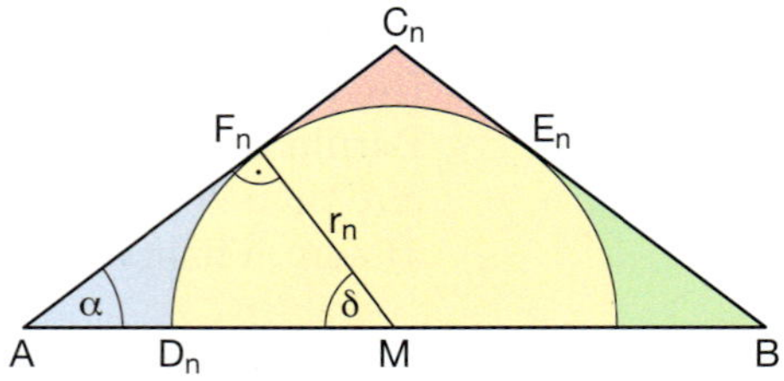

Suche nach Hilfsfiguren, in denen du fehlende Größen berechnen kannst. Zeichne Planfiguren und trage in diese bekannte Größen farbig ein.

Berechne zunächst mit Hilfe des Dreiecks AMF_n die Längen der Strecken $[AF_n]$ und $[MF_n]$.

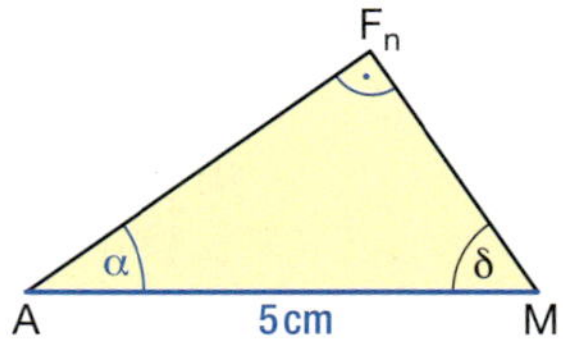

$\cos\alpha = \frac{\overline{AF_n}}{5\text{ cm}}$; $\overline{AF_n}(\alpha) = 5\cos\alpha$ cm

$\sin\alpha = \frac{\overline{MF_n}}{5\text{ cm}}$; $\overline{MF_n}(\alpha) = 5\sin\alpha$ cm

$A_{blau}(\alpha) = A_{AMFn} - A_{Sektor}$

$A_{blau}(\alpha) = [0{,}5 \cdot 5 \cdot 5\cos\alpha \cdot \sin\alpha - \frac{\delta}{360°}\pi(5\sin\alpha)^2]\text{cm}^2$

Mit $\delta = 90° - \alpha$ folgt:

$A_{blau}(\alpha) = [12{,}5\cos\alpha \cdot \sin\alpha - 25\pi\frac{90° - \alpha}{360°}\sin^2\alpha]\text{ cm}^2$

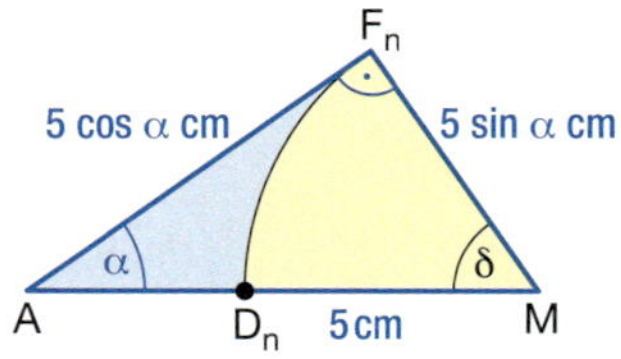

a) Zeige, dass sich der Inhalt der blauen Fläche in folgender Form darstellen lässt:
$A_{blau}(\alpha) = 6{,}25[\sin 2\alpha - 4\pi\frac{90° - \alpha}{360°}\sin^2\alpha]\text{ cm}^2$

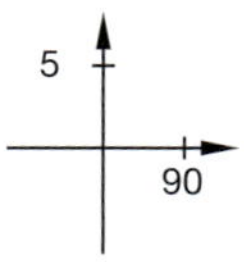

b) Aus welchem Intervall kann man α wählen?
c) Tabellarisiere $A_{blau}(\alpha)$ für $\alpha \in [0°;\ 90°]$ mit $\Delta\alpha = 10°$. Zeichne den zughörigen Graphen.
(Für die Zeichnung: 1 cm ≙ 10°; 1 cm ≙ 0,5 cm^2) Lies den maximalen Flächeninhalt und das zugehörige Winkelmaß α ab. Bestätige das Ergebnis mit dem GTR.
d) Zeige, dass sich der Flächeninhalt der Dreiecke AD_nF_n wie folgt in Abhängigkeit von α darstellen lässt: $A(\alpha) = 12{,}5\sin\alpha\cos\alpha(1 - \sin\alpha)\text{ cm}^2$
e) Zeige, dass sich die Darstellung des Flächeninhalts in d) auf folgende Form bringen lässt: $A(\alpha) = 6{,}25\sin 2\alpha(1 - \sin\alpha)\text{ cm}^2$
f) Tabellarisiere A (α) für $\alpha \in [0°;\ 90°]$ mit $\Delta\alpha = 10°$. Zeichne den zughörigen Graphen in das Diagramm in c) ein. Lies A_{max} und das zugehörige Winkelmaß α ab.

2 Der Umkreisradius von Dreiecken AB_nC beträgt 4cm. Die Winkel B_nAC haben das Maß α und die Winkel CB_nA das Maß $\beta = 30°$.
a) Zeichne das Dreieck AB_1C für $\alpha = 50°$.

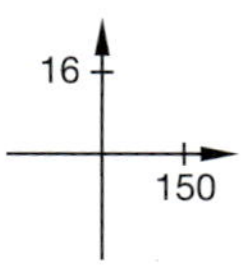

b) Zeige, dass sich der Flächeninhalt der Dreiecke AB_nC wie folgt in Abhängigkeit von α darstellen lässt: $A(\alpha) = 16\sin\alpha \cdot \sin(\alpha + 30°)\text{ cm}^2$
c) Zeige, dass sich der Term für den Flächeninhalt in b) auf folgende Form bringen lässt:
$A(\alpha) = [8\sqrt{3}\sin^2\alpha + 4\sin 2\alpha]\text{ cm}^2$
d) Tabellarisiere A(α) für $a \in [0°;\ 150°]$ mit $\Delta\alpha = 15°$. Stelle anschließend den Zusammenhang zwischen dem Winkelmaß und dem Flächeninhalt A grafisch dar. (Für die Zeichnung: 1 cm ≙ 15°; 1 cm ≙ 2 cm^2)
e) Lies in d) die Belegung von α ab, für die der Flächeninhalt A maximal ist.
Gib A_{max} an. Bestätige dein Ergebnis mit dem GTR.

3 Gegeben ist das Dreieck ABC mit $\overline{AB} = 10$ cm; $\overline{AC} = 8$ cm; $\alpha = 60°$.
Der Punkt P teilt die Strecke [AB] im Verhältnis 2 : 3, d. h. es gilt: $\overline{AP} : \overline{PB} = 2:3$
Der Punkt R ist Mittelpunkt der Strecke [AC], die Punkte Q_n wandern auf der Strecke [BC], die Winkel BPQ_n haben das Maß ε.

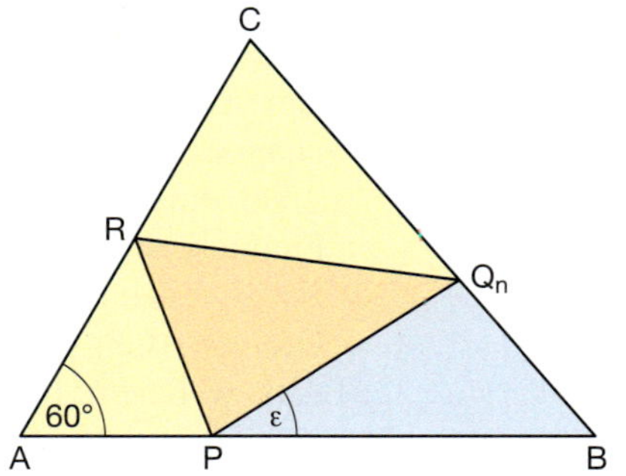

a) Zeige durch Rechnung, dass gilt:
$\beta = 49{,}1°$

b) Begründe: Die Winkel PQ_nB haben das Maß $180° - (\varepsilon + 49{,}1°)$.

c) Berechne die Länge der Strecken $[PQ_n]$ in Abhängigkeit von ε.
[Ergebnis: $\overline{PQ_n}(\varepsilon) = \frac{4{,}5}{\sin(49{,}1° + \varepsilon)}$ cm]

d) Die Strecke $[PQ_1]$ hat minimale Länge. Gib das zugehörige Winkelmaß ε an. Deute die Lage der Strecke $[PQ_1]$ geometrisch.

e) Die Strecke $[RQ_2]$ verläuft parallel zur Strecke [AB]. Berechne für diesen Fall die Länge der Strecke $[PQ_2]$.

f) Stelle den Flächeninhalt der Dreiecke PBQ_n in Abhängigkeit von ε dar.
[Ergebnis: $A_{PBQn}(\varepsilon) = \frac{13{,}5 \sin \varepsilon}{\sin(49{,}1° + \varepsilon)}$ cm²]

g) Berechne den Flächeninhalt des Dreiecks PBQ_1.

h) Aus welchem Intervall kann man ε wählen, damit Dreiecke PQ_nR existieren?

i) Berechne den Flächeninhalt der Dreiecke PQ_nR in Abhängigkeit von ε.
[Ergebnis: $A_{PQnR}(\varepsilon) = \frac{9 \sin(60° + \varepsilon)}{\sin(49{,}1° + \varepsilon)}$ cm²]

k) Für welche Belegung von ε haben das Dreieck PBQ_3 und das Dreieck PQ_3R den gleichen Flächeninhalt?

W 8, 9

4 Gegeben sind Dreiecke ABC_n. Die Winkel AC_nB haben das Maß $\gamma = 60°$ und die Winkel BAC_n das Maß α. Ferner gilt: A(1 | 4); B(9 | −2)

a) Berechne die Länge der Strecke [AB] und den Umkreisradius r. Zeichne das Dreieck ABC_1 für $\alpha = 70°$.
[Ergebnis: $\overline{AB} = 10$ LE; $r = \frac{10}{3}\sqrt{3}$ LE]

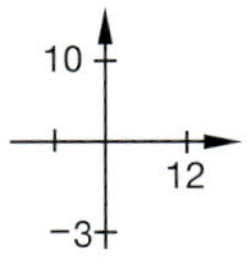

b) Zeige, dass sich die Länge der Strecken $[AC_n]$ wie folgt in Abhängigkeit von α darstellen lässt:
$\overline{AC_n}(\alpha) = \frac{10}{3}\sqrt{3}\,\frac{\sin 2(\alpha - 30°)}{\sin(\alpha - 30°)}$ LE

c) Zeige, dass sich der Term in b) auf folgende Form bringen lässt:
$\overline{AC_n}(\alpha) = \frac{20}{3}\sqrt{3}\cos(\alpha - 30°)$ LE

d) Berechne die Länge der Strecke $[AC_1]$.

e) Für welches Maß von α hat die Strecke $[AC_0]$ maximale Länge? Gib diese Länge an.

5 Gegeben sind Vierecke $ABCD_n$.
Es gilt: A(0 | 1); B(5 | −1); C(7 | 3); $D_n(3 | \alpha)$ mit $\alpha \in [0°; 90°]$

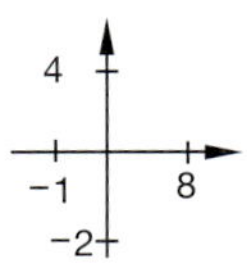

a) Zeichne das Viereck $ABCD_1$ für $\alpha = 40°$.

b) Stelle die kartesischen Koordinaten der Punkte D_n in Abhängigkeit von α dar.

c) Das Viereck $ABCD_2$ ist ein Trapez mit den Grundseiten [BC] und $[AD_2]$. Zeichne das Trapez $ABCD_2$. Berechne die kartesischen Koordinaten des Punktes D_2 und den Flächeninhalt des Trapezes $ABCD_2$.

d) Ermittle das Intervall für α, so dass konvexe Vierecke $ABCD_n$ existieren.

6 Im regelmäßigen Fünfeck ABCDE liegen die Punkte P_n auf der Seite [CD]. Die Winkel BAP_n haben das Maß φ.

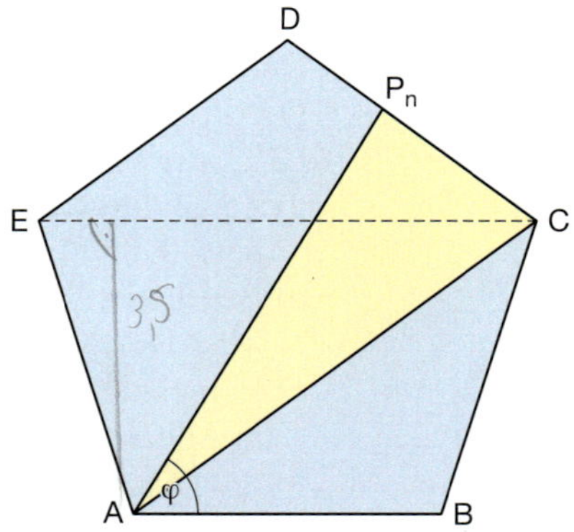

a) Begründe: Die Strecke [CE] verläuft parallel zur Strecke [AB].

b) Der Abstand der Seite [AB] von der Diagonalen [CE] beträgt 3,5 cm. Zeige durch Rechnung: Die Seiten des Fünfecks sind 3,68 cm lang.

c) Zeichne das Fünfeck ABCDE und das Dreieck ACP_1 für $\varphi = 50°$.

d) Aus welchem Intervall kann man φ wählen, sodass Dreiecke ACP_n existieren?

e) Zeige, dass sich die Länge der Strecken $[AP_n]$ so in Abhängigkeit von φ darstellt:
$\overline{AP_n}(\varphi) = \frac{5{,}66}{\sin(144° - \varphi)}$ cm

f) Für welche Belegung von φ hat die Strecke $[AP_o]$ minimale Länge?

g) Zeige, dass sich der Flächeninhalt der Dreiecke ACP_n so in Abhängigkeit von φ darstellt:
$A(\varphi) = \frac{16{,}84 \sin(\varphi - 36°)}{\sin(144° - \varphi)}$ cm^2

h) Berechne die Belegung von φ, für die das Dreieck ACP_2 denselben Flächeninhalt hat wie das Dreieck ABC.

i) Das Dreieck ACP_3 hat maximalen Flächeninhalt. Berechne dessen prozentualen Anteil am Flächeninhalt des Fünfecks.

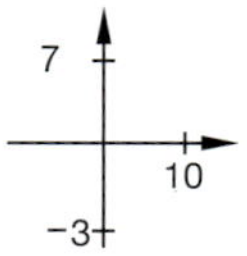

7 Gegeben ist das Dreieck ABC. Es gilt: $A(1|-2)$; $B(9|4)$; $\overline{AC} = 8{,}0$ LE; $\overline{BC} = 6{,}0$ LE

a) Zeichne das Dreieck ABC. Berechne die Maße α und β der Winkel BAC bzw. CBA. [Ergebnis: $\alpha = 36{,}87°$; $\beta = 53{,}13°$]

b) Berechne das Maß ε ($\varepsilon > 90°$) des Winkels, den die Strecke [BC] mit der Parallelen zur x-Achse durch den Punkt B bildet. [Ergebnis: $\varepsilon = 163{,}74°$]

c) Gib die Polarkoordinaten des Pfeils $\overrightarrow{BC}$ an. Berechne anschließend dessen kartesische Koordinaten und danach die Koordinaten des Punktes C.

d) Der Punkt P liegt auf der Strecke [AB] und der Punkt Q auf der Strecke [BC]. Auf der Strecke [AC] wandern die Punkte R_n. Die Winkel R_nPA haben das Maß φ. Es gilt: $\overline{AP} : \overline{PB} = 3:2$; $\overline{BQ} = 2$ LE. Zeichne das Dreieck PQR_1 für $\varphi = 50°$.

e) Aus welchem Intervall kann man φ wählen?

f) Zeige, dass sich der Flächeninhalt der Dreiecke PQR_n so in Abhängigkeit von φ darstellt:
$A(\varphi) = \frac{5{,}80 \sin(29{,}74° + \varphi)}{\sin(36{,}87° + \varphi)}$ FE

g) Das Dreieck PQR_2 hat einen Flächeninhalt von 5,6 FE. Berechne das Maß von φ.

h)

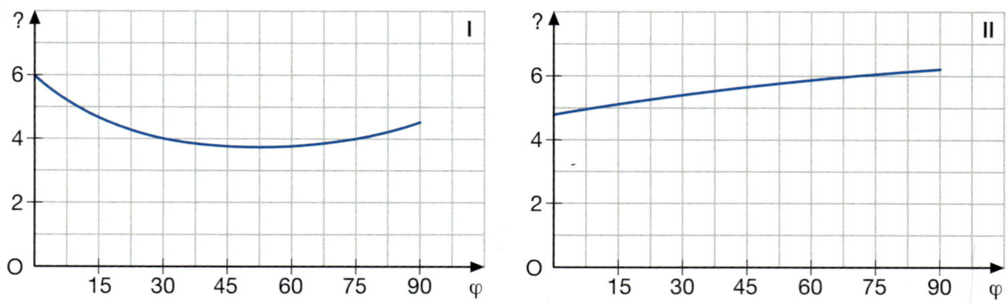

Welcher der Graphen beschreibt den Flächeninhalt der Dreiecke PQR_n, welcher die Länge der Strecken $[PR_n]$ in Abhängigkeit von φ?
Welche Aussagen lassen sich mit Hilfe der Graphen machen?

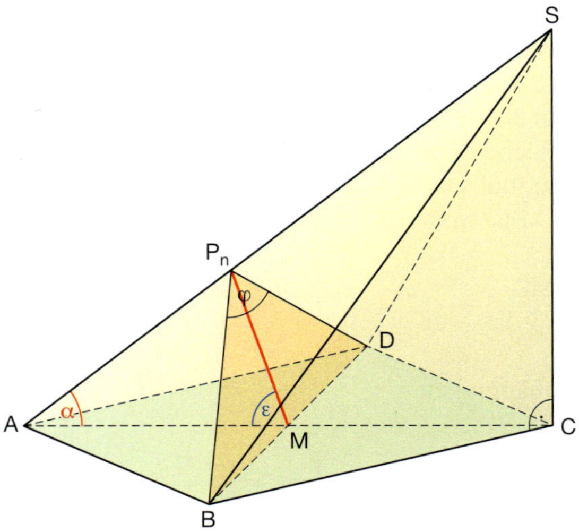

1 Die Diagonalen [AC] und [BD] der Raute ABCD schneiden sich im Punkt M. Die Raute ist Grundfläche einer Pyramide ABCDS. Die Spitze S befindet sich senkrecht über dem Eckpunkt C. Auf der Seitenkante [AS] liegen die Punkte P_n.
Es gilt: $\sphericalangle\, P_nMA = \varepsilon$
$\overline{AC} = 12{,}0$ cm;
$\overline{BD} = 10{,}0$ cm;
$\overline{CS} = 9{,}0$ cm

So kann man die Längen der Strecken $[MP_n]$ in Abhängigkeit von ε berechnen.

Suche nach Hilfsdreiecken, in denen du fehlende Größen berechnen kannst. Zeichne Planfiguren. Trage in diese bekannte Größen farbig ein.

Im Dreieck ACS gilt:
$\tan\alpha = \frac{9{,}0}{12{,}0}$; $\alpha = 36{,}9°$

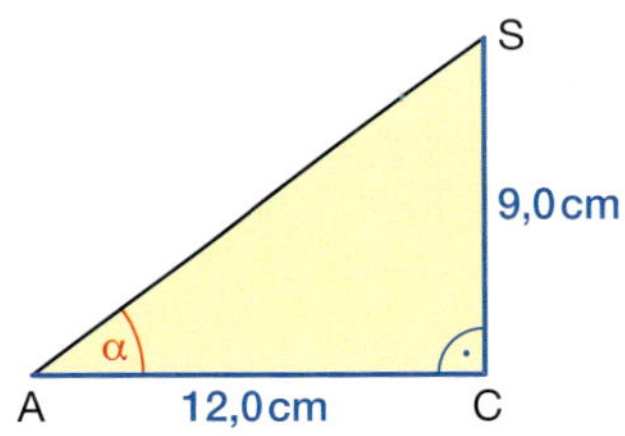

Aus der Winkelsumme im Dreieck AMP_n folgt für das Winkelmaß η:
$\alpha + \varepsilon + \eta = 180°$
$36{,}9° + \eta + \varepsilon = 180°$

$\eta = 180° - (36{,}9° + \varepsilon)$

Im Dreieck AMP_n gilt nach dem Sinussatz:

$$\frac{\overline{MP_n}}{\sin 36{,}9°} = \frac{6{,}0 \text{ cm}}{\sin[(180° - (36{,}9° + \varepsilon)]}$$

$$\overline{MP_n}(\varepsilon) = \frac{3{,}6}{\sin(36{,}9° + \varepsilon)} \text{ cm}$$

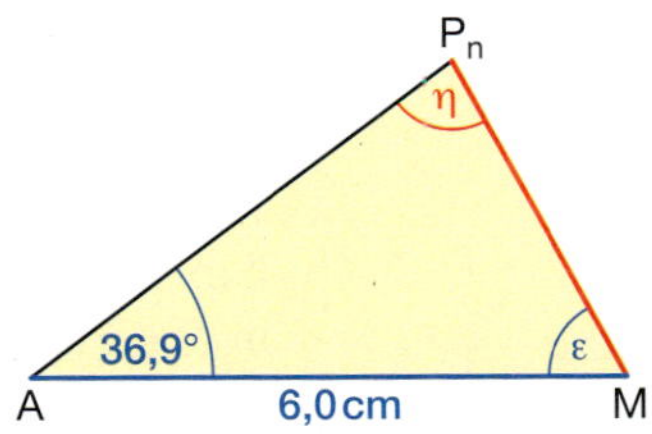

a) Die Punkte P_n bilden zusammen mit den Punkten B und D gleichschenklige Dreiecke BDP_n. Aus welchem Intervall kann man ε wählen, so dass Dreiecke BDP_n existieren? [Ergebnis: $0° \leqq \varepsilon \leqq 123{,}7°$]

b) Berechne den Flächeninhalt der Dreiecke BDP_n in Abhängigkeit von ε.

c) Eines der Dreiecke BDP_n hat minimalen Flächeninhalt. Berechne A_{min}.

d) Die Winkel BP_nD in den Dreiecken BDP_n haben das Maß φ. Zeige, dass zwischen den Winkelmaßen φ und ε folgender Zusammenhang gilt:

$$\tan\frac{\varphi}{2} = 1{,}4\sin(36{,}9° + \varepsilon)$$

e) Das Dreieck BDP_o ist gleichseitig. Berechne das zugehörige Winkelmaß ε. [Ergebnis: $\varepsilon = 118{,}7°$]

f) Berechne die Oberfläche der Pyramide $ABDP_o$.
[Teilergebnisse: $\overline{MP_o} = 8{,}66$ cm; $\overline{AP_o} = 12{,}65$ cm; $\overline{AB} = 7{,}81$ cm; $A_{ABP} = 39{,}05$ cm²]

2 Gegeben ist eine Pyramide ABCS. Die Grundfläche ABC ist ein gleichseitiges Dreieck mit der Seitenlänge 8 cm. Die Spitze S befindet sich senkrecht über dem Schwerpunkt M der Grundfläche. Die Dreiecke $P_nQ_nR_n$ liegen parallel zur Grundfläche ABC. Der Punkt M ist Spitze der Pyramiden $P_nQ_nR_nM$.

Es gilt: $\overline{MS} = 8$ cm; $\varepsilon = \measuredangle P_nMA$

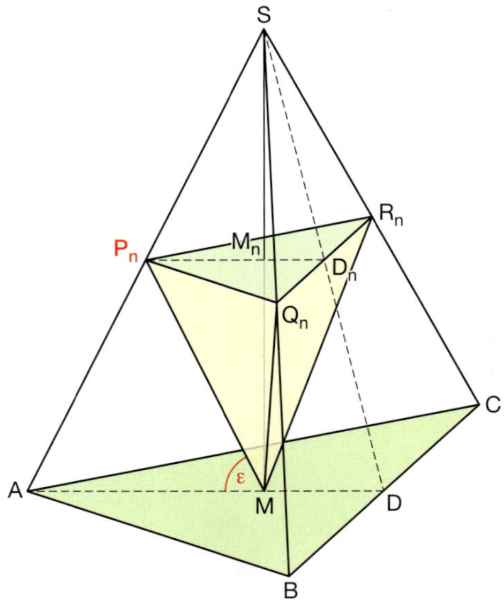

a) Zeige, dass der Winkel MAS das Maß 60° hat.

b) Stelle die Länge $\overline{P_nM}$ in Abhängigkeit von ε dar.
[Ergebnis: $\overline{P_nM}(\varepsilon) = \frac{4}{\sin(60° + \varepsilon)}$ cm]

c) Zeige durch Rechnung, dass für die Längen $\overline{P_nD_n}$ gilt:
$\overline{P_nD_n}(\varepsilon) = \frac{6\cos\varepsilon}{\sin(60° + \varepsilon)}$ cm

d) Berechne die Länge der Seiten $[P_nQ_n]$ der Dreiecke $P_nQ_nR_n$ in Abhängigkeit von ε.
[Ergebnis: $\overline{P_nQ_n}(\varepsilon) = \frac{4\sqrt{3}\cos\varepsilon}{\sin(60° + \varepsilon)}$ cm oder $\overline{P_nQ_n}(\varepsilon) = \left(8 - \frac{4\sin\varepsilon}{\sin(60° + \varepsilon)}\right)$ cm]

e) Zeige durch Äquivalenzumformung: $\frac{4\sqrt{3}\cos\varepsilon}{\sin(60° + \varepsilon)} = 8 - \frac{4\sin\varepsilon}{\sin(60° + \varepsilon)}$

f) Berechne durch Äquivalenzumformung die Belegung von ε, für die alle Kanten der Pyramide $P_oQ_oR_oM$ gleich lang sind.

3 Das gleichschenklige Dreieck ABC mit der Basis [BC] ist Grundfläche einer Pyramide ABCS. Der Punkt E ist Mittelpunkt der Strecke [BC]. Die Spitze S der Pyramide befindet sich senkrecht über dem Punkt A. Der Punkt M liegt auf der Strecke [AE].
Es gilt: $\overline{BC} = 12$ cm; $\overline{AE} = 8$ cm; $\overline{AS} = 8$ cm; $\overline{AM} = 3$ cm

a) Zeichne ein Schrägbild der Pyramide (Rissachse: AE; q = 0,5; ω = 45°).

b) Parallelen zur Strecke [BC] schneiden die Kante [BS] in den Punkten P_n, die Kante [CS] in den Punkten Q_n und die Strecke [ES] in den Punkten T_n.
Die Winkel EMT_n haben das Maß φ. Zeichne die Strecke $[MT_1]$ für φ = 80° und das zugehörige Dreieck MP_1Q_1 in das Schrägbild ein.

c) Zeige, dass sich die Länge $\overline{MT_n}$ wie folgt in Abhängigkeit von φ darstellen lässt:
$\overline{MT_n}(\varphi) = \frac{2{,}5\sqrt{2}}{\sin(45° + \varphi)}$ cm.

d) Zeige, dass für die Längen $\overline{ET_n}$ gilt: $\overline{ET_n}(\varphi) = \frac{5\sin\varphi}{\sin(45° + \varphi)}$ cm

e) Berechne durch Äquivalenzumformung die Belegungen von φ, für die gilt: $\overline{ET_2} = 4$ cm

f) Zeige, dass sich die Streckenlängen $\overline{P_nQ_n}$ so in Abhängigkeit von φ darstellen lassen:
$\overline{P_nQ_n}(\varphi) = \frac{3}{2\sqrt{2}}\left(8\sqrt{2} - \frac{5\sin\varphi}{\sin(45° + \varphi)}\right)$ cm

g) Zeige durch Termumformung, dass gilt: $8\sqrt{2} - \frac{5\sin\varphi}{\sin(45° + \varphi)} = \frac{8\cos\varphi + 3\sin\varphi}{\sin(45° + \varphi)}$

h) Zeige, dass sich der Flächeninhalt der Dreiecke P_nMQ_n wie folgt in Abhängigkeit von φ darstellen lässt:
$A(\varphi) = \frac{15\cos\varphi + 5{,}625\sin\varphi}{\sin^2(45° + \varphi)}$ cm²

i) Berechne mit dem GTR die Belegung von φ, für die das Dreieck P_3MQ_3 einen Flächeninhalt von 12 FE hat. [Ergebnis: φ = 82,1°]

1 Aus einem Halbkreis k mit dem Radius r = 3 cm werden Rechtecke $P_nQ_nR_nS_n$ heraus geschnitten.
Die Winkel Q_nP_nM haben das Maß α.
Der Halbkreis k und die Rechtecke $P_nQ_nR_nS_n$ rotieren um die Mittelsenkrechten $m_{[P_nQ_n]}$ als Achsen.

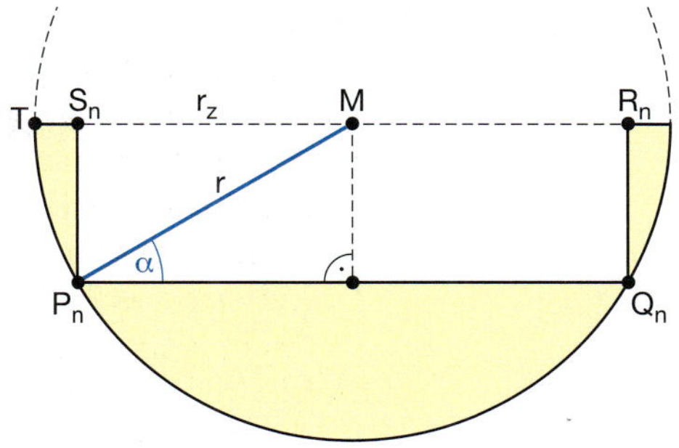

a) Zeichne einen Axialschnitt eines Rotationskörpers für α = 30°.
b) Aus welchem Intervall kann man α wählen?
c) Stelle den Radius $r_Z = \overline{MS_n}$ in Abhängigkeit von α dar. [Ergebnis: $r_Z(\alpha) = 3\cos\alpha$ cm]
d) Zeige, dass sich das Volumen der Rotationskörper wie folgt in Abhängigkeit von α darstellen lässt: $V(\alpha) = 9\pi(2 - 3\cos^2\alpha \cdot \sin\alpha)$ cm³
e) Zeige, dass sich die Darstellung des Volumens in d) auf folgende Form bringen lässt: $V(\alpha) = 9\pi(2 - 3\sin\alpha + 3\sin^3\alpha)$ cm³

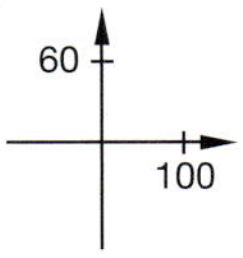

f) Tabellarisiere das Volumen V in Abhängigkeit von α mit Δα = 10°.
Stelle das Volumen V in Abhängigkeit von α grafisch dar.
Lies aus dem Graphen das minimale Volumen V_{min} und den zugehörigen Wert von α ab.
g) Zeige, dass sich der Oberflächeninhalt der Rotationskörper wie folgt in Abhängigkeit von α darstellen lässt: $O(\alpha) = 9\pi(3 + \sin(2\alpha))$ cm²
h) Berechne die Belegungen von α, für die ein Oberflächeninhalt 100 cm² beträgt.
i) Ermittle den maximalen Oberflächeninhalt für einen der Rotationskörper und die zugehörige Belegung von α.

2 Im gleichschenklig rechtwinkligen Dreieck ABC ist der Punkt M Mittelpunkt der 12 cm langen Hypotenuse [AB].
Auf der Strecke [BC] wandern Punkte P_n.
Die Winkel P_nMC haben das Maß ε.
Durch Achsenspiegelung der Punkte P_n an der Geraden MC erhält man Punkte Q_n.
Aus dem Dreieck ABC werden Drachenvierecke MP_nCQ_n herausgeschnitten.
Der Restkörper rotiert um MC als Achse.

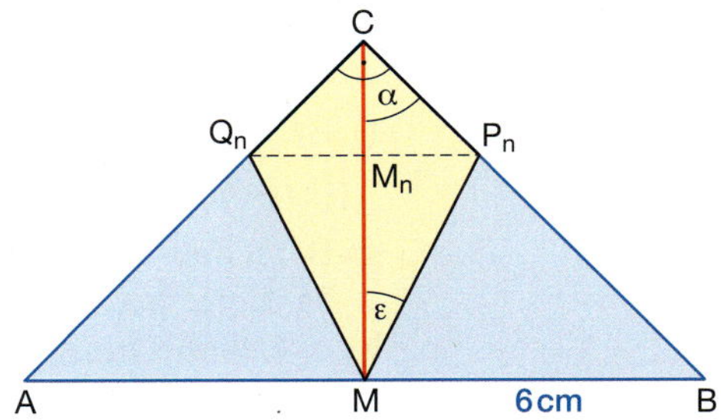

a) Zeichne einen Axialschnitt eines Rotationskörpers für ε = 27°.
b) Aus welchem Intervall kann man ε wählen?
c) Die Punkte M_n sind Mittelpunkte der Strecken $[P_nQ_n]$. Berechne die Längen der Strecken $[M_nP_n]$ in Abhängigkeit von ε.

[Ergebnis: $\overline{M_nP_n}(\varepsilon) = \frac{3\sqrt{2}\sin\varepsilon}{\sin(45° + \varepsilon)}$ cm]

d) Stelle das Volumen der Rotationskörper in Abhängigkeit von ε dar.

[Ergebnis: $V(\varepsilon) = 2\pi\left(36 - \frac{18\sin^2\varepsilon}{\sin^2(45° + \varepsilon)}\right)$ cm³]

e) Berechne die Belegung von ε, für die das Volumen eines Rotationskörpers 31,5 cm³ beträgt.
f) Bei einem Rotationskörper ist das herausgeschnittene Drachenviereck zugleich ein Quadrat. Berechne dessen Volumen und dessen Oberflächeninhalt.

3 Der Punkt D ist Mittelpunkt der Basen $[A_nC_n]$ von gleichschenkligen Dreiecken A_nBC_n. Die Winkel C_nBA_n haben das Maß β. Die Länge der Strecke [BD] beträgt 6 cm.

a) Zeichne das Dreieck A_1BC_1 für $\beta = 50°$.

b) Aus welchem Intervall kann man β wählen?

c) Zeige das sich die Längen der Strecken $[A_nC_n]$ bzw. $[BA_n]$ wie folgt in Abhängigkeit von β darstellen lassen:
$\overline{A_nC_n}(\beta) = 12 \tan \frac{\beta}{2}$; $\overline{A_nB} = \frac{6}{\cos \frac{\beta}{2}}$ cm

d) Im Dreieck A_2BC_2 beträgt die Länge der Basis $[A_2C_2]$ 75% der Länge der Strecke $[A_2B]$. Berechne das zugehörige Winkelmaß β.

e) Die Dreiecke A_nBC_n rotieren um die Gerade BD als Achse. Dabei entstehen Rotationskörper. Zeige dass sich das Volumen bzw. die Mantelfläche der Rotationskörper wie folgt in Abhängigkeit von β darstellen lassen:
$V(\beta) = 72\pi \tan^2 \frac{\beta}{2}$ cm³; $M(\beta) = 36\pi \frac{\tan \frac{\beta}{2}}{\cos \frac{\beta}{2}}$ cm²

f) Einer der Rotationskörper hat eine Mantelfläche von 18π cm². Berechne das zugehörige Winkelmaß β.

4 Auf der Strecke [AB] des gleichseitigen Dreiecks ABC liegt der Punkt P und auf der Strecke der Strecke [AC] wandern die Punkte Q_n.
Es gilt: $\overline{AB} = 6$ cm; $\overline{BP} = 2$ cm; $\sphericalangle Q_nPA = \varepsilon$

a) Zeichne das Dreieck ABC und das Dreieck APQ_1 für $\varepsilon = 40°$

b) Aus welchem Intervall kann man ε wählen, sodass Dreiecke APQ_n existieren?

c) Zeige, dass sich die Länge der Strecken $[PQ_n]$ so in Abhängigkeit von ε darstellen lässt:
$\overline{PQ_n}(\varepsilon) = \frac{2\sqrt{3}}{\sin(60° + \varepsilon)}$ cm

d) Berechne die Belegungen von ε_1 und ε_2, für welche die Strecken $[PQ_1]$ bzw. $[PQ_2]$ die Länge $2{,}1\sqrt{3}$ cm haben.

e) Die Strecke $[PQ_3]$ hat minimale Länge. Gib die Belegung von ε an.

f) Berechne den Flächeninhalt der Dreiecke APQ_n in Abhängigkeit von ε.
[Ergebnis: $A(\varepsilon) = \frac{4\sqrt{3}\sin\varepsilon}{\sin(60° + \varepsilon)}$ cm²]

g) Berechne die Belegung von ε, für die das Dreieck APQ_4 einen Flächeninhalt von $3\sqrt{3}$ cm² hat.

h) Aus dem Dreieck ABC werden Dreiecke APQ_n herausgeschnitten. Die Restflächen rotieren um AB als Achse. Dabei entsteht ein Doppelkegel, aus dem Doppelkegel herausgeschnitten sind. Zeige, dass sich das Volumen der Rotationskörper wie folgt in Abhängigkeit von ε darstellen lässt: $V(\varepsilon) = 2\pi\left(27 - \frac{8\sin^2\varepsilon}{\sin^2(60° + \varepsilon)}\right)$ cm³

i) Berechne die Belegung von ε, für die einer der Rotationskörper in h) 50% des Volumens des durch Rotation entstandenen Doppelkegels hat.

k) Stelle den Oberflächeninhalt des Rotationskörpers in h) in Abhängigkeit von ε dar.

l) Ermittle mit dem GTR das Winkelmaß ε, für das der Oberflächeninhalt eines der Rotationskörper in h) maximal ist.

Zwei Kreise mit unterschiedlichen Radien berühren sich im Punkt P. Die Kreise berühren die Gerade g in den Punkten A und B.
Das Produkt der Längen der Kreisradien beträgt 16 cm². Berechne $\overline{AB}$.

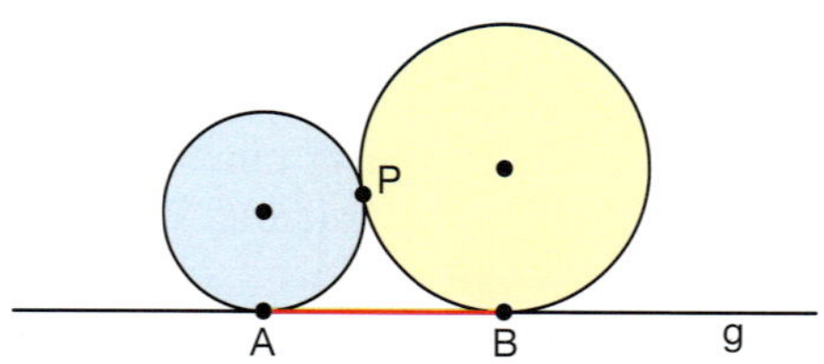

1 Eine 5 m lange Leiter lehnt an der Wand. Der Neigungswinkel zwischen Leiter und Ebene hat das Maß α.

a) Fertige für $\alpha = 40°$ eine Skizze im geeigneten Maßstab an.

b) Stelle die Koordinaten der Berührpunkte $A_n(x|0)$ der Leiter mit dem Boden bzw. $B_n(0|y)$ der Leiter mit der Wand durch das Winkelmaß α dar. Der Urspurung O wird durch den Schnittpunkt der Ebene und der Wand festgelegt.

c) Zeige, dass für die Koordinaten des Mittelpunktes M_L der Leiter gilt: $M_L(2{,}5 \cos\alpha \,|\, 2{,}5 \sin\alpha)$

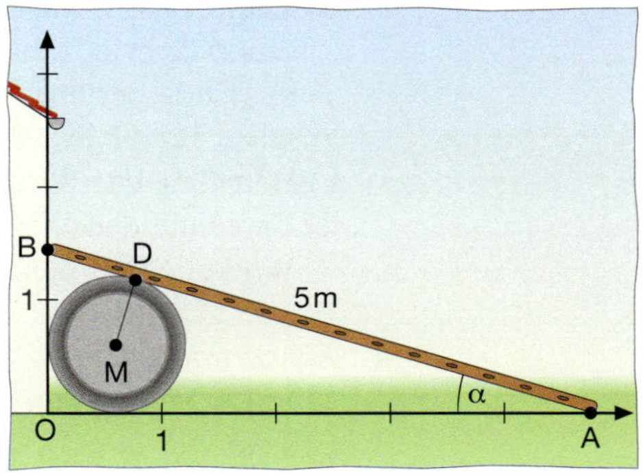

d) Begründe durch Rechnung: Der Mittelpunkt M_L der Leiter bewegt sich auf einem Kreisbogen mit $r_L = 2{,}5$ m.

e) Die Leiter berührt ein Fass mit $r = 0{,}6$ m. Zeige, dass für den Berührfall in der Abbildung gelten muss:
$\tan\frac{\alpha}{2} = \frac{0{,}6}{5\cos\alpha - 0{,}6}$

f) Berechne die Winkelmaße α, für die die Leiter das Fass berührt.

2 Der innere Querschnitt des Wassertroges in der Bräuhausgasse hat die Form von gleichschenkligen Trapezen ABC_nD_n. Die Breite der Sohle [AB] und die Länge der Schenkel $[AD_n]$ und $[BC_n]$ beträgt jeweils 40 cm. Die Schenkel bilden außen mit der Horizontalen einen Winkel mit dem Maß α ($\alpha < 90°$).

a) Zeichne den Querschnitt für $\alpha = 80°$ im Maßstab 1 : 10. Berechne den Flächeninhalt des Querschnitts.

b) Stelle den Flächeninhalt der möglichen Querschnitte in Abhängigkeit von α dar.
[Ergebnis: $A(\alpha) = (16 \sin\alpha + 8 \sin(2\alpha)$ dm^2]

c) Berechne den Flächeninhalt eines Querschnitts für $\alpha = 45°$.

d) Ermittle mit einem dynamischen Geometrieprogramm oder mit dem GTR das Winkelmaß α, für das der Flächeninhalt eines Querschnitts maximal ist. Gib A_{max} an.

e) Zeige, dass sich die Länge der Diagonalen $[BD_n]$ so in Abhängigkeit von α darstellt:
$\overline{BD_n}(\alpha) = 4\sqrt{2}\,\sqrt{1 + \cos\alpha}$ dm oder $\overline{BD_n}(\alpha) = \frac{4 \sin\alpha}{\sin\frac{\alpha}{2}}$ dm

f) Zeige, dass sich die beiden Maßzahlenterme für die Länge $\overline{BD_n}$ in Aufgabe e) jeweils auf die Form $8 \cos\frac{\alpha}{2}$ bringen lassen.

g) Der Trog wird über einen Wasserzulauf gefüllt. Welches der folgenden Diagramme stellt den Füllvorgang dar, vorausgesetzt die pro Sekunde zugeführte Wassermenge ist konstant. Begründe.

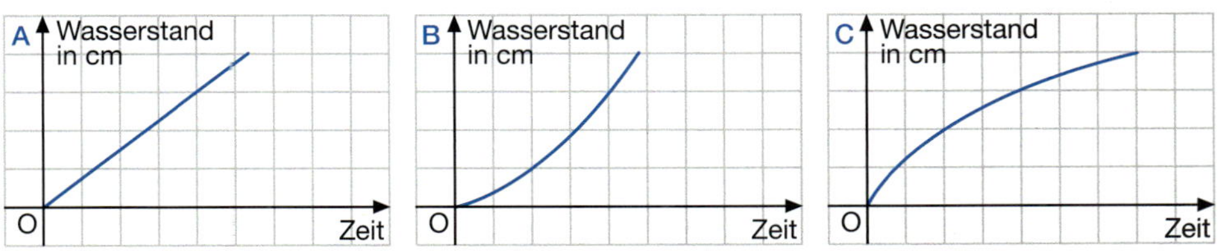

3 Die Abbildung zeigt eine Kippvorrichtung für das Entladen von Waggons.
Es gilt: $\overline{AE} = 3{,}25$ m

a) Zeichne das Dreieck ACD_1 für $x = 2$.
Berechne das zugehörige Winkelmaß α.
[Teilergebnisse: $\overline{AC} = 8{,}38$ m; $\measuredangle ACB = 72{,}6°$]

b) Zeige, dass zwischen dem Winkelmaß α und der Maßzahl x folgender Zusammenhang besteht:
$x^2 + 6{,}5x = 95{,}69 - 100{,}56 \cos(\alpha + 17{,}4°)$

c) Berechne das Winkelmaß α für $x = 4$.

d) Berechne den Wert von x, für den der Winkel AD_2C das Maß 90° hat.

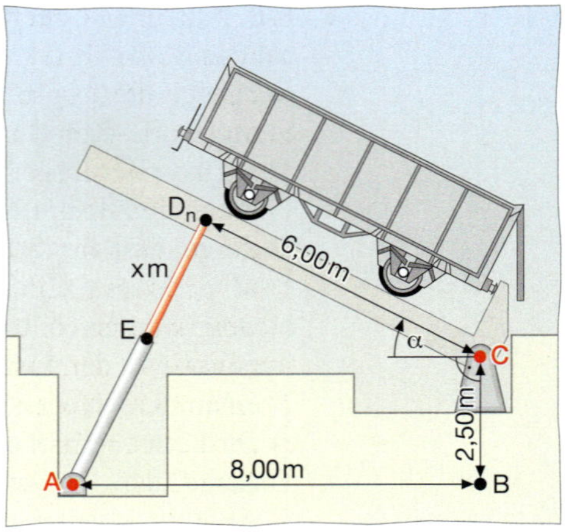

4 *Leonardobrücke*
Mithilfe von 6 Hölzern lässt sich eine Brücke wie in der Abbildung unten dargestellt bauen.
Mit jeweils vier weitern Hölzern kann die Brücke vergrößert werden.
Es gilt: $\overline{E_nF_n} = 2$ cm; $\overline{E_nS_n} = x$ cm; $\overline{A_nG_n} = 1{,}0$ m

a) Besorgt euch sechs Hölzer mit den in der Abbildung rechts unten angegebenen Maßen.
Versucht damit eine Brücke zu bauen.

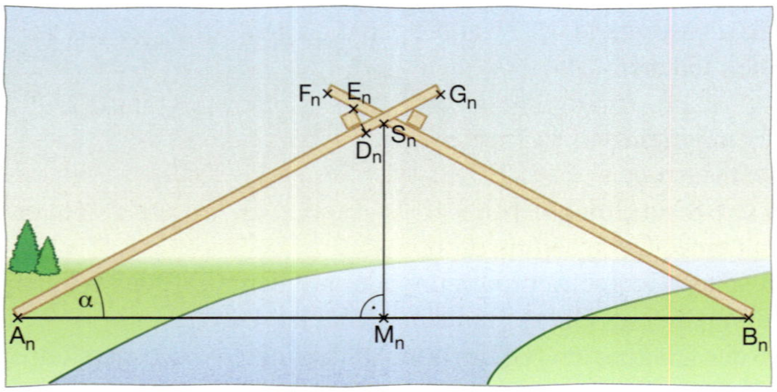

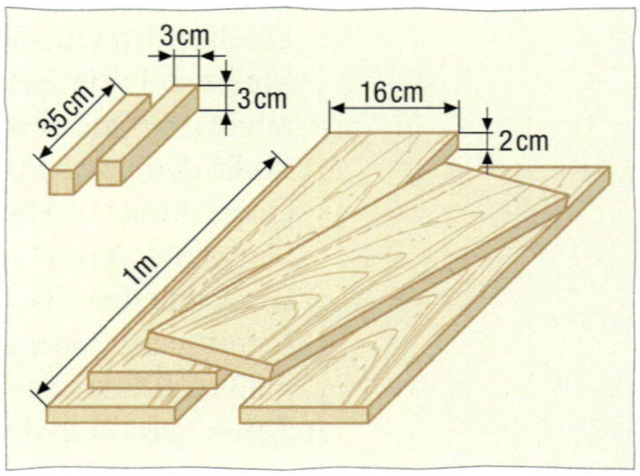

b) Begründe: Die Winkel $E_nS_nD_n$ haben das Maß 2α.

c) Es gilt: $\overline{E_1S_1} = 6{,}0$ cm. Berechne das Winkelmaß α. [Ergebnis: $\alpha = 28{,}2°$]

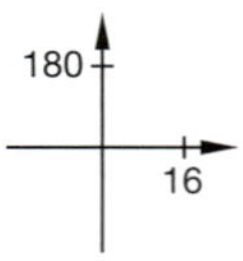

d) Berechne die Spannweite $\overline{A_1B_1}$ der Brücke in c). Runde auf ganze Zentimeter.
[Ergebnis: $\overline{A_1B_1} = 162$ cm]

e) Es gilt nun: $\overline{E_nS_n} = x$ cm
Zeige, dass für das Winkelmaß α in Abhängigkeit von x gilt: $\sin(2\alpha) = \frac{5}{x}$

f) Aus welchem Intervall kann man x wählen?

g) Tabellarisiere α in Abhängigkeit von x im Intervall [5; 15] mit $\Delta x = 1$.
Runde auf zwei Stellen nach dem Komma.

h) Tabellarisiere die Spannweite $\overline{A_nB_n} = y$ cm in Abhängigkeit von x.
Stelle die Spannweite in Abhängigkeit von x grafisch dar. Was stellst du fest?
Für die Zeichnung: x-Achse: 1 cm $\triangleq$ 1 cm; y-Achse: 1 cm $\triangleq$ 10 cm

1 Die Abbildung zeigt vereinfacht dargestellt den Ausleger [CF] eines Raupenbaggers. Der Ausleger kann mit Hilfe eines Hydraulikzylinders [BD], den man um die Länge $\overline{DE} = x$ cm verlängern kann, gesteuert werden. Die Achsen B und C sind fest.

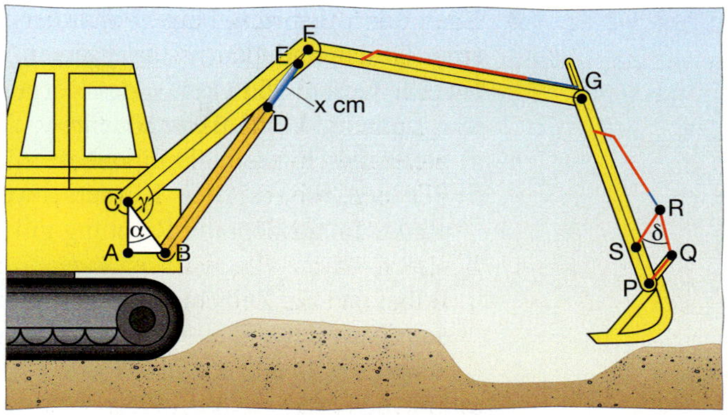

Es gilt: $\overline{AB} = 30$ cm; $\overline{AC} = 40$ cm; $\sphericalangle BAC = 90°$; $\overline{BD} = 145$ cm; $\overline{EF} = 10$ cm; $\overline{CF} = 190$ cm; $\overline{FG} = 220$ cm; $\overline{GP} = 155$ cm; $\sphericalangle BCF = \gamma$; $\sphericalangle CFG = 130°$.

a) Zeichne im Maßstab 1 : 20 die Dreiecke ABC und das Dreieck BFC für $\overline{DE} = 25$ cm.

b) Bestätige durch Rechnung, dass der Winkel $\sphericalangle ACB$ das Maß $\alpha = 36{,}9°$ hat und die Strecke [BC] eine Länge von 50 cm hat.

c) Zeige, dass zwischen x und dem Winkelmaß γ folgender Zusammenhang besteht:
$\cos\gamma = \frac{-x^2 - 310x + 14575}{19000}$

d) Der Ausleger [CF] kann maximal soweit aufgestellt werden, dass er in Verlängerung der Strecke [AC] verläuft. Ermittle γ_{max} und den zugehörigen Wert x_{max}.

e) Gib den minimalen Wert x_{min} an und berechne dann das minimale Winkelmaß γ_{min}.

f) Der Ausleger und der Löffelstiel des Baggers sollen so gesteuert werden, dass die Punkte C und G auf einer Parallelen zur Erdoberfläche liegen. Zeige, dass in diesem Fall für das Winkelmaß γ gilt: $\gamma = 80{,}1°$. Berechne anschließend, um welche Länge $\overline{DE}$ der Hydraulikzylinder vergrößert worden ist.

g) Das Maß des Winkels FGP beträgt 155°. Berechne den Abstand des Punkts P für $\gamma = 80{,}1°$ von der Geraden AC. Schätze anschließend die maximale Reichweite des Bagger, wo mit dem Löffel noch Material erfasst werden kann.

h) Mithilfe eines Hydraulikzylinders können die Winkelmaße im Gelenkviereck PQRS und damit die Stellung des Baggerlöffels geändert werden.
Es gilt: $\overline{PQ} = \overline{PS} = 30$ cm; $\overline{QR} = \overline{RS} = 38$ cm
Zeige durch Rechnung, dass die Länge der Strecke [QS] wie folgt in Abhängigkeit vom Maß β des Winkels QPS dargestellt werden kann:
$\overline{QS}(\beta) = \frac{30\sin\beta}{\cos\frac{\beta}{2}}$ cm oder $\overline{QS}(\beta) = 60\sin\frac{\beta}{2}$ cm oder $\overline{QS}(\beta) = 30\sqrt{2(1-\cos\beta)}$ cm

i) Stelle das Maß δ des Winkels SRQ in Abhängigkeit von β dar.
[Ergebnis: $\cos\delta = 1 - 1{,}25\sin^2\frac{\beta}{2}$]

k) Berechne das Maß δ für den Fall, dass die Strecke [PQ] des Gelenkvierecks PQRS auf dem Löffelstiel [GP] senkrecht steht.

The semicircular disc glides along two legs of a right angle.
Which line describes point P on the perimeter of the half circle?

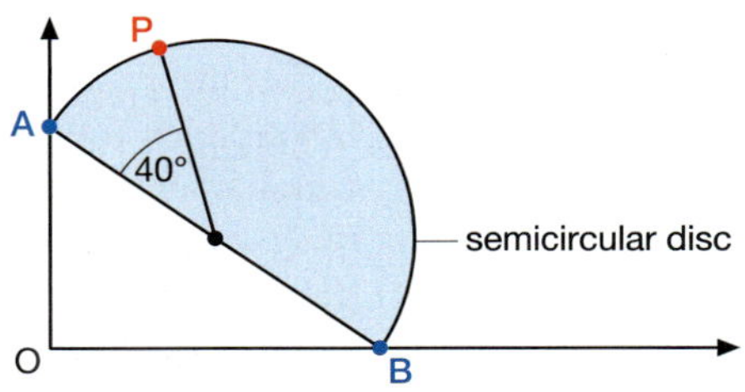

1 Nach dem Absprung bewegt sich der Körperschwerpunkt der Weitspringerin Hopp mit einer Geschwindigkeit v_0 unter einem Winkel mit dem Maß α gegenüber der Horizontalen. Die Geschwindigkeit v_0 des Körperschwerpunkts kann in eine Horizontalkomponente v_x und eine Vertikalkomponente v_y zerlegt werden.

a) Stelle die Horizontalkomponente v_x in Abhängigkeit von v_0 und α dar.

b) Für den Weg s_x des Körperschwerpunkts in horizontaler Richtung gilt:
$s_x = v_x \cdot t$
Dabei ist t die Zeit (in Sekunden) nach dem Absprung. Stelle s_x in Abhängigkeit von v_0 und α dar.

c) Für den Weg s_y des Körperschwerpunktes in vertikaler Richtung gilt:
$s_y = v_0 \cdot \sin\alpha \cdot t - 5\,\frac{m}{s^2} \cdot t^2$
Zeige, dass mit Hilfe von b) für s_y folgt: $s_y = \tan\alpha \cdot s_x - 5\,\frac{m}{s^2} \cdot \frac{s_x^2}{v_0^2 \cdot \cos^2\alpha}$

d) Berechne die Sprungweite s_x, wenn Hopp mit einer Geschwindigkeit von $9{,}5\,\frac{m}{s}$ unter einem Winkel von 21° gegenüber der Horizontalen abspringt.
Der Körperschwerpunkt soll beim Auftreffen in der Sandgrube 0,30 m tiefer liegen als beim Absprung, also $s_y = -0{,}50$ m.

2 Bei einer Sprungangabe in einem Volleyballspiel springt der aufschlagende Spieler Topp über der hinteren Außenlinie hoch und schlägt den Ball aus einer Höhe von 2,80 m über das 2,43 m hohe Netz ins gegnerische Feld.

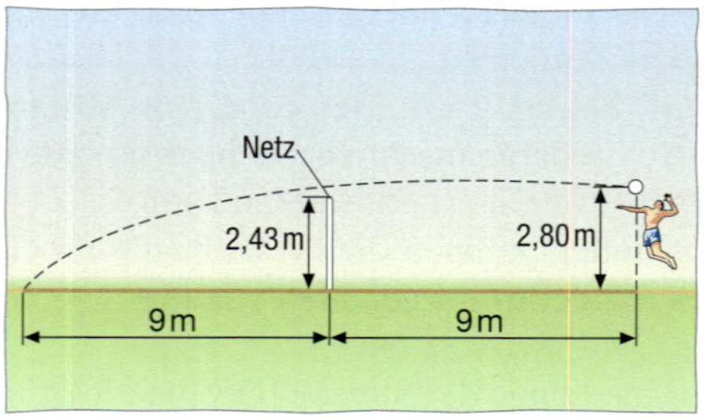

Eine Spielfeldhälfte ist 9 m lang. Die Flugbahn des Balls kann man so beschreiben:
$s_y = \tan\alpha \cdot s_x - 5\,\frac{m}{s^2} \cdot \frac{s_x^2}{v_0^2 \cdot \cos^2\alpha} + 2{,}80\text{ m}$
Dabei ist s_x die Strecke, die der Ball ab dem Aufschlag in horizontaler Richtung zurücklegt, s_y der Abstand des Balls vom Boden, v_0 die Geschwindigkeit in $\frac{m}{s}$, mit der der Ball die Hand des Aufschläger verlässt und α Maß des Winkels, den die Flugrichtung des Balls beim Aufschlag mit der Horizontalen bildet.

a) Der Aufschlag des Spielers Topp würde genau auf die hintere Außenlinie des gegnerischen Feldes treffen. Ordne den Platzhaltern die richtigen Werte zu.
$s_x = \square$ m $\quad s_y = \square$ m

b) Der Spieler Topp schlägt bei seiner Sprungangabe in a) den Ball unter einem Winkel von 4,5° gegenüber der Horizontalen ab. Berechne die Geschwindigkeit, die der Ball im Moment des Aufschlags hat. [Ergebnis: $v_0 = 19{,}7\,\frac{m}{s}$]

c) In welcher Höhe muss der gegnerische Abwehrspieler Flink, der 2 m Abstand von der hinteren Außenlinie hat, den von Topp in Aufgabe b) geschlagenen Ball annehmen?

d) Finde weitere passende Aufgaben und löse sie.

1 An der Kletterwand darf nur üben, wer mit einem Klettergurt und Seil ausgerüstet ist. Wenn ein an einem Haken gesicherter Kletterer ins Seil fällt, muss gewährleistet sein, dass der Kletterer nicht auf dem Boden aufschlägt. Deshalb überprüft der TÜV, ob die maximale Entfernung e zwischen zwei Haken folgender Vorschrift entspricht:
$e = \frac{h + 2{,}0\,\text{m}}{5}$ (h die Höhe des unteren der beiden Haken über dem Boden.)

a) Angenommen der Haken H_0 befindet sich 2,0 m über dem Boden. Zeige, dass der Haken H_1 höchstens 80 cm vom Haken H_0 und höchstens 2,8 m vom Boden entfernt sein kann.

b) Wird nach der obigen Formel die maximale Entfernung zweier Haken mit zunehmender Höhe über dem Boden immer größer oder immer kleiner? Begründe. Warum darf das so sein?

c) Der Haken H_4 in der Mitte einer tonnenförmigen Einbuchtung ist von den beiden Haken H_3 und H_5 jeweils 1,0 m entfernt. Die Haken H_2, H_3 und H_5 liegen übereinander.
Der Krümmungsradius der Einbuchtung beträgt 1,20 m. (siehe Abbildung) Berechne die Länge der Strecke $[H_3H_5]$.
[Ergebnis: 1,8 m]

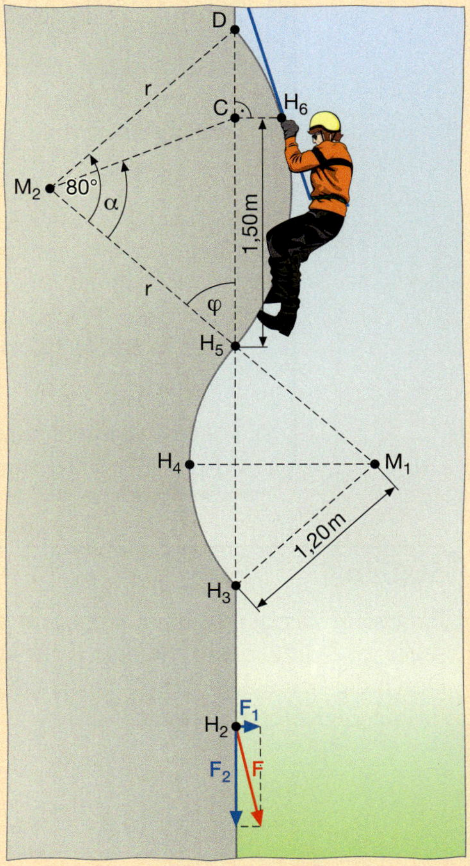

d) Der Haken H_6 ist am tonnenförmigen Überhang 1,50 m höher befestigt als der Haken H_5. Der Winkel H_5M_2D hat das Maß 80° und der Winkel H_5M_2C hat das Maß α. Zeige, dass sich der Radius $r = \overline{M_2H_6}$ wie folgt in Abhängigkeit von α berechnen lässt:
$r(\alpha) = \frac{1{,}5 \sin(\alpha + 50°)}{\sin \alpha}$ m.

e) Berechne die Belegung α für die gilt: r = 1,80 m

f) Die Haken werden vor Inbetriebnahme der Kletterwand vom TÜV auf ihre Sicherheit überprüft. Dazu wird jeder Haken mit einer Kraft F von 8,0 Kilo Newton (ca. 800 kg) belastet.
Berechne die Kräfte F_1 und F_2, die beim Belastungstest auf den Haken H_2 (siehe Abbildung) wirken. Die Kraft F_1 versucht den Haken aus der Wand zu ziehen. Mit der Kraft F_2 wird der Haken nach unten gebogen. Der Winkel zwischen den Richtungen der Kräfte F und F_2 hat das Maß 12,5°. Die Richtungen der Kräfte F_1 und F_2 verlaufen zueinander senkrecht. [Ergebnisse: 1,7 kN; 7,8 kN]

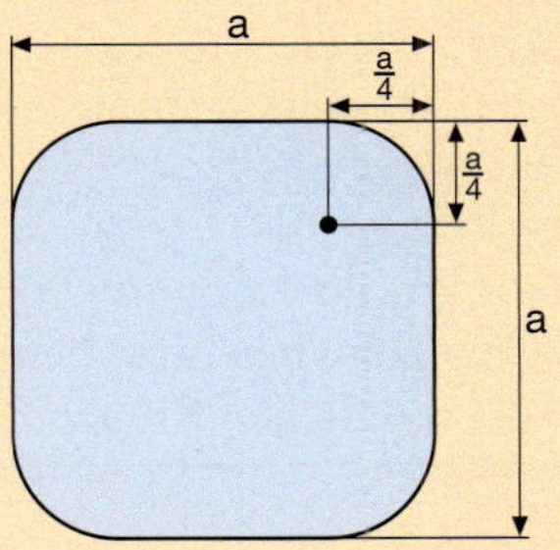

g) Vorrichtungen, über die ein Kletterseil verläuft, müssen entsprechend der Skizze abgerundet sein. Berechne, um wie viel Prozent der Querschnitt des abgerundeten Körpers kleiner ist als der des Körpers mit quadratischem Querschnitt.
[Ergebnis: 5 %]

Station 1

Die Seitenlänge eines regelmäßigen Achtecks ABCDEFGH beträgt 4 cm.

a) Zeige, dass für die Diagonalenlänge $\overline{AM}$ gilt: $\overline{AM} = 5{,}23$ cm

b) Auf der Seite [EF] wandern Punkte P_n. Sie legen zusammen mit den Punkten A und H Dreiecke AP_nH fest. Das Maß der Winkel EAP_n beträgt ε.
Aus welchem Intervall kann man ε wählen, so dass Dreiecke AP_nH existieren?

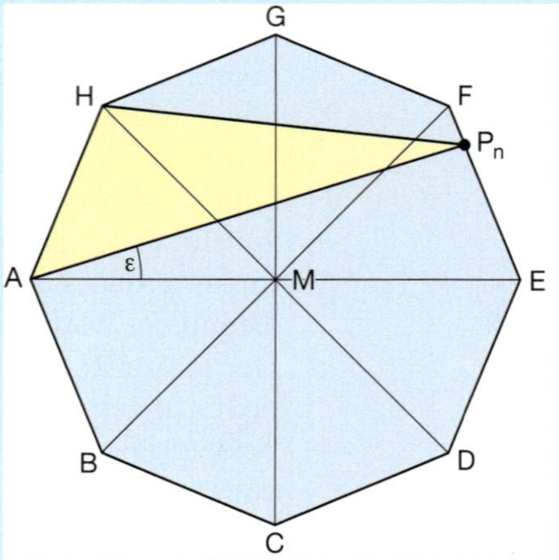

c) Stelle die Länge der Strecken $[AP_n]$ in Abhängigkeit von ε dar.
[Ergebnis: $\overline{AP_n}(\varepsilon) = \frac{9{,}66}{\sin(67{,}5° + \varepsilon)}$ cm]

d) Für welches Maß von ε hat eine der Strecken $[AP_n]$ minimale bzw. maximale Länge? Gib die zugehörigen Längen an.

e) Stelle den Flächeninhalt der Dreiecke AP_nH in Abhängigkeit von ε dar.
[Ergebnis: $A(\varepsilon) = \frac{19{,}32 \sin(67{,}5° - \varepsilon)}{\sin(67{,}5° + \varepsilon)}$ cm^2]

f) Für welches Winkelmaß ε hat das Dreieck AP_1H einen Flächeninhalt von 15 cm^2?

Station 4

Bei einem Viertakt-Ottomotor entsteht durch den Druck, der bei der Verbrennung des Benzin-Luftgemisches im Zylinder entsteht, eine Kraft F_K auf den Hubkolben.
Durch die Schräglage der Pleuelstange [QR] wird die Kolbenkraft F_K zerlegt in die Pleuelstangenkraft F_P und die Kolbenseitenkraft F_S.

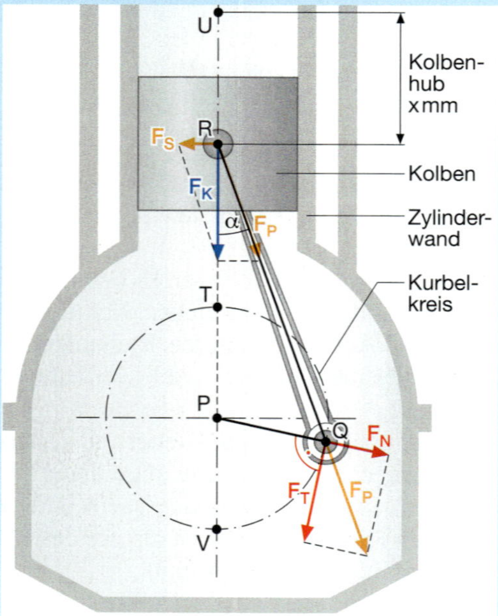

Es gilt: Pleuelstangenlänge $\overline{QR} = 147$ mm
Kurbelkreisradius: $\overline{PQ} = 43$ mm
Der Pleuelstangenwinkel PRQ hat das Maß α.

a) Die Kolbenkraft F_K beträgt 24 kN. Berechne die Kraft F_P, die in Richtung der Pleuelstange wirkt, wenn der Pleuelstangenwinkel das Maß 10,0° hat.
[Ergebnis: $F_P = 24{,}4$ kN]

b) Im Punkt Q wirkt die Pleuelstangenkraft $F_P = 24{,}4$ kN. Berechne die Tangentialkraft F_T, die senkrecht zum Kurbelradius wirkt. [Teilergebnis: $\measuredangle$ RQP = 133,6°]

c) Unter dem Kolbenhub versteht man die Strecke x mm, um die sich der Kolben von der Höchstlage U entfernt hat. Gib den maximalen Kolbenhub an.
Welche Länge hat hier die Strecke [PR]?

d) Zeige, dass zwischen dem Kolbenhub x mm und dem Winkelmaß α folgender Zusammenhang besteht:
$$\cos\alpha = \frac{x^2 - 380x + 55\,860}{-294x + 55\,860}$$
Hinweis: $\overline{PR} = (190 - x)$ mm

e) Das Pleuelstangenwinkelmaß beträgt 12°.
Berechne die möglichen Kolbenhübe.

Station 2

Durch den Berg Grünstein führt von Amberg A nach Blaustein B ein 6 km langer Tunnel. Der Gipfel G liegt 1,5 km über dem Tunnel, d. h. es gilt: $\overline{FG} = 1{,}5$ km. Ferner gilt: $\overline{AF} = 1{,}5$ km.
Bergfex Sepp eilt von Amberg mit durchschnittlich 4,6 $\frac{km}{h}$ zum Gipfel G. Von dort wandert er mit durchschnittlich 6,4 $\frac{km}{h}$ nach Blaustein B hinab. Seiner Freundin Rosemarie ist die Bergtour zu anstrengend. Sie joggt in der Zwischenzeit auf einem 12 km langen Talweg um den Berg.

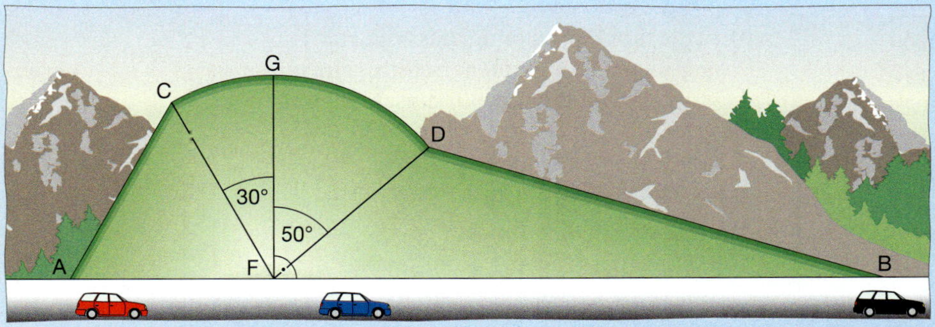

a) Zeige durch Rechnung, dass die Strecke bergauf 2,3 km und die Strecke bergab 4,8 km beträgt.
b) Wie schnell muss Rosemarie laufen, damit sie zur gleichen Zeit wie ihr Freund in Blaustein ankommt, vorausgesetzt es werden nirgends Pausen eingelegt und die angegebenen Durchschnittsgeschwindigkeiten eingehalten.

Station 3

Die Grundfläche einer Pyramide ABCDS ist das Drachenviereck ABCD mit der Symmetrieachse AC. Die Spitze S der Pyramide befindet sich senkrecht über dem Diagonalenschnittpunkt M der Pyramide. Es gilt: $\overline{AC} = 10$ cm; $\overline{AM} = 4$ cm; $\overline{BD} = 8$ cm; $\overline{MS} = 10$ cm
Auf der Strecke [MS] liegt der Punkt T und auf der Kante [CS] die Punkte Q_n.
Es gilt: $\overline{MT} = 4$ cm; $\varepsilon = \measuredangle\, Q_nTS$

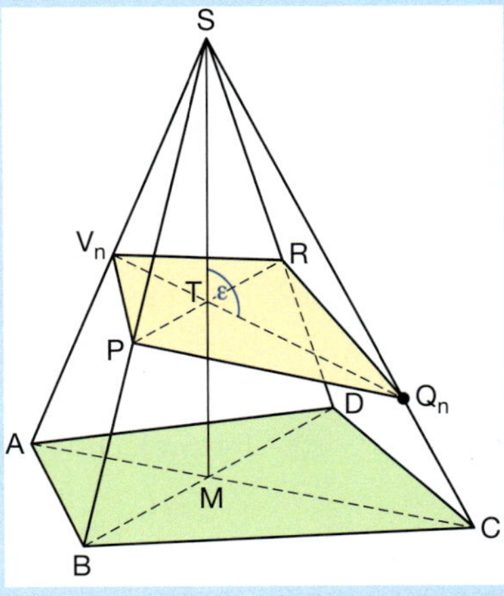

a) Berechne die Länge der Strecken $[Q_nT]$ in Abhängigkeit von ε.
[Ergebnis: $\overline{Q_nT}\,(\varepsilon) = \frac{3{,}09}{\sin(\varepsilon + 30{,}96°)}$ cm]
b) Eine Parallele zur Diagonalen [BD] durch den Punkt T schneidet die Kante [BS] im Punkt P und die Kante [DS] im Punkt R. Die Verlängerungen der Strecken $[Q_nT]$ schneiden die Kante [AS] in den Punkten V_n.
Es entstehen Drachenvierecke PQ_nRV_n.
Zeige durch Rechnung, dass gilt:
$\overline{PR} = 4{,}8$ cm; $\overline{TV_n}(\varepsilon) = \frac{2{,}23}{\sin(\varepsilon - 21{,}80°)}$ cm
c) Aus welchem Intervall kann man ε wählen, so dass Drachenvierecke PQ_nRV_n existieren?
d) Im Drachenviereck PQ_1RV_1 sind die Längen der Strecken $[TQ_1]$ und $[TV_1]$ gleich. Berechne dessen Flächeninhalt.

7 Skalarprodukt von Vektoren

1 Die Fähre *Angelsachse* A und der Dampfer *Bavaria* B sind gleichzeitig von *Puxhaven* P ausgelaufen. Schiff A fährt pro Stunde 2,5 sm (Seemeilen) Richtung Ost und 5 sm Richtung Nord. Schiff B fährt in der Stunde 4 sm Richtung West und 2 sm Richtung Nord. Es gilt: P(2|1)

a) Zeichne die Fahrtrichtung der beiden Schiffe in ein Koordinatensystem ein. Für die Zeichnung: 1 sm ≙ 1 cm

b) Zeige durch Rechnung, dass die Fahrtrichtungen der beiden Schiffe einen Winkel mit dem Maß 90° einschließen.

W 12

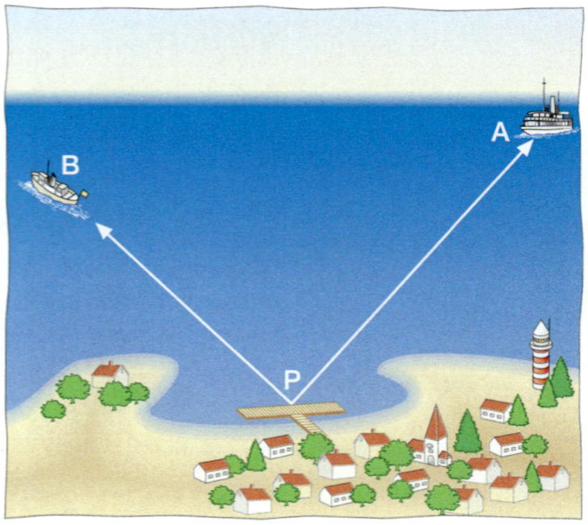

2 Die Vektoren $\vec{a} = \binom{a_x}{a_y}$ und $\vec{b} = \binom{b_x}{b_y}$ stehen senkrecht aufeinander.

a) Zeige, dass für die Koordinaten der senkrechten Vektoren gilt:

$$\frac{a_y \cdot b_y}{a_x \cdot b_x} = -1$$

b) Bringe den Term aus a) auf die Form $a_x \cdot b_x + a_y \cdot b_y = 0$.

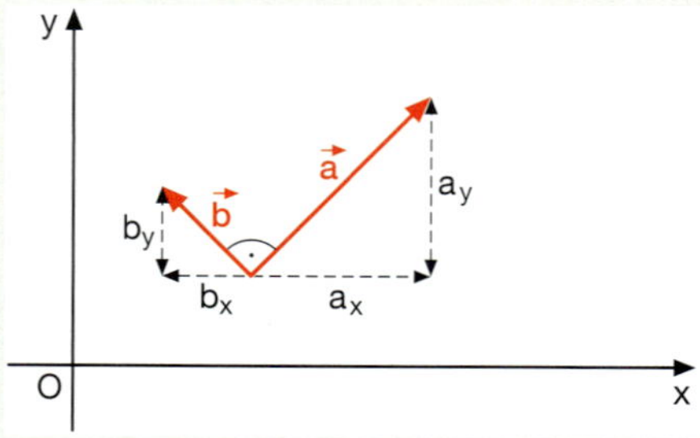

Skalarprodukt von zwei Vektoren

Senkrechte Vektoren

Der Term $a_x \cdot b_x + a_y \cdot b_y$ heißt **Skalarprodukt*** der Vektoren $\vec{a}$ und $\vec{b}$.

Man schreibt: $\vec{a} \odot \vec{b} = \binom{a_x}{a_y} \odot \binom{b_x}{b_y} = a_x \cdot b_x + a_y \cdot b_y$

Stehen zwei Vektoren senkrecht aufeinander, so hat ihr Skalarprodukt den Wert Null: $a_x \cdot b_x + a_y \cdot b_y = 0$

Umkehrung: Hat das Skalarprodukt zweier Vektoren den Wert Null, stehen die Vektoren senkrecht aufeinander (sie sind zueinander orthogonal).

Übungen

3 Berechne alle möglichen Skalarprodukte folgender Vektoren. Welche Vektoren stehen senkrecht aufeinander?

$\vec{a} = \binom{-3}{4}$ $\quad \vec{b} = \binom{1{,}5}{-2}$ $\quad \vec{c} = \binom{16}{12}$ $\quad \vec{d} = \binom{3}{\sqrt{3}}$ $\quad \vec{e} = \binom{3}{120°}$

4 Berechne die fehlenden Koordinaten so, dass gilt: $\vec{b} \perp \vec{a}$ und $\vec{c} \perp \vec{a}$.

a) $\vec{a} = \binom{-4}{3}$; $\vec{b} = \binom{6}{b_y}$; $\vec{c} = \binom{c_x}{1{,}6}$

b) $\vec{a} = \binom{4}{120°}$; $\vec{b} = \binom{\cos 30°}{b_y}$; $\vec{c} = \binom{c_x}{\sqrt{3}}$

W 13

5 Für welche Werte von x stehen die Vektoren $\vec{a}$ und $\vec{b}$ senkrecht aufeinander?

a) $\vec{a} = \binom{(x+2)^2}{4-2x}$; $\vec{b} = \binom{2}{x}$

b) $\vec{a} = \binom{x}{x+1}$; $\vec{b} = \binom{x+1}{x-4}$

c) $\vec{a} = \binom{x-5}{x-1}$; $\vec{b} = \binom{x+2}{x-2}$

L 1,04; 0; 0; 0; 8; −7,45; −16; 2; −1; −1; −2,07; 1,2; 7,18; $-\frac{2}{3}$; 4; 68,78; −12,5; 14,89; 0,5; 3

* als Skalar bezeichnet man eine Zahl (als Unterscheidung zum Vektor)

6 a) Begründe, dass gilt: $a_x \cdot \square + a_y \cdot \square = b_x \cdot \square + b_y \cdot \square$
Ersetze dazu in deinem Heft die Platzhalter. Zeige anschließend die Gültigkeit des **Kommutativgesetzes** bezüglich des Skalarprodukts von Vektoren: $\vec{a} \odot \vec{b} = \vec{b} \odot \vec{a}$

b) Berechne und vergleiche:

I $\begin{pmatrix} 3 \\ 7 \end{pmatrix} \odot \left[\begin{pmatrix} -2 \\ 4 \end{pmatrix} \ominus \begin{pmatrix} 5 \\ -6 \end{pmatrix}\right]$ II $\begin{pmatrix} 3 \\ 7 \end{pmatrix} \odot \begin{pmatrix} -2 \\ 4 \end{pmatrix} \oplus \begin{pmatrix} 3 \\ 7 \end{pmatrix} \odot \begin{pmatrix} 5 \\ -6 \end{pmatrix}$

c) Zeige die Gültigkeit des **Distributivgesetzes** für das Skalarprodukt von Vektoren:

$$\begin{pmatrix} a_x \\ a_y \end{pmatrix} \odot \left[\begin{pmatrix} b_x \\ b_y \end{pmatrix} \oplus \begin{pmatrix} c_x \\ c_y \end{pmatrix}\right] = \begin{pmatrix} a_x \\ a_y \end{pmatrix} \odot \begin{pmatrix} b_x \\ b_y \end{pmatrix} \oplus \begin{pmatrix} a_x \\ a_y \end{pmatrix} \odot \begin{pmatrix} c_x \\ c_y \end{pmatrix}$$

7 Gegeben sind die Dreiecke ABC_n. Es gilt: $A(-6|1)$; $B(4|1)$; $C_n(x|5)$

a) Konstruiere die rechtwinkligen Dreiecke ABC_1 und ABC_2 mit der Hypotenuse [AB]. (Für die Zeichnung: $-7 \leqq x \leqq 5$; $0 \leqq y \leqq 7$)

b) Berechne die Koordinaten der Punkte C_1 und C_2.

c) Löse die Aufgabe in b) mit dem Höhensatz.

17

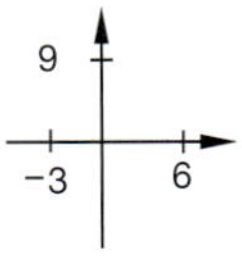

8 Gegeben sind die Dreiecke A_nBC. Es gilt: $A_n(x|4)$; $B(5|6)$; $C(-1|8)$
Konstruiere die rechtwinkligen Dreiecke A_1BC und A_2BC mit der Hypotenuse [BC] und berechne die Koordinaten der Punkte A_1 und A_2 mit Hilfe des Skalarprodukts von Vektoren.

9 Gegeben sind die Punkte $A(-2|1)$ und $C(1|3)$. Die Punkte B_n liegen auf der Geraden g mit der Gleichung $y = \frac{1}{8}x - 2$. Die Strecke $[AB_1]$ steht senkrecht auf der Strecke [AC]. So kann man die Koordinaten des Punktes B_1 berechnen.

Zeichne die Strecke $[AB_1]$ senkrecht zur Strecke [AC] mit B_1 auf der Geraden g.

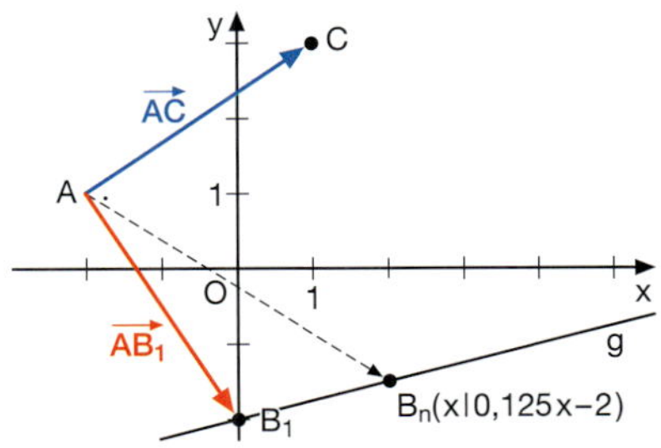

Berechne die Koordinaten der Pfeile $\overrightarrow{AB_n}$ und $\overrightarrow{AC}$.

$\overrightarrow{AB_n} = \begin{pmatrix} x+2 \\ \frac{1}{8}x - 3 \end{pmatrix}$; $\overrightarrow{AC} = \begin{pmatrix} 3 \\ 2 \end{pmatrix}$

Stehen die Vektoren senkrecht aufeinander, hat das Skalarprodukt den Wert Null.

$\begin{pmatrix} x+2 \\ \frac{1}{8}x - 3 \end{pmatrix} \odot \begin{pmatrix} 3 \\ 2 \end{pmatrix} = 0$

a) Führe die Berechnung zu Ende.

b) Die Strecke $[CB_2]$ steht senkrecht auf der Strecke [AC].

c) Die Strecke $[AB_3]$ steht senkrecht auf der Geraden g.

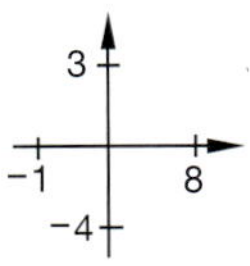

10 Der Eckpunkt B des rechtwinkligen Dreiecks ABC liegt auf der Geraden g mit der Gleichung $y = -\frac{1}{3}x + 1{,}5$. Es gilt: $A(5|-3)$; $C(1|2)$; $\alpha = 90°$
Berechne die Koordinaten des Eckpunktes B.

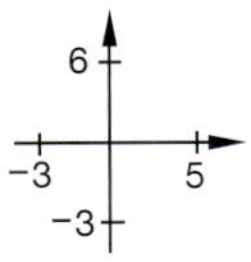

11 Die Punkte $A(-2|-3)$ und $B(4|0)$ bilden die Basis des gleichschenkligen Dreiecks ABC. Die Seite [BC] schließt mit der positiven Richtung der x-Achse einen Winkel von 143,13° ein. Konstruiere das Dreieck ABC und berechne die Koordinaten des Punktes C mit Hilfe geeigneter senkrechter Vektoren. [Teilergebnis: BC $\triangleq$ $y = -0{,}75x + 3$]

1 So kann man den Abstand des Punktes P(5|1) von der Geraden g mit der Gleichung $y = 2x + 1$ mit Hilfe des Skalarprodukts bestimmen.

Der Fußpunkt Q des Lotes von P auf g hat die Koordinaten $Q(x|2x + 1)$.
Damit gilt für den Vektor $\overrightarrow{QP}$:

$\overrightarrow{QP} = \begin{pmatrix} 5 - x \\ 1 - (2x + 1) \end{pmatrix} = \begin{pmatrix} 5 - x \\ -2x \end{pmatrix}$

Für die Gerade g gilt: $\vec{v} = \begin{pmatrix} 1 \\ 2 \end{pmatrix}$

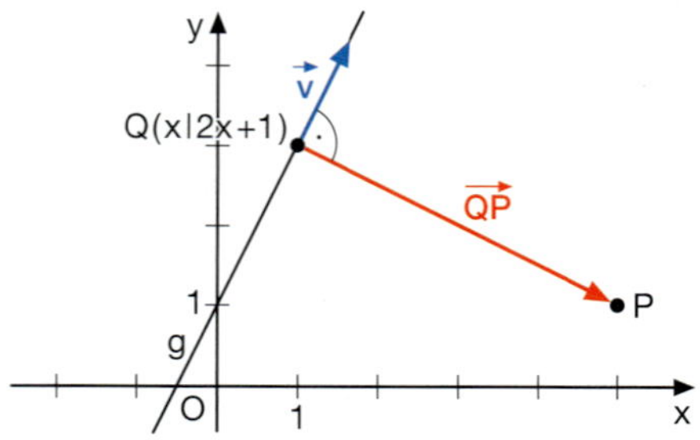

Die beiden Vektoren $\overrightarrow{QP}$ und $\vec{v}$ stehen aufeinander senkrecht.	$\overrightarrow{QP} \odot \vec{v} = 0$
Somit gilt:	$\begin{pmatrix} 5 - x \\ -2x \end{pmatrix} \odot \begin{pmatrix} 1 \\ 2 \end{pmatrix} = 0$
Berechne x.	$(5 - x) \cdot 1 - 2x \cdot 2 = 0$ $x = 1 \quad (y = 3)$
Berechne die Koordinaten des Vektors $\overrightarrow{QP}$.	$\overrightarrow{QP} = \begin{pmatrix} 5 - 1 \\ -2 \cdot 1 \end{pmatrix} = \begin{pmatrix} 4 \\ -2 \end{pmatrix}$
Berechne den Betrag des Vektors.	$\lvert\overrightarrow{QP}\rvert = \overline{QP} = \sqrt{4^2 + (-2)^2}$ LE $\overline{QP} = \sqrt{20}$ LE
Gib den Abstand an.	$d(P, g) = 4{,}47$ LE

Fertige je eine Zeichnung an und berechne den Abstand des Punktes P von g.

a) P(3|4); g mit $y = 0{,}5x - 1$
b) P(−2|3); g mit $y = -x - 1$
c) P(−1|−2,5); g mit $y = 0{,}25x + 2$
d) P(3|1); g mit $y = -0{,}5x - 1$

Übungen

2

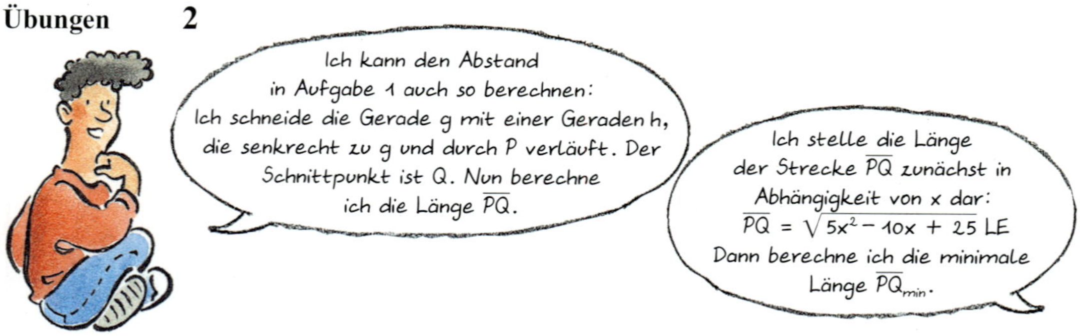

Überprüfe durch Rechnung die Vorschläge von Toni und Birgit.

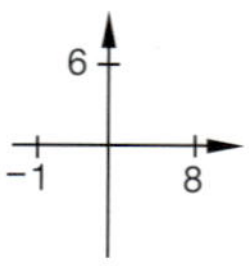

3 Der Punkt A ist Eckpunkt eines Quadrates ABCD, dessen Eckpunkte C und D auf der Geraden g liegen. Es gilt: A(1,5|0,5); g mit $y = -0{,}2x + 6$
Konstruiere das Quadrat, berechne seinen Flächeninhalt und die Koordinaten der Punkte B und C.

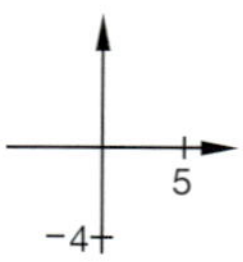

4 Gegeben ist die Gerade g mit der Gleichung $y = -0{,}5x - 2$. Der Fußpunkt des Lotes vom Punkt $P(x_p|-1)$ auf die Gerade g ist der Punkt Q(2|−3). Fertige eine Zeichnung an und berechne den Abstand des Punktes P von der Geraden g.

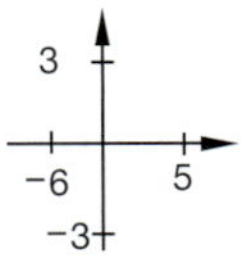

1 Die Punkte A(−4|−2) und B(4|0) sind Eckpunkte einer Schar von Dreiecken ABC_n. Die Eckpunkte C_n liegen auf einer Geraden g mit der Gleichung $y = 0{,}5x + 2{,}25$. Unter den Dreiecken ABC_n gibt es vier rechtwinklige Dreiecke. Berechne die Koordinaten der zugehörigen Eckpunkte C_n mit Hilfe des Skalarprodukts geeigneter Vektoren.

2 Berechne den Abstand der beiden parallelen Geraden g und h.
Es gilt: g mit $y = -\frac{2}{3}x - 1$; h mit $y = -\frac{2}{3}x + 3$

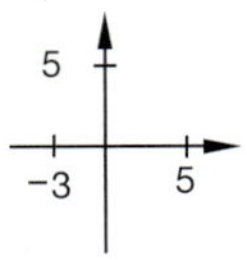

3 Die Punkte B und C sind Eckpunkte eines Dreiecks ABC. F ist der Fußpunkt der Höhe h_a.
Es gilt: B(4|0) ; C(−2|4); F(−0,5|3); $h_a = 3{,}6$ LE
a) Zeichne das Dreieck ABC in ein Koordinatensystem.
b) Welche der folgenden Koordinaten können dem Eckpunkt A zugeordnet werden?
A (x|x + 3,6) **B** (x + 0,5|0) **C** (x|1,5x + 3,75)
c) Berechne die Koordinaten des Punktes A.

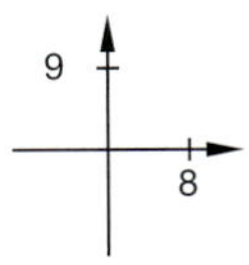

4 Die Punkte Q_n(x|0) liegen auf der x-Achse, die Punkte P_n(x|y) haben die gleiche Abszisse x wie die Punkte Q_n. Die Strecken $[AP_n]$ und $[AQ_n]$ sollen zueinander orthogonal verlaufen. Es gilt: A(3|3)
a) Zeichne die Strecken $[AP_n]$ und $[AQ_n]$ für x = 5, x = 7 und x = 2 in ein Koordinatensystem ein.
b) Zeige durch Rechnung, dass für die Punkte P_n(x|y) folgender Zusammenhang zwischen der x- und der y-Koordinate besteht: $y = \frac{1}{3}(x - 3)^2 + 3$
c) Zeichne den Trägergraphen der Punkte P_n in die Zeichnung zu a) ein.

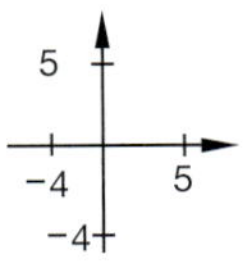

5 Die Punkte A(−4|1) und B(2|−3,5) sind Eckpunkte eines Rechtecks ABCD mit $\overline{AD} = 3{,}75$ LE.
a) Konstruiere das Rechteck und stelle ein Gleichungssystem mit folgenden Bedingungen auf: (I) $\overrightarrow{AB} \odot \overrightarrow{AD} = 0$ mit D(x|y) ∧ (II) $|\overrightarrow{AD}| = 3{,}75$ LE
b) Löse das Gleichungssystem und berechne die Koordinaten der Punkte D und C.

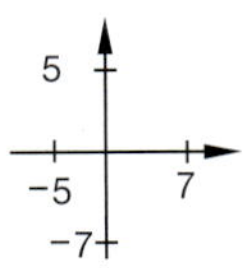

6 Die Vektoren $\overrightarrow{AB_n} = \begin{pmatrix} 5 \\ \alpha \end{pmatrix}$ und $\overrightarrow{AC_n} = \begin{pmatrix} 6 \\ 180° + \frac{\alpha}{2} \end{pmatrix}$ legen Dreiecke AB_nC_n fest.
Es gilt: A(2|0); α ∈ [0°; 360°]
a) Zeichne die Dreiecke AB_1C_1, AB_2C_2 und AB_3C_3 für α = 30°, α = 90° und α = 160° in ein Koordinatensystem ein.
b) Das Dreieck AB_4C_4 ist rechtwinklig mit $\sphericalangle B_4AC_4 = 90°$. Berechne das zugehörige Maß von α mit Hilfe des Skalarprodukts.
c) Gibt es weitere rechtwinklige Dreiecke? Zeige durch Rechnung.

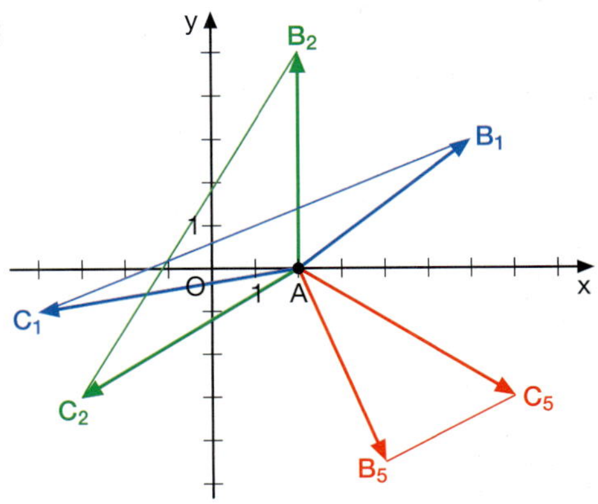

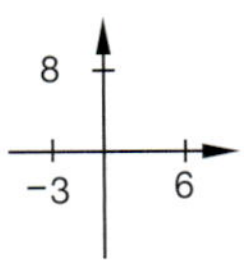

7 Die Vektoren $\overrightarrow{OP_n} = \begin{pmatrix} 6 \sin\alpha \\ 3\cos^2\alpha \end{pmatrix}$ und $\overrightarrow{OR_n} = \begin{pmatrix} 2\cos\alpha \\ \frac{2}{\sin\alpha} \end{pmatrix}$ spannen Parallelogramme $OP_nQ_nR_n$ auf. Es gilt: O(0|0); α ∈]0°; 180°[
a) Berechne die Koordinaten der Pfeile $\overrightarrow{OP_1}$, $\overrightarrow{OP_2}$, $\overrightarrow{OP_3}$, $\overrightarrow{OR_1}$, $\overrightarrow{OR_2}$ und $\overrightarrow{OR_3}$ für α = 25°, α = 50° und α = 120°. Zeichne die zugehörigen Parallelogramme in ein Koordinatensystem ein.
b) Bestimme den Trägergraph der Punkte P_n. Trage ihn in die Zeichnung zu a) ein.
c) Für welche Werte von α gibt es Rechtecke $OP_nQ_nR_n$? Berechne mit Hilfe des Skalarprodukts und trage die Rechtecke in die Zeichnung zu a) ein.

1 Am Leuchtturm L kreuzt die Fähre *Angelsachse* A den Dampfer *Bremerhaven* B, der sich mit 6 sm pro Stunde Richtung West und 2 sm pro Stunde Richtung Nord entfernt. Die *Angelsachse* behält ihren Kurs aus Aufgabe 1 auf Seite 140 bei.

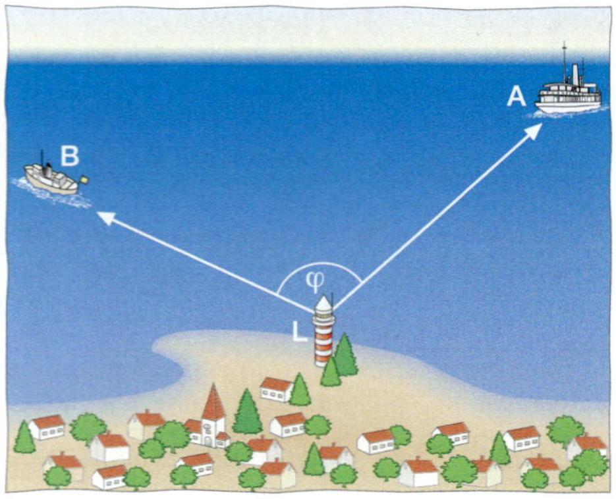

a) Zeichne die Fahrtrichtungen der beiden Schiffe in ein Koordinatensystem ein. Es gilt: $L(3|2)$; $1\text{ sm} \triangleq 1\text{ cm}$

b) Zeige durch Rechnung, dass das Maß des Winkels, den die Fahrtrichtungen der beiden Schiffe bilden, nicht 90° beträgt.

c) Ermittle mit Hilfe der Zeichnung das Winkelmaß zwischen den beiden Fahrtrichtungen.

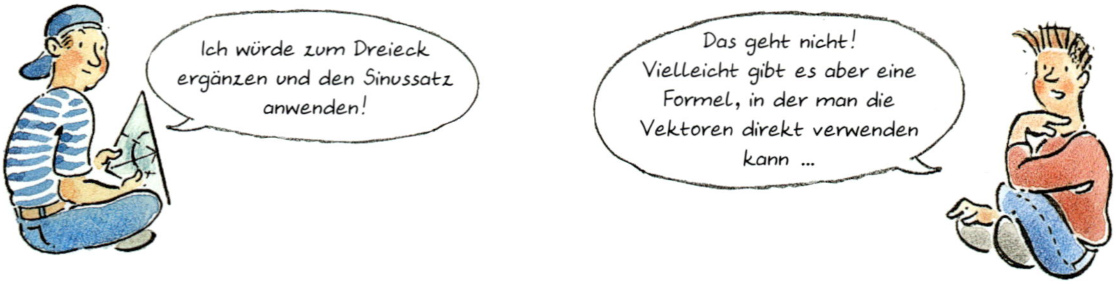

2 Gegeben sind die Vektoren $\vec{a} = \binom{a_x}{a_y} = \binom{a}{\alpha}$; $\vec{b} = \binom{b_x}{b_y} = \binom{b}{\beta}$

Für den Zusammenhang zwischen den kartesischen und den Polarkoordinaten gilt:

$\binom{a_x}{a_y} = \binom{a \cdot \cos\alpha}{a \cdot \sin\alpha}$; $\binom{b_x}{b_y} = \binom{a \cdot \cos\beta}{a \cdot \sin\beta}$;

Somit folgt für das Skalarprodukt $\vec{a} \odot \vec{b}$:

$$\begin{aligned}\vec{a} \odot \vec{b} &= a\cos\alpha \cdot b\cos\beta + a\sin\alpha \cdot b\sin\beta \\ &= a \cdot b \cdot (\cos\alpha\cos\beta + \sin\alpha\sin\beta) \\ &= a \cdot b\cos(\alpha - \beta) = a \cdot b\cos(\beta - \alpha)\end{aligned}$$

Mit $\varphi = |\alpha - \beta|$ und $a = |\vec{a}|$ sowie $b = |\vec{b}|$ folgt:

$\vec{a} \odot \vec{b} = |\vec{a}| \cdot |\vec{b}| \cdot \cos\varphi$

wobei $|\vec{a}| = \sqrt{a_x^2 + a_y^2}$; $|\vec{b}| = \sqrt{b_x^2 + b_y^2}$

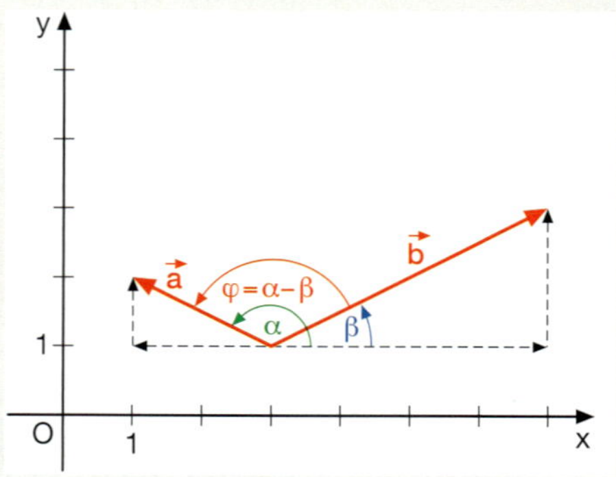

Skalarprodukt beliebiger Vektoren

Für das **Skalarprodukt zweier beliebiger Vektoren** $\vec{a} = \binom{a_x}{a_y}$ und $\vec{b} = \binom{b_x}{b_y}$ gilt:

$\vec{a} \odot \vec{b} = |\vec{a}| \cdot |\vec{b}| \cdot \cos\varphi$ mit $|\vec{a}| = \sqrt{a_x^2 + a_y^2}$; $|\vec{b}| = \sqrt{b_x^2 + b_y^2}$

φ ist das Maß des Winkels zwischen $\vec{a}$ und $\vec{b}$; $\varphi \in [0°; 180°]$

Winkelmaß zwischen Vektoren

Für das Winkelmaß φ zwischen zwei beliebigen Vektoren $\vec{a}$ und $\vec{b}$ gilt:

$$\cos\varphi = \frac{\vec{a} \odot \vec{b}}{|\vec{a}| \cdot |\vec{b}|} \quad \text{bzw.} \quad \cos\varphi = \frac{a_x \cdot b_x + a_y \cdot b_y}{\sqrt{a_x^2 + a_y^2} \cdot \sqrt{b_x^2 + b_y^2}}$$

Übungen

3 Berechne das Maß φ des Winkels zwischen den Vektoren $\vec{a}$ und $\vec{b}$.

$\vec{a} = \binom{2}{3}$; $\vec{b} = \binom{1}{-1}$

$\cos\varphi = \frac{2 \cdot 1 + 3 \cdot (-1)}{\sqrt{2^2 + 3^2} \cdot \sqrt{1^2 + (-1)^2}}$

$\cos\varphi = -0{,}196 \quad \varphi = 101{,}31°$

a) $\vec{a} = \binom{-4}{3}$; $\vec{b} = \binom{-2}{-1}$

b) $\vec{a} = \binom{2}{-1{,}2}$; $\vec{b} = \binom{0{,}5}{2}$

c) $\vec{a} = \binom{-3}{4{,}5}$; $\vec{b} = \binom{6}{2}$

4 Berechne das Maß φ des Winkels zwischen den Fahrtrichtungen der beiden Schiffe in Aufgabe 1 auf S. 144.

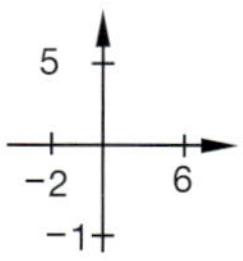

5 Zeichne die Gerade g und die Strecke [AB] in ein Koordinatensystem.
Berechne das Maß φ des Winkels, den die Gerade mit der Strecke [AB] bildet.
a) g mit $y = 0{,}5x + 1$; $A(1\,|\,1{,}5)$; $B(6\,|\,0)$
b) g mit $y = -\frac{4}{3}x + 5$; $A(-1{,}5\,|\,-1)$; $B(3\,|\,1)$

6 Die Punkte $A(-2\,|\,0)$ und $B(6\,|\,2)$ sind Eckpunkte einer Schar von Dreiecken ABC_n.
Es gilt: $C_n(x\,|\,5)$
a) Für das Dreieck ABC_1 gilt: $\alpha = 45°$
So kann man die fehlende Koordinate des Eckpunktes C_1 berechnen.

Zeichne das Dreieck.

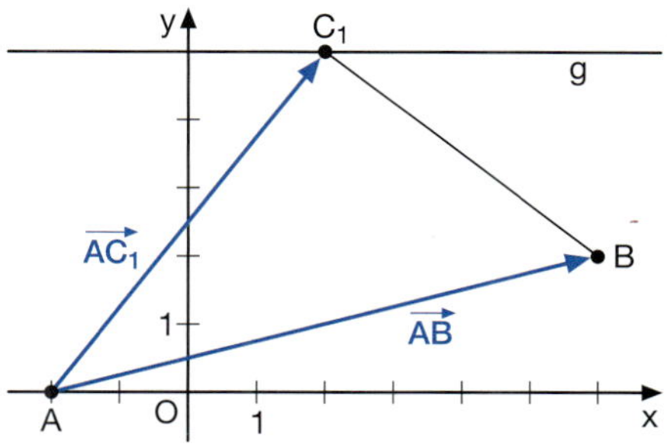

Mit den Vektoren $\overrightarrow{AB} = \binom{8}{2}$ und $\overrightarrow{AC_n} = \binom{x+2}{5}$ folgt:

$$\cos 45° = \frac{8 \cdot (x+2) + 2 \cdot 5}{\sqrt{8^2 + 2^2} \cdot \sqrt{(x+2)^2 + 5^2}}$$

Vereinfache.

$$\frac{1}{2}\sqrt{2} = \frac{8x + 26}{\sqrt{68} \cdot \sqrt{x^2 + 4x + 29}}$$

Multipliziere mit dem Nenner.

$$\frac{1}{2}\sqrt{2} \cdot \sqrt{68} \cdot \sqrt{x^2 + 4x + 29} = 8x + 26$$

Quadriere beide Seiten der Gleichung.

$$34 \cdot (x^2 + 4x + 29) = (8x + 26)^2$$

b) Begründe: Eine der Umformungen ist keine Äquivalenzumformung.
c) Berechne die x-Koordinate des Eckpunktes C_1.
d) Berechne für das Dreieck ABC_2 mit $\sphericalangle\, C_2BA = 60°$ die x-Koordinate des Eckpunktes C_2.

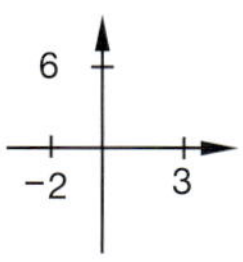

7 Die Vektoren $\overrightarrow{OP_n} = \binom{3-x}{2x}$ und $\overrightarrow{OQ} = \binom{-2}{5}$ spannen mit $O(0\,|\,0)$ die Dreiecke OP_nQ auf.
a) Zeichne das Dreieck OP_1Q für $x = 2$ in ein Koordinatensystem. Berechne das Maß φ des Winkels P_1OQ.
b) Für das Dreieck OP_2Q gilt: $\sphericalangle\, P_2OQ = 60°$. Berechne die Belegung von x und zeichne das Dreieck OP_2Q in das Koordinatensystem zu a) ein.
c) Welche Werte kann x annehmen?

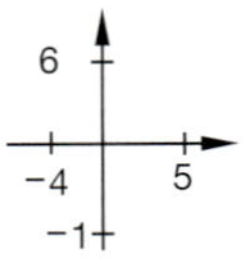

1 Zeichne die Geraden g und h in ein Koordinatensystem ein und berechne das Maß α ihres spitzen Schnittwinkels mit Hilfe des Skalarprodukts.

a) g mit $y = 0{,}2x + 4$
h mit $y = -0{,}8x + 1$

b) g mit $3y - 4x + 3 = 0$
h mit $y = -3x + 6$

2 Die Gerade g mit $y = 0{,}5x + 1$ schließt mit der Geraden h mit $y = mx + 6$ einen Winkel mit dem Maß 45° ein.

a) Begründe: Der Steigungswinkel der Geraden h ist $\vec{v}_h = \begin{pmatrix} 1 \\ m \end{pmatrix}$.

b) Welche Steigung kann die Gerade h haben?

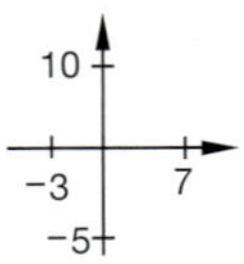

3 Zeichne die Kreise k_1 und k_2 mit dem Radius $r = 3{,}5$ cm, die die Gerade g mit der Gleichung $y = -0{,}25x + 3$ im Punkt $P(2|2{,}5)$ berühren. Ermittle die Koordinaten ihrer Mittelpunkte M_1 und M_2.

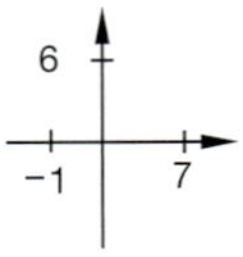

4 Die Punkte C_n einer Schar von Dreiecken ABC_n liegen auf der Geraden g mit der Gleichung $y = -0{,}5x + 5$. Es gilt: $A(0|1)$; $B(6|-1)$

a) Zeichne das rechtwinklige Dreieck ABC_1 mit $\alpha = 90°$. Berechne die Koordinaten des Eckpunktes C_1.

b) Im Dreieck ABC_2 beträgt das Maß α des Winkels BAC_2 45°. Berechne die Koordinaten des Eckpunktes C_2.

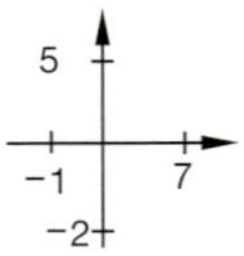

5 Das Dreieck ABC ist gleichschenklig mit der Basis [AB].
Es gilt: $A(-1|-2)$; $B(7|-1)$; die Basiswinkel betragen 55°.
Zeichne das Dreieck und berechne die Koordinaten des Eckpunktes C.

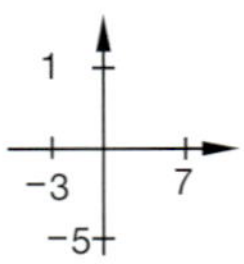

6 Die Punkte A und C liegen auf der Symmetrieachse eines Drachenvierecks ABCD. Der Punkt E ist Diagonalenschnittpunkt, das Maß α des Winkels BAD beträgt 80°.
Es gilt: $A(-2|-3)$; $C(6|-1)$; $E(0|-2{,}5)$

a) Zeichne das Drachenviereck ABCD in ein Koordinatensystem ein.

b) Berechne die Koordinaten der Eckpunkte B und D.

c) Berechne das Maß β des Innenwinkels CBA.

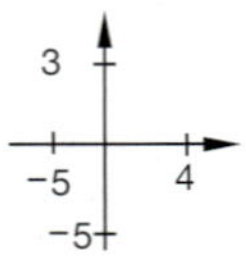

7 Die Pfeile $\overrightarrow{AB_n} = \begin{pmatrix} 4\cos\varphi \\ -4\sin\varphi \end{pmatrix}$ und $\overrightarrow{AC_n} = \begin{pmatrix} 3 \\ 5\cos\varphi \end{pmatrix}$ legen Dreiecke AB_nC_n fest.
Es gilt: $A(0|0)$; $\varphi \in [0°; 180°]$.

a) Zeichne die Dreiecke AB_1C_1 und AB_2C_2 für $\varphi \in \{75°; 160°\}$ in ein Koordinatensystem.

b) Begründe: Die Längen der Seiten $[AB_n]$ haben ein konstantes Maß.

c) Unter den Dreiecken gibt es zwei gleichschenklige Dreiecke mit $[B_nC_n]$ als Basis. Berechne φ für diese Dreiecke. Runde auf eine Stelle nach dem Komma.

d) Zeige mit Hilfe von c), dass es kein gleichseitiges Dreieck AB_nC_n gibt.

e) Unter den Dreiecken AB_nC_n gibt es rechtwinklige Dreiecke mit $\sphericalangle B_nAC_n = 90°$. Berechne φ für diese Dreiecke auf eine Stelle nach dem Komma.

f) Zeige, dass sich der Flächeninhalt $A(\varphi)$ der Dreiecke AB_nC_n in Abhängigkeit von φ folgendermaßen darstellen lässt: $A(\varphi) = (-10\sin^2\varphi + 6\sin\varphi + 10)$ FE

g) Für welche Belegung von φ beträgt der Flächeninhalt eines Dreiecks 8 FE? Berechne und runde auf eine Stelle nach dem Komma.

h) Welche Extremwerte kann der Flächeninhalt annehmen?

Vier Kinder haben jeweils zwei Euro- bzw. Centmünzen. Stellt man die Kinder der Reihe nach auf, hat das jeweils nächste Kind doppelt so viel Geld wie das vorherige Kind. Wie hoch ist der Gesamtbetrag?

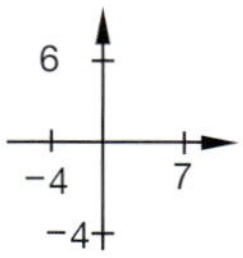

8 Die Punkte A und B sind Eckpunkte eines Dreiecks ABC. Die Winkelhalbierende w_α hat die Gleichung $y = \frac{1}{5}x + 1{,}5$. Es gilt: $A(-3|1)$; $B(6|-3)$; $C(2|y)$

a) Konstruiere das Dreieck ABC und berechne das Innenwinkelmaß α.

b) Berechne die y-Koordinate des Punktes C. [Ergebnis: $C(2|5{,}65)$]

c) Berechne das Innenwinkelmaß β.

d) Durch welche der folgenden Gleichungen ist die Winkelhalbierende w_β beschrieben?

A $y = 0{,}98x + 2{,}9$ **B** $y = -0{,}98x + 2{,}9$ **C** $y = -0{,}98x - 2{,}9$

e) Berechne den Inkreismittelpunkt M des Dreiecks ABC.

f) Berechne den Radius des Inkreises.

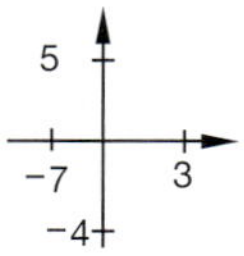

9 Die Vektoren $\overrightarrow{AB_n} = \begin{pmatrix} 3\sin\varphi + 1 \\ 6\cos^2\varphi \end{pmatrix}$ und $\overrightarrow{AD_n} = \begin{pmatrix} -4\sin\varphi \\ 2 \end{pmatrix}$ spannen für $\varphi \in [0°;\ 180°]$ Parallelogramme $AB_nC_nD_n$ auf. Es gilt: $A(-2|-3)$

a) Zeichne die Parallelogramme $AB_1C_1D_1$ für $\varphi = 30°$, $AB_2C_2D_2$ für $\varphi = 90°$ und $AB_3C_3D_3$ für $\varphi = 160°$ in ein Koordinatensystem ein.

b) Berechne das Maß α des Winkels B_1AD_1 im Parallelogramm $AB_1C_1D_1$.

c) Gib die Gleichung des Trägergraphen der Punkte D_n an und ordne den Trägergraphen für die Punkte B_n richtig zu.

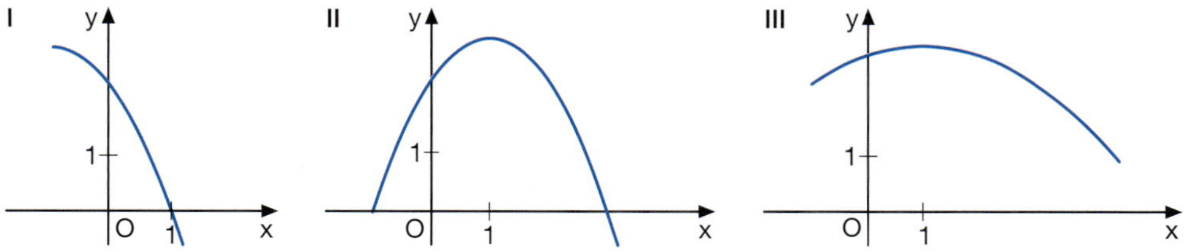

d) Welche Werte kann x_B annehmen?

e) Stelle die Koordinaten der Punkte C_n in Abhängigkeit von φ dar und zeichne den Trägergraphen der Punkte C_n in die Zeichnung zu a) ein.

f) Berechne die Belegungen von φ für die Rechtecke unter den Parallelogrammen.

g) Bestimme den Flächeninhalt der Parallelogramme in Abhängigkeit von φ. Welche Extremwerte kann der Flächeninhalt annehmen? Gib auch die Belegungen für φ an.

10 Bisamratten wird nachgesagt, dass sie ihren Zielort sehr genau erreichen, wenn sie einen Fluss überqueren. Dazu muss die Bisamratte die Fließgeschwindigkeit des Flusses instinktiv berücksichtigen.
Eine Bisamratte lebt an einem Fluss, dessen Fließgeschwindigkeit $0{,}8\ \frac{m}{s}$ beträgt.

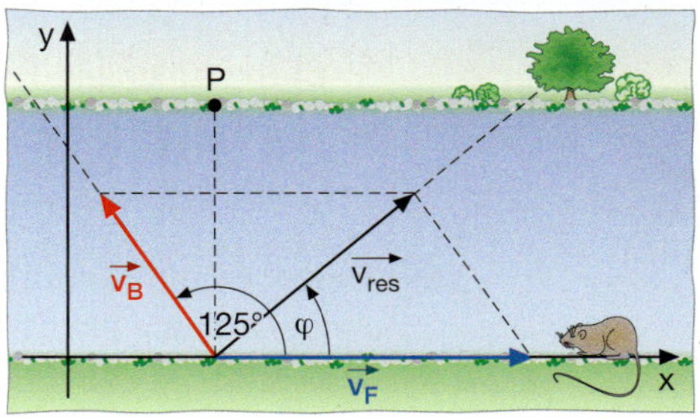

a) Sie quert den Fluss schräg unter einem Winkel von 125° zur Fließrichtung mit einer Geschwindigkeit von $0{,}5\ \frac{m}{s}$. Unter welchem Winkelmaß φ zur Fließrichtung des Flusses wird sie am anderen Ufer ankommen?
Löse konstruktiv ($0{,}2\ \frac{m}{s} \triangleq 1$ cm) und berechne anschließend das Winkelmaß mit Hilfe von Vektoren.

b) Die Bisamratte quert den Fluss mit einer Geschwindigkeit von $1{,}3\ \frac{m}{s}$ und landet genau am Punkt P gegenüber ihres Startpunktes. In welchem Winkelmaß α muss sie losschwimmen, wenn sie keine Kurskorrekturen vornehmen will? Berechne.

Abbildung durch Drehung

1 Um bei seinen Feldzügen in Gallien Nachrichten vor Feinden geheim zu halten, ließ der römische Feldherr GAIUS JULIUS CÄSAR (100–44 v. Chr.) die Nachrichten verschlüsseln. Dazu benutzte er eine so genannte Chiffrierscheibe, auf der eine kleinere Scheibe um den Punkt O auf einer größeren Scheibe gedreht werden kann.
Auf dem äußeren Ring der Scheibe befinden sich Buchstaben des Alphabets. Aus diesen Buchstaben kann man die Wörter (den so genannten Klartext) einer Nachricht bilden. Auf der inneren Scheibe befinden sich die Buchstaben des Geheimtextes. In der Abbildung ist die innere blaue Scheibe um 30° gedreht. Dem Buchstaben A der Nachricht wird bei dieser *30°-Verschlüsselung* der Buchstabe X des Geheimtextes zugeordnet.

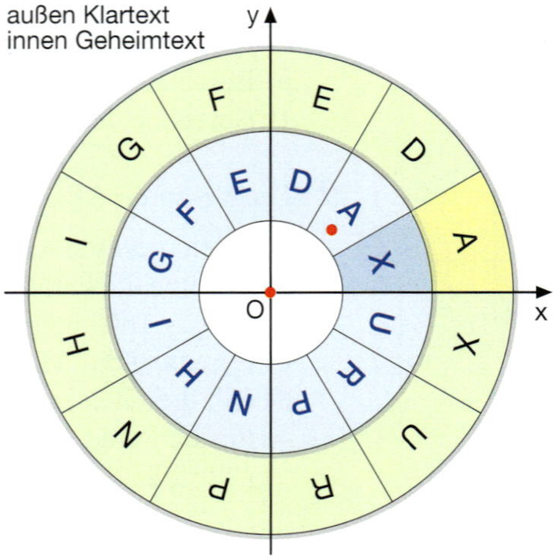

a) Finde mithife der Abbildung das Wort einer Nachricht von CÄSAR, das in Geheimtext so dargestellt ist:

Geheimtext	X	H	F	P	G	E	E
Klartext							

b) Wie heißt der Geheimtext in a) bei einer *60°-Verschlüsselung?*
c) Der Geheimtextbuchstabe A(3,5 | 45°) in der Abbildung wird um 30° gedreht. Berechne, welche kartesischen Koordinaten der Buchstabe nach dieser Drehung hat.

2 So kann man bei einer Drehung des Urpunktes P(x | y) um den Punkt O(0 | 0) mit dem Drehwinkelmaß α die Koordinaten des Bildpunktes P′(x′ | y′) berechnen.

a) Begründe mit Hilfe der Abbildung:
$\overrightarrow{OP'} = \overrightarrow{OQ'} \oplus \overrightarrow{Q'P'}$
$\binom{x'}{y'} = \binom{x}{\alpha} \oplus \binom{y}{90° + \alpha}$ *(Polarkoordinaten)*
$\binom{x'}{y'} = \binom{x \cos\alpha}{x \sin\alpha} \oplus \binom{y \cos(90° + \alpha)}{y \sin(90° + \alpha)}$
(kartesische Koordinaten)

b) Zeige, dass aufgrund der Additionstheoreme gilt: $\cos(90° + \alpha) = -\sin\alpha$; $\sin(90° + \alpha) = \cos\alpha$

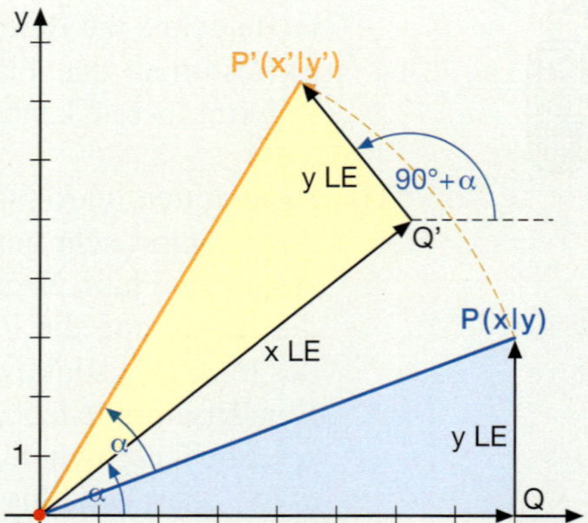

c) Begründe mit Hilfe von a) und b):
$\binom{x'}{y'} = \binom{x\cos\alpha - y\sin\alpha}{x\sin\alpha + y\cos\alpha}$ bzw. P′(x cos α − y sin α | x sin α + y cos α)

3 Berechne die Koordinaten der Bildpunkte zu A(−1 | 3), B(3 | 5), C(−2 | 5), D(−2 | −7) bei einer Drehung um den Ursprung mit dem Drehwinkelmaß α.
a) α = 90° b) α = 60° c) α = 120° d) α = 45° e) α = 270° f) α = 310°

L (−3 | −1); (−5,3 | 0,8); (−3,3 | −4,2); (−2,8 | 1,4); (−7 | 2); (1,7 | 2,7); (2,6 | 4,7); (−4,9 | 2,1); (−5 | 3); (−3,1 | 0,6); (−2,1 | −2,4); (−2,8 | 5,1); (7 | −2); (−5,8 | 0,1); (5,8 | 0,9); (5 | 2); (−1,4 | 5,7); (−5 | −2); (5,1 | −5,2); (7,1 | 1,8); (3,5 | −6,4); (3 | 1); (5 | −3); (−6,6 | −3,0)

4 So kann man die Vorschrift $\begin{pmatrix} x' \\ y' \end{pmatrix} = \begin{pmatrix} x\cos\alpha - y\sin\alpha \\ x\sin\alpha + y\cos\alpha \end{pmatrix}$ umgestalten, dass sowohl der Pfeil $\overrightarrow{OP'} = \begin{pmatrix} x' \\ y' \end{pmatrix}$ als auch der Pfeil $\overrightarrow{OP} = \begin{pmatrix} x \\ y \end{pmatrix}$ deutlich erkennbar sind.

Es gilt: $\begin{pmatrix} x' \\ y' \end{pmatrix} = \begin{pmatrix} \cos\alpha \cdot x + (-\sin\alpha)\cdot y \\ \sin\alpha \cdot x + \cos\alpha \cdot y \end{pmatrix}$

Für die obige Darstellung wählt man ein neues Zahlenschema: $\underbrace{\begin{pmatrix} x' \\ y' \end{pmatrix}}_{\text{Vektor}} = \begin{pmatrix} \cos\alpha & -\sin\alpha \\ \sin\alpha & \cos\alpha \end{pmatrix} \odot \underbrace{\begin{pmatrix} x \\ y \end{pmatrix}}_{\text{Vektor}}$

Matrix

Ein Zahlenschema der Form $\begin{pmatrix} a & b \\ c & d \end{pmatrix}$ heißt **zweireihige quadratische Matrix**[1].
Die Verknüpfung einer Matrix mit einem Vektor ist wieder ein Vektor.
Verknüpfungsvorschrift: $\begin{pmatrix} a & b \\ c & d \end{pmatrix} \odot \begin{pmatrix} x \\ y \end{pmatrix} = \begin{pmatrix} a\cdot x + b\cdot y \\ c\cdot x + d\cdot y \end{pmatrix}$

„Matrix mal Vektor = Vektor"

Drehung

Abbildungsgleichung für die Drehung um O(0|0)

$P(x|y) \xrightarrow{O(0|0);\ \alpha} P'(x'|y')$

$\begin{pmatrix} x' \\ y' \end{pmatrix} = \begin{pmatrix} x\cos\alpha - y\sin\alpha \\ x\sin\alpha + y\cos\alpha \end{pmatrix}$

Koordinatenform

$x' = x\cos\alpha - y\sin\alpha$
$\wedge\ y' = x\sin\alpha + y\cos\alpha$

Matrixform

$\begin{pmatrix} x' \\ y' \end{pmatrix} = \begin{pmatrix} \cos\alpha & -\sin\alpha \\ \sin\alpha & \cos\alpha \end{pmatrix} \odot \begin{pmatrix} x \\ y \end{pmatrix}$

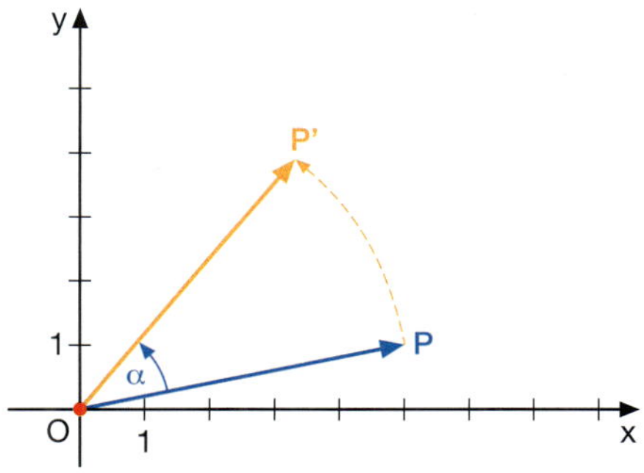

Übungen

5 Bestimme zum angegebenen Drehwinkelmaß α die Abbildungsgleichung bei einer Drehung um den Ursprung.
a) α = 60° b) α = 90° c) α = 120° d) α = 135° e) α = 300° f) α = 50°

6 Der Punkt P wird durch Drehung um O(0|0) mit dem Drehwinkelmaß α auf den Punkt P′ abgebildet. Berechne die fehlenden Koordinaten bzw. das fehlende Winkelmaß α.

a)	b)	c)	d)	e)
P(4|3)	P(4|3)	P(x|y)	P(8|−2)	P(x|y)
P′(x′|y′)	P′(x′|y′)	P′(5|2,5)	P′(3,36|7,53)	P′(−3|8)
α = 30°	α = −60°	α = 105°	α = ▢	α = −60°

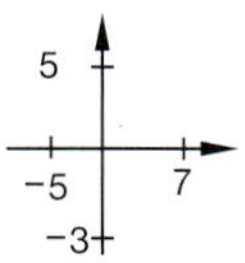

7 Das Dreieck ABC wird durch Drehung um O(0|0) mit dem Drehwinkelmaß α = 135° auf das Dreieck A′B′C′ abgebildet. Es gilt: A(6|0); B(4|2); C(0|2)
a) Zeichne das Ur- und das Bilddreieck.
b) Berechne die Koordinaten des Dreiecks A′B′C′.
c) Berechne die Flächeninhalte der beiden Dreiecke und deren Innenwinkelmaße.

L (−1,4|−1,4); (−4,2|−4,2); (−4,2|1,4); 135; 26,6; 18,4

[1] Matrix: Rechteckiges Zahlenschema

8 Die Punkte $P_n(x|y)$ auf der Geraden g mit $y = 0{,}5x + 2{,}5$ werden durch Drehung um $O(0|0)$ mit dem Winkelmaß $\alpha = 53{,}13°$ auf die Punkte $P'(x'|y')$ abgebildet. So kann man die Koordinaten der Punkte $P_n'(x'|y')$ in Abhängigkeit von der Abszisse x der Punkte P_n darstellen.

$$\begin{pmatrix} x' \\ y' \end{pmatrix} = \begin{pmatrix} \cos 53{,}13° & -\sin 53{,}13° \\ \sin 53{,}13° & \cos 53{,}13° \end{pmatrix} \odot \begin{pmatrix} x \\ 0{,}5x + 2{,}5 \end{pmatrix}$$

$$\begin{pmatrix} x' \\ y' \end{pmatrix} = \begin{pmatrix} 0{,}6 & -0{,}8 \\ 0{,}8 & 0{,}6 \end{pmatrix} \odot \begin{pmatrix} x \\ 0{,}5x + 2{,}5 \end{pmatrix}$$

$$x' = 0{,}6x - 0{,}4x - 2$$
$$\wedge\ y' = 0{,}8x + 0{,}3x + 1{,}5$$

$$x' = 0{,}2x - 2$$
$$\wedge\ y' = 1{,}1x + 1{,}5$$

Ergebnis: $P'(0{,}2x - 2\,|\,1{,}1x + 1{,}5)$

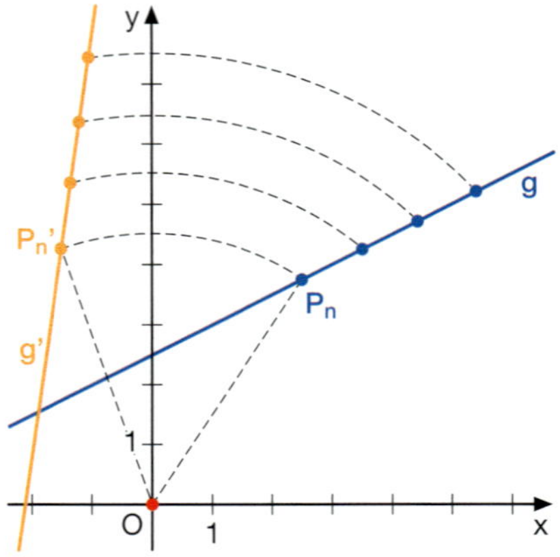

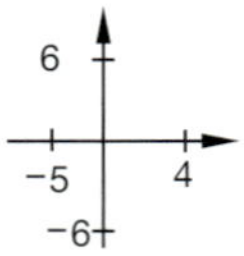

Zeige, dass der Trägergraph der Punkte P_n' und damit die Geraden g' folgende Gleichung hat: $g': y = 5{,}5x + 12{,}5$

9 Die Punkte $P_n(x|y)$ auf der Geraden g werden durch Drehung um $O(0|0)$ mit dem Winkelmaß α auf die Punkte $P_n'(x'|y')$ abgebildet. Stelle die Koordinaten der Punkte $P_n'(x'|y')$ in Abhängigkeit von der Abszisse x der Punkte P_n dar.
Berechne die Gleichung der Geraden g'.

a) g mit $y = 2x + 4$; $\alpha = 48{,}59°$
b) g mit $y = x - 2$; $\alpha = -30°$
c) g mit $y = -x - 2$; $\alpha = 120°$
d) g mit $y = 3x + 2$; $\alpha = 70°$

L $y = -0{,}78x - 0{,}81$; $y = 0{,}27x - 1{,}45$; $y = -2{,}46x - 4{,}75$; $y = 3{,}69x - 5{,}44$

Die Firma Pharmata hat ein neues Medikament B entwickelt, von dem man sich wesentliche Verbesserungen im Vergleich zum bisherigen Medikament A verspricht. Bei einem Testverfahren wird in den Krankenhäusern in Maladstadt und in Krankenhofen verglichen, wie viele erkrankte Personen nach Einnahme des Medikaments A bzw. B nach 6 Monaten geheilt sind. Die Abbildung zeigt das Ergebnis.

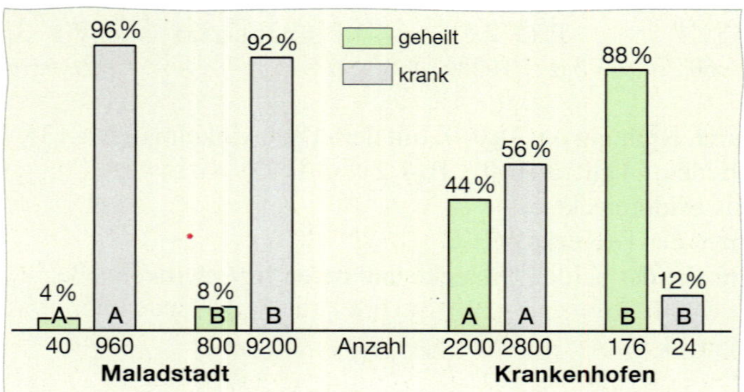

1 In der Abbildung links ist der Aufenthaltsort eines bayrischen Urviechs versteckt. Hinweis: Das Wort besteht aus 15 Buchstaben, der erste Buchstabe ist ein W, der letzte Buchstabe ein O.

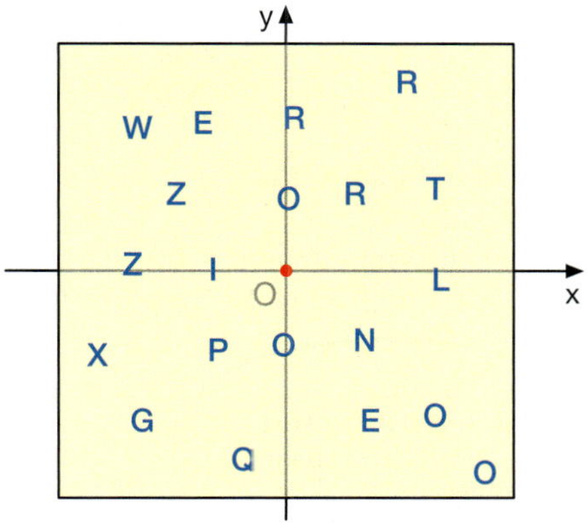

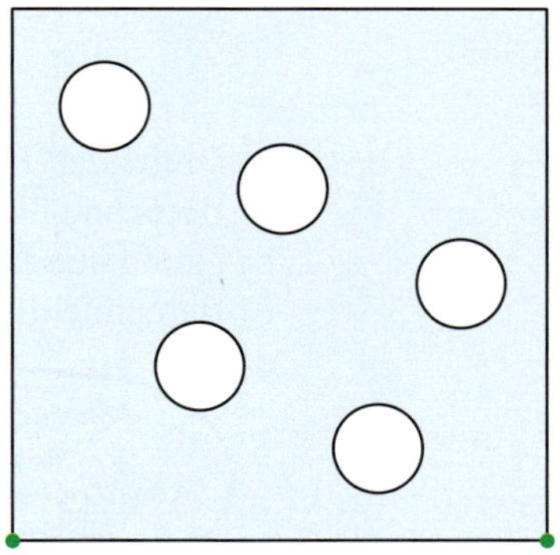

a) Mithilfe der so genannten Krypto-Schablone in der Abbildung oben rechts kannst du diese Wortschöpfung ermitteln. Kopiere dazu die Schablone auf ein Blatt und schneide die weißen Öffnungen aus.

b) Nenne die Abbildungen, die du bei der Suche verwendest.
Gib die zugehörigen Abbildungsgleichungen in Koordinaten- und Matrixform an.

Drehung um 90° um 180° um 270°

Abbildungsgleichungen bei Drehungen mit besonderen Winkelmaßen

	Koordinatenform	**Matrixform**
Drehung um 90°	$x' = -y \wedge y' = x$	$\begin{pmatrix} x' \\ y' \end{pmatrix} = \begin{pmatrix} 0 & -1 \\ 1 & 0 \end{pmatrix} \odot \begin{pmatrix} x \\ y \end{pmatrix}$
Drehung um 180° (Punktspiegelung)	$x' = -x \wedge y' = -y$	$\begin{pmatrix} x' \\ y' \end{pmatrix} = \begin{pmatrix} -1 & 0 \\ 0 & -1 \end{pmatrix} \odot \begin{pmatrix} x \\ y \end{pmatrix}$
Drehung um 270°	$x' = y \wedge y' = -x$	$\begin{pmatrix} x' \\ y' \end{pmatrix} = \begin{pmatrix} 0 & 1 \\ -1 & 0 \end{pmatrix} \odot \begin{pmatrix} x \\ y \end{pmatrix}$

Übungen

2 Der Punkt A(5|2) wird durch Drehung um O(0|0) mit dem Winkelmaß α auf den Punkt A′ abgebildet. Berechne die Koordinaten von A′.

a) $\alpha = 90°$ b) $\alpha = 180°$ c) $\alpha = 270°$ d) $\alpha = -90°$

L (2|−5); (−5|−2); (−2|5); (2|−5)

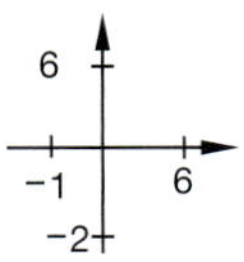

3 Gegeben sind Quadrate $AB_nC_nD_n$ mit A(0|0). Die Punkte $B_n(x|y)$ liegen auf der Geraden g mit $y = 0{,}5x - 2$.

a) Zeichne die Quadrate $AB_1C_1D_1$ und $AB_2C_2D_2$ für x = 2 und x = 5.

b) Stelle die Koordinaten der Punkte D_n in Abhängigkeit von der Abszisse x der Punkte B_n dar. [Ergebnis: $D_n(-0{,}5x + 2|x)$]

c) Berechne die Gleichung des Trägergraphen h der Punkte D_n.

d) Stelle die Koordinaten der Punkte C_n in Abhängigkeit von der Abszisse x der Punkte B_n dar. Berechne anschließend die Gleichung des Trägergraphen t der Punkte C_n. [Ergebnis: $C_n(0{,}5x + 2|1{,}5x - 2)$; t: $y = 3x - 8$]

e) Stelle den Flächeninhalt der Quadrate $AB_nC_nD_n$ in Abhängigkeit von x dar. Berechne den minimalen Flächeninhalt sowie die Koordinaten der zugehörigen Eckpunkte B_o, C_o und D_o. [Teilergebnis: $A(x) = (1{,}25x^2 - 2x + 4)$ FE]

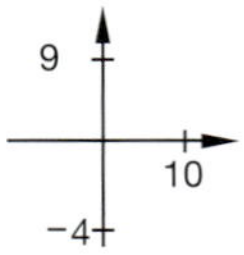

1

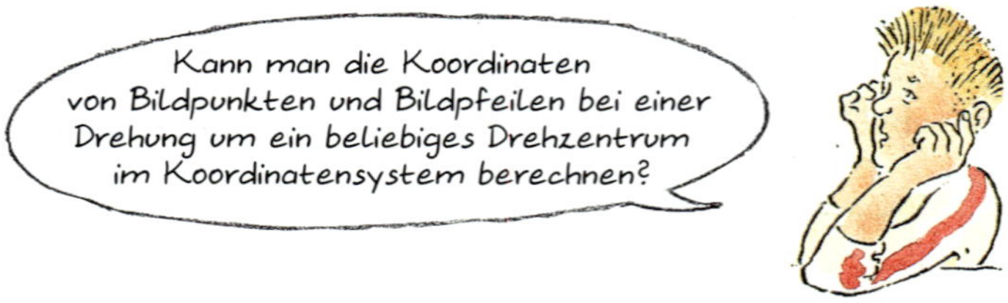

a) Drehe den Pfeil $\overrightarrow{OQ}$ um O(0|0) mit dem Winkelmaß α = 60°: Es gilt: Q(4|−3)
Berechne die Koordinaten des Pfeils $\overrightarrow{OQ'}$.
b) Drehe den Pfeil $\overrightarrow{ZP}$ um Z mit dem Winkelmaß α = 60°. Es gilt: Z(5|4); P(9|1)
c) Berechne die Koordinaten des Pfeils $\overrightarrow{ZP}$. Was stellst du fest?
d)

Überprüfe die Aussagen von Stephanie und Markus.

2 Der Pfeil $\overrightarrow{ZP}$ wird um einem Punkt Z mit dem Winkelmaß α gedreht.
Es gilt: Z(5|1); P(9|3); α = 50°
So kann man die Koordinaten des Pfeils $\overrightarrow{ZP'}$ und des Punktes P′ berechnen.

Drehe den Pfeil $\overrightarrow{OQ} = \overrightarrow{ZP} = \binom{4}{2}$
um O(0|0) mit α = 50°.

Berechne die Koordinaten des Pfeils $\overrightarrow{OQ'}$.

$\overrightarrow{OQ'} = \begin{pmatrix} \cos 50° & -\sin 50° \\ \sin 50° & \cos 50° \end{pmatrix} \odot \binom{4}{2}$

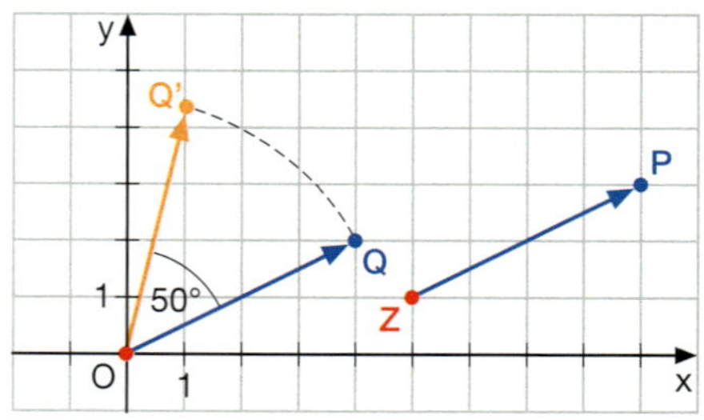

Verschiebe den Pfeil $\overrightarrow{OQ'}$ mit dem Ortspfeil $\overrightarrow{OZ}$.

$\overrightarrow{OP'} = \overrightarrow{OQ'} \oplus \overrightarrow{OZ}$

$\overrightarrow{OP'} = \begin{pmatrix} \cos 50° & -\sin 50° \\ \sin 50° & \cos 50° \end{pmatrix} \odot \binom{4}{2} \oplus \binom{5}{1}$

Ergebnis: $\overrightarrow{OP'} = \binom{6{,}04}{5{,}35}$; P′(6,04|5,35)

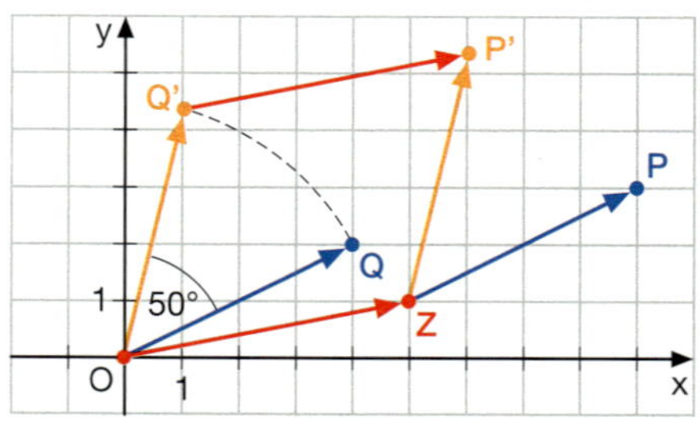

Übungen

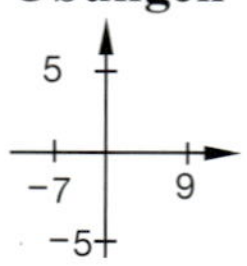

Berechne die fehlenden Koordinaten. Überprüfe durch eine Zeichnung.

a) Z(5|−1); P(8|0); α = 40°; P′(x′|y′)
b) Z(−3|1); P(−6|3); α = −30°; P′(x′|y′)
c) Z(−2|−1); P′(−3|2); α = 135°; P(x|y)
d) Z(−1|2); P′(3|−2); α = −60°; P(x|y)

L (4,46|3,46); (−4,6|4,2); (6,7|1,7); (0,83|−2,41)

3 Der Pfeil $\overrightarrow{ZP}$ wird um das Zentrum Z mit dem Winkelmaß α gedreht. Berechne die Koordinaten des Pfeils $\overrightarrow{ZP'}$. Es gilt: Z(3|0,5); P(8|3)

a) $\alpha = 90°$ b) $\alpha = 180°$ c) $\alpha = 270°$ d) $\alpha = -90°$

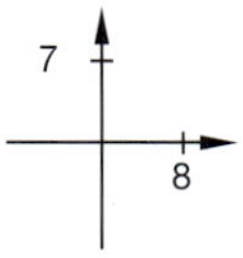

4 Das Dreieck ABC ist gleichseitig. Es gilt: A(3|1); B(7|3)

a) Zeichne das Dreieck ABC. Berechne die Koordinaten des Punktes C.

b) Berechne den Flächeninhalt des Dreiecks ABC.

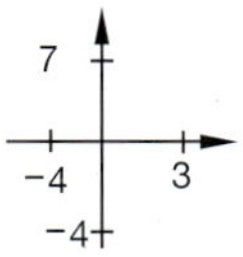

5 Die Punkte A und B sind Eckpunkte der Raute ABCD.
Es gilt: A(−2|−3); B(2|1); $\alpha = 55°$

a) Zeichne die Raute. Berechne die Koordinaten der fehlenden Eckpunkte.

b) Berechne den Flächeninhalt der Raute.

c) Berechne das Maß ε des spitzen Winkels, unter dem die Strecke [AB] die x-Achse schneidet.

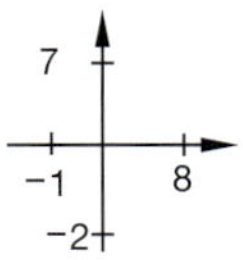

6 Die Dreiecke AB_nC_n sind gleichschenklig mit der Basis $[B_nC_n]$. Die Punkte B_n liegen auf der Geraden g mit $y = 0{,}5x - 1$. Die Winkel B_nAC_n haben stets das Maß $\alpha = 53{,}13°$. Es gilt: A(2|1)

a) Zeichne die Dreiecke AB_1C_1 und AB_2C_2 für x = 5 und x = 7.

b) Stelle die Koordinaten der Punkte C_n in Abhängigkeit von der Abszisse x der Punkte B_n dar.[Ergebnis: $C_n(0{,}2x + 2{,}4\,|\,1{,}1x - 1{,}8)$

c) Berechne die Gleichung des Trägergraphen der Punkte C_n.

d) Für welchen Wert von x liegt der Punkt B_3 auf dem Trägergraphen der Punkte C_n?

e) Für welche Werte von x beträgt der Flächeninhalt der Dreiecke AB_nC_n 8,4 FE ?

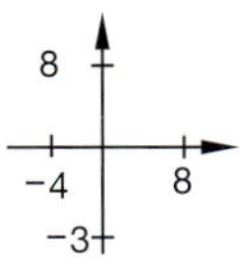

7 Gegeben sind Quadrate $AB_nC_nD_n$ mit A(4|−1). Die Punkte $B_n(x|y)$ liegen auf der Geraden g mit $y = -x + 8$.

a) Zeichne die Quadrate $AB_1C_1D_1$ und $AB_2C_2D_2$ für x = 3 und x = 5.

b) Stelle die Koordinaten der Punkte C_n in Abhängigkeit von der Abszisse x der Punkte B_n dar. [Ergebnis: $C_n(2x - 9\,|\,4)$]

c) Stelle die Koordinaten der Punkte D_n in Abhängigkeit von der Abszisse x der Punkte B_n dar. [Ergebnis: $D_n(x - 5\,|\,x - 5)$]

d) Gib die Gleichung des Trägergraphen h der Punkte C_n an.

e) Berechne die Gleichung des Trägergraphen t der Punkte D_n.

f) Berechne den Flächeninhalt der Quadrate $AB_nC_nD_n$ in Abhängigkeit von der Abszisse x der Punkte B_n.
[Ergebnis: $A(x) = (2x^2 - 26x + 97)$ FE]

g) Das Quadrat $AB_oC_oD_o$ hat minimalen Flächeninhalt. Zeichne dieses Quadrat. Berechne den minimalen Flächeninhalt sowie die Koordinaten der Eckpunkte B_o, C_o und D_o.

h) Die Diagonale $[B_3D_3]$ des Quadrates $AB_3C_3D_3$ liegt auf der Geraden g. Berechne den Flächeninhalt des Quadrates $AB_3C_3D_3$.

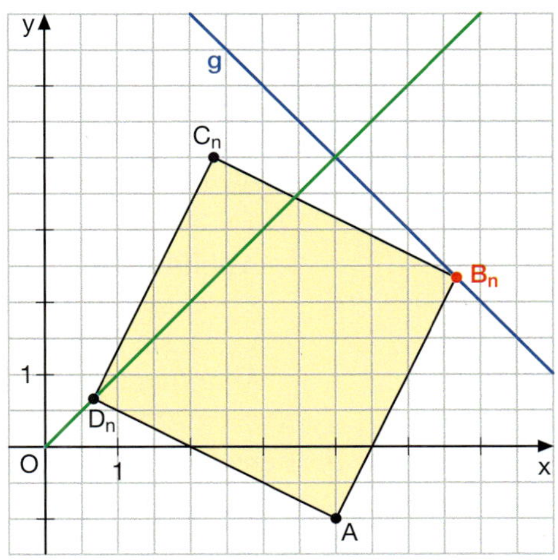

L y = x; y = 4; 12,5; 6,6; 12

1 Beim Billard soll beim Spiel über die Bande [OU] mit der Kugel A die Kugel P getroffen werden. Es gilt: A(3|0); P(8|1)

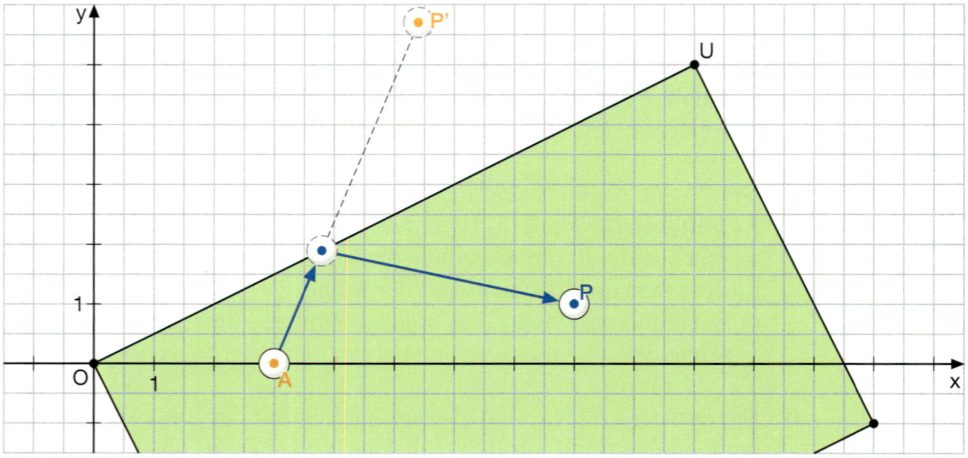

a) Versuche die Aufgabe mit Hilfe eines dynamischen Geometrieprogramms zu lösen.
b) Begründe: Der Billardspieler zielt auf den Bildpunkt P′.
c) Berechne die Koordinaten von P′.
A P′(5,4|5,7) **B** P′(5,6|5,8) **C** P′(5,5|5,5)

2 So kann man bei einer Achsenspieglung mit Hilfe des Winkelmaßes α, den die Gerade g mit der Richtung der positiven x-Achse einschließt, und den Koordinaten des Punktes P(x|y) die Koordinaten des Punktes P′(x′|y′) berechnen.

Begründe: $\overrightarrow{OP} = \begin{pmatrix} x \\ y \end{pmatrix} = \begin{pmatrix} a \cos \varphi \\ a \sin \varphi \end{pmatrix}$ $\overrightarrow{OP'} = \begin{pmatrix} x' \\ y' \end{pmatrix} = \begin{pmatrix} a \cos (2\alpha - \varphi) \\ a \sin (2\alpha - \varphi) \end{pmatrix}$

Erkläre folgende Umformung:

$$\begin{pmatrix} x' \\ y' \end{pmatrix} = \begin{pmatrix} a \cos 2\alpha \cos \varphi + a \sin 2\alpha \sin \varphi \\ a \sin 2\alpha \cos \varphi - a \cos 2\alpha \sin \varphi \end{pmatrix}$$

$$\begin{pmatrix} x' \\ y' \end{pmatrix} = \begin{pmatrix} a \cos \varphi \cos 2\alpha + a \sin \varphi \cos 2\alpha \\ a \cos \varphi \sin 2\alpha - a \sin \varphi \cos 2\alpha \end{pmatrix}$$

$$\begin{pmatrix} x' \\ y' \end{pmatrix} = \begin{pmatrix} x \cos 2\alpha + y \sin 2\alpha \\ x \sin 2\alpha - y \cos 2\alpha \end{pmatrix}$$

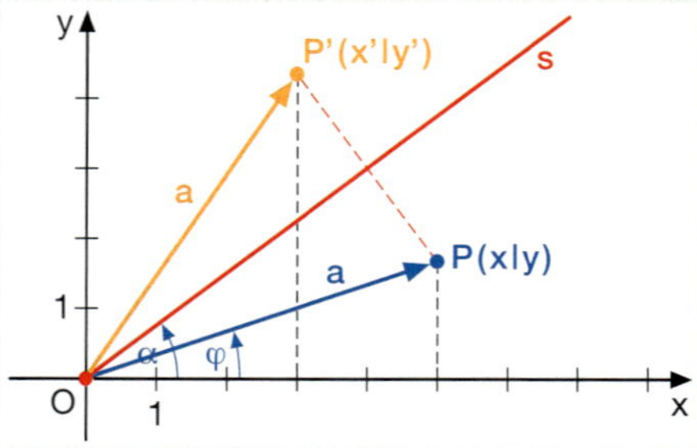

Berechne die Koordinaten von P′ mit Hilfe der Abbildungsgleichung.

Abbildungsgleichung der Achsenspiegelung an einer Ursprungsgeraden

$x' = x \cos 2\alpha + y \sin 2\alpha$
$y' = x \sin 2\alpha - y \cos 2\alpha$
Koordinatenform

$$\begin{pmatrix} x' \\ y' \end{pmatrix} = \begin{pmatrix} \cos 2\alpha & \sin 2\alpha \\ \sin 2\alpha & -\cos 2\alpha \end{pmatrix} \odot \begin{pmatrix} x \\ y \end{pmatrix}$$
Matrixform

Übung

3 Berechne die Koordinaten des Bildpunktes und überprüfe sie mit Hilfe einer Zeichnung.

$P(3|2) \xrightarrow{y = 0{,}5x} P'(x'|y')$
$m = 0{,}5 = \tan \alpha$; $\alpha = 26{,}57°$; $2\alpha = 53{,}14°$
$$\begin{pmatrix} x' \\ y' \end{pmatrix} = \begin{pmatrix} 3 \cos 53{,}14° + 2 \sin 53{,}14° \\ 3 \sin 53{,}14° - 2 \cos 53{,}14° \end{pmatrix} = \begin{pmatrix} 3{,}4 \\ 1{,}2 \end{pmatrix}$$

a) P(2|3); s: $y = 0{,}4x$
b) P(−3,5|−2); s: $y = -\frac{3}{4}x$
c) P(−1,5|−1,5); s: $y = -\frac{2}{5}x$
d) P(5|−2); s: $y = 0{,}1x$

1 Welche Abbildung beschreibt die Abbildungsgleichung? Gib zu jeder Abbildungsgleichung auch die Matrixform an.

I $x' = y \wedge y' = x$ **II** $x' = -y \wedge y' = -x$ **III** $x' = x \wedge y' = -y$ **IV** $x' = -x \wedge y' = y$

Spiegelung an besonderen Geraden

Achsenspiegelung an der x-Achse

$x' = x \wedge y' = -y$ $\qquad \begin{pmatrix} x' \\ y' \end{pmatrix} = \begin{pmatrix} 1 & 0 \\ 0 & -1 \end{pmatrix} \odot \begin{pmatrix} x \\ y \end{pmatrix}$

Achsenspiegelung an der y-Achse

$x' = -x \wedge y' = y$ $\qquad \begin{pmatrix} x' \\ y' \end{pmatrix} = \begin{pmatrix} -1 & 0 \\ 0 & 1 \end{pmatrix} \odot \begin{pmatrix} x \\ y \end{pmatrix}$

Achsenspiegelung an der Winkelhalbierenden des I. und III. Quadranten

$x' = y \wedge y' = x$ $\qquad \begin{pmatrix} x' \\ y' \end{pmatrix} = \begin{pmatrix} 0 & 1 \\ 1 & 0 \end{pmatrix} \odot \begin{pmatrix} x \\ y \end{pmatrix}$

Achsenspiegelung an der Winkelhalbierenden des II. und IV. Quadranten

$x' = -y \wedge y' = -x$ $\qquad \begin{pmatrix} x' \\ y' \end{pmatrix} = \begin{pmatrix} 0 & -1 \\ -1 & 0 \end{pmatrix} \odot \begin{pmatrix} x \\ y \end{pmatrix}$

2 Der Punkt A(3|2) wird durch Spiegelung an der Geraden s mit y = x auf den Punkt B und durch Spiegelung an der x-Achse auf den Punkt D abgebildet. Der Punkt B wird durch Spiegelung an der y-Achse auf den Punkt C abgebildet.

a) Zeichne und ermittle die Koordinaten der Bildpunkte B, C und D.

b) Das Viereck ABCD ist ein besonderes Viereck.

3 Bestimme die Gleichung der Bildgeraden. Es gilt: $g \xrightarrow{s} g'$

a) g: $y = \frac{3}{5}x$; s: $y = -x$

b) g: $y = -0{,}4x$; s: $y = 0$

c) g: $y = -x + 3$; s: $y = -x$

d) g: $y = -2x - 1{,}5$; s: $x = 0$

g: $y = 0{,}5x$; s: $y = x$

$\begin{pmatrix} x' \\ y' \end{pmatrix} = \begin{pmatrix} 0 & 1 \\ 1 & 0 \end{pmatrix} \odot \begin{pmatrix} x \\ 0{,}5x \end{pmatrix}$

$x' = 0{,}5x \wedge y' = x$; $y' = 2x'$; g': $y = 2x$

4 Gegeben sind Dreiecke PQR_n wie in der Abbildung dargestellt.

Es gilt: P(2|−1); Q(7|4); $R_n \in g$

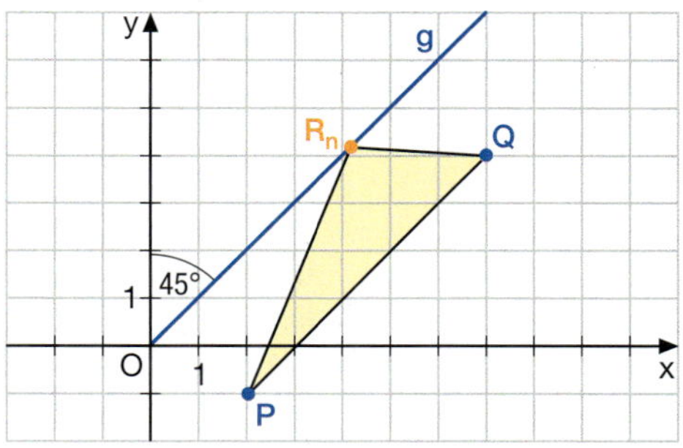

a) Zeichne mit einem dynamischen Geometrieprogramm Dreiecke PQR_n. Miss den Umfang und den Flächeninhalt der Dreiecke. Was stellst du fest?

b) Das Dreieck PQR_0 hat minimalen Umfang. Ermittle den Punkt R_0 durch Konstruktion. Berechne anschließend die Koordinaten von R_0.

c) Neben dem Dreieck PQR_0 gibt es weitere Sonderformen von Dreiecken. Zeichne diese und berechne die fehlenden Koordinaten der Eckpunkte.

1 Berechne die Koordinaten des Bildpunktes und überprüfe sie mit Hilfe einer Zeichnung. Es gilt: $A \overset{s}{\longmapsto} A'$

a) $A(3|1)$; s: $y = 2x$ b) $A(-2|-3)$; s: $y = -\frac{2}{5}x$ c) $A(1{,}6|0{,}2)$; s: $y = -\frac{1}{3}x$

d) $A(1{,}5|-0{,}5)$; s: $2y = x$ e) $A(0|2{,}5)$; s: $y = 0{,}75x$ f) $A(-0{,}8|-1{,}6)$; s: $y = -\frac{1}{4}x$

L $(0{,}05|1{,}78)$; $(-1|3)$; $(0{,}5|1{,}5)$; $(0{,}63|3{,}54)$; $(1{,}16|-1{,}12)$; $(2{,}4|-0{,}7)$

2 Der Bildpunkt entsteht durch Spiegelung des Urpunktes an einer Ursprungsgeraden s. Gib die Gleichung der Spiegelachse, die Abbildungsgleichung und die Koordinaten von B′ an.

a) $A(2|-3)$; $A'(-2|3)$; $B(-4|1)$ b) $A(-5|2)$; $A'(-2|5)$; $B(5|2)$

c) $A(-5|0{,}4)$; $A'(-3{,}9|3{,}2)$; $B(-2|-3)$ d) $A(4|-1{,}5)$; $A'(-0{,}3|4{,}3)$; $B(1|-2)$

3 Durch das Gleichungssystem wird eine Achsenspiegelung an einer Ursprungsgeraden festgelegt. Gib die Abbildungsgleichung in Matrixschreibweise an und bestimme das Maß des Winkels, den die Spiegelachse mit der positiven x-Achse einschließt.

a) $\begin{array}{ll} \text{I} & x' = 0{,}8x + 0{,}6y \\ \text{II} & \wedge\ y' = 0{,}6x - 0{,}8y \end{array}$ b) $\begin{array}{ll} \text{I} & x' = 0{,}8x - 0{,}6y \\ \text{II} & \wedge\ y' = -0{,}6x - 0{,}8y \end{array}$

c) $\begin{array}{ll} \text{I} & x' = -\frac{1}{2}x + \frac{1}{2}\sqrt{3}y \\ \text{II} & \wedge\ y' = \frac{1}{2}\sqrt{3}x + \frac{1}{2}y \end{array}$ d) $\begin{array}{ll} \text{I} & x' = -\frac{1}{2}\sqrt{3}x - \frac{1}{2}y \\ \text{II} & \wedge\ y' = -\frac{1}{2}x + \frac{1}{2}\sqrt{3}y \end{array}$

4 Gib die Gleichung der Spiegelachse an und schreibe die Abbildungsgleichung in Koordinatenform. Berechne die Koordinaten des Bildpunktes P′ von $P(2|-3)$.

a) $\binom{x'}{y'} = \begin{pmatrix} 1 & 0 \\ 0 & -1 \end{pmatrix} \odot \binom{x}{y}$ b) $\binom{x'}{y'} = \begin{pmatrix} 0{,}8 & -0{,}6 \\ -0{,}6 & -0{,}8 \end{pmatrix} \odot \binom{x}{y}$

c) $\binom{x'}{y'} = \begin{pmatrix} 0 & 1 \\ 1 & 0 \end{pmatrix} \odot \binom{x}{y}$ d) $\binom{x'}{y'} = \begin{pmatrix} -\frac{1}{2} & -\frac{1}{2}\sqrt{3} \\ -\frac{1}{2}\sqrt{3} & \frac{1}{2} \end{pmatrix} \odot \binom{x}{y}$

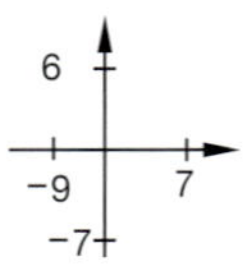

5 Die Punkte $B_n(x|y)$ von Dreiecken AB_nC liegen auf der Geraden g mit $y = -x$. Es gilt: $A(-8|0)$; $C(1|5)$

a) Zeichne die Dreiecke AB_1C und AB_2C für $x = 0$ und $x = 6$.

b) Berechne die Maße der Winkel, den die Strecken $[AB_1]$ und $[CB_1]$ mit der Geraden g einschließen. Führe die Rechnung ebenso durch für die Strecken $[AB_2]$ und $[CB_2]$.

c) Konstruiere den Punkt B_o so, dass die Gerade g Winkelhalbierende des Winkels CB_oA ist. Berechne anschließend die Koordinaten von B_o.

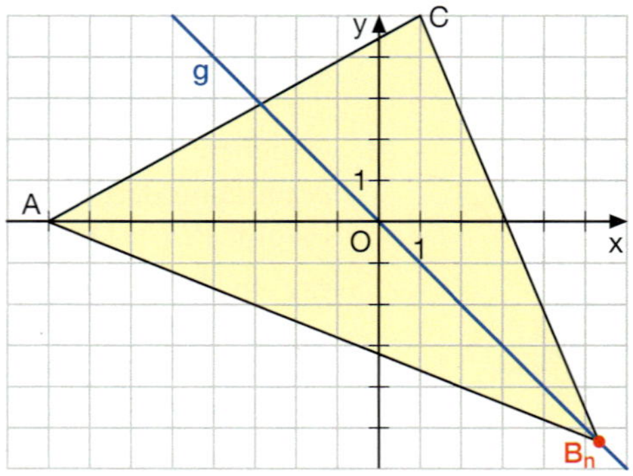

a) Welcher Wert wird nicht überschritten? $\frac{1}{2} + \frac{1}{4} + \frac{1}{8} + \frac{1}{16} + \frac{1}{32} + \frac{1}{64} + \ldots$

b) Gibt es auch hier einen Wert, der nicht überschritten wird?

$\frac{1}{2} + \frac{1}{3} + \frac{1}{4} + \frac{1}{5} + \frac{1}{6} + \frac{1}{7} + \frac{1}{8} + \ldots$

1 In der Abbildung werden geometrische Figuren auf geometrische Bildfiguren abgebildet. Gib für die dargestellten Abbildungen die Koordinaten- und die Matrixformen an. Entnimm die benötigten Werte der Zeichnung.

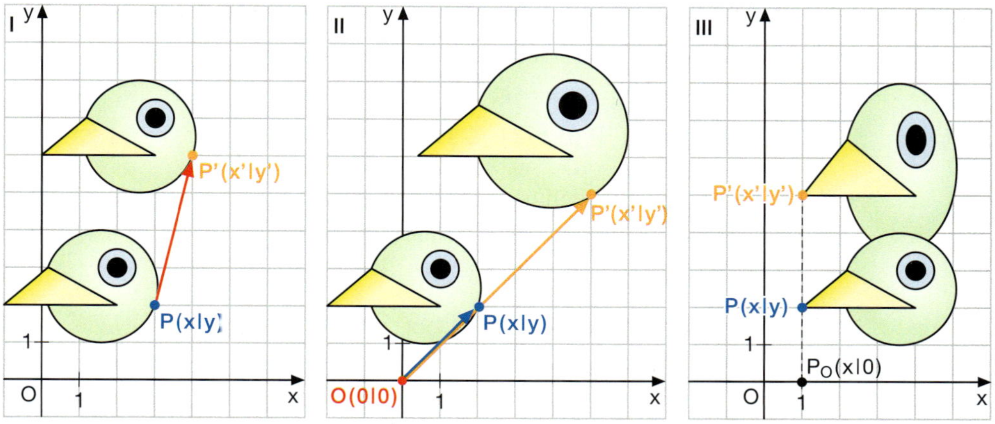

Parallelverschiebung

Abbildungsgleichung einer Parallelverschiebung mit dem Vektor $\vec{v} = \begin{pmatrix} v_x \\ v_y \end{pmatrix}$

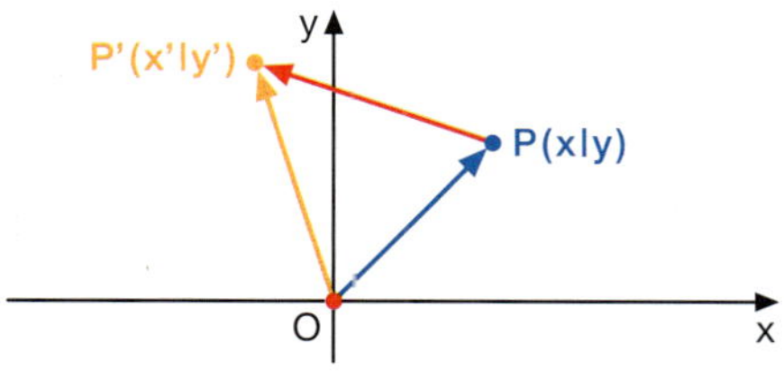

$x' = x + v_x$
$\wedge\ y' = y + v_y$ *Koordinatenform*

$\begin{pmatrix} x' \\ y' \end{pmatrix} = \begin{pmatrix} 1 & 0 \\ 0 & 1 \end{pmatrix} \odot \begin{pmatrix} x \\ y \end{pmatrix} \oplus \begin{pmatrix} v_x \\ v_y \end{pmatrix}$ *Matrixform*

Zentrische Streckung

Abbildungsgleichung einer Zentrischen Streckung mit dem Zentrum O(0|0); k ≠ 0

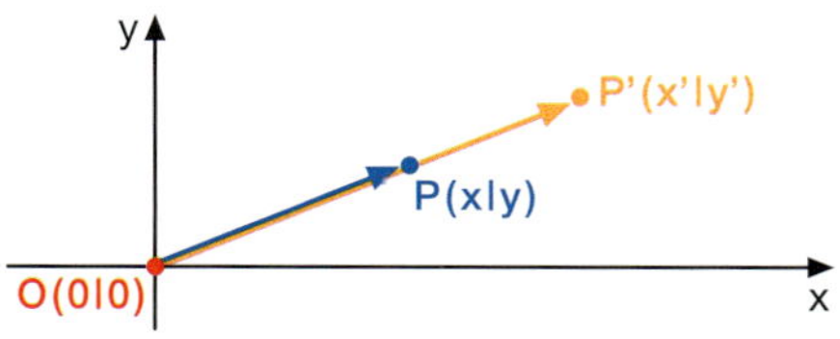

$x' = k \cdot x$
$\wedge\ y' = k \cdot y$ *Koordinatenform*

$\begin{pmatrix} x' \\ y' \end{pmatrix} = \begin{pmatrix} k & 0 \\ 0 & k \end{pmatrix} \odot \begin{pmatrix} x \\ y \end{pmatrix}$ *Matrixform*

Orthogonale Affinität

Abbildungsgleichung ein orthogonalen Affinität mit der x-Achse als Affinitätsachse und dem Affinitätsfaktor k

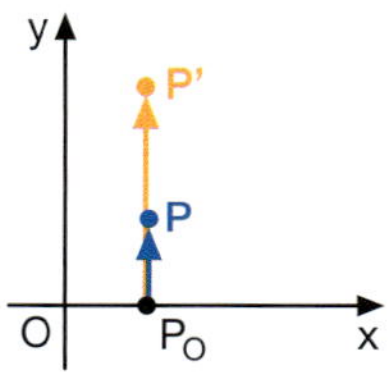

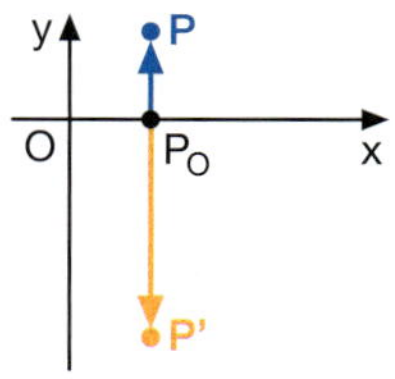

$x' = x$
$\wedge\ y' = k \cdot y$ *Koordinatenform*

$\begin{pmatrix} x' \\ y' \end{pmatrix} = \begin{pmatrix} 1 & 0 \\ 0 & k \end{pmatrix} \odot \begin{pmatrix} x \\ y \end{pmatrix}$ *Matrixform*

Übung

2 Der Punkt P(x|y) wird auf den Punkt P′(x′|y′) abgebildet. Gib eine mögliche Abbildungsgleichung in Matrixform an. Berechne gegebenenfalls fehlende Koordinaten.

a) $x' = 1{,}6x$; P(−1,25|5,5) $\wedge\ y' = 1{,}6y$
b) P(3|1,5); P′(3|−4,5)
c) $x' = x + 1{,}5$; P′(−2,5|3) $\wedge\ y' = y - 4$

L (−4|7); −3; (−2|8,8)

1 Ermittle die fehlende Funktionsgleichung des Ur- bzw. Bildgraphen bzw. den Affinitätsfaktor k.
Es gilt: Graph zu f $\xrightarrow{\text{x-Achse; k}}$ Graph zu f′

a) f: $y = \sqrt{x} + 3$; $k = 0{,}5$
b) f: $y = \sqrt{x+3}$; $k = -0{,}5$
c) f′: $y = -2^x$; $k = -1$
d) f: $y = 3^{x-1} + 2$; $k = -2$
e) f′: $y = 2\log_2 x$; $k = 2$
f) f: $y = \log_2(x-3) - 2$; $k = 1{,}5$
g) f: $y = x^{-\frac{1}{3}}$; $P'(0{,}571|-2{,}410)$
h) f′: $y = -1{,}5x^{\frac{2}{3}} + 1{,}5$; $P(5{,}2|2)$

2 Berechne die Gleichung des Graphen zu f′ bzw. den Verschiebungsvektor $\vec{v}$. Gib zu f und zu f′ jeweils die Definitions- und Wertemenge an sowie die Gleichungen der Asymptoten.

a) f: $y = 2^x - 1$; $\vec{v} = \begin{pmatrix} 3 \\ -2 \end{pmatrix}$
b) f: $y = -2^{x+1} - 1$; $\vec{v} = \begin{pmatrix} -2 \\ 3 \end{pmatrix}$
c) f: $y = 2\log_2(x-3)$; $\vec{v} = \begin{pmatrix} -1 \\ 2 \end{pmatrix}$
d) f: $y = \frac{3}{x-2} + 4$; $\vec{v} = \begin{pmatrix} -3 \\ -2 \end{pmatrix}$
e) f: $y = \sqrt{x-2} + 3$; f′: $y = \sqrt{x+1} - 2$
f) f: $y = -0{,}5^{x+2} - 3$; f′: $y = -0{,}5^{x-1} + 2$

3 Gegeben ist die Funktion f_1 mit der Gleichung $y = 0{,}5a^x + b$. Entnimm alle nötigen Werte der Zeichnung.

a) Bestimme die Werte a und b in der Gleichung zu f_1.
b) Der Graph von f_1' verläuft durch den Punkt B. Ermittle die Gleichung von f_1'.
c) Der Graph zu f_1 wird durch eine andere Abbildung auf den Graphen f_2 abgebildet. Der Graph von f_2 verläuft durch den Punkt C.

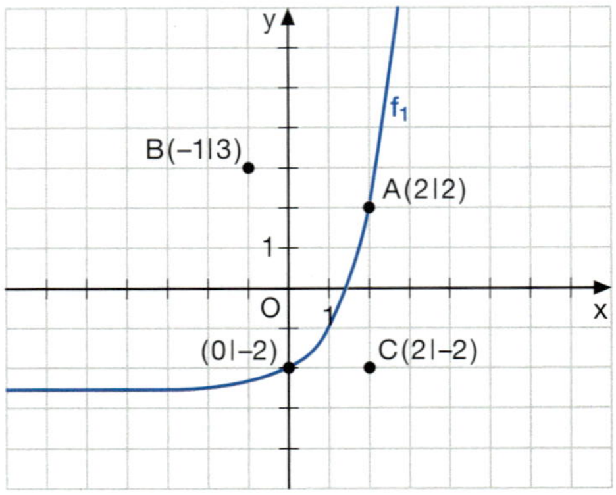

4 Gegeben sind folgende Abbildungen: $g \xrightarrow{s_1} g^* \xrightarrow{s_2} g'$.
Es gilt: g mit $y = -\frac{1}{2}x + 2$; s_1 mit $y = x$; s_2 mit $x = 0$

a) Zeichne die Geraden g, g* und g′ in ein Koordinatensystem.
b) Ermittle rechnerisch die Gleichungen zu g* und g′.
c) Zeige durch Rechnung, dass gilt: $g \xrightarrow{(0|0);\ 90^\circ} g'$.

5 Gegeben ist die Parabel p mit $y = 2x^2 - 4$ und die Gerade g mit $16x + y = 24$. Die Parabel p wird durch orthogonale Affinität mit der x-Achse als Affinitätsachse und dem Affinitätsfaktor k auf die Parabel p′ abgebildet. Die Gerade g ist dann Tangente an p′. Berechne den Affinitätsfaktor k und die Gleichung der Parabel p′.

6 Gegeben ist das gleichseitige Dreieck ABC mit dem Schwerpunkt S. Der Punkt S ist zugleich Mittelpunkt des In- und Umkreises.
Es gilt: $C(0|4)$; $S(0|0)$

a) Der Inkreis lässt sich auf den Umkreis abbilden. Gib die zugehörige Abbildungsgleichung an.
b) Berechne die Koordinaten der Punkte A und B.
c) Berechne jeweils den prozentualen Anteil des Flächeninhalts des Inkreises bzw. des Dreiecks ABC am Flächeninhalt des Umkreises.

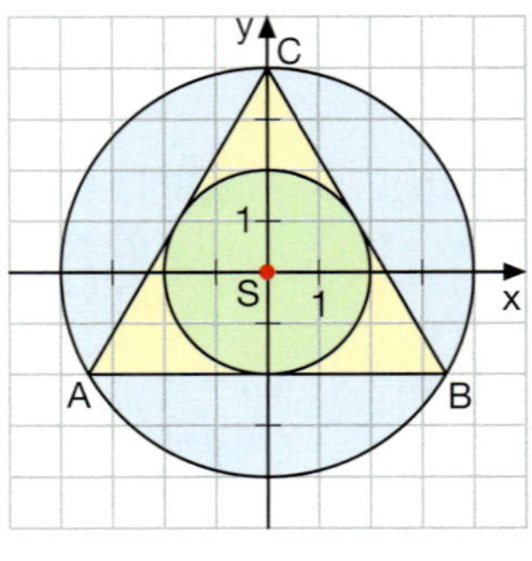

1 Welche Abbildung wird durch die Matrixform beschrieben?
Überprüfe, ob die gegebenen Punkte Fixpunkte der Abbildung sind.

Fixpunkt
$F = F'$
$x = x'$
$y = y'$

A(2|−1) ist Fixpunkt der Abbildung:
$\binom{x'}{y'} = \begin{pmatrix} 0,6 & -0,8 \\ -0,8 & -0,6 \end{pmatrix} \odot \binom{2}{-1}$
$x = 1,2 + 0,8 \qquad x = 2 \quad (w)$
$y = -1,6 + 0,6 \qquad y = -1 \quad (w)$
Der Punkt A ist Fixpunkt.

a) $\binom{x'}{y'} = \begin{pmatrix} 0,6 & -0,8 \\ -0,8 & -0,6 \end{pmatrix} \odot \binom{x}{y}$
B(2,5|−1,25); C(−3,6|1,9); D(0,84|−0,42)

b) $\binom{x'}{y'} = \begin{pmatrix} 0 & 1 \\ -1 & 0 \end{pmatrix} \odot \binom{x}{y}$
$A(-\frac{2}{3}|-1)$; B(1,5|1,5); C(0|0)

2 Überprüfe zunächst, ob die gegebene Abbildung Fixpunkte besitzt.
Um welche Abbildung handelt es sich?

Bei Widerspruch existiert kein Fixpunkt!

Für Fixpunkte gilt: $x' = x \wedge y' = y$
$\binom{x}{y} = \begin{pmatrix} 3 & 0 \\ 0 & 3 \end{pmatrix} \odot \binom{x}{y}$
$x = 3x \wedge y = 3y$
$x = 0 \wedge y = 0$ Fixpunkt (0|0)

a) $\binom{x'}{y'} = \begin{pmatrix} 1,5 & 0 \\ 0 & 1,5 \end{pmatrix} \odot \binom{x}{y} \oplus \binom{-2}{4}$

b) $\binom{x'}{y'} = \begin{pmatrix} \frac{1}{2}\sqrt{2} & -\frac{1}{2}\sqrt{2} \\ \frac{1}{2}\sqrt{2} & \frac{1}{2}\sqrt{2} \end{pmatrix} \odot \binom{x}{y}$

c) $\binom{x'}{y'} = \begin{pmatrix} \frac{1}{2}\sqrt{3} & -\frac{1}{2} \\ \frac{1}{2} & \frac{1}{2}\sqrt{3} \end{pmatrix} \odot \binom{x}{y}$

d) $\binom{x'}{y'} = \begin{pmatrix} 1 & 0 \\ 0 & 1 \end{pmatrix} \odot \binom{x}{y} \oplus \binom{-1}{3}$

3 Die Gerade g wird auf die Gerade g′ abgebildet. Überprüfe durch Rechnung, ob die Gerade g Fixgerade der jeweiligen Abbildung ist.

Fixgerade
$g = g'$

$g: y = x - 1$ ist $\xmapsto{s:\, y = x} g'$
$\binom{x'}{y'} = \begin{pmatrix} 0 & -1 \\ -1 & 0 \end{pmatrix} \odot \binom{x}{x-1}$
$x' = -x + 1 \qquad x = -x' + 1$
$y' = -x$
$y' = -(-x' + 1)$
Ergebnis: $g = g'$ mit $y = x - 1$
g ist Fixgerade

a) g: $y = -2x + 1$; $g \xmapsto{y = \frac{1}{2}x} g'$

b) g: $y = 2,5x - 2$; $g \xmapsto{\vec{v} = \binom{2}{5}} g'$

c) g: $y = 0,4x + 1,5$; $g \xmapsto{(0|0);\ \varphi = 45°} g'$

d) g: $y = -0,75x - 3$; $g \xmapsto{x\text{-Achse};\ k = 0,5} g'$

e) g: $y = \frac{2}{7}x$; $g \xmapsto{Z(0|0);\ k = 2} g'$

f) g: $y = \frac{2}{3}x - 1$; $g \xmapsto{y = 1,5} g'$

4 Die Gerade g wird durch zentrische Streckung mit dem Streckungszentrum Z(3|−1) und dem Streckungsfaktor k = 2 abgebildet. Zeige, dass g mit $y = -\frac{2}{3}x + 1$ Fixgerade ist.

Fixpunktgerade
Gerade, deren Punkte Fixpunkte sind

5 Die Abbildung ist durch folgende Vorschrift gegeben: $\binom{x'}{y'} = \begin{pmatrix} 0,6 & 0,8 \\ 0,8 & -0,6 \end{pmatrix} \odot \binom{x}{y}$

a) Berechne die Bildpunkte von A(2|1); B(−3|−1,5); C(1,6|0,8); D(2|4). Was fällt dir auf?
b) Bestimme rechnerisch die Gleichung der Fixpunktgeraden.
c) Bestimme die Gleichung der Fixgeraden durch den Punkt D.

Gibt es Zahlenpaare (a, b) mit $a, b \in \mathbb{N}$, $a > b$, bei denen Differenz (a–b) und arithmetisches Mittel $(\frac{a+b}{2})$ übereinstimmen?

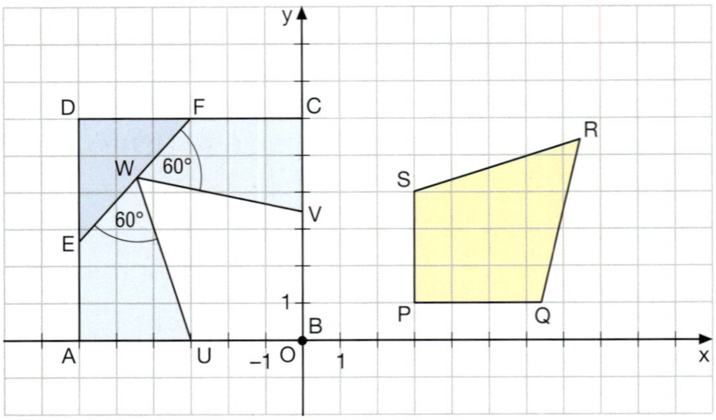

1 a) Die Figur in der Abbildung links lässt sich mit Hilfe der Figur rechts zu einem Quadrat ABCD ergänzen. Gib die Abbildungsgleichungen an.

b)

Zeichne die Figuren und schneide sie aus. Überprüfe die Aussage von Maximilian.

c) Nenne die erforderlichen Hintereinanderausführungen von Abbildungen in Aufgabe b).

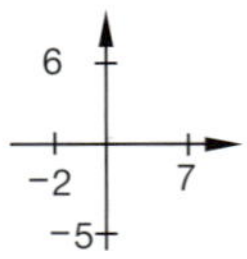

2 Die Dreiecke AB_nC_n sind rechtwinklig mit den Hypotenusen $[B_nC_n]$, wobei die Katheten $[AC_n]$ doppelt so lang sind wie die Katheten $[AB_n]$. Die Eckpunkte $B_n(x|y)$ der Dreiecke AB_nC_n liegen auf der Geraden g mit $y = 0{,}5x - 2$. Es gilt: $A(0|0)$

a) Zeichne die Dreiecke AB_1C_1 und AB_2C_2 für $x = -2$ und $x = 3$.

b) So kann man die Koordinaten der Punkte $C_n(x_C|y_C)$ in Abhängigkeit von der Abszisse der Punkte B_n darstellen.

Die Punkte B_n lassen sich durch eine Hintereinanderausführung von zwei Abbildungen auf die Punkte C_n abbilden.

Drehe die Punkte $B_n(x|0{,}5x - 2)$ um 90° um den Punkt A auf die Punkte $B_n^*(x^*|y^*)$.

$$\begin{pmatrix} x^* \\ y^* \end{pmatrix} = \begin{pmatrix} 0 & -1 \\ 1 & 0 \end{pmatrix} \odot \begin{pmatrix} x \\ 0{,}5x - 2 \end{pmatrix}$$

$x^* = -0{,}5x + 2$

$\wedge\ y^* = x$

Es folgt: $B^*(-0{,}5x + 2|x)$

Bilde nun die Punkte B* durch zentrische Streckung am Zentrum A mit k = 2 auf diePunkte C_n ab.

$$\begin{pmatrix} x' \\ y' \end{pmatrix} = \begin{pmatrix} 2 & 0 \\ 0 & 2 \end{pmatrix} \odot \begin{pmatrix} -0{,}5x + 2 \\ x \end{pmatrix}$$

$x' = -x + 4$

$\wedge\ y' = 2x$

Ergebnis: $C_n(-x + 4|2x)$

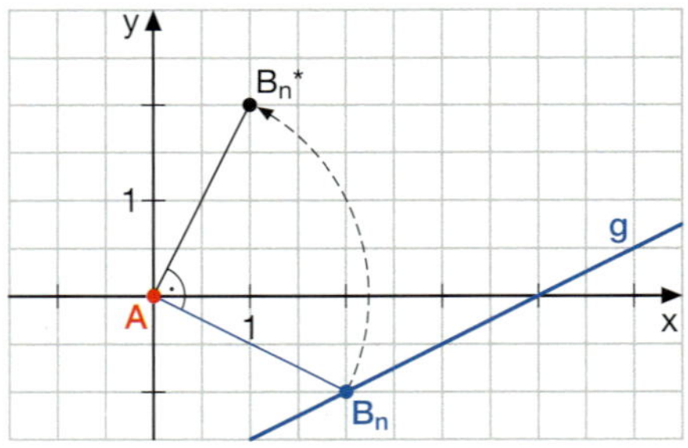

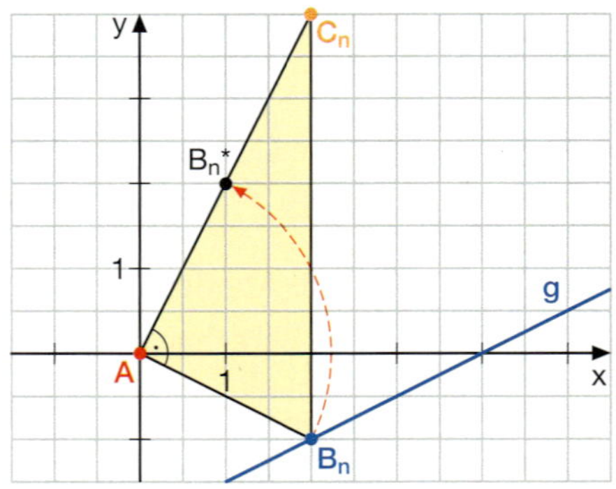

c) Löse die Aufgaben a) und b) für Dreiecke AB_nC_n, für die gilt: $\sphericalangle B_nAC_n = 60°$; $\overline{AC_n} = 2{,}5\ \overline{AB_n}$; $A(0|0)$; $B_n \in g$ mit $y = x - 2$

d) Der Punkt S′ ist Bildpunkt des Punktes $S(3|4)$ der Doppelabbildung in Aufgabe 1a).

e) Die Punkte $T_n(3|y)$ liegen auf der Strecke [PS] der Aufgabe 1. Stelle die Koordinaten der Bildpunkte $T_n'(x'|y')$ der Doppelabbildung in 1a) in Abhängigkeit von y dar.

Übungen

3 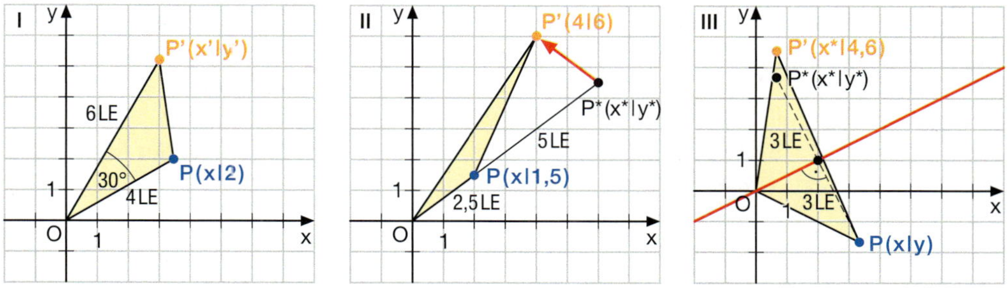

a) Durch welche Abbildungen kann der Punkt P auf den Punkt P′ abgebildet werden?
b) Berechne die fehlenden Koordinaten.

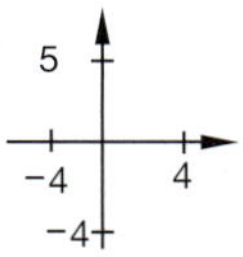

4 Das Dreieck ABC wird zweimal durch orthogonale Affinität abgebildet. Es gilt:
$\Delta ABC \xrightarrow{\text{x-Achse; } k^* = 1{,}5} \Delta A^*B^*C^* \xrightarrow{\text{x-Achse; } k^* = -\frac{3}{4}} \Delta A'B'C'$; $A(-3|1)$; $B(1|-1)$; $C(2{,}5|3)$
a) Konstruiere das Dreieck A*B*C* und berechne die Koordinaten der Eckpunkte.
b) Bilde das Dreieck A*B*C* weiter ab und berechne ebenso die Koordinaten der Bildpunkte A′B′C′.
c) Das Dreieck ABC kann direkt durch orthogonale Affinität auf das Dreieck A′B′C′ abgebildet werden. Gib den Abbildungsfaktor k an.
d) Berechne die Flächeninhalte der Dreiecke ABC, A*B*C* und A′B′C′ und überprüfe, ob für den Umfang der Dreiecke auch gilt $u' = |k| \cdot u$.
e) Zeige rechnerisch, dass die Abbildung durch orthogonale Affinität nicht winkeltreu ist.

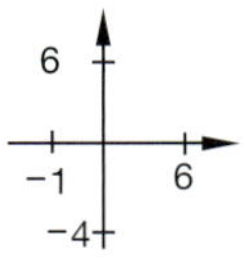

5 Für die Dreiecke AB_nC_n gilt: $C_n \in g$ mit $y = -\frac{3}{4}x + 5$;
$\sphericalangle B_nAC_n = 120°$; $\overline{AB_n} = \frac{2}{3} \cdot \overline{AC_n}$

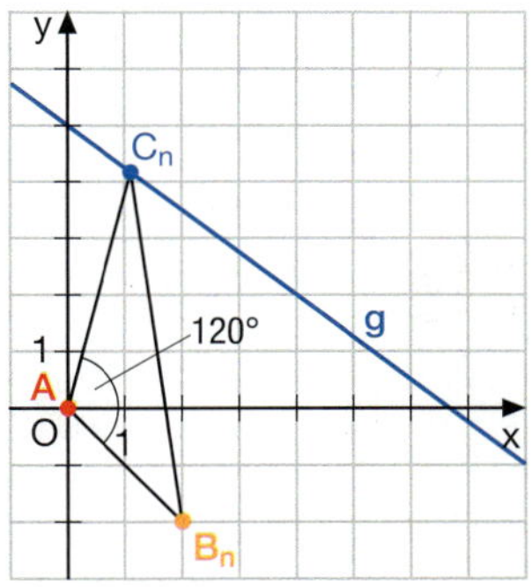

a) Zeichne die Dreiecke AB_1C_1, AB_2C_2 und AB_3C_3 für $x = 1$, $x = 2$ und $x = 3$.
b) Bilde die Punkte C_n auf die Punkte B_n ab.
c) Ermittle die Gleichung des Trägergraphen der Punkte B_n.

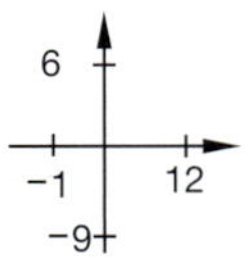

6 Gegeben sind die Rechtecke $AB_nC_nD_n$ mit $A(0|0)$. Die Strecken $[AB_n]$ sind doppelt so lang wie die Strecken $[AD_n]$. Zusätzlich liegen die Punkte $D_n(x|-x+6)$ auf der Geraden g mit $y = -x + 6$.
a) Zeichne zwei Rechtecke $AB_1C_1D_1$ und $AB_2C_2D_2$ für $x = 1$ und $x = 4$
b) Stelle die Koordinaten der Punkte $B_n(x_B|y_B)$ in Abhängigkeit von der Abszisse x der Punkte D_n dar.
c) Schätze ab, ob ein Flächeninhalt von 18 FE bei einem der Rechtecke möglich ist.
d) Stelle die Koordinaten der Punkte C_n in Abhängigkeit von x dar.
$[C_n(-x + 12|-3x + 6)]$
e) Berechne die Gleichung des Trägergraphen der Punkte C_n.
f) Berechne den Wert von x, für den die Diagonale $[B_3D_3]$ eines der Rechtecke $AB_3C_3D_3$ auf der Geraden g liegt.
g) Berechne den Flächeninhalt der Rechtecke in Abhängigkeit von x.
Bestätige deine Antwort aus Aufgabe c).
h) Berechne die Belegung von x, für die eines der Rechtecke minimalen Flächeninhalt hat.
i) Berechne die Belegung von x, für die beim Rechteck $AB_4C_4D_4$ die Diagonale $[B_4D_4]$ mit der Geraden g einen Winkel mit dem Maß 40° einschließt.

16

1 Bei einer Zentrischen Streckung mit einem beliebigen Zentrum $Z(x_Z|y_Z)$ gilt:

$\overrightarrow{OP'} = \overrightarrow{OZ} \oplus k \cdot \overrightarrow{ZP}$ bzw. $\begin{pmatrix} x' \\ y' \end{pmatrix} = \begin{pmatrix} x_Z \\ y_Z \end{pmatrix} \oplus k \cdot \begin{pmatrix} x - x_Z \\ y - y_Z \end{pmatrix}$

a) Welche Verknüpfung von Abbildungen liegt hier vor? Fertige eine geeignete Skizze an.

b) Zeige, dass sich die Abbildungsgleichung in folgender Matrixform darstellen lässt:

$\begin{pmatrix} x' \\ y' \end{pmatrix} = \begin{pmatrix} k & 0 \\ 0 & k \end{pmatrix} \odot \begin{pmatrix} x \\ y \end{pmatrix} \oplus (1-k)\begin{pmatrix} x_Z \\ y_Z \end{pmatrix}$

c) Berechne die Koordinaten von P'. Es gilt: $P(-15|8)$; $Z(-1|2)$; $k = 4$

d) Berechne die Koordinaten des Zentrums Z und den Streckungsfaktor k.

$\begin{pmatrix} 5{,}1 \\ -0{,}8 \end{pmatrix} = \begin{pmatrix} k & 0 \\ 0 & k \end{pmatrix} \odot \begin{pmatrix} 2{,}7 \\ -1{,}6 \end{pmatrix} \oplus \begin{pmatrix} -3 \\ \square \end{pmatrix}$

2 Auf der Seite [BC] des Rechtecks ABCD wandern die Punkte $P_n(8|y)$. Sie bilden zusammen mit den Punkten A und Q_n Dreiecke AP_nQ_n.

Es gilt: $\sphericalangle P_nAQ_n = 45°$; $\overline{AQ_n} : \overline{AP_n} = 3 : 2$; $A(0|0)$; $B(8|0)$; $C(8|12)$

a) Konstruiere die Dreiecke AP_1Q_1 und AP_2Q_2 für $y = 1$ und $y = 4$.

b) Berechne die Gleichung des Trägergraphen der Punkte Q_n.
[Zwischenergebnis $Q_n(6\sqrt{2} - 0{,}75\sqrt{2} \cdot y | 6\sqrt{2} + 0{,}75\sqrt{2} \cdot y)$]

c) Es gibt ein Dreieck AP_oQ_o, bei dem der Eckpunkt Q_o zusätzlich auf der Seite [CD] liegt. Berechne die Koordinaten der Eckpunkte P_o und Q_o.

d) Es gibt ein Dreieck AP_3Q_3, das den halben Flächeninhalt des Rechtecks ABCD hat. Berechne die Koordinaten der Eckpunkte P_3 und Q_3.

3 Gegeben sind die Trapeze $A_nB_nC_nD_n$ mit den parallelen Grundseiten $[A_nD_n]$ und $[B_nC_n]$. Die Trapeze sind symmetrisch zur Geraden s mit $y = 2x$. Die Punkte $A_n(x|y)$ liegen auf der Geraden g mit $y = -x - 1$.

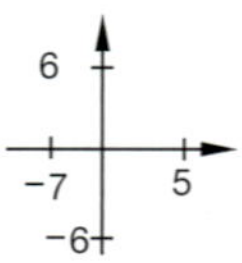

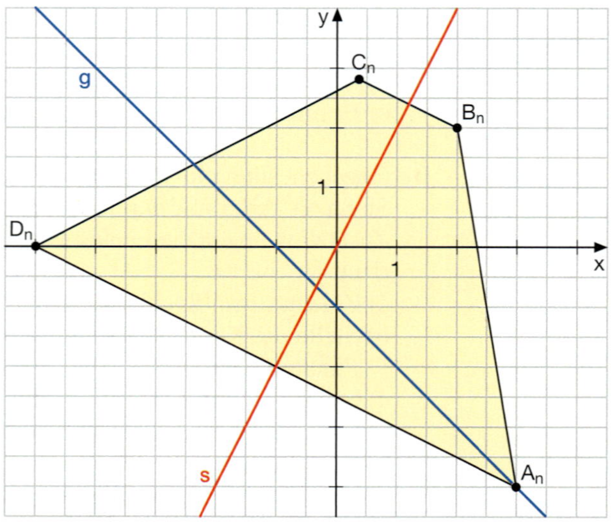

Für die Pfeile $\overrightarrow{A_nB_n}$ gilt: $\overrightarrow{A_nB_n} = \begin{pmatrix} -1 \\ 4 \end{pmatrix}$

a) Zeichne zwei Trapeze $A_1B_1C_1D_1$ und $A_2B_2C_2D_2$ für $x = 2$ und $x = 4$.

b) Die Punkte A_n lassen sich auf die Punkte B_n abbilden. Stelle die Koordinaten der Punkte B_n in Abhängigkeit von der Abszisse x der Punkte A_n dar.
Berechne die Gleichung des Trägergraphen h_B der Punkte B_n.
[Ergebnis: $B_n(x-1|-x+3)$; h_B: $y = -x + 2$]

c) Aus welchem Intervall kann man x wählen, so dass Trapeze $A_nB_nC_nD_n$ existieren?

d) Die Punkte B_n können auf die Punkte C_n abgebildet werden. Zeige, dass sich die Koordinaten der Punkte C_n wie folgt in Abhängigkeit von der Abszisse x der Punkte A_n darstellen lassen: $C_n(-1{,}4x + 3|0{,}2x + 1)$

e) Berechne die Gleichung desTrägergraphen h_C der Punkte C_n.

f) Berechne das Maß α_1 des Winkels $B_1A_1D_1$.
Begründe anschließend: In allen Trapezen sind die Winkelmaße α_n gleich.

g) Berechne den Flächeninhalt des Trapezes $A_1B_1C_1D_1$.

4 Der Punkt A(0|0) ist gemeinsamer Eckpunkt von Rauten $AB_nC_nD_n$, die durch die Diagonalen $[B_nD_n]$ in gleichseitige Dreiecke zerlegt werden. Die Eckpunkte B_n liegen auf der Geraden g mit y = 3.

a) Zeichne die Rauten $AB_1C_1D_1$ und $AB_2C_2D_2$ für x = 3 und x = −1.

b) Berechne die Koordinaten der Eckpunkte C_1, D_1 sowie C_2, D_2.

c) Für welchen Wert von x haben die Punkte C_0 und D_0 gleichen Abszissen- und gleichen Ordinatenwert?

5 Die Punkte $B_n(x|y)$ von Dreiecken AB_nC_n liegen auf der Geraden g mit y = x − 3 .
Die Winkel B_nAC_n haben stets das Maß 30° und die Winkel C_nB_nA das Maß 120°. So kann man die Punkte B_n auf die Punkte C_n abbilden.

Die Dreiecke AB_nC_n sind ähnlich, da sie in zwei Winkelmaßen übereinstimmen. Somit ist auch das Verhältnis der Streckenlängen $\overline{AC_n} : \overline{AB_n}$ konstant.
Mit dem Sinussatz im Dreieck AB_nC_n folgt:

$$\frac{\overline{AC_n}}{\sin 120°} = \frac{\overline{AB_n}}{\sin 30°}$$

$$\overline{AC_n} = \frac{0{,}5\sqrt{3}\,\overline{AB_n}}{0{,}5}$$

$$\overline{AC_n} = \sqrt{3}\,\overline{AB_n}$$

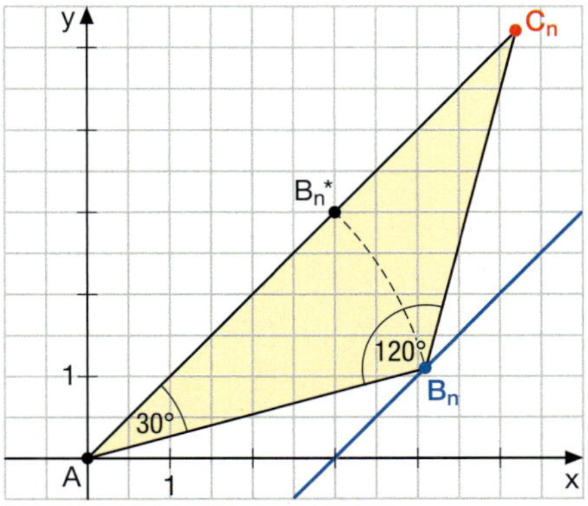

a) Zeige, dass sich die Koordinaten der Punkte C_n wie folgt in Abhängigkeit von der Abszisse x der Punkte B_n darstellen lassen: $C_n(0{,}63x + 2{,}60|2{,}37x − 4{,}5)$

b) Berechne die Gleichung des Trägergraphen der Punkte C_n.

c) Die Strecke $[AC_1]$ verläuft parallel zur Geraden g. Berechne die Belegung von x.

d) Berechne die Belegung von x, für die das Dreieck AB_oC_o minimalen Flächeninhalt hat.

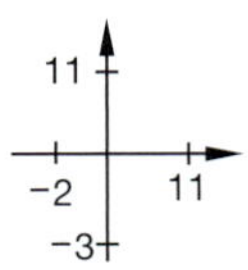

6 Gegeben sind Drachenvierecke $AB_nC_nD_n$, deren Diagonalen $[AC_n]$ auf der Symmetrieachse liegen. Die Punkte $B_n(x|y)$ liegen auf der Geraden g mit y = 0,5x − 2.
Die Winkel B_nAD_n haben stets das Maß 73,74° und die Winkel C_nB_nA das Maß 123,69°.
Es gilt: A(0|0)

a) Zeichne die Drachenvierecke $AB_1C_1D_1$ und $AB_2C_2D_2$ für x = 4 und x = 6.

b) Stelle die Koordinaten der Punkte D_n in Abhängigkeit von der Abszisse x der Punkte B_n dar [Ergebnis: $D_n(−0{,}2x + 1{,}92|1{,}1x − 0{,}56)$]

c) Die Punkte B_n lassen sich auf die Punkte C_n abbilden. Stelle die Koordinaten der Punkte C_n in Abhängigkeit von der Abszisse x der Punkte B_n dar.
[Ergebnis: $C_n(1{,}25x + 3|2{,}5x − 4)$]

d) Berechne die Belegung von x, für die Diagonale $[B_3D_3]$ auf der Geraden g verläuft.

e) Berechne die Belegung von x, für die das Drachenviereck $AB_4C_4D_4$ einen Flächeninhalt von 37,9 FE hat.

f) Berechne die Belegung von x, für die das Drachenviereck $AB_oC_oD_o$ minimalen Flächeninhalt hat.

g) Berechne die Belegung von x (x > 2,5), für die die Strecke $[B_5C_5]$ mit der Geraden g einen Winkel mit dem Maß 20° bildet.

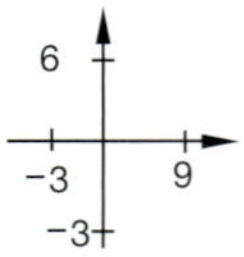

7 Die Punkte $B_n(x|y)$ auf der Geraden g mit $y = 0{,}5x - 2$ bilden zusammen mit den Punkten $A(-2|1)$ und C_n Dreiecke AB_nC_n. Die Winkel B_nAC_n haben stets das Maß 36,87° und die Strecken $[AC_n]$ sind halb so lang wie die Strecken $[AB_n]$.

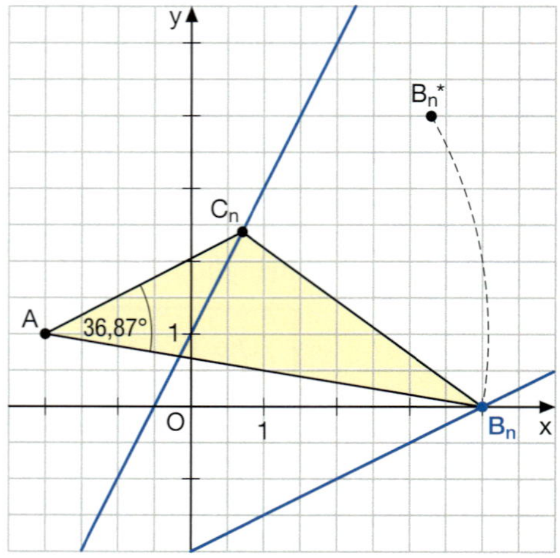

a) Zeichne die Dreiecke AB_1C_1 und AB_2C_2 für $x = 2$ und $x = 8$.

b) Die Punkte B_n lassen sich auf die Punkte C_n abbbilden. Stelle die Koordinaten der Punkte C_n in Abhängigkeit von der Abszisse x der Punkte B_n dar. Berechne anschließend die Gleichung des Trägergraphen h der Punkte C_n.
[Ergebnisse: $C_n(0{,}25x-0{,}3|0{,}5x+0{,}4)$; h: $y = 2x + 1$]

c) Die Strecke $[AC_3]$ verläuft parallel zur x-Achse. Berechne die Koordinaten der Eckpunkte B_3 und C_3.

d) Die Strecke $[B_4C_4]$ liegt auf der Geraden g. Berechne die Koordinaten der Eckpunkte B_4 und C_4.

e) Berechne die Belegung von x, für die der Flächeninhalt des Dreiecks AB_oC_o minimal ist.

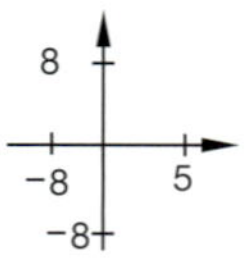

8 Gegeben sind gleichschenklige Trapeze ABC_nD_n mit der gemeinsamen Grundseite [AB] mit $A(-6|3)$ und $B(-3|-6)$.
Für die Schenkel $[BC_n]$ gilt: $\overrightarrow{BC_n} = \begin{pmatrix} 5\cos\alpha + 3 \\ 5\sin^2\alpha \end{pmatrix}$

a) Zeichne die Trapeze ABC_1D_1 und ABC_2D_2 für $\alpha = 0°$ und $\alpha = 50°$.

b) Berechne die Gleichung des Trägergraphen der Punkte C_n und zeichne diesen in die Zeichnung von a) ein. [Ergebnis: p mit $y = -0{,}2\,x^2 - 1$]

c) Aus welchem Intervall kann man α wählen, so dass Trapeze ABC_nD_n existieren?

d) Berechne die Koordinaten der Punkte D_n in Abhängigkeit von α.
[Ergebnis: $D_n(3\sin^2\alpha + 4\cos\alpha - 3{,}6|-4\sin^2\alpha + 3\cos\alpha + 4{,}8)$]

e) Berechne mit dem GTR die Belegung von α, für die im Trapeze ABC_3D_3 der Punkt D_3 die x-Koordinate −3,6 hat.
[Ergebnis: $\alpha = 122{,}4°$]

f) Berechne den Flächeninhalt des Trapezes in Aufgabe e).

g) Berechne die Belegung von α, für die Diagonalen $[AC_4]$ und $[AC_5]$ mit der Grundseite [AB] Winkel mit dem Maß 40° einschließen.

h) Eines der Trapeze ist ein Rechteck. Berechne das Winkelmaß α.

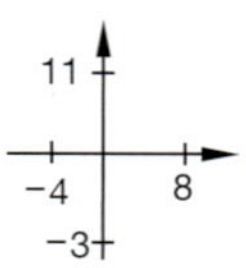

9 Gegeben sind gleichschenklige Dreiecke $A_nB_nC_n$. Der Punkt $O(0|0)$ ist Mittelpunkt der Basis $[A_nB_n]$. Die Strecken $[B_nC_n]$ sind dreimal so lang wie die Strecken $[OB_n]$.
Die Punkte $B_n(x|-0{,}5x - 1)$ liegen auf der Geraden g mit $y = -0{,}5x - 1$.

a) Zeichne die Dreiecke $A_1B_1C_1$ und $A_2B_2C_2$ für $x = 1{,}5$ und $x = 3{,}5$.

b) Stelle die Koordinaten der Punkte C_n in Abhängigkeit von der Abszisse x der Punkte B_n dar. [Ergebnis: $C_n(\sqrt{2}x + 2\sqrt{2}|2\sqrt{2}x)$]

c) Berechne die Gleichung des Trägergraphen h der Punkte C_n.

d) Berechne die Belegung für x, für die der Flächeninhalt des Dreiecks $A_oB_oC_o$ minimal ist.

e) Aus welchem Intervall muss x gewählt werden, damit die Dreiecke $A_nB_nC_n$ einen kleineren Flächeninhalt haben als das Doppelte des Flächeninhalts von Dreieck $A_1B_1C_1$?

1 Das orange gefärbte Küchenelement soll im Küchenplan oben rechts in der Ecke so eingebaut werden, dass die Küchenzeile am Fenster im Plan symmetrisch ist.

a) Gib die erforderlichen Abbildungsgleichungen in Matrixform an.

b) Ergänze den Küchenplan mit dem blauen und roten Küchenelement nach deinen Vorstellungen.

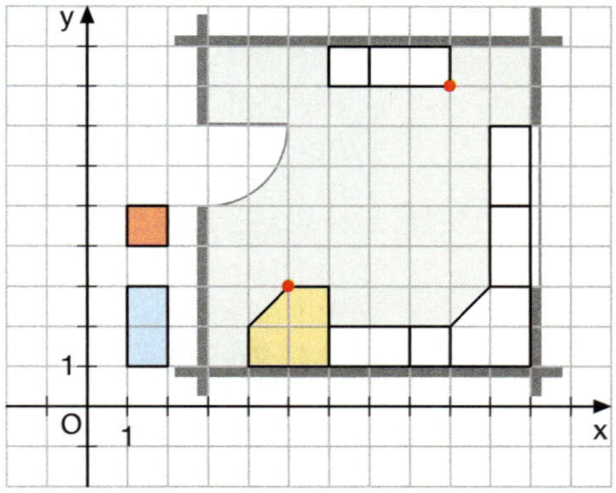

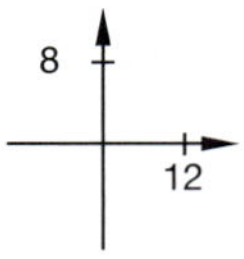

2 In einer Ausstellungshalle wird ein Gemälde mit der Länge [DE] mit Hilfe eines rechteckigen Spiegels [AB] und eines Strahlers L an der Hallendecke beleuchtet.

a) Bestimme die Länge des Spiegels und des Gemäldes zeichnerisch.

b) Berechne die Koordinaten der Punkte B und E und gib die Länge des Spiegels und des Gemäldes in wahrer Größe an.

c) Die Aufgabe lässt sich auch mit Hilfe der zentrischen Streckung lösen.

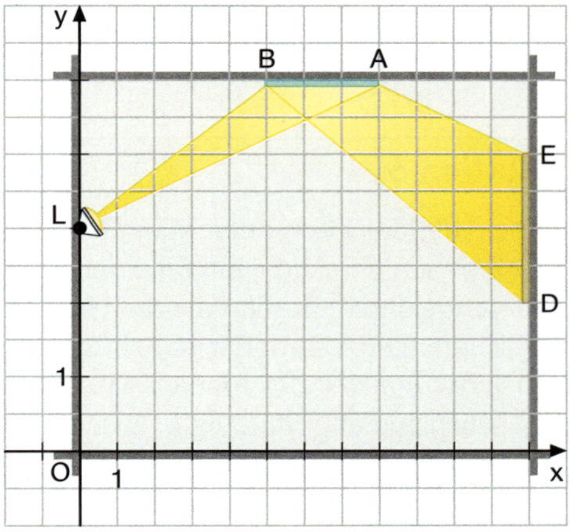

3 Auf Grund der Forderungen von Bürgern aus Walperding wird der ursprüngliche Bebauungsplan geändert. Wegen des stark zugenommenen LKW-Verkehrs auf der Umgehungsstraße UV soll die Längsseite des rechts abgebildeten Hauses mit dem Vektor $\vec{v} = \binom{3}{-2}$ verschoben werden. Um die Solarenergie besser nutzen zu können, soll es zusätzlich aus der West-Ost-Richtung in eine NO-SW-Richtung gedreht werden.

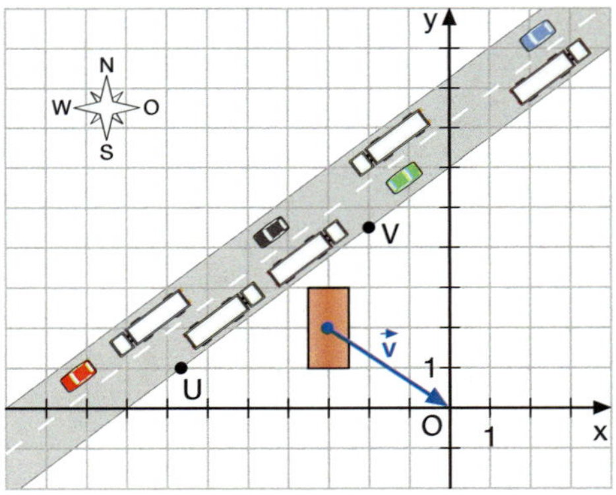

4 Vom Brunnen Q aus beobachtet Herr Sedlmeier über das Schaufenster [AB], dass sich jemand an seinem Auto zu schaffen macht. Welche Länge des Fahrzeugs kann Herr Sedlmeier überblicken?

a) Löse die Aufgabe durch Konstruktion. Entnimm die notwendigen Informationen aus der Abbildung rechts.

b) Löse die Aufgabe durch Rechnung.

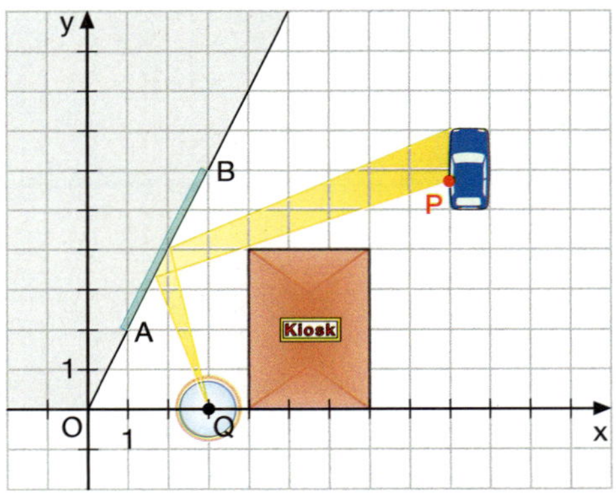

Station 1

Die Punkte A und C liegen auf der Symmetrieachse von Drachenvierecken AB_nCD_n. Die Punkte D_n liegen auf der Geraden g mit $y = -0{,}25x + 4$. Es gilt: $A(-4|1{,}5)$; $C(4|-1{,}5)$

a) Zeichne das Drachenviereck AB_1CD_1 mit $\sphericalangle B_1AD_1 = 100°$ in ein Koordinatensystem ein. Berechne die Koordinaten der Eckpunkte D_1 und B_1.

b) Die Drachenvierecke AB_2CD_2 und AB_3CD_3 sind rechtwinklig mit $\delta = 90°$. Konstruiere die beiden Drachenvierecke und berechne die Koordinaten der fehlenden Eckpunkte.

c) Unter den Drachenvierecken gibt es eine Raute AB_4CD_4. Zeichne sie ein und berechne die Koordinaten der Eckpunkte D_4 und B_4.

d) Aus welchem Intervall kann die x-Koordinate der Punkte D_n gewählt werden, so dass konvexe Drachenvierecke AB_nCD_n entstehen? Berechne.

Station 5

Die Abbildung zeigt den Mantel eines Spates.

a) Zeichne, schneide und falte den Mantel zu einem Körper. Mit welchem Körper könntest du den Spat vergleichen? Beschreibe die Unterschiede.

b) Zeige: Die Mantelfläche beträgt $48\ cm^2$.

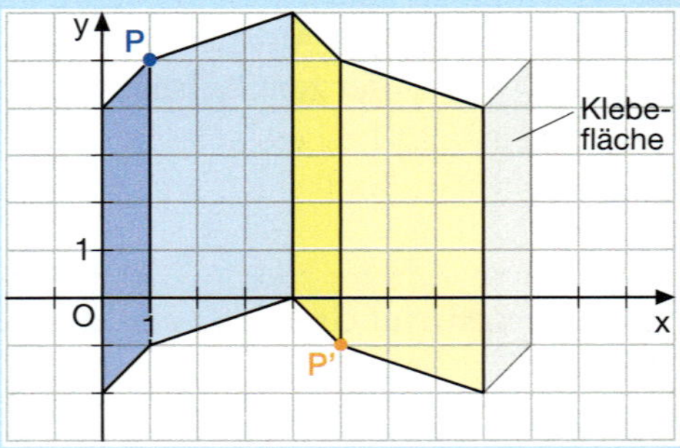

c) Jeder Punkt P des Mantels lässt sich durch eine Achsenspiegelung und eine anschließende Parallelverschiebung auf einen Punkt P′ des Mantels abbilden. Finde die zugehörigen Abbildungsgleichungen. Berechne das Volumen des Spates.

d) Untersuche das Volumen des Spates, wenn du die Form änderst aber Höhe und Mantelfläche beibehältst. Ändern sich die in c) ermittelten Abbildungsgleichungen?

e) Jeder Punkt P_n wird zunächst an einer Parallelen zur x-Achse gespiegelt.

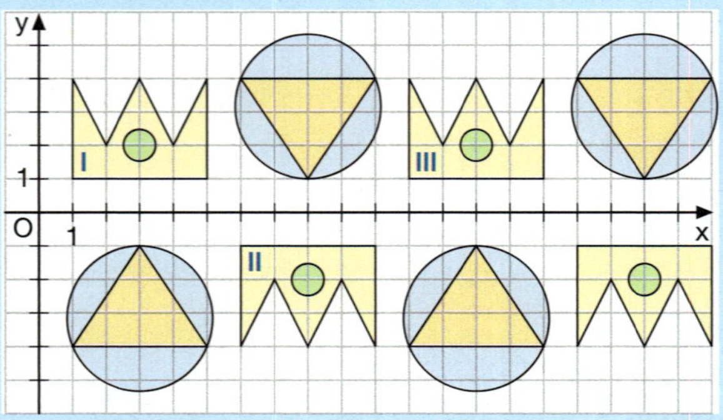

g) Durch welche Doppelabbildung kann die Figur I des links abgebildeten Bandornaments auf die Figur II und diese wieder auf die Figur III abgebildet werden?

h) Erfinde Bandornamente, bei denen die Teilfiguren durch Doppelabbildungen auseinander hervor gehen. Gib die zugehörigen Abbildungsgleichungen an.

Station 2

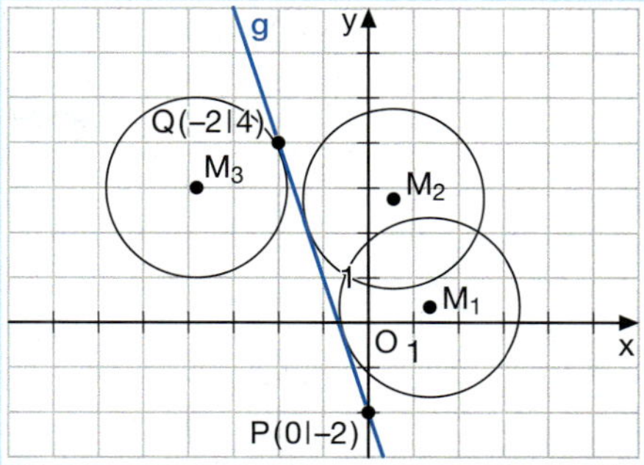

Gegeben ist die Gerade g mit $y = -3x - 2$.

a) Zeichne mindestens fünf Kreise mit dem Radius 2 cm, die die Gerade g als Tangente haben.

b) Ergänze die Trägergraphen der Mittelpunkte der Kreise. Begründe.

c) Berechne die Gleichungen der Trägergraphen der Mittelpunkte der Kreise.

Station 3

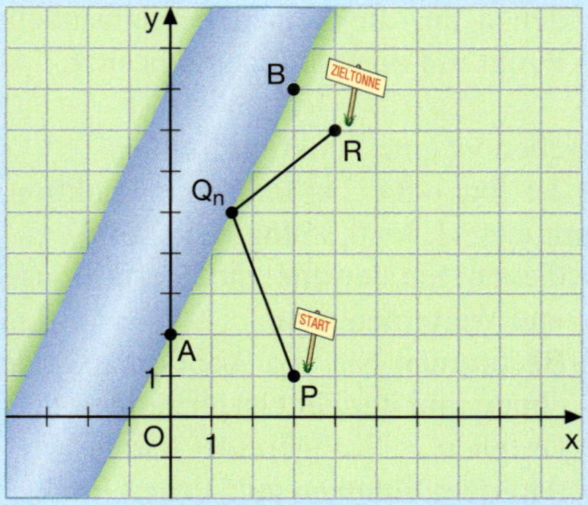

Auf einer neben einem Fluss gelegenen Wiese findet im Rahmen eines Zeltlagers Geschicklichkeitswettbewerb statt. Dabei soll man unter anderem möglichst schnell vom Startpunkt P zum Flussufer AB laufen, Wasser aufnehmen und zur Zieltonne R rennen.

Es gilt: A(0|2); B(3|8); P(3|1); R(4|7)

a) Zeichne drei verschiedene Laufstrecken und berechne ihre Längen.
Der Maßstab deiner Zeichung ist 1 : 5000

b) Wie würdest du laufen?

Station 4

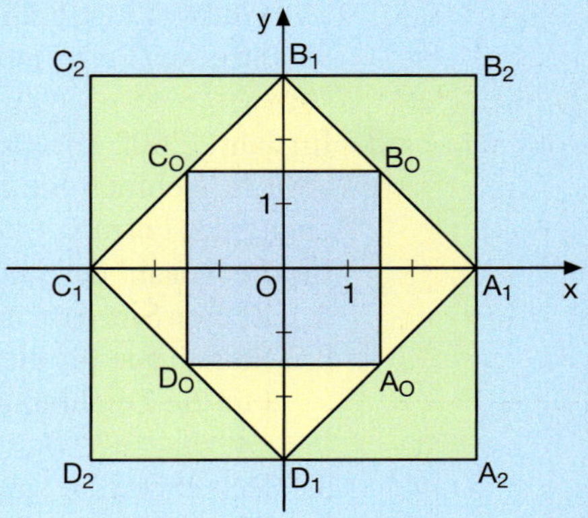

Gegeben ist eine Schar von Quadraten $A_nB_nC_nD_n$. Das nächstgrößere Quadrat ist wie in der Abbildung dargestellt immer dem kleineren Quadrat umbeschrieben.

Es gilt:

$A_o(1{,}5|-1{,}5)$; $B_o(1{,}5|1{,}5)$; $C_o(-1{,}5|1{,}5)$; $D_o(-1{,}5|-1{,}5)$

a) Zeichne die Quadrate $A_nB_nC_nD_n$ für n = 0; n = 1; n = 2 und n = 3.

b) Durch eine Doppelabbildung kann man das Quadrat $A_oB_oC_oD_o$ auf das Quadrat $A_1B_1C_1D_1$ abbilden.
Gib die beiden Abbildungen an.

c) Übertrage die Tabelle in dein Heft und ergänze sie.

Quadrat $A_nB_nC_nD_n$	n = 0	n = 1	n = 2	n = 3	■	■
Flächeninhalt in FE	9	■ = 9 · ■^■	■ = 9 · ■^■	■ = 9 · ■^■	■	■ = 9 · ■^■

d) Wie viele Doppelabbildungen muss man ausführen, um aus dem Quadrat $A_oB_oC_oD_o$ ein Quadrat mit dem Flächeninhalt 2304 FE zu erhalten?

e) Liegen bei dem Quadrat in Aufgabe d) die Diagonalen auf den Koordinatenachsen? Begründe.

Funktionen

1 In der Zeichnung sind der Graph h sowie die Gerade g dargestellt.

1.1 Welche der folgenden Funktionsgleichungen beschreibt den Graphen h?

A $y = \frac{2}{x}$

B $y = -\frac{2}{x}$

C $y = \frac{x}{2}$

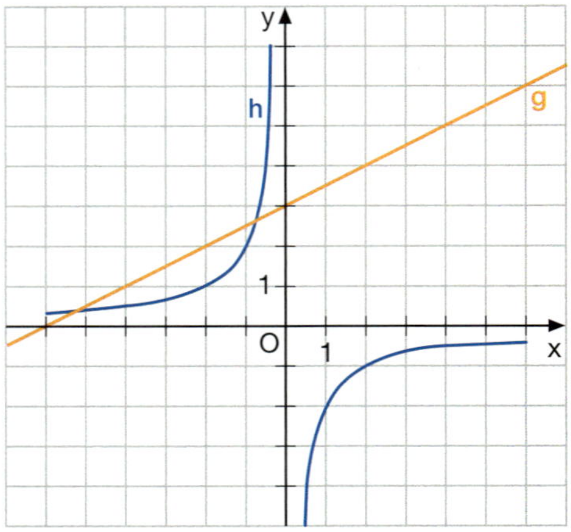

1.2 Stellen Sie die Gleichung der Geraden g auf.

1.3 Berechnen Sie die Schnittpunkte der Geraden g mit dem Graphen h (auf 2 Stellen nach dem Komma gerundet).

1.4 Geben Sie die Gleichung einer Geraden a an, die keinen gemeinsamen Punkt mit dem Graphen h besitzt.

2 Gegeben ist eine Funktion f mit $y = 2 + \log_{0,2}(8 - 2x)$ und eine Funktion f′ mit $y = -1{,}5 - 0{,}25\ \log_{0,2}(8 - 2x)^3$.

2.1 Geben Sie jeweils die Definitions- und Wertemenge an.

2.2 Bestimmen Sie die Abbildungsgleichung, mit der der Graph zu f auf den Graphen zu f′ abgebildet wird.

2.3 Auf dem Graphen zu f liegen Punkte $P_n(x|y_P)$ und auf dem Graphen zu f′ Punkte $Q_n(x|y_Q)$ mit gleicher Abszisse x. Berechnen Sie x so, dass der Punkt T (x|0,25) Mittelpunkt der Strecke $[P_1Q_1]$ ist.

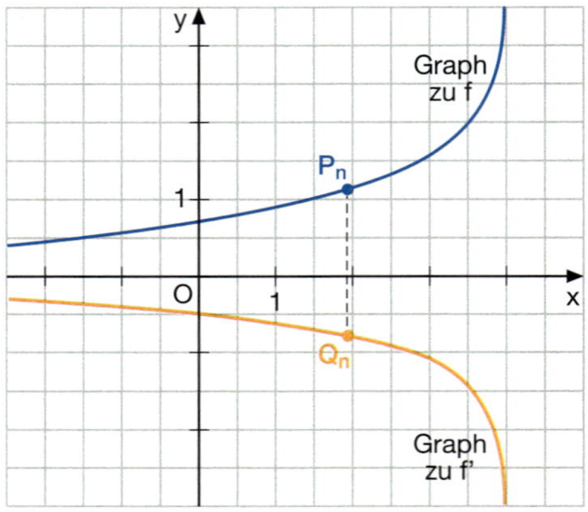

3 Im Jahre 2002 kostete ein Kilogramm Brot durchschnittlich 2,20 €, im Jahr 2004 etwa 2,80 €. Nehmen Sie an, dass der Preis exponentiell anstieg und damit durch eine Gleichung der Form $y = k \cdot a^x$ beschrieben werden kann. Dabei steht y € für den Preis und x für die Anzahl der Jahre ab 2002.

3.1 Zeigen Sie, dass man mit den angegebenen Werten die Gleichung $y = 2{,}2 \cdot 1{,}13^x$ erhält.

3.2 Stellen Sie für die Jahre von 1998 bis 2008 den Preisanstieg grafisch dar.
Für die Zeichnung: x-Achse 1 cm ≙ 1 Jahr, y-Achse 1 cm ≙ 0,50 €;
$-4 \leqq x \leqq 7$; $0 \leqq y \leqq 5$

3.3 Berechnen Sie, in welchem Jahr der Preis von 3,50 € überschritten würde.

3.4 Was würde ein Brot im Jahr 2008 kosten und was hätte es 2000 gekostet, wenn der Preisanstieg im gesamten Zeitraum unverändert wäre.

L B; $y = 0{,}5x + 3$; $(-0{,}76|2{,}62)$; $(-5{,}23|0{,}38)$; z. B. a mit $y = 2x$; $\mathbb{D} = \mathbb{D}' = \{x | x < 4\}$; $\mathbb{W} = \mathbb{R}$; $\mathbb{W}' = \mathbb{R}^-$; orthogonale Affinität mit $k = -0{,}75$; $x' = x \wedge y' = -0{,}75y$; 3,5; 2006; 4,58 €; 1,72 €

4 Im Jahr 2002 kostete ein Neufahrzeug mit bestimmter Ausstattung 23 000 €. Bis 2006 stieg der Preis jährlich um 5,5 %.

4.1 Begründen Sie, dass der jeweils gültige Neupreis durch die Gleichung $y = 23\,000 \cdot 1{,}055^x$ dargestellt werden kann. Dabei steht x für die seit 2002 vergangenen Jahre, y für den Neupreis in €.

4.2 Was kostete das Auto im Jahr 2005? Was würde es 2011 kosten, wenn sich der Preisanstieg nicht verändern würde? Runden Sie jeweils auf hundert Euro.

4.3 Stellen Sie den Neupreis des Autos für die Jahre von 2002 bis 2011 grafisch dar.

4.4 In welchem Jahr wird etwa ein Preis von 30 000 € erreicht?

5 Die Punkte $P_n(x|y)$ liegen auf der unteren Randkurve des Axialschnitts eines waagrecht liegenden Weinglases.

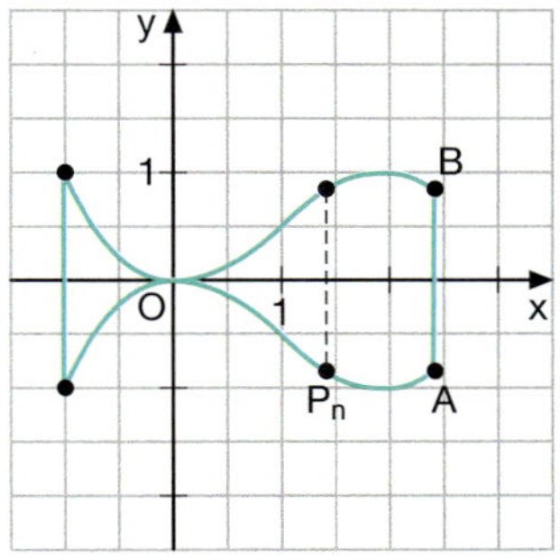

5.1 Durch welche der folgenden Gleichungen kann die untere Randkurve beschrieben werden?

A $y = -0{,}5 \cdot 2^x$
B $y = 0{,}25x^3 - 0{,}75x^2$
C $y = 0{,}5\,x^3$

5.2 Geben Sie die Gleichung der oberen Randkurve an.

5.3 Der Axialschnitt ist im Maßstab 1 : 5 verkleinert. Berechnen Sie den Flächeninhalt der Öffnung des Glases mit dem Durchmesser $\overline{AB}$ für x = 2,2.

5.4 Die bisherige Randkurve soll so abgebildet werden, dass die Öffnung des Glases vergrößert wird. Geben Sie eine mögliche Abbildung an.
Berechnen Sie die Gleichung der zugehörigen Randkurve.

6 Die radioaktive Masse y Gramm des radioaktiven Isotops Phosphor-29 wird in Abhängigkeit von der Zeit x Sekunden durch die Gleichung $y = m \cdot 1{,}1842^{-x}$ beschrieben. In einem Versuch wurden folgende Werte ermittelt:

x	5	2
y	2,14	3,56

6.1 Berechnen Sie die ursprüngliche Masse m des Materials.

6.2 Erstellen Sie den Graphen der Funktion für $x \in [0;\ 30]$ mit $\triangle x = 10$.

6.3 Berechnen Sie, nach welcher Zeit noch 1 g (0,1 g) radioaktives Material vorhanden ist.

6.4 Ermitteln Sie die Halbwertszeit von Phosphor-29.

7 Der Luftdruck p nimmt mit der Höhe h exponentiell ab. Dabei sinkt der Luftdruck in je 5500 m auf die Hälfte ab. Am Boden beträgt der normale Luftdruck p = 1013 hPa (Hekto-Pascal).

7.1 Stellen Sie die Abnahme des Luftdrucks grafisch dar.
Für die Zeichnung:
x-Achse 1 cm ≙ 1000 m; $0 \leqq x \leqq 12\,000$;
y-Achse 1 cm ≙ 100 hPa; $0 \leqq y \leqq 1100$

7.2 Stellen Sie eine passende Funktionsgleichung auf.

7.3 In welcher Höhe herrscht ein Druck von 400 hPa?

7.4 Diese Eigenschaft der Druckabnahme nutzt man zum Beispiel beim Einsatz von Stratosphären-Ballons. Erklären Sie den Nutzen.

L 27 000 €; 37 200 €; 2008; B; $y = -0{,}25x^3 + 0{,}75x^2$; 73,59 cm²; z. B. $y = 0{,}3x^3 - 0{,}9x^2$; 4,98g; 9,5 s (23,1 s); 4,1 s; $p = 1013 \cdot 0{,}5^{\frac{h}{5500}}$; 7373 m

8 Gegeben ist eine Funktion f mit der Gleichung $y = 3(x + 4)^{\frac{1}{3}} - 2$ in der Grundmenge $\mathbb{R} \times \mathbb{R}$.

8.1 Begründen Sie, dass stets $x \geqq -4$ gilt und geben Sie die Wertemenge an.

8.2 Zeichnen Sie den Graphen zu f in ein Koordinatensystem. Bilden Sie den Graphen durch Achsenspiegelung an der Geraden mit y = x auf den Graphen zu f′ ab.
Für die Zeichnung: $-5 \leqq x \leqq 5$; $-5 \leqq y \leqq 5$

8.3 Bestimmen Sie die Gleichung von f′.

8.4 Zu jedem Punkt $A_n(x \mid 3(x + 4)^{\frac{1}{3}} - 2)$ mit $x < 4$ auf dem Graphen zu f gibt es einen Bildpunkt C_n auf dem Graphen zu f′. Diese Punkte bilden mit $D(4 \mid 4)$ Rauten $A_nB_nC_nD$, deren Symmetrieachse die Gerade mit y = x ist. Zeichnen Sie eine der Rauten in das Koordinatensystem zu 8.2 ein.

8.5 Der Flächeninhalt dieser Rauten $A_nB_nC_nD$ hängt nur von der Abszisse x der Punkte A_n ab. Welcher der Graphen stellt diesen Zusammenhang annähernd richtig dar. Begründen Sie.

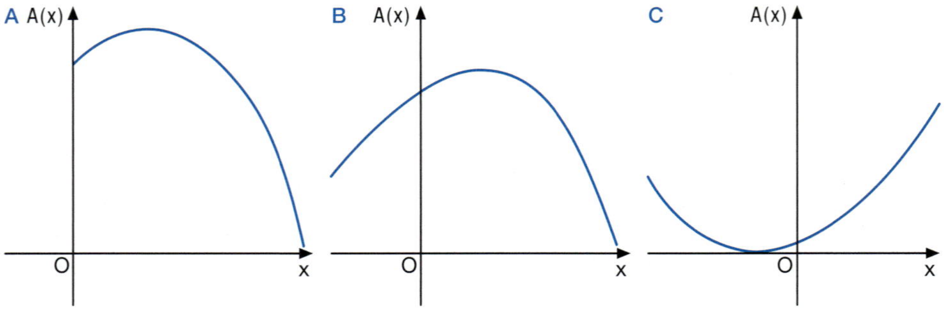

9 Der Graph einer Potenzfunktion f von 3. Ordnung (Exponent 3) hat den Symmetriepunkt $S(3 \mid 1)$ und verläuft durch $A(5 \mid -1)$.

9.1 Zeigen Sie durch Rechnung, dass f die Gleichung $y = -0{,}25(x - 3)^3 + 1$ besitzt und zeichnen Sie den Graphen zu f in ein Koordinatensystem.
Für die Zeichnung: $-2 \leqq x \leqq 6$; $-6 \leqq y \leqq 5$

9.2 Der Graph zu f wird zuerst durch eine orthogonale Affinität an der x-Achse mit $k = -0{,}5$ auf den Graphen zu f_1 und dann durch Parallelverschiebung mit $\vec{v} = \binom{-2}{3}$ auf den Graphen zu f_2 abgebildet. Ergänzen Sie die Zeichnung zu 9.1 durch diese Graphen.

9.3 Berechnen Sie die Gleichungen von f_1 und f_2.
[Teilergebnis: f_1 mit $y = 0{,}125(x - 3)^3 - 0{,}5$]

9.4 Die Funktion f_1^{-1} ist Umkehrfunktion zu f_1. Ermitteln Sie die Gleichung von f_1^{-1}.

9.5 Die Graphen zu f und f_1 schneiden sich in einem Punkt T. Berechnen Sie die Koordinaten auf zwei Stellen nach dem Komma gerundet.

9.6 Es gibt zwei Paare von Punkten P_1 und Q_1 bzw. P_2 und Q_2 auf den Graphen zu f bzw. f_1 mit jeweils gleicher Abszisse x, deren y-Koordinaten sich um 4,5 unterscheiden. Wegen der Wurzeldefinition kann man ihre Koordinaten nicht berechnen. Ermitteln Sie jeweils mit Hilfe des GTR die Koordinaten (auf zwei Stellen nach dem Komma gerundet).

L $\{y \mid y \geqq -2\}$; $y = \frac{1}{27}(x + 2)^3 + 4$; B; $y = 0{,}125(x - 1)^3 + 2{,}5$; $y = 2(x + 0{,}5)^{\frac{1}{3}} + 3$; $(4{,}59 \mid 0{,}00)$; $(1 \mid 3)$; $(1 \mid -1{,}5)$; $(5{,}52 \mid -3{,}00)$; $(5{,}52 \mid 1{,}50)$

10 Die Gleichung $y = -0{,}5^{x+1} + 2$ legt eine Funktion f fest.

10.1 Geben Sie die Definitions- und Wertemenge der Funktion an. Zeichnen Sie den Graphen zu f in ein Koordinatensystem. Für die Zeichnung: $-4 \leqq x \leqq 5$; $-3 \leqq y \leqq 4$

10.2 Der Punkt $P(x_P|-3)$ liegt auf dem Graphen zu f. Berechnen Sie auf zwei Stellen nach dem Komma gerundet die Abszisse x_P.

10.3 Der Graph der Funktion f wird durch Parallelverschiebung mit dem Vektor $\vec{v} = \binom{3}{1}$ auf den Graphen zu f′ abgebildet. Tragen Sie den Graphen in das Koordinatensystem zu 10.1 ein. Zeigen Sie sodann, dass für die Gleichung von f′ gilt: $y = -4 \cdot 0{,}5^x + 3$

10.4 Die Graphen zu f und f′ schneiden sich in einem Punkt S. Berechnen Sie die Koordinaten (auf zwei Stellen nach dem Komma gerundet).

10.5 Auf den Graphen zu f und f′ liegen Punkte $P_n(x|-0{,}5^{x+1} + 2)$ und $Q_n(x|-4 \cdot 0{,}5^x + 3)$ mit gleicher Abszisse x. Zeichnen Sie für $x = -0{,}5$ die Punkte P_1 und Q_1 in das Koordinatensystem zu 10.1 ein.

10.6 Es gibt eine Strecke $[P_2Q_2]$ mit der Streckenlänge von 1 LE. Berechnen Sie die Koordinaten dieser Punkte (auf zwei Stellen nach dem Komma gerundet).

11 Die Gleichung $y = -0{,}5 \cdot 2^{x-1} + 6$ legt eine Funktion f_1 fest. Der Graph zu f_1 wird durch Parallelverschiebung mit dem Vektor $\vec{v}$ auf den Graphen zu f_2 mit der Gleichung $y = -0{,}5 \cdot 2^{x-4} + 3$ abgebildet ($\mathbb{G} = \mathbb{R} \times \mathbb{R}$).

11.1 Geben Sie Definitions- und Wertemenge der Funktionen an und bestimmen Sie die Nullstelle der Funktion f_1 (auf zwei Stellen nach dem Komma gerundet).

11.2 Zeichnen Sie die Graphen der Funktionen f_1 und f_2 in ein Koordinatensystem. Geben Sie die Koordinaten von $\vec{v}$ an. Für die Zeichnung: $-4 \leqq x \leqq 8$; $-4 \leqq y \leqq 8$

11.3 Berechnen Sie die Koordinaten des Schnittpunktes P der Graphen zu f_1 und f_2 (auf zwei Stellen nach dem Komma gerundet).

11.4 Spiegelt man den Graphen zu f_1 an der Winkelhalbierenden des 1. und 3. Quadranten, so erhält man den Graphen der Funktion f_3. Zeigen Sie, dass für die Gleichung von f_3 gilt: $y = \log_2(6 - x) + 2$

12 Durch die Gleichung $y = 0{,}5 \cdot (x + 2)^{-2} + 1$ ($\mathbb{G} = \mathbb{R} \times \mathbb{R}$) ist eine Funktion f festgelegt.

12.1 Geben Sie Definitions- und Wertemenge sowie die Gleichung der Asymptoten an.

12.2 Zeichnen Sie den Graphen zu f in ein Koordinatensystem.
Für die Zeichnung: $-7 \leqq x \leqq 4$; $-6 \leqq y \leqq 6$

12.3 Der Graph der Funktion f wird zunächst durch Parallelverschiebung mit dem Vektor $\vec{v} = \binom{-1}{2}$ auf den Graphen der Funktion f_1 und dieser dann durch Spiegelung an der x-Achse auf den Graphen zu f_2 abgebildet. Bestimmen Sie rechnerisch die Gleichungen von f_1 und f_2.
[Ergebnisse: f_1 mit $y = 0{,}5 \cdot (x + 3)^{-2} + 3$; f_2 mit $y = -0{,}5 \cdot (x + 3)^{-2} - 3$]

12.4 Auf dem Graphen zu f liegen Punkte $C_n(x|0{,}5 \cdot (x + 2)^{-2} + 1)$. Sie sind Eckpunkte von Dreiecken AB_nC mit $A(-3|-1)$ und $B(2|-1)$. Ergänzen Sie die Zeichnung zu 12.2 mit dem Dreieck ABC_1 für $x = -1{,}5$ und zeigen Sie, dass für den Flächeninhalt der Dreiecke in Abhängigkeit von x gilt: $A(x) = [1{,}25(x + 2)^{-2} + 5]$ FE

12.5 Für welche Werte von x ist $A(x) > 6{,}25$ FE?

L $\mathbb{R}$; $\{y|y < 2\}$; $-3{,}32$; $(1{,}81|1{,}86)$; $(0{,}81|1{,}71)$; $(0{,}81|0{,}71)$; $\mathbb{R}$; $\{y|y < 6\}$; $\mathbb{R}$; $\{y|y < 3\}$; $4{,}58$; $\binom{3}{-3}$; $(3{,}78|2{,}57)$; $\mathbb{R}\backslash\{-2\}$; $\{y|y > 1\}$; $y = 0{,}5 \cdot (x + 3)^{-2} + 3$; $y = -0{,}5 \cdot (x + 3)^{-2} - 3$; $[1{,}25(x + 2)^{-2} + 5]$ FE; $]-3; -1[\backslash\{-2\}$

13 Bei einem Freistoß wird die Flugbahn des Balles durch eine Potenzfunktion dritten Grades beschrieben. Vom Abstoßpunkt aus erreicht der Ball nach rund 5 m eine Höhe von 1,5 m, nach 12 m eine Höhe von 4 m. Dann fällt er nach unten. Für die Entfernung x m vom Abstoßpunkt und die Flughöhe y m gilt eine der folgenden Gleichungen.

13.1 Welche Gleichung beschreibt die Flugbahn?

A $y = 0{,}0046x^3 - 0{,}083x^2$ **B** $y = -0{,}0046x^3 + 0{,}083x^2$ **C** $y = -0{,}04x^3 + 0{,}6x^2$

13.2 Welche Höhe dürfen die Spieler einer „Mauer" in 7,2 m Entfernung höchstens erreichen, damit der Ball über ihre Köpfe fliegt?

13.3 Wird der Ball von keinem Spieler berührt, trifft er wieder auf den Boden auf. In welcher Entfernung vom Abstoßpunkt ist dies der Fall?
Hinweis: Klammere den Term x^2 aus.

13.4 Nimm an, der Ball würde in 2,2 m Höhe über die Torlinie fliegen. In welcher Entfernung vom Tor war dann der Freistoß? Bestimme die Werte mit dem GTR.

14 Ein Vermieter darf laut Gesetz die Miete für seine Wohnungen innerhalb von drei Jahren maximal um 20 % erhöhen. Vermieter Hausmann hält sich exakt an diese Vorschrift, erhöht die Miete aber jährlich im Monat Januar.

14.1 Um welchen Prozentsatz darf er in jedem Jahr die Miete erhöhen?

14.2 Im Jahr 2004 betrug die Miete für eine der Wohnungen 650 € im Monat. Wie hoch ist sie beim Vermieter Hausmann im Jahr 2008?

14.3 Stellen Sie eine Gleichung auf, die das jährliche Ansteigen der Miete ab 2004 beschreibt.

14.4 Bei Vermieter Waltmann kostet im Jahr 2004 eine vergleichbare Wohnung 700 €. Er erhöht aber jährlich um 5 %. Stellen Sie eine Gleichung für diesen Mietzins auf.

14.5 In welchem Jahr ist die Miete bei Herrn Hausmann höher als bei Herrn Waltmann? Wie hoch ist sie dann bei beiden? Runden Sie auf ganze Euro.

15 Herr Vorsicht beschließt im Alter von 40 Jahren doch noch eine Lebensversicherung abzuschließen, die er 24 Jahre später zurück erhält. Die Versicherungssumme beträgt 20 000 €. Herr Vorsicht zahlt zu Beginn eines jeden Jahres 1425 € ein. Bei der Auszahlung erhält Herr Vorsicht neben der Versicherungssumme noch eine Gewinnbeteiligung, deren Höhe von verschiedenen Faktoren wie Zins- und Kostenentwicklung abhängt. Nach den Bedingungen beim Abschluss der Versicherung soll Herr Vorsicht bei der Auszahlung 56 000 € erhalten.

15.1 Mit welchem durchschnittlichen Zinssatz ist das Geld von Herrn Vorsicht angewachsen? Zur vereinfachten Berechnung verwendet man als Startkapital den nach der halben Laufzeit eingezahlten Betrag.

15.2 Frau Reichelt legt ihr erspartes Geld zu 4 % Zinssatz bei ihrer Bank an. Nach wie viel Jahren beträgt ihr Guthaben mehr als 56 000 €, wenn sie 17 000 € anlegt?

15.3 Welchen Betrag müsste Frau Reichelt zu den Bedingungen in 15.2 anlegen, um nach 24 Jahren wie Herr Vorsicht ebenfalls 56 000 € zu besitzen?

L B; 2,58 m; ca. 18 m; ca. 16,20 m oder 6,40 m; 6,27 %; 829 €; $y = 650 \cdot 1{,}0627^x$; $y = 700 \cdot 1{,}05^x$; im Jahr 2011; 995 € und 984 €; 5,1 %; 31 Jahre; 21 847 €

16 Um sich vor gefährlicher radioaktiver Strahlung zu schützen wird strahlendes Material in einem Bleibehälter aufbewahrt. Eine 10 mm dicke Bleischicht etwa reduziert die Strahlung auf die Hälfte des ursprünglichen Wertes.

16.1 In der Grafik ist die Abnahme der Strahlungsintensität y in Abhängigkeit von der Dicke x mm der Bleiplatte dargestellt. Der Graph lässt sich durch eine Funktion f mit einer Gleichung der Form $y = a^{-x}$ beschreiben. Ermitteln Sie die Gleichung.

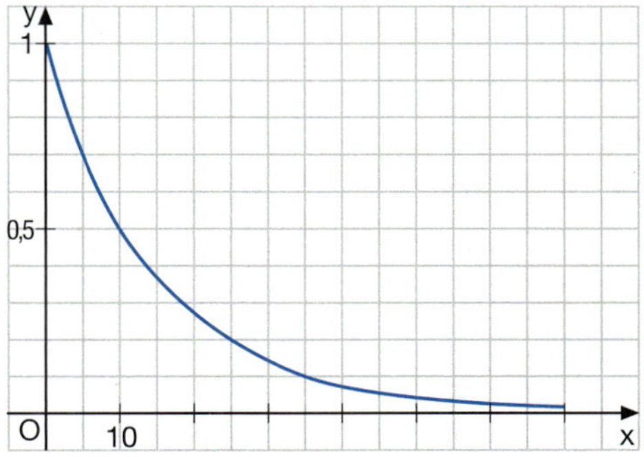

16.2 Auf welchen Bruchteil wird die Strahlung bei einer 25 mm dicken Platte reduziert?

16.3 Wie dick muss eine Platte sein, damit nur 10 % des ursprünglichen Wertes durch die Abschirmung strahlen.

16.4 Berechnen Sie, wie dick die Platte sein muss, damit die Strahlung auf ein Hundertstel des ursprünglichen Wertes reduziert wird.

17 Bei der chemischen Reaktion von Zink mit Salzsäure entstehen Zinkchlorid und Wasserstoff. Dabei nimmt die Konzentration der Salzsäure mit der Zeit ab. Im Diagramm ist die Abnahme der Konzentration y mol · l^{-1} nach x Sekunden für eine bestimmte Art von Salzsäure dargestellt.

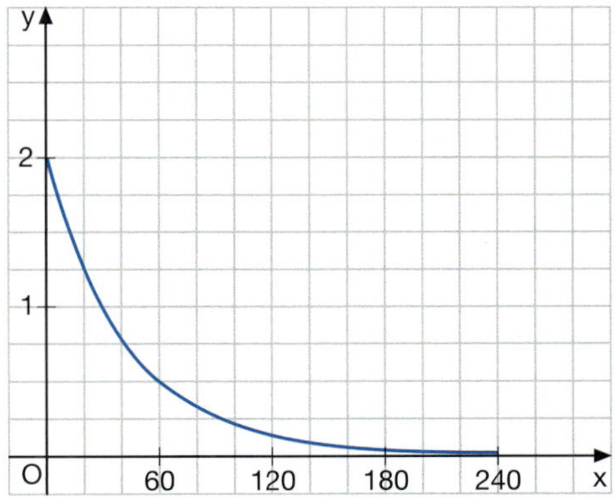

17.1 Nach welcher Zeit ist noch die Hälfte, wann 25 % der ursprünglichen Konzentration vorhanden?

17.2 Prüfen Sie, ob für dieses Material die Abnahme der Konzentration y mol · l^{-1} in Abhängigkeit von der Zeit x Sekunden durch eine Gleichung der Form $y = 2 \cdot a^{-x}$ beschrieben werden kann.

17.3 In einem Versuch wird durch Zugabe reiner Salzsäure die Konzentration wieder auf den ursprünglichen Wert erhöht. Begründen Sie, welcher der Graphen A, B oder C den Vorgang annähernd beschreibt.

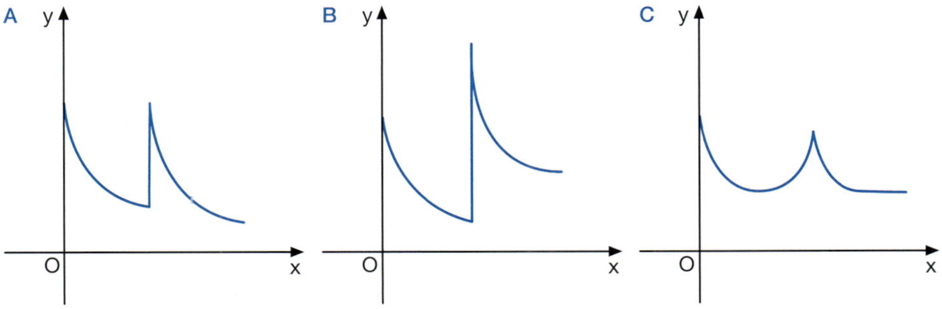

L $y = 1{,}07^{-x}$; $\frac{18}{100}$; 34 mm; 68 mm; 30 min; 58 min; 1,023; A

18* Ein Forschungsteam untersucht den Wachstumsprozess einer Bakterienkultur. Hierzu wurde jeweils die Anzahl y der Bakterien nach x Tagen erfasst. Die folgenden Daten wurden zur Auswertung weitergegeben:

x	0	5	10	15	20	25
y	$5{,}00 \cdot 10^6$	$8{,}91 \cdot 10^6$	$15{,}88 \cdot 10^6$	$28{,}29 \cdot 10^6$	$50{,}41 \cdot 10^6$	$89{,}82 \cdot 10^6$

18.1 Tragen Sie die zu den Zahlenpaaren der Tabelle gehörenden Punkte in ein Koordinatensystem ein und zeichnen Sie den Trägergraphen w.
Für die Zeichnung: auf der x-Achse: 1 cm für 2 Tage; $0 \leqq x \leqq 28$
auf der y-Achse: 1 cm für $10 \cdot 10^6$ Bakterien; $0 \leqq y \leqq 10 \cdot 10^6$

18.2 Die Zahlenpaare der Tabelle gehören zu einer Funktion f mit einer Gleichung der Form $y = 5 \cdot 10^6 \cdot 1{,}9^{ax}$ mit $\mathbb{G} = \mathbb{R} \times \mathbb{R}$ und $a \in \mathbb{R}^+$. Berechnen Sie den zugehörigen Wert für a auf zwei Stellen nach dem Komma gerundet. [Ergebnis: a = 0,18]

18.3 Um wie viel Prozent (auf zwei Stellen nach dem Komma gerundet) wächst die Bakterienkultur täglich?

18.4 Wegen eines Übertragungsfehlers wurde die Tabelle aus 18 wie folgt korrigiert:

x	2	7	12	17	22	27
y	$5{,}00 \cdot 10^6$	$8{,}91 \cdot 10^6$	$15{,}88 \cdot 10^6$	$28{,}29 \cdot 10^6$	$50{,}41 \cdot 10^6$	$89{,}82 \cdot 10^6$

Zeichnen Sie den Trägergraphen w′ für die korrigierte Tabelle in das Koordinatensystem zu 18.1 ein.
Der Graph w kann auf den Graphen w′ abgebildet werden. Zeigen Sie rechnerisch, dass w′ die Gleichung $y = 3{,}97 \cdot 10^6 \cdot 1{,}9^{0{,}18x}$ hat ($\mathbb{G} = \mathbb{R} \times \mathbb{R}$).

18.5 Ermitteln sie mit Hilfe der Graphen w und w′ den Unterschied in der Anzahl der Bakterien für x = 22.

18.6 Berechnen Sie den Wert für x (auf Ganze gerundet), so dass der Unterschied in der Anzahl der Bakterien $100 \cdot 10^6$ beträgt.

19 In einem Versuch wird der Zusammenhang zwischen dem Druck x bar und dem Volumen y cm³ einer abgeschlossenen Luftmenge untersucht. Beim Versuchsstart hat die eingeschlossene Luftmenge ein Volumen von 20,0 cm³ und steht unter einem Druck von 1,0 bar. Während des Versuchs bleibt die Temperatur der eingeschlossenen Luft konstant.

19.1 Im Versuch wurde folgende Wertetabelle erstellt:

x (bar)	0,5	0,6	0,8	1,0	1,2	1,4	1,6	1,8	2,0	2,2
y (cm³)	40,0	33,3	25	20	16,7	14,3	12,5	11,1	10,0	9,1

Zeigen Sie rechnerisch, dass die Paare $(x|y)$ zu einer Funktion f_1 der indirekten Proportionalität gehören. Runden Sie dabei auf ganze Zahlen.

19.2 Geben Sie die Gleichung dieser Funktion f_1 an.

19.3 Berechnen Sie, welches Volumen die eingeschlossene Luft bei 2,5 bar hätte.

19.4 Bei welchem Druck beträgt das eingeschlossene Luftvolumen 15,0 cm³?

19.5 Der Graph zu f_1 wird von einer Geraden g mit $y = -10x + 40$ geschnitten. Erstellen Sie eine Zeichnung und berechnen Sie die Koordinaten der Schnittpunkte A und B.
Für die Zeichnung: 1 bar ≙ 3 cm; $0 < x < 3$; 5 cm³ ≙ 1 cm; $0 < y < 40$

19.6 Die Funktion f_2 mit $y = \frac{16}{x} + 5$ stellt einen anderen Zusammenhang dar. Tragen Sie den Graphen zu f_2 in die Zeichnung zu 19.5 ein und berechnen Sie die Koordinaten des Schnittpunktes C mit dem Graphen zu f_1.

L 12,20 %; $13 \cdot 10^6$; 40; $y = \frac{20}{x}$; 8 cm³; 1,33; (3,41 | 5,90); (0,59 | 34,14); (0,8 | 25)

* Aus einer früheren Abschlussprüfung

20 Bei der Einführung des Euro am 1. Januar 2002 trugen 32% aller 1 €-Münzen den Bundesadler auf der Rückseite. Weil die Münzen in allen Euro-Staaten gültig sind, vermischen sie sich im Lauf der Zeit. Der Prozentanteil ausländischer 1 €-Münzen im deutschen Geldumlauf lässt sich durch die Funktion f mit $y = 68 \cdot (1 - a^x)$ mit $\mathbb{G} = \mathbb{R}_0^+ \times \mathbb{R}_0^+$; $a \in \mathbb{R}^+$ darstellen. Nach x Monaten sind dann y% ausländischer 1 €-Münzen in Deutschland im Umlauf.

20.1 Am 1. Juni 2002 stellte man durch Stichproben fest, dass in Deutschland bereits 5% der 1 €-Münzen aus ausländischen Währungen stammten. Berechnen Sie a.

20.2 Ist es möglich, dass mit a = 0,985 der Anteil ausländischer 1 €-Münzen auf 68% anwächst? Begründen Sie Ihre Antwort.

21* Nach der Verabreichung eines Medikaments wird dieses im menschlichen Körper abgebaut. Nach x h (Stunden) beträgt die Masse des Medikaments im Körper y mg. Messungen zeigen, dass der Abbau von Medikamenten im Körper durch die Funktion f mit der Gleichung $y = y_0 \cdot 10^{n \cdot x}$ ($\mathbb{G} = \mathbb{R} \times \mathbb{R}$; $y_0 \in \mathbb{R}^+$; $n \in \mathbb{R}$) dargestellt werden kann. Dabei bedeutet y_0 mg die Anfangsmasse des verabreichten Medikamentes und n die Abklingrate der Konzentration des Medikaments im Körper. Um 8:00 Uhr werden einem Patienten 5,0 mg eines Medikaments verabreicht. Für dieses Medikament gilt: n = −0,07572

21.1 Tabellarisieren Sie die Funktion f: $y = 5{,}0 \cdot 10^{-0{,}07572 \cdot x}$ für $x \in [0;\ 8]$ in Schritten von $\Delta x = 1$ auf zwei Stellen nach dem Komma gerundet und zeichnen Sie sodann die Graphen zu f in ein Koordinatensystem.
Für die Zeichnung: auf der x-Achse: 1 cm für 1 h; $0 \leqq x \leqq 9$
auf der y-Achse: 1 cm für 0,5 mg; $0 \leqq y \leqq 5{,}5$

21.2 Berechnen Sie, wie viel Prozent des Medikaments der Körper stündlich abbaut. (Auf zwei Stellen nach dem Komma runden.)

21.3 Um die optimale Wirksamkeit des Medikaments zu erreichen, darf die Masse des Medikaments im Körper 1,5 mg nicht unterschreiten und 8 mg nicht überschreiten. Berechnen Sie die Uhrzeiten auf Minuten genau, zu denen die nächste Verabreichung von ebenfalls 5,0 mg frühestens oder spätestens erfolgen muss.

21.4 Die zweite Verabreichung von 5,0 mg des Medikaments erfolgt um 12:30 Uhr. Berechnen Sie die um 16:00 Uhr im Körper befindliche Masse. (Auf zwei Stellen nach dem Komma.)

21.5 Ein anderes Medikament wird vom Körper nach 4 Stunden zur Hälfte abgebaut. Berechnen Sie für dieses Medikament den Wert für n auf fünf Stellen nach dem Komma gerundet.

21.6 Ein Patient nimmt dreimal hintereinander die gleiche Masse des Medikaments aus 21.5 im Abstand von 6 Stunden ein. Einer der Graphen in den unten stehenden Diagrammen a, b und c stellt die Masse des Medikaments im Körper des Patienten qualitativ in Abhängigkeit von der Zeit dar.
Geben Sie das zugehörige Diagramm an und begründen Sie Ihre Auswahl.

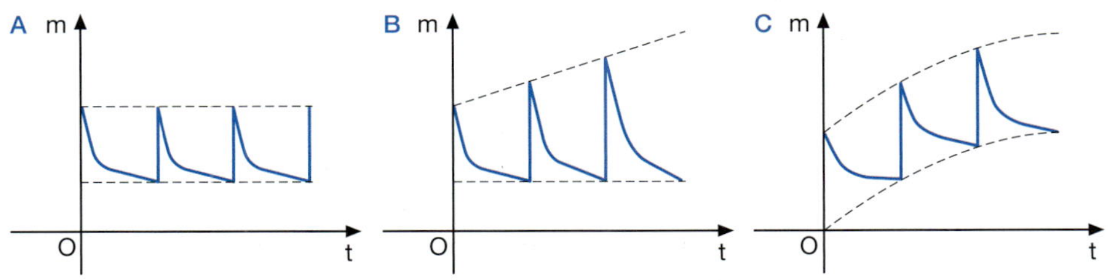

L 0,9848; nein; 16%; 10:56 Uhr; 14:54 Uhr; 3,95 mg; −0,07526; c

* Aus einer früheren Abschlussprüfung

1 Gegeben sind Dreiecke OP_nQ_n.
Es gilt: $O(0|0°)$; $P_n(4|180° + \alpha)$; $Q_n(2{,}5|360° - \alpha)$; $\alpha \in [0°; 90°]$

1.1 Zeichnen Sie die Dreiecke OP_1Q_1 für $a = 40°$ und OP_2Q_2 für $\alpha = 70°$.
Für die Zeichnung: $-4 \leqq x \leqq 3$; $-4 \leqq y \leqq 1$

1.2 Zeigen Sie, dass sich der Flächeninhalt der Dreiecke wie folgt in Abhängigkeit von α darstellen lässt: $A(\alpha) = 10 \sin\alpha \cos\alpha$ FE

1.3 Welcher Flächeninhalt ergibt sich jeweils an den Intervallgrenzen für α?

1.4 Berechnen Sie mit dem GTR das Winkelmaß α, für das gilt: $A = 2{,}5$ FE

1.5 Für welche Belegung von α hat eines der Dreiecke maximalen Flächeninhalt? Lösen Sie die Aufgabe mit dem GTR.

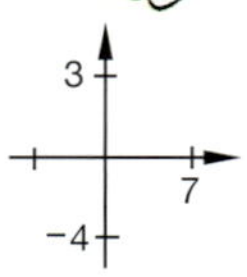

2 Die Pfeile $\overrightarrow{OP} = \begin{pmatrix} 6 \\ -3 \end{pmatrix}$ und $\overrightarrow{OQ_n} = \begin{pmatrix} 4\sin\alpha + 1 \\ 2\cos^2\alpha \end{pmatrix}$ mit $\alpha \in [0°; 180°[$ spannen Dreiecke OPQ_n auf.

2.1 Zeichnen Sie zwei Dreiecke für $\alpha = 45°$ und $\alpha = 120°$.

2.2 Zeigen Sie, dass sich der Flächeninhalt der Dreiecke so in Abhängigkeit von α darstellen lässt: $A(\alpha) = (-6\sin^2\alpha + 6\sin\alpha + 7{,}5)$ FE

2.3 Bestimmen Sie die Belegungen von α, für die die Dreiecke maximalen bzw. minimalen Flächeninhalt haben.

3 Die Dreiecke AB_nC_n sind gleichschenklig mit der Basis $[B_nC_n]$. Es gilt: $\overline{B_nD} = 3$ cm

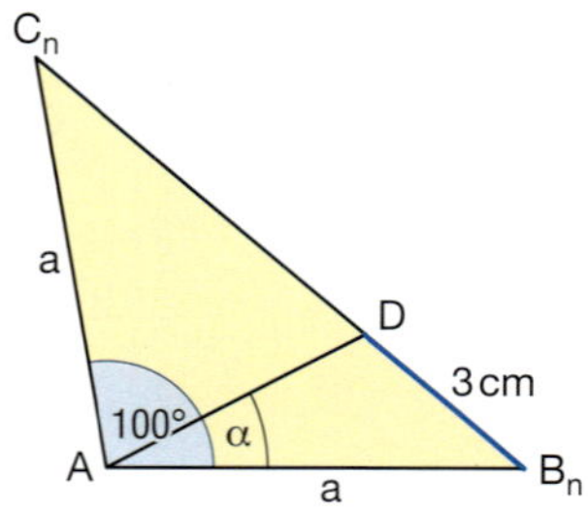

3.1 Zeigen Sie, dass für die Schenkellängen a in Abhängigkeit von α gilt:
$$a(\alpha) = \frac{3\sin(\alpha + 40°)}{\sin\alpha}\text{ cm}$$

3.2 Berechnen Sie die Belegung von α, für die gilt: $a = 6$ cm

4 Der Punkt M ist Mittelpunkt der Strecke [AC]. Es gilt: $\overline{AM} = 6$ cm; $\sphericalangle B_nAC = \alpha$

4.1 Stellen Sie den Flächeninhalt A_1 der Dreiecke AD_nM in Abhängigkeit von α dar.
[Ergebnis: $A_1(\alpha) = 18 \sin 2\alpha$ cm²]

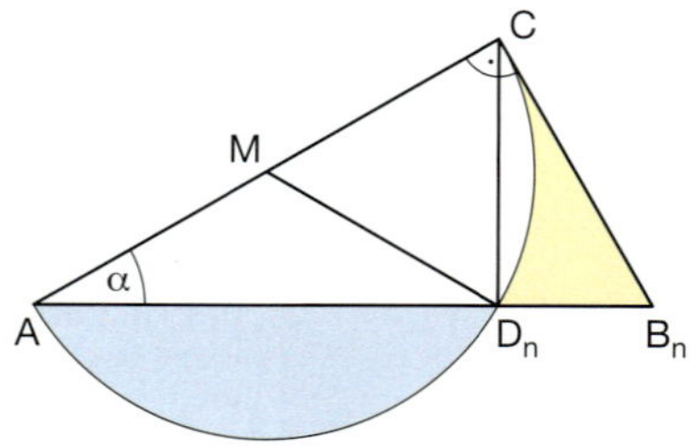

4.2 Berechnen Sie den Flächeninhalt A_2 des Dreiecks D_nB_nC in Abhängigkeit von α.
[Ergebnis: $A_2(\alpha) = 72 \sin^2\alpha \tan\alpha$ cm²]

4.3 Berechnen Sie die Belegung von α, für die die Dreiecke D_1CM und D_1B_1C denselben Flächeninhalt haben.

4.4 Berechnen Sie die Inhalte der blau und gelb markierten Flächen für $\alpha = 30°$.

5 Die Diagonalenlängen $\overline{A_nE_n}$ von regelmäßigen Achtecken $A_nB_nC_nD_nE_nF_nG_nH_n$ betragen 2x cm; $x \in \mathbb{R}^+$.

5.1 Zeichnen Sie das Achteck $A_1B_1C_1D_1E_1F_1G_1H_1$ für $x = 4$.

5.2 Zeigen Sie, dass sich die Längen a der Achteckseiten wie folgt in Abhängigkeit von x darstellen lassen: $a(x) = x\sqrt{2 - \sqrt{2}}$ cm

5.3 Berechnen Sie die Diagonalenlänge $\overline{A_2E_2}$, wenn im Achteck $A_2B_2C_2D_2E_2F_2G_2H_2$ die Seitenlänge $\sqrt{16 - 8\sqrt{2}}$ cm misst.

L 0 FE; 15°; 75°; 5 FE; 45°; $\begin{pmatrix} 3{,}83 \\ 1 \end{pmatrix}$; $\begin{pmatrix} 4{,}46 \\ 0{,}5 \end{pmatrix}$; 9 FE; 30°; 150°; 7,5 FE; 90°; 27,5°; 35,26°; 22,11 cm²; 7,13 cm²; $4\sqrt{2}$ cm

6 Die Abbildung zeigt die Nationalflagge der Republik Timor Leste in Südostasien. Die Strecke [EG] ist Mittelparallele des Rechtecks ABCD und der Punkt F Mittelpunkt der Strecke [EG]. Die Punkte P_n wandern auf der Strecke [EF].

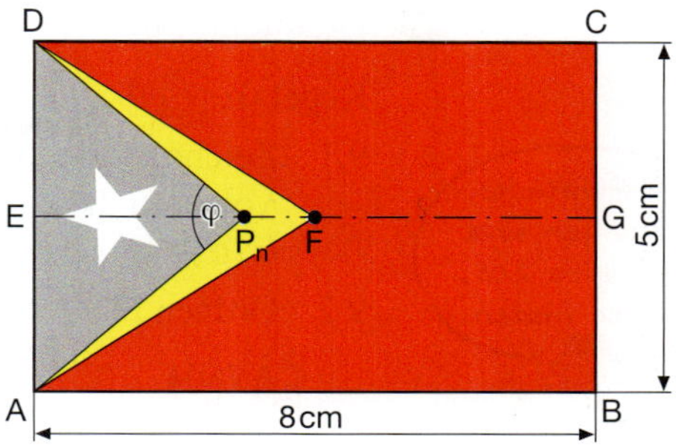

6.1 Zeichnen Sie die Flagge für $\varphi = 80°$ (ohne Stern).

6.2 Aus welchem Intervall kann man φ wählen, so dass Dreiecke AP_nD existieren?

6.3 Stellen Sie den Flächeninhalt der Dreiecke AP_nD und der Trapeze $ABGP_n$ in Abhängigkeit von φ dar.

$\left[\text{Ergebnis: } A_{\text{Trapez}}(\varphi) = \left(20 - \frac{3{,}125}{\tan\frac{\varphi}{2}}\right) \text{cm}^2\right]$

6.4 Berechnen Sie das Winkelmaß φ, für das der Flächeninhalt des Dreiecks AP_0D genau 40 % des Flächeninhalts des Trapezes $ABGP_0$ beträgt.

7 Das Dreieck ABC ist gleichseitig mit der Seitenlänge a cm. Trägt man wie in der Abbildung dargestellt drei Winkel mit jeweils dem Maß ε an, so entstehen neue Dreiecke $P_nQ_nR_n$. Es gilt: $\varepsilon \in \,]0°;\ 30°[$

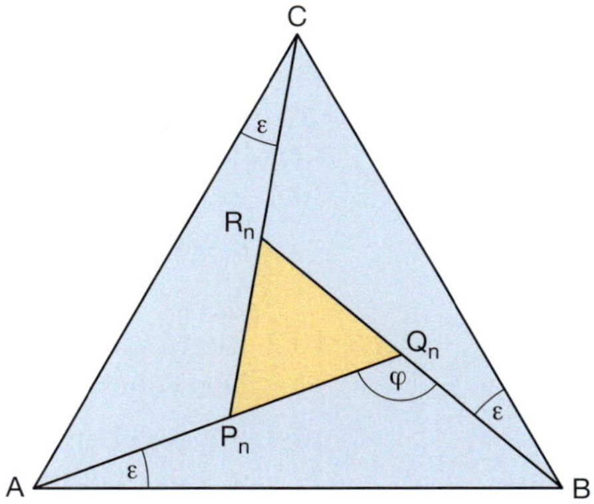

7.1 Zeigen Sie, dass für das Maß der Winkel AQ_nB gilt: o = 120°

7.2 Zeigen Sie durch Rechnung, dass gilt:

$\overline{AQ_n}(\varepsilon) = \frac{2}{3}a\sqrt{3}\sin(60° - \varepsilon)$ cm;

$\overline{BQ_n}(\varepsilon) = \frac{2}{3}a\sqrt{3}\sin\varepsilon$ cm

7.3 Zeigen Sie, dass sich die Seitenlängen $\overline{P_nQ_n}$ wie folgt in Abhängigkeit von ε darstellen lassen:

$\overline{P_nQ_n}(\varepsilon) = a(\cos\varepsilon - \sqrt{3}\sin\varepsilon)$ cm

7.4 Berechnen sie den Flächeninhalt des Dreiecks $P_1Q_1R_1$ für $\varepsilon = 20°$ und $a = 6$ cm.

8 Für die Dreiecke $A_nB_nC_n$ gilt:

$\overline{A_nC_n} = (4 + 3x)$ cm; $\overline{B_nC_n} = (7 - x)$ cm; $x \in \mathbb{R}$; $\sphericalangle B_nA_nC_n = 30°$

Die Dreiecke $A_nB_nC_n$ rotieren um A_nB_n als Achse.

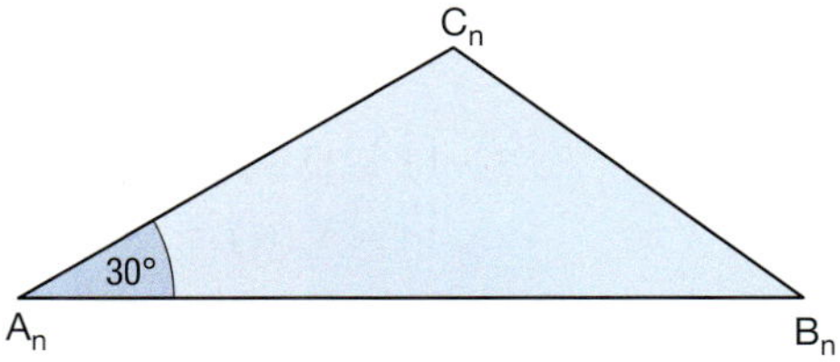

8.1 Untersuchen Sie, ob für x = 4 ein Rotationskörper existiert.

8.2 Unter den Rotationskörpern gibt es einen, dessen Axialschnitt eine Raute ist. Berechnen Sie die Oberfläche dieses Körpers.

L [64°; 180°[; 86,30°; 1,88 cm²; nein; 122,72 cm²

9 Die Pfeile $\overrightarrow{OP_n} = \begin{pmatrix} 6 \cos \alpha \\ \frac{3}{\cos \alpha} + 1 \end{pmatrix}$ rotieren um die y-Achse und erzeugen damit oben offene Kegel ($\alpha \in]\,0°;\, 90°\,[$).

9.1 Zeichnen Sie den Axialschnitt eines Kegels für $\alpha = 40°$. Zeigen Sie, dass für das Volumen der Kegel in Abhängigkeit von α gilt:
$V(\alpha) = \pi(12 \cos^2 \alpha + 36 \cos \alpha)$ VE

9.2 Ordnen Sie der Funktion des Volumens der Kegel den richtigen Graphen zu.

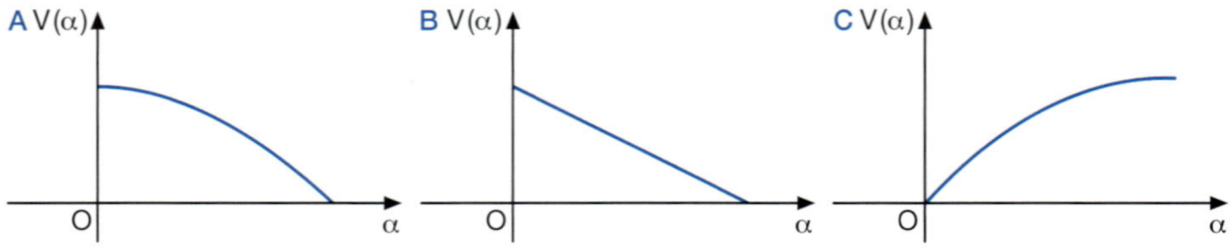

9.3 Für welchen Wert von α ergibt sich ein Kegel mit einem Öffnungswinkel von 90°?

10 Die nebenstehende Zeichnung zeigt das Schlussstück einer Vorhangstange aus Holz. Das Abschlussstück setzt sich aus einem Kegel und einer Halbkugel zusammen. Würde man die Halbkugel zur Kugel ergänzen, berührt die Mantelfläche des Kegels die Kugel. Die Höhe des Kegels beträgt 6 cm.

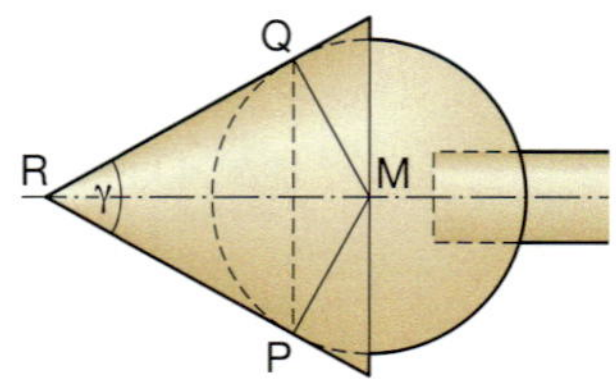

10.1 Zeigen Sie, dass sich die Volumina von Kegel und Halbkugel wie folgt in Abhängigkeit vom Maß γ des Öffnungswinkels des Kegels darstellen lassen:
$V_{Kegel} = 72\pi \tan^2 \frac{\gamma}{2}$ cm³; $V_{Halbkugel} = 144\,\pi \sin^3 \frac{\gamma}{2}$ cm³

10.2 Begründen Sie:
Die Volumina von Kegel und Kugel verhalten sich wie $1 : \left(\sin \gamma \cos \frac{\gamma}{2}\right)$.

10.3 Für welchen Wert von γ ist das Volumen der Halbkugel halb so groß wie das Volumen des Kegels? Lösen Sie die Aufgabe mit dem GTR.

11 Ein Kreisel aus Holz hat die Form eines Doppelkegels. Er wird aus einem Holzzylinder ausgefräst. Der Öffnungswinkel des oberen Kegels des Kreisels beträgt 90°, die Gesamthöhe des Kreisels beträgt 4 cm. Die weitere Form ist variabel. Es gilt: $\alpha \in]0°;\ 90°[$

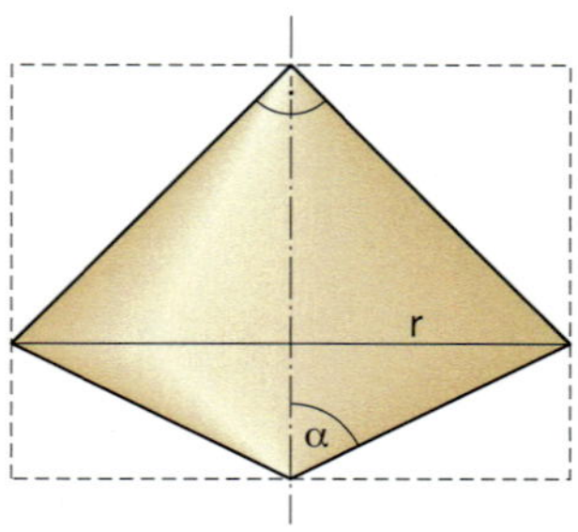

11.1 Welchen Durchmesser kann der Zylinder maximal haben?

11.2 Zeigen Sie, dass sich der Radius der Kreisel wie folgt in Abhängigkeit von α darstellen lässt:
$r(\alpha) = \frac{4 \tan \alpha}{1 + \tan \alpha}$ cm

11.3 Das Volumen der Kreisel hängt ebenfalls von α ab:
$V(\alpha) = \frac{64}{3}\pi \frac{\tan^2 \alpha}{(1 + \tan \alpha)^2}$ cm³
Bestätigen Sie durch Rechnung.

11.4 Wie groß ist das Maß des Winkels α, wenn das Volumen des Kreisels 15 % des maximalen Zylindervolumens betragen soll? Wie groß ist in diesem Fall der Radius des Kreisels? Runden Sie auf eine Stelle nach dem Komma.

11.5 Wie viel Prozent des tatsächlich benötigten Zylindervolumens hat das Volumen des Kreisels aus 11.4 wirklich? Begründen Sie.

L $\begin{pmatrix} 4{,}60 \\ 4{,}92 \end{pmatrix}$; A; 37,3°; 31,3°; 8 cm; 201,06 cm³; 63,9°; 2,7 cm; 33,3 %

12 Gegeben sind die Vierecke AB_nCD_n. Der Punkt S ist Mittelpunkt der Diagonalen [AC]. Er teilt die Diagonalen $[B_nD_n]$ im Verhältnis $\overline{B_nS} : \overline{SD_n} = 2 : 1$.
Es gilt: $A(-4|-3)$; $C(0|5)$; $B_n(1 + 2\cos\alpha \,|\, 1 - 2\sin^2\alpha)$ mit $\alpha \in [0°; 360°]$

12.1 Zeichnen Sie die Vierecke AB_1CD_1 für = 30° und AB_2CD_2 für $\alpha = 90°$ in ein Koordinatensystem ein. Für die Zeichnung gilt: $-6 \leqq x \leqq 5$; $-4 \leqq y \leqq 6$

12.2 Ordnen Sie die Gleichung des Trägergraphen der Punkte B_n richtig zu und zeichnen Sie ihn in das Koordinatensystem zu 12.1 ein.
A $y = 1 - 0{,}5\,(x - 1)^2$ **B** $y = 0{,}5(x - 1)^2 - 1$ **C** $y = 0{,}25(x - 1)^2 - 1$

12.3 Die Diagonalen der Vierecke AB_3CD_3 und AB_4CD_4 stehen aufeinander senkrecht. Berechnen Sie die Koordinaten der Punkte B_3 und B_4.

12.4 Stellen Sie die Koordinaten der Eckpunkte D_n in Abhängigkeit von α dar und ermitteln Sie, welche Werte x_D annehmen kann.
[Teilergebnis: $D_n(-3{,}5 - \cos\alpha \,|\, 1 + \sin^2\alpha)$]

12.5 Welcher der folgenden Graphen beschreibt den Trägergraphen der Punkte D_n?

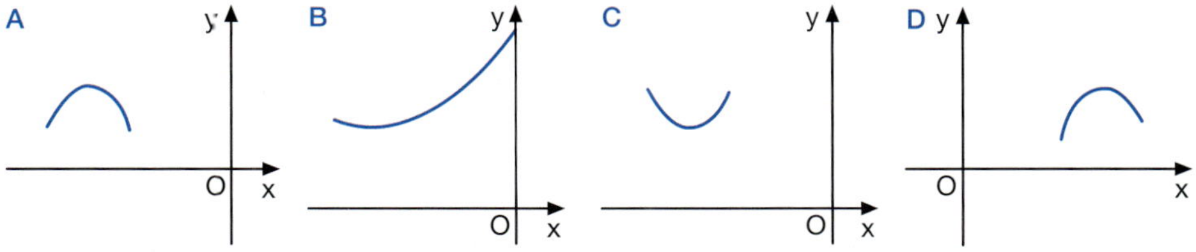

12.6 Der Eckpunkt D_5 des Vierecks AB_5CD_5 liegt auf der Geraden g mit der Gleichung $y = -0{,}5x - 0{,}5$. Berechnen Sie den zugehörigen Wert von α.

12.7 Zeigen Sie, dass sich der Flächeninhalt der Vierecke AB_nCD_n wie folgt in Abhängigkeit von α darstellen lässt: $A(\alpha) = (-6\cos^2\alpha + 12\cos\alpha + 24)$ FE

12.8 Welche Extremwerte kann der Flächeninhalt annehmen?

13 Eine beliebte Volksfestattraktion ist Intergalaktika 3000. An 8 m langen Tragearmen sind Gondeln als „fliegende Untertassen" befestigt, die um die Achse AB gedreht werden können. Zusätzlich kann durch das Ausfahren eines Hydraulikzylinders mit x m die Länge der Verstrebung $[AC_n]$ und damit die „Flughöhe" verändert werden.

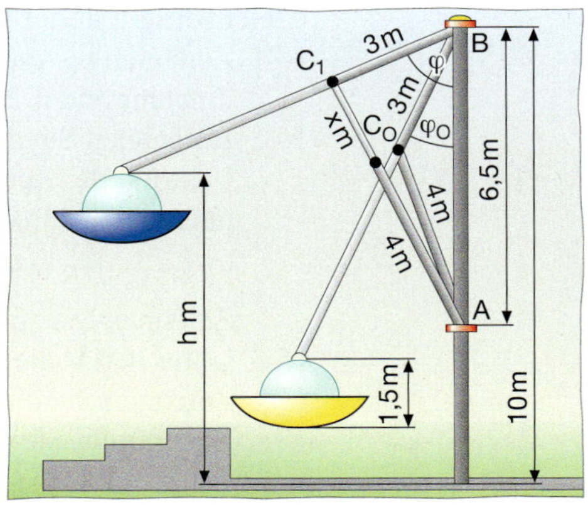

13.1 Berechnen Sie das Maß φ des Winkels C_0BA in der Ruhelage der Gondeln.

13.2 Zeigen Sie, dass sich das Maß φ des Winkels C_nBA wie folgt in Abhängigkeit von x darstellen lässt:
$$\cos\varphi = \frac{-x^2 - 8x + 35{,}25}{39}$$

13.3 Berechnen Sie den maximalen Wert für φ, wenn die größte Verlängerung der Verstrebung $[AC_n]$ 2,0 m beträgt.

13.4 Zeigen Sie, dass sich die Höhe h der Gondelaufhängung über dem Boden wie folgt in Abhängigkeit von φ darstellen lässt: $h(\varphi) = (10 - 8\cos\varphi)$ m

13.5 Berechnen Sie die maximale „Flughöhe".

13.6 Wie viele Stufen mit 20 cm Höhe sind zum bequemen Einsteigen in die Gondel nötig?

L (2,73|0,5); (1|−1); B; (−0,61|0,31); (1,62|−0,81); $-4{,}5 \leqq x_D \leqq 2{,}5$; A; 49,35°; 310,65°; 30 FE; 6 FE; 25,3°; 67°; 6,87 m; 6

14 Die Punkte Z_n sind die Symmetriepunkte von Parallelogrammen ABC_nD_n.
Es gilt: $A(-3{,}5|2)$; $B(-2|-4)$; $\overrightarrow{BZ_n} = \begin{pmatrix} 2\cos\varphi + 1 \\ 2 + \frac{1}{\cos\varphi} \end{pmatrix}$; $\varphi \in [0°;\ 90°[$

14.1 Berechnen Sie die Koordinaten der Vektoren $\overrightarrow{BZ_1}$ für $\varphi = 0°$ und $\overrightarrow{BZ_2}$ für $\varphi = 70°$. Zeichnen Sie die Parallelogramme ABC_1D_1 und ABC_2D_2 in ein Koordinatensystem ein. Für die Zeichnung gilt: $-6 \leqq x \leqq 8$; $-5 \leqq y \leqq 8$

14.2 Zeigen Sie, dass für die Koordinaten der Punkte D_n gilt: $D_n\left(4\cos\varphi \,\middle|\, \frac{2}{\cos\varphi}\right)$

14.3 Bestimmen Sie die Koordinaten der Eckpunkte C_n in Abhängigkeit von φ.

14.4 Ordnen Sie die Gleichungen der Trägergraphen der Punkte C_n und D_n richtig zu:
A $y = \frac{8}{x - 1{,}5} - 6$ **B** $y = -\frac{8}{x}$ **C** $y = \frac{8}{x + 1{,}5} + 6$ **D** $y = \frac{8}{x}$

14.5 Zeichnen Sie den Trägergraphen der Punkte D_n in das Koordinatensystem zu 14.1 ein. Für welchen Wert von φ liegt ein Eckpunkt D_3 auf der Winkelhalbierenden des 1. Quadranten?

14.6 Für welche Belegungen von φ nimmt eines der Parallelogramme einen Flächeninhalt von 43,6 FE an? [Teilergebnis: $A(\varphi) = (24\cos\varphi + \frac{3}{\cos\varphi} + 18)$ FE]

14.7 Die Seite $[AD_4]$ des Parallelogramms ABC_4D_4 verläuft durch den Punkt $P(0|4)$. Berechnen Sie den zugehörigen Wert von φ und zeichnen Sie das Parallelogramm ABC_4D_4 in die Zeichnung zu 14.1 ein.

14.8 Berechne Sie die Innenwinkelmaße des Parallelogramms ABC_4D_4.

14.9 Die Diagonale $[BD_5]$ verläuft senkrecht zur Geraden g mit der Gleichung $y = -\frac{2}{3}x - 3$.
Berechnen Sie die Koordinaten der Eckpunkte C_5 und D_5 des Parallelogramms ABC_5D_5.

15* Die Punkte $A(1|-1)$; $B_n(3 + 4 \cdot \cos\varphi | 1 - 3 \cdot \sin^2\varphi)$ mit $\varphi \in [0°;\ 123{,}27°[$ und $C(5|1)$ sind Eckpunkte von Vierecken AB_nCD_n. Der Punkt S ist der Schnittpunkt der Diagonalen der Vierecke AB_nCD_n und zugleich der Mittelpunkt der Diagonale $[AC]$.
Gleichzeitig teilt der Punkt S die Diagonalen $[B_nD_n]$ im Verhältnis $\overline{B_nS} : \overline{SD_n} = 1 : 3$.

15.1 Zeichnen Sie die Vierecke AB_1CD_1 für $\varphi = 90°$ und AB_2CD_2 für $\varphi = 60°$ in ein Koordinatensystem. Für die Zeichnung: Längeneinheit 1 cm; $-4 \leqq x \leqq 7$; $-3 \leqq y \leqq 7$

15.2 Berechnen Sie die Koordinaten der Punkte D_n in Abhängigkeit von φ mit Hilfe einer Vektorkette. Zeigen Sie sodann rechnerisch, dass für die Gleichung des Trägergraphen p der Punkte D_n gilt:
$y = -\frac{1}{16} \cdot (x - 3)^2 + 6$ [Teilergebnis: $D_n(3 - 12 \cdot \cos\varphi | -3 + 9\sin^2\varphi)$]
Zeichnen Sie sodann den Trägergraphen p in das Koordinatensystem zu 15.1 ein.

15.3 Unter den Vierecken AB_nCD_n gibt es ein Drachenviereck AB_3CD_3.
Zeichnen Sie dieses Drachenviereck in das Koordinatensystem zu 15.1 ein.
Bestimmen Sie rechnerisch den zugehörigen Wert für φ sowie die Koordinaten des Punktes B_3. (Auf zwei Stellen nach dem Komma runden.)

15.4 Zeigen Sie, dass sich der Flächeninhalt $A(\varphi)$ der Vierecke AB_nCD_n in Abhängigkeit von φ wie folgt darstellen lässt: $A(\varphi)\ (-24 \cdot \cos^2\varphi + 16 \cdot \cos\varphi + 16)$ FE.

15.5 Unter den Vierecken AB_nCD_n besitzt das Viereck AB_0CD_0 den größten Flächeninhalt A_{max}.
Berechnen Sie diesen Flächeninhalt und den zugehörigen Wert von φ.

L $\begin{pmatrix} 3 \\ 3 \end{pmatrix}$; $\begin{pmatrix} 1{,}64 \\ 4{,}92 \end{pmatrix}$; $(4\cos\varphi + 1{,}5 | \frac{2}{\cos\varphi} - 6)$; A; D; 45°; 21,2°; 82,3°; 66,1°; 105,3°; 74,7°; $(2\frac{2}{3}|3)$; $(4{,}17|-3)$; 76,69°; 18,67 FE; 70,53°

* Aus einer früheren Abschlussprüfung

16 Im Viereck ABCD in der Abbildung rechts sind drei Kreissektoren eingezeichnet. Die Diagonale [BD] ist Symmetrieachse des Kreissektors DPQ.

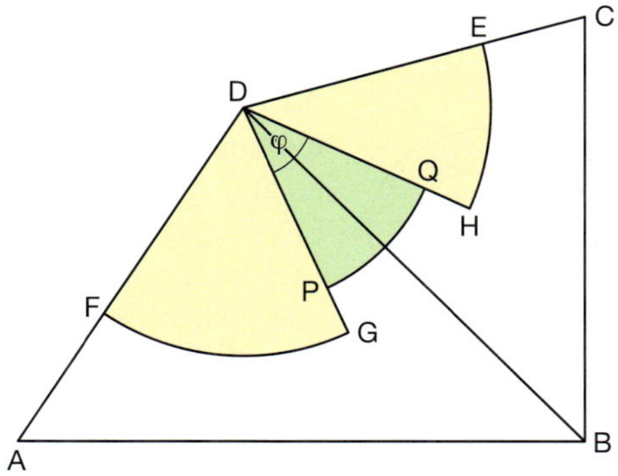

Es gilt:
$\overline{AB} = 8$ cm; $\overline{BC} = 6$ cm; $\overline{CD} = 5$ cm;
$\overline{DE} = \overline{DF} = 3{,}5$ cm; $∢\,CBA = 90°$;
$∢\,DCB = 75°$; $\overline{DP} = 2{,}8$ cm; $∢\,PDQ = \varphi$

16.1 Berechnen Sie auf zwei Stellen nach dem Komma gerundet die Längen der Strecken [AC] und [AD] sowie das Maß des Winkels ADC.
[Teilergebnisse: $\overline{AC} = 10$ cm; $\overline{AD} = 5{,}68$ cm; $∢\,ADC = 138{,}94°$]

16.2 Berechnen Sie das Winkelmaß φ, wenn die Länge des Bogens $\overset{\frown}{PQ}$ 2,0 cm beträgt. Berechnen Sie für diesen Fall die Flächeninhalte der Kreissektoren DFG und DHE.
[Teilergebnis: $\varphi = 40{,}9°$]

16.3 Stellen Sie den Flächeninhalt A des Kreissektors DFG in Abhängigkeit von φ dar.
[Ergebnis: $A(\varphi) = (8{,}51 - 0{,}05\,\varphi)$ cm²]

16.4 Das Maß φ des Winkels PDQ wird so verändert, dass die Strecke [DP] parallel zur Seite [BC] verläuft. Berechnen Sie den Flächeninhalt des Kreissektors DPQ.

16.5 Das Maß φ des Winkels PDQ wird so verändert, dass der Flächeninhalt des Kreissektors DPQ 25 % der Summe der beiden Flächeninhalte der Kreissektoren DFG und DHE beträgt. Berechnen Sie das Winkelmaß φ.

16.6 Zeigen Sie, dass für die Länge der Sehnen [FG] in Abhängigkeit von φ gilt:
$\overline{FG}(\varphi) = \sqrt{24{,}5 - 24{,}5\cos\left(79{,}64° - \frac{\varphi}{2}\right)}$ cm

16.7 Berechnen Sie das Winkelmaß φ, für das gilt: $\overline{FG} = 3{,}5$ cm

17 Die Grundfläche der Pyramide ABCS ist das gleichschenklige Dreieck ABC mit der Basis [BC]. Der Punkt E ist Mittelpunkt der Basis. Die Strecke [PQ] verläuft parallel zur Basis [BC], die Spitze S liegt senkrecht über dem Punkt A (siehe Abbildung).
Es gilt: $\overline{AE} = 8$ cm; $\overline{BC} = 12$ cm; $\overline{ET} = 2$ cm; $\overline{AS} = 8$ cm; Ebenen durch [PQ] schneiden die Strecke [ES] in den Punkten R_n. Die Winkel ETR_n haben das Maß φ.

17.1 Zeichnen Sie die Strecke $[TR_1]$ für $\varphi = 120°$ in das Schrägbild auf Ihrem Blatt ein.

17.2 Aus welchem Intervall kann man φ wählen, so dass Dreiecke PQR_n existieren?

17.3 Zeigen Sie, dass man die Längen der Strecken $[TR_n]$ so in Abhängigkeit von φ darstellen kann: $\overline{TR_n} = \frac{\sqrt{2}}{\sin(45° + \varphi)}$ cm

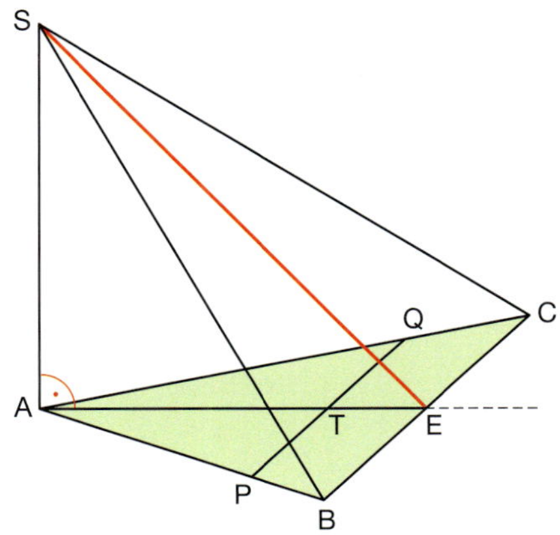

17.4 Berechnen Sie die Belegung von φ, für die gilt: $\overline{TR_n} = 1{,}5$ cm

17.5 Stellen Sie den Flächeninhalt der Dreiecke PQR_n in Abhängigkeit von φ dar.

17.6 Berechnen Sie die Belegung von φ, für die das Dreieck PQR_2 gleichseitig ist.

17.7 Berechnen Sie das Maß von φ, für das der Winkel PR_3Q im Dreieck PQR_3 das Maß 80° hat.

L 6,3 cm²; 4,2 cm²; 6,3 cm²; 39,0°; 39,3°; $0° \leqq \varphi \leqq 126{,}9°$; 25,5°; 64,7°; 119,7°; 124,6°

18* Das Trapez ABCD hat die parallelen Grundseiten [AD] und [BC] und die Höhe [EF]. Das Trapez ist Grundfläche einer Pyramide ABCDS (s. Abbildung).

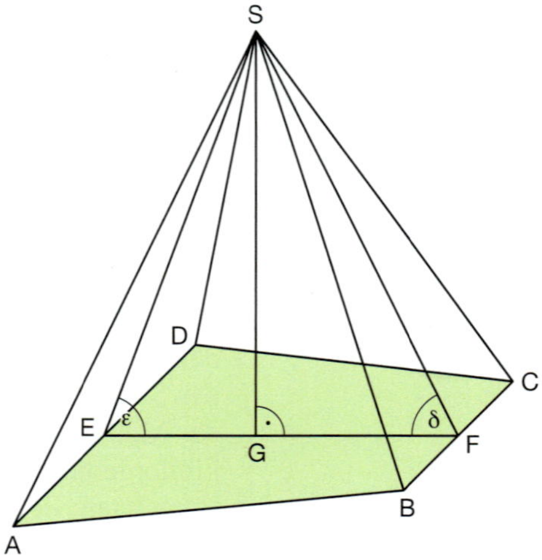

Es gilt: $\overline{AD} = 10$ cm; $\overline{BC} = 6$ cm; $\overline{EF} = 7$ cm; $\overline{EG} = 3$ cm; $\overline{GS} = 8$ cm

18.1 Berechnen Sie das Maß ε des Winkels FES und das Maß δ des Winkels SFE und die Länge der Strecken [ES] und [FS].
[Teilergebnis: $\varepsilon = 69{,}44°$; $\delta = 63{,}43°$; $\overline{ES} = 8{,}54$ cm; $\overline{FS} = 8{,}94$ cm]

18.2 Auf der Kante [AS] liegen Punkte L_n und auf der Kante [DS] liegen Punkte H_n mit $[L_nH_n] \parallel [AD]$.
Die Strecken $[L_nH_n]$ schneiden die Strecke [ES] in den Punkten K_n.
Die Winkel K_nFE haben das Maß φ mit $\varphi \in [0°;\ 63{,}43°[$.
Die Punkte B, C, H_n und L_n sind Eckpunkte von gleichschenkligen Trapezen BCH_nL_n.
Zeichnen Sie für $\varphi = 48°$ das Trapez BCH_1L_1 mit seiner Höhe $[FK_1]$ ein.

18.3 Zeigen Sie, dass für die Streckenlängen $\overline{FK_n}$ gilt:
$$\overline{FK_n}\,(\varphi) = \frac{6{,}55}{\sin(69{,}44° + \varphi)}\ \text{cm}$$

18.4 Im Trapez BCH_2L_2 hat die Höhe $[FK_2]$ die Länge 8 cm.
Berechnen Sie das zugehörige Maß von φ.

18.5 Welcher der folgenden Diagramme stellt die Länge der Strecken $\overline{FK_n}$ in Abhängigkeit von φ dar? Begründen Sie Ihre Antwort.

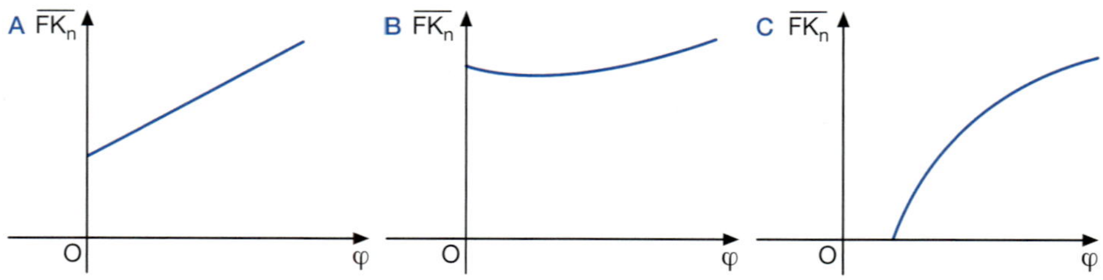

18.6 Die Streckenlängen $\overline{L_nH_n}$ lassen sich wie folgt in Abhängigkeit von φ darstellen:
$$\overline{L_nH_n}\,(\varphi) = (10 - \frac{8{,}20 \sin\varphi}{\sin(\varphi + 69{,}44°)}\ \text{cm oder}$$
$$\overline{L_nH_n}\,(\varphi) = \frac{10{,}5 \sin(63{,}43° - \varphi)}{\sin(\varphi + 69{,}44°)}\ \text{cm}$$
Bestätigen Sie rechnerisch einen der beiden Terme.

18.7 Berechnen Sie den Flächeninhalt des Trapezes BCH_1L_1 (s. 18.2).

L 69,44°; 63,43°; 8,54 cm; 8,94 cm; 55,60°; B; 33,76 cm^2

* Nach einer früheren Abschlussprüfung

19 Das Dachgeschoss eines Altbaus in Schräghausen wird im Rahmen von Sanierungsmaßnahmen geändert. Es ist geplant, die senkrecht zur rechteckigen Grundfläche ABCD stehende Giebelfront BCH durch eine Schrägdachfläche BCP_n zu ersetzen. Der senkrecht zur Grundfläche verlaufende Giebel ADG bleibt unverändert. Im Abstand von 2,50 m zur Grundfläche soll eine Decke $A'B_nC_nD'$ eingezogen werden.
Es gilt: $\overline{AB} = 8{,}00$ m; $\overline{AD} = 10{,}00$ m; $\overline{EG} = 5{,}00$ m; $\overline{FH} = 4{,}00$ m; $\sphericalangle HFP_n = \varepsilon$

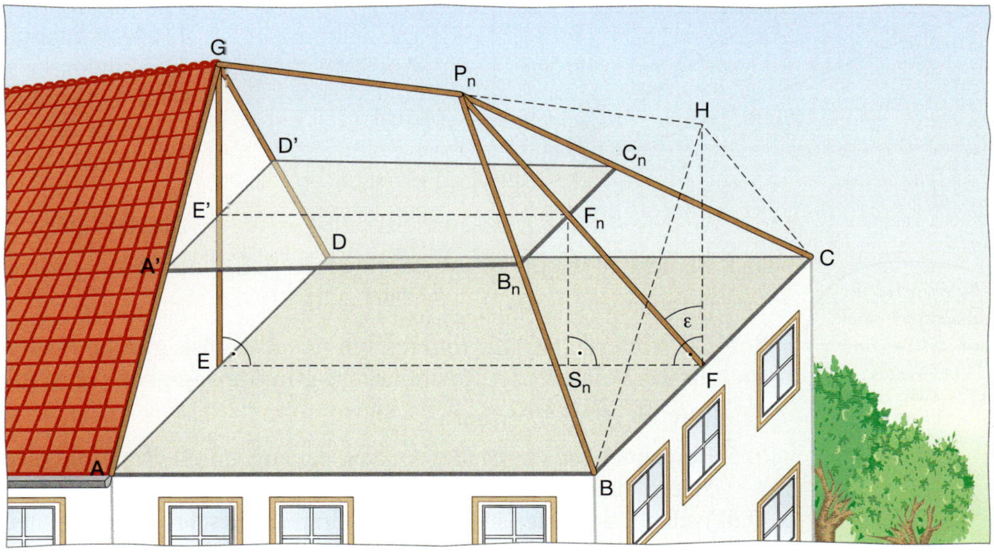

19.1 Zeigen Sie: Der Winkel GHF hat das Maß 97,13°.

19.2 Berechnen Sie die Länge der Strecken $[FP_n]$ in Abhängigkeit von ε.
[Ergebnis: $\overline{FP_n}(\varepsilon) = \frac{3{,}97}{\sin(97{,}13° + \varepsilon)}$ m]

19.3 Aus welchem Intervall kann man ε wählen, so dass Strecken $[FP_n]$ existieren?

19.4 Für welches Maß von ε wäre das Dreieck BCP_1 gleichseitig?

19.5 Zeigen Sie, dass sich die Länge der Strecken $[B_nC_n]$ wie folgt in Abhängigkeit von ε darstellen lässt.
$\overline{B_nC_n}(\varepsilon) = \left(10 - \frac{6{,}30 \sin(97{,}13° + \varepsilon)}{\cos\varepsilon}\right)$ m

19.6 Die Strecke $[B_2C_2]$ ist 4,60 m lang. Berechnen Sie für diesen Fall das Winkelmaß ε.
[Ergebnis: ε = 47,43°]
Berechnen Sie anschließend den Flächeninhalt der Decke $A'B_2C_2D'$.

19.7 Die Raumhöhe soll wie oben angegeben stets 2,50 m betragen. Welcher der folgenden Graphen könnte den Flächeninhalt der Decke $A'B_nC_nD'$ in Abhängigkeit von ε beschreiben? Begründen Sie!

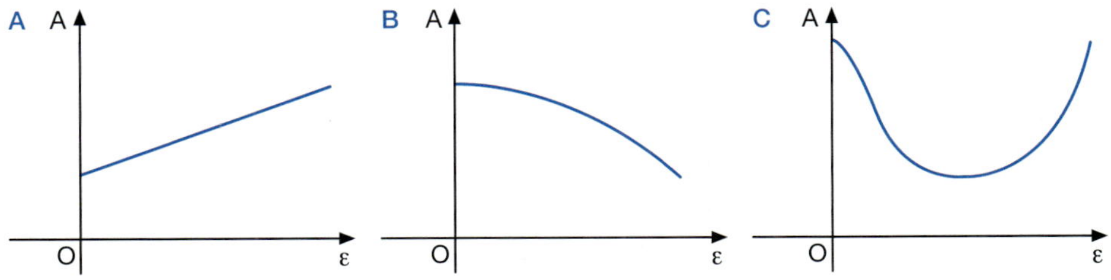

L 0° ≦ ε ≦ 57,99°; 47,91°; 25 m²; B

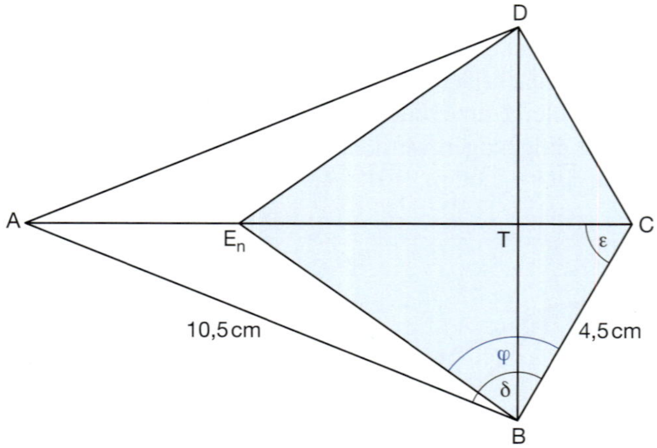

20* Im Drachenviereck ABCD mit der Symmetrieachse AC ist der Punkt T Schnittpunkt der Diagonalen.
Es gilt: $\overline{AC} = 12$ cm; weitere Maße s. Abb.

20.1 Berechnen Sie das Maß ε des Winkels ACB und das Maß δ des Winkels CBA.
[Teilergebnisse: $\varepsilon = 60°$; $\delta = 98{,}21°$]

20.2 Die Punkte E_n auf der Strecke [AT] sind Eckpunkte von Drachenvierecken $BCDE_n$.
Die Winkel CBE_n haben das Maß φ mit $\varphi \in \,]30°;\ 98{,}21°]$. Begründen Sie das Intervall für φ.

20.3 Berechnen Sie die Länge der Strecken $[CE_n]$ in Abhängigkeit von φ.
[Ergebnis: $\overline{CE_n}\,(\varphi) = \frac{4{,}5 \sin\varphi}{\sin(60° + \varphi)}$ cm]

20.4 Die Vierecke $BCDE_n$ rotieren um AC als Achse. Zeigen Sie durch Rechnung, dass für das Volumen der Rotationskörper in Abhängigkeit von φ gilt:
$V(\varphi) = \frac{71{,}57 \sin\varphi}{\sin(60° + \varphi)}\ \text{cm}^3$

20.5 Berechnen Sie das Maß φ so, dass der zugehörige Rotationskörper ein Volumen von 50 cm^3 hat.

20.6 Welcher der unten abgebildeten Graphen beschreibt mit Sicherheit nicht das Volumen in Abhängigkeit von φ? Begründen Sie Ihre Antwort.

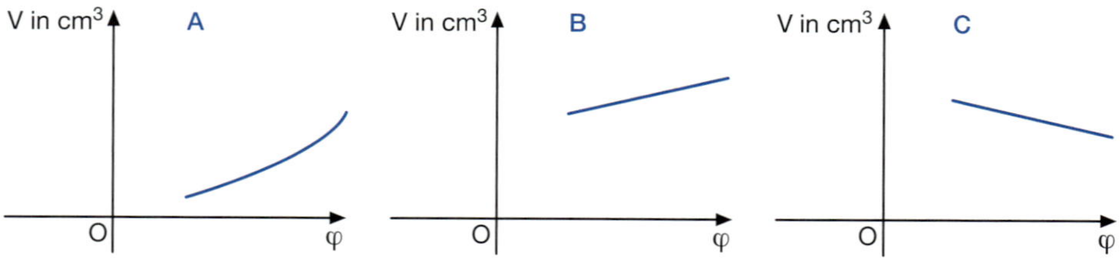

20.7 Jedem Rotationskörper aus 20.4 kann eine Kugel einbeschrieben werden. In dem zum Viereck $BCDE_2$ gehörenden Rotationskörper beträgt der Kugelradius 2,5 cm. Der Axialschnitt dieser Kugel ist der Kreis k mit dem Mittelpunkt M. Der Kreis k berührt die Strecke [BC] im Punkt F. Zeichnen Sie den Kreis k, das Viereck $BCDE_2$ und die Strecken [MF] und [MB]. Berechnen Sie das zugehörige Maß φ des Winkels CBE_2.

20.8 In eine der Kugeln aus 20.7 läuft durch eine Öffnung, die oben angebracht ist, pro Sekunde immer die gleiche Menge einer Flüssigkeit. Welcher der folgenden Diagramme beschreibt die Füllhöhe in Abhängigkeit von der Zeit? Begründen Sie.

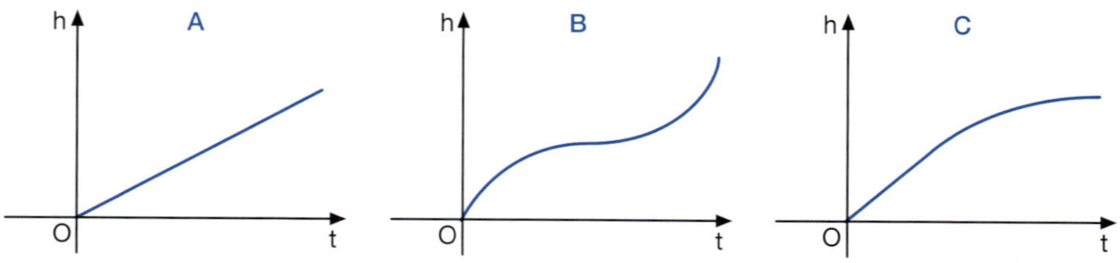

L 42,92°; C; 78,68°; B

* Nach einer früheren Abschlussprüfung

21 Die Abbildung zeigt ein Förderband. Die Längen der Strecken [AB], [MB] und [MC] sind stets konstant. Durch Verschieben der Stütze [MC] kann die Strecke [BC] vergrößert oder verkleinert werden. Dadurch kann die Höhe [HD], um die die Last gehoben werden kann, verändert werden.
Es gilt: Die Strecke [CD] kann eine minimale Länge von 1,10 m erreichen.
$\overline{AB} = 2{,}00$ m; $\overline{MB} = 3{,}00$ m; $\overline{MC} = 4{,}00$ m; $\overline{AD} = 10{,}00$ m

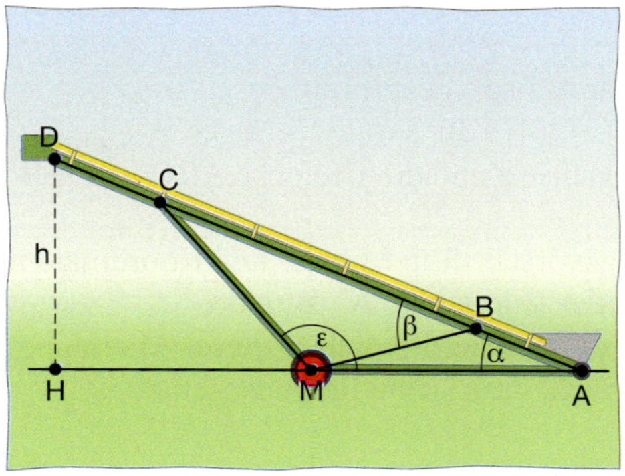

21.1 Das Maß ε des Winkels BMC wird verkleinert. Welche Aussage trifft zu?
A Das Maß α des Winkels BAM bleibt gleich.
B Das Maß α des Winkels BAM wird größer.
C Das Maß α des Winkels BAM wird kleiner.

21.2 Berechnen Sie, welches Maß ε der Winkel BMC maximal annimmt.

21.3 Zeigen Sie, dass sich die Länge der Strecke [BC] wie folgt in Abhängigkeit von ε darstellen lässt:
$\overline{BC}\,(\varepsilon) = \sqrt{25 - 24\cos\varepsilon}$ cm

21.4 Für welches Winkelmaß ε ist die Strecke [BC] 6,0 m lang? [Ergebnis: ε = 117,3°]

21.5 Zeigen Sie, dass für das Maß β des Winkels CBM gilt: $\sin\beta = \frac{4\sin\varepsilon}{\sqrt{25 - 24\cos\varepsilon}}$

21.6 Berechnen Sie für ε = 117,3° das Winkelmaß β, das zugehörige Winkelmaß α und die Hubhöhe h des Förderbandes.

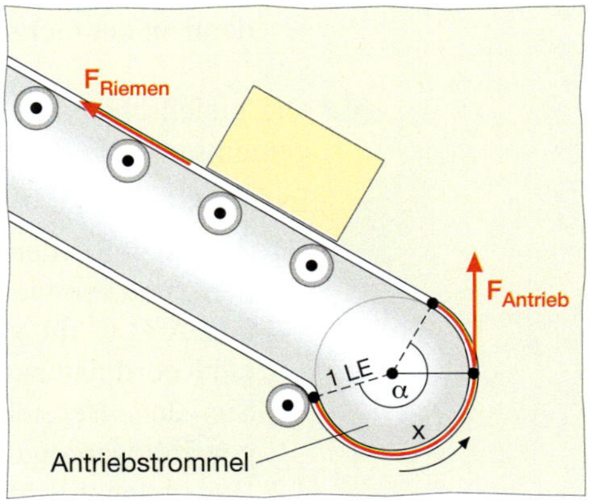

21.7 Ein Elektromotor erzeugt in der Antriebstrommel ein Drehmoment von 36 kNm. Der Radius der Antriebstrommel beträgt 400 mm. Zeigen Sie, dass am Umfang der Trommel eine Antriebskraft von 90,0 kN wirkt.

21.8 Die Kraft F_{Riemen}, die auf den Riemen des Förderbandes durch die Antriebskraft $F_{Antrieb}$ wirkt, lässt sich näherungsweise nach folgender Formel berechnen (Die Hangabtriebskraft bleibt unberücksichtigt):
$F_{Riemen} = F_{Antrieb}\left(1 - \frac{1}{e^{\mu x}}\right)$; e = 2,718[1]
Die Formel zeigt, dass der Radius der Antriebstrommel keinen Einfluss hat. μ ist die Reibungszahl zwischen Riemen und Antriebstrommel und x das Bogenmaß zum Winkelmaß α. Das Winkelmaß α wird festgelegt durch die Bogenlänge, auf der der Riemen die Antriebstrommel umschlingt, d. h. berührt.
Berechnen Sie für eine Antriebskraft von 90 kN, einem Umschlingungswinkelmaß α = 210° und einer Reibungszahl von 0,2 die Kraft, die auf den Riemen des Förderbandes übertragen wird.

21.9 Berechnen Sie für eine Antriebskraft von 90,0 kN und ein Umschlingungswinkelmaß α = 210° die Reibungszahl zwischen Riemen und Antriebstrommel, wenn auf den Riemen eine Kraft von 60,0 kN übertragen werden kann.

L B; 160,4°; 117,3°; 36,9°; 3,7 m; 46,8 kN; 0,3

[1]… Eulersche Zahl

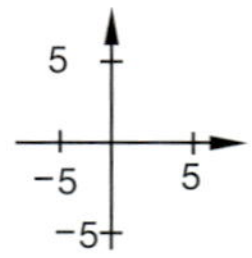

1 Die Punkte P_n liegen auf der Geraden g_1 mit $y = -2x - 2$. Für alle Punkte Q_n gilt: $\overrightarrow{P_nQ_n} = \binom{3}{2}$

1.1 Zeichnen Sie g_1 und drei Pfeile $\overrightarrow{P_1Q_1}$, $\overrightarrow{P_2Q_2}$ und $\overrightarrow{P_3Q_3}$ in ein Koordinatensystem.
1.2 Bestimmen Sie die Gleichung des Trägergraphen h aller Punkte Q_n.
1.3 Berechnen Sie die Koordinaten des Punktes $P_o \in g_1$, wenn für Q_o zusätzlich gilt: $Q_o \in g_2$ mit $y = -x + 3$

2 Das Dreieck ABC wird an der Achse s gespiegelt.
Es gilt: $A(1|4)$; $B(-3{,}5|-1)$; $C(4|-2)$; s mit $y = -0{,}5x$

2.1 Zeichnen Sie die Spiegelachse s und die Dreiecke ABC und A′B′C′ in ein Koordinatensystem ein.
2.2 Geben Sie die Abbildungsvorschrift in Matrix- und Koordinatenform an und berechnen Sie die Koordinaten der Bildpunkte A′, B′und C′.
2.3 Bestimmen Sie die Koordinaten der Fixpunkte dieser Abbildung.
2.4 Weisen Sie rechnerisch nach, dass s eine Fixpunktgerade ist.

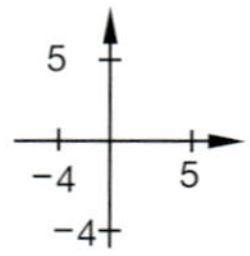

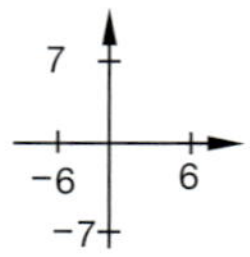

3 Das Dreieck ABC wird zuerst an der Geraden g_1 und dann an der Geraden g_2 gespiegelt.
Es gilt:
$A(-4|-1)$; $B(-3|2)$; $C(-6|3)$; g_1: $y = \frac{3}{4}x$; g_2: $y = -\frac{4}{3}x$

3.1 Lösen Sie die Aufgabe zeichnerisch.
3.2 Berechnen Sie die Koordinaten aller Bildpunkte.
3.3 Finden Sie für die beiden Abbildungen eine Ersatzabbildung und geben Sie diese in Matrixform an.
3.4 Ändert sich das Ergebnis, wenn man das Dreieck ABC zuerst an der Geraden g_2 und dann an der Geraden g_1 spiegelt? Überprüfen Sie das rechnerisch.

4 Die gleichschenkligen Dreiecke A_nB_nC mit der Symmetrieachse s haben den Punkt C gemeinsam. Die Punkte A_n liegen auf den Geraden g.
Es gilt: $C(-3|-3)$; s mit $y = x$; g mit $y = \frac{4}{5}x - 4$

4.1 Zeichnen Sie den Punkt C, die Geraden g und s sowie die Dreiecke A_1B_1C und A_2B_2C für $x = 2{,}5$ und $x = 5$ in ein Koordinatensystem ein und geben Sie den Bereich an, aus dem x gewählt werden darf.
4.2 Berechnen Sie die Koordinaten der Punkte B_1 und B_2 und bestimmen Sie die Gleichung des Trägergraphen h aller Punkte B_n.
4.3 Existiert unter den Dreiecken A_nB_nC auch ein gleichseitiges Dreieck A_oB_oC?
Berechnen Sie gegebenenfalls die Koordinaten von A_o und B_o.

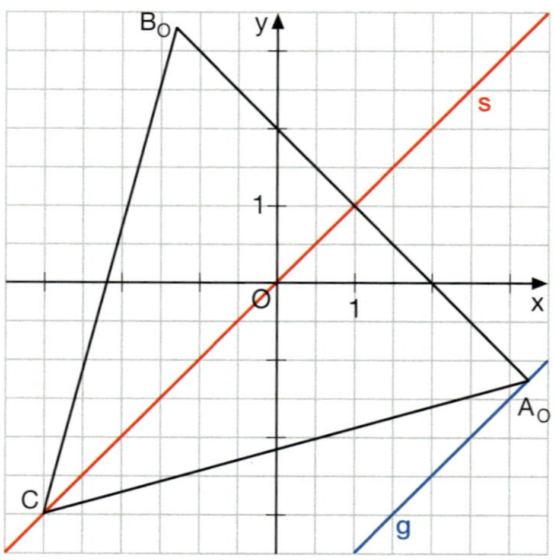

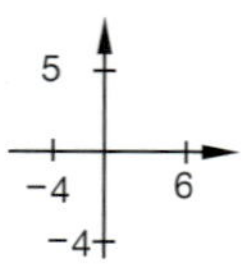

L $y = -2x + 6$; $(3|0)$; $(0|-2)$; $(-2{,}6|-3{,}2)$; $(-1{,}3|3{,}4)$; $(x|-0{,}5x)$; $(-2{,}08|3{,}56)$; $(1{,}08|-3{,}44)$; $(1{,}2|-6{,}6)$; $(4|1)$; $(3|-2)$; $(6|-3)$; $x > -1\frac{1}{9}$; $(2{,}5|-2)$; $(5|0)$; $y = \frac{5}{4}x + 5$; $(3{,}39|-1{,}29)$; $(-1{,}29|3{,}39)$

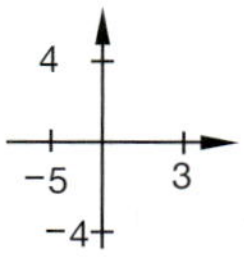

5 Gegeben ist das Dreieck ABC sowie eine Schar von Dreiecken RS_nT_n.
Es gilt: $A(2|-2)$; $B(1|3)$; $C(-4|-1)$; $R(1{,}5|0{,}5)$; $\sphericalangle S_nRT_n = 90°$

5.1 Zeichnen Sie die gleichschenklig-rechtwinkligen Dreiecke RS_1T_1, RS_2T_2, RS_3T_3 für $S_1(0{,}5|y_1)$; $S_2(-1{,}5|y_2)$ und $S_3(-2{,}5|y_3)$ in ein Koordinatensystem ein.

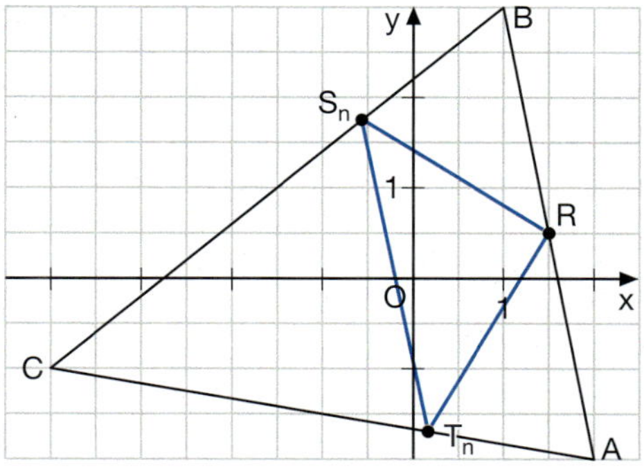

5.2 Bestimmen Sie die Gleichung des Trägergraphen h der Punkte T_n.

5.3 Es gibt ein Dreieck RS_0T_0, das dem Dreieck ABC einbeschrieben ist. Berechnen Sie die Koordinaten der Eckpunkte.

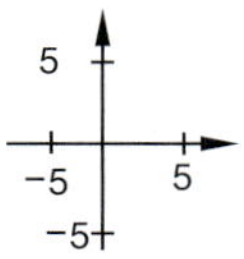

6 Gegeben ist eine Parabel p mit $y = -\frac{1}{2}x^2 + 2x - 1$. Es gilt: $p \xrightarrow{Z(1|-1);\ k=-\frac{3}{2}} p_1$

6.1 Zeichnen Sie p_1 in ein Koordinatensystem und zeigen Sie, dass für p_1 gilt:
$y = \frac{1}{3}x^2 + \frac{1}{3}x - 3\frac{11}{12}$

6.2 Führen Sie die folgenden Abbildungen durch: $p \xrightarrow{\text{y-Achse}} p_2 \xrightarrow{\text{x-Achse}} p_3$. Zeichnen Sie p_2 und p_3 in das Koordinatensystem von 6.1 und bestätigen Sie durch Rechnung, dass für p_3 gilt: $y = \frac{1}{2}x^2 + 2x + 1$

6.3 Die Parabeln p und p_3 können durch Punktspiegelung aufeinander abgebildet werden. Geben Sie dazu die Abbildungsgleichung an und bestätigen Sie dies durch Rechnung.

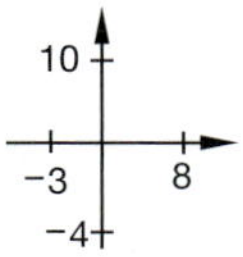

7 Die Seite $[AB_n]$ ist die Basis von gleichschenkligen Dreiecken AB_nC_n. Die Mittelpunkte M_n der Strecken $[AB_n]$ liegen auf der Geraden g. Es gilt:
$A(0|0)$; g: $y = 3x - 7{,}5$; $\overline{M_nC_n} = 2 \cdot \overline{AM_n}$

7.1 Zeichnen Sie die Dreiecke AB_1C_1 und AB_2C_2 für $M_1(2|y_1)$; $M_2(2{,}5|y_2)$; $M_3(3{,}5|y_3)$ und die Gerade g in ein Koordinatensystem ein.

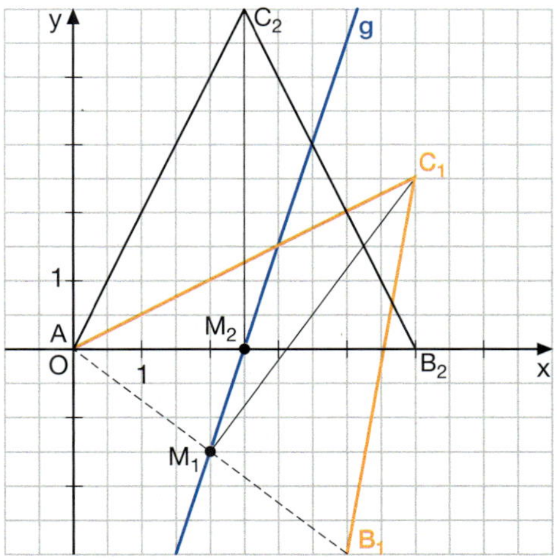

7.2 Ermitteln Sie die Koordinaten der Punkte C_n in Abhängigkeit von der Abszisse x der Punkte M_n und bestimmen Sie die Gleichung des Trägergraphen h der Punkte C_n.

7.3 Für ein Dreieck AB_4C_4 gilt:
Das Winkelmaß α zwischen der x-Achse und der Strecke $[AB_3]$ beträgt 26,57°. Berechnen Sie die Koordinaten der Punkte M_4, B_4 und C_4.

7.4 Der Trägergraph k der Schwerpunkte S_n der Dreiecke AB_nC_n hat die Gleichung
k: $y = -\frac{11}{3}x + 10{,}8$
Bestätigen Sie diese Gleichung durch Rechnung.

7.5 Gibt es einen Wert für x so, dass im Dreieck AB_5C_5 die Gerade durch die Punkte B_5 und S_5 senkrecht auf der Geraden g steht? Begründen Sie dies rechnerisch.

L $y = -\frac{5}{4}x - 1{,}25$; $(-0{,}73|1{,}62)$; $(\frac{5}{13}|-1{,}73)$; $y = 0{,}5x^2 + 2x + 1$; $(-5x + 15|5x - 7{,}5)$;
$y = -x + 7{,}5$; $(3|1{,}5)$; $(6|3)$; $(0|7{,}5)$; $(5{,}5|1{,}5)$; $(2{,}25|2{,}58)$

8 Die Ursprungsgerade durch den Punkt $C(-3|-2)$ ist gemeinsame Symmetrieachse der Rauten $A_nB_nCD_n$. Die Punkte D_n liegen auf der Geraden g mit $y = 0{,}5x - 3$.

8.1 Zeichnen Sie die Rauten $A_1B_1CD_1$ und $A_2B_2CD_2$ für $D_1(2|y_1)$; $D_2(4|y_4)$ in ein Koordinatensystem und bestimmen Sie das Intervall von x, für das Rauten $A_nB_nCD_n$ existieren.

8.2 Bestimmen Sie das Maß α des Winkels D_1CB_1 durch Rechnung. [Zwischenergebnis: $B_1(-1{,}1|2{,}6)$]

8.3 Berechnen Sie die Gleichung des Trägergraphen h der Punkte B_n. [Zwischenergebnis: $B_n(0{,}84x - 2{,}76|0{,}73x + 1{,}14)$]

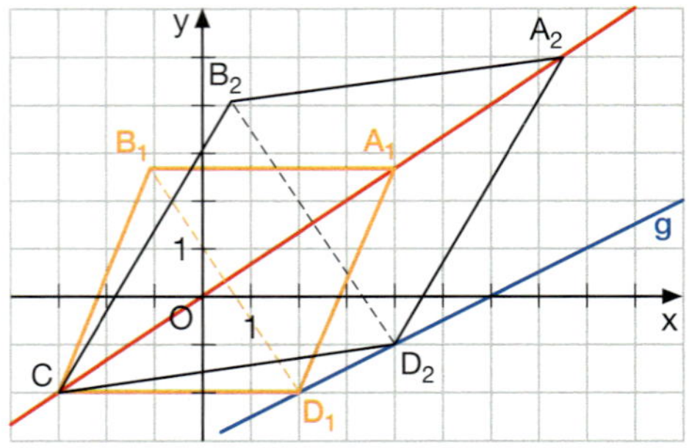

8.4 Prüfen Sie rechnerisch, ob es unter den Rauten $A_nB_nCD_n$ auch ein Quadrat ABCD gibt und berechnen Sie gegebenenfalls die Koordinaten der Punkte B, D und A.

9 Auf der Geraden g liegen Punkte $P_n(x|-6x - 15)$. Der Punkt R ist Eckpunkt von gleichschenkligen Dreiecken P_nQ_nR mit der Symmetrieachse s. Es gilt:
g: $y = -6x - 15$; s: $y = 1{,}5x$; $R(4|6)$

9.1 Zeichnen Sie die Geraden in ein Koordinatensystem und tragen Sie zwei der Dreiecke ein.

9.2 Berechnen Sie die Gleichung des Trägergraphen t der Punkte Q_n.

9.3 Die Punkte Q_1 und Q_2 liegen auf der Seite [AC] bzw. [BC] des Dreiecks ABC mit $A(4|-4)$, $B(8|-1)$ und $C(5|3)$. Berechnen Sie die Koordinaten von Q_1 und Q_2.

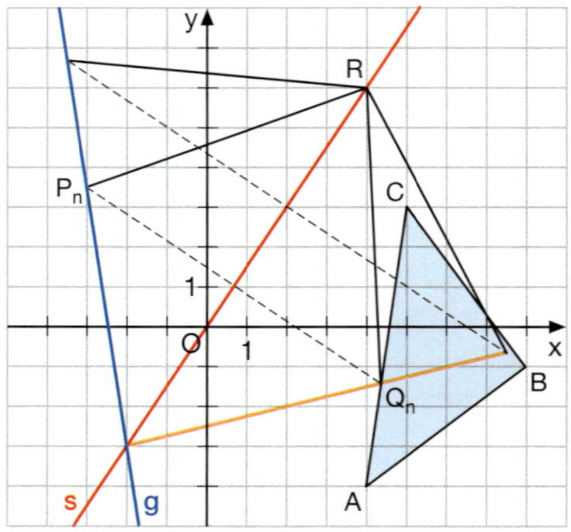

10 Gegeben ist das Dreieck ABC. Es gilt: $A(-6|-1)$; $B(4|-5)$; $C(2|6)$

10.1 Zeigen Sie durch Rechnung, dass der Punkt $P(0|0)$ Schwerpunkt des Dreiecks ABC ist.

10.2 Durch die Punkte P, Q_n und R_n werden Dreiecke PQ_nR_n festgelegt. Dabei liegen die Punkte Q_n auf der Strecke [BC], die Winkel Q_nPR_n haben das Maß 53,13° und die Länge der Strecken $[PR_n]$ beträgt 75 % der Länge der Strecken $[PQ_n]$. Zeichnen Sie die Dreiecke PQ_1R_1 und PQ_2R_2 für $Q_1(3|y_1)$ und $Q_2(2{,}4|y_2)$.

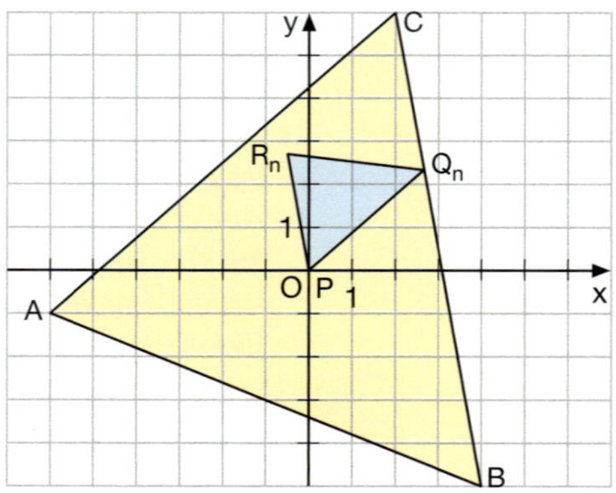

10.3 Es gibt ein Dreieck PQ_oR_o, dessen Eckpunkt R_o auf der Strecke [AC] liegt. Konstruieren Sie dieses Dreieck und berechnen Sie die Koordinaten von R_o.

L $x > -2$; 67,56°; $y = 0{,}87x + 3{,}54$; $(0{,}98|0{,}63)$; $(-2{,}42|1{,}43)$; $(0{,}4|-2{,}8)$; $y = 0{,}23x - 2{,}52$; $(4{,}35|-1{,}55)$; $(7{,}81|-0{,}72)$; $(-1{,}24|3{,}16)$

11 Die Pfeile $\overrightarrow{AB_n}$ legen die Katheten der gleichschenklig-rechtwinkligen Dreiecke AB_nC_n fest. Es gilt:

$A(0|0)$; $\overrightarrow{AB_n} = \begin{pmatrix} 4\sin\varphi - 2 \\ \frac{1}{\sin\varphi} + 1 \end{pmatrix}$; $\varphi \in]0°; 180°[$

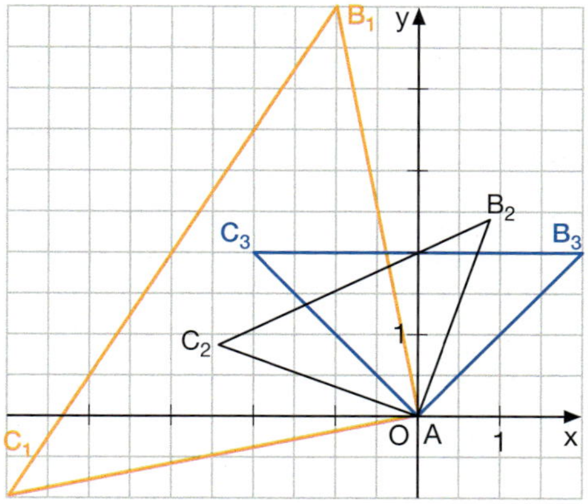

11.1 Berechnen Sie die Koordinaten der Punkte B_1 und C_1 für $\varphi = 15°$.

11.2 Berechnen Sie die Gleichung des Trägergraphen h der Punkte B_n.

11.3 Bestimmen Sie rechnerisch die Gleichung des Trägergraphen t der Eckpunkte C_n.
[Erg.: $C_n\left(-\frac{1}{\sin\varphi} - 1 \,|\, 4\sin\varphi - 2\right)$]

11.4 Für welchen Wert von φ hat der Punkt C_4 die Koordinaten $C_4(-\sqrt{2} - 1 \,|\, \sqrt{2} - 2)$?

11.5 Für welches Maß von φ steht die Strecke $[AC_5]$ senkrecht auf der Strecke $[B_1C_1]$?

12

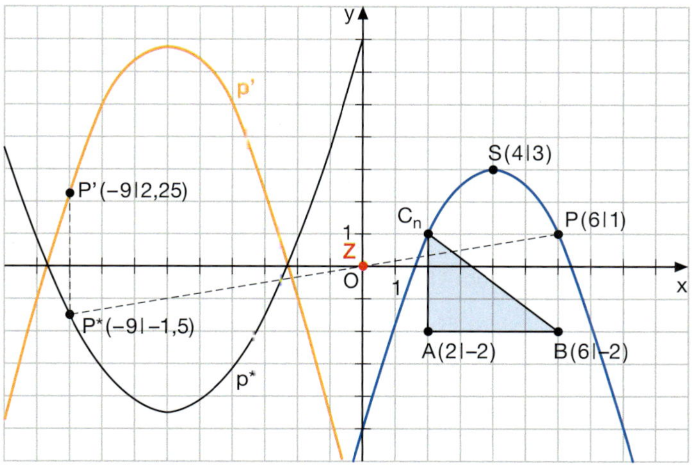

12.1 Zeigen Sie mit Hilfe der Angaben in der Abbildung, dass die Parabel p die Gleichung $y = -0{,}5(x-4)^2 + 3$ hat.

12.2 Die Parabel p wird auf die Parabel p* und anschließend auf die Parabel p′ abgebildet. Ermitteln Sie die zugehörigen Abbildungsgleichungen.

12.3 Zeigen Sie, dass für den Flächeninhalt der Dreiecke ABC_n in Abhängigkeit von der Abszisse x der Punkte C_n gilt: $A(x) = [-(x-4)^2 + 10]$ FE

12.4 Bestimmen Sie das Intervall von x, für das Dreiecke ABC_n existieren.

12.5 Berechnen Sie die Belegung von x, für die die Strecke $[AC_1]$ mit der x-Achse einen Winkel mit dem Maß 74,05° einschließt.

12.6 Die Dreiecke ABC_n werden durch die in 12.2 angesprochenen Abbildungen zunächst auf Dreiecke $A^*B^*C_n^*$ und anschließend auf Dreiecke $A'B'C'_n$ abgebildet.
Stellen Sie den Flächeninhalt der Dreiecke $A'B'C'_n$ in Abhängigkeit von x dar.
[Ergebnis: $A'(x) = [-3{,}375\,(x-4)^2 + 33{,}75]$ FE]

12.7 Berechnen Sie den Flächeninhalt des Dreiecks $A'B'C'_2$ für $C_2(x|2{,}5)$.

12.8 Begründen Sie den Zusammenhang zwischen den Flächeninhalten der Dreiecke ABC_n und der Dreiecke $A'B'C'_n$ und den verwendeten Abbildungen.

12.9 Berechnen Sie den Faktor k, für den der Flächeninhalt der Dreiecke $A'B'C'_n$ das 4,096fache der Dreiecke ABC_n beträgt.

L $y = \frac{4}{x+2} + 1$; $y = -\frac{4}{x+1} - 2$; 45°; $0{,}8 < x < 7{,}16$; 3,37; 30,375; 1,6

13 Der Punkt A und die Punkte B_n sind Eckpunkte von gleichseitigen Dreiecken AB_nC_n. Die Punkte S_n sind die Schnittpunkte der Seitenhalbierenden der Dreiecke AB_nC_n. Die Punkte P_n auf den Geraden AS_n bilden mit den Punkten der Dreiecke Drachenvierecke $AB_nP_nC_n$ mit den Symmetrieachsen AS_n.

Es gilt: $A(0|0)$; $B(x|-x+5)$; $B \in g$ mit $y = -x + 5$; $\overline{S_nP_n} = 1{,}5 \cdot \overline{AS_n}$

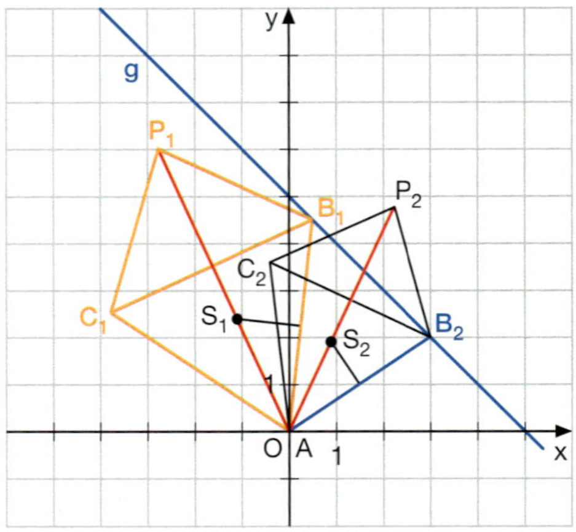

13.1 Zeichnen Sie die Drachenvierecke $AB_1P_1C_1$ und $AB_2P_2C_2$ für $x = 0{,}5$ und $x = 3$ in ein Koordinatensystem. Für die Zeichnung: $-5 \leqq x \leqq 5$; $0 \leqq y \leqq 7$; 1LE ≙ 1 cm

13.2 Ermitteln Sie die Koordinaten der Punkte C_n in Abhängigkeit von der Abszisse x der Punkte B_n und bestimmen Sie den Trägergraphen h der Punkte C_n. [Ergebnis: $C_n(1{,}37x - 4{,}35|0{,}37x + 2{,}5)$]

13.3 Berechnen Sie die Gleichung des Trägergraphen t der Punkte P_n in Abhängigkeit von der Abszisse x der Punkte B_n.
[Zwischenergebnis: $P_n(1{,}98x - 3{,}63|-0{,}53x + 6{,}25)$]

13.4 Überprüfen Sie rechnerisch, ob im Drachenviereck $AB_oP_oC_o$ mit dem kleinsten Flächeninhalt die Symmetrieachse senkrecht zur Geraden g steht.

14* Die Strecke [AD] mit $A(5|2{,}5)$ und $D(-1|-5{,}5)$ ist die gemeinsame Grundseite von gleichschenkligen Trapezen AB_nC_nD mit den Schenkeln $[AB_n]$ und $[DC_n]$.

Die Eckpunkte $B_n\left(x|\frac{1}{2}x + 5\right)$ liegen auf der Geraden g mit der Gleichung $y = \frac{1}{2}x + 5$

mit $\mathbb{G} = \mathbb{R} \times \mathbb{R}$. Dabei gilt: $x \in]-4;\ 11[$

14.1 Zeichnen Sie die Gerade g, die Trapeze AB_1C_1D für $x = -0{,}5$ und AB_2C_2D für $x = 3$ und die Symmetrieachse s der Trapeze in ein Koordinatensystem.
Für die Zeichnung: Längeneinheit 1 cm; $-7 \leqq x \leqq 6$; $-7 \leqq y \leqq 8$

14.2 Bestimmen Sie durch Rechnung die Koordinaten der Punkte C_n in Abhängigkeit von der Abszisse x der Punkte B_n. (Auf zwei Stellen nach dem Komma runden.)
[Ergebnis: $C_n(-0{,}20x - 4{,}80|-1{,}10x - 1{,}40)$]

14.3 Ermitteln Sie die Gleichung des Trägergraphen t der Punkte C_n.

14.4 Man erhält nur für $x \in]-4;\ 11[$ Trapeze AB_nC_nD. Bestätigen Sie durch Rechnung die obere Intervallgrenze.

14.5 Unter den Trapezen AB_nC_nD gibt es das Trapez AB_3C_3D, dessen Schenkel $[DC_3]$ parallel zur x-Achse liegt.
Bestimmen Sie durch Rechnung die x-Koordinate des Punktes C_3. (Auf zwei Stellen nach dem Komma runden).

14.6 Konstruieren Sie in das Koordinatensystem zu 14.1 das Trapez AB_oC_oD, dessen Diagonalen senkrecht aufeinander stehen.
Berechnen Sie sodann die x-Koordinate des Punktes B_o des Trapezes AB_oC_oD. (Auf zwei Stellen nach dem Komma runden.)

L $y = 0{,}27x + 3{,}68$; $y = -0{,}27x + 5{,}28$; $y = 5{,}5x + 25$; $-5{,}55$; $-2{,}33$

* Aus einer Abschlussprüfung

15 Die Eckpunkte C_n der Drachenvierecke $AB_nC_nD_n$ liegen auf der Geraden g mit $y = 0{,}5x + 7{,}5$. Die Punkte Z_n sind die Diagonalenschnittpunkte, die Geraden AC_n sind die Symmetrieachsen der Drachenvierecke.
Es gilt: $A(0|0)$; $\sphericalangle B_nAD_n = 90°$; $\overline{AZ_n} : \overline{Z_nC_n} = 3 : 2$

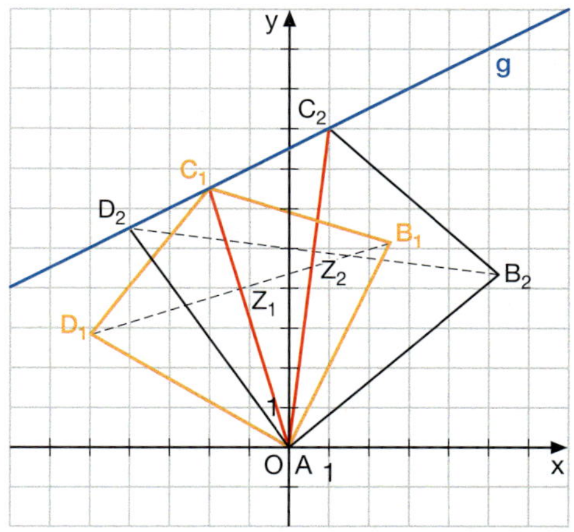

15.1 Zeichnen Sie die Drachenvierecke $AB_1C_1D_1$ und $AB_2C_2D_2$ für $x = -2$ und $x = 1$ in ein Koordinatensystem.
Für die Zeichnung:
$-6 \leqq x \leqq 6$; $-1 \leqq y \leqq 9$;
1 LE $\triangleq$ 1 cm

15.2 Berechnen Sie die Koordinaten der Punkte Z_n in Abhängigkeit von der Abszisse x der Punkte C_n.
[Erg.: $Z_n(0{,}6x|0{,}3x + 4{,}5)$]

15.3 Zeigen Sie, dass gilt:
$\overline{AZ_n} : \overline{AB_n} = 1 : \sqrt{2}$

15.4 Ermitteln Sie die Gleichung des Trägergraphen t der Punkte B_n.
[Zwischenergebnis:
$B_n(0{,}91x + 4{,}53|-0{,}22x + 4{,}53)$]

15.5 Berechnen Sie den Wert für x, für den die Symmetrieachse AC_3 senkrecht zur Geraden g steht.

15.6 Unter den Drachenvierecken $AB_nC_nD_n$ besitzt das Drachenviereck $AB_oC_oD_o$ einen extremen Flächeninhalt. Berechnen Sie dazu die x-Koordinate des Punktes B_o.
[Zwischenergebnis: $A(x) = (0{,}77x^2 + 4{,}57x + 3{,}98)$ FE]

15.7 Der Punkt Z_4 liegt auf der Parabel p mit $y = -\frac{1}{16}x^2 + \frac{1}{2}x + 4{,}5$.

Berechnen Sie die Koordinaten des Punktes C_4 und das Maß des Winkels $\sphericalangle D_4C_4B_4$.

16* Die Punkte $A(0|0)$ und $B(5|-1)$ sind mit den Punkten $C_n(6\cos\alpha + 4{,}5|-3\cos\alpha + 6)$ mit $\alpha \in [0°; 180°]$ Eckpunkte von Vierecken ABC_nD_n. Die Winkel D_nC_nB haben stets das Maß 90° und für die Strecken $[C_nD_n]$ gilt: $\overline{C_nD_n} = \frac{1}{2} \cdot \overline{BC_n}$.

16.1 Berechnen Sie die Koordinaten der Eckpunkte C_1 für $\alpha = 45°$ und C_2 für $\alpha = 100°$ auf zwei Stellen nach dem Komma gerundet.
Zeichnen Sie sodann die Vierecke ABC_1D_1 und ABC_2D_2 in ein Koordinantensystem.
Für die Zeichnung. Längeneinheit 1 cm ; $-2 \leqq x \leqq 10$; $-2 \leqq y \leqq 8$

16.2 Berechnen Sie die Koordinaten der Eckpunkte D_n in Abhängigkeit von α und geben Sie die Gleichung des Trägergraphen t der Punkte D_n an.
[Teilergebnis: $D_n(7{,}5\cos\alpha + 1|5{,}75)$]

16.3 Bei den Vierecken ABC_3D_3 und ABC_4D_4 sind die Seiten $[AD_3]$ bzw. $[AD_4]$ um 50 % länger als die Seite [AB]. Berechnen Sie den zugehörigen Wert für α.
(Auf zwei Stellen nach dem Kommarunden.)

16.4 Das Viereck ABC_5D_5 ist ein Trapez mit Seite $[AD_5]$ parallel zu Seite $[BC_5]$. Berechnen Sie den zugehörigen Wert für α auf zwei Stellen nach dem Komma gerundet.

16.5 Im Viereck ABC_6D_6 stehen [AB] und $[BC_6]$ aufeinander senkrecht. Berechnen Sie auf zwei Stellen nach dem Komma gerundet den zugehörigen Wert für α.

L $y = -0{,}34x + 6{,}08$; -3; $1{,}83$; $112{,}77°$; $(8{,}74|3{,}88)$; $(3{,}46|6{,}52)$; $y = 5{,}75$; $57{,}35° \vee \alpha = 143{,}72°$; $114{,}10°$; $73{,}27°$

* Aus einer Abschlussprüfung

Wiederholung

zu Seite 6
Prozentrechnung

1 b) $\frac{\mathbf{3}}{\mathbf{100}}$ 0,03 **3 %** 186 von 6200 c) $\frac{\mathbf{1}}{\mathbf{6}}$ $\mathbf{0{,}1\overline{6}}$ $16\frac{2}{3}\,\%$ 36 von **216**
d) $\frac{3}{5}$ **0,6** **60 %** **267** von 445

2 a) Betriebskosten vorher 64,6 Mio. € Senkung 9,4 % b) 2,81 Mio. € c) 2,81 Mio. € → 5,7 % Gesamtkosten: 49,3 Mio. €

3 a) 120 € b) 2,2 % c) 7500 €

4 a) $x^2 - 9$ b) $4 + 4y + y^2$ c) $25 - 10x + x^2$ d) $9x^2 + 12x + 4$
e) $25x^2 - 1$ f) $0{,}25x^2 - x + 1$ g) $(2x + 3)^2$ h) $(0{,}1x - 7)^2$
i) $(6 - x^2)(6 + x^2)$ k) $(5x - 0{,}2)^2$

5 a) $(3 + \mathbf{x})^2 = \mathbf{9} + \mathbf{6x} + x^2$ b) $(\mathbf{x} + 1)(\mathbf{x} - 1) = \mathbf{x^2} - 1$ c) $\mathbf{4} + 8x + \mathbf{4x^2} = (\mathbf{2} + 2x)^2$
d) $\mathbf{x^2} - 2xy + \mathbf{y^2} = (x - \mathbf{y})^2$ e) $\mathbf{1} - 0{,}09x^2 = (1 - \mathbf{0{,}3x})(1 + \mathbf{0{,}3x})$

6 a) $T(x) = (x + 3)^2 - 6$; $T_{min} = -6$ für $x = -3$ d) $T(x) = 0{,}5\,(x + 1)^2 + 0{,}5$; $T_{min} = 0{,}5$ für $x = -1$
b) $T(x) = -3\,(x - 1{,}5)^2 + 6{,}75$; $T_{max} = +6{,}75$ für $x = 1{,}5$ e) $T(x) = -0{,}2(x - 2)^2 + 1{,}8$; $T_{max} = 1{,}8$ für $x = 2$
c) $T(x) = 2\,(x + 1)^2 + 3$; $T_{min} = 3$ für $x = -1$ f) $T(x) = -(x + 0{,}5)^2 + 2{,}75$; $T_{max} = 2{,}75$ für $x = -0{,}5$

---

zu Seite 7
Reelle Zahlen – Bruchgleichungen

1 a) $\mathbb{D} = \{x \mid x \geqq 2\}$ b) $\mathbb{D} = \{a \mid a \geqq -\frac{1}{3}\}$ c) $\mathbb{D} = \{a \mid a > 0\}$ d) $\mathbb{D} = \{x \mid x < 1\}$

2 a) $16\sqrt{x}$ b) $a\sqrt{x} + b\sqrt{x} - \sqrt{x}$ c) $9 - 6 + 5 = 8$ d) $x - y$ e) $2ab$ f) $\frac{b}{2}$ g) $(2 + x) \cdot \sqrt{a - b}$

3 a) $\mathbb{L} = \{16\}$ b) $\mathbb{L} = \{16\}$ c) $\mathbb{L} = \{3\}$ d) $\mathbb{L} = \{15\}$

4 a) $6\sqrt{10}$ b) $5y\sqrt{xy}$ c) $2\sqrt{x^2 + y^2}$ d) $(a + b)\sqrt{a}$ e) $(x - 1)\sqrt{y}$ f) $x\sqrt{a - b + 7}$

5 a) $\mathbb{D} = \{x \mid x > 0\}$; $\frac{3\sqrt{5x}}{x}$ b) $\mathbb{D} = \mathbb{R}$; $\frac{a}{33}\,(6 + \sqrt{3})$ c) $\mathbb{D} = \{a \mid a \geqq 0\}$; $\frac{\sqrt{2a} - 2}{a - 2}$ d) $\mathbb{D} = \{a \mid a > 0\}$; $\frac{5\,(a - \sqrt{a})}{a - 1}$

6 a) $\mathbb{D} = \mathbb{R} \setminus \{3\}$; $\mathbb{L} = \{-10\}$ b) $\mathbb{D} = \mathbb{R} \setminus \{0;\ 2\}$; $\mathbb{L} = \{-22\}$
c) $\mathbb{D} = \mathbb{R} \setminus \{-2{,}5;\ -1{,}25\}$; $\mathbb{L} = \{-20\}$ d) $\mathbb{D} = \mathbb{R} \setminus \{-1;\ 0\}$; $\mathbb{L} = \{-\frac{2}{3}\}$
e) $\mathbb{D} = \mathbb{R} \setminus \{-3\}$; $\mathbb{L} = \{2{,}45\}$ f) $\mathbb{D} = \mathbb{R} \setminus \{-\sqrt{6};\ \sqrt{6}\}$; $\mathbb{L} = \{0\}$

7 $\frac{5 + x}{9 - 2x} = \frac{23 + x}{11 - 2x}$; $\mathbb{D} = \mathbb{R} \setminus \{4{,}5;\ 5{,}5\}$; $x = 4$

8 x Jungen; (736 – x) Mädchen $\frac{x}{736 - x} = \frac{65}{27}$; $x = 520$

---

zu Seite 8
Dreiecke

1 a) nicht möglich, da $b + c < a$ b) möglich, da SSS c) möglich, da $a > c$ und $\alpha > \gamma$
d) nicht möglich, da bei $\gamma = 90°$ $c > a$ gelten muss

2 a) $\Delta\, A_1B_1C_1$ nicht kongruent zu $\Delta\, A_2B_2C_2$ (nach WSW)
b) $\Delta\, A_1B_1C_1$ nicht kongruent zu $\Delta\, A_2B_2C_2$ (nach SsW)

3 a) Lösung eindeutig nach SWS

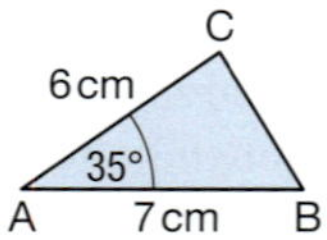

b) Lösung eindeutig nach SsW

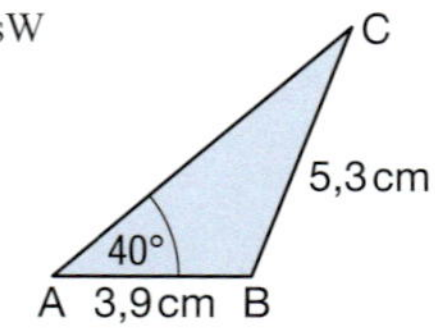

c) Lösung nicht möglich, da der gegebene Winkel nicht der größeren der gegebenen Seiten gegenüberliegt.

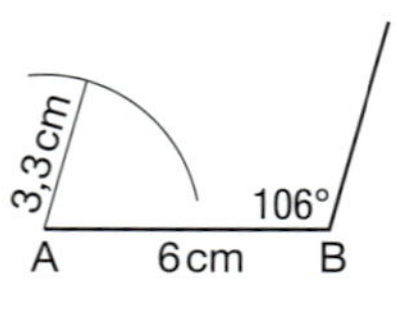

4 a) I gleichschenklig II rechtwinklig III gleichschenklig – rechtwinklig IV gleichseitig
b) I $\beta = \alpha$; Schenkel II $\gamma = 90° - \alpha$ III $\beta = \gamma = 45°$ IV $\alpha = \beta = \gamma = 60°$

5

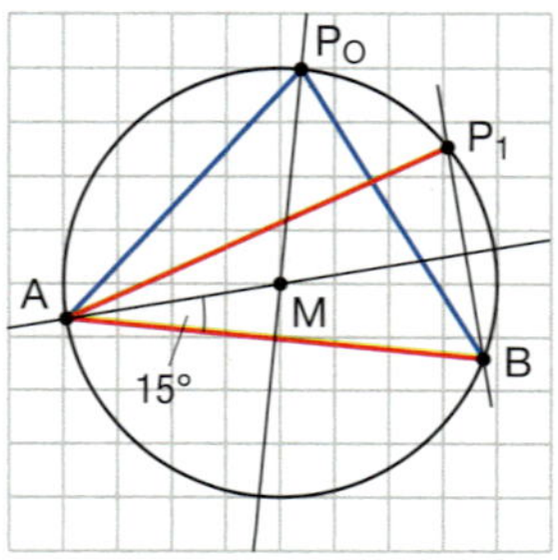

6 Das Schiff kann sich auf den Positionen S_1 oder S_2 befinden.

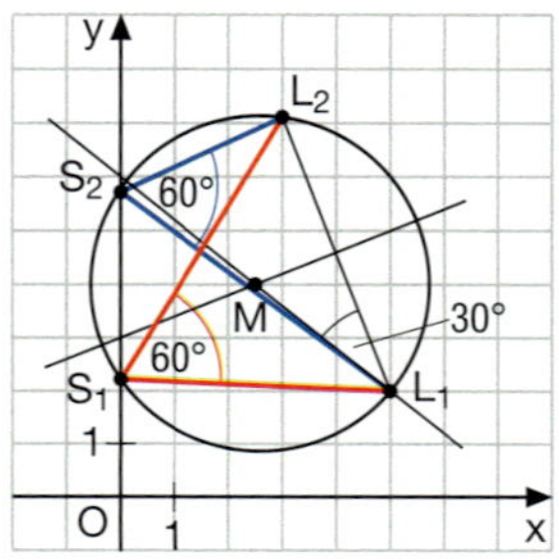

15 Die Eckpunkte C_n der Drachenvierecke $AB_nC_nD_n$ liegen auf der Geraden g mit $y = 0{,}5x + 7{,}5$. Die Punkte Z_n sind die Diagonalenschnittpunkte, die Geraden AC_n sind die Symmetrieachsen der Drachenvierecke.
Es gilt: $A(0|0)$; $\sphericalangle B_nAD_n = 90°$; $\overline{AZ_n} : \overline{Z_nC_n} = 3 : 2$

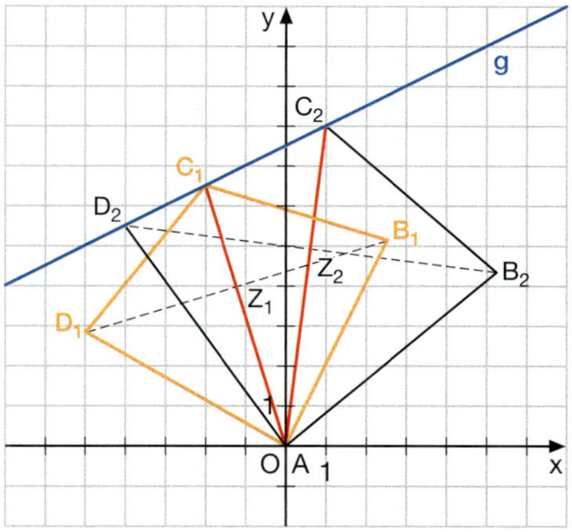

15.1 Zeichnen Sie die Drachenvierecke $AB_1C_1D_1$ und $AB_2C_2D_2$ für $x = -2$ und $x = 1$ in ein Koordinatensystem.
Für die Zeichnung:
$-6 \leqq x \leqq 6$; $-1 \leqq y \leqq 9$;
1 LE ≙ 1 cm

15.2 Berechnen Sie die Koordinaten der Punkte Z_n in Abhängigkeit von der Abszisse x der Punkte C_n.
[Erg.: $Z_n(0{,}6x|0{,}3x + 4{,}5)$]

15.3 Zeigen Sie, dass gilt:
$\overline{AZ_n} : \overline{AB_n} = 1 : \sqrt{2}$

15.4 Ermitteln Sie die Gleichung des Trägergraphen t der Punkte B_n.
[Zwischenergebnis:
$B_n(0{,}91x + 4{,}53|-0{,}22x + 4{,}53)$]

15.5 Berechnen Sie den Wert für x, für den die Symmetrieachse AC_3 senkrecht zur Geraden g steht.

15.6 Unter den Drachenvierecken $AB_nC_nD_n$ besitzt das Drachenviereck $AB_oC_oD_o$ einen extremen Flächeninhalt. Berechnen Sie dazu die x-Koordinate des Punktes B_o.
[Zwischenergebnis: $A(x) = (0{,}77x^2 + 4{,}57x + 3{,}98)$ FE]

15.7 Der Punkt Z_4 liegt auf der Parabel p mit $y = -\frac{1}{16}x^2 + \frac{1}{2}x + 4{,}5$.

Berechnen Sie die Koordinaten des Punktes C_4 und das Maß des Winkels $\sphericalangle D_4C_4B_4$.

16* Die Punkte $A(0|0)$ und $B(5|-1)$ sind mit den Punkten $C_n(6\cos\alpha + 4{,}5|-3\cos\alpha + 6)$ mit $\alpha \in [0°; 180°]$ Eckpunkte von Vierecken ABC_nD_n. Die Winkel D_nC_nB haben stets das Maß 90° und für die Strecken $[C_nD_n]$ gilt: $\overline{C_nD_n} = \frac{1}{2} \cdot \overline{BC_n}$.

16.1 Berechnen Sie die Koordinaten der Eckpunkte C_1 für $\alpha = 45°$ und C_2 für $\alpha = 100°$ auf zwei Stellen nach dem Komma gerundet.
Zeichnen Sie sodann die Vierecke ABC_1D_1 und ABC_2D_2 in ein Koordinantensystem.
Für die Zeichnung: Längeneinheit 1 cm ; $-2 \leqq x \leqq 10$; $-2 \leqq y \leqq 8$

16.2 Berechnen Sie die Koordinaten der Eckpunkte D_n in Abhängigkeit von α und geben Sie die Gleichung des Trägergraphen t der Punkte D_n an.
[Teilergebnis: $D_n(7{,}5\cos\alpha + 1|5{,}75)$]

16.3 Bei den Vierecken ABC_3D_3 und ABC_4D_4 sind die Seiten $[AD_3]$ bzw. $[AD_4]$ um 50 % länger als die Seite [AB]. Berechnen Sie den zugehörigen Wert für α.
(Auf zwei Stellen nach dem Kommarunden.)

16.4 Das Viereck ABC_5D_5 ist ein Trapez mit Seite $[AD_5]$ parallel zu Seite $[BC_5]$. Berechnen Sie den zugehörigen Wert für α auf zwei Stellen nach dem Komma gerundet.

16.5 Im Viereck ABC_6D_6 stehen [AB] und $[BC_6]$ aufeinander senkrecht. Berechnen Sie auf zwei Stellen nach dem Komma gerundet den zugehörigen Wert für α.

L $y = -0{,}34x + 6{,}08$; -3; $1{,}83$; $112{,}77°$; $(8{,}74|3{,}88)$; $(3{,}46|6{,}52)$; $y = 5{,}75$; $57{,}35° \vee \alpha = 143{,}72°$; $114{,}10°$; $73{,}27°$

* Aus einer Abschlussprüfung

Wiederholung

zu Seite 6 Prozentrechnung

1 b) $\frac{3}{100}$ 0,03 **3 %** 186 von 6200 c) $\frac{1}{6}$ **$0,1\overline{6}$** $16\frac{2}{3}\,\%$ 36 von **216**
d) $\frac{3}{5}$ **0,6** **60 %** **267** von 445

2 a) Betriebskosten vorher 64,6 Mio. € Senkung 9,4 % b) 2,81 Mio. € c) 2,81 Mio. € → 5,7 % Gesamtkosten: 49,3 Mio. €

3 a) 120 € b) 2,2 % c) 7500 €

4 a) $x^2 - 9$ b) $4 + 4y + y^2$ c) $25 - 10x + x^2$ d) $9x^2 + 12x + 4$
e) $25x^2 - 1$ f) $0{,}25x^2 - x + 1$ g) $(2x + 3)^2$ h) $(0{,}1x - 7)^2$
i) $(6 - x^2)(6 + x^2)$ k) $(5x - 0{,}2)^2$

5 a) $(3 + \mathbf{x})^2 = \mathbf{9} + \mathbf{6x} + x^2$ b) $(\mathbf{x} + 1)(\mathbf{x} - 1) = \mathbf{x^2} - 1$ c) $\mathbf{4} + 8x + \mathbf{4x^2} = (\mathbf{2} + 2x)^2$
d) $\mathbf{x^2} - 2xy + \mathbf{y^2} = (x - \mathbf{y})^2$ e) $\mathbf{1} - 0{,}09x^2 = (1 - \mathbf{0{,}3x})(1 + \mathbf{0{,}3x})$

6 a) $T(x) = (x + 3)^2 - 6$; $T_{min} = -6$ für $x = -3$ d) $T(x) = 0{,}5\,(x + 1)^2 + 0{,}5$; $T_{min} = 0{,}5$ für $x = -1$
b) $T(x) = -3\,(x - 1{,}5)^2 + 6{,}75$; $T_{max} = +6{,}75$ für $x = 1{,}5$ e) $T(x) = -0{,}2(x - 2)^2 + 1{,}8$; $T_{max} = 1{,}8$ für $x = 2$
c) $T(x) = 2\,(x + 1)^2 + 3$; $T_{min} = 3$ für $x = -1$ f) $T(x) = -(x + 0{,}5)^2 + 2{,}75$; $T_{max} = 2{,}75$ für $x = -0{,}5$

---

zu Seite 7 Reelle Zahlen – Bruchgleichungen

1 a) $\mathbb{D} = \{x \mid x \geqq 2\}$ b) $\mathbb{D} = \{a \mid a \geqq -\frac{1}{3}\}$ c) $\mathbb{D} = \{a \mid a > 0\}$ d) $\mathbb{D} = \{x \mid x < 1\}$

2 a) $16\sqrt{x}$ b) $a\sqrt{x} + b\sqrt{x} - \sqrt{x}$ c) $9 - 6 + 5 = 8$ d) $x - y$ e) $2ab$ f) $\frac{b}{2}$ g) $(2 + x)\cdot\sqrt{a - b}$

3 a) $\mathbb{L} = \{16\}$ b) $\mathbb{L} = \{16\}$ c) $\mathbb{L} = \{3\}$ d) $\mathbb{L} = \{15\}$

4 a) $6\sqrt{10}$ b) $5y\sqrt{xy}$ c) $2\sqrt{x^2 + y^2}$ d) $(a + b)\sqrt{a}$ e) $(x - 1)\sqrt{y}$ f) $x\sqrt{a - b + 7}$

5 a) $\mathbb{D} = \{x \mid x > 0\}$; $\frac{3\sqrt{5x}}{x}$ b) $\mathbb{D} = \mathbb{R}$; $\frac{a}{33}\,(6 + \sqrt{3})$ c) $\mathbb{D} = \{a \mid a \geqq 0\}$; $\frac{\sqrt{2a} - 2}{a - 2}$ d) $\mathbb{D} = \{a \mid a > 0\}$; $\frac{5\,(a - \sqrt{a})}{a - 1}$

6 a) $\mathbb{D} = \mathbb{R} \setminus \{3\}$; $\mathbb{L} = \{-10\}$ b) $\mathbb{D} = \mathbb{R} \setminus \{0;\ 2\}$; $\mathbb{L} = \{-22\}$
c) $\mathbb{D} = \mathbb{R} \setminus \{-2{,}5;\ -1{,}25\}$; $\mathbb{L} = \{-20\}$ d) $\mathbb{D} = \mathbb{R} \setminus \{-1;\ 0\}$; $\mathbb{L} = \{-\frac{2}{3}\}$
e) $\mathbb{D} = \mathbb{R} \setminus \{-3\}$; $\mathbb{L} = \{2{,}45\}$ f) $\mathbb{D} = \mathbb{R} \setminus \{-\sqrt{6};\ \sqrt{6}\}$; $\mathbb{L} = \{0\}$

7 $\frac{5 + x}{9 - 2x} = \frac{23 + x}{11 - 2x}$; $\mathbb{D} = \mathbb{R} \setminus \{4{,}5;\ 5{,}5\}$; $x = 4$

8 x Jungen; (736 – x) Mädchen $\frac{x}{736 - x} = \frac{65}{27}$; $x = 520$

---

zu Seite 8 Dreiecke

1 a) nicht möglich, da $b + c < a$ b) möglich, da SSS c) möglich, da $a > c$ und $\alpha > \gamma$
d) nicht möglich, da bei $\gamma = 90°$ $c > a$ gelten muss

2 a) $\Delta\ A_1B_1C_1$ nicht kongruent zu $\Delta\ A_2B_2C_2$ (nach WSW)
b) $\Delta\ A_1B_1C_1$ nicht kongruent zu $\Delta\ A_2B_2C_2$ (nach SsW)

3 a) Lösung eindeutig nach SWS

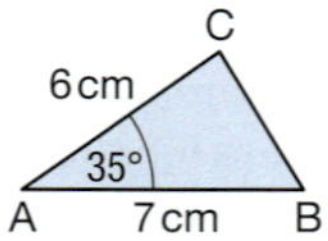

b) Lösung eindeutig nach SsW

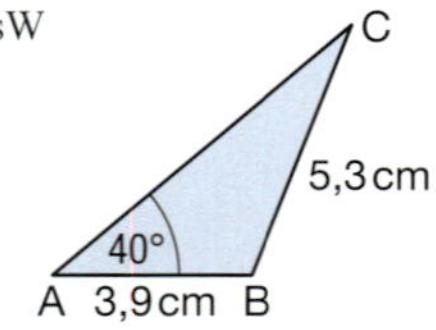

c) Lösung nicht möglich, da der gegebene Winkel nicht der größeren der gegebenen Seiten gegenüberliegt.

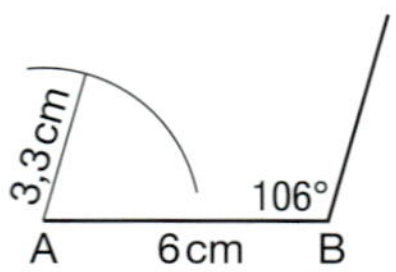

4 a) I gleichschenklig II rechtwinklig III gleichschenklig – rechtwinklig IV gleichseitig
b) I $\beta = \alpha$; Schenkel II $\gamma = 90° - \alpha$ III $\beta = \gamma = 45°$ IV $\alpha = \beta = \gamma = 60°$

5

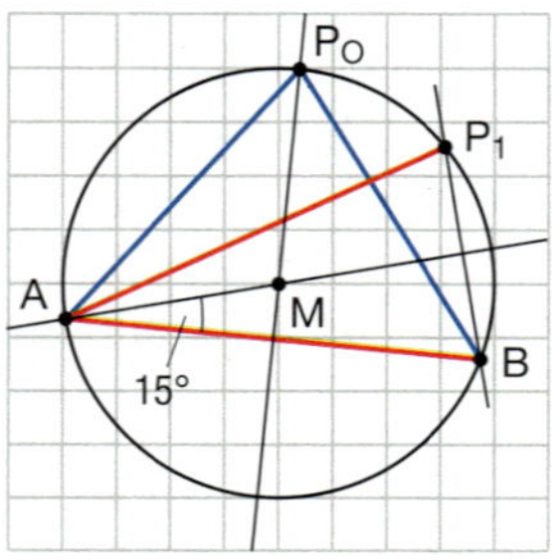

6 Das Schiff kann sich auf den Positionen S_1 oder S_2 befinden.

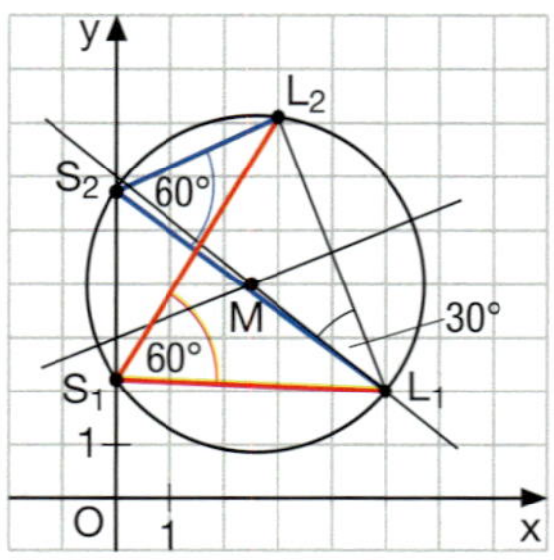

zu Seite 9
Thaleskreis
Inkreis
Umkreis

1 a) b)

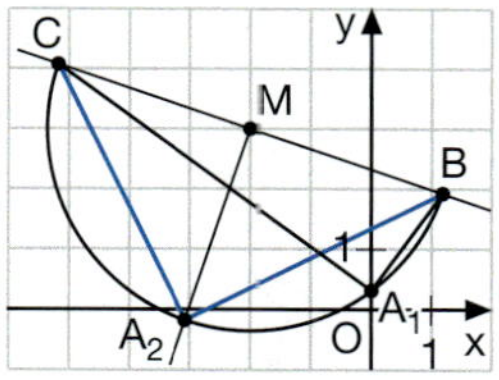

c) Die Parallele zur y-Achse durch (0 | 1) schneidet den Thaleskreis in zwei Punkten.

2 a) b)

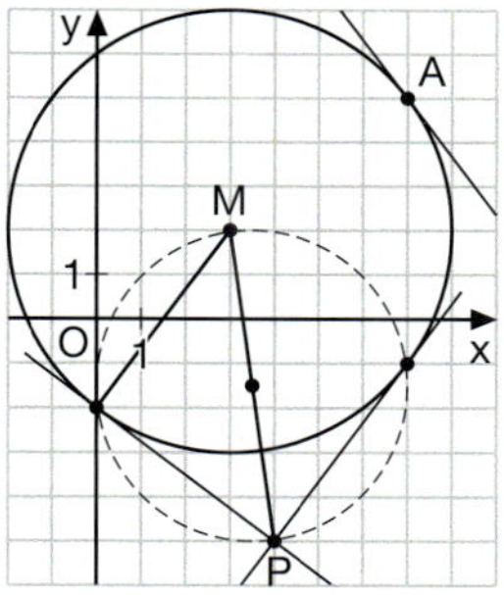

3 a) Die Punkte B und D liegen auf dem Thaleskreis über [AC]

b) c)

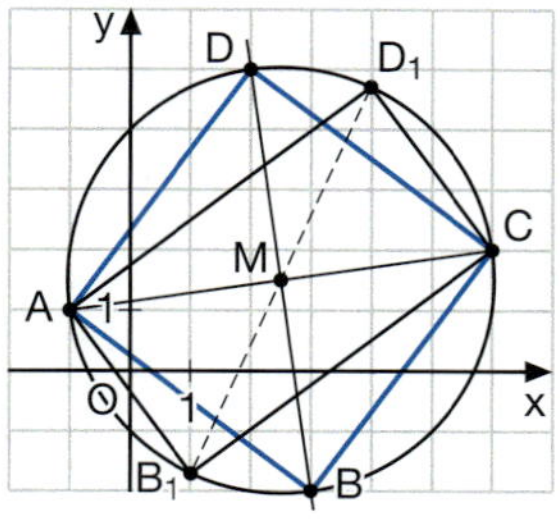

3 d) Für D_2 (x | 3) gibt es zwei Rechtecke, da die Parallele zur x-Achse den Thaleskreis zweimal schneidet, für B_3 (x | −3) gibt es keinen Schnittpunkt.

4 a)

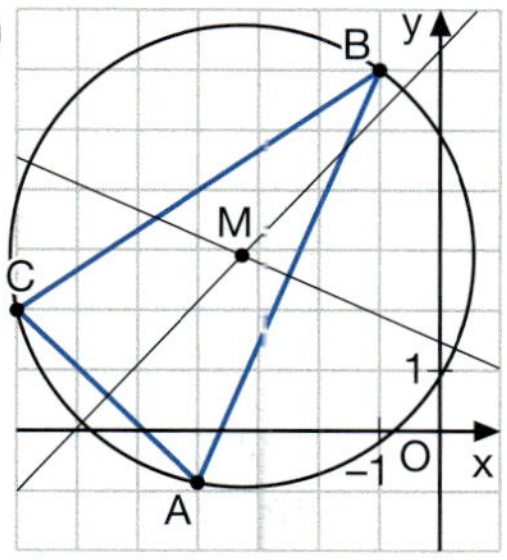

b)

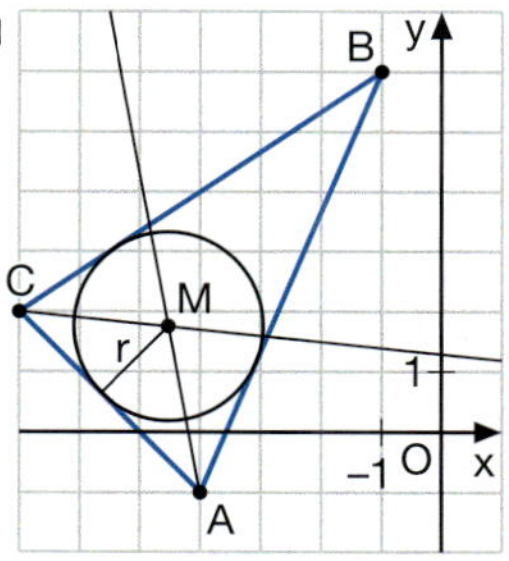

5

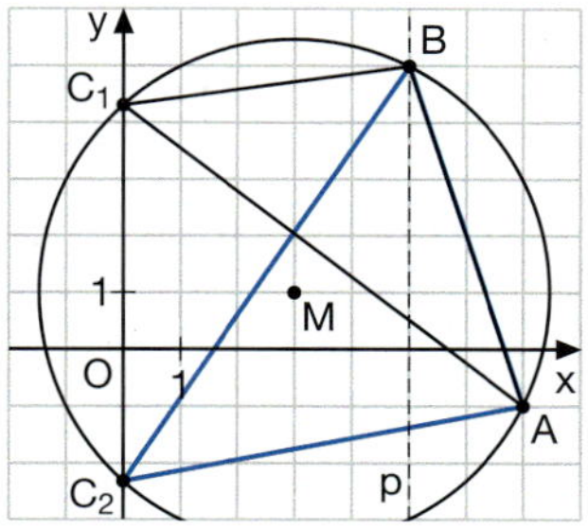

Es gibt 2 Lösungen, die Dreiecke ABC_1; ABC_2.

6

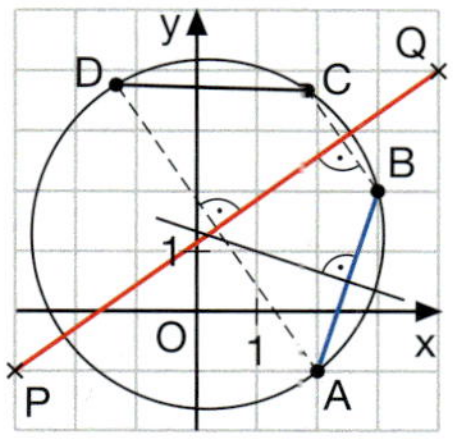

7

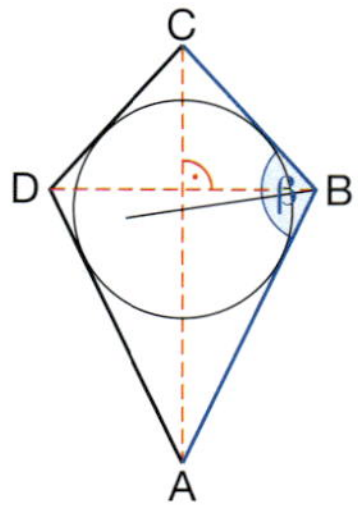

---

zu Seite 10
Flächeninhalt
ebener Vielecke

1 a) f b) w c) w d) f

2 –

3 Planfigur

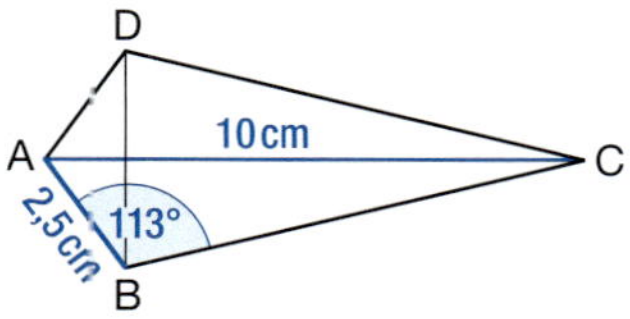

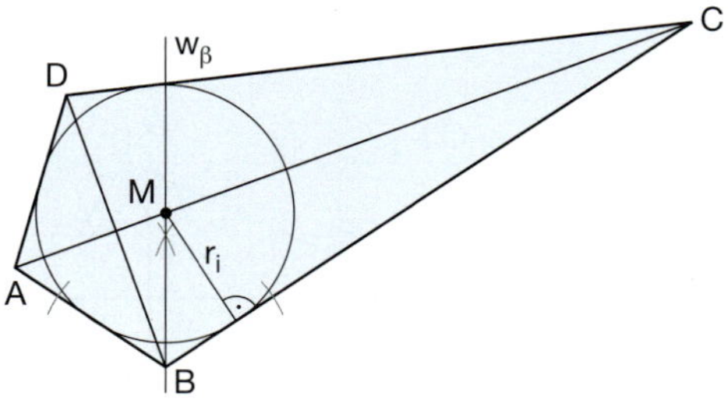

4 Planfigur

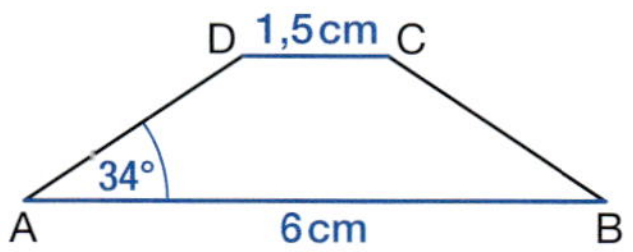

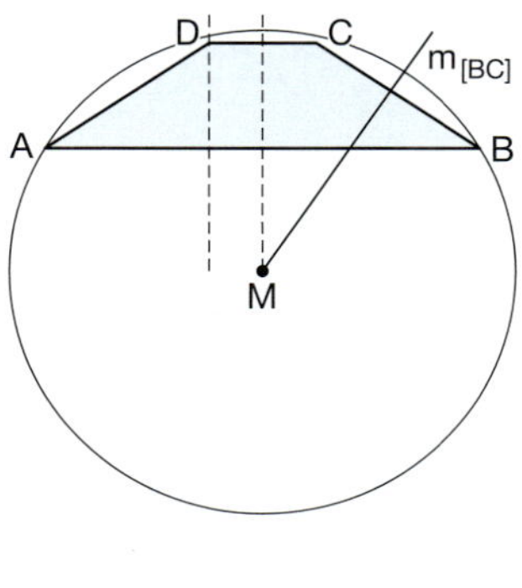

5 29 cm = 2 · 5,5 cm + (a + c); (a + c) = 18 cm

$18{,}9\ \text{cm}^2 = \frac{1}{2} \cdot 18\ \text{cm} \cdot h$; h = 2,1 cm

6 $A_{Wand} = \frac{1}{2}(304\text{ cm} + 430\text{ cm}) \cdot 150\text{ cm} + \frac{1}{2} \cdot (430\text{ cm} + 160\text{ cm}) \cdot 322\text{ cm} - 90\text{ cm} \cdot 200\text{ cm}$

$A_{Wand} = 132\,040\text{ cm}^2 = 13{,}2\text{ m}^2$ $A_{Verschnitt} = 2{,}0\text{ m}^2$ $A_{Gesamt} = 15{,}2\text{ m}^2$

7 a) $\overline{D'B'} = (6 + 3)\text{ LE} = 9\text{ LE}$

$\overline{A'C} = (10 - 3)\text{ LE} = 7\text{ LE}$

$A_{A'B'CD'} = 31{,}5\text{ FE}$

b) $0 < x < 6$

c) $A(x) = \frac{1}{2} \cdot (6 + x) \cdot (10 - x)\text{ F}$

$A(x) = (-0{,}5\,x^2 + 2x + 30)\text{ FE}$

d) $A(x) = [-0{,}5\,(x - 2)^2 + 32]\text{ FE}$

$A_{max} = 32\text{ FE für } x = 2$

$\overline{D'B'} = 8\text{ LE} = \overline{A'C}$

Diagonalen sind gleich lang und senkrecht ⇒ Quadrat

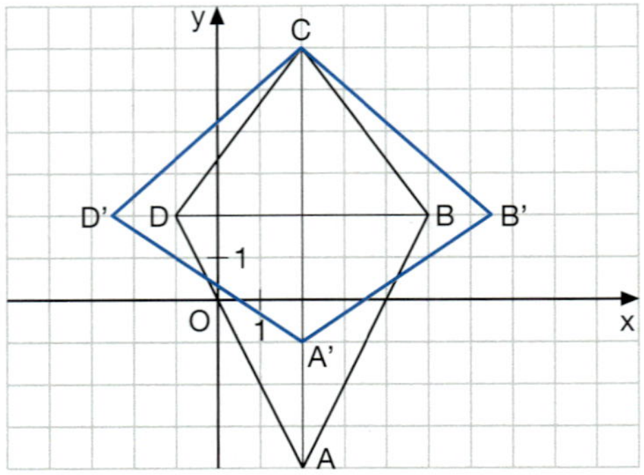

zu Seite 11 Flächeninhalt ebener Vielecke

8 a) $A = \frac{1}{2} \cdot (4{,}2\text{ cm})^2$ b) $12{,}92\text{ cm}^2 = \frac{1}{2} \cdot 7{,}6\text{ cm} \cdot c$

$A = 8{,}82\text{ cm}^2$; $c = 5{,}94\text{ cm}$ $c = 3{,}4\text{ cm}$; $a = 8{,}33\text{ cm}$

9 a) $32\text{ cm}^2 = a \cdot 5\text{ cm}$ $23{,}8\text{ cm} = 2 \cdot (6{,}4\text{ cm} + b)$ b) $32\text{ cm}^2 = \frac{1}{2}\,g \cdot \frac{1}{8}\,g$

$a = 6{,}4\text{ cm}$ $b = 5{,}5\text{ cm}$ $g = 22{,}63\text{ cm}$

10 a)

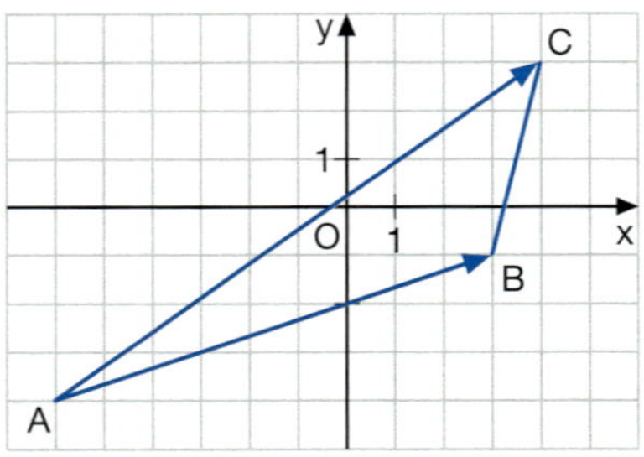

$\overrightarrow{AB} = \binom{9}{3}$; $\overrightarrow{AC} = \binom{10}{7}$

$A = \frac{1}{2} \cdot \begin{vmatrix} 9 & 10 \\ 3 & 7 \end{vmatrix}\text{ FE}$; $A = 16{,}5\text{ FE}$

b)

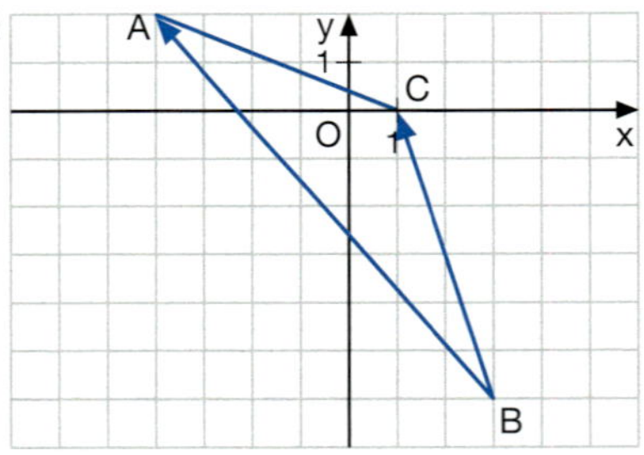

$\overrightarrow{BA} = \binom{-7}{8}$; $A = \frac{1}{2} \cdot \begin{vmatrix} -2 & -7 \\ 6 & 8 \end{vmatrix}\text{ FE}$

$A = 13\text{ FE}$

11

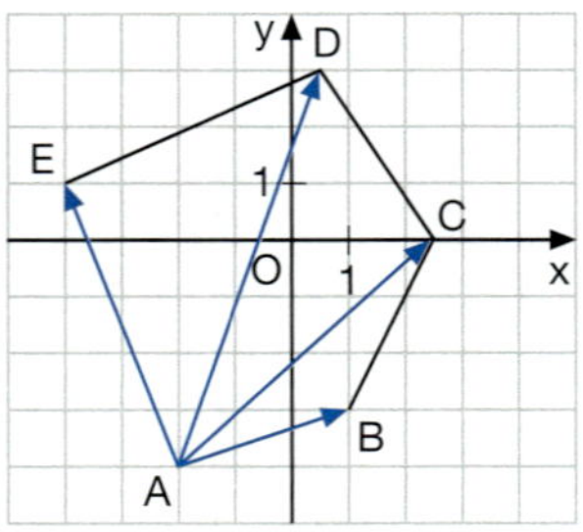

$\overrightarrow{AB} = \binom{3}{1}$; $\overrightarrow{AC}\binom{4{,}5}{4}$; $\overrightarrow{AD} = \binom{2{,}5}{7}$; $\overrightarrow{AE} = \binom{-2}{5}$

$A = \frac{1}{2} \cdot \begin{vmatrix} 3 & 4{,}5 \\ 1 & 4 \end{vmatrix}\text{ FE} + \frac{1}{2} \cdot \begin{vmatrix} 4{,}5 & 2{,}5 \\ 4 & 7 \end{vmatrix}\text{ FE} + \frac{1}{2} \cdot \begin{vmatrix} 2{,}5 & -2 \\ 7 & 5 \end{vmatrix}\text{ FE}$

$A = 3{,}75\text{ FE} + 10{,}75\text{ FE} + 13{,}25\text{ FE}$

$A = 27{,}75\text{ FE}$

12 $\overrightarrow{AB} = \binom{6}{2}$; $\overrightarrow{AC_n} = \binom{x + 1}{\frac{1}{3}x + 4}$; $A = \frac{1}{2} \cdot \begin{vmatrix} 6 & x + 1 \\ 2 & \frac{1}{3}x + 4 \end{vmatrix}\text{ FE}$

$A = \frac{1}{2} \cdot [2x + 24 - 2x - 2]\text{ FE} = 11\text{ FE}$

Die Punkte C_n liegen auf einer Parallelen zu AB, somit haben alle Dreiecke die gleiche Grundlinie und Höhe.

13 a) $A\,(x_A \mid -1)$ $\quad \overrightarrow{BA} = \begin{pmatrix} x_A - 3 \\ -2 \end{pmatrix}$

Maßzahlen: $20 = \begin{vmatrix} -5 & x_A - 3 \\ 2 & -2 \end{vmatrix}$

$20 = 10 - 2x_A + 6$

$x_A = -2$

c) $x_A = x_C;\ y_D = y_B \Rightarrow AC \perp BD$

$\left.\begin{matrix} M_{[AC]}\,(-2 \mid 1) \\ M_{[BD]}\,(-2 \mid 1) \end{matrix}\right\}$ Die Diagonalen halbieren sich.

b) $\overrightarrow{OC} = \overrightarrow{OB} \oplus \overrightarrow{BC}$

$\overrightarrow{OC} = \begin{pmatrix} -2 \\ 3 \end{pmatrix};\ C\,(-2 \mid 3)$

$\overrightarrow{OD} = \overrightarrow{OA} \oplus \overrightarrow{AD};$ $\quad \overrightarrow{AD} = \overrightarrow{BC}$

$D\,(-7 \mid 1)$

14 a)

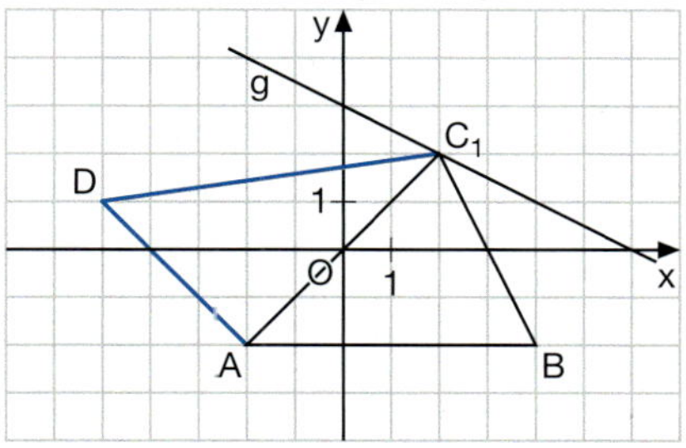

$C_1(2 \mid 2);\ A_1 = 12$ FE

b) $C_n(x \mid -0{,}5x + 3)$

$A(x) = \frac{1}{2} \cdot 6 \cdot (-0{,}5x + 3 + 2)$ FE

$A(x) = (-1{,}5x + 15)$ FE

c) $\overrightarrow{AD} = \begin{pmatrix} -3 \\ 3 \end{pmatrix};\ \overrightarrow{AC}\begin{pmatrix} x + 2 \\ -0{,}5x + 5 \end{pmatrix}$

$A_{AC_nD}(x) = \frac{1}{2}\begin{vmatrix} x + 2 & -3 \\ -0{,}5x + 5 & 3 \end{vmatrix}$ FE

$= (0{,}75x + 10{,}5)$ FE

$A_{ABC_nD}(x) = (-0{,}75x + 25{,}5)$ FE

d) $[DC_n] \parallel [AB];\ y_C = y_D \Rightarrow x = 4$

$[BC_n] \parallel [AD];\ m_{BC_n} = m_{AD}$

$\frac{-0{,}5x + 5}{x - 4} = \frac{3}{-3};\ x = -2$

---

zu Seite 12 lineare Funktionen

1 R mit $y = -0{,}5\,x^2 + 3$

a) für $x = -4$ einsetzen: $y = -0{,}5 \cdot (-4)^2 + 3$

usw. $\quad y = -5 \in \mathbb{Z}$

$R = \{(-4 \mid -5);\ (-2 \mid 1);\ (0 \mid 3);\ (2 \mid 1);\ (4 \mid -5)\}$

c) R ist eine Funktion, da zu jedem x-Wert nur ein y-Wert existiert.

b)

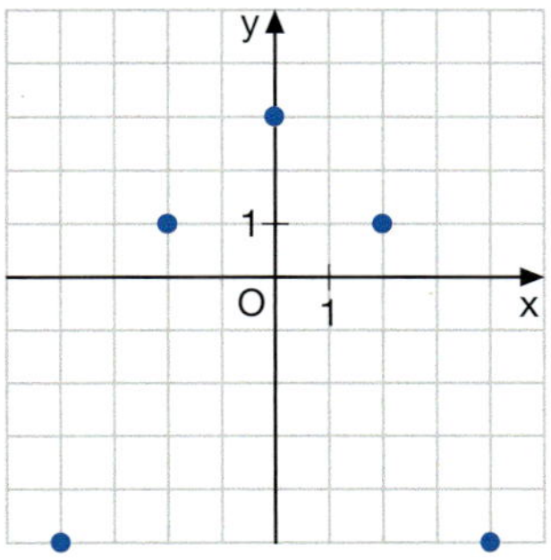

2 a) $f: y = -1{,}5x + 3$

$g: y = 1{,}5x + 3$

$h: y = -4x - 6$

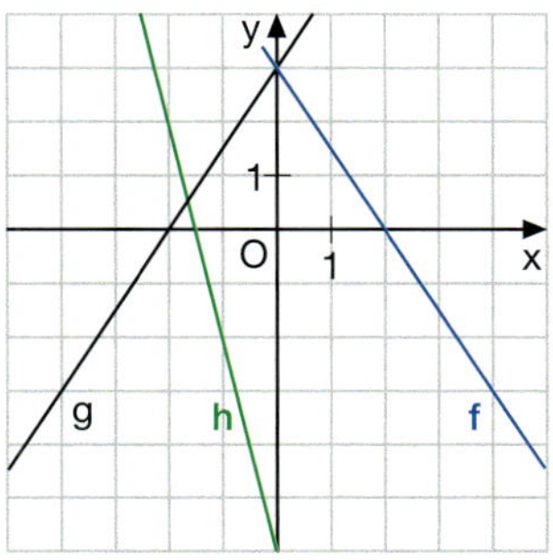

b)

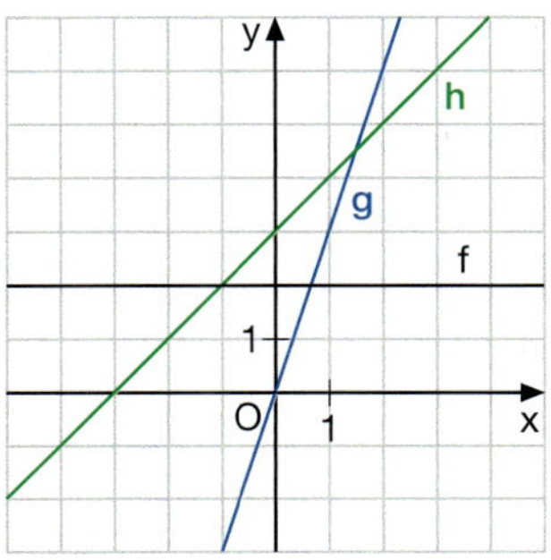

3 $g_1: y = 3x - 2;\ g_2: y = 1;\ g_3: y = -x + 2;\ g_4: y = -2x$

4 a) $\overrightarrow{AB} = \begin{pmatrix} 7 \\ -2 \end{pmatrix};\ m = -\frac{2}{7};\ g: y = -\frac{2}{7}(x - 2) + 1$ bzw. $g: y = -\frac{2}{7}x + \frac{11}{7}$

b) $g: y = -x + 5{,}5$ $\quad$ c) $g: y = x + 6{,}5$ $\quad$ d) $g: y = -x + 6{,}5$

5 a)

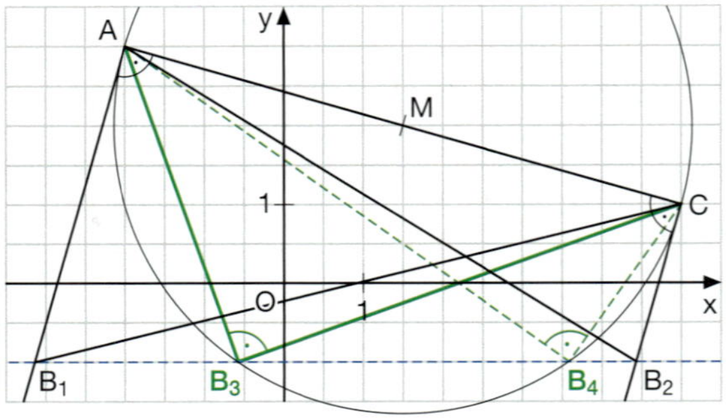

b) $B_3\,(-0{,}7\,|-1)$; $B_4\,(3{,}6\,|-1)$

$AB_1 \perp AC$; $m_{AC} = -\frac{2}{7}$; $m_{AB_1} = \frac{7}{2}$

$B_1 \in AB_1$ mit $y = 3{,}5\,(x+2) + 3$

$y = -1$ einsetzen:
$-1 = 3{,}5\,(x+2) + 3$
$-3{,}14 = x$
$B_1\,(-3{,}14\,|-1)$,
ebenso $B_2\,(4{,}43\,|-1)$

6 a) Koordinaten von A einsetzen in p(t)
$4 = 0{,}5 \cdot (-1) + t$
$4{,}5 = t$
$p_1: y = 0{,}5x + 4{,}5$
$g_1: y = -\frac{3}{4}(x-3) + 1 = -\frac{3}{4}x + \frac{13}{4}$

b) m = 0,5 in g(m) einsetzen
g mit $y = 0{,}5(x-3) + 1 = 0{,}5x - 0{,}5$

c) für g_0 gilt: $m = -2$
g_0 mit $y = -2\,(x-3) + 1 = -2x + 7$

---

zu Seite 13 quadratische Funktionen und Gleichungen

1 a) $S_1(-4\,|-4)$; b) $S_2(-1\,|-7)$; c) $S_3(3\,|-1)$; d) $S_4(3\,|\,0)$; e) $S_5(1{,}5\,|\,9)$; f) $S_6(0\,|-1)$

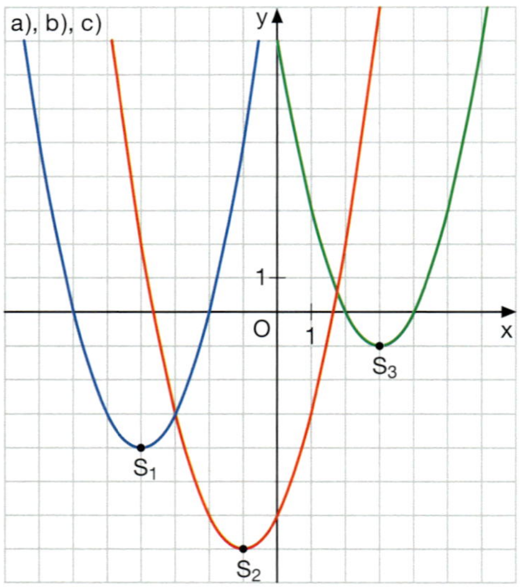

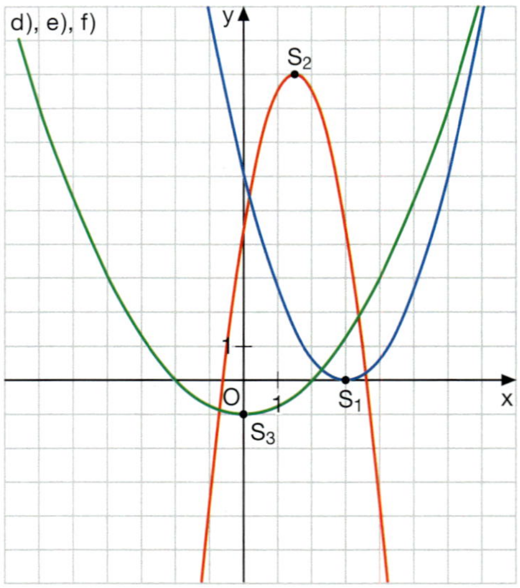

2 a) $y = 1{,}5x^2 + bx + c$
(I) $5 = 1{,}5 \cdot 4^2 + b \cdot 4 + c$
(II) $\wedge\ 0{,}5 = 1{,}5 \cdot 1^2 + b \cdot 1 + c$

$\Rightarrow$ $4{,}5 = 22{,}5 + 3b$
$-6 = b$
$\Rightarrow$ $c = 5$ p mit $y = 1{,}5x^2 - 6x + 5$

b) p mit $y = -0{,}5x^2 + x + 2{,}5$
c) $a = -1$; p mit $y = -x^2 + 6x - 7$
d) p mit $y = x^2 - 2x - 1$
e) $S(-2\,|\,y_s)$; $a = -1$; $y = -(x+2)^2 + y_s$
p mit $y = -x^2 - 4x + 9$

3 a)

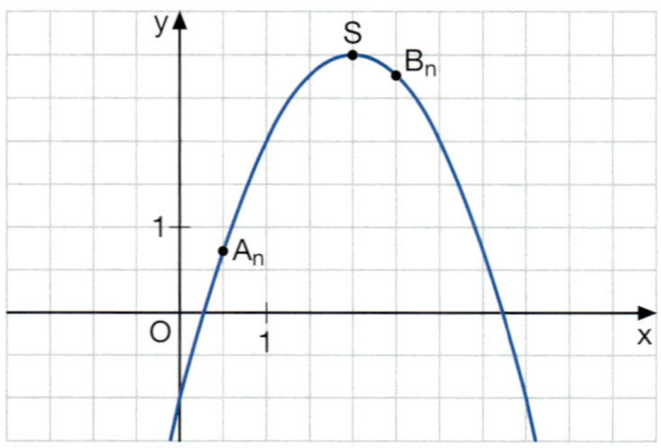

b) $x_B = x + 2$ in p einsetzen
$y = -(x+2-2)^2 + 3$
$y = -x^2 + 3$
$B_n(x+2\,|-x^2+3)$

4 a) $\mathbb{L} = \emptyset$ b) $\mathbb{L} = \{-\frac{7}{2} - \frac{\sqrt{61}}{2};\ -\frac{7}{2} + \frac{\sqrt{61}}{2}\}$ c) $\mathbb{L} = \{-1;\ 2\}$ d) $\mathbb{L} = \emptyset$

5 ursprüngl. Dreieck: $A_1 = \frac{2^2}{4}\sqrt{3}\ \text{cm}^2 = \sqrt{3}\ \text{cm}^2$

Gleichung: $\sqrt{3} + 4 = \frac{(2+x)^2}{4}\sqrt{3}$; $x_1 = 1{,}64$; $x_2 = -5{,}64$

Für $x = 1{,}64$ ist das neue Dreieck um $4\ \text{cm}^2$ größer.

neue Dreiecke: $A_2 = \frac{(2+x)^2}{4}\sqrt{3}\ \text{cm}^2$

6 a) $g(m) \cap p$:

$-x^2 + 8x - 13 = mx - 5m + 6$

$D = (8 - m)^2 - 4 \cdot (-1)(5m - 19)$

$D = 0$; $m^2 + 4m - 12 = 0$; $m_1 = 2$; $m_2 = -6$

t_1: $y = 2x - 4$; t_2: $y = -6x + 36$

Berührpunkt: für $m = 2$ $\quad -x^2 + 8x - 2x + 10 - 19 = 0$
$x = 3 \quad B_1(3|2)$

für $m = -6$ $\quad -x^2 + 8x + 6x - 30 - 19 = 0$
$x = 7 \quad B_2(7|-6)$

b) $p \cap h$: $\quad -x^2 - 8x - 13 = -2x + 8$

$x_1 = 7$; $x_2 = 3$; $P(7|-6)$ $Q(3|2)$

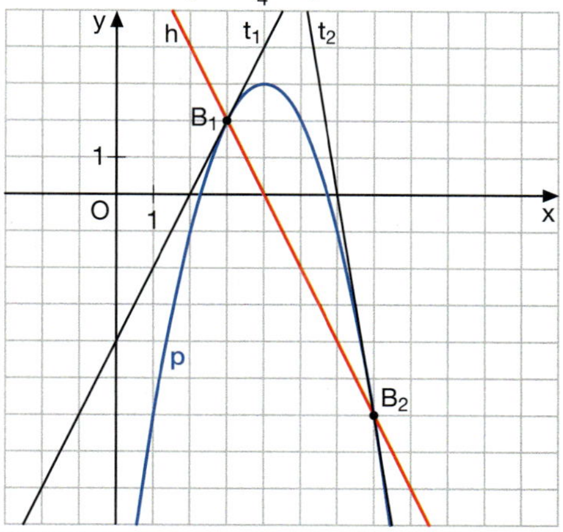

zu Seite 14

1 a) $\mathbb{L} = \{(-5|-7)\}$ b) $\mathbb{L} = \{(2|-1)\}$ c) $\mathbb{L} = \{(1{,}36|-3{,}64)\}$ d) $\mathbb{L} = \{(x|y)|y = 0{,}25x - 1{,}5\}$ e) $\mathbb{L} = \{1{,}5|-2{,}5)\}$ f) $\mathbb{L} = \varnothing$

2 a) $\mathbb{L} = \{(1|0)\}$ $\quad$ b) $\mathbb{L} = \varnothing$ $\quad$ c) $\mathbb{L} = \{(x|y)|y = \frac{1}{3}x + 1\}$ $\quad$ d) $\mathbb{L} = \{(1|2)\}$

a) $y = 0{,}5x - 0{,}5$ $\wedge\, y = -3x + 3$

b) $y = 0{,}5 + 1$ $\wedge\, y = 0{,}5x - 0{,}5$

c) $y = \frac{1}{2}x - \frac{1}{2}$ $\wedge\, 2y = x - 1$

d) $y = x + 1$ $\wedge\, y = -x + 3$

e) Ein lineares Gleichungssystem hat
- genau eine Lösung, wenn die zugehörigen Geraden unterschiedliche Steigung haben.
- keine Lösung, wenn die Geraden gleiche Steigung haben und zugleich die y-Achsenabschnitte verschieden sind.
- unendlich viele Lösungen, wenn die Geraden gleiche Steigung haben und die y-Achsenabschnitte gleich sind.

f) I $\quad y = -0{,}6x - 2{,}4$ $\wedge\, y = 0{,}6x - 2{,}4$ $\quad \mathbb{L} = \{(4|0)\}$

II $\quad y = -0{,}6x + 2{,}4$ $\wedge\, y = -0{,}6x - 2{,}4$ $\quad \mathbb{L} = \varnothing$

III $\quad y = -0{,}6x + 2{,}4$ $\wedge\, y = -0{,}6x + 2{,}4$ $\quad \mathbb{L} = \{(x|y)\ y = -0{,}6x + 2{,}4\}$

3 a) Tarif REGENBOGEN
Kosten: $80 \cdot 0{,}15\ € + 24{,}50\ € = 36{,}50\ €$

Tarif UFO
$80 \cdot 0{,}30\ € = 24\ €$

b) $y = x \cdot 0{,}15 + 24{,}50$ $\wedge\, y = x \cdot 0{,}50$
$\mathbb{L} = \{(70\ \text{Min.}|34{,}50\ €)\}$

zu Seite 15

1 a)

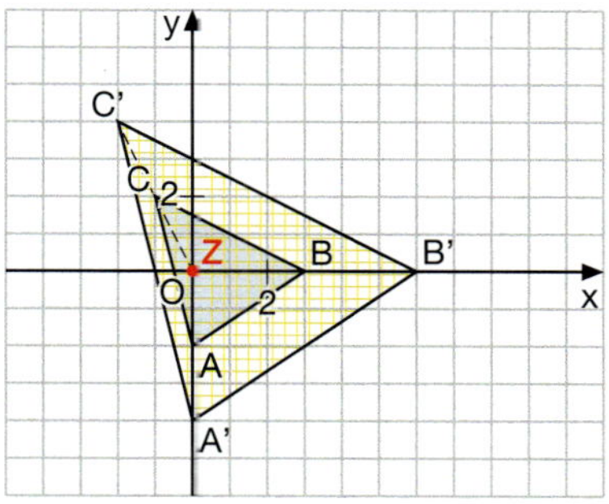

$A_{\Delta ABC} = 7\ \text{FE}$; $A_{\Delta A'B'C'} = 2^2 \cdot 7\ \text{FE} = 28\ \text{FE}$

b)

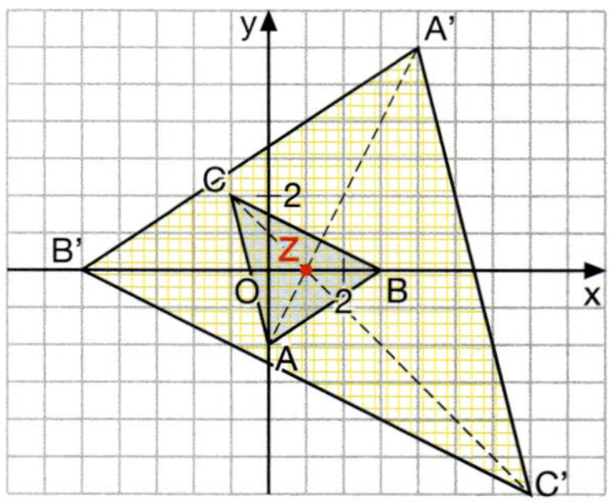

$A_{\Delta ABC} = 7\ \text{FE}$; $A_{\Delta A'B'C'} = (-3)^2 \cdot 7\ \text{FE} = 63\ \text{FE}$

c)

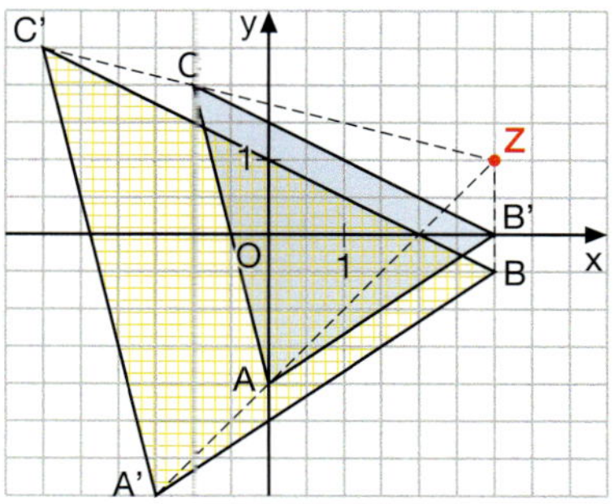

$A_{\Delta ABC} = 7\ \text{FE}$; $A_{\Delta A'B'C'} = 1{,}5^2 \cdot 7\ \text{FE} = 15{,}75\ \text{FE}$

d)

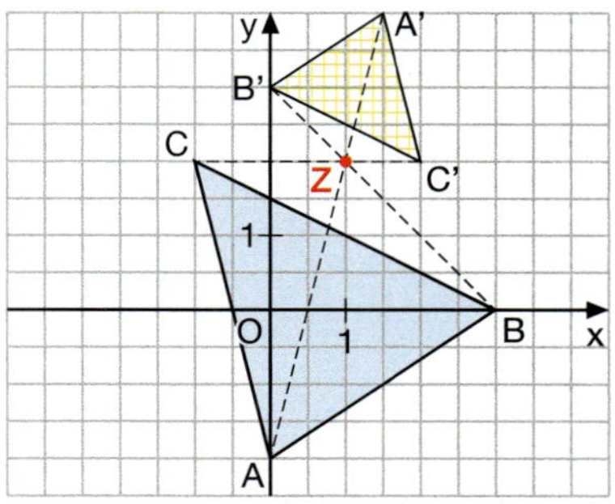

$A_{\Delta ABC} = 7\ \text{FE}$; $A_{\Delta A'B'C'} = (-0{,}5)^2 \cdot 7\ \text{FE} = 1{,}75\ \text{FE}$

2 a) c)

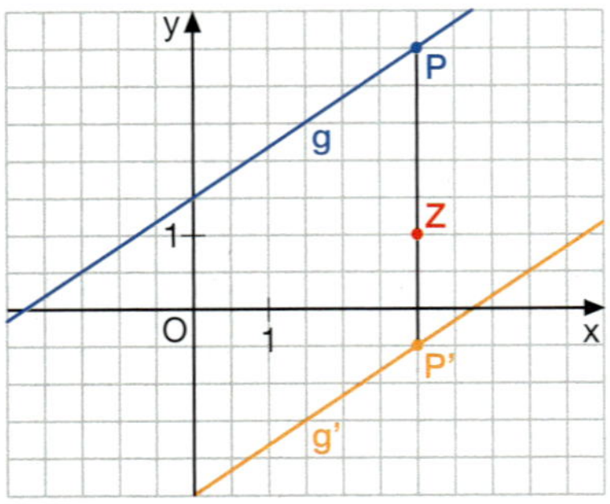

b) $P\,(3\,|\,\frac{2}{3}\cdot 3+1{,}5)=P\,(3\,|\,3{,}5)$

d) $\overline{ZP}=2{,}5$ LE; $\overline{ZP'}=|-0{,}6|\cdot 2{,}5$ LE $=1{,}5$ LE
$P'\,(3\,|\,1-1{,}5)=P'(3\,|-0{,}5)$

e) $P'\,(3\,|-0{,}5)$ in $y=\frac{2}{3}(x-x_{P'})+y_{P'}$ einsetzen:

$$y=\frac{2}{3}(x-3)+(-0{,}5)$$

Ergebnis: $y=\frac{2}{3}x-2{,}5$

3 a) Die beiden Dreiecke sind ähnlich, da sie in zwei Winkelmaßen übereinstimmen (Scheitelwinkel und Winkel mit dem Maß 17,3°)

Es gilt: $\frac{x}{3}=\frac{4{,}2}{6{,}4}$; $x=1{,}97$ $\qquad \frac{y}{2{,}5}=\frac{6{,}4}{4{,}2}$; $y=3{,}81$

b) Die beiden Dreiecke sind ähnlich, da sie in zwei Winkelmaßen übereinstimmen (Winkel mit dem Maß 90° und Winkel mit dem Maß 36°).

Es gilt: $\frac{x}{8{,}67}=\frac{2{,}5}{5{,}04}$; $x=4{,}3$ $\qquad \frac{y}{3{,}5}=\frac{5{,}04}{2{,}5}$; $y=7{,}06$

4 a) b)

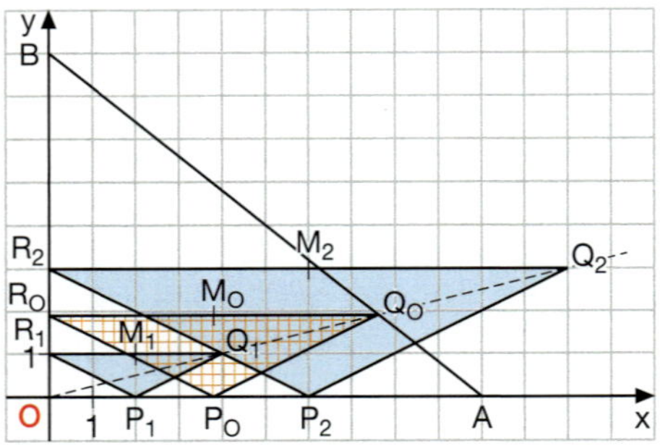

c) $\Delta R_OQ_OB \sim \Delta OAB$
Mit $\overline{OA}=10$ LE; $\overline{OB}=9$ LE; $\overline{M_OP_O}=\overline{OR_O}=y$ LE;
$\overline{R_OQ_O}=4y$ LE; $\overline{R_OB}=(8-y)$ LE folgt:
$\frac{4y}{10}=\frac{8-y}{8}$; $32y=80-10y$; $y=1{,}90$

$A_{\Delta R_OQ_OB}=0{,}5\cdot 4\cdot 1{,}90\cdot 1{,}90$ FE
Ergebnis: $A_{\Delta R_OQ_OB}=7{,}22$ FE
Gleichung der Geraden AB: $y=-0{,}8x+8$
Koordinaten von $Q_O\,(x\,|\,1{,}90)$: $1{,}90=-0{,}8x+8$; $x=7{,}63$
Ergebnis: $Q_O\,(7{,}63\,|\,1{,}90)$

---

zu Seite 16 Rechnen mit Vektoren

1 a) $\overrightarrow{AB}=\binom{4}{2}$; $\overrightarrow{ZP}=\binom{-4}{2}$; $\overline{AB}=\overline{ZP}$, aber [AB] ist nicht parallel zu [ZP]

b) $\overrightarrow{AB}=\binom{1{,}5}{-2{,}3}$; $\overrightarrow{ZP}=\binom{-1{,}5}{+2{,}3}$; $\overline{AB}=\overline{ZP}$; [AB] ∥ [ZP]

c) $\overrightarrow{AB}=\binom{x-2}{x^2+0{,}5}$; $\overrightarrow{ZP}=\binom{x+2-4}{x^2+2x+1-(2x+0{,}5)}=\binom{x-2}{x^2+0{,}5}$; $\overline{AB}=\overline{ZP}$; [AB] ∥ [ZP]

2 a)

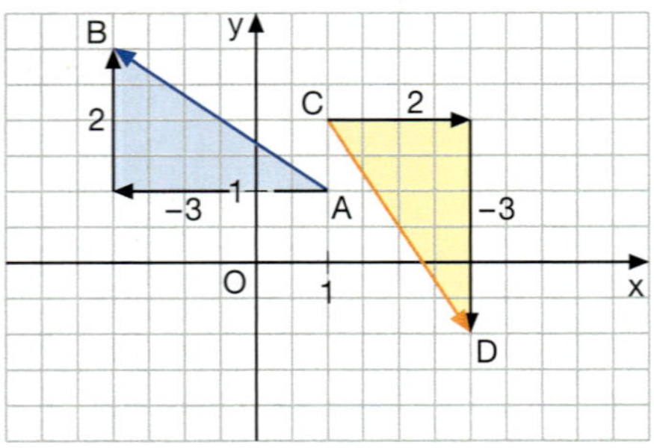

$\overrightarrow{AB}$ ist nicht senkrecht zu $\overrightarrow{CD}$

b)

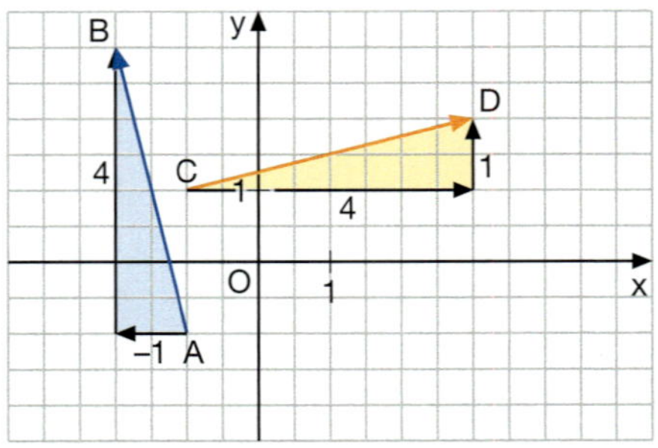

$\overrightarrow{AB}\perp\overrightarrow{CD}$

c)

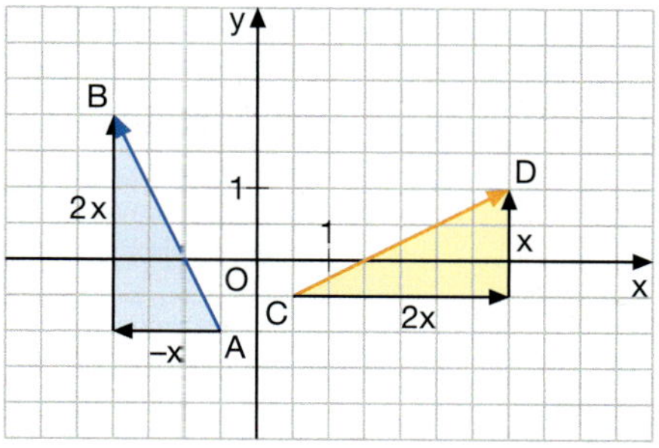

$\overrightarrow{AB} \perp \overrightarrow{CD}$

d)

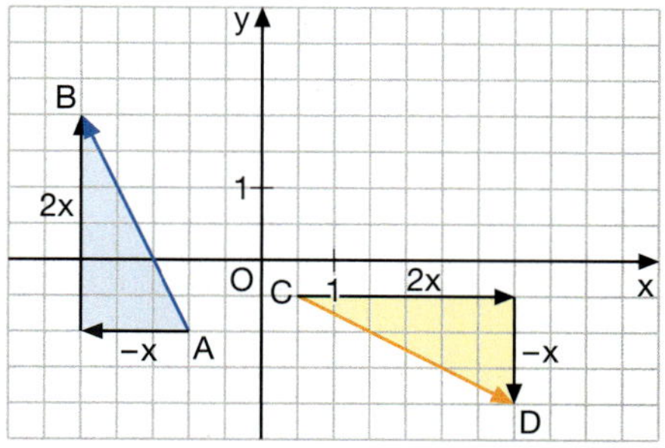

$\overrightarrow{AB}$ ist nicht senkrecht zu $\overrightarrow{CD}$

3 a) $\overrightarrow{CD} = \binom{1}{4}$; $x = 4$ b) $\overrightarrow{AB} = \binom{-2}{-5}$; $x = 2$ c) $\overrightarrow{CD} = \binom{4{,}2}{3}$; $x = 2{,}1$ d) $\overrightarrow{AB} = \binom{-5}{6}$; $x = -2$

4 a) $x_S = \frac{-3 + 1{,}5 + 0}{3}$; $y_S = \frac{1 + 2 + 4{,}5}{3}$; $S\,(-0{,}5 \mid 2{,}5)$ b) $x_S = \frac{2{,}5 + 5 + 0}{3}$; $4 = \frac{2 + 4 + x}{3}$; $x_S = 2{,}5$; $x_C = 6$

c) $4{,}2 = \frac{3 + x_B + 1{,}5}{3}$; $y_S = \frac{-1 + (-2) + 5{,}7}{3}$; $x_B = 8{,}1$; $y_S = 0{,}9$

d) $3 = \frac{8 + x_C}{2}$; $5 = \frac{2 + y_C}{2}$; $x_C = -2$; $y_C = 8$; $x_S = \frac{-4 + 8 + (-2)}{3}$; $y_S = \frac{1 + 2 + 8}{3}$; $x_S = \frac{2}{3}$; $y_S = \frac{11}{3}$

5 a) $\binom{x'}{y'} = \binom{5}{4} \oplus 2{,}5 \binom{3-5}{1-4}$; $P'\,(0 \mid -3{,}5)$

b) $\binom{1}{1{,}5} = \binom{-1}{2} \oplus k \binom{x_P + 1}{1 - 2}$

(I) $1 = -1 + k \cdot x_P + k \cdot 1$
(II) $\wedge\ 1{,}5 = 2 - k$; $k = 0{,}5$ in (I)

$2 = 0{,}5 \cdot x_P + 0{,}5 \cdot 1$; $1{,}5 = 0{,}5\, x_P$; $x_P = 3$

c) $\binom{x'}{y'} = \binom{0}{-3} \oplus 1{,}5 \binom{x - 0}{0{,}5x - 4 + 3}$

(I) $x' = 1{,}5x$
(II) $\wedge\ y' = -3 + 0{,}75x - 1{,}5$; $P'\,(1{,}5x \mid 0{,}75x - 4{,}5)$

d) $\binom{2x-2}{y'} = \binom{2}{-1} \oplus k \binom{x-2}{x^2+4+1}$

(I) $2x - 2 = 2 + k\,(x - 2)$
(II) $\wedge\ y' = -1 + k\,(x^2 + 5)$
(I) $2x - 4 = k\,(x - 2)$; $k = 2$ für $x \neq 2$
(II) $y' = -1 + 2\,(x^2 + 5)$; $y' = 2x^2 + 9$

6 a) $\overrightarrow{AB} = \binom{2}{1}$; $\overrightarrow{A'B'} = \binom{5}{2{,}5}$

Mit $\overrightarrow{A'B'} = k\ \overrightarrow{AB}$ folgt: $k = 2{,}5$

$\overrightarrow{OA}' = \overrightarrow{OZ} \oplus k \cdot \overrightarrow{ZP}$; $A'\,(6 \mid 1)$; $A\,(3 \mid 1)$

$\binom{6}{1} = \binom{x}{y} \oplus 2{,}5 \binom{3-x}{1-y}$

$6 = x + 7{,}5 - 2{,}5x$; $-1{,}5 = -1{,}5x$; $x = 1$
$1 = y + 2{,}5 - 2{,}5y$; $y = 1$ $Z\,(1 \mid 1)$

b) $A_{\Delta ABC} = \frac{1}{2} \cdot 3 \cdot 1$ FE
$= 1{,}5$ FE
$A'_{\Delta A'B'C'} = 2{,}5^2 \cdot 1{,}5$ FE
$= 9{,}375$ FE

---

zu Seite 17 Flächensätze im rechtwinkligen Dreieck

1

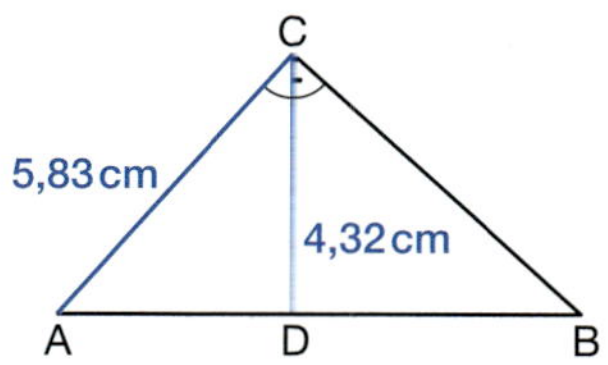

$\overline{AD} = x$ cm
$x = \sqrt{5{,}83^2 - 4{,}32^2}$
$\overline{AD} = 3{,}91$ cm
$\overline{BC} = z$ cm
$z = \sqrt{8{,}69^2 - 5{,}83^2}$
$\overline{BC} = 6{,}44$ cm

$\overline{AB} = y$ cm
$5{,}83^2 = 3{,}91 \cdot y$
$\overline{AB} = 8{,}69$ cm
$A = \frac{1}{2} \cdot 5{,}83\ \text{cm} \cdot 6{,}44\ \text{cm}$
$A = 18{,}78\ \text{cm}^2$

2

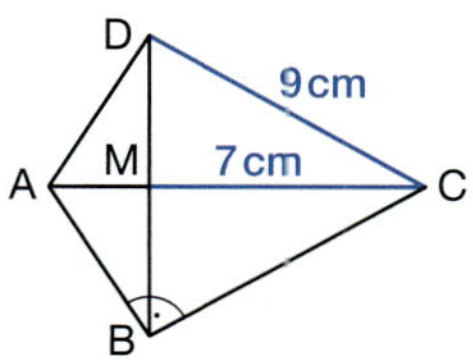

$\overline{MD} = x$ cm
$x = \sqrt{9^2 - 7^2}$
$\overline{MD} = 5{,}66$ cm
$\overline{BD} = 11{,}32$ cm

$\overline{AM} = y$ cm
$y \cdot 7 = 5{,}66^2$
$\overline{AM} = 4{,}58$ cm
$\overline{AC} = 11{,}58$ cm
$\overline{AB} = 7{,}28$ cm

3 a) $\overline{BD} = \sqrt{(6\ \text{cm})^2 + (6\ \text{cm})^2}$
$\overline{BD} = \sqrt{72}$ cm

$e^2 = (\sqrt{72}\ \text{cm})^2 + (6\ \text{cm})^2$
$e = 10{,}39$ cm

b) $\overline{AB'} = (6 + x)$ cm
$\overline{AE'} = (6 - x)$ cm

Für die Maßzahlen gilt:
$d^2 = (6 + x)^2 + 6^2$
$e^2 = (6 + x)^2 + 6^2 + (6 - x)^2$
$(2\sqrt{30})^2 = 108 + 2x^2$
$6 = x^2$ $x = 2{,}45$ ($\vee$ $x = -2{,}45$)

4

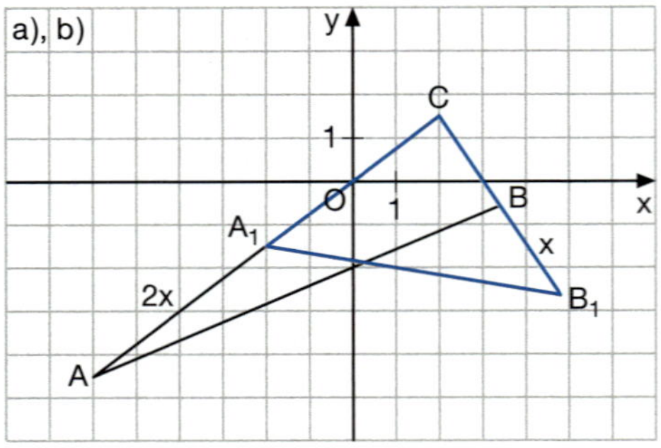

a) $\overline{AC} = \sqrt{8^2 + 6^2}$ LE $= \sqrt{100}$ LE
$\overline{AB} = \sqrt{9{,}5^2 + 4^2}$ LE $= \sqrt{106{,}25}$ LE
$\overline{BC} = \sqrt{(-1{,}5)^2 + 2^2}$ LE $= \sqrt{6{,}25}$ LE

Für die Maßzahlen gilt:
$\sqrt{106{,}25}^2 = \sqrt{100}^2 + \sqrt{6{,}25}^2$
$106{,}25 = 106{,}25$ (w) $\Rightarrow$ rechtwinklig

c) Für die Maßzahlen gilt:
$\overline{A_nB_n}^2 = (10 - 2x)^2 + (2{,}5 + x)^2$
$\overline{A_nB_n} = \sqrt{5x^2 - 35x + 106{,}25}$ $\quad \overline{AB}_{min} = 6{,}71$ LE
$\overline{A_nB_n} = \sqrt{5\,(x - 3{,}5)^2 + 45}$ $\quad$ für $x = 3{,}5$

5

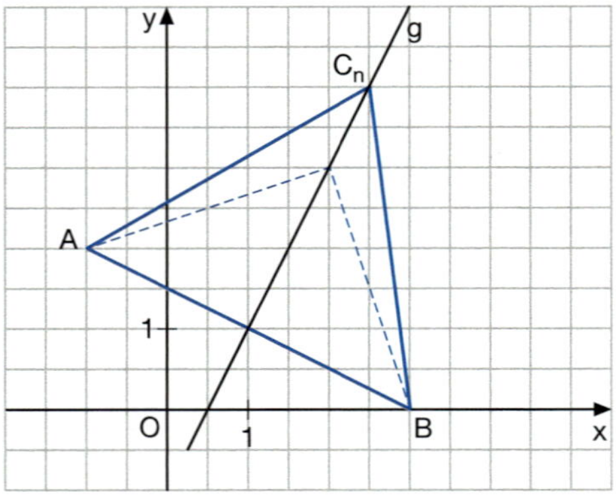

a) C_n liegt auf der Mittelsenkrechten über [AB].
$m_{AB} = -\frac{1}{2}$; $m_g = 2$ mit M (1 | 1)
g: $y = 2\,(x - 1) + 1$
$y = 2x - 1$

b) $C_n\,(x \mid 2x - 1)$
$\overline{AC_n} = \sqrt{(x + 1)^2 + (2x - 1 - 2)^2}$ LE
$\overline{AC_n} = \sqrt{5x^2 - 10x + 10}$ LE

c) $\sqrt{10} = \sqrt{5x^2 - 10x + 10}$
$10 = 5x^2 - 10x + 10$
$(x = 0 \vee)\ x = 2$ $\quad C_1\,(2 \mid 3)$

d) $\overline{AC_1}^2 + \overline{BC_1}^2 \overset{?}{=} \overline{AB}^2$
$\sqrt{10}^2 + \sqrt{10}^2 \overset{?}{=} \sqrt{4^2 + 2^2}^2$
$10 + 10 = 20$ (w)

---

zu Seite 18
Kreis, Raumgeometrie

1 a) $2\pi\ \text{cm}^2 = r^2\pi\ \frac{20°}{360°}$; $r = \sqrt{\frac{2\pi\ 360°}{\pi\ 20°}}$ cm; $r = 6$ cm

$2\pi\ \text{cm}^2 = \frac{1}{2} \cdot 6\ \text{cm} \cdot b$; $b = 2{,}09$ cm

b) 25π cm $= r \cdot \pi \cdot \frac{300°}{180°}$; $r = 15$ cm

$A_S = \frac{1}{2} \cdot 15\ \text{cm} \cdot 25\pi\ \text{cm} = 187{,}5\pi\ \text{cm}^2$

c) $200\ \text{cm}^2 = \frac{1}{2} r \cdot 10$ cm; $r = 40$ cm; $10\ \text{cm} = 40\ \text{cm} \cdot \pi \cdot \frac{\alpha}{180°}$; $\alpha = 14{,}32°$

2 $b = 3{,}5\ \text{cm} \cdot \pi \cdot \frac{60°}{180°}$; $b = 3{,}67$ cm

Gleichseitiges Dreieck $\Rightarrow \overline{AB} = r = 3{,}5$ cm

3 a) $11{,}18\ \text{dm} = \sqrt{64 + 25 + b^2}$ dm; $b = 6$ dm;
$V = 8 \cdot 6 \cdot 5\ \text{dm}^3 = 240\ \text{dm}^3$

b) $O = (8 \cdot 6 \cdot 2 + 8 \cdot 5 \cdot 2 + 6 \cdot 5 \cdot 2)\ \text{dm}^2$
$O = 236\ \text{dm}^2$

4

	a)	b)	c)
A_G in cm^2	120	4,1	60
h in cm	2,1	3,7	0,75
V in cm^3	256	15	45
Dichte ρ in $\frac{\text{g}}{\text{cm}^3}$	8,9	19,3	2,4
Masse m in g	2278,4	289,5	108

5 $530{,}44\ \text{cm}^2 = \frac{a^2}{4}\sqrt{3}$; $a = 35{,}0$ cm
$M = u \cdot h$
$M = 3 \cdot 35\ \text{cm} \cdot 52\ \text{cm} = 5460\ \text{cm}^2$

6 a)

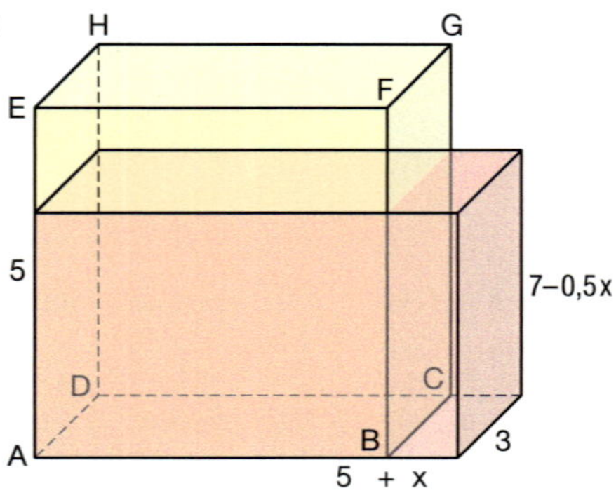

b) $x \in\ ]0;\ 14[$

c) $V(x) = [3 \cdot (5 + x)\,(7 - 0{,}5x)]\ \text{cm}^3$
$= (-1{,}5\,x^2 + 13{,}5\,x + 105)\ \text{cm}^3$

d) $V(x) = [-1{,}5\,(x - 4{,}5)^2 + 135{,}375]\ \text{cm}^3$
$V_{max} = 135{,}375\ \text{cm}^3$

e) $O(x) = (-x^2 + 12x + 142)\ \text{cm}^2 = [-(x - 6)^2 + 178]\ \text{cm}^2$
Nein

f) $d_r^2 = [(5 + x)^2 + 3^2] + (7 - 0{,}5x)^2$
$d_r = \sqrt{1{,}25x^2 + 3x + 83}$

g) $\sqrt{1{,}25x^2 + 3x + 83} = 10$; $x_1 = 2{,}68$; $(x_2 = -5{,}08)$

zu Seite 19
Raumgeometrie

7 b)

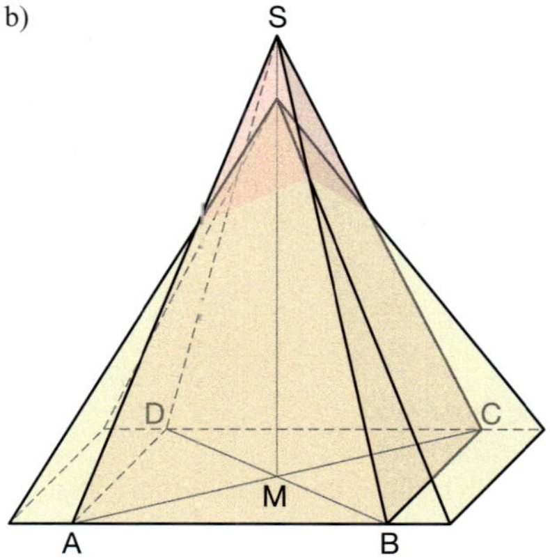

a) $x \in]0;\ 7[$

c) $A_G = (5 + 2x) \cdot 5 = (25 + 10x)\ cm^2$

$h = (7 - x)\ cm$

$V(x) = \frac{1}{3}(25 + 10x)(7 - x)\ cm^3$

$= \frac{1}{3}(175 + 70x - 25x - 10x^2)\ cm^3$

$= \left(-\frac{10}{3}x^2 + 15x + 58\frac{1}{3}\right)\ cm^3$

d) $V(x) = -\frac{10}{3}(x^2 - 4{,}5x + 2{,}25^2 - 2{,}25^2 - 17{,}5)\ cm^3$

$= -\frac{10}{3}[(x - 2{,}25^2) - 22{,}5625]\ cm^3$

$= \left[-\frac{10}{3}(x - 2{,}25)^2 + 75{,}21\right]\ cm^3$

für $x = 2{,}25$ cm; $V_{max} = 75{,}21\ cm^3$

8

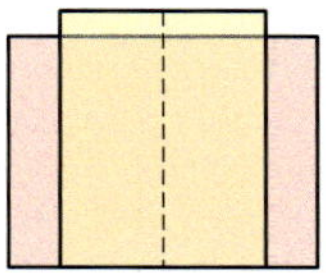

$r = 2 + x$
$h = 5 - 0{,}5x$

a) $V_x = (2 + x)^2\,\pi\,(5 - 0{,}5x)\ cm^3$

$= \pi\,(4 + 4x + x^2)(5 - 0{,}5x)\ cm^3$

$= \pi\,(20 - 2x + 20x - 2x^2 + 5x^2 - 0{,}5x^3)\ cm^3$

$= \pi\,(-0{,}5x^3 + 3x^2 + 18x + 20)\ cm^3$

b)

x	−5	−4	−3	−2	−1	0	1	2	3	4	5	6	7	8	9	10
V(x)	212	88	20	0	17	63	127	201	275	339	385	402	382	314	190	0

c) $M(x) = 2 \cdot (2 + x)\,\pi\,(5 - 0{,}5x)\ cm^2$

$= 2 \cdot \pi\,(10 - x + 5x - 0{,}5x^2)\ cm^2$

$M(x) = 2\pi\,(-0{,}5x^2 + 4x + 10)\ cm^2$

$M = -\pi\,[x^2 - 8x + 4^2 - 4^2 - 20]\ cm^2$

$= -\pi\,[(x - 4)^2 - 36]\ cm^2$

$= [-\pi\,(x - 4)^2 + 36\pi]\ cm^2$

für $x = 4$ cm; $M_{max} = 36\pi\ cm^2$

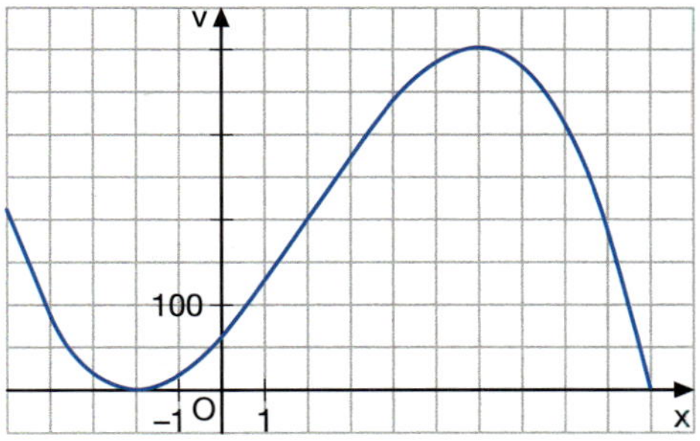

9 a)

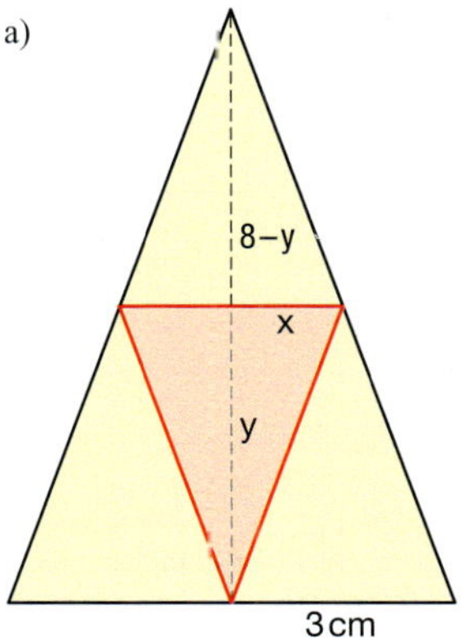

b) $V = \frac{1}{3} \cdot 1{,}5^2\pi \cdot 4\ cm^3 = 3\pi\ cm^3$

$O = 1{,}5\pi\,(1{,}5 + 4{,}27)\ cm^2 = 8{,}66\pi\ cm^2$

c) $x = y;\quad \frac{8 - y}{8} = \frac{x}{3}$

$y = -\frac{8}{3}x + 8;$

$x = -\frac{8}{3}x + 8;\quad x = 2{,}18$ cm

d) $2x = s$

$s = \sqrt{x^2 + \left(-\frac{8}{3}x + 8\right)^2}$

$4x^2 = x^2 + \frac{64}{9}x^2 - \frac{128}{3}x + 64$

$[x_1 = 8{,}56];\ x_2 = 1{,}82$

e) $V(x) = \frac{1}{3}x^2\pi \cdot \left(-\frac{8}{3}x + 8\right)\ cm^3 = \left(-\frac{8}{9}\pi x^3 + \frac{8}{3}\pi x^2\right)\ cm^3$

10 $1333 = 4\pi r^2$; $r = 10{,}30$ cm; $u = 64{,}71$ cm

11

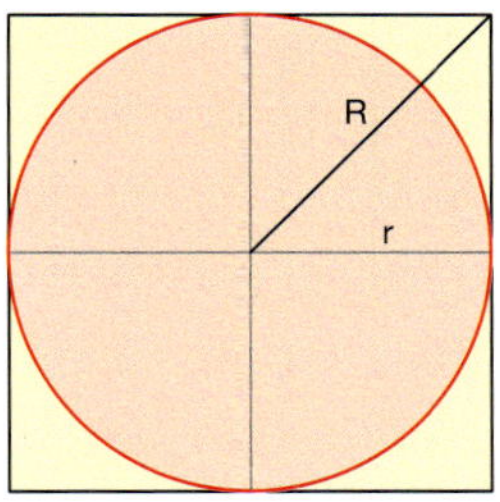

$r = 3$ cm; $R = 3\sqrt{2}$ cm $= 4{,}24$ cm

$V_e = \frac{4}{3} \cdot 3^3\pi\ cm^3 = 113{,}10\ cm^3$

$V_u = \frac{4}{3}(3\sqrt{2})^3\,\pi\ cm^3 = 319{,}89\ cm^3$

$O_e = 4 \cdot 3^2\pi\ cm^2 = 113{,}10\ cm^2$

$O_u = 4\,(3\sqrt{2})^2\,\pi\ cm^2 = 226{,}19\ cm^2$

Vergleich: $O_u = 2\,O_e$

zu Seite 168
Funktionen

1 1.1 Der Graph ist eine Hyperbel, also A oder B
P(1 | −2) ∈ h einsetzen, ergibt Lösung B

1.2 g mit $y = \frac{1}{2}x + 3$

1.3 g ∩ h: $y = \frac{1}{2}x + 3$ $\qquad \mathbb{G} = \mathbb{R} \times \mathbb{R}$

$\wedge\, y = -\frac{2}{x}$

$-\frac{2}{x} = \frac{1}{2}x + 3$ $\qquad \mathbb{G} = \mathbb{R}$

$-2 = \frac{1}{2}x^2 + 3x$

$x_1 = -0{,}76$ $\qquad x_2 = -5{,}24$

$y_1 = 2{,}63$ $\qquad y_2 = 0{,}38$

$S_1(-0{,}76 \,|\, 2{,}63)$ $\qquad S_2(-5{,}24 \,|\, 0{,}38)$

2 2.1 wegen $8 - 2x > 0$ gilt: $\mathbb{D} = \mathbb{D}' = \{x \,|\, x < 4\}$; $\mathbb{W} = \mathbb{R}$; $\mathbb{W}' = \mathbb{R}^-$

2.2 z. B. $P(1{,}5 \,|\, 1) \mapsto P'(1{,}5 \,|\, -0{,}75)$; somit $k = -\frac{3}{4}$

Abbildungsgleichung: $x' = x$
$\wedge\, y' = -0{,}75 \cdot y$

2.3 Für den Mittelpunkt $T(x \,|\, 0{,}25)$ gilt:

$0{,}5\,(2 + \log_{0,2}(8 - 2x) - 1{,}5 - 0{,}75 \log_{0,2}(8 - 2x)) = 0{,}25$

$0{,}5 + 0{,}25 \log_{0,2}(8 - 2x) = 0{,}5$

$\log_{0,2}(8 - 2x) = 0$

$8 - 2x = 1$

$x = 3{,}5$

zu Seite 169
Funktionen

3 3.1 $y = k \cdot a^x$
(0 | 2,20) und (2 | 2,80) einsetzen
$2{,}2 = k \cdot a^0 \Rightarrow k = 2{,}2$
$2{,}80 = 2{,}20 \cdot a^2$
$a = 1{,}13$

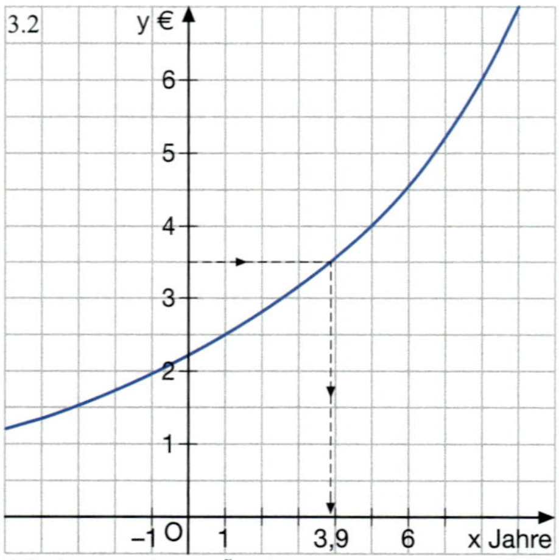

3.3 $3{,}50 = 2{,}2 \cdot 1{,}13^x$

$x = \log_{1,13} \frac{3{,}5}{2{,}2}$; $x = 3{,}80$

Im Jahr 2005 wird der Preis überschritten.

3.4 2008 ⇒ x = 6; Preis 4,58 €
2000 ⇒ x = −2; Preis 1,72 €

4 4.1 $y = k \cdot \left(1 + \frac{p}{100}\right)^x$
Anfangswert k = 23 000; p = 5,5%;
somit $y = 23\,000 \cdot 1{,}055^x$

4.2 2005: x = 3; y = 27 007,6; Preis 27 000 €
2011: x = 9; y = 37 239,2; Preis 37 200 €

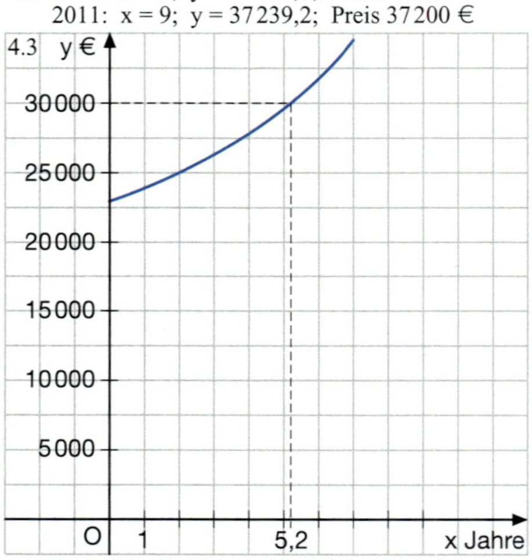

4.4 Im 5. Jahr (2007) wird der Preis von 30 000 € erreicht.

5 5.1 Lösung B, da A eine Exponentialfunktion und C eine am Ursprung 0 punktsymmetrische Parabel beschreibt.

5.2 f' mit $y = -0{,}25x^3 + 0{,}75x^2$

5.3 $f(2, 2) = -0{,}968$; $r = 0{,}968\text{ cm} \cdot 5 = 4{,}84\text{ cm}$
$A = (4{,}84\text{ cm})^2\, \pi = 73{,}59\text{ cm}^2$

5.4 z. B. Orthogonale Affinität mit k = 1,2
neue Gleichung: $y = 1{,}2 \cdot (0{,}25x^3 - 0{,}75x^2)$
$y = 0{,}3x^3 - 0{,}9x^2$

6 6.1 $y = m \cdot 1{,}1842^{-x}$
$2{,}14 = m \cdot 1{,}1842^{-5}$
$m = 4{,}98$
Ursprüngliche Masse 4,98 g

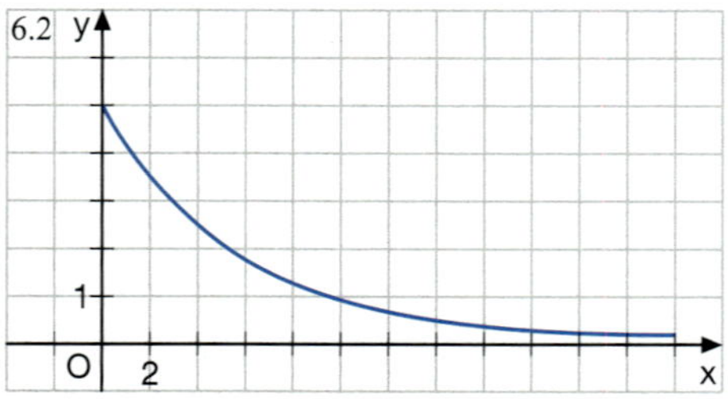

6.3 $1 = 4{,}98 \cdot 1{,}1842^{-x}$
$-x = \log_{1,1842} 0{,}20$
$x = 9{,}5$ nach 9,5 Sek. ist noch 1 g vorhanden.
$0{,}1 = 4{,}98 \cdot 1{,}1842^{-x}$
$x = 23{,}1$ nach 23,1 Sek. ist noch 0,1 g vorhanden

6.4 $0{,}5 \cdot 4{,}98 = 4{,}98 \cdot 1{,}1842^{-x}$
$x = 4{,}1$ Halbwertszeit 4,1 Sek.

7 7.1

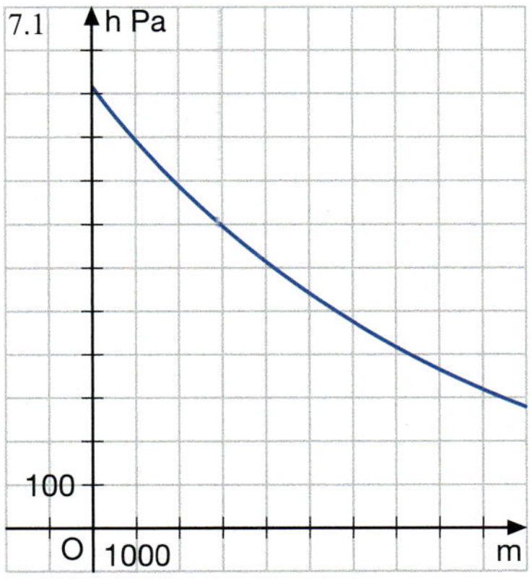

7.2 $p = 1013 \cdot 0{,}5^{\frac{h}{5500}}$

7.3 $400 = 1013 \cdot 0{,}5^{\frac{h}{5500}}$

$\frac{h}{5500} = \log_{0,5} \frac{400}{1013}$

$h = 7373$ m

7.4 Am Boden wird der Ballon nur teilweise gefüllt. In der Höhe nimmt das Gas einen größeren Raum ein. Der Ballon platzt nicht.

zu Seite 170
Funktionen

8 8.1 Wegen der Wurzeldefinition gilt
$x + 4 \geqq 0$; $\mathbb{W} = \{y \mid y \geqq -2\}$

8.3 f mit $y = 3\,(x + 4)^{\frac{1}{3}} - 2$

f' mit $x = 3\,(y + 4)^{\frac{1}{3}} - 2$

$\frac{1}{3}x + \frac{2}{3} = (y + 4)^{\frac{1}{3}}$

$\frac{1}{27}\,(x + 2)^3 - 4 = y$

8.5 Grafik B, da negative x-Werte mögliche sind und der Flächeninhalt bei zunehmenden x-Werten erst größer wird und dann kleiner.

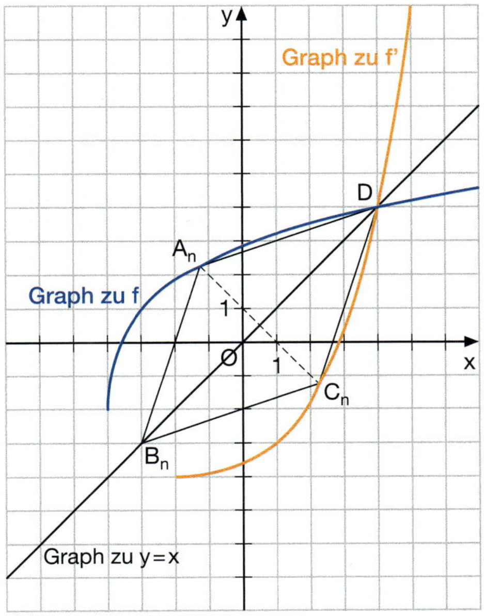

9 9.1 f mit $y = a\,(x - 3)^3 + 1$
Koordinaten von A einsetzen: $-1 = a\,(5 - 3)^3 + 1$
$-2 = 8a$; $a = -0{,}25$

9.3 $x^* = x$
$\wedge\ y^* = -0{,}5\,[-0{,}25\,(x - 3)^3 + 1]$
$x^* = x$
$\wedge\ y^* = 0{,}125\,(x - 3)^3 - 0{,}5$
f_1 mit $y = 0{,}125\,(x - 3)^3 - 0{,}5$
$x' = x^* - 2$
$\wedge\ y^* = 0{,}125\,(x - 3)^3 - 0{,}5 + 3$
$\Rightarrow x^* = x' + 2$
$\Rightarrow y' = 0{,}125\,(x' + 2 - 3)^3 + 2{,}5$
f_2 mit $y = 0{,}125\,(x - 1)^3 + 2{,}5$

9.4 f_1 mit $y = 0{,}125\,(x - 3)^3 - 0{,}5$
f^{-1} mit $x = 0{,}125\,(y - 3)^3 - 0{,}5$
$8x + 4 = (y - 3)^3$
$2\,(x + 0{,}5)^{\frac{1}{3}} + 3 = y$

9.5 $f \cap f_1$: $y = -0{,}25\,(x - 3)^3 + 1$
$\wedge\ y = 0{,}125\,(x - 3)^3 - 0{,}5$
$\Rightarrow -0{,}375\,(x - 3)^3 + 1{,}5 = 0$
$x = 4{,}59$ T(4,59 | 0)

9.2

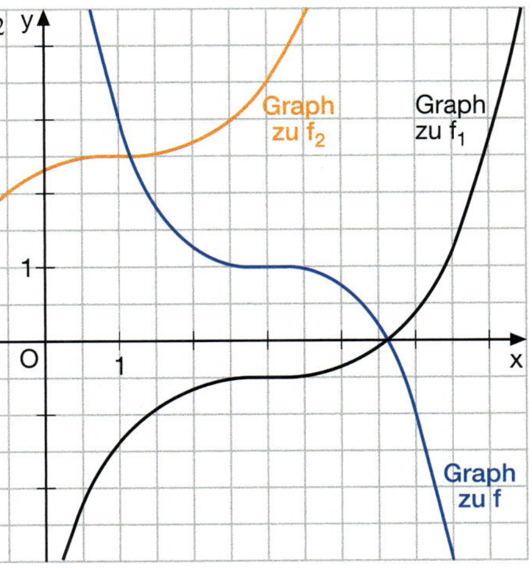

9.6 Mit der Tabelle von f_1, f_2 und $f_1 - f_2$ erhält man
$x = 1$ und $x = 5{,}52$
$P_1(1 \mid +3{,}0)$ $Q_1(1 \mid -1{,}5)$
$P_2(5{,}52 \mid -3{,}0)$ $Q_1(5{,}52 \mid 1{,}5)$

zu Seite 171
Funktionen

10

10.1 $\mathbb{D} = \mathbb{R}$; $\mathbb{W} = \{y \mid y < 2\}$

10.2 $-3 = -0{,}5^{x+1} + 2$

$x + 1 = \log_{0,5} 5$; $x = -3{,}32$

10.3 $x' = x + 3$

$\wedge\ y' = -0{,}5^{x+1} + 2 + 1$

$x = x' - 3$

$\Rightarrow y' = -0{,}5^{x'-2} + 3$

$y' = -0{,}5^{x'} : 0{,}5^2 + 3$

f' mit $y = -4 \cdot 0{,}5^x + 3$

10.4 $y = -0{,}5^{x+1} + 2$

$\wedge\ y = -4 \cdot 0{,}5^x + 3$

$\Rightarrow -0{,}5^{x+1} + 2 = -4 \cdot 0{,}5^x + 3$

$3{,}5 \cdot 0{,}5^x = 1$

S(1,81 | 1,86) $\qquad x = \log_{0,5} \frac{2}{7}$; $x = 1{,}81$

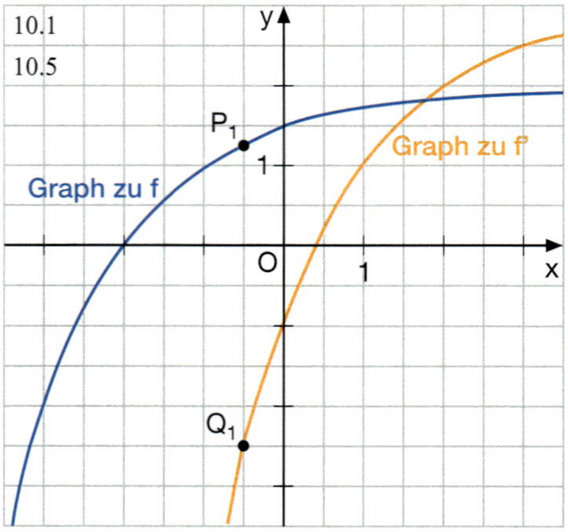

10.6 $y_P - y_Q = 1$ oder $y_Q - y_P = 1$

$3{,}5 \cdot 0{,}5^x - 1 = 1 \qquad -3{,}5 \cdot 0{,}5^x + 1 = 1$

$0{,}5^x = \frac{4}{7}$; $x = 0{,}81 \qquad 0{,}5^x = 0$; $\mathbb{L} = \emptyset$; $P_2(0{,}81 \mid 1{,}71)$; $Q_1(0{,}87 \mid 0{,}71)$

11

11.1 $\mathbb{D}_1 = \mathbb{R}$; $\mathbb{W}_2 = \{y \mid y < 6\}$

$\mathbb{D}_2 = \mathbb{R}$; $\mathbb{W}_2 = \{y \mid y < 3\}$

Nullstelle: $-0{,}5 \cdot 2^{x-1} + 6 = 0$

$2^{x-1} = 12$

$x - 1 = \log_2 12$

$x = 4{,}58$

11.2 $\vec{v} = \begin{pmatrix} 3 \\ -3 \end{pmatrix}$

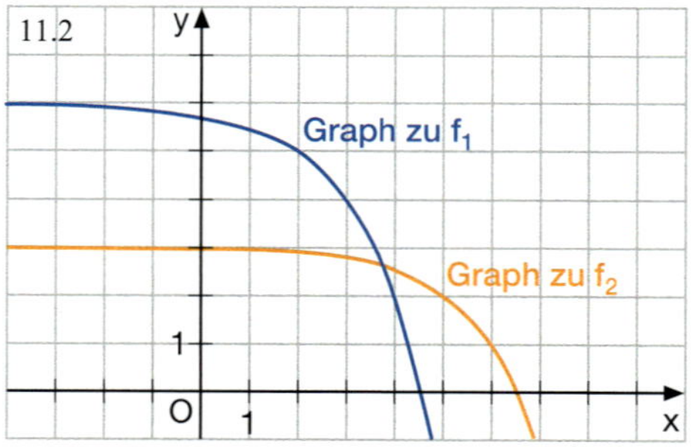

11.3 (I) $y = -0{,}5 \cdot 2^{x-1} + 6$

(II) $\wedge\ y = -0{,}5 \cdot 2^{x-4} + 3$

(I) = (II) $-0{,}5 \cdot 2^{x-1} + 6 = -0{,}5 \cdot 2^{x-4} + 3$

$0{,}5 \cdot 2^{x-4} - 0{,}5 \cdot 2^{x-1} = -3$

$2^x \cdot 2^{-4} - 2^x \cdot 2^{-1} = -6$

$2^x\left(\frac{1}{16} - \frac{1}{2}\right) = -6$

$2^x = \frac{96}{7}$

$x = \log_2 \frac{96}{7}$; $x = 3{,}78$

in (I) $y = 2{,}57 \quad P(3{,}78 \mid 2{,}57)$

11.4 f_3 ist Umkehrfunktion zu f_1:

$x - 6 = -0{,}5 \cdot 2^{y-1}$

$2 \cdot (6 - x) = 2^{y-1}$

$y - 1 = \log_2 2 \cdot (6 - x)$

$y - 1 = \log_2 2 + \log_2 (6 - x)$

$y = \log_2 (6 - x)^2 + 2$

12

12.1 $\mathbb{D} = \mathbb{R}\setminus\{-2\}$; $\mathbb{W} = \{y \mid y > 1\}$;

Asymptoten mit $x = -2$ und $y = 1$

12.3 $x' = x - 1$

$\wedge\ y' = 0{,}5(x+2)^{-2} + 1 + 2$

somit $y' = 0{,}5(x' + 1 + 2)^{-2} + 3$

f_1 mit $y = 0{,}5(x+3)^{-2} + 3$

$x' = x$

$\wedge\ y' = -[0{,}5(x+3)^{-2} + 3]$

f_2 mit $y = -0{,}5(x+3)^{-2} - 3$

12.4 $\overrightarrow{AB} = \begin{pmatrix} 5 \\ 0 \end{pmatrix} \qquad \overrightarrow{AC_n} = \begin{pmatrix} x+3 \\ 0{,}5\,(x+2)^{-2} + 2 \end{pmatrix}$

$A(x) = 0{,}5 \begin{vmatrix} 5 & x+3 \\ 0 & 0{,}5\,(x+2)^{-2} + 2 \end{vmatrix}$ FE

$= 0{,}5\,[2{,}5(x+2)^{-2} + 10]$ FE

$= [1{,}25(x+2)^{-2} + 5]$ FE

12.5 $1{,}25\,(x+2)^{-2} + 5 > 6{,}25$

$(x+2)^{-2} > 1$

$\frac{1}{(x+2)^2} > 1$

$1 > (x+2)^2$

$1 > |x+2|$; $x \in\ ]-3; -1[\setminus\{-2\}$

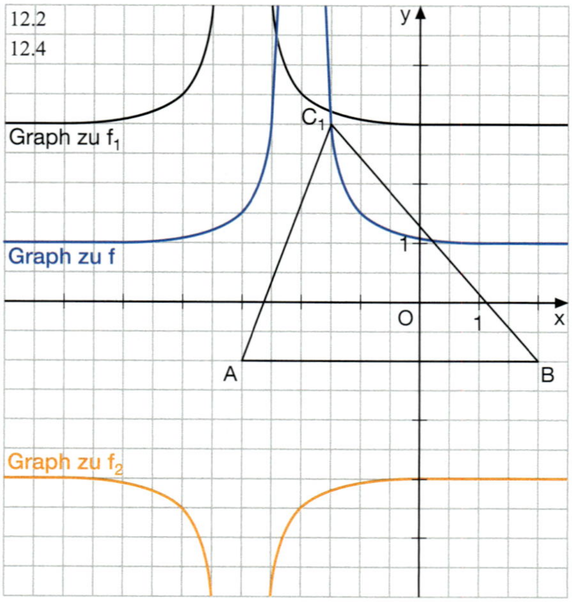

zu Seite 172
Funktionen

13

13.1 A (5 | 1,5) und B (12 | 4) in $y = ax^3 + bx^2$ einsetzen:

$1{,}5 = 125a + 25b$

$4 = 1728a - 144b$

$a = -0{,}0045$, $b = 0{,}083$

13.2 $y = -0{,}0045 \cdot 7{,}2^3 + 0{,}083 \cdot 7{,}2^2$

$y = 2{,}585$

Sie dürfen höchstens 2,6 m hoch springen.

13.3 $x^2\,(-0{,}0046x + 0{,}0834) = 0$

$x^2 = 0 \quad \vee \quad -0{,}0046x + 0{,}083 = 0$

(Abstoßpunkt) $x = 18{,}04$

Nach etwa 18 m trifft er wieder auf.

13.4 mit $\triangle$table = 0,01 erhält man $x_1 = 6{,}42$

$x_2 = 16{,}22$

Der Freistoß kann rund 6 m oder 16 m vom Tor entfernt sein.

14

14.1 $1{,}2 = 1 \cdot (1 + \frac{p}{100})^3$

$1{,}2^{\frac{1}{3}} = 1 + \frac{p}{100}$; $p = 6{,}27$

Jährliche Mieterhöhung 6,27 %

14.2 $y = 650 \cdot 1{,}0627^4$

$y = 829$ Die Miete beträgt 829 €

14.3 $y = 650 \cdot 1{,}0627^x$

14.4 $y = 700 \cdot 1{,}05^x$

14.5 Vergleich der Tabellenwerte des GTR:

$x = 7$; $y_1 = 995$ $y_2 = 984$

Im Jahr 2011; Miete Hausmann 995 €, Miete Waltmann 984 €

15

15.1 Startkapital 12 · 1425 € = 17 100 €

$56\,000 = 17\,100 \cdot (1 + \frac{p}{100})^{24}$

$p = 5{,}1$; durchschnittl. Zinssatz 5,1 %

15.2 $56\,000 = 17\,000 \cdot 1{,}04^x$

$x = \log_{1,04} 3{,}29$

$x = 30{,}4$; nach 31 Jahren

15.3 $56\,000\,€ = K_0 \cdot 1{,}04^{24}$

$K_0 = 21\,847\,€$

zu Seite 173
Funktionen

16

16.1 $0{,}5 = a^{-10}$

$0{,}5 \cdot a^{10} = 1$

$a^{10} = 2$

$a = 1{,}07$

Gleichung: $y = 1{,}07^{-x}$

16.2 $y = 1{,}07^{-25}$; die Strahlung wird auf $\frac{18}{100}$ reduziert

16.3 $0{,}1 = 1 \cdot 1{,}07^{-x}$

$0{,}1 \cdot 1{,}07^x = 1$

$x = \log_{1,07} 10$

Plattendicke 34 mm

16.4 $0{,}01 = 1 \cdot 1{,}07^{-x}$

Plattendicke 68 mm

17

17.1 Aus dem Graphen erhält man: Nach 30 Min. ist die Hälfte, nach ca. 58 Min. noch ein Viertel der Konzentration vorhanden.

17.2 B(30 | 1) in $y = 2 \cdot a^{-x}$ einsetzen

$1 = 2 \cdot a^{-30}$

$0{,}5 = a^{-30}$

$a = 1{,}023$

Prüfen mit $x = 60$

$y = 2 \cdot 1{,}023^{-60}$

$y = 0{,}51$

17.3 Die Konzentration nimmt langsam ab, wird dann plötzlich auf den alten Wert erhöht, also Graph A.

zu Seite 174
Funktionen

18

18.1

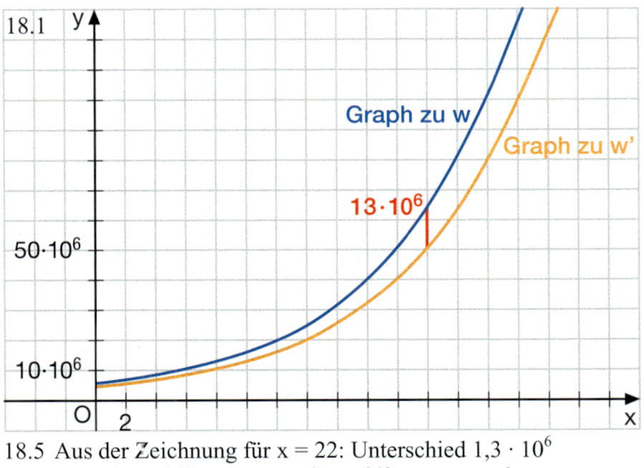

18.5 Aus der Zeichnung für x = 22: Unterschied $1{,}3 \cdot 10^6$

18.6 $5 \cdot 10^6 \cdot 1{,}9^{0,18x} - 3{,}97 \cdot 10^6 \cdot 1{,}9^{0,18x} = 100 \cdot 10^6$

$1{,}03 \cdot 1{,}9^{0,18x} = 100$ (x = 39,60)

$x = 40$

18.2 $y = 5 \cdot 10^6 \cdot 1{,}9^{ax}$

$8{,}91 \cdot 10^6 = 5 \cdot 10^6 \cdot 1{,}9^{5a}$

$1{,}782 = 1{,}9^{5a}$

$5a = \log_{1,9} 1{,}782$

$a = 0{,}18$

18.3 für x = 1 erhält man $y = 5{,}61 \cdot 10^6$

$\frac{5{,}61}{5{,}00} = 1{,}122$; Wachstum 12,20 %

18.4 $P(0 \mid 5 \cdot 10^6) \xrightarrow{\binom{2}{0}} P'(2 \mid 5 \cdot 10^6)$

$P(x \mid 5 \cdot 10^6 \cdot 1{,}9^{0,18x}) \xrightarrow{\binom{2}{0}} P'(x' \mid y')$

$x' = x + 2 \quad \Leftrightarrow \quad x = x' - 2$

$\wedge\; y' = 5 \cdot 10^6 \cdot 1{,}9^{0,18x}$

$\Rightarrow y' = 5 \cdot 10^6 \cdot 1{,}9^{0,18(x'-2)}$

$y' = \frac{5 \cdot 10^6}{1{,}9^{0,36}} \cdot 1{,}9^{0,18x'}$

w mit $y = 3{,}97 \cdot 10^6 \cdot 1{,}9^{0,18x}$

19

19.1 indirekt proportional, wenn $x \cdot y = k$

$0{,}5 \cdot 40 = 20$; $0{,}6 \cdot 33{,}3 = 20$; $0{,}8 \cdot 25 = 20$ …

19.2 $x \cdot y = 20$; $y = \frac{20}{x}$; $\mathbb{G} = \mathbb{R}^+ \times \mathbb{R}^+$

19.3 $x = 2{,}5$; $y = \frac{20}{2{,}5} = 8$; $V = 8\,cm^3$

19.4 $15 = \frac{20}{x}$; $x = 1{,}33$; Druck 1,33 bar

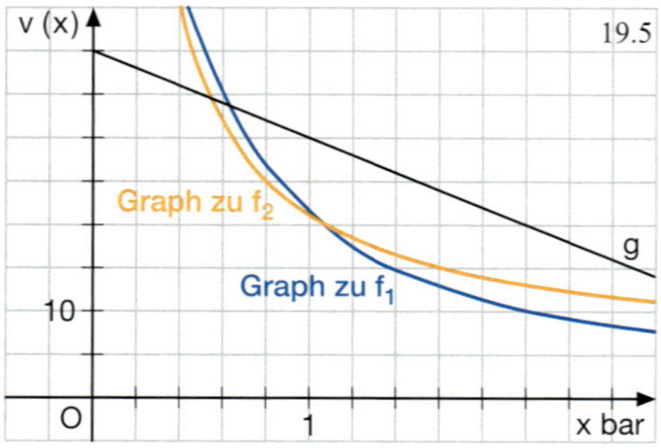

Schnittpunkte: $\frac{20}{x} = -10x + 40 \quad \mathbb{G} = \mathbb{R}^+$

$$20 = -10x^2 + 40x$$
$$10x^2 - 40x + 20 = 0$$
$$x_1 = 3{,}41 \qquad x_2 = 0{,}59$$
$$\Rightarrow \quad y_1 = 5{,}90 \qquad y_2 = 34{,}14$$
A (3,41 | 5,90); B (0,59 | 34,14)

19.6 $f_1 \cap f_2$: $\frac{20}{x} = \frac{16}{x} + 5$

$$20 = 16 + 5x$$
$0{,}8 = x \Rightarrow y = 25$; C (0,8 | 25)

zu Seite 175
Funktionen

20 20.1 $5 = 68\,(1 - a^5)$

$0{,}9265 = a^5$; $0{,}9848 = a$

20.2 Es ist nicht möglich, da $0{,}985^x$ nicht den Wert Null annehmen kann.

21 21.1 f: $y = 5{,}0 \cdot 10^{-0{,}07572 \cdot x}$; $\mathbb{G} = \mathbb{R} \times \mathbb{R}$

x	0	1	2	3	4	5	6	7	8
$5{,}0 \cdot 10^{-0{,}07572 \cdot x}$	5,00	4,20	3,53	2,96	2,49	2,09	1,76	1,48	1,24

21.2 $1 - 10^{-0{,}07572 \cdot 1} = 0{,}16$

Stündlich werden 16 % des Medikaments abgebaut.

21.3 $8 - 5 = 5{,}0 \cdot 10^{-0{,}07572 \cdot x} \quad x \in \mathbb{R}_0^+$

$0{,}6 = 10^{-0{,}07572 \cdot x}$

$-0{,}07572 \cdot x = \lg 0{,}6 = 2{,}93$

früheste Uhrzeit: 10:56 Uhr

$1{,}5 = 5{,}0 \cdot 10^{-0{,}07572 \cdot x} \quad x \in \mathbb{R}_0^+$

$0{,}3 = 10^{-0{,}07572 \cdot x}$

$-0{,}07572 \cdot x = \lg 0{,}3 = 6{,}91$

späteste Uhrzeit: 14:54 Uhr

Verabreichung zwischen 10:56 Uhr und 14:54 Uhr

21.4 $y = 5{,}0 \cdot 10^{-0{,}07572 \cdot 4{,}5} \quad x \in \mathbb{R}_0^+$

$y = 2{,}28$

$y = (2{,}28 + 5{,}0) \cdot 10^{-0{,}07572 \cdot 3{,}5} \quad x \in \mathbb{R}_0^+$

$y = 3{,}95$

Um 16:00 Uhr sind 3,95 mg Wirkstoff im Körper.

21.5 $0{,}5 \cdot y_0 = y_0 \cdot 10^{n \cdot 4} \quad x \in \mathbb{R}$

$0{,}5 = 10^{n \cdot 4}$

$n = \frac{\lg 0{,}5}{4} = -0{,}07526$

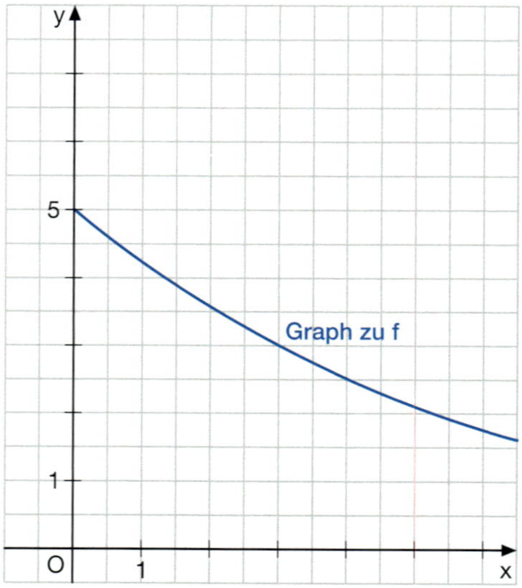

21.6 Diagramm c. Begründung, z. B.: Der Abbau des Medikaments findet so statt, dass die niedrigsten Werte von Verabreichung zu Verabreichung ansteigen, ebenso die höchsten Werte nach den Verabreichungen.

„Reif für die Mittlere Reife?“

Wie viel Zeit benötigt man für die Schule?

a) 30 %: ca. 8 h täglich (ca. ein Drittel des Tages während der Schulzeit)
10 %: ca. 5 h täglicher Unterricht (ohne Hausaufgaben) einschließlich der Ferien
[190 Schultage x 5 h : (365 Tage x 24 h) = 0,10]
5 %: ca. 2,5 h Erledigung von Hausaufgaben an 190 Schultagen
[190 Schultage x 2,5 h : (365 Tage x 24 h) = 0,05]

Warum jobben Schüler?

a) Mehrfachbenennung bedeutet: Schüler können mehrere Gründe angeben, warum sie jobben.
b) Die Abbildung zeigt ein „180 %-Diagramm“.
Hier entsprechen 89 % in etwa der Hälfte.
Die Schülerin rechts vergleicht 89 % mit einem üblichen „100 %-Diagramm“, das hier aber nicht dargestellt ist.
c) 534
d) Die Autoren ordnen dem Vollkreis mit dem Winkelmaß 360° den Prozentsatz 180 % zu. Folglich entfällt auf den Prozentsatz 1 % das Winkelmaß 2°.

e)
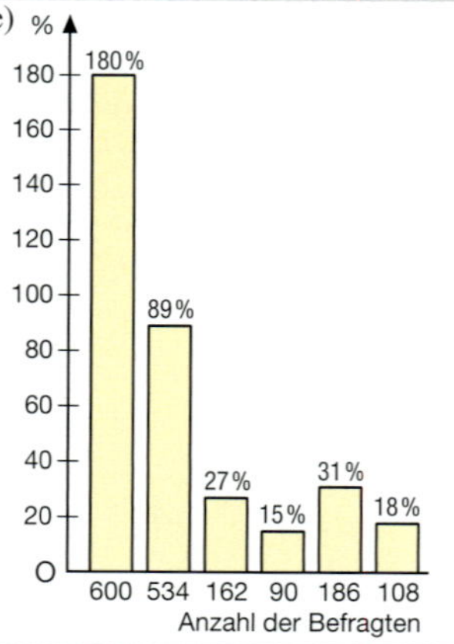

zu Seite 176
Trigonometrie

1 1.1 $P_1(4\,|\,220°)$; $Q_1(2{,}5\,|\,320°)$; $P_2(4\,|\,250°)$; $Q_2(2{,}5\,|\,290°)$

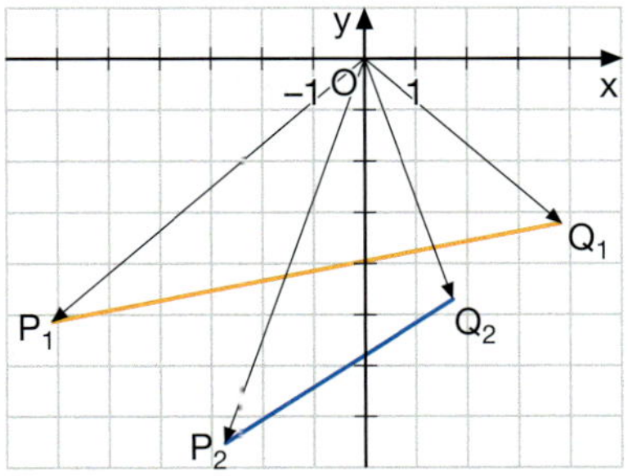

1.2 $P_n(-4\cos\alpha\,|\,-4\sin\alpha)$
$Q_n(2{,}5\cos\alpha\,|\,-2{,}5\sin\alpha)$

$$A(\alpha) = \frac{1}{2}\cdot\begin{vmatrix} -4\cos\alpha & 2{,}5\cos\alpha \\ -4\sin\alpha & -2{,}5\sin\alpha \end{vmatrix}\ \text{FE}$$

$A(\alpha) = 10\cos\alpha\sin\alpha$ FE

1.3 $\alpha = 0°: A(0°) = 0$ FE
$\alpha = 90°: A(90°) = 0$ FE

1.4 $\alpha = 15° \vee \alpha = 75°$

1.5 $A = 5$ FE für $\alpha = 45°$

2 2.1 $\overrightarrow{OQ_1} = \begin{pmatrix}3{,}83\\1\end{pmatrix}$; $\overrightarrow{OQ_2} = \begin{pmatrix}4{,}46\\0{,}5\end{pmatrix}$

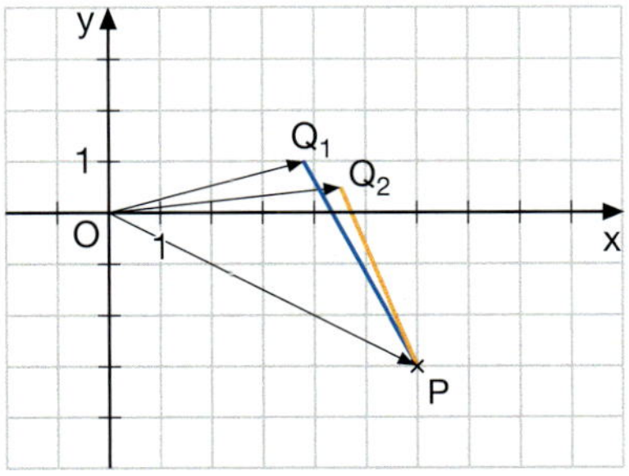

2.2 $A(\alpha) = \frac{1}{2}\cdot\begin{vmatrix} 6 & 4\cos\alpha + 1 \\ -3 & 2\cos^2\alpha \end{vmatrix}$ FE

$A(\alpha) = \frac{1}{2}\,(12\cos^2\alpha + 12\sin\alpha + 3)$ FE

$A(\alpha) = [6\,(1 - \sin^2\alpha) + 6\sin\alpha + 1{,}5]$ FE
$A(\alpha) = (-6\sin^2\alpha + 6\sin\alpha + 7{,}5)$ FE

2.3 $A(\alpha) = [-6\,(\sin^2\alpha - \sin\alpha + 0{,}5^2 - 0{,}25) + 7{,}5]$ FE
$A(\alpha) = [-6\,(\sin\alpha - 0{,}5)^2 + 9]$ FE
$A_{max} = 9$ FE für $\alpha = 30° \vee \alpha = 150°$
$A_{max} = (-6\cdot 0{,}5^2 + 9)$ FE $= 7{,}5$ FE α für $= 90°$

3 3.1 $\frac{3\text{ cm}}{\sin\alpha} = \frac{a}{\sin[180° - (\alpha + 40°)]}$; $a = \frac{3\cdot\sin(\alpha + 40°)}{\sin\alpha}$ cm

3.2 $6\text{ cm} = \frac{3\sin(\alpha + 40°)}{\sin\alpha}$ cm $\quad|\cdot\sin\alpha\,|:\text{cm}$
$6\sin\alpha = 3\sin\alpha\cos 40° + 3\cos\alpha\sin 40° \quad|-3\sin\alpha\cos 40°$
$3{,}70\sin\alpha = 1{,}93\cos\alpha \quad|:\cos\alpha\,|:3{,}70$
$\tan\alpha = 0{,}52$; $\alpha = 27{,}5°$

4 4.1 $\overline{MD_n} = \overline{AM} = 6$ cm;
$A = \frac{1}{2}\cdot 6\cdot 6\cdot\sin(180° - 2\alpha)$ cm²
$A = 18\sin 2\alpha$ cm²

4.2 $\tan\alpha = \frac{\overline{CB_n}}{12\text{ cm}}$; $\overline{CB_n} = 12\cdot\tan\alpha$ cm

$\sphericalangle MCD_n = \frac{1}{2}\,(180° - 2\alpha) = 90° - \alpha$; $\sphericalangle D_nCB_n = \alpha$

Im rechtwinkligen Dreieck AD_nC gilt:

$\sin\alpha = \frac{\overline{CD_n}}{12\text{ cm}}$

$\overline{CD_n} = 12\sin\alpha$ cm

$A = \frac{1}{2}\cdot 12\sin\alpha\cdot 12\tan\alpha\cdot\sin\alpha$ cm²

$A = 72\sin^2\alpha\tan\alpha$ cm²

4.3 $A_{\Delta D1CM} = 18\sin 2\alpha$ cm²
$18\sin 2\alpha = 72\sin^2\alpha\tan\alpha$
$36\sin\alpha\cos\alpha = 72\sin^2\alpha\tan\alpha\ |:36\sin\alpha$
(für $\alpha \neq 0°$)

$\cos\alpha = 2\,\frac{\sin^2\alpha}{\cos\alpha}$
$1 - \sin^2\alpha = 2\sin^2\alpha$
$\sin^2\alpha = \frac{1}{3}$; $\alpha = 35{,}26°$

4.4 $A_{blau} = \left(\frac{6^2\cdot\pi\cdot 120°}{360°} - 18\cdot\sin 60°\right)$ cm²
$A_{blau} = 22{,}11$ cm²
$A_{gelb} = \left[72\sin^2 30°\cdot\tan 30° - \left(\frac{6^2\cdot\pi\cdot 60°}{360°} - 18\cdot\sin 60°\right)\right]$ cm²
$A_{gelb} = 7{,}13$ cm²

5 5.1 r = 4 cm

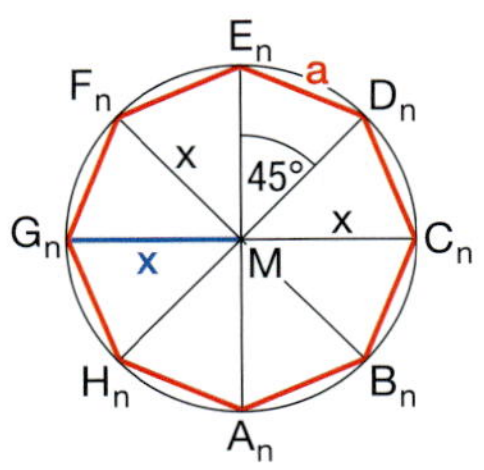

5.2 $[a(x)]^2 = (x^2 + x^2 - 2\cdot x\cdot x\cdot\cos 45°)$ cm²
$[a(x)]^2 = (2x^2 - x^2\sqrt{2})$ cm²
$a(x) = x\sqrt{2 - \sqrt{2}}$ cm

5.3 $\sqrt{16 - 8\sqrt{2}} = x\sqrt{2 - \sqrt{2}}$
$\sqrt{4\,(4 - 2\sqrt{2})} = x\sqrt{2 - \sqrt{2}}$
$2\sqrt{2\,(2 - \sqrt{2})} = x\sqrt{2 - \sqrt{2}}$
$x = 2\sqrt{2}$; $\overline{A_2E_2} = 4\sqrt{2}$ cm

zu Seite 177
Trigonometrie

6 6.1

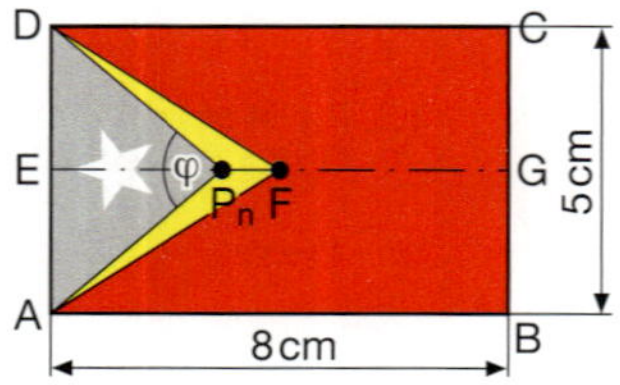

6.4 $\frac{2{,}5^2}{\tan\frac{\varphi}{2}} = 0{,}4 \cdot \left(20 - \frac{3{,}125}{\tan\frac{\varphi}{2}}\right) \quad \Big| \cdot \tan\frac{\varphi}{2}$

$6{,}25 = 8\tan\frac{\varphi}{2} - 1{,}25 \quad \varphi = 86{,}30°$

6.2 $\tan\frac{\varphi}{2} = \frac{2{,}5\text{ cm}}{4\text{ cm}};\ \varphi = 64°$

$\varphi \in [64°;\ 180°[$

6.3 $\tan\frac{\varphi}{2} = \frac{2{,}5\text{ cm}}{\overline{EP_n}}$

$A_{APnD}(\varphi) = \frac{1}{2} \cdot 5 \cdot \frac{2{,}5}{\tan\frac{\varphi}{2}}\text{ cm}^2$

$A_{APnD}(\varphi) = \frac{2{,}5^2}{\tan\frac{\varphi}{2}}\text{ cm}^2$

$A_{Trapez}(\varphi) = (8 \cdot 2{,}5 - \frac{1}{2}\,\frac{2{,}5^2}{\tan\frac{\varphi}{2}})\text{ cm}^2$

$A_{Trapez}(\varphi) = (20 - \frac{3{,}125}{\tan\frac{\varphi}{2}})\text{ cm}^2$

7 7.1 $\sphericalangle Q_nBA = 60° - \varepsilon$
$\sphericalangle AQ_nB = 180° - \varepsilon - (60° - \varepsilon)$
$\sphericalangle AQ_nB = 120°$

7.2 $\frac{\overline{AQ_n}(\varepsilon)}{\sin(60° - \varepsilon)} = \frac{a\text{ cm}}{\sin 120°};\ \overline{AQ_n}(\varepsilon) = \frac{a \cdot \sin(60° - \varepsilon) \cdot \sqrt{3}}{\frac{1}{2}\sqrt{3} \cdot \sqrt{3}}\text{ cm};\ \overline{AQ_n}(\varepsilon) = \frac{2}{3}\,a\sqrt{3} \cdot \sin(60° - \varepsilon)\text{ cm}$

$\frac{\overline{BQ_n}(\varepsilon)}{\sin\varepsilon} = \frac{a\text{ cm}}{\frac{1}{2}\sqrt{3}};\ \overline{BQ_n}(\varepsilon) = \frac{2}{3}\,a\sqrt{3} \cdot \sin\varepsilon\text{ cm}$

7.3 $\overline{P_nQ_n} = \overline{AQ_n} - \overline{BQ_n} \quad (\overline{BQ_n} = \overline{AP_n})$
$\overline{P_nQ_n}(\varepsilon) = \frac{2}{3}\,a\sqrt{3}(\sin(60° - \varepsilon) - \sin\varepsilon)\text{ cm}$

$\overline{P_nQ_n}(\varepsilon) = \frac{2}{3}\,a\sqrt{3}\left(\frac{1}{2}\sqrt{3}\cos\varepsilon - \frac{1}{2}\sin\varepsilon - \sin\varepsilon\right)\text{ cm}$

$\overline{P_nQ_n}(\varepsilon) = a(\cos\varepsilon - \sqrt{3}\sin\varepsilon)\text{ cm}$

7.4 $A_{P_1Q_1R_1} = \frac{1}{2} \cdot 2{,}08 \cdot 2{,}08 \cdot \sin 60°\text{ cm}^2$
$A_{P_1Q_1R_1} = 1{,}88\text{ cm}^2$

8 8.1 Im Dreieck $A_1B_1C_1$ gilt: $\frac{16}{\cos\beta} = \frac{3}{\sin 30°}$

$\sin\beta = \frac{8}{3}$ (> 1) keine Lösung möglich

8.2 $4 + 3x = 7 - x$
$x = 0{,}75$

$\sin 30° = \frac{r}{6{,}25\text{ cm}}$
$r = 3{,}13\text{ cm}$
$O = 122{,}72\text{ cm}^2$

zu Seite 178
Trigonometrie

9 9.1 $\overrightarrow{OP_1} = \binom{4{,}60}{4{,}92}$

$V(\alpha) = \frac{1}{3} \cdot 36\cos^2\alpha \cdot \pi \cdot (\frac{3}{\cos\alpha} + 1)\text{ VE}$

$V(\alpha) = \pi\,(36\cos\alpha + 12\cos^2\alpha)\text{ VE}$

9.2 A

9.3 $6\cos\alpha = \frac{3}{\cos\alpha} + 1 \qquad |\cdot\cos\alpha$

$6\cos^2\alpha - \cos\alpha - 3 = 0;\ D = 73;\ \alpha = 37{,}3°$

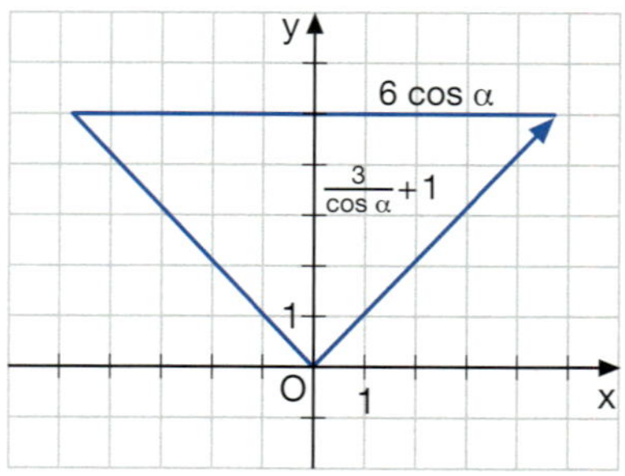

10 10.1 $\sin\frac{\gamma}{2} = \frac{r_{HK}}{2};\ r_{HK} = 6\sin\frac{\gamma}{2}\text{ cm}$

$\tan\frac{\gamma}{2} = \frac{r_{Ke}}{2};\ r_{Ke} = 6\tan\frac{\gamma}{2}\text{ cm}$

$V_{HK} = \frac{1}{2} \cdot \frac{4}{3} \cdot \pi \cdot 6^3 \cdot \sin^3\frac{\gamma}{2}\text{ cm}^3;\ V_{HK} = 144\,\pi\sin^3\frac{\gamma}{2}\text{ cm}^3$

$V_{Ke} = \frac{1}{3} \cdot 6^2 \cdot \pi \cdot \tan^2\frac{\gamma}{2} \cdot 6\text{ cm}^3;\ V_{Ke} = 72\,\pi\tan^2\frac{\gamma}{2}\text{ cm}^3$

10.3 $\frac{1}{\sin\gamma\cos\frac{\gamma}{2}} = \frac{2}{1}$

$\sin\gamma\cos\frac{\gamma}{2} = 0{,}5;\ \gamma = 31{,}3°$

10.2 $\frac{V_{Ke}}{V_{HK}} = \frac{72\,\pi\tan^2\frac{\gamma}{2}\text{ cm}^3}{144\,\pi\sin^3\frac{\gamma}{2}\text{ cm}^3}$

$\frac{V_{Ke}}{V_{HK}} = \frac{\tan^2\frac{\gamma}{2}}{2\sin^3\frac{\gamma}{2}}$

$\frac{V_{Ke}}{V_{HK}} = \frac{\sin^2\frac{\gamma}{2}}{2\cos^2\frac{\gamma}{2}\sin^3\frac{\gamma}{2}}$

$\frac{V_{Ke}}{V_{HK}} = \frac{1}{2\cos\frac{\gamma}{2} \cdot \sin\frac{\gamma}{2} \cdot \cos\frac{\gamma}{2}}$

$\frac{V_{Ke}}{V_{HK}} = \frac{1}{\sin\gamma\cos\frac{\gamma}{2}}$

11 11.1 für $\alpha = 90°$ gilt: $d = 8$ cm

11.2 Planfigur: $r = x$ cm; $\tan\alpha = \frac{x}{4-x}$

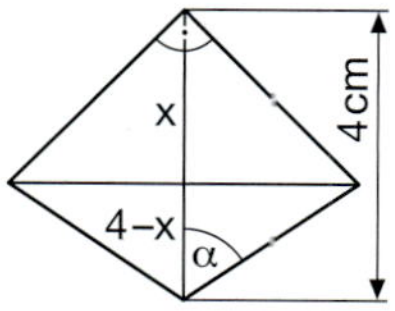

$4\tan\alpha - x\tan\alpha = x$

$x = \frac{4\tan\alpha}{1+\tan\alpha}$

$r(\alpha) = \frac{4\tan\alpha}{1+\tan\alpha}$ cm

11.3 $V(\alpha) = \frac{1}{3} \cdot \frac{16\tan^2\alpha}{(1+\tan\alpha)^2} \cdot \pi \cdot 4\ \text{cm}^3$

$V(\alpha) = \frac{64}{3}\pi \frac{\tan^2\alpha}{(1+\tan\alpha)^2}\ \text{cm}^3$

11.4 $V_{Zyl}\ \max = 4^2 \cdot \pi \cdot 4\ \text{cm}^3$; $V_{Zyl}\ \max = 201{,}06\ \text{cm}^3$

$30{,}16\ \text{cm}^3 = \frac{64}{3}\pi \frac{\tan^2\alpha}{(1+\tan\alpha)^2}\ \text{cm}^3$

$0{,}45 = \frac{\tan^2\alpha}{(1+\tan\alpha)^2}$

$-0{,}55\tan^2\alpha + 0{,}9\tan\alpha + 0{,}45 = 0$; $D = 1{,}8$

($\tan\alpha = -0{,}40$ ∨) $\tan\alpha = 2{,}04$;

$\alpha = 63{,}9°$; $r = 2{,}7$ cm

11.5 $V_{Kegel} = \frac{1}{3} \cdot V_{Zyl}$, da gleiche Höhe und gleicher Radius ⇒ 33,3 %

zu Seite 179
Trigonometrie

12 12.1

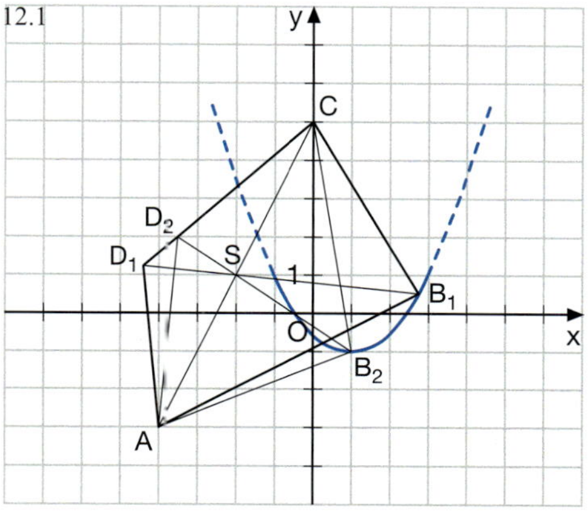

12.2 $x = 1 + 2\cos\alpha$ $\quad\cos\alpha = 0{,}5\,(x-1)$

$y = 1 - 2\sin^2\alpha$ $\quad y = 1 - 2 + 2\cos^2\alpha$

$y = -1 + 0{,}5(x-1)^2$;

Antwort B

12.3 $\overrightarrow{SB_n} \odot \overrightarrow{SA} = 0$; $S(-2\,|\,1)$

$\begin{pmatrix} 3+2\cos\alpha \\ -2\sin^2\alpha \end{pmatrix} \odot \begin{pmatrix} -2 \\ -4 \end{pmatrix} = 0$

$-6 - 4\cos\alpha + 8\sin^2\alpha = 0$

$-8\cos^2\alpha - 4\cos\alpha + 2 = 0$

$D = 80$

$\cos\alpha = -0{,}81 \vee \cos\alpha = 0{,}31$

$\alpha \in \{72°;\ 144°;\ 216°;\ 288°\}$

$B_3(-0{,}62\,|\,0{,}31)$; $B_4(1{,}62\,|\,-0{,}81)$

12.4 $\overrightarrow{SD_n} = 0{,}5 \cdot \overrightarrow{B_nS}$

$\begin{pmatrix} x_D+2 \\ y_D-1 \end{pmatrix} = 0{,}5 \cdot \begin{pmatrix} -3-2\cos\alpha \\ 2\sin^2\alpha \end{pmatrix}$;

$x_D = -1{,}5 - \cos\alpha - 2$

$y_D = \sin^2\alpha + 1$

$D_n(-3{,}5 - \cos\alpha\,|\,\sin^2\alpha + 1)$; $-4{,}5 \leqq x_D \leqq 2{,}5$

12.5 $x_D = -3{,}5 - \cos\alpha$ $\quad\cos\alpha = -3{,}5 - x_D$

$y_D = 1 + \sin^2\alpha$ $\quad y_D = 2 - (-3{,}5 - x_D)^2$

$y = -(x+3{,}5)^2 + 2$; Antwort A

12.6 $1 + \sin^2\alpha = -0{,}5\,(-3{,}5 - \cos\alpha) - 0{,}5$

$-\cos^2\alpha - 0{,}5\cos\alpha + 0{,}75 = 0$

$D = 3{,}25$; ($\cos\alpha = -1{,}15$ ∨) $\cos\alpha = 0{,}65$

$\alpha = 49{,}35° \vee \alpha = 310{,}65°$

12.7 $A(\alpha) = \frac{1}{2} \cdot \begin{vmatrix} 5+2\cos\alpha & 4 \\ 4-2\sin^2\alpha & 8 \end{vmatrix} \text{FE} + \frac{1}{2} \begin{vmatrix} 4 & 0{,}5-\cos\alpha \\ 8 & 4+\sin^2\alpha \end{vmatrix} \text{FE}$

$A(\alpha) = \frac{1}{2} \cdot [40 + 16\cos\alpha - 16 + 8\sin^2\alpha + 16 + 4\sin^2\alpha - 4 + 8\cos\alpha]$ FE

$A(\alpha) = (-6\cos^2\alpha + 12\cos\alpha + 24)$ FE

12.8 $A(\alpha) = [-6(\cos^2\alpha - 2\cos\alpha + 1^2 - 1) + 24]$ FE

$A(\alpha) = [-6(\cos\alpha - 1)^2 + 30]$ FE

$A_{max} = 30$ FE für $\alpha = 0° \vee \alpha = 360°$

$A_{min} = 6$ FE für $\alpha = 180°$

13 13.1 $4^2 = 3^2 + 6{,}5^2 - 2 \cdot 3 \cdot 6.5 \cdot \cos\varphi_o$

$\cos\varphi_o = 0{,}90$

$\varphi_o = 25{,}3°$

13.2 $(4+x)^2 = 3^2 + 6{,}5^2 - 2 \cdot 3 \cdot 6{,}5 \cdot \cos\varphi$

$\cos\varphi = \frac{3^2 + 6{,}5^2 - 16 - 8x - x^2}{2 \cdot 3 \cdot 6{,}5}$

$\cos\varphi = \frac{-x^2 - 8x + 35{,}25}{39}$

13.3 $\cos\varphi = \frac{-2^2 - 8 \cdot 2 + 35{,}25}{39}$

$\cos\varphi = 0{,}39°$; $\varphi = 67°$

13.4 $\cos\varphi = \frac{10\ \text{m} - h(\varphi)}{8\ \text{m}}$

$8\ \text{m} \cdot \cos\varphi = 10\ \text{m} - h(\varphi)$

$h(\varphi) = (10 - 8\cos\varphi)$ m

13.5 $h_{max} = (10 - 8 \cdot \cos 67°)$ m $= 6{,}87$ m

13.6 $h_{min} = (10 - 8 \cdot \cos 25{,}3°)$ m

$h_{min} = 2{,}77$ m

$h_{Treppen} = (2{,}77 - 1{,}50)$ m $= 1{,}27$ m ⇒ 6 Stufen

zu Seite 180
Trigonometrie

14 14.1 $\overrightarrow{BZ_1} = \binom{3}{3}$; $\overrightarrow{BZ_2} = \binom{1,68}{4,92}$

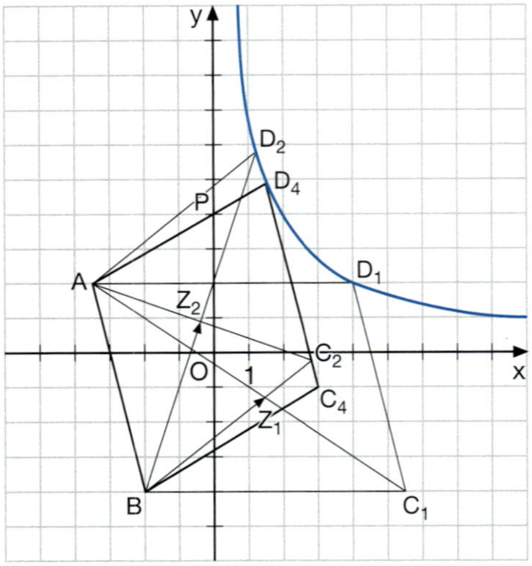

14.2 $\overrightarrow{OD_n} = \overrightarrow{OB} \oplus 2 \cdot \overrightarrow{BZ_n}$

$\overrightarrow{OD_n} = \binom{-2}{-4} \oplus 2 \cdot \left(\begin{smallmatrix} 2\cos\varphi + 1 \\ 2 + \frac{1}{\cos\varphi} \end{smallmatrix}\right)$; $D_n\left(4\cos\varphi \,\middle|\, \frac{2}{\cos\varphi}\right)$

14.3 $\overrightarrow{OC_n} = \overrightarrow{OB} \oplus \overrightarrow{BC_n}$ mit $\overrightarrow{BC_n} = \overrightarrow{AD_n}$

$\overrightarrow{OC_n} = \binom{-2}{-4} \oplus \left(\begin{smallmatrix} 4\cos\varphi + 3,5 \\ \frac{2}{\cos\varphi} - 2 \end{smallmatrix}\right)$;

$C_n\left(1,5 + 4\cos\varphi \,\middle|\, -6 + \frac{2}{\cos\varphi}\right)$

14.4 $x_c = 1,5 + 4\cos\varphi$; $\cos\varphi = \frac{1}{4}(x - 1,5)$

$y_c = \frac{2}{\cos\varphi} - 6$ $\qquad y = \frac{2 \cdot 4}{x - 1,5} - 6$; Antwort A

$x_D = 4\cos\varphi$; $\qquad \cos\varphi = \frac{x_D}{4}$

$y_D = \frac{2}{\cos\varphi}$; $\qquad y = \frac{2 \cdot 4}{x}$; Antwort D

14.5 Zeichnung; $x_D = y_D$

$4\cos\varphi = \frac{2}{\cos\varphi}$; $\cos^2\varphi = 0,5$; $\varphi = 45°$

14.6 $A(\varphi) = |\overrightarrow{BD_n}\ \overrightarrow{BA}| = \begin{vmatrix} 4\cos\alpha + 2 & -1,5 \\ \frac{2}{\cos\varphi} + 4 & 6 \end{vmatrix}$ FE

$A(\varphi) = (24\cos\varphi + 12 + \frac{3}{\cos\varphi} + 6)$ FE

$A(\varphi) = (24\cos\varphi + \frac{3}{\cos\varphi} + 18)$ FE

$43,6 \text{ FE} = (24\cos\varphi + \frac{3}{\cos\varphi} + 18)$ FE

$O = 24\cos^2\varphi - 25,6\cos\varphi + 3$

$D = 367,36$; $\cos\varphi = 0,93 \vee \cos\varphi = 0,13$

$\varphi = 21,2° \vee \varphi = 82,3°$

14.7 $m_{AP} = m_{AD4}$; $m_{AP} = \frac{2}{3,5} = \frac{4}{7}$

$\frac{4}{7} = \frac{\frac{2}{\cos\varphi} - 2}{4\cos\varphi + 3,5}$; $16\cos\varphi + 14 = \frac{14}{\cos\varphi} - 14$

$16\cos^2\varphi + 28\cos\varphi - 14 = 0$

$D = 1680$

$\cos\varphi = 0,41$ ($\vee \cos\varphi = -2,16$)

$\varphi = 66,1°$

14.8 $D_4(1,64 | 4,88)$ $\qquad \overrightarrow{AD_4} = \binom{5,12}{2,88}$; $\overrightarrow{AB} = \binom{1,5}{-6}$

$\cos\alpha = \frac{\binom{5,12}{2,88} \odot \binom{1,5}{-6}}{\sqrt{5,12^2 + 2,88^2} \cdot \sqrt{1,5^2 + (-6)^2}}$;

$\cos\alpha = -0,26$

$\alpha = 105,3° = \gamma$

$\beta = \delta = 74,7°$

14.9 $\vec{v}_g = \binom{3}{-2}$; $\vec{v}_g \odot \overrightarrow{BZ_5} = 0$

$3(2\cos\varphi + 1) - 2(2 + \frac{1}{\cos\varphi}) = 0$

$6\cos^2\varphi - \cos\varphi - 2 = 0$

$D = 49$; $\cos\varphi = \frac{2}{3}$ ($\vee \cos\varphi = -0,5$)

$\varphi = 48,2°$

$C_5(4,17 | -3)$ $\qquad D_5(2\frac{2}{3} | 3)$

15 15.1 $B_1(3 | -2)$; $B_2(5 | -1,25)$

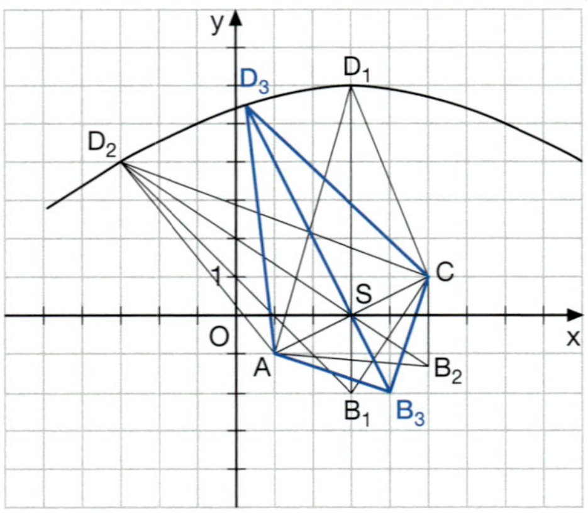

15.2 $\overrightarrow{OD_n} = \overrightarrow{OB_n} \oplus 4 \cdot \overrightarrow{B_nS}$; $S(3 | 0)$

$\overrightarrow{OD_n} = \left(\begin{smallmatrix} 3 + 4\cos\varphi \\ 1 - 3\sin^2\varphi \end{smallmatrix}\right) \oplus 4 \cdot \left(\begin{smallmatrix} -4\cos\varphi \\ 3\sin^2\varphi - 1 \end{smallmatrix}\right)$

$D_n(3 - 12\cos\varphi | -3 + 9\sin^2\varphi)$

$x = 3 - 12\cos\varphi$; $\cos\varphi = -\frac{1}{12}(x - 3)$

$y = -3 + 9\sin^2\varphi$; $y = -3 + 9 - 9 \cdot \frac{1}{144}(x - 3)^2$

$y = -\frac{1}{16}(x - 3)^2 + 6$

15.3 $\overrightarrow{AS} \odot \overrightarrow{B_3S} = 0$ $\qquad \binom{2}{1} \odot \left(\begin{smallmatrix} -4\cos\varphi \\ 3\sin^2\varphi - 1 \end{smallmatrix}\right) = 0$

$-8\cos\varphi + 3\sin^2\varphi - 1 = 0$

$-3\cos^2\varphi - 8\cos\varphi + 2 = 0$; $D = 88$;

($\cos\varphi = -2,9 \vee$) $\cos\varphi = 0,23$

$\varphi = 76,69°$ ($\vee \varphi = 283,31°$); $B_3(3,92 | -1,84)$

15.4 $A(\varphi) = \left[\frac{1}{2}\begin{vmatrix} 2 + 4\cos\varphi & 4 \\ 2 - 3\sin^2\varphi & 2 \end{vmatrix} + \frac{1}{2}\begin{vmatrix} 4 & 2 - 12\cos\varphi \\ 2 & -2 + 9\sin^2\varphi \end{vmatrix}\right]$ FE

$A(\varphi) = \frac{1}{2}(48\sin^2\varphi + 32\cos\varphi - 16)$ FE

$A(\varphi) = (-24\cos^2\varphi + 16\cos\varphi + 16)$ FE

15.5 $A(\varphi) = \left[-24\left(\cos^2\varphi - \frac{2}{3}\cos\varphi + \left(\frac{1}{3}\right)^2 - \frac{1}{9}\right) + 16\right]$ FE

$A(\varphi) = \left[-24\left(\cos\varphi + \frac{1}{3}\right)^2 + 18,67\right]$ FE

$A_{max} = 18,67$ FE für $\varphi = 70,53°$ ($\vee \varphi = 289,47°$)

zu Seite 181
Trigonometrie

16 16.1
Planfigur:

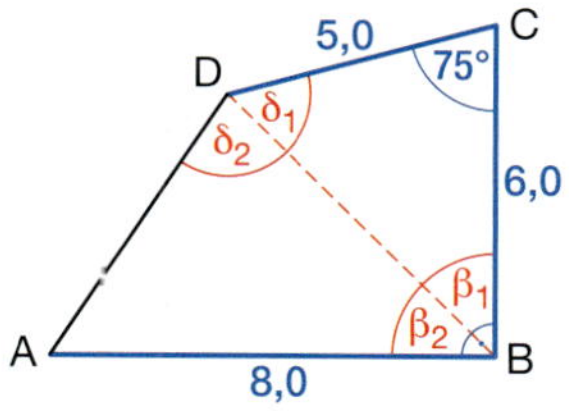

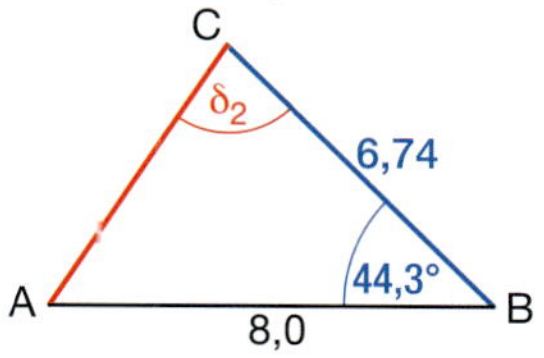

Im Dreieck ABC gilt:
$\overline{AC} = \sqrt{8^2 + 6^2}$ cm; $\overline{AC} = 10{,}00$ cm
Im Dreieck BCD gilt:
$\overline{BD} = \sqrt{6{,}0^2 + 5{,}0^2 - 2 \cdot 6{,}0 \cdot 5{,}0 \cdot \cos 75°}$ cm;
$\overline{BD} = 6{,}74$ cm
$\frac{6{,}0}{\sin \delta_1} = \frac{6{,}74}{\sin 75°}$; $\delta_1 = 59{,}30°$
$\beta_1 = 180° - (75° + 59{,}30°)$; $\beta_1 = 45{,}70°$
$\beta_2 = 44{,}30°$

Im Dreieck ABD gilt:
$\overline{AD} = \sqrt{8{,}0^2 + 6{,}74^2 - 2 \cdot 8{,}0 \cdot 6{,}74 \cdot \cos 44{,}30°}$ cm;
$\overline{AD} = 5{,}68$ cm
$\frac{8{,}0}{\sin \delta_2} = \frac{5{,}68}{\sin 44{,}30°}$; $\delta_2 = 79{,}64°$
$\sphericalangle ADC = \delta_1 + \delta_2$; $\sphericalangle ADC = 138{,}94°$

16.2
Planfigur:

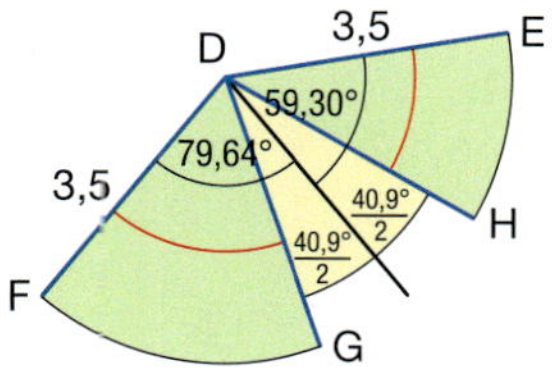

$2{,}0 = \frac{\varphi}{360°} \cdot 2 \cdot 2{,}8 \cdot \pi$; $\varphi = 40{,}9°$

$\sphericalangle FDG = 79{,}64° - \frac{40{,}9°}{2}$; $\sphericalangle FDG = 59{,}2°$

$\sphericalangle HDE = 59{,}30° - \frac{40{,}9°}{2}$; $\sphericalangle HDE = 38{,}9°$

$A_{\text{Sektor DFG}} = \frac{59{,}2°}{360°} \cdot 3{,}5^2\pi$ cm²; $A_{\text{Sektor DFG}} = 6{,}3$ cm²

$A_{\text{Sektor DHE}} = \frac{38{,}9°}{360°} \cdot 3{,}5^2\pi$ cm²; $A_{\text{Sektor DHE}} = 4{,}2$ cm²

16.3
Planfigur:

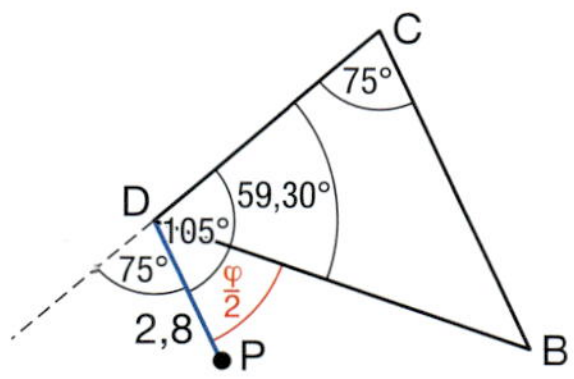

$A_{\text{Sektor DFG}} = \frac{79{,}64° - \frac{\varphi}{2}}{360°} \cdot 3{,}5^2\,\pi$ cm²
$= (8{,}51 - 0{,}05\,\varphi)$ cm²

16.4
Planfigur:

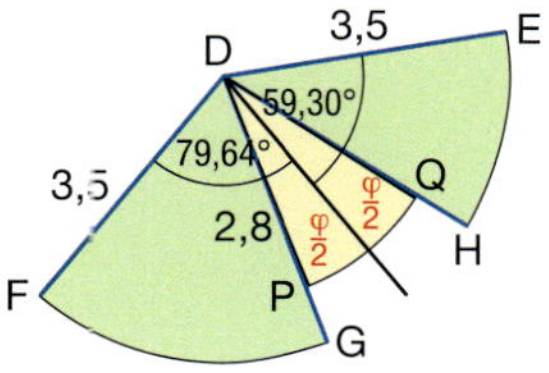

$\frac{\varphi}{2} + 59{,}30° = 105°$; $\varphi = 91{,}4°$
$A_{\text{Sektor DPQ}} = \frac{91{,}4°}{360°} \cdot 2{,}8^2\pi$ cm²; $A_{\text{Sektor DPQ}} = 6{,}3$ cm²

16.5 $A_{\text{Sektor DPQ}} = 0{,}25\,(A_{\text{Sektor DFG}} + A_{\text{Sektor DHE}})$

$\frac{\varphi}{360°} \cdot 2{,}8^2\pi = 0{,}25\left(\frac{59{,}3° - \frac{\varphi}{2}}{360°} \cdot 3{,}5^2\pi + \frac{79{,}64° - \frac{\varphi}{2}}{360°} \cdot 3{,}5^2\pi\right)$

$\frac{\varphi}{360°} \cdot 2{,}8^2\pi = 0{,}25\left(\frac{59{,}3° - \frac{\varphi}{2} + 79{,}64° - \frac{\varphi}{2}}{360°} \cdot 3{,}5^2\pi\right)$

$\varphi \cdot 2{,}8^2 = 0{,}25\,(138{,}94° - \varphi) \cdot 3{,}5^2 \quad |: 0{,}25$
$\varphi \cdot 31{,}36 = 1702{,}0 - 12{,}25\varphi$
$\varphi = 39{,}0°$

16.6 Planfigur:

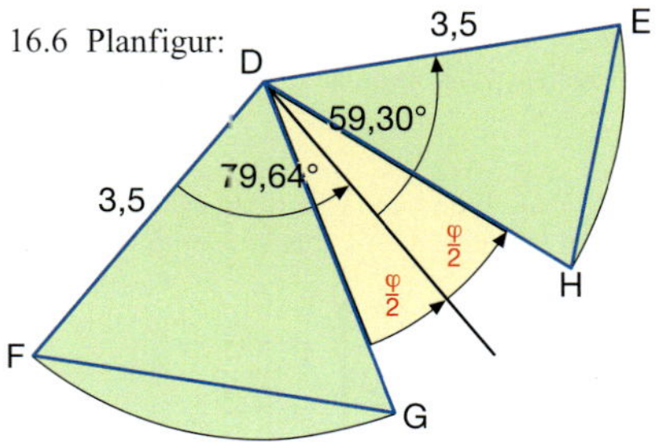

Im Dreieck DFG gilt:
$\overline{FG}^2 = [3{,}5^2 + 3{,}5^2 - 2 \cdot 3{,}5 \cdot 3{,}5 \cos(79{,}64° - \frac{\varphi}{2})]$ cm²
$\overline{FG}(\varphi) = \sqrt{24{,}5 - 24{,}5 \cos(79{,}64° - \frac{\varphi}{2})}$ cm

16.7 $\overline{FG} = 3{,}5$ cm
$\overline{FG}^2 = (3{,}5 \text{ cm})^2$
$3{,}5^2 = 24{,}5 - 24{,}5 \cos(79{,}64° - \frac{\varphi}{2})$
$\frac{-12{,}25}{-24{,}5} = \cos(79{,}64° - \frac{\varphi}{2})$
$60° = 79{,}64° - \frac{\varphi}{2}$
$\frac{\varphi}{2} = 19{,}64°$
$\varphi = 39{,}28°$

17 17.1 Planfigur:

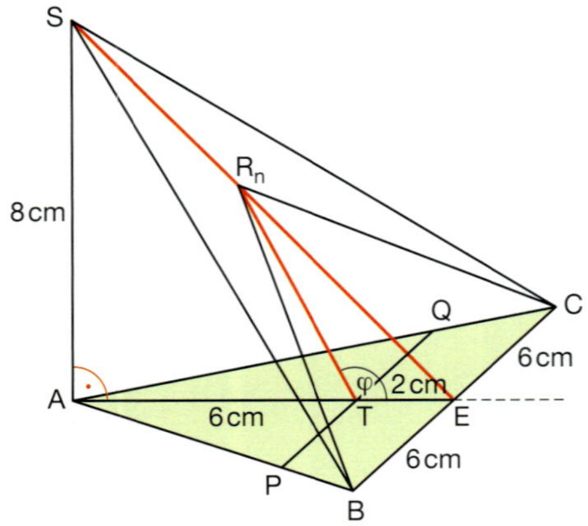

17.4 $1{,}5 = \frac{\sqrt{2}}{\sin(45° + \varphi)}$

$\sin(45° + \varphi) = \frac{\sqrt{2}}{1{,}5}$

$45° + \varphi = 70{,}53° \vee 45° + \varphi = 109{,}47°$

$\varphi = 25{,}53° \vee \varphi = 64{,}67°$

17.6 In einem gleichseitigen Dreieck mit der Seitenlänge a und der Höhe h gilt: $h = \frac{a}{2}\sqrt{3}$

Es folgt mit $\overline{TR_n} = h$ und $\overline{PQ} = a$; $\overline{TR_n} = \frac{\overline{PQ}}{2}\sqrt{3}$

$\frac{\sqrt{2}}{\sin(45° + \varphi)} = \frac{9}{2}\sqrt{3}$

$\frac{\sqrt{2}}{\sqrt{3} \cdot 4{,}5} = \sin(45° + \varphi)$

$45° + \varphi = 10{,}45° \vee 45° + \varphi = 169{,}55°$

$(\varphi = -34{,}55°)\ \varphi = 124{,}55°$

17.2 Planfigur:

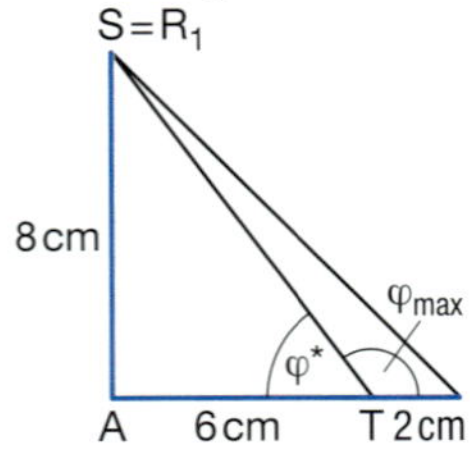

Im Dreieck ATS gilt:

$\tan\varphi^* = \frac{8}{6}$

$\varphi^* = 53{,}13°$

$\varphi_{max} = 180° - 53{,}13°$

$= 126{,}87°$

Intervall: $0° \leqq \varphi \leqq 126{,}87°$

17.3 Das Dreieck AES ist gleichschenklig-rechtwinklig.

Planfigur:

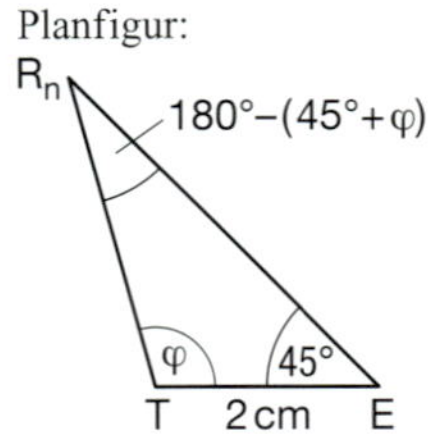

$(\overline{AE} = \overline{AS} = 8\text{ cm})$.

Es folgt:

$\sphericalangle SEA = \sphericalangle ASE = 45°$

Im Dreieck TER_n gilt:

$\frac{\overline{TR_n}}{\sin 45°} = \frac{2\text{ cm}}{\sin[180° - (45° + \varphi)]}$

$\overline{TR_n}(\varphi) = \frac{\sqrt{2}}{\sin(45° + \varphi)}\text{ cm}$

17.5 $\frac{\overline{PQ}}{12\text{ cm}} = \frac{6\text{ cm}}{8\text{ cm}}$

$\overline{PQ} = 9\text{ cm}$

$A = \frac{1}{2}\,\overline{PQ} \cdot \overline{TR_n}$

$A = 0{,}5 \cdot 9 \cdot \frac{\sqrt{2}}{\sin(45° + \varphi)}\text{ cm}^2$

$A(\varphi) = \frac{4{,}5\sqrt{2}}{\sin(45° + \varphi)}\text{ cm}^2$

17.7 $\tan 40° = \frac{4{,}5}{\frac{\sqrt{2}}{\sin(45° + \varphi)}}$

$\frac{\tan 40° \cdot \sqrt{2}}{4{,}5} = \sin(45° + \varphi)$

$(45° + \varphi = 15{,}29° \vee)\ 45° + \varphi = 164{,}71°$

$\varphi = 119{,}71°$

Diagramme machen Meinung!

Lohnerhöhung

a) Im Diagramm links ist die Lohnerhöhung in Euro in Abhängigkeit vom Lohn dargestellt. Bei Variante B erhalten alle Lohngruppen die gleiche Lohnerhöhung von 30 €, deshalb verläuft der Graph parallel zur x-Achse. Im Diagramm rechts ist die Lohnerhöhung in Prozent in Abhängigkeit vom Lohn dargestellt. Bei Variante B macht die Lohnerhöhung von 30 € bei Gruppen mit hohem Lohn prozentual weniger aus.

b) Von Variante A profitieren Lohngruppen mit hohem Einkommen, von Variante B Lohngruppen mit niedrigem Einkommen.

Hotel Schöne Aussicht:

B: Von Montag auf Dienstag, von Dienstag auf Mittwoch und von Mittwoch auf Donnerstag kommen mehr Gäste an als abreisen. Die Summe der übernachtenden Gäste ist somit von Mittwoch auf Donnerstag am größten.

Aus der Zeitung: Außerirdische unter uns

a) 80 % (600 von 750 Befragten)

b) Sebastian vergleicht im rechten Diagramm die 300 Befragten, die mit „sicher“ antworteten mit den 600 im linken Diagramm, die glauben, dass es Außerirdische gibt. Er hätte die 300 aber mit den insgesamt 750 Befragten in Beziehung bringen müssen (300 : 750 = 40 %).

Regentonnen:

a) A ⟶ I; B ⟶ II; C ⟶ III

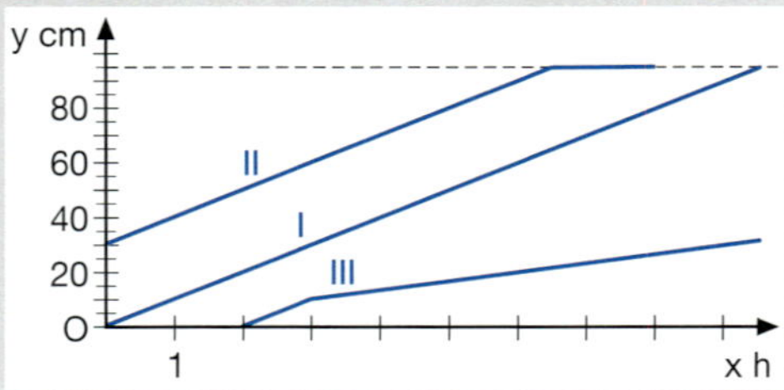

zu Seite 182
Trigonometrie

18 18.1 Planfigur:

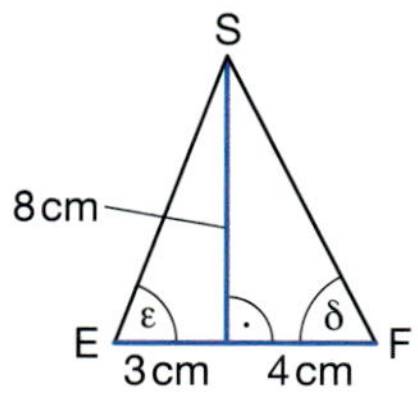

$\tan \varepsilon = \frac{8}{3}$; $\varepsilon = 69{,}44°$

$\tan \delta = \frac{8}{4}$; $\delta = 63{,}43°$

$\overline{ES} = \sqrt{3^2 + 8^2}$ cm

$\overline{ES} = 8{,}54$ cm

$\overline{FS} = \sqrt{4^2 + 8^2}$ cm

$\overline{FS} = 8{,}94$ cm

18.2 Planfigur:

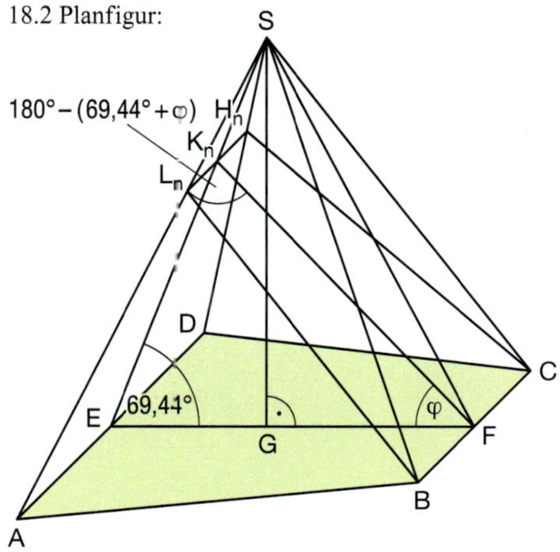

18.3 Im Dreieck EFK_n gilt

$$\frac{\overline{FK_n}}{\sin 69{,}44°} = \frac{7\text{ cm}}{\sin [180° - (69{,}44° + \varphi)]}$$

$$\overline{FK_n}\,(\varphi) = \frac{6{,}55}{\sin (69{,}44° + \varphi)}\text{ cm}$$

18.4 $8 = \frac{6{,}55}{\sin (69{,}44° + \varphi)}$

$69{,}44° + \varphi = 54{,}96° \vee 69{,}44° + \varphi = 180° - 54{,}96°$

$(\varphi = -14{,}48°)$ $\varphi = 55{,}60°$

18.5 Richtige Anwort: II
Die Strecke $[FK_n]$ hat minimale Länge, wenn sie senkrecht zur Strecke [ES] verläuft.
Dies gilt für $\varphi = 20{,}56°$. Für die übrigen Winkelmaße sind die Streckenlängen größer als 6,55 cm.

18.6 Planfigur:

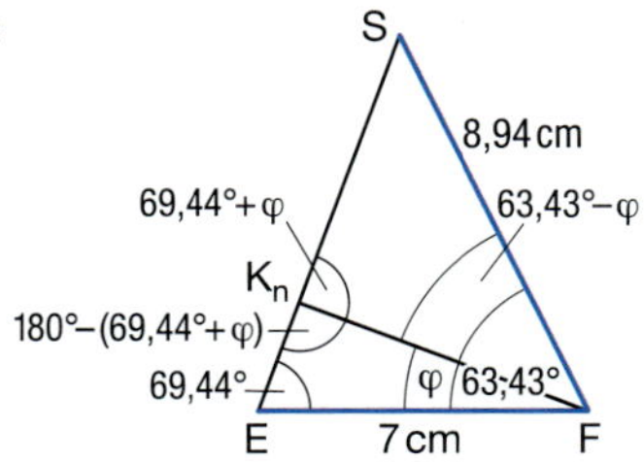

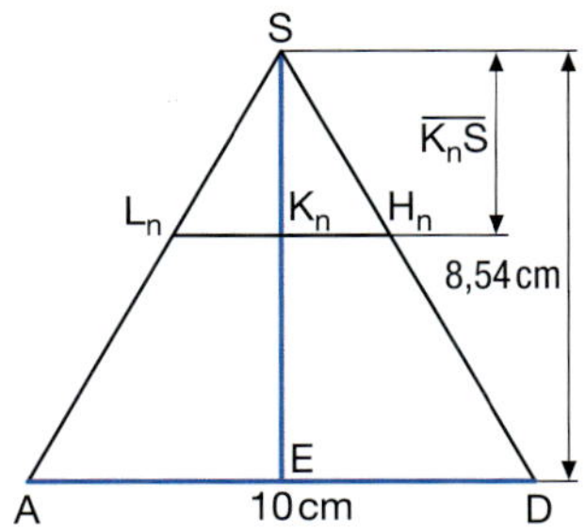

$$\frac{\overline{EK_n}}{\sin \varphi} = \frac{7\text{ cm}}{\sin [180° - (69{,}44° + \varphi)]}$$

$$\overline{EK_n} = \frac{7 \sin \varphi}{\sin (69{,}44° + \varphi)}\text{ cm}$$

$$\frac{\overline{K_nS}}{\sin (63{,}43° - \varphi)} = \frac{8{,}94\text{ cm}}{\sin (69{,}44° + \varphi)}$$

$$\overline{K_nS} = \frac{8{,}94 \sin (63{,}43° - \varphi)}{\sin (69{,}44° + \varphi)}\text{ cm}$$

$$\frac{\overline{L_nH_n}}{\overline{AD}} = \frac{\overline{K_nS}}{\overline{ES}};$$

$$\frac{\overline{L_nH_n}}{10\text{ cm}} = \frac{\frac{8{,}94 \sin (63{,}43° - \varphi)}{\sin (69{,}44° + \varphi)}}{8{,}54}$$

$$\overline{L_nH_n}\,(\varphi) = \frac{10{,}5 \sin (63{,}43° - \varphi)}{\sin (69{,}44° + \varphi)}\text{ cm}$$

oder

$$\frac{\overline{L_nH_n}}{\overline{AB}} = \frac{\overline{ES} - \overline{EK_n}}{\overline{ES}}$$

$$\frac{\overline{L_nH_n}}{10\text{ cm}} = \frac{\left(8{,}54 - \frac{7 \sin \varphi}{\sin (69{,}44° + \varphi)}\right)\text{ cm}}{8{,}54\text{ cm}}$$

$$\overline{L_nH_n} = \frac{\left(10 \cdot 8{,}54 - \frac{10 \cdot 7 \sin \varphi}{\sin (69{,}44° + \varphi)}\right)}{8{,}54\text{ cm}}\text{ cm}$$

$$\overline{L_nH_n}\,(\varphi) = \left(10 - \frac{8{,}20 \sin \varphi}{\sin (69{,}44° + \varphi)}\right)\text{ cm}$$

18.7 $\varphi = 48°$

$$\overline{L_1H_1} = \frac{10{,}5 \sin (63{,}43° - 48°)}{\sin (69{,}44° + 48°)}\text{ cm} = 3{,}15\text{ cm}$$

$$\overline{FK_1} = \frac{6{,}55}{\sin (69{,}44° + 48°)}\text{ cm} = 7{,}38\text{ cm}$$

$$A_{Trapez} = \frac{1}{2}\,(6 + 3{,}15) \cdot 7{,}38\text{ cm}^2 = 33{,}76\text{ cm}^2$$

zu Seite 183
Trigonometrie

19 19.1 Planfigur:

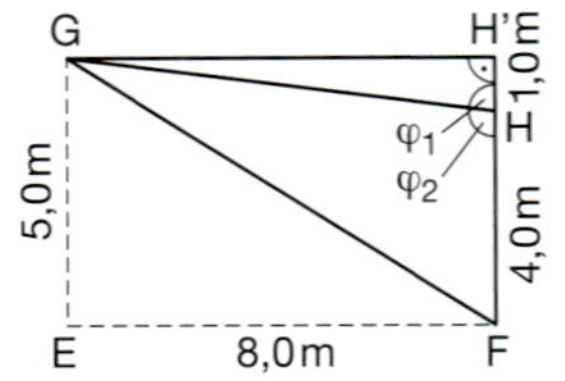

Im Dreieck GHH´ gilt:

$\tan\varphi_1 = \frac{8{,}0}{1{,}0}$; $\varphi_1 = 82{,}87°$

$\varphi_2 = 180° - \varphi_1$; $\varphi_2 = 97{,}13°$

19.2 Planfigur:

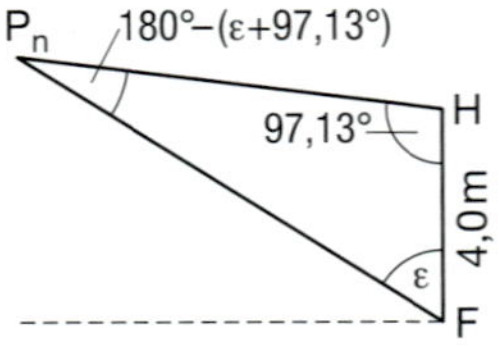

Im Dreieck FHP_n gilt:

$$\frac{\overline{FP_n}}{\sin \cdot 97{,}13°} = \frac{4{,}0 \text{ m}}{\sin[180° - (\varepsilon + 97{,}13°)]}$$

$$\overline{FP_n}(\varepsilon) = \frac{9{,}97}{\sin(\varepsilon + 97{,}13°)} \text{ m}$$

$\varepsilon_{min} = 0°$ für $P_n = H$

ε_{max} für $P_n = G$

19.3 Planfigur:

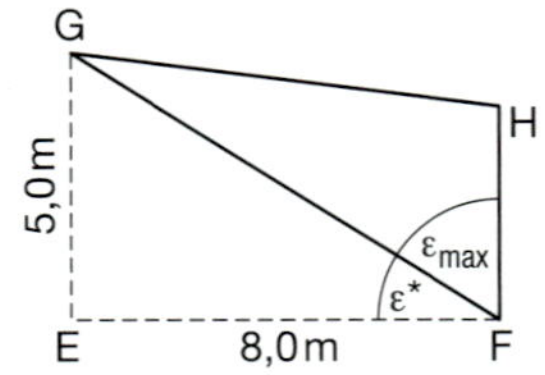

Im Dreieck EFG gilt:

$\tan\alpha^* = \frac{5{,}0}{8{,}0}$; $\varepsilon^* = 32{,}01°$

$\varepsilon_{max} = 90° - \varepsilon^*$; $\varepsilon_{max} = 57{,}99°$

Intervall: $0° \leqq \varepsilon \leqq 57{,}99°$

19.4 Im gleichseitigen Dreieck BCP_1 gilt: $\overline{FP_1} = \frac{\overline{BC}}{2}\sqrt{3}$

Mit $\overline{BC} = \overline{AD} = 10$ m folgt: $\frac{3{,}97}{\sin(\varepsilon + 97{,}13°)} = \frac{10}{2}\sqrt{3}$

$0{,}4584\ldots = \sin(\varepsilon + 97{,}13°)$

$27{,}28° = \varepsilon + 97{,}13° \vee 152{,}72° = \varepsilon + 97{,}13°$

$(-69{,}9° = \varepsilon \vee)\ \varepsilon = 55{,}6°$

19.5 Planfigur:

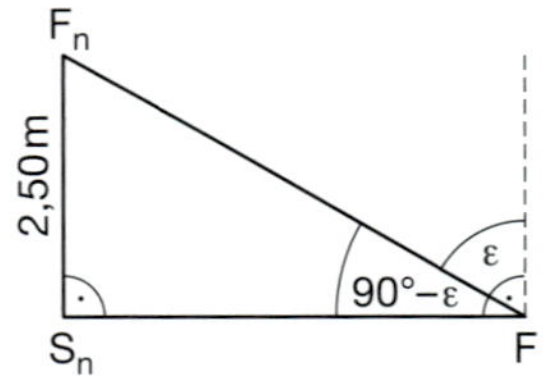

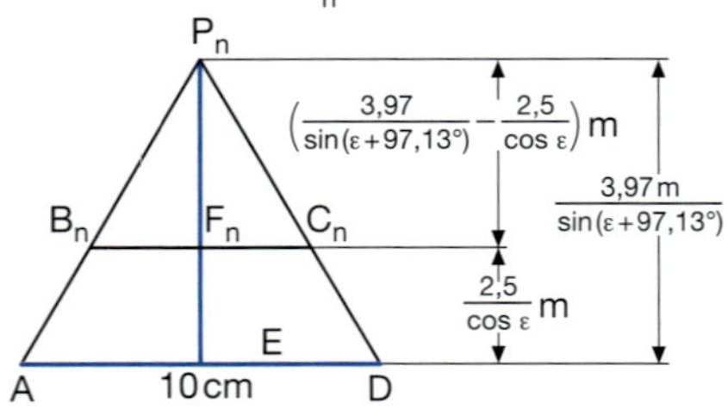

Im Dreieck S_nFF_n gilt:

$\sin(90° - \varepsilon) = \frac{2{,}50 \text{ m}}{\overline{FF_n}}$; $\overline{FF_n}(\varepsilon) = \frac{2{,}5}{\cos\varepsilon}$ m

Es gilt: $\frac{\overline{B_nC_n}}{\overline{BC}} = \frac{\overline{F_nP_n}}{\overline{FP_n}}$

$$\frac{\overline{B_nC_n}}{10{,}0 \text{ m}} = \frac{\frac{3{,}97}{\sin(\varepsilon + 97{,}13°)} - \frac{2{,}5}{\cos\varepsilon}}{\frac{3{,}97}{\sin(\varepsilon + 97{,}13°)}}$$

$$\overline{B_nC_n}(\varepsilon) = 10 \text{ m} \cdot \left[1 - \frac{\frac{2{,}5}{\cos\varepsilon}}{\frac{3{,}97}{\sin(\varepsilon + 97{,}13°)}}\right]$$

$$= 10 \text{ m} \cdot \left[1 - \frac{2{,}5 \sin(\varepsilon + 97{,}13°)}{\cos\varepsilon \cdot 3{,}97}\right]$$

$$= 10 \text{ m} \cdot \left[1 - \frac{0{,}630 \sin(\varepsilon + 97{,}13°)}{\cos\varepsilon}\right]$$

$$= \left[10 - \frac{6{,}30 \sin(\varepsilon + 97{,}13°)}{\cos\varepsilon}\right] \text{ m}$$

19.6 Planfigur:

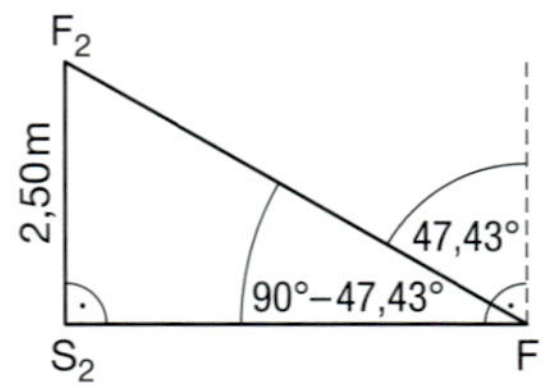

$$4{,}60 = 10 - \frac{6{,}30 \sin(\varepsilon + 97{,}13°)}{\cos\varepsilon}$$

$\varepsilon = 47{,}43°$

Im Dreieck FF_2S_2 gilt:

$\tan(90° - 47{,}43°) = \frac{2{,}50 \text{ m}}{\overline{FS_2}}$

$\overline{FS_2} = 2{,}72$ m

$\overline{E'F_2} = (8{,}0 - 2{,}72)$ m $= 5{,}28$ m

$\overline{A'D'} = \frac{1}{2}\overline{AD} = 5{,}0$ m

Flächeninhalt des Trapezes $A'B_2C_2D'_S$

$A = \frac{1}{2}(\overline{A'D'} + \overline{B_2C_2}) \cdot \overline{E'F_2}$

$= \frac{1}{2}(5{,}00 + 4{,}60) \cdot 5{,}28 \text{ m}^2$; $A \approx 25 \text{ m}^2$

19.7 Richtig: B. Die Deckenfläche ist maximal für $P_n = H$ und minimal für $P_n = G$, d. h. mit zunehmendem Maß von ε sinkt die Deckenfläche.

zu Seite 184
Trigonometrie

20

20.1 Im Dreieck ABC gilt nach dem Kosinussatz:

$10{,}5^2 = 12^2 + 4{,}5^2 - 2 \cdot 12 \cdot 4{,}5 \cos \varepsilon$

$\varepsilon = 60°$

Im Dreieck ABC gilt nach dem Sinussatz:

$\frac{12}{\sin \delta} = \frac{10{,}5}{\sin 60°}$

$(\alpha = 81{,}79° \vee)\ \alpha = 180° - 81{,}79° = 98{,}21°$

20.2 φ_{min} für E_n = T Hier ist $\varphi = 30°$

φ_{max} für E_n = A Hier ist $\varphi = 98{,}21°$

20.3 Im Dreieck BCE_n gilt:

$\frac{\overline{CE_n}}{\sin \varphi} = \frac{4{,}5 \text{ cm}}{\sin [180° - (60° + \varphi)]}$

$\overline{CE_n} = \frac{4{,}5 \sin \varphi}{\sin (60° + \varphi)} \text{ cm}$

20.4 $\sin 60° = \frac{r}{4{,}5 \text{ cm}}$

$r = 2{,}25\sqrt{3} \text{ cm } (= 3{,}90 \text{ cm})$

$V = \frac{1}{3} r^2 \pi\ \overline{CE_n}$

$V = \frac{1}{3} (2{,}25\sqrt{3})^2 \pi \frac{4{,}5 \sin \varphi}{\sin (60° + \varphi)} \text{ cm}^3$

$V = \frac{71{,}57 \sin \varphi}{\sin (60° + \varphi)} \text{ cm}^3$

20.5 $50 = \frac{71{,}57 \sin \varphi}{\sin (60° + \varphi)}$

$50 \cdot \frac{1}{2}\sqrt{3} \cos \varphi + 50 \cdot \frac{1}{2} \sin \varphi = 71{,}57 \sin \varphi$

$25\sqrt{3} \cos \varphi = 46{,}57 \sin \varphi$

$\frac{25\sqrt{3}}{46{,}57} = \tan \varphi;\ \varphi = 42{,}92°$

20.6 Graph C ist sicher falsch. Mit zunehmendem Winkelmaß φ nimmt das Volumen zu.

20.7

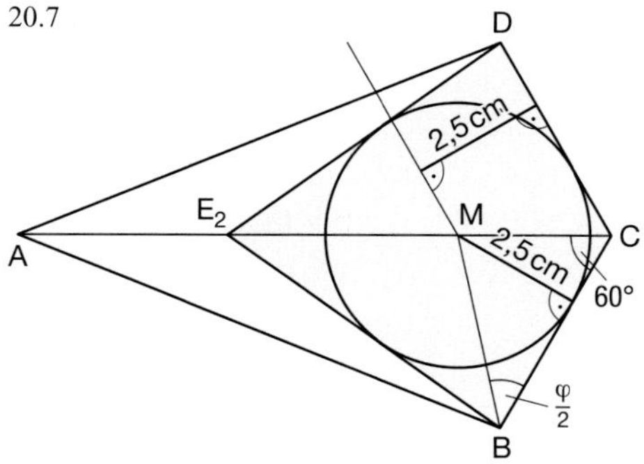

Im Dreieck CMF gilt:

$\tan 60° = \frac{2{,}5 \text{ cm}}{\overline{CF}};\ \overline{CF} = 1{,}44 \text{ cm}$

Es folgt: $\overline{BF} = 3{,}06 \text{ cm}$

$\tan \frac{\varphi}{2} = \frac{2{,}5}{3{,}06};\ \varphi = 78{,}68°$

20.8 Graph B

Die Querschnittsfläche der Kugel wird mit zunehmender Höhe immer größer und wird bei halber Kugelhöhe maximal. Anschließend nimmt die Querschnittsfläche wieder ab.

zu Seite 185
Trigonometrie

21

21.1 B

21.2 ε_{max} für $\overline{DC} = 1{,}10$ m bzw. $\overline{AC} = 8{,}90$ m

Im Dreieck MBC gilt:

$6{,}9^2 = 4^2 + 3^2 - 2 \cdot 4 \cdot 3 \cos \varepsilon_{max}$

$\cos \varepsilon_{max} = \frac{16 + 9 - 6{,}9^2}{24}$

$\varepsilon_{max} = 160{,}4°$

21.3 $\overline{BC}^2 = (3^2 + 4^2 - 2 \cdot 3 \cdot 4 \cos \varepsilon) \text{ m}^2$

$\overline{BC}(\varepsilon) = \sqrt{25 - 24 \cos \varepsilon} \text{ m}$

21.4 $6 = \sqrt{25 - 24 \cos \varepsilon}\ |^2$

$36 = 25 - 24 \cos \varepsilon$

$\cos \varepsilon = \frac{-11}{24}$

$\varepsilon = 117{,}3°$

21.5 Im Dreieck BCM gilt:

$\frac{\sin \beta}{4} = \frac{\sin \varepsilon}{\sqrt{25 - 24 \cos \varepsilon}}$

$\sin \beta = \frac{4 \sin \varepsilon}{\sqrt{25 - 24 \cos \varepsilon}}$

21.6 Für $\varepsilon = 117{,}3°$ gilt: $\overline{BC} = 6 \text{ m} = \sqrt{25 - 24 \cos \varepsilon} \text{ m}$

$\sin \beta = \frac{4 \sin 117{,}3°}{6}$

$\beta = 36{,}3° \ (\vee\ \beta = 143{,}7°)$

Im Dreieck ABM gilt:

$\overline{AM}^2 = (2^2 + 3^2 - 2 \cdot 2 \cdot 3 \cos 143{,}7°)$

$\overline{AM} = 4{,}76 \text{ m}$

$\frac{3}{\sin \alpha} = \frac{4{,}76}{\sin 143{,}7°};\ \alpha = 21{,}9°$

Im Dreieck ADH gilt für $\alpha = 21{,}9°$

$\sin 21{,}9° = \frac{h}{10 \text{ m}};\ h = 3{,}7 \text{ m}$

21.7 $M = F \cdot r$

$36 \text{ kNm} = F \cdot 0{,}40 \text{ m}$

$F = 90 \text{ kN}$

21.8 Bogenmaß x zum Winkelmaß $\alpha = 210°$

$x = \frac{2 \cdot 210° \pi}{360°} = 3{,}67$

$F_{Riemen} = 90 \text{ kN} \cdot \left(1 - \frac{1}{2{,}718^{0{,}2 \cdot 3{,}67}}\right) = 46{,}8 \text{ kN}$

21.9 $60{,}0 \text{ kN} = 90{,}0 \text{ kN} \cdot \left(1 - \frac{1}{2{,}718^{\mu \cdot 3{,}67}}\right)$

$60 = 90 - \frac{90}{2{,}718^{\mu \cdot 3{,}67}}$

$3 = 2{,}718^{\mu \cdot 3{,}67}$

$\log_{2{,}718} 3 = \mu \cdot 3{,}67$

$\mu = 0{,}3$

zu Seite 186
Abbildungen

1 1.1 $P_1(-2|2)$; $P_2(-1|0)$; $P_3(1|-4)$
$Q_1(1|4)$; $Q_2(2|2)$; $Q_3(4|-2)$

1.2 $\binom{x'}{y'} = \begin{pmatrix}1 & 0\\ 0 & 1\end{pmatrix} \odot \binom{x}{-2x-2} \oplus \binom{3}{2}$

$x' = x + 3$
$x = x' - 3$
$\wedge\ y' = -2x - 2 + 2$
$y' = -2\,(x' - 3)$
Trägergraph: $y = -2x + 6$

1.3 $-x + 3 = -2x + 6$
$x = 3 \quad Q_o(3|0)$

$Q_o(3|0) \xmapsto{v^* = \binom{-3}{-2}} P_o(0|-2)$

1.1
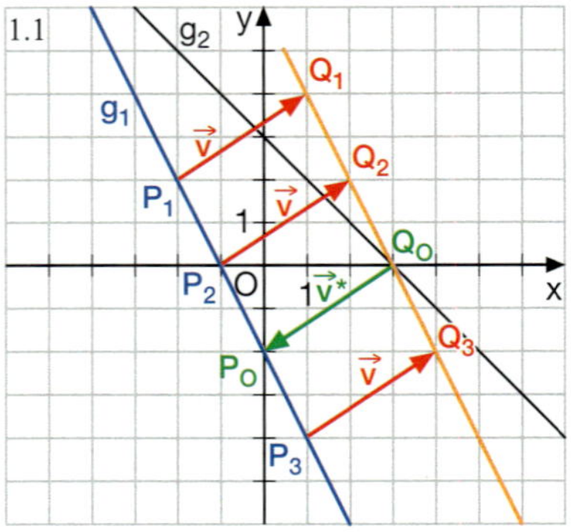

2 2.1 $\alpha = -26{,}57°$; $2\alpha = -53{,}14°$

2.2 $\binom{x'}{y'} = \begin{pmatrix}0{,}6 & -0{,}8\\ -0{,}8 & -0{,}6\end{pmatrix} \odot \binom{1}{4}$

$x' = -2{,}6 \wedge y' = -3{,}2 \qquad A'(-2{,}6|-3{,}2)$

$\binom{x'}{y'} = \begin{pmatrix}0{,}6 & -0{,}8\\ -0{,}8 & -0{,}6\end{pmatrix} \odot \binom{-3{,}5}{-1}$

$x' = -1{,}3 \wedge y' = 3{,}4 \qquad B'(-1{,}3|3{,}4)$

2.4 $x = x\cos(-53{,}14°) + y\sin(-53{,}14°)$; $\quad 0{,}4x = -0{,}8y$
$\wedge\ y = x\sin(-53{,}14°) - y\cos(-53{,}14°)$; $\quad \wedge\ 1{,}6y = -0{,}8x$

$F\,(x|-0{,}5x)$; $y = -0{,}5x$; Fixpunktgerade

2.3
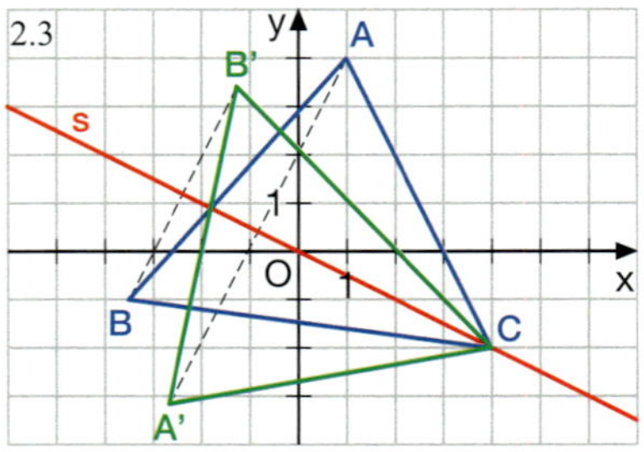

3 3.1 $\alpha_1 = 36{,}87°\ 2\alpha_1 = 73{,}74°$

3.2 $\binom{x'}{y'} = \begin{pmatrix}0{,}28 & 0{,}96\\ 0{,}96 & -0{,}28\end{pmatrix} \odot \binom{-4}{-1}$

$x' = -2{,}08 \wedge y' = -3{,}56$
$A_1(-2{,}08|-3{,}56)$

$x' = -3 \cdot 0{,}28 + 2 \cdot 0{,}96 = 1{,}08$
$\wedge\ y' = -3 \cdot 0{,}96 - 2 \cdot 0{,}28 = -3{,}44$
$B_1(1{,}08|-3{,}44)$

$x' = -6 \cdot 0{,}28 + 3 \cdot 0{,}96 = 1{,}2$
$\wedge\ y' = -6 \cdot 0{,}96 - 3 \cdot 0{,}28 = -6{,}6$
$C_1(1{,}2|-6{,}6)$

$\alpha_2 = -53{,}13°$; $2\alpha_2 = -106{,}26°$

$\binom{x'}{y'} = \begin{pmatrix}-0{,}28 & -0{,}96\\ -0{,}96 & 0{,}28\end{pmatrix} \odot \binom{-2{,}08}{-3{,}56}$

$x' = 4 \wedge y' = 1$; $A_2\,(4|1)$
$x' = 1{,}08 \cdot (-0{,}28) - (-3{,}44) \cdot 0{,}96 = 3$
$\wedge\ y' = 1{,}08 \cdot (-0{,}96) - 3{,}44 \cdot 0{,}28 = -2$
$B_2(3|-2)$; $C_2(6|-3)$

3.3 Punktspiegelung am Ursprung

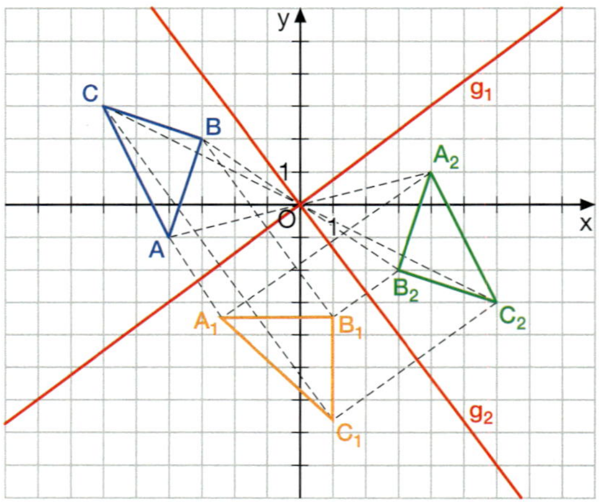

3.4 $x' = -4 \cdot (-0{,}28) - 1 \cdot (-0{,}96) = 2{,}08$ $\quad A_1(2{,}08|3{,}56)$ usw.
$\wedge\ y' = -4 \cdot (-0{,}96) - 1 \cdot 0{,}28 = 3{,}56$ $\quad$ keine Änderung

4 4.1 $x = 2{,}5 \quad A_1\,(2{,}5|-2)$
$x = 5 \quad A_2\,(5|0)$

$-3 = -(-3) + t$; $t = -6$

$-x - 6 = \frac{4}{5}x - 4$

$x = -1\frac{1}{9}$; $x \in \,]-1\frac{1}{9};\ \infty[$

4.2 $\alpha = 45°$; $2\alpha = 90°$

$\binom{x'}{y'} = \begin{pmatrix}0 & 1\\ 1 & 0\end{pmatrix} \odot \binom{x}{\frac{4}{5}x - 4}$

$x' = \frac{4}{5}x - 4$; $x = \frac{5}{4}x' + 5$

$\wedge\ y' = x$

Trägergraph: $y = \frac{5}{4}x + 5$

4.3 $\overline{A_nB_n} = \overline{A_nC}$ gleichseitig; $B_n\left(\frac{4}{5}x - 4|x\right)$

$\overrightarrow{A_nB_n} = \begin{pmatrix}\frac{4}{5}x - 4 - x\\ x - \frac{4}{5}x + 4\end{pmatrix} \qquad \overrightarrow{A_nC} = \begin{pmatrix}-3 - x\\ -3 - \frac{4}{5}x + 4\end{pmatrix}$

$\overline{A_nB_n} = \sqrt{\left(\frac{4}{5}x - 4 - x\right)^2 + \left(x - \frac{4}{5}x + 4\right)^2} = \sqrt{\frac{2}{25}x^2 + \frac{16}{5}x + 32}$

$\overline{A_nC} = \sqrt{(-x - 3)^2 + \left(-3 - \frac{4}{5}x + 4\right)^2} = \sqrt{\frac{41}{25}x^2 + 4\frac{2}{5}x + 10}$

$x_1 = 3{,}39$; $[x_2 = -4{,}16]$; $A_o(3{,}39|-1{,}29)$; $B_o(-1{,}29|3{,}39)$

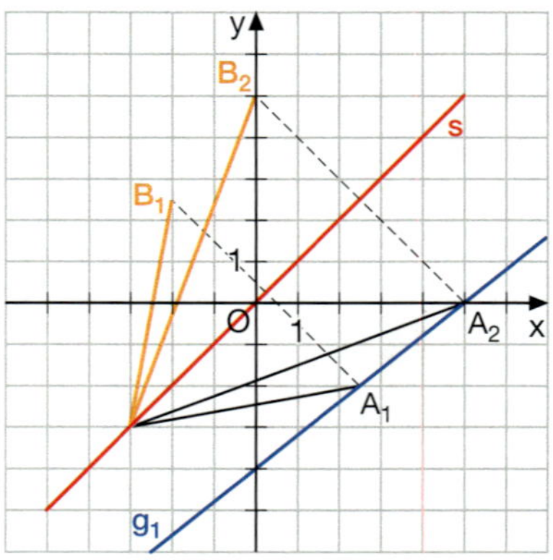

zu Seite 187
Abbildungen

5 5.1 $S_1(0{,}5|2{,}6)$; $S_2(-1{,}5|1)$; $S_3(-2{,}5|0{,}2)$

CB mit $y=\frac{4}{5}x+2{,}2$; $S_n(x|\frac{4}{5}x+2{,}2)$

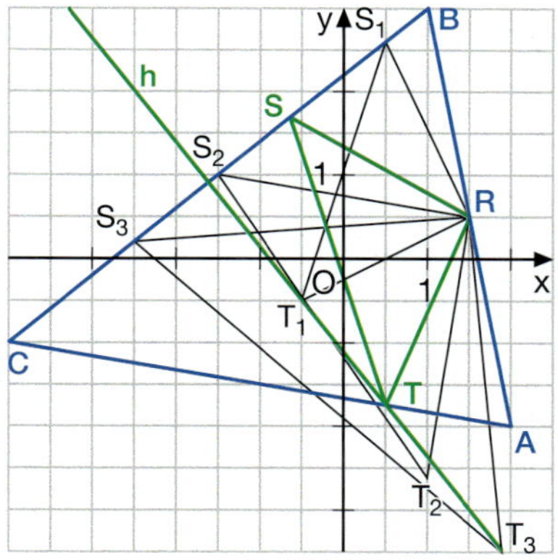

5.2 $\overrightarrow{RS_n}=\begin{pmatrix}x-1{,}5\\ \frac{4}{5}x+1{,}7\end{pmatrix}$; $T_n(x'|y')$

$\begin{pmatrix}x'\\ y'\end{pmatrix}=\begin{pmatrix}0 & -1\\ 1 & 0\end{pmatrix}\odot\begin{pmatrix}x-1{,}5\\ \frac{4}{5}x+1{,}7\end{pmatrix}\oplus\begin{pmatrix}1{,}5\\ 0{,}5\end{pmatrix}$

$x'=-\frac{4}{5}x-0{,}2$

$\wedge\ y'=x-1$ $\qquad T_n\left(-\frac{4}{5}x-0{,}2|x-1\right)$

Trägergraph: $y'=-\frac{5}{4}x'-1{,}25$

5.3 $m_{AC}=-\frac{1}{6}$; AC mit $y=-\frac{1}{6}x-\frac{5}{3}$

$-\frac{5}{4}x-1{,}25=-\frac{1}{6}x-\frac{5}{3}$; $x=\frac{5}{13}$; $T(\frac{5}{13}|-1{,}73)$

$\overrightarrow{RT}\xmapsto{R;\ -90^\circ}\overrightarrow{RS}$; $\overrightarrow{RT}=\begin{pmatrix}-1{,}12\\ -2{,}23\end{pmatrix}$

$\begin{pmatrix}x'\\ y'\end{pmatrix}=\begin{pmatrix}0 & 1\\ -1 & 0\end{pmatrix}\odot\begin{pmatrix}-1{,}12\\ -2{,}23\end{pmatrix}\oplus\begin{pmatrix}1{,}5\\ 0{,}5\end{pmatrix}$ $\quad x'=-0{,}73\quad S(-0{,}73|1{,}62)$

$y'=1{,}62$

6 6.1 $y=-\frac{1}{2}x^2+2x-1=-\frac{1}{2}[x^2-4x+2^2-2^2]-1=-\frac{1}{2}[(x-2)^2-4]-1$

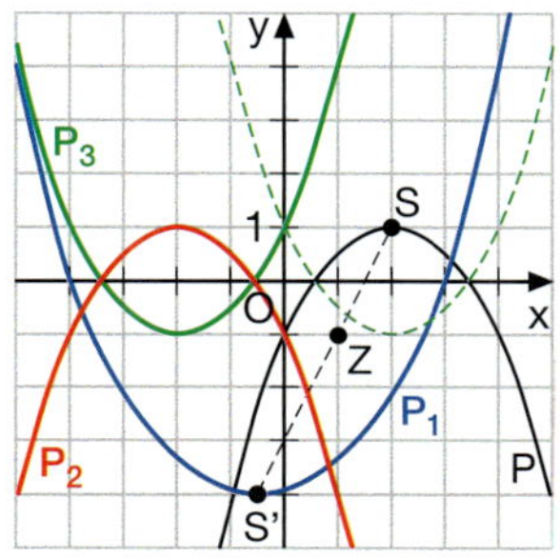

$y=-\frac{1}{2}(x-2)^2+1$

$S(2|1)$; $\overrightarrow{ZS'}=-\frac{3}{2}\overrightarrow{ZS}$; $S'(x|y)$; $Z(1|-1)$

$\begin{pmatrix}x'-1\\ y'+1\end{pmatrix}=-\frac{3}{2}\begin{pmatrix}2-1\\ 1+1\end{pmatrix}$

$x'-1=-\frac{3}{2}$

$\wedge\ y'+1=-3$; $S'(-0{,}5|-4)$

$P(0|-1)\xmapsto{Z;\ k}P'(x'|y')$

$\overrightarrow{ZP'}=-\frac{3}{2}\overrightarrow{ZP}$

$x'-1=\frac{3}{2}$

$\wedge\ y'+1=0$; $P'(2{,}5|-1)$

$y=a\left(x+\frac{1}{2}\right)^2-4$; Koordinaten einsetzen

$a=\frac{1}{3}$

p_1: $y=\frac{1}{3}\left(x+\frac{1}{2}\right)^2-4$

$y=\frac{1}{3}\left(x^2+x+\frac{1}{4}\right)-4$

$y=\frac{1}{3}x^2+\frac{1}{3}x-3\frac{11}{12}$

6.2 $p\xmapsto{y\text{-Achse}}p_2$ $\qquad p_2$ mit $y=-\frac{1}{2}(x+2)^2+1$

$p_2\xmapsto{x\text{-Achse}}p_3$ $\qquad p_3$ mit $y=\frac{1}{2}(x+2)^2-1$

p_3: $\quad y=\frac{1}{2}(x^2+4x+4)-1$; $y=\frac{1}{2}x^2+2x+1$

6.3 $p\xmapsto{O(0|0)}p'$ $\quad x'=-x$ $\quad$ oder $\quad\begin{pmatrix}x'\\ y'\end{pmatrix}=\begin{pmatrix}-1 & 0\\ 0 & -1\end{pmatrix}\odot\begin{pmatrix}x\\ y\end{pmatrix}$

$\wedge\ y'=-y$

p: $y=-\frac{1}{2}x^2+2x-1$

$\begin{pmatrix}x'\\ y'\end{pmatrix}=\begin{pmatrix}-1 & 0\\ 0 & -1\end{pmatrix}\odot\begin{pmatrix}x\\ -\frac{1}{2}x^2+2x-1\end{pmatrix}$

(I) $\quad x'=-x$ $\qquad x=-x'$ in (II)

(II) $\wedge\ y'=\frac{1}{2}x^2-2x+1$

$y'=\frac{1}{2}(-x')^2-2(-x')+1$ $\quad p_3$: $y=\frac{1}{2}x^2+2x+1$

7 7.1 $M_n(x|3x-7{,}5)$; $M_1(2|-1{,}5)$

$M_2(2{,}5|0)$; $M_3(3{,}5|3)$

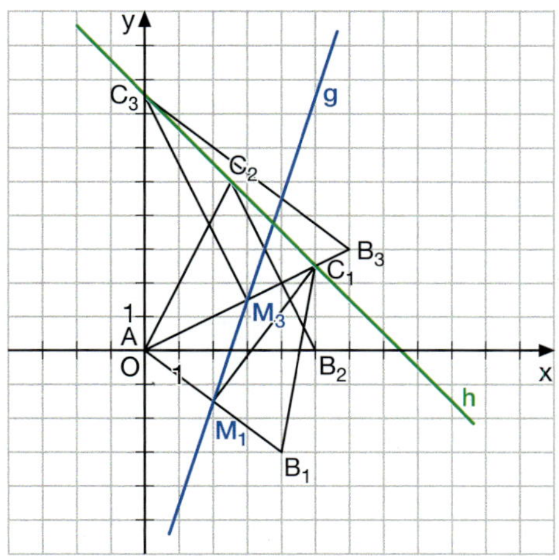

7.2 $\overrightarrow{AM_n}\xmapsto{A;\ 90^\circ}\overrightarrow{AM_n^*}$

$\begin{pmatrix}x^*\\ y^*\end{pmatrix}=\begin{pmatrix}0 & -1\\ 1 & 0\end{pmatrix}\odot\begin{pmatrix}x\\ 3x-7{,}5\end{pmatrix}$

$\overrightarrow{AM_n}\oplus 2\cdot\overrightarrow{AM_n^*}=\overrightarrow{AC_n}$

$\begin{pmatrix}x\\ 3x-7{,}5\end{pmatrix}\oplus 2\cdot\begin{pmatrix}-3x+7{,}5\\ x\end{pmatrix}=\begin{pmatrix}x'\\ y'\end{pmatrix}$

$x'=-5x+15\ \wedge\ y'=5x-7{,}5$

$C_n(-5x+15|5x-7{,}5)$

Trägergraph der Punkte C_n: $y'=5\left(-\frac{1}{5}x'+3\right)-7{,}5$

$y'=-x'+7{,}5$

7.3 $\overrightarrow{AM_n} + \overrightarrow{AM_n} = \overrightarrow{AB_n}$ $B_n(2x|6x-15)$

$\tan\alpha = \frac{y_B}{x_B}$; $\tan 26{,}57° = \frac{6x-15}{2x}$; $x = 3$

$B_4(6|3)$; $M_4(3|1{,}5)$; $C_4(0|7{,}5)$

7.5 $\overrightarrow{B_nS_n} = \begin{pmatrix} -x+5-2x \\ \frac{11}{5}x - 7{,}5 - 6x + 15 \end{pmatrix}$ $m_{B_nS_n} = \left(\frac{-\frac{7}{3}x + 7{,}5}{-3x+5}\right)$

$m_1 \cdot m_2 = -1$

$3 \cdot \left(\frac{-\frac{7}{3}x + 7{,}5}{-3x+5}\right) = -1$; $x = 2{,}75$ $B_5(5{,}5|1{,}5)$ $S_5(2{,}25|2{,}58)$

7.4 $\begin{pmatrix} x_S \\ y_S \end{pmatrix} = \frac{1}{3}\left[\begin{pmatrix} 0 \\ 0 \end{pmatrix} \oplus \begin{pmatrix} 2x \\ 6x-15 \end{pmatrix} \oplus \begin{pmatrix} -5x+15 \\ 5x-7{,}5 \end{pmatrix}\right]$

$S_n(-x+5|\frac{11}{3}x - 7{,}5)$

$x = -x_S + 5$; $y_S' = \frac{11}{3}(-x_S + 5) - 7{,}5$

$y_S = -\frac{11}{3}x_S + 10{,}8$

zu Seite 188 Abbildungen

8 8.1 $D_n(x|0{,}5x-3)$; $D_1(2|-2)$; $D_2(4|-1)$; $\overrightarrow{CD_n} \odot \begin{pmatrix} 3 \\ 2 \end{pmatrix} = 0$; $\begin{pmatrix} x+3 \\ 0{,}5x-1 \end{pmatrix} \odot \begin{pmatrix} 3 \\ 2 \end{pmatrix} = 0$; $x = -1{,}75$; Rauten für $x > -1{,}75$

8.2 $D_1(2|-2) \xrightarrow{y = \frac{2}{3}x} B_1(x'|y')$

$\begin{pmatrix} x' \\ y' \end{pmatrix} = \begin{pmatrix} 0{,}38 & 0{,}92 \\ 0{,}92 & -0{,}38 \end{pmatrix} \odot \begin{pmatrix} 2 \\ -2 \end{pmatrix}$

$x' = -1{,}08 \wedge y' = 2{,}6$; $B_1(-1{,}1|2{,}6)$

$\overrightarrow{CD_1} = \begin{pmatrix} 5 \\ 0 \end{pmatrix}$; $\overrightarrow{CB_1} = \begin{pmatrix} 1{,}9 \\ 4{,}6 \end{pmatrix}$;

$\cos\alpha = \frac{\begin{pmatrix} 5 \\ 0 \end{pmatrix} \odot \begin{pmatrix} 1{,}9 \\ 4{,}6 \end{pmatrix}}{\sqrt{25} \cdot \sqrt{1{,}9^2 + 4{,}6^2}}$ $\alpha = 67{,}56°$

8.3 $D_n(x|-0{,}5x-3) \xrightarrow{y = \frac{2}{3}x} B_n(x'|y')$ $\begin{pmatrix} x' \\ y' \end{pmatrix} = \begin{pmatrix} 0{,}38 & 0{,}92 \\ 0{,}92 & -0{,}38 \end{pmatrix} \odot \begin{pmatrix} x \\ 0{,}5x-3 \end{pmatrix}$

$x' = 0{,}84x - 2{,}76 \wedge y' = 0{,}73x + 1{,}14$ $B_n(0{,}84x - 2{,}76|0{,}73x + 1{,}14)$

Trägergraph der Punkte B_n: $y' = 0{,}73\ (1{,}19x' + 3{,}26) + 1{,}14$; h: $y' = 0{,}87\ x' + 3{,}54$

8.4 Quadrat: $\overrightarrow{CD_n} \odot \overrightarrow{CB_n} = 0$ $\overrightarrow{CB_n} = \begin{pmatrix} 0{,}84x + 0{,}24 \\ 0{,}73x + 3{,}14 \end{pmatrix}$

$\begin{pmatrix} x+3 \\ 0{,}5x-1 \end{pmatrix} \odot \begin{pmatrix} 0{,}84x + 0{,}24 \\ 0{,}73x + 3{,}14 \end{pmatrix} = 0$ $x_1 = 0{,}56$; $[x_2 = -3{,}54]$

$\overrightarrow{OA} = \overrightarrow{OC} \oplus \overrightarrow{CD} \oplus \overrightarrow{CD_\perp}$ $\begin{pmatrix} x_A \\ y_A \end{pmatrix} = \begin{pmatrix} -3 \\ -2 \end{pmatrix} \oplus \begin{pmatrix} 3{,}56 \\ -0{,}72 \end{pmatrix} \oplus \begin{pmatrix} 0{,}72 \\ 3{,}56 \end{pmatrix}$

$A(1{,}28|0{,}84)$ $B(-2{,}29|1{,}55)$ $D(0{,}56|-2{,}7)$

9 9.2 $P_n(x|-6x-15) \xrightarrow{s} Q_n(x'|y')$

$m = 1{,}5$; $\alpha = 56{,}31°$

$2\alpha = 112{,}62°$

$\begin{pmatrix} x' \\ y' \end{pmatrix} = \begin{pmatrix} -0{,}38 & 0{,}92 \\ 0{,}92 & 0{,}38 \end{pmatrix} \odot \begin{pmatrix} x \\ -6x-15 \end{pmatrix}$

$x' = -0{,}38x - 5{,}52x - 13{,}8$

$\wedge\ y' = 0{,}92x - 2{,}28x - 5{,}7$

$x' = -5{,}9x - 13{,}8$

$\wedge\ y' = -1{,}36x - 5{,}7$

$Q_n(-5{,}9x - 13{,}8|-1{,}36x - 5{,}7)$

$x' = -5{,}9x - 13{,}8$ $5{,}9x = -x' - 13{,}8$

$x = -0{,}17x' - 2{,}34$ in (I)

(I) $y' = -1{,}36\ (-0{,}17x' - 2{,}34) - 5{,}7$

$y' = 0{,}23x - 2{,}52$

9.3 $\overrightarrow{AC} = \begin{pmatrix} 5-4 \\ 3+4 \end{pmatrix} = \begin{pmatrix} 1 \\ 7 \end{pmatrix}$ $m_{AC} = 7$ $y = 7x + t$ $t = -32$

AC mit $y = 7x - 32$ $0{,}23x - 2{,}52 = 7x - 32$

$29{,}48 = 6{,}77x$ $x = 4{,}35$ $Q_1(4{,}35|-1{,}55)$

$\overrightarrow{BC} = \begin{pmatrix} 5-8 \\ 3+1 \end{pmatrix} = \begin{pmatrix} -3 \\ 4 \end{pmatrix}$ $m_{BC} = -\frac{4}{3}$ $y = -\frac{4}{3}x + t$ $t = \frac{29}{3}$

BC mit $y = -\frac{4}{3}x + 9\frac{2}{3}$ $-\frac{4}{3}x + 9\frac{2}{3} = 0{,}23x - 2{,}52$

$12{,}19 = 1{,}56x$ $x = 7{,}81 \Rightarrow Q_2(7{,}81|-0{,}72)$

10

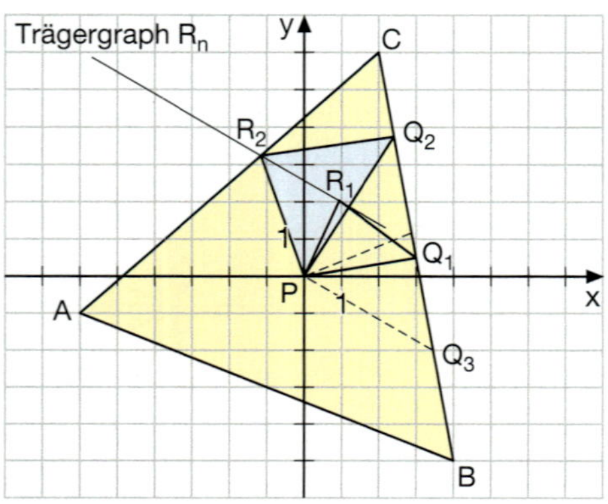

10.1 Schwerpunkt $S\left(\frac{x_1 + x_2 + x_3}{3} \middle| \frac{y_1 + y_2 + y_3}{3}\right)$

$P\left(\frac{-6+4+2}{3} \middle| \frac{-1-6+6}{3}\right)$ $P(0|0)$

10.2 $\sphericalangle Q_nPR_n = 53{,}13°$; $\overline{PR_n} = 0{,}75 \cdot \overline{PQ_n}$

$Q_1(3|y_1)$; $Q_2(2{,}4|y_2)$

10.3 $\Delta\ PO_oR_o$

$Q_n \xrightarrow{O(0|0);\ 53{,}13°} R_n$

$\overrightarrow{BC} = \begin{pmatrix} 2-4 \\ 6+5 \end{pmatrix} = \begin{pmatrix} -2 \\ 11 \end{pmatrix}$ $m_{BC} = -\frac{11}{2}$

$y = -\frac{11}{2}x + t$

$6 = -\frac{11}{2} \cdot 2 + t \Rightarrow t = 17$

BC mit $y = -\frac{11}{2}x + 17$ $Q_n = (x|-\frac{11}{2}x + 17)$

$R_{n'}^*: \begin{pmatrix} x^* \\ y^* \end{pmatrix} = \begin{pmatrix} \cos 53{,}13° & -\sin 53{,}13° \\ \sin 53{,}13° & \cos 53{,}13° \end{pmatrix} \odot \begin{pmatrix} x \\ -\frac{11}{2}x + 17 \end{pmatrix}$; $\quad \begin{pmatrix} x^* \\ y^* \end{pmatrix} = \begin{pmatrix} 0{,}6 & -0{,}8 \\ 0{,}8 & 0{,}6 \end{pmatrix} \odot \begin{pmatrix} x \\ -5{,}5x + 17 \end{pmatrix}$

$x^* = 0{,}6x - 0{,}8\,(-5{,}5x + 17);\ x^* = 0{,}6x + 4{,}4x - 13{,}6;\ x^* = 5x - 13{,}6$

$\wedge\ y^* = 0{,}8x + 0{,}6\,(-5{,}5x + 17);\ y^* = 0{,}8x - 3{,}3x + 10{,}2;\ y^* = -2{,}5x + 10{,}2$

$R_{n'}^*(5x - 13{,}6 \mid -2{,}5x + 10{,}2) \qquad R_n^* \xmapsto{0(0|0);\ k = 0{,}75} R_n$

$\begin{pmatrix} x' \\ y' \end{pmatrix} = \begin{pmatrix} 0{,}75 & 0 \\ 0 & 0{,}75 \end{pmatrix} \odot \begin{pmatrix} 5x - 13{,}6 \\ -2{,}5x + 10{,}2 \end{pmatrix} \quad x' = 3{,}75x - 10{,}2 \quad R_n(3{,}75x - 10{,}2 \mid -1{,}88x + 7{,}65)$

$y' = -1{,}88x + 7{,}65$

$x' = 3{,}75x - 10{,}2;\ 3{,}75x = x' + 10{,}2;\ x = 0{,}27x' + 2{,}72$ in (I)

(I) $y' = -1{,}88x\,(0{,}27x' + 2{,}72) + 7{,}65;\ y' = -0{,}5x + 2{,}54$ Trägergraph der Punkte R_n

$\overrightarrow{AC} = \begin{pmatrix} 2 + 5 \\ 6 + 1 \end{pmatrix} = \begin{pmatrix} 8 \\ 7 \end{pmatrix};\ m_{AC} = \frac{7}{8} \qquad y = \frac{7}{8}x + t \quad 6 = \frac{7}{8} \cdot 2 + t;\ t = 4{,}25$

AC mit $y = \frac{7}{8}x + 4{,}25$ geschnitten mit Trägergraph $\quad \frac{7}{8}x + 4{,}25 = -0{,}5x + 2{,}54$

$x = -1{,}24$ einsetzen in Gleichung des Trägergraph

$y = -0{,}5 \cdot (-1{,}24) + 2{,}54;\ y = 3{,}16;\ R_o(-1{,}24 \mid 3{,}16)$

zu Seite 189 Abbildungen

11 11.1 $\varphi = 15° \quad \overrightarrow{AB_1} = \begin{pmatrix} -0{,}96 \\ 4{,}86 \end{pmatrix} \quad B_1(-0{,}96 \mid 4{,}86)$

$\varphi = 45° \quad \overrightarrow{AB_2} = \begin{pmatrix} 0{,}82 \\ 2{,}41 \end{pmatrix} \quad C_1(-4{,}86 \mid -0{,}96)$

$\varphi = 90° \quad \overrightarrow{AB_3} = \begin{pmatrix} 2 \\ 2 \end{pmatrix}$

11.2 $B_n(4 \sin\varphi - 2 \mid \frac{1}{\sin\varphi} + 1)$

$x = 4\sin\varphi - 2 \wedge y = \frac{1}{\sin\varphi} + 1$

$\sin\varphi = \frac{x + 2}{4} \quad y = \frac{1}{\frac{x+2}{4}} + 1 \quad h{:}\ y = \frac{4}{x + 2} + 1$

11.3 $B_n \xmapsto{A;\ 90°} C_n(x' \mid y')$

$\begin{pmatrix} x' \\ y' \end{pmatrix} = \begin{pmatrix} 0 & -1 \\ 1 & 0 \end{pmatrix} \odot \begin{pmatrix} 4\sin\varphi - 2 \\ \frac{1}{\sin\varphi} + 1 \end{pmatrix}$

$x' = -\frac{1}{\sin\varphi} - 1 \qquad C_n(-\frac{1}{\sin\varphi} - 1 \mid 4\sin\varphi - 2)$

$\wedge\ y' = 4\sin\varphi - 2$

$\sin\varphi = -\frac{1}{x' + 1}$

$y' = 4\left(-\frac{1}{x' + 1}\right) - 2 \qquad t{:}\ y' = -\frac{4}{x' + 1} - 2$

11.4 $4\sin\varphi - 2 = 2\sqrt{2} - 2;\ \varphi = 45°$

11.5 $\overrightarrow{B_1C_1} \odot \overrightarrow{AC_5} = 0;\ \varphi = 59{,}53° \vee \varphi = 120{,}47°$

12 12.1 $1 = a(6 - 4)^2 + 3;\ 1 = a \cdot 4 + 3;\ 4a = -2;\ a = -0{,}5;\ y = -0{,}5(x - 4)^2 + 3$

12.2 $\overrightarrow{ZP^*} = k\,\overrightarrow{ZP} \quad P(6 \mid 1);\ P^*(-9 \mid -1{,}5);\ Z(0 \mid 0) \qquad k \cdot \begin{pmatrix} 6 \\ 1 \end{pmatrix} = \begin{pmatrix} -9 \\ -1{,}5 \end{pmatrix} \quad 6k = -9$

$k = -1{,}5$

Abb.: $p \xmapsto{Z(0|0);\ k = -1{,}5} p^*$

Abb.: $p^* \xmapsto{x\text{-Achse};\ k = -1{,}5} p' \quad y' = k \cdot y \quad 2{,}25 = k \cdot (-1{,}5) \quad k = -1{,}5$

12.3 $C_n(x \mid -0{,}5(x - 4)^2 + 3) \quad \overrightarrow{AB} = \begin{pmatrix} 6 & -2 \\ -2 & +2 \end{pmatrix} = \begin{pmatrix} 4 \\ 0 \end{pmatrix} \quad \overrightarrow{AC} = \begin{pmatrix} x & -2 \\ -0{,}5(x-4)^2 + 3 & +2 \end{pmatrix}$

$A_{\Delta ABC_n} = \frac{1}{2}\begin{vmatrix} 4 & x - 2 \\ 0 & -0{,}5(x - 4)^2 + 5 \end{vmatrix}$ FE $= \frac{1}{2}\left[-2(x^2 - 8x + 16) + 20\right]$ FE $= \frac{1}{2}\left(-2x^2 + 16x - 12\right)$ FE

$= (-x^2 + 8x - 6)$ FE

oder:

$= \frac{1}{2}\left[-2(x - 4)^2 + 20\right]$ FE $= [-(x - 4)^2 + 10]$ FE

12.4 $AB \cap p \qquad -2 = -0{,}5[x^2 - 8x + 16] + 3 \quad |\cdot \quad |-2$

$4 = x^2 - 8x + 16 - 6$

$x^2 - 8x + 6 = 0 \quad x_{1/2} = \frac{8 \pm \sqrt{64 - 4 \cdot 1 \cdot 6}}{2} \qquad x_1 = 7{,}16;\ x_2 = 0{,}84$

$x \in\ ]0{,}84;\ 7{,}16[$ oder $0{,}84 < x < 7{,}16$

12.5 $\tan 74{,}05° = \frac{-0{,}5(x - 4)^2 + 5}{x - 2};\ 3{,}5(x - 2) = -0{,}5x^2 + 4x - 8 + 5$

$3{,}5x - 7 = -0{,}5x^2 + 4x - 3;\ x^2 - x - 8 = 0;\ x_{1/2} = \frac{1 \pm \sqrt{1 + 4 \cdot 1 \cdot 8}}{2};\ x_1 = 3{,}37;\ [x_2 = -2{,}37]$

12.6 $A(2 \mid -2) \xmapsto{Z;\ k = -1{,}5} A^*(-3 \mid 3) \quad B(6 \mid -2) \xmapsto{Z;\ k = -1{,}5} B^*(-9 \mid 3)$

$C_n(x \mid -0{,}5(x - 4)^2 + 3) \xmapsto{Z(0|0);\ k = -1{,}5} C_n^*(-1{,}5x \mid 0{,}75(x - 4)^2 - 4{,}5)$

$A^*(-3 \mid 3) \xmapsto{x\text{-Achse};\ k = -1{,}5} A'(-3 \mid -4{,}5);\ B^*(-9 \mid 3) \xmapsto{x\text{-Achse};\ k = -1{,}5} A'(-9 \mid -4{,}5)$

$C_n^*(-1{,}5x \mid 0{,}75(x - 4)^2 - 4{,}5) \xmapsto{x\text{-Achse};\ k = -1{,}5} C_n'(-1{,}5x \mid -1{,}125(x - 4)^2 + 6{,}75)$

$A_{\Delta A'B'C_n'} = \frac{1}{2}\left|\overrightarrow{A'C_n'}\ \ \overrightarrow{A'B'}\right|;\ \overrightarrow{A'C_n'} = \begin{pmatrix} -1{,}5x & +3 \\ -1{,}125(x - 4)^2 + 6{,}75 & +4{,}5 \end{pmatrix} = \begin{pmatrix} -1{,}5x + 3 \\ -1{,}125(x - 4)^2 + 11{,}25 \end{pmatrix}$

$\overrightarrow{A'B'} = \begin{pmatrix} -9 & +3 \\ -4{,}5 & +4{,}5 \end{pmatrix} = \begin{pmatrix} -6 \\ 0 \end{pmatrix} \quad A = \frac{1}{2}\begin{vmatrix} -1{,}5x + 3 & -6 \\ -1{,}125(x - 4)^2 + 11{,}25 & 0 \end{vmatrix}$ FE =

$A = \frac{1}{2}\left(6 \cdot [-1{,}125(x - 4)^2 + 11{,}25]\right)$ FE $= \frac{1}{2}\left(-6{,}75(x - 4)^2 + 67{,}5\right)$ FE $= \left(-3{,}375(x - 4)^2 + 33{,}75\right)$ FE

12.7 $2{,}5 = -0{,}5(x-4)^2 + 3 \quad |\cdot(-2)$

$-5 = (x-4)^2 - 6$

$\pm 1 = x - 4;\ x_1 = 5;\ x_2 = 3$

$x = 3;\ A_{\Delta A'B'C'} = 30{,}375$ FE

$x = 5;\ A_{\Delta A'B'C'} = 30{,}375$ FE

12.8 $A^* = |k|^2 \cdot A \quad A' = |k| \cdot A^*$

$A' = |k| \cdot |k|^2 \cdot A;\ A' = |k|^3 \cdot A$

12.9 $A = 9$ FE $\quad A' = 9 \cdot 4{,}096$ FE $\quad |k|^3 = \frac{9 \cdot 4{,}096}{9} \Rightarrow k = 1{,}6$

allgem.: $A = [-(x-4)^2 + 10]$ FE

$A' = 4{,}096[-(x-4)^2 + 10]$ FE

$|k|^3 = \frac{4{,}096(-(x-4)^2+10)}{-(x-4)^2+10};\ k = 1{,}6$

zu Seite 190
Abbildungen

13 13.1 $x = 0{,}5;\ B_1\,(0{,}5|4{,}5)$

$x = 3;\ B_2\,(3|2)$

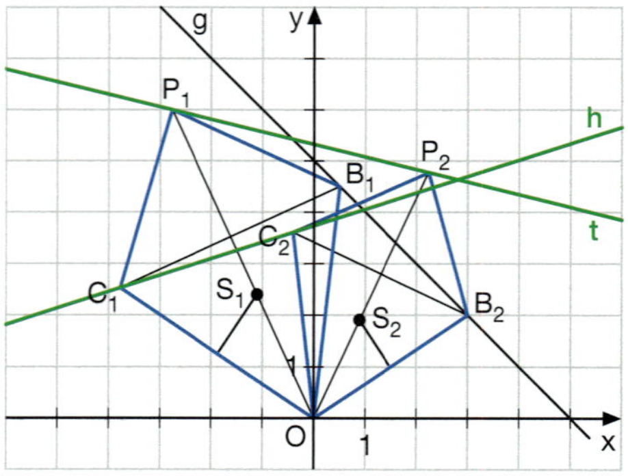

13.2 $B_n \xmapsto{A;\ 60°} C_n \ \begin{pmatrix} x' \\ y' \end{pmatrix} = \begin{pmatrix} 0{,}5 & -0{,}87 \\ 0{,}87 & 0{,}5 \end{pmatrix} \odot \begin{pmatrix} x \\ -x+5 \end{pmatrix}$

$x' = 1{,}37x - 4{,}35$

$\wedge\ y' = 0{,}37x + 2{,}5$

$C_n\,(1{,}37x - 4{,}35|0{,}37x + 2{,}5)$

Trägergraph der Punkte C_n:
$x' = 1{,}37x - 4{,}35;\ x = 0{,}73x' + 3{,}18$

$y' = 0{,}37\,(0{,}73x' + 3{,}18) + 2{,}5;\ h: y' = 0{,}27x' + 3{,}68$

13.3 $S_n\left(\frac{0 + x + 1{,}37x - 4{,}35}{3} \middle| \frac{0 - x + 5 + 0{,}37x + 2{,}5}{3}\right)$

$S_n = (0{,}79x - 1{,}45|-0{,}21x + 2{,}5)$

$\overrightarrow{AP_n} = 1{,}5 \cdot \overrightarrow{AS_n} \oplus \overrightarrow{AS_n} \qquad \overrightarrow{AP_n} = 1{,}5\begin{pmatrix} 0{,}79x - 1{,}45 \\ -0{,}21x + 2{,}5 \end{pmatrix} \oplus \begin{pmatrix} 0{,}79x - 1{,}45 \\ -0{,}21x + 2{,}5 \end{pmatrix} = \begin{pmatrix} 1{,}98x - 3{,}63 \\ -0{,}53x + 6{,}25 \end{pmatrix}$

$P_n = (1{,}98x - 3{,}63|-0{,}53x + 6{,}25)$

Trägergraph von P_n: $x' = 1{,}98x - 3{,}63;\ x = 0{,}51x' + 1{,}83$

$y' = -0{,}53\,(0{,}51x' + 1{,}83) + 6{,}25;\ t: y' = -0{,}27x' + 5{,}28$

13.4 $\overrightarrow{AB_n} = \begin{pmatrix} x \\ -x+5 \end{pmatrix} \qquad \overrightarrow{AP_n} = \begin{pmatrix} 1{,}98x - 3{,}63 \\ -0{,}53x + 6{,}25 \end{pmatrix}$

$A = \begin{vmatrix} x & 1{,}98x - 3{,}63 \\ -x+5 & -0{,}53x + 6{,}25 \end{vmatrix}$ FE $= (-0{,}53x^2 + 6{,}25x + 1{,}98x^2 - 3{,}63x - 9{,}9x + 18{,}15)$ FE

$A(x) = (1{,}45x^2 - 7{,}28x + 18{,}15)$ FE

$A = (1{,}45\,[x^2 - 5{,}02x + 2{,}51^2 - 2{,}51^2] + 18{,}15)$ FE; $x = 2{,}51 \quad \overrightarrow{AP_o} = \begin{pmatrix} 1{,}34 \\ 4{,}92 \end{pmatrix};\ m_{AP_o} = 3{,}67$

$-1 \cdot 3{,}67 \neq -1$; nein

14

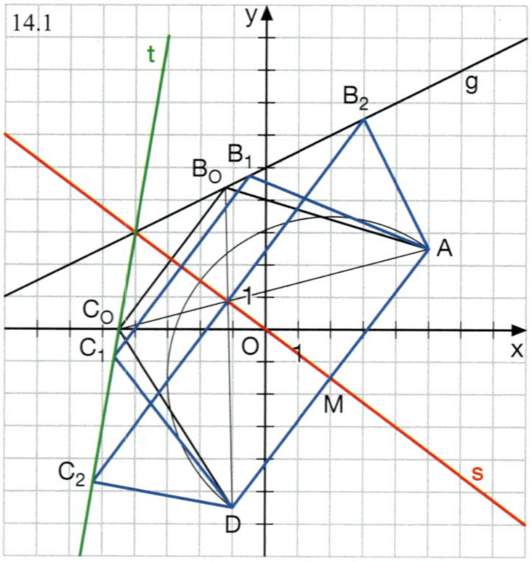

14.2 $M\left(\frac{5-1}{2} \middle| \frac{2{,}5-5{,}5}{2}\right) = M(2|-1{,}5)$

$\overrightarrow{AD} = \begin{pmatrix} -1 & -5 \\ -5{,}5 & -2{,}5 \end{pmatrix} = \begin{pmatrix} -6 \\ -8 \end{pmatrix};\ m_{AD} = \frac{4}{3};\ m_S = -\frac{3}{4}$

$\overrightarrow{OB_n} \xmapsto{s} \overrightarrow{OC_n};\ \tan\varphi = -\frac{3}{4};\ 2\varphi = -73{,}47°;\ \varphi \in]-90°; 90°[$

$\begin{pmatrix} x' \\ y' \end{pmatrix} = \begin{pmatrix} \cos(-73{,}74°) & \sin(-73{,}74°) \\ \sin(-73{,}74°) & -\cos(-73{,}74°) \end{pmatrix} \odot \begin{pmatrix} x \\ 0{,}5x + 5 \end{pmatrix}$

$\mathbb{G} = \mathbb{R} \times \mathbb{R};\ x \in]-4; 11[;\ x \in \mathbb{R}$

$x' = -0{,}20x - 4{,}80;$

$\wedge\ y' = -1{,}10x - 1{,}40;\quad C_n(-0{,}20x - 4{,}80|-1{,}10x - 1{,}40)$

oder
$\begin{pmatrix} x' \\ y' \end{pmatrix} = \begin{pmatrix} \cos 286{,}26° & \sin 286{,}26° \\ \sin 286{,}26° & -\cos 286{,}26° \end{pmatrix} \odot \begin{pmatrix} x \\ 0{,}5x + 5 \end{pmatrix} \ldots$

14.3 $x' = -0{,}20x - 4{,}80$

$\wedge\ y' = -1{,}10x - 1{,}40$

$x = -5x' - 24$

$\wedge\ y' = -1{,}10x - 1{,}40$

$y' = 5{,}5x' + 25 \qquad t: y = 5{,}5x + 25$

14.4 AD: $y = \frac{4}{3}(x - 5) + 2{,}5$; AD: $y = \frac{4}{3}x - \frac{25}{6}$

AD $\cap$ g: $\quad \frac{4}{3}x - \frac{25}{6} = 0{,}5x + 5;\ x = 11$

14.5 $-1{,}10x - 1{,}40 = -5{,}5$

$x = 3{,}73$

$x_{C_3} = -0{,}20 \cdot 3{,}73 - 4{,}80 = -5{,}55$

14.6 $\overrightarrow{AC_n} \odot \overrightarrow{DB_n} = 0$

$\begin{pmatrix} -0{,}20x - 4{,}80 - 5 \\ -1{,}10x - 1{,}40 - 2{,}5 \end{pmatrix} \odot \begin{pmatrix} x + 1 \\ 0{,}5x + 5 + 5{,}5 \end{pmatrix} = 0$

$-0{,}75x^2 - 23{,}50x - 50{,}75 = 0$

$x = -2{,}33 \quad (\vee\ x = -29)$

zu Seite 191
Abbildungen

15 15.2 $\frac{\overline{AZ_n}}{\overline{Z_nC_n}} = \frac{3}{2}$; $\overrightarrow{AZ_n} = \frac{3}{5}\,\overrightarrow{AC_n}$; $Z(x'|y')$; $\binom{x'}{y'} = \frac{3}{5}\binom{x}{0{,}5x + 7{,}5}$; $x' = \frac{3}{5}x$; $\wedge\ y' = 0{,}3x + 4{,}5$; $Z_n\left(\frac{3}{5}x\,|\,0{,}3x + 4{,}5\right)$

15.3 $\cos 45° = \frac{\overline{AZ_n}}{\overline{AB_n}}$; $\frac{1}{2}\sqrt{2} = \frac{\overline{AZ_n}}{\overline{AB_n}}$; $\frac{\sqrt{2}}{\sqrt{2}\,\sqrt{2}} = \frac{\overline{AZ_n}}{\overline{AB_n}}$; $\frac{\overline{AZ_n}}{\overline{AB_n}} = \frac{1}{\sqrt{2}}$

15.4 $\overrightarrow{AB_n} = \sqrt{2}\cdot\overrightarrow{AZ_n}$; $\overrightarrow{AZ_n} \xmapsto{A;\ -45°} \overrightarrow{AZ_n^*} \xmapsto{A;\ k = \sqrt{2}} \overrightarrow{AB_n}$

$\binom{x^*}{y^*} = \begin{pmatrix} 0{,}71 & 0{,}71 \\ -0{,}71 & 0{,}71 \end{pmatrix} \odot \binom{0{,}6x}{0{,}3x + 4{,}5}$ $\quad x^* = 0{,}43x + 0{,}21x + 3{,}20 = 0{,}64x + 3{,}2$
$\wedge\ y^* = -0{,}43x + 0{,}21x + 3{,}20 = -0{,}22x + 3{,}2$

$Z_n^*(0{,}64x + 3{,}2\,|\,-0{,}22x + 3{,}2)$

$\binom{x'}{y'} = \begin{pmatrix} \sqrt{2} & 0 \\ 0 & \sqrt{2} \end{pmatrix} \odot \binom{0{,}64x + 3{,}2}{-0{,}22x + 3{,}2}$ $\quad x' = 0{,}91x + 4{,}53$
$\wedge\ y' = -0{,}31x + 4{,}53 \qquad B_n(0{,}91x + 4{,}53\,|\,-0{,}31x + 4{,}53)$

$x = -2$; $B_1(2{,}71\,|\,5{,}15)$ $x = 1$; $B_2(5{,}44\,|\,4{,}22)$
$x = 1{,}10x' - 4{,}99$; $y' = -0{,}31\,(1{,}10x' - 4{,}99) + 4{,}53 \qquad t\colon y = -0{,}34x + 6{,}08$

15.5 $m_g = \frac{1}{2}$; $m_{g\perp} = -2 \qquad \overrightarrow{AC_n} = \binom{x}{0{,}5x + 7{,}5} \qquad m_{AC} = \frac{0{,}5x + 7{,}5}{x} \qquad m_{g\perp} = m_{AC}$

$-2 = \frac{0{,}5x + 7{,}5}{x}$; $x = -3$

15.6 $A(x) = \left|\overrightarrow{AB_n}\ \ \overrightarrow{AC_n}\right| = \begin{vmatrix} 0{,}91x + 4{,}53 & x \\ -0{,}31x + 4{,}53 & 0{,}5x + 7{,}5 \end{vmatrix}$ FE
$A(x) = [(0{,}91x + 4{,}53)\,(0{,}5x + 7{,}5) - x\,(-0{,}31x + 4{,}53)]$ FE
$A(x) = [0{,}77x^2 + 4{,}57x + 33{,}98]$ FE
$A(x) = [0{,}77\,(x^2 + 5{,}94x + 2{,}97^2 - 2{,}97^2) + 33{,}98]$ FE
$x = -2{,}97 \quad (A_{min} = 21{,}19$ FE$)$
$B_o(1{,}83\,|\,5{,}45)$

15.7 $-\frac{1}{16}\,(x - 4)^2 + 5{,}5 = 0{,}5x + 4{,}5$; $x = 0$
$Z_4\,(0\,|\,4{,}5)$;
$C_4\,(0\,|\,7{,}5)$; $D_4\,(-4{,}53\,|\,4{,}53)$; $B_4\,(4{,}53\,|\,4{,}53)$
$\overrightarrow{CD_4} = \binom{-4{,}53}{-2{,}97}$; $\overrightarrow{CB_4} = \binom{4{,}53}{-2{,}97}$

$\cos\varphi = \frac{\binom{-4{,}53}{-2{,}97} \odot \binom{4{,}53}{-2{,}97}}{\sqrt{4{,}53^2 + 2{,}97^2}\cdot\sqrt{4{,}53^2 + 2{,}97^2}}$
$= -0{,}387$
$\varphi = 112{,}77°$

16 16.1

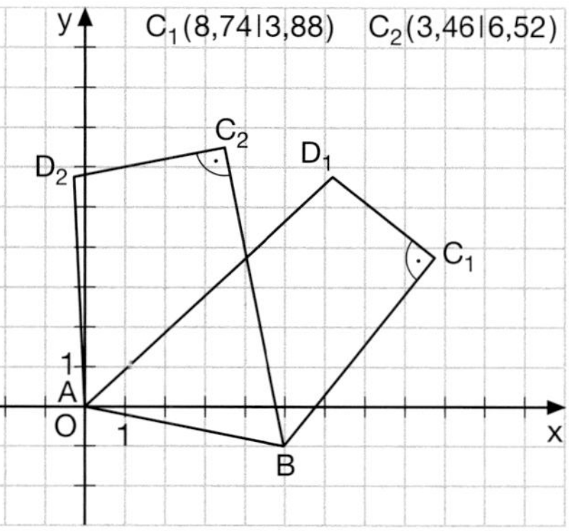

16.2 $\overrightarrow{C_nB} \xmapsto{O;\ \varphi = -90°} \overrightarrow{C_nB^*} \xmapsto{O;\ k = \frac{1}{2}} \overrightarrow{C_nD_n}$

$\binom{x - 6\cos\alpha - 4{,}5}{y + 3\cos\alpha - 6} = \frac{1}{2}\cdot\left[\begin{pmatrix} \cos(-90°) & -\sin(-90°) \\ \sin(-90°) & \cos(-90°) \end{pmatrix} \odot \binom{5 - 6\cos\alpha - 4{,}5}{-1 + 3\cos\alpha - 6}\right]$

$x = 7{,}5\cos\alpha + 1 \qquad D_n\,(7{,}5\cos\alpha + 1\,|\,5{,}75) \qquad t\colon y = 5{,}75$
$\wedge\ y = 5{,}75$

16.3 $\overline{AD_3} = \overline{AD_4} = 1{,}5\cdot\overline{AB} = 1{,}5\cdot\sqrt{5^2 + (-1)^2}$ LE $= 7{,}65$ LE

$\overline{AD_n}\,(\alpha) = \sqrt{(7{,}5\cos\alpha + 1)^2 + 5{,}75^2}$ LE
$\sqrt{(7{,}5\cos\alpha + 1)^2 + 5{,}75^2} = 7{,}65$
$(7{,}5\cos\alpha + 1)^2 + 5{,}75^2 = 7{,}65^2 \qquad \alpha = 57{,}35° \qquad \vee\ \alpha = 143{,}72°$

16.4 $m_{AD_n} = m_{BC_n}$
$m_{AD_n} = \frac{5{,}75}{7{,}5\cos\alpha + 1} \qquad m_{BC_n} = \frac{-3\cos\alpha + 7}{6\cos\alpha - 0{,}5}$
$5{,}75\,(6\cos\alpha - 0{,}5) = (-3\cos\alpha + 7)\cdot(7{,}5\cos\alpha + 1)$
$22{,}5\cos^2\alpha - 15\cos\alpha - 9{,}875 = 0$
$\alpha = 114{,}10°$

16.5 $[AB] \perp [BC_6]$
$\binom{5}{-1} \odot \binom{6\cos\alpha - 0{,}5}{-3\cos\alpha + 7} = 0$
$30\cos\alpha - 2{,}5 + 3\cos\alpha - 7 = 0$
$\alpha = 73{,}27°$

Mengen

$\mathbb{N}$	Menge der natürlichen Zahlen	$\emptyset$	leere Menge
$\mathbb{Z}$	Menge der ganzen Zahlen	$\{a; b; c\}$	aufzählende Form der Mengendarstellung: „Menge mit den Elementen a, b und c“
$\mathbb{Q}$	Menge der rationalen Zahlen		
$\mathbb{R}$	Menge der reellen Zahlen		
$\mathbb{G}$	Grundmenge	$\{x \mid ...\}$	beschreibende Form der Mengendarstellung
$\mathbb{L}$	Lösungsmenge		
$\mathbb{D}$	Definitionsmenge		
$\mathbb{W}$	Wertemenge	$[x_1; x_2]$	abgeschlossenes Intervall
AxB	Produktmenge	$]z_1; z_2[$	offenes Intervall
$\in$	„… Element von …“	$\notin$	„… nicht Element von …“
$\subseteq$	„… Teilmenge von …“	$\nsubseteq$	„… nicht Teilmenge von …“
$\cap$	„… geschnitten mit …“	$\cup$	„… vereinigt mit …“

Beziehungen zwischen Zahlen

$=$	„… gleich …“	$\neq$	„… nicht gleich …“
$>$	„… größer als …“	$<$	„… kleiner als …“
$\geqq$	„… größer oder gleich …“	$\leqq$	„… kleiner oder gleich …“
$\approx$	„… ungefähr gleich …“	$\sim$	„… direkt proportional …“
$\mapsto$	ist zugeordnet, hat als Bild	$\triangleq$	entspricht
$T_1, T_2, \dots$	Terme	$\lvert a \rvert$	(absoluter) Betrag von a
$\wedge$	und zugleich	$(3 \mid 4)$	geordnetes Zahlenpaar
$\vee$	oder auch	a^k	Potenzschreibweise „a hoch k“

Geometrie

A, B, … P	Punkte	$\sphericalangle$ BAC	Winkel BAC mit dem Scheitel A bzw. Maß dieses Winkels
$P(x \mid y)$	Punkt P mit den Koordinaten x und y		
g, h, …	Geraden	$\alpha, \beta, \gamma, \dots$	Maße von Winkeln
$d(P; g)$	Abstand des Punktes P von der Geraden g	A	Flächeninhalt
		V	Rauminhalt, Volumen
PQ	Gerade durch P und Q	LE, FE, VE	Längen-, Flächen-, Volumeneinheit
[PQ	Halbgerade durch Q mit dem Anfangspunkt P	$\perp$	senkrecht auf
		$\parallel$	parallel zu
[PQ]	Strecke mit den Endpunkten P und Q	$\overrightarrow{PQ}$	Pfeil von P (Fuß) nach Q (Spitze); Vektor, dessen Vertreter der Pfeil $\overrightarrow{PQ}$ ist
$\overline{PQ}$	Länge der Strecke [PQ]		
$k(M; r)$	Kreis mit dem Mittelpunkt M und dem Radius r	$\vec{a}$	Vektor
$\overset{\frown}{AB}$	positiv orientierter Kreisbogen vom Punkt A zum Punkt B	$\binom{x}{y}$	Vektor mit den Koordinaten x und y
Δ ABC	Dreieck ABC	$\vec{a} \oplus \vec{b}$	Summe der Vektoren $\vec{a}$ und $\vec{b}$
$\cong$	kongruent zu		
$\sim$	ähnlich		

Bildquellennachweis

akg images gmbh, Berlin, S. 36, 148 • Arco Images Bildagentur, Lünen, S. 147 • ARD, München, S. 39 • Astrofoto, Sörth, S. 40 • Attenberger, Waldinger, S. 117 (Stein) • Bildagentur Waldhäusl, Rosenau, S. 101 (Düsenjäger) • Bildagentur-online, Burgkunstadt, S. 79 (Flugzeuge) • Bundesanstalt für Geowissenschaften und Rohstoffe, Hannover, S. 47 (Erdbebenkarte) • Conatext Didactic, Neunkirchen, S. 82, 87 (Oszilloskop) • dpa (T.Köhler), Frankfurt, S. 69 (Rollstuhlfahrerin) • Christa Englmaier, Trostberg, S. 100 • Fotostudio Druwe & Polastri, Weddel, S. 69, (Rampe), S. 73, 87 (Trichter) • Globus Infografik GmbH, Hamburg, S. 48, 51 • H. Gericke, Mathematik im Abendland, fourier Verlag, Wiesbaden; (c) Springer-Verlag, Berlin/Heidelberg 1984 u. 1990, S. 97 (Dürer) • IFA-Bilderteam GmbH, Düsseldorf, S. 44 • Imagine Fotoagentur GmbH, Hamburg, S. 77 • Keystone, Hamburg, S. 116 • mathematikum, Gießen, S. 134 • mauritius images GmbH, Mittenwald, S. 24; S. 38 (Pistenraupe), S. 97 (Bremer Stadtmusikanten) • Niedersächsische Staats- und Universitätsbibliothek, Göttingen; Abteilung für Handschriften und seltene Drucke, S. 117 (Karte) • Photothek.net, Radevormwald, S. 79 (Fluglotsen) • Phywe, Göttingen, S. 82 (Wellenmaschine) • picture alliance GmbH/akg-images, Frankfurt/M., S. 89 • picture alliance GmbH/Berliner Zeitung, Frankfurt/M., S. 101 (Radarstation) • picture alliance GmbH/dpa, Frankfurt/M., S. 37, 115, 136, 172 • picture alliance GmbH/Helga Lade GmbH, Frankfurt/M., S. 38 (Schigebiet) • G. Schmidt, Stromberg, S. 51 • Schuster, Oberursel, S. 82 (Wassertropfen) • Schwaneberger Verlag, München, S. 117 (Briefmarke, Michel-Nr. 2215) • SPORTIMAGE (Papon), Hamburg, S. 62 • Universität Würzburg, S. 70 • Urban75, England, S. 94 • Vario-Press Archiv, Bonn, S. 81, 119 • Westermann Archiv, Braunschweig, S. 82 (Fadenpendel)

Es war uns nicht in allen Fällen möglich, die Inhaber der Bildrechte ausfindig zu machen und um Abdruckgenehmigung zu bitten. Berechtigte Ansprüche werden selbstverständlich im Rahmen der üblichen Konditionen abgegolten.

„Diagramme machen Meinung!“

Lösungen auf Seite 212

Lohnerhöhung

Der Unternehmer *Granital* stellt zwei verschiedene Varianten (Variante A, Variante B) für Lohnerhöhungen zur Diskussion.

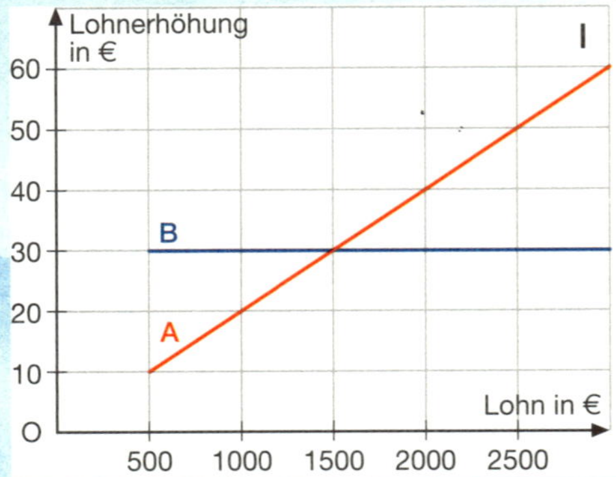

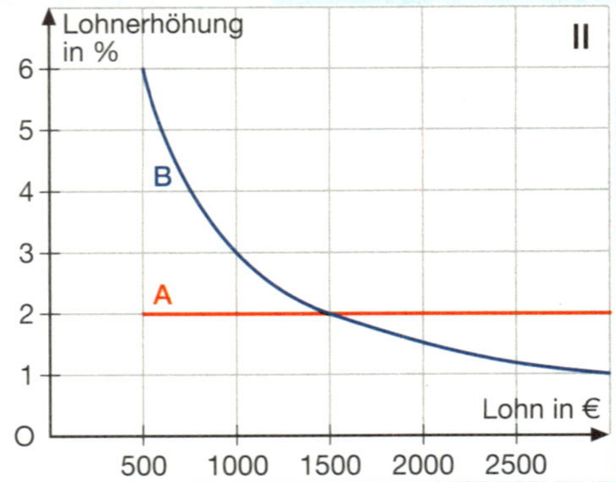

a) Erkläre, wie die beiden Aussagen zustande kommen.
b) Welche Lohngruppen profitieren von Variante A, welche von Variante B?

Hotel *Schöne Aussicht*

Das Schaubild zeigt die im Hotel *Schöne Aussicht* am jeweiligen Tag neu belegten Betten (grüne Säule) und die frei gewordenen Betten (rote Säule).
In welcher Nacht sind die meisten Hotelbetten belegt? Begründe.

A von Dienstag auf Mittwoch
B von Mittwoch auf Donnerstag
C von Donnerstag auf Freitag

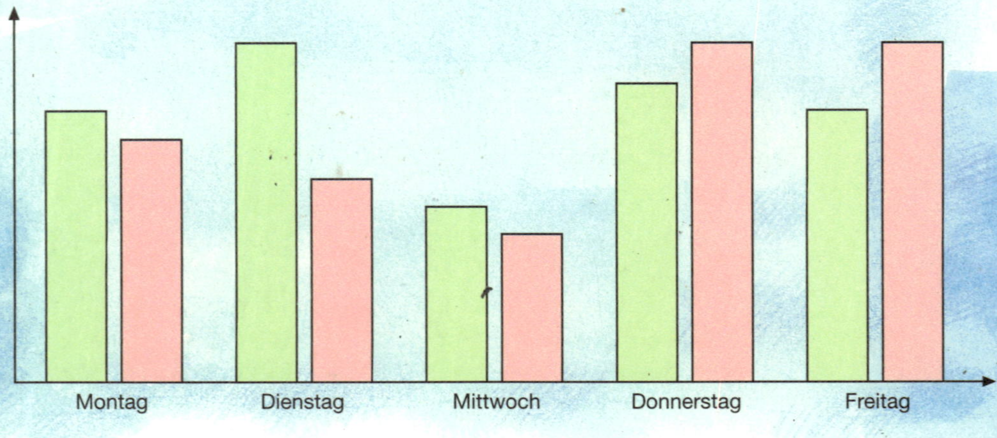